압력용기 핸드북

EUGENE F. MEGYESY 原著
崔 正 永 監修

NODE MEDIA
노드미디어

▣ 이 책을 내면서 ▣

이 참고서는 압력용기를 다루는 설계자, 시공자, 설치자 등을 위해 쉽게 사용될 수 있는 기술자료공식·설계·제작방식 등을 위한 목적으로 만들어졌다. 이러한 압력용기산업에 종사하는 많은 사람들은 광범위한 문헌정보와 연구서 등에 산재되어 있는 데이터와 해답을 찾는데 많은 어려움을 느껴왔다. 저자가 바라는 목적은 이 같은 필요한 참고자료를 이 한 권의 책에서 찾아 볼 수 있는데 있다.

ASME CODE FOR PRESSURE VESSELS, SECTION Ⅷ DIVISION 1의 설계과정과 공식들은 이 규칙에 의해 망라되지 않고 일반적으로 사용되는 자료이다. 그래서 이 규칙에 의해 기술된 제작방식 등을 저자는 많이 사용하였다.

이 핸드북의 사용을 극대화하기 위해 별로 발생하지 않는 부하, 특수제작 방식 및 재료 등은 이 책의 범위에서 제외되었다. 같은 이유로 대다수의 압력용기들이 이런 범주에 속하기 때문에 이 핸드북은 단지 금속재료로서 용접에 의해 제작되는 용기만을 다루어 왔다.

이 책의 많은 부분은 타인의 저서에서 인용하였다. 인용된 부분의 일부는 개작(改作)의 형태로 그리고 일부는 그대로 사용되었다.

저자는 원고를 준비하는데 있어서 많은 도움을 주신 CHRISTIANE FRIES양, ARTHUR L. WADE씨와 GLENN WARREN씨에게, 그리고 저자로 하여금 출판된 서책으로부터 많은 자료를 얻을 수 있게 해 주신 미국기계기술자학회(ASME)와 출판사 관계자 분들께 감사의 말을 전한다.

세심한 주의와 배려에도 불구하고 있을 오타 또는 잘못에 대하여 많은 비판과 격려를 기대하며 이것이 아울러 더 좋은 Handbook이 되도록 할 것입니다.

저자 : Eugene F. Megyesy

■ 서 언(序言) ■

화학공업을 위한 시설 및 장비들을 설계하는 엔지니어들은 압력용기에 대한 설계 시 요구되는 많은 문제점에 직면하게 된다. 이것은 정하여진 법규정과 설계공식 등 이 분야에 대한 문헌들에 익숙하지 않은 사람들에게는 종종 당혹스러운 경험이 된다.

첫째로, 여기에 적용되는 최신 법규 및 기준 등을 알아야 하고, 둘째로, 이러한 법규 및 기준을 충족시키는 설계 및 기술서를 찾아야 한다. 끝으로, 여러 종류의 핸드북 등과 설계에 적용할 수 있는 참고가 될만한 회사의 카다로그에 의해 재질특성과 설계데이타를 찾아야 한다.

EUGNE F. MEGYESY는 이러한 문제점들을 나열했다. 수년동안 그는 법령요구조건들에 대한 데이터와 계산방식을 수집해왔다. 그는 이러한 자료를 우선 그의 "CALCULATION FORM SHEETS"라는 형태로 제시하였으며, 그 모든 것을 여기 압력용기 핸드북(PRESSURE VESSEL HANDBOOK)에 실었다.

나는 이 책이 압력용기산업에 있어서 실제적인 많은 욕구를 충족시키고 독자들은 이 책을 아주 유용하게 사용하리라 믿는다.

추천자, Paul Buthod

▣ 차 례 ▣

■ 제 1 부 ■

압력용기 설계와 제작

이 서적에서 사용되는 "코드(CODE)"란 용어는 ASME(AMERICAN SOCIETY OF MECHANICAL ENGINEERS) BOILER& PRESSURE VESSEL CODE SECTION Ⅷ RULES FOR CONSTRUCTION OF PRESSURE VESSELS, DIVISION 1-AN AMERICAN STANDARD-1983 EDITION을 참고함.

압력용기의 응력

압력용기는 각 부품에 있어서 서로 다른 강도의 응력과 부하를 받게 된다. 이 응력의 구분과 강도는 각 부품의 부하성격, 기하학과 제작방식과 깊은 관계가 있다.

부하

a. 내부 혹은 외부압력
b. 용기와 저장물의 무게
c. 부속장비, piping, lining, insulation, 지지물 등으로부터의 정적반응
d. 압력 혹은 열변형에 기인한 주기적이고 동적인 반응
e. 풍력과 지진의 힘
f. 유체 쇼크에 기인한 충격반응
g. 온도차와 열팽창 차이

응력	최대허용응력
a. 인장응력	S_a
b. 세로수축응력	Code UG 23(b)(2)에 명기된 절차에 의해 결정되는 계수 B의 값 혹은 S_a의 더 작은 값
c. 복합부하에 의해 초래되는 일반적인 표면응력	
표면응력+복합부하에 의해 초래되는 주굽힘응력	S_a $1.5S_a$
d. 지진 혹은 다른 부하를 가진 풍력의 복합에 의해 초래되는 일반적인 표면응력	금속 온도가 초과되지 않는다면 a, b 혹은 c에서 허용되는 응력의 1.2배 탄소강과 저합금강에 대해 700°F, 고합금(스테인리스)강에 의해 800°F

지진의 힘과 풍력이 동시에 작동하는 것은 간주되지 않음.

S_a=탄소강, 저합금강(Code Table UCS-23)과 고합금강(Code Table UHA-23)에 대한 최대허용 인장응력(재료의 특성, 페이지 156-161을 참조)

원통형 셸의 응력

균일한 내부 및 외부압력은 실린더 기하학에 기인한 원주상의 이음매에서보다 수직상의 이음매에서 2배 크기의 응력이 작용된다.

다른 힘들(바람, 지진 등)이 변수가 아닌 경우, 외부압력을 받고 있을 때 용기는 원주상 비틀림만을 견딜 수 있도록 설계되어야 한다. Code는 이러한 요구조건을 충족시키기 위한 설계방식을 제시한다. 다른 부하들이 존재할 때, 이러한 복합부하들의 영향은 크게 되며, 원주상 비틀림만을 견디기에 적합한 플레이트보다 강한 후판(厚板) 플레이트가 필요해진다.

외부압력에 기인한 수축응력과 인장응력에는 다음 공식이 적용된다.

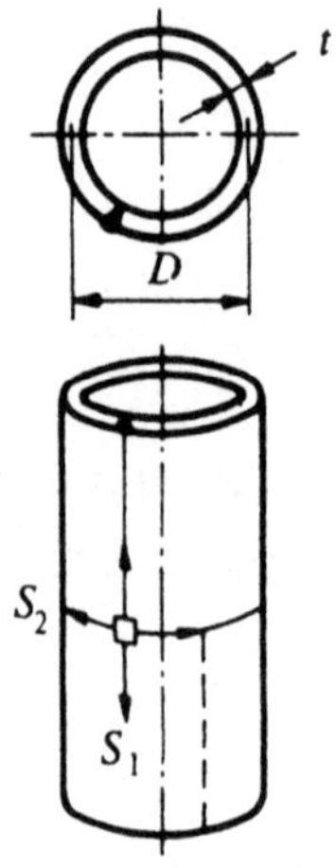

공식

원주상의 조인트	수직적인 조인트
$S_1 = \dfrac{PD}{4t}$	$S_2 = \dfrac{PD}{2t}$

기호

D = 용기평균직경, in.
P = 내부 및 외부압력, psi.
S_1 = 수직 응력, psi.
S_2 = 원주상 응력 psi.
t = 부식허용공차 제외된 셸-의 두께, in.

보기

지 수 D = 96in.
P = 15psi.
t = 0.25in.

$$S_1 = \frac{PD}{4t} = \frac{15 \times 96}{4 \times 0.25} = 1440 \text{ psi.}$$

$$S_2 = \frac{PD}{2t} = \frac{15 \times 96}{2 \times 0.25} = 2880 \text{ psi.}$$

내부 압력과 풍력을 받고 있는 탑에 대해서, 수축응력이 주된 영향을 미치는 중요한 높이는 아래 공식에 개략적으로 구해진다.

$$H = \frac{PD}{32t}$$ 여기서, 탑의 중요한 높이, ft.

내부압력(內部壓力)

1. 운전압력

운전상 용기에 사용되는 압력

2. 설계압력

용기설계에서 사용되는 압력. 운전압력보다 높은 압력에 적합한 용기와 그의 부품을 설계하는 것이 필요하다. 따라서, 설계압력은 운전압력보다 30psi. 또는 10%(어느 것이 큰 것이던지) 더 많은 값이 주어진다. 또한 액체 및 용기의 여타 저장물들의 압력도 또한 고려되어야 한다. 액체압력에 대해서는 페이지 29 도표를 참조하라.

3. 최대허용작동압력

용기의 가장 약한 부분에 최대 허용점까지 작용될 때의 내부압력. 이 경우 용기는 아래의 같은 상태에 있는 것으로 가정한다.

(a) 부식된 상태

(b) 지정된 온도의 영향을 받고 있을 때

(c) 정상적인 운전상태

(d) 풍력부하, 외부압력, 수압 등 내부압력에 부가적인 다른 부하들의 영향을 받고 있을 때

압력용기를 사용하는 사용자들과 생산자들에 의해 채택되는 통상 방식은 플랜지, 개구부등 자그마한 요소에 의해서 보다는 헤드 혹은 셸에 의해 최대허용작동압력을 제한하는 것이다.

플랜지를 위한 최대허용압력을 위해서는 페이지 28의 도표를 참조하라.

파이프를 위한 최대허용압력을 위해서는 페이지 110의 도표를 참조하라.

최대허용압력이라는 용어는 매우 빈번히 사용되며, 이 압력은 용기의 가장 약한 부분에 최대허용점까지 작용될 때의 압력을 의미하며, 이 경우 용기는 :

(a) 부식이 되지 않은 새로운 것

(b) 온도가 강도에 영향을 미치지 않는 상태

다른 상태들(상기의 c와 d)은 고려되지 않아도 된다.

4. 정수력 테스트압력

계산에 의해 결정되지 않는 경우 최대허용작동압력은 설계압력과 같거나 1.5배가 된다. 설계온도에서 용기재료의 응력의 값이 테스트온도에서의 경우보다 낮은 경우 정수력 테스력압력은 비례적으로 증가되어야 한다.

이 경우, 테스트 압력은

$$1.5\times \text{최대허용작동압력(또는 설계압력)} \times \frac{\text{테스트온도시 응력}}{\text{설계온도시 응력}}$$

최대허용작동압력이 플랜지에 의해 제한 받을 때의 용기는 아래 도표상의 압력에서 테스트되어야 한다.

주사용 압력 등급	150lb.	300lb.	400lb.	600lb.	900lb.	1500lb.	2500lb.
정수력 셀 테스트 압력	425	1100	1450	2175	3250	5400	9000psig.

다수의 챔버를 갖고 있는 용기의 정수력 테스트 : Code UG-100 용기의 어떤 부분의 강도가 안전에 대한 만족스런 확신을 가지고 계산될 수 없을 때 최대허용작동압력을 설정하기 위한 테스트는 Code UG-101에 명시된 바와 같다.

5. 최대허용 응력치

다른 재료의 대해 허용되는 최대허용인장응력치는 페이지 159의 도표에서 보는 바와 같다. 셀에 있어서 수직수축응력을 초래하는 부하를 받는 원통형셀의 설계에서 사용되는 최대허용수축응력은 Code Par. UG-23 b, c &d에 의해 결정되어야 한다.

6. 조인트 효율

상이한 유형의 용접된 조인트 효율은 페이지 142의 도표에서 보는 바와 같고, 이음매 없는 헤드의 효율은 페이지 144상의 도표에서 보는 바와 같다.

다음 페이지들은 가장 빈번히 사용되는 유형의 셀과 헤드를 위한 벽두께와 최대허용작동압력을 계산하기 위한 공식들을 포함한다. 원통형셀의 공식은 대부분의 경우 수직 이음매에 대해 주어진다.

거스(GIRTH) 이음매에 있어서의 응력은 원주상 조인트효과의 0.5배보다 적거나 내부압력에 부가하여 다른 부하들(풍력부하, Saddle의 반작용 등)이 수직 비틀림 혹은 팽창을 유발할 때만이 작용한다. 그 이유는 거스이음매에서 야기되는 응력($lb/in.^2$)은 수직이음매에 있어서의 응력의 0.5배이기 때문이다.

따라서, 거스이음매를 위한 공식은

$$t = \frac{PR}{2SE + 0.4P} \qquad P = \frac{2SEt}{R - 0.4t}$$

기호에 대해서는 페이지 18을 보라.

메 모

내부압력

(내부치수 관점에서의 공식)

P = 설계압력 또는 최대허용압력, psi.
S = 재료의 응력치, psi.(페이지 159)
E = 조인트 효율(페이지 142)
R = 내반경, in.
D = 내경, in.
t = 벽두께, in.
C.A = 부식허용공차, in.

A

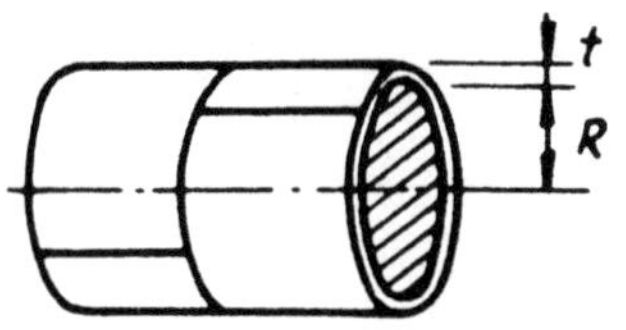

원통형 셀(긴 이음매)[1]

$t=\dfrac{PR}{SE-0.6P}$	$P=\dfrac{SEt}{R+0.6t}$

1. 통상 긴 이음매에 있어서의 응력이 중요하다. 앞 페이지를 보라.
2. 벽두께가 내반경의 0.5배를 초과하거나 P가 SE의 0.385배를 초과할 때 Code Appendix 1-2에 주어진 공식들이 적용되어야 한다.

B

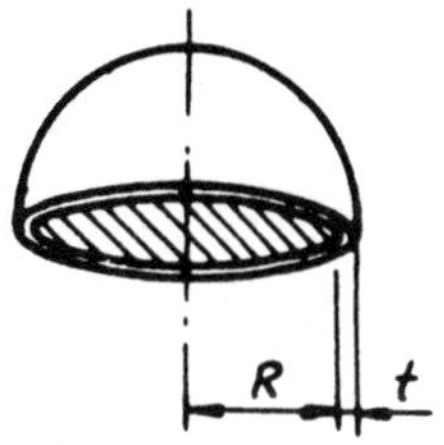

구형(求型)과 반구형(半球型)헤드

$t=\dfrac{PR}{2SE-0.2P}$	$P=\dfrac{2SEt}{R+0.2t}$

1. 직선플랜지를 갖지 않은 헤드에 대해서는 그것이 헤드에 있는 이음매 효율보다 낮은 경우 셀 조인트에 대한 헤드 효율을 사용하라.
2. 벽두께가 R의 0.356배를 초과하거나 P가 SE의 0.665배를 초과할 때 Code Appendix 1-3에 주어진 공식들이 적용되어야 한다.

C

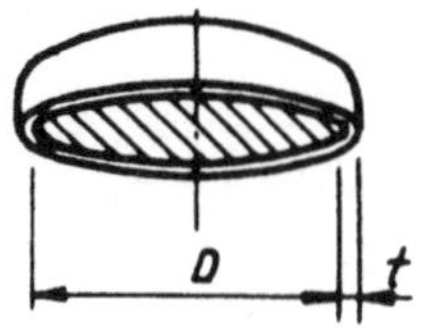

2:1 타원형 헤드

$t=\dfrac{PD}{2SE-0.2P}$	$P=\dfrac{2SEt}{D+0.2t}$

1. 장단축의 비례가 2:1이 아닌 타원형 헤드에 대해서는 Code Appendix 1-4(c)를 보라.

보 기

설계데이타

P=100psi. 설계압력
S=17500psi. 650°F에서 SA 515-70 플레이트의 응력치
E=0.85. 면밀히 검사된 셀과 반구형 헤드의 조인트의 셀에 대한 효율
E=1.0. 이음매 없는 헤드의 조인트 효율
R=48in. 내반경
D=96in. 내경(부식허용공차를 초과한 부식상태에 있는)
t=요구되는 벽두께. in.
C.A=0.125in. 부식허용공차

셀의 요구되는 벽두께 t를 구하라.

$$t = \frac{100 \times 48.125}{17500 \times 0.85 - 0.6 \times 100} = 0.325 \text{ in.}$$

+ C.A. 0.125 in.

0.450 in.

플레이트에서는 0.500in.를 사용하라.

용기가 새것인 경우, 0.500인치 두께 셀에 대한 최대허용작동압력 P를 구하라.

$$P = \frac{17500 \times 0.85 \times 0.500}{48 + 0.6 \times 0.500} = 154 \text{ PSI.}$$

직선플랜지가 없는 반구형 헤드에 있어서 요구되는 두께 t를 구하라.

$$t = \frac{100 \times 48.125}{2 \times 17500 \times 0.85 - 0.2 \times 100} = 0.162 \text{ in.}$$

+ C.A. 0.125 in.

.287 in.

0.3125in. 최소헤드두께를 사용하라.

용기가 새것인 경우, 0.3125인치 두께 헤드에 대한 최대허용작동압력 P를 구하라.

$$P = \frac{2 \times 17500 \times 0.85 \times 0.3125}{48 + 0.2 \times 0.3125} = 193 \text{ PSI.}$$

이음매 없는 타원형 헤드의 요구되는 두께를 구하라.

$$t = \frac{100 \times 96.25}{2 \times 17500 \times 1.0 - 0.2 \times 100} = 0.275 \text{ in.}$$

+ C.A. 0.125 in.

0.400 in.

0.4375in. 최소헤드두께를 사용하라.

용기가 부식된 상태인 경우, 0.275인치 두께 이음매 없는 헤드에 대한 최대허용작동압력 P를 구하라.

$$P = \frac{2 \times 17500 \times 1.0 \times 0.275}{96.25 + 0.2 \times 0.275} = 100 \text{ PSI.}$$

내부압력

(내부치수 관점에서의 공식)

P=설계압력 또는 최대허용압력, psi.
E=조인트 효율(페이지 142를 보라.)
D=내경, in.
L=접시내반경, in.
t=벽두께, in.
S=재료의 응력치, psi.(페이지 159를 보라.)
R=내반경, in.
α=앵글의 절반, 도
r=너클 내반경, in.
C.A=부식허용공차, in.

D

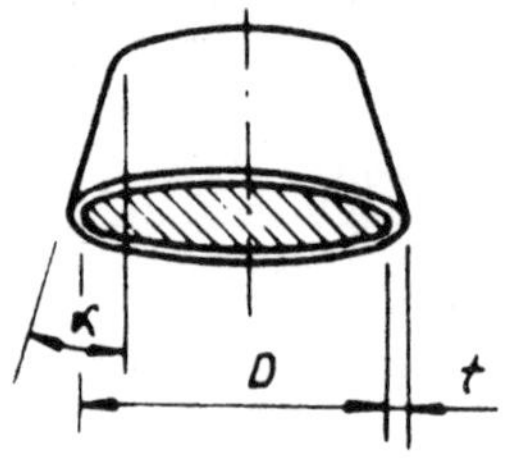

원주와 원추형 단면

$$t=\frac{PD}{2\cos\alpha\,(SE-0.6P)}$$

$$P=\frac{2SEt\cos\alpha}{D+1.2t\cos\alpha}$$

1. 사잇각의 절반이 α이 30° 보다 크지 않은 경우
2. α가 30° 보다 큰 경우, 특별한 조사가 요구된다. (Code Appendix 1-5(e))

E

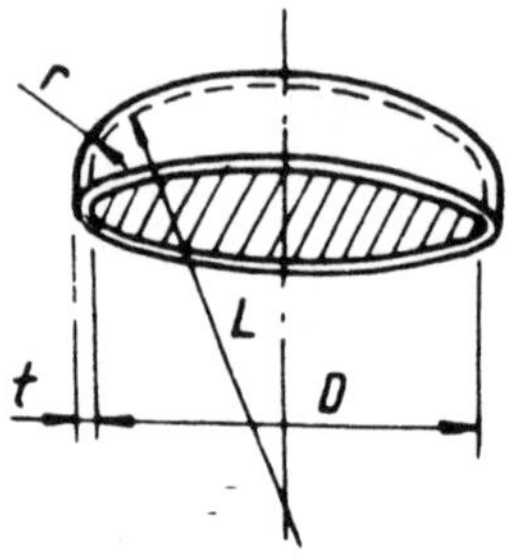

ASME 플랜지형과 접시형 헤드

$L/r=16^2/_3$일 때

$$t=\frac{0.885PL}{SE-0.1P}$$

$$P=\frac{SEt}{0.885L+0.1t}$$

$L/r=16^2/_3$보다 작을 때

$$t=\frac{PLM}{2SE-0.2P}$$

$$P=\frac{2SEt}{LM+0.2t}$$

계수 "M"의 값

L/r	1.00	1.25	1.50	1.75	2.00	2.25	2.50	2.75	3.00	3.25	3.50	4.00	4.50	5.00	5.50	6.00	6.50
M	1.00	1.03	1.06	1.08	1.10	1.13	1.15	1.17	1.18	1.20	1.22	1.25	1.28	1.31	1.34	1.36	1.39
L/r	7.00	7.50	8.00	8.50	9.00	9.50	10.0	10.5	11.0	11.5	12.0	13.0	14.0	15.0	16.0	$16\frac{2}{3}$	*
M	1.41	1.44	1.46	1.48	1.50	1.52	1.54	1.56	1.58	1.60	1.62	1.65	1.69	1.72	1.75	1.77	

*최대허용비율 L=D+2t(맞은 편 페이지 상의 주 2를 보라.)

보 기

설계데이타

P=100psi. 설계압력
S=17500psi. 650°F에서 SA 515-70 플레이트의 응력치
E=0.85. 면밀히 검사된 조인트의 효율
E=1.00. 이음매 없는 헤드의 조인트 효율
R=48in. 내반경

D=96in. 내경(부식허용공차를 초과한 부식상태의)
α=30° 사잇각의 절반
L=96in. 접시의 내반경
t=요구되는 벽두께, in.
C.A=0.125in. 부식허용공차

COS 30°=0.866
원추의 요구되는 두께를 구하라.

$$t = \frac{100 \times 96.25}{2 \times 0.866\,(17500 \times 0.85 - 0.6 \times 100)} = 0.375 \text{ in.}$$

+ C. A. 0.125 in.

0.500 in.

0.500in. 두께의 플레이트를 사용하라.

용기가 새것인 경우, 0.500인치 두께의 원추에 대한 최대허용작동압력 P를 구하라.

$$P = \frac{2 \times 17500 \times 0.85 \times 0.500 \times 0.866}{96 + 1.2 \times 0.500 \times 0.866} = 133 \text{ PSI.}$$

$L/r = 16^2/_3$
이음매 없는 ASME 플랜지형과 접시형 헤드의 요구되는 두께를 구하라.

$$t = \frac{0.885 \times 100 \times 96.125}{17500 \times 1.0 - 0.1 \times 100} = 0.486 \text{ in.}$$

+ C. A. 0.125 in.

0.625in. 최소헤드두께를 사용하라. 0.611 in.

용기가 새것인 경우, 0.6875 두께의 이음매 없는 헤드에 대한 최대허용작동압력 P를 구하라.

$$P = \frac{17500 \times 1.0 \times 0.6875}{0.885 \times 96 + 0.1 \times 0.6875} = 141 \text{ PSI.}$$

너클 반경 = 6 in. $L/r = \frac{96}{6} = 16$
도표로부터 M은 1.75
이음매 없는 ASME 플랜지형과 접시형 헤드의 요구되는 두께를 구하라.

$$t = \frac{100 \times 96.125 \times 1.75}{2 \times 17500 - 0.2 \times 100} = 0.481 \text{ in.}$$

+ C. A. 0.125 in.

0.625 in. 최소헤드두께를 사용하라. 0.606 in.

너클 반경 r = 6 in. $L/r = \frac{96}{6} = 16$
도표로부터 M은 1.75
용기가 부식된 상태에 있는 경우, 0.481인치 두께 이음매 없는 헤드에 대한 최대허용작동압력 P를 구하라.

$$P = \frac{2 \times 17500 \times 1.0 \times 0.481}{96.125 \times 1.75 + 0.2 \times 0.481} = 100 \text{ PSI.}$$

주 :

1. 타원형 헤드와 플랜지형과 접시형 헤드에 대한 보기 계산식에서는 셸에 대한 헤드 조인트가 충분히 방사선 사진 검사된 것으로 가정된다. 페이지 148 도표를 보아라.
2. 비율 L/r이 $16^2/_3$보다 큰 경우 M의 값은 다음 공식으로 계산될 수 있다.

내부압력
(외부치수 관점에서의 공식)

P = 설계압력 또는 최대허용압력, psi.
S = 재료의 응력치, psi.(페이지 159)
E = 조인트 효율(페이지 142)
R = 외반경, in.
D = 외경, in.
t = 벽두께, in.
C.A = 부식허용공차, in.

A

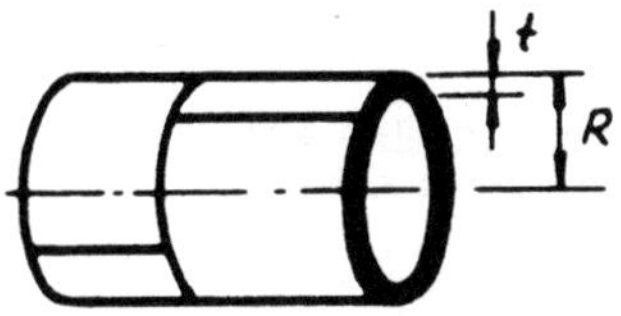

원통형 셀(긴 이음매)[1]

$$t = \frac{PR}{SE + 0.4P} \qquad P = \frac{SEt}{R - 0.4t}$$

1. 통상 긴 이음매에 있어서의 응력이 중요한 역할을 한다(페이지 7).
2. 벽두께가 내반경의 0.5배를 초과하거나 P가 SE의 0.385배를 초과할 때는 Code Appendix 1-2에 주어진 공식이 적용되어야 한다.

B

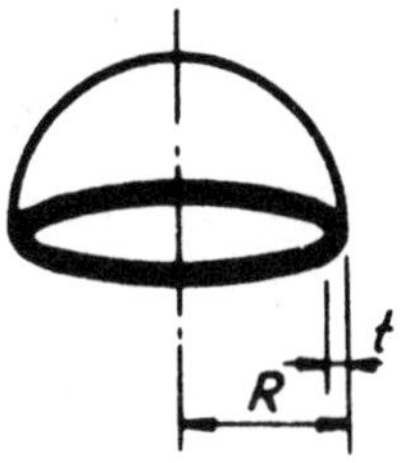

구형과 반구형 헤드

$$t = \frac{PR}{2SE + 0.8P} \qquad P = \frac{2SEt}{R - 0.8t}$$

1. 직선플랜지가 없는 헤드에 대해서는 셀에 대한 헤드의 조인트 효율이 헤드에 있는 이음매 효율보다 작은 경우 이를 사용하라.
2. 벽두께가 R의 0.356배를 초과하거나 P가 SE의 0.665배를 초과할 때 Code Appendix 1-3에 주어진 공식이 적용되어야 한다.

C

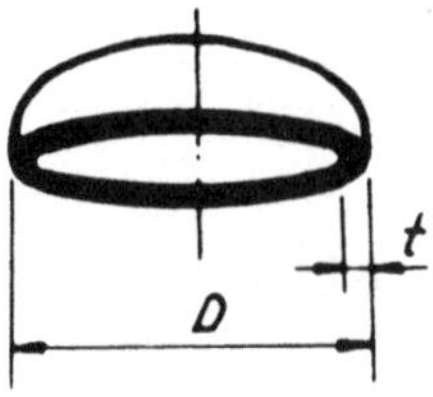

2:1 타원체형 헤드

$$t = \frac{PD}{2SE + 1.8P} \qquad P = \frac{2SEt}{D - 1.8t}$$

1. 장단축의 비율이 2:1이 아닌 타원체형 헤드에 대해서는 Code Appendix 1-4(c)를 보라.

보 기

설계데이타

P=100psi. 설계압력
S=17500psi. 650°F에서 SA 515-70 플레이트의 응력치
E=0.85. 면밀히 검사된 셀과 반구형 헤드의 조인트의 셀에 대한 조인트 효율
E=1.0. 이음매 없는 헤드의 조인트 효율
R=48in. 외반경
D=96in. 외경
t=요구되는 벽두께, in.
C.A=0.125in. 부식허용공차

요구되는 셀의 두께 t를 구하라.

$$t = \frac{100x48}{17500x0.85+0.4x100} = 0.322 \text{ in.}$$

+ C. A. 0.125 in.

0.447 in.

0.500in. 플레이트 두께를 사용하라.

용기가 새것인 경우, 0.500인치 두께 셀에 대한 최대허용작동압력 P를 구하라.

$$P = \frac{17500x0.85x0.500}{48-0.4x0.500} = 155 \text{ PSI.}$$

직선 플랜지가 없는 반구형 헤드의 요구되는 두께를 구하라.

$$t = \frac{100x48}{2x17500x0.85+0.8x100} = 0.161 \text{ in.}$$

+ C. A. 0.125 in.

0.286 in.

0.3125in. 최소헤드두께를 사용하라.

용기가 새것인 경우, 0.3125인치 두께 헤드에 대한 최대허용작동압력 P를 구하라.

$$P = \frac{2x17500x0.85x0.3125}{48-0.8x0.3125} = 194 \text{ PSI.}$$

이음매 없는 타원체형 헤드의 요구되는 두께를 구하라.

$$t = \frac{100x96}{2x17500x1.0+1.8x100} = 0.273 \text{ in.}$$

+ C. A. 0.125 in.

0.398 in.

0.4375in. 최소헤드두께를 사용하라.

용기가 새것인 경우, 0.273인치 두께의 이음매 없는 헤드에 대해 최대허용압력 P를 구하라.

$$P = \frac{2x17500x1.0x0.273}{96-1.8x0.273} = 100 \text{ PSI.}$$

내부압력
(외부치수 관점에서의 공식)

P＝설계압력 혹은 최대허용작동압력, psi.
S＝재료의 응력치, psi.(페이지 159를 보라.)
E＝조인트 효율(페이지 142를 보라.)
R＝외반경, in.
D＝외경, in.
α＝사잇각의 절반, 도
L＝접시의 외반경, in.
r＝너클 내경, in.
t＝벽두께, in.
C.A＝부식허용공차, in.

D

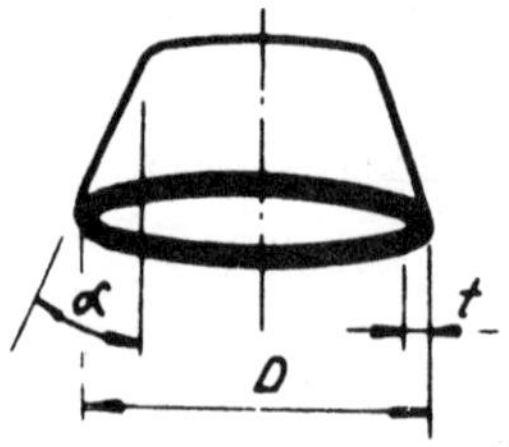

원추와 원추형 단면

$$t=\frac{PD}{2\cos\alpha\,(SE+0.4P)}$$

$$P=\frac{2SEt\cos\alpha}{D-0.8t\cos\alpha}$$

1. 사잇각의 절반이 α이 30° 보다 크지 않은 경우
2. α가 30° 보다 큰 경우, 특별한 조사가 요구된다. (Code Appendix 1-5(e))

E

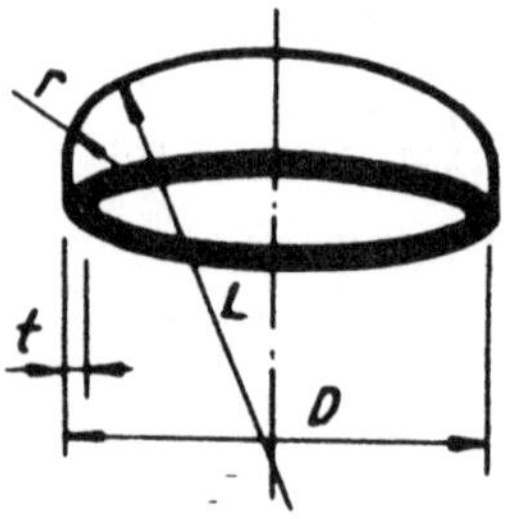

ASME 플랜지형과 접시형 헤드

L/r이 $16^2/_3$일 때

$$t=\frac{0.885PL}{SE+0.8P}$$

$$P=\frac{SEt}{0.885L-0.8t}$$

L/r이 $16^2/_3$보다 작을 때

$$t=\frac{PLM}{2SE+P(M-0.2)}$$

$$P=\frac{2SEt}{ML-t(M-0.2)}$$

계수 "M"의 값

L/r	1.00	1.25	1.50	1.75	2.00	2.25	2.50	2.75	3.00	3.25	3.50	4.00	4.50	5.00	5.50	6.00	6.50
M	1.00	1.03	1.06	1.08	1.10	1.13	1.15	1.17	1.18	1.20	1.22	1.25	1.28	1.31	1.34	1.36	1.39
L/r	7.00	7.50	8.00	8.50	9.00	9.50	10.0	10.5	11.0	11.5	12.0	13.0	14.0	15.0	16.0	$16\frac{2}{3}$	*
M	1.41	1.44	1.46	1.48	1.50	1.52	1.54	1.56	1.58	1.60	1.62	1.65	1.69	1.72	1.75	1.77	

*최대허용비율 L-t=D(맞은 편 페이지의 주 2를 보라.)

보 기

설계데이타

P=100psi. 설계압력

S=17500psi. 650°F에서 SA 515-70 플레이트의 응력치

E=0.85. 면밀히 검사된 조인트 효율

E=1.00. 이음매 없는 헤드의 조인트 효율

R=48in. 외반경

D=96in. 접시의 외반경

$\alpha=30°$ 사잇각의 절반

L=96in. 접시의 외반경

t=요구되는 벽두께, in.

C.A=0.125in. 부식허용공차

COS 30°=0.866

원추의 요구되는 두께 t를 구하라.

$$t = \frac{100 \times 96}{2\times0.866(17500\times0.85+0.4\times100)} = 0.372 \text{ in.}$$

+ C. A. 0.125 in.

0.497 in.

0.500in. 두께의 플레이트를 사용하라.

용기가 부식된 상태에 있는 경우, 0.625in. 두께의 이음매 없는 헤드에 대해 최대 허용 작동압력 P를 구하라.

$$P = \frac{2 \times 17500 \times 0.85 \times 0.500 \times 0.866}{96 - (0.8 \times 0.500 \times 0.866)} = 134 \text{ PSI.}$$

$L/r = 16^2/3$

이음매 없는 ASME 플랜지형과 접시형 헤드의 요구되는 두께 t를 구하라.

$$t = \frac{0.885 \times 100 \times 96}{17500 \times 1.0 + 0.8 \times 100} = 0.483 \text{ in.}$$

+ C. A. 0.125 in.

0.625in. 최소헤드두께를 사용하라. 0.608 in.

용기가 부식된 상태에 있는 경우, 0.625인치 두께 이음매 없는 헤드에 대한 최대허용작동 압력 P를 구하라.

$$P = \frac{17500 \times 1.0 \times 0.625}{0.885 \times 96 - 0.8 \times 0.625} = 129 \text{ PSI.}$$

너클 반경 r = 6 in. $L/r = \frac{96}{6} = 16$

M=1.75(도표로부터)

이음매 없는 ASME 플랜지형과 접시형 헤드의 요구되는 두께 t를 구하라.

$$t = \frac{100 \times 96 \times 1.75}{2 \times 17500 \times 1.0 + 100(1.75 - 0.2)} = 0.478$$

+ C. A. 0.125

0.625in. 최소 헤드 두께를 사용하라. 0.603

너클 반경 r = 6 in. $L/r = \frac{96}{6} = 16$

M=1.75(표)

용기가 부식된 상태에 있는 경우, 0.478in. 두께 이음매 없는 헤드에 대한 최대허용작동압력 P를 구하라.

$$P = \frac{2 \times 17500 \times 1.0 \times 0.478}{1.75 \times 96 - 0.478(1.75 - 0.2)} = 100 \text{ PSI.}$$

주 :

1. 타원체형 헤드와 플랜지형과 접시형 헤드에 대한 보기 계산식에서는 셀에 대한 헤드 조인트가 충분히 방사선 검사가 된 것으로 가정된다. 페이지 148 표를 보아라.
2. 비율 L/r이 $16^2/_3$보다 큰 경우, M의 값은 다음 공식 $M = 1/4(3+\sqrt{(L/r)}$에 계산될 수 있다.

내부 혹은 외부압력【내외부압력(內外部壓力)】
공 식

기호

P＝내부 혹은 외부 설계압력 psi. E＝조인트 효율
d＝셀 내경. in.
S＝재료의 최대 허용 응력치. psi.(페이지 159)
t＝부식허용공차를 제외한 최소요구되는 헤드 두께. in.
t_h＝부식허용공차를 제외한 헤드의 실제 두께. in.
t_r＝이음매 없는 셀의 최소 요구두께. in.
t_s＝부식허용공차를 제외한 셀의 실제 두께. in.

A

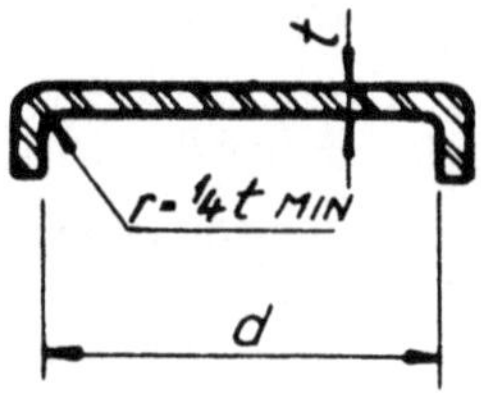

원형의 평 헤드

$$t = d\sqrt{0.13P/SE}$$

1. d가 24인치를 초과하지 않는 경우
2. t_h/d가 0.05보다 작지 않고 0.25보다 크지 않은 경우
3. 헤드 두께 t_h가 셀 두께 t_s보다 작지 않다.

B

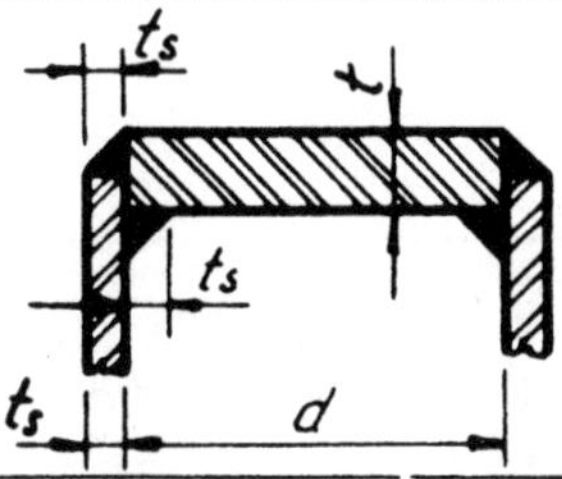

C

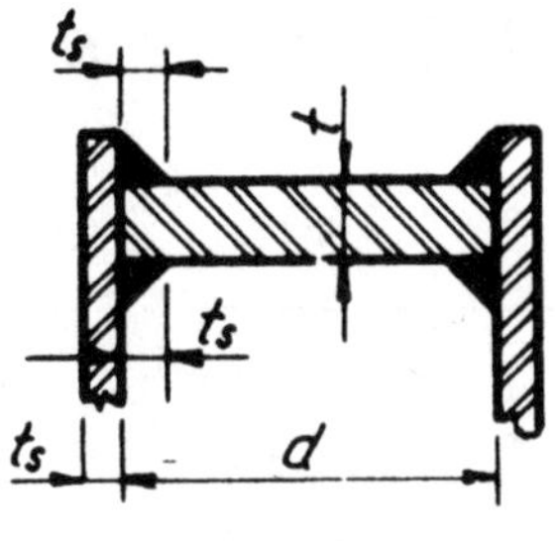

D

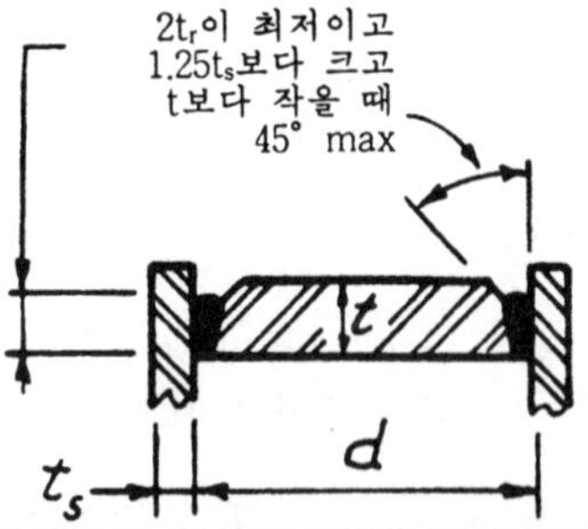

$$t = d \times \sqrt{CP/SE}$$

$$C = 0.33 \times \frac{t_r}{t_s}$$

$$C\ MIN. = 0.20$$

1보다 작은 t_h/t_s값이 t를 계산하는데 사용되면, 셀 두께 t_s는 최소 $2\sqrt{dt_s}$에 상응하는 헤드 내면으로부터 안방향으로 일정 거리를 유지해야 한다.

원형이 아닌 볼트 체결된 헤드, 커버, 블라인드 플랜지 : Code UG-34, 다른 유형의 밀폐 부품 : Code UG-35

보 기

설계데이타

P = 300psi. 설계압력
E = 1.0, 조인트 효율
d = 24in. 셀의 내경
t_s = 0.3125in., 셀 두께
S = 15,000psi., SA-515-60 플레이트의 최대 허용응력치
t_r = 0.243in., 이음매 없는 셀의 요구되는 두께

$$t = d\sqrt{0.13\,P/SE} = 24\sqrt{0.13 \times 300/15{,}000 \times 1} = 1.223 \text{ in.}$$

1.250in. 헤드를 사용하라.

제한요소를 검토하면

$$\frac{t_h}{d} = \frac{1.250}{24} = 0.052,$$ 셀의 직경에 대한 헤드 두께의 비율이 적합하다.

$$C = 0.33\frac{t_r}{t_s} = 0.33 \times \frac{0.243}{0.3125} = 0.26$$

$$t = d\sqrt{CP/SE} = 24\sqrt{0.26 \times 300/15{,}000 \times 1} = 1.731 \text{ in.}$$

1.75in. 플레이트를 사용하라.

셀에 대해 두꺼운 플레이트를 사용하면, 헤드 두께는 얇아도 적합하다.

$$t_s = 0.375 \text{ in.}$$

$$C = .33\frac{t_r}{t_s} = 0.33 \times \frac{0.243}{0.375} = 0.214$$

$$t = d\sqrt{CP/SE} = 24\sqrt{0.214 \times 300/15{,}000 \times 1} = 1.57 \text{ in.}$$

1.625in. 플레이트를 사용하라.

셀 두께는 헤드의 내면으로부터 거리 $2\sqrt{dt_s}$를 유지해야 한다.

$$2\sqrt{24 \times 0.375} = 6 \text{ in.}$$

압력 - 온도등급

(강관플랜지와 플랜지형 연결부품에 대한)

(ANSI B 16.5 - 1981)

등　　급	150 lb.	300 lb.	400 lb.	600 lb.	900 lb.	1500 lb.	2500 lb.
수압시험 압력PSIG	450	1125	1500	2225	3350	5575	9275
온도, F	최대허용 비충격압력, PSIG						
-20 to 100	285	740	990	1480	2220	3705	6170
200	260	675	900	1350	2025	3375	5625
300	230	655	875	1315	1970	3280	5470
400	200	635	845	1270	1900	3170	5280
500	170	600	800	1200	1795	2995	4990
600	140	550	730	1095	1640	2735	4560
650	125	535	715	1075	1610	2685	4475
700	110	535	710	1065	1600	2665	4440
750	95	505	670	1010	1510	2520	4200
800	80	410	550	825	1235	2060	3430
850	65	270	355	535	805	1340	2230
900	50	170	230	345	515	860	1430
950	35	105	140	205	310	515	860
1000	20	50	70	105	155	260	430

재질에 따른 등급 :

SA-105[1,2] SA-515-70[2] SA-516-70[2] SA-181-70[1,2] SA-350-LF2 SA-537-C1.1[3] SA-216-WCB[2]

주 :

1. 850°F 이상의 사용 온도에 대해서는 0.10% 이상의 잔류실리콘을 포함하는 킬드강 (killed steel)의 사용이 권장된다.
2. 800°F 이상의 온도에 오랫동안 노출되면 탄소강의 카바이트상(carbide)이 그래파이트 (graphite)상으로 변환될 수도 있다.
3. $2^1/_2$인치 두께 이상의 재료는 사용되지 않아야 한다.

ANSI B 16.5형 플랜지는 Code의 설계방식에 의해 정당화되지 않는 경우, 높은 등급을 위해서는 사용되지 않아야 한다.

등급이란 도표상의 온도에서 게이지 압력으로 표시된 최대 허용 비충격작동압력을 의미하며, 도표상의 온도사이에서 비례식으로 계산될 수 있다.

온도는 플랜지의 압력을 견디는 셸의 내부에서 나타나는 것이다. 일반적으로 그것은 저장된 재료의 온도와 같다.

액 체 압 력
수 두 위 치

용기 내의 액체는 용기 벽에 대해 압력을 ㅣ 된다. 액체가 정지된 상태에 있을 때 압력의 정도는 용기의 측면 상 혹은 밑면 상 어느 방향으로도 동일하고, 압력이 고려되는 점으로부터의 액체의 높이에 따라 증가한다.

적용이 된다면, 위치수두는 용기의 설계압력에 추가되어야 한다.

아래 도표는 압력과 물의 높이간의 관계를 보여준다.

물 이외의 액체에 대한 압력을 찾기 위해서는 도표 상에 주어진 값에 고려중인 액체의 비중을 곱하라.

물의 양정에 대한 압력(LB/in.^{2})

양정 feet	0	1	2	3	4	5	6	7	8	9
0		0.43	0.87	1.30	1.73	2.16	2.60	3.03	3.46	3.90
10	4.33	4.76	5.20	5.63	6.06	6.49	6.93	7.36	7.79	8.23
20	8.66	9.09	9.53	9.96	10.39	10.82	11.26	11.69	12.12	12.56
30	12.99	13.42	13.86	14.29	14.72	15.15	15.59	16.02	16.45	16.89
40	17.32	17.75	18.19	18.62	19.05	19.48	19.92	20.35	20.78	21.22
50	21.65	22.08	22.52	22.95	23.38	23.81	24.25	24.68	25.11	25.55
60	25.98	26.41	26.85	27.28	27.71	28.14	28.58	29.01	29.44	29.88
70	30.31	30.74	31.18	31.61	32.04	32.47	32.91	33.34	33.77	34.21
80	34.64	35.07	35.51	35.94	36.37	36.80	37.24	37.67	38.10	38.54
90	38.97	39.40	39.84	40.27	40.70	41.13	41.57	42.00	42.43	42.87

주 : 62°F에서의 물의 1피트는 433Lb/in.^{2}와 같다.

어떤 압력(Lb/in.^{2})에 상응한 물의 양정(feet)

압력 LB	0	1	2	3	4	5	6	7	8	9
0		2.3	4,6	6.9	9.2	11.5	13.9	16.2	18.5	20.8
10	23.1	25.4	27.7	30.0	32.3	34.6	36.9	39.3	41.6	43.9
20	46.2	48.5	50.8	53.1	55.4	57.7	60.0	62.4	64.7	67.0
30	69.3	71.6	73.9	76.2	78.5	80.8	83.1	85.4	87.8	90.1
40	92.4	94.7	97.0	99.3	101.6	103.9	106.2	108.5	110.8	113.2
50	115.5	117.8	120.1	122.4	124.7	127.0	129.3	131.6	133.9	136.3
60	138.6	140.9	143.2	145.5	147.8	150.1	152.4	154.7	157.0	159.3
70	161.7	164.0	166.3	168.6	170.9	173.2	175.5	177.8	180.1	182.4
80	184.8	187.1	189.4	191.7	194.0	196.3	198.6	200.9	203.2	205.5
90	207.9	210.2	212.5	214.8	217.1	219.4	221.7	224.0	226.3	228.6

주 : 압력, 1Lb/in.^{2}은 물의 양정 62°F에서의 2.309와 같다.

도 표

본 도표는 상이한 정도에서 방사선검사가 된 플레이트 두께와 각종 재료의 무게를 용이하게 비교하기 위한 것이다.

A 온도에서의 응력치 - 20 to 650°F. temp.

	SA-285 C	SA 53B SA 515-60 SA 516-60	SA 515-70 SA 516-70
85% J. E.	11688	12750	14875
100% J. E.	13750	15000	17500

B 응력치 비율

	11688	12750	13750	14875	15000	17500
11688	—	109.1	117.6	127.3	128.3	149.7
12750	91.7	—	107.8	116.7	117.6	137.3
13750	85.0	92.7	—	108.2	109.1	127.3
14875	78.6	85.7	92.4	—	100.8	117.6
15000	77.9	85.0	91.7	99.2	—	116.7
17500	66.8	72.9	78.6	85.0	85.7	—

도표 A는 가장 많이 사용되는 셸과 헤드 재료의 응력치를 나타내며 도표 B는 이 응력치들의 비율을 퍼센트(%)로 나타낸다.

보기

1. 점방사선검사시, SA 515-70 플레이트를 사용하는 용기에 대해서, 요구되는 두께는 0.4426인치이고 용기의 무게는 12600 파운드이다.
2. 전면 방사선검사가 되고 SA 285-C 플레이트가 사용될 때, 플레이트의 두께와 용기의 무게는 얼마인가?

   경우 1 : 재료의 응력치, 14875
   경우 2 : 재료의 응력치, 13750

   도표 B로부터 2개의 응력치 비율은 108.2이다. 이러한 비례로 요구되는 플레이트 두께와 용기의 무게는 증가된다.

   $0.4426 \times 108.2 = 0.4789$in.
   $12600 \times 108.2 = 13633$lb.

외부압력(外部壓力)

설계압력(設計壓力)

15psi. 이하의 외부작동압력 하에서 사용되며, 외부압력에 대한 규칙과의 일치를 표시하는 Code 기호의 각인을 가져야 하는 용기는 15psi.의 최대허용외부압력 혹은 최대가능외부압력보다 25%가 큰 압력(어느 것이 작던 간에)에 적합하도록 설계되어야 한다. Code UG-28(f)

외부압력에 대한 Code 요구조건에 따라 설계되고 제작된 그리고 15psi. 이하의 외부압력에 적합하게 설계되어야 하는 용기는 외부압력조건에 대한 Code 규칙에 따라 설계되지 않아도 된다. 그러나 외부압력에 대한 Code의 요구조건이 충족되지 않는 한 어떤 외부압력등급도 Code 각인과 함께 표시되지 않을 수 있다. Code UG-28(f)

이것은 용기가 -20°F 이하의 온도에서 사용되고 있거나 충격테스트의 필요를 피하기 위해 설계압력이 Code UCS-66(c)(2) 혹은 Code UHA-51(b)에 의해 결정되는 경우에는 적용되지 말아야 한다.

- 겹치기 이음을 가진 용기 : Code UG-28(g)
- 비원통형 용기의 쟈켓 : Code UG-28(i)

테스트 압력

진공 혹은 부분진공을 위해 설계된 단일벽을 가진 용기는 내부 수압테스트를 받아야 하며 수압테스트가 곤란할 경우 기압테스트를 받아야 한다. UG-99(f)

어느 형태의 테스트이던 정상 대기압과 최소설계 내부절대압력간 차이의 1.5배 이상의 압력에서 행해져야 한다. UG-99(f)

- 기압테스트 : Code UG-100

다음 페이지에 언급된 설계방식은 ASME CODE FOR PRESSURE VESSELS SECTION Ⅷ. Div. 1에 일치한다. 페이지 40~45까지의 도표는 이 Code에서 발췌된 것이다.

외부 압력
공 식

기호

P＝외부설계압력, psig.
P_a＝최대허용작동압력, psig
D＝외경, in.
L＝용기단면의 길이, 다음 것 중에서 가장 큰 것으로 취해진 것, in.(도형 A와 B를 보라.)

1. 헤드의 접선간의 거리에 보강링이 사용되지 않을 때 헤드 깊이의 1/3을 추가한 거리
2. 어떠한 2개의 인접한 보강링 간의 거리 중에서 최대의 것
3. 첫 번째 보강링 중심으로부터 헤드 접선까지의 거리에 헤드 깊이의 1/3을 추가한 거리
4. 실린더에 있어 첫 번째 보강링으로부터 원추와 실린더 연결부까지의 거리

t＝요구되는 최소 벽두께, in.

A.

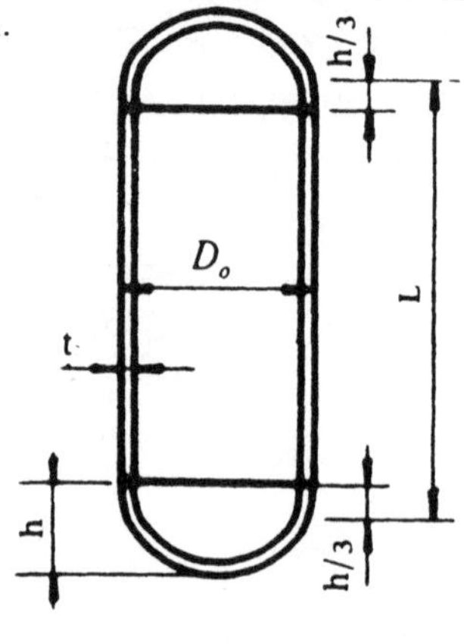

보강링을 갖지 않은 용기

B.

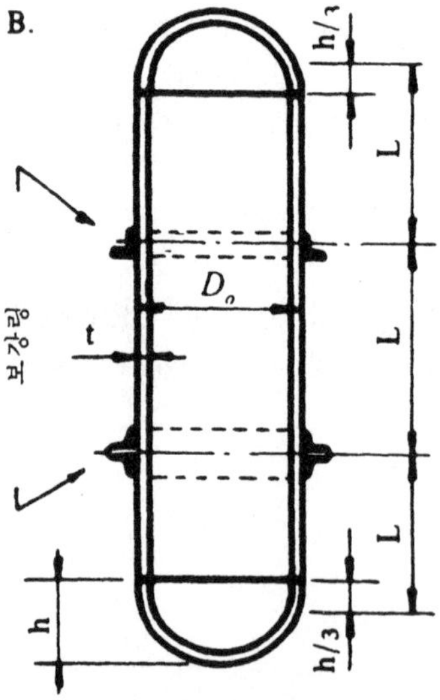

보강링을 가진 용기

원통형 셀
이음매 없는 혹은 세로버트조인트를 가진

D_0/t가 10이거나 이보다 큰 경우, 최대허용압력은

$$P_a = \frac{4B}{3(D_0/t)}$$

B값은 다음 절차에 의해 결정되어야 한다.

1. t값을 가정하라(페이지 47-49를 보라). L/D_0와 D_0/t를 구하라.
2. L/D_0값을 위해 Fig. UGO-28.0(페이지 40)을 사용하라. L/D_0가 50보다 클 때는 50으로 가고 L/D_0가 0.05보다 작으면 0.05로 한다.
3. 수평으로 이동하여 D_0/t를 나타내는 선으로 가라. 교점에서 계수 A값을 구하기 위해 수직으로 이동한다.
4. A값에서 적용 재료 도표(페이지 41-45)로 가라. 적용 온도선으로 수직 이동하라.
5. 교점으로부터 수평으로 이동하고 B값을 읽어라.

최대허용작동압력, P_a를 계산하라.
최대허용작동압력이 설계압력보다 작으면, 설계 절차는 용기두께를 증가시키면서 혹은 보강링으로 L을 감소시키면서 반복되어야 한다.
적용 온도선의 우측으로 떨어지는 A값에 대해서는 P_a값이 다음 공식에 의해 계산될 수 있다.

$$P_a = \frac{2AE}{3(D_0/t)}$$

D_0/t값이 10보다 작으면, Code UG-28(c)(2)에 주어진 공식이 적용되어야 한다.

보 기

설계데이타

P=15psig., 외부설계압력
D_0=96in., 셀의 외경
접선에서 접선까지의 용기의 길이 : 48ft. 0in.=576in.
Heads는 2:1 타원체형
셀의 재질 SA-285 플레이트
온도 500°F
E=재료의 탄성계수, 27,000,000psi.@500°F(페이지 41상의 도표를 보라.)

요구되는 셀 두께를 구하라.

셀 두께를 가정하라. t=0.50in.(페이지 47을 보라.)

길이 L=592in.(셀의 길이 : 576in., 헤드 깊이의 1/3 : 16in.)

$L/D_o = 592/96 = 6.17$ $D_o/t = 96/0.5 = 192$

A=0.00007(맞은 편 페이지에 설명된 절차에 의해 구해진다. 페이지 40상의 도표를 보라.)

A값이 Fig. UCS-28.2(페이지 41)에 있는 적용 온도선의 좌측으로 떨어지기 때문에

$P_a = 2AE/3(D_o/t) = 2 \times 0.00007 \times 27{,}000{,}000/3 \times 192 = 6.56$ psi.

최대허용압력 P_a가 설계압력 P보다 작기 때문에 보강링이 제공되어야 한다.

헤드의 접선간에 동일한 간격으로 놓여진 2개의 보강링을 사용하면, 1개의 용기

단면길이 L=200in.(셀의 길이 192in.+헤드 깊이의 1/38in.)

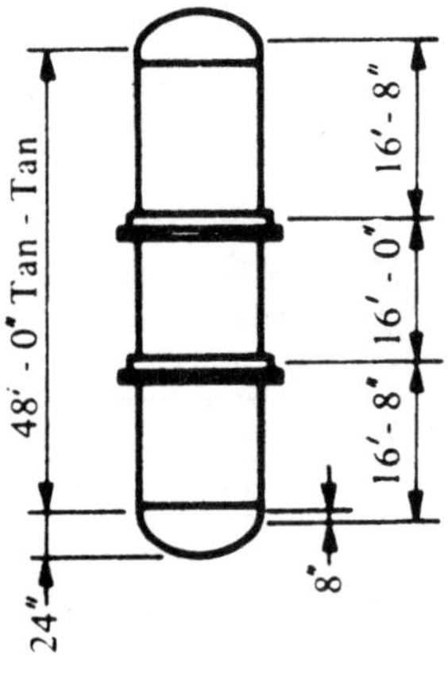

$L/D_o = 200/96 = 2.08$ $D_o/t = 96/0.5 = 192$

A=0.0002(페이지 40표)

B=3000(페이지 41표)

맞은 편 페이지상에서 설명된 절차에 의해 결정되면

$P_a = 4B/3(D_o/t) = 4 \times 3000/3 \times 192 = 20.8$ psi.

최대허용압력 P_a가 설계압력 P보다 크기 때문에 2개의 보강링을 사용하는 가정된 셀의 두께는 적합하다.

보강링의 설계를 위해서는 페이지 38을 보라.

외 부 압 력

공식

기호

P= 외부설계압력, psig.
P_a= 최대허용작동압력, psig.
D_0= 헤드외경, in.
R_0= 구형 혹은 반구형 헤드의 외반경, 타원체형 헤드에 대해서는 $0.9D_0$, in.
t= 요구되는 최소벽두께, in.
E= 재료의 탄성계수, psi.(페이지 41)

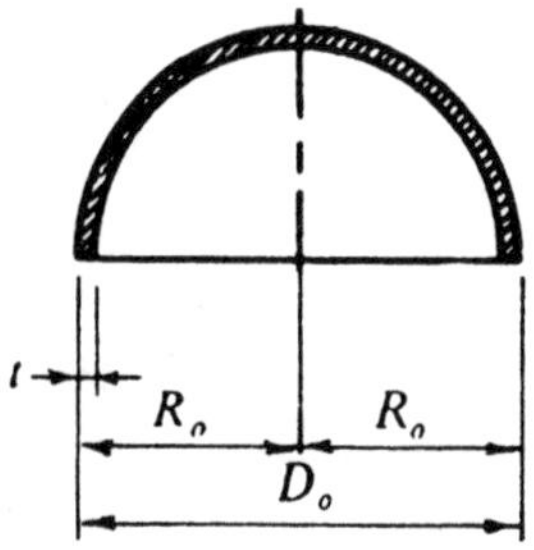

구형과 반구형 헤드

최대허용압력 : $P_a = \dfrac{B}{(R_0/t)}$

B값은 다음 절차에 의해 구해진다.

1. t값을 가정하고 공식을 사용하여 A값을 계산하라: $A = 0.125/(R_0/t)$(페이지 47)
2. 적용 재료 도표(페이지 41-45)의 A값에서 수직으로 이동하여 적용 온도선으로 가라.
3. 교점에서 수평으로 이동하고 B값을 읽어라.

   적용온도선의 좌측으로 떨어지는 A값에 대해서는 P_a의 값이 공식, $P_a = 0.0625E/(R_0/t)^2$

상기 공식에 의해 계산되는 최대허용작동압력이 설계압력보다 작은 경우, 더 큰 t값이 선정되어야 하며 그에 따라 설계 절차도 반복되어야 한다.

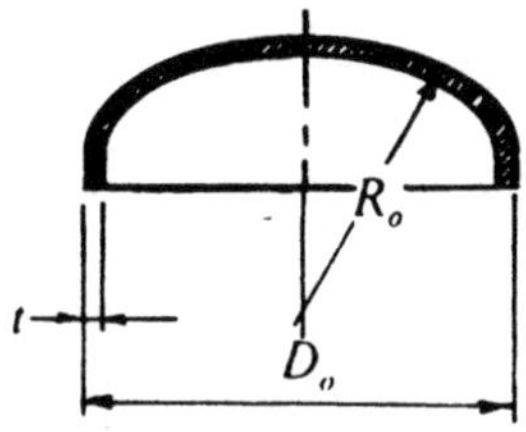

2:1 타원체형 헤드

요구되는 두께는 다음 두께 중에서 큰 것이어야 한다.

(1) 외부압력의 1.67배인 설계압력과 조인트 효율 E=1.00을 사용하는 내부압력에 대해 주어진 공식에 의해 계산된 두께
(2) $R_0 = 0.9D_0$이고 B값이 구형에 대한 것으로 결정되어야 할 때, 공식 $P_a = B/(R_0/t)$에 의해 입증된 두께

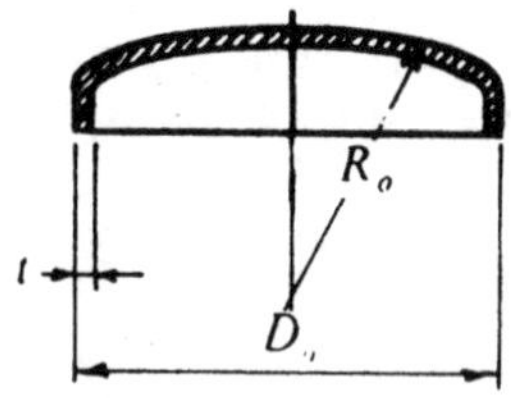

ASME 플랜지형과 접시형 헤드

요구되는 두께와 최대허용압력은 타원체형 헤드에 대해 주어진 절차에 의해 계산되어야 한다(위를 보라).

$R_0 max = D_0$

보 기

설계데이타

P=15psig., 외부설계압력
D_0=96in. 헤드의 외경
헤드 재질=5A-285C 플레이트
설계 온도=500°F

요구되는 헤드 두께를 구하라.

헤드 두께를 가정하라 : t=0.25in. R_0=48.00in.

$$A=0.125/(48.00/0.25)=0.00065$$

Fig. UCS-28.2(페이지 41)로부터 B=8500(맞은 편 페이지에 설명된 절차에 의해 구해짐)

$$P_a=8500/(48.00/0.25)=44.27\text{psi.}$$

최대허용작동압력 P_a가 설계압력 P보다 지나치게 크기 때문에 더 얇은 두께가 적합하다.

2번째 시도를 위해서, 헤드 두께 t=0.1875를 가정하라.

$$P_0=48\text{in.}$$
$$A=0.125/(48.00/0.1875)=0.0005$$
$$B=6700\text{(페이지 41 도표)}$$
$$P_a=B/(R_0/t)=6700/256=26.2\text{psi.}$$

가정된 두께 t=0.1875in.는 적합하다.

헤드 두께를 가정하라 : t=0.3125in. $R_0=0.9\times96$=86.4in.

$$A=0.125/(86.4/0.3125)=0.00045$$
$$B=6100\text{(페이지 41 도표)}$$
$$P_a=B/(R_0/t)=6100/276=22.1\text{psi.}$$

최대허용압력 P_a가 설계압력 P보다 크기 때문에 가정된 두께는 적합하다.

헤드 두께를 가정하라 : t=0.3125in. $R_0=D_0$=96in.

$$A=0.125/(96/0.3125)=0.0004$$
$$B=5200\text{(페이지 41 도표)}$$
$$P_a=B/(R_0/t)=5200/307=16.93\text{psi.}$$

최대허용압력 P_a가 설계압력 P보다 크기 때문에 가정된 두께는 적합하다.

외 부 압 력
공 식

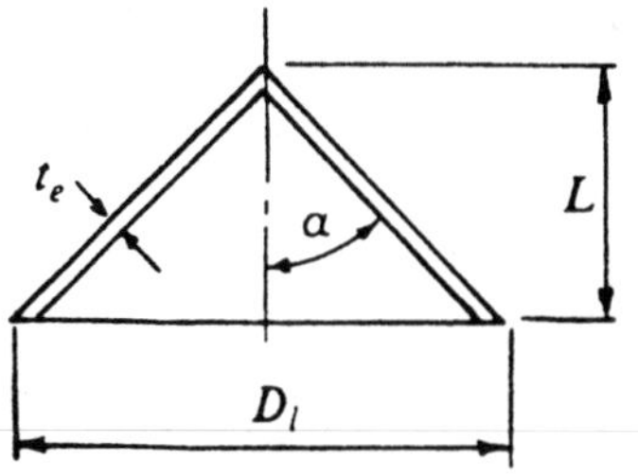

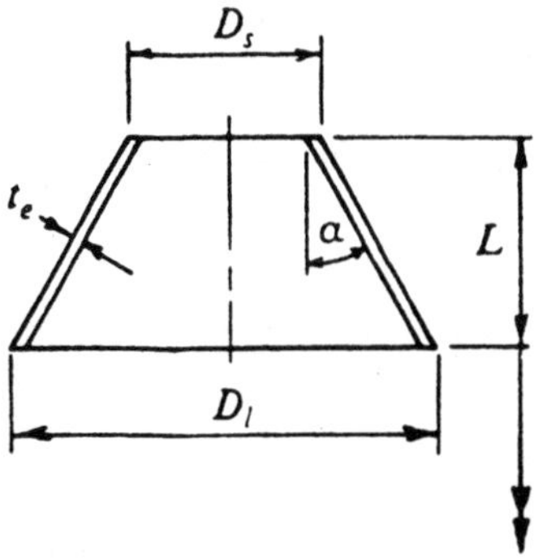

기호

A = fig. UGO-28.0(페이지 40)에서 결정된 계수

B = 도표(페이지 41-45)에서 결정된 계수

α = 사이 각의 1/2, 도

D_e = 큰 끝에서의 외경, in.

D_S = 작은 끝에서의 외경, in.

E = 재료의 탄성계수(페이지 41)

L = 원추 길이, in.

L_e = 원추형 단면의 상당길이, in.
(L/2) $(1 + D_S / D_l)$

P = 외부설계압력, psi.

P_a = 최대허용작동압력, psi.

t = 요구되는 최소 두께, in.

t_e = 유효두께, in.
= tcos α

원추와 원추형 단면
(이음매 없는 혹은 버트 조인트)

α가 60°이거나 작고 $D_l/t_e \geq 10$인 경우, 최대 허용 압력은

$$P_a = \frac{4B}{3(D_l/t_e)}$$

1. 두께 t_e를 가정하라.
   B값은 아래와 같이 얻어진다.

2. t_e, L_e, L_e/D_e와 D_e/t_e를 구하라.

3. 도표 UGO-28상의 $L_e/D_0(L/D_0)$값으로 가라(L_e/D_l이 50보다 큰 경우 50으로 가라).
   D_0/t를 나타내는 선으로 수평이동하라. 교점으로부터 계수 A를 구하기 위해 수직 이동하라.

4. 적용 재료 도표상의 A값으로 가라. 그리고 적용 온도선으로 수직 이동하라. 교점으로부터 수평이동하고 B값을 읽어라.

5. 최대 허용작동압력 P_a를 계산하라.

P_a가 설계압력보다 작으면 보강링을 사용해서 두께를 증가시키던지 혹은 L을 감소시키면서 설계절차는 반복되어야 한다.

※적용선 좌측으로 떨어지는 A값에 대해서는 P값이 다음 공식으로 계산될 수 있다.

$$Pa = 2AE/3(D_l / t_e)$$

10보다 작은 D/t 비율을 갖는 원추에 대해서는 Code UG-33(f)(b)를 보라.

α가 60°보다 클 때

원추의 두께는 그의 직경이 원추의 최대외경과 같은 평헤드에 대해 요구되는 두께와 같아야 한다.

원추대 실린더 결합의 적합한 보강을 하여야 한다.

보 기

설계데이타

P=15psi., 외부설계압력
원추재질: SA 285-C 플레이트
(500°F 설계온도에서)

원추형 헤드

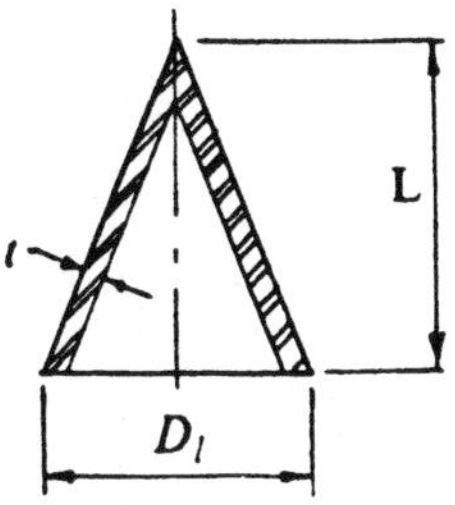

$D_l = 96$ in.　　$\alpha = 22.5$degrees　　$D_S = 0$
요구되는 두께 t를 구하라.
길이 $L=(D_l/2)/\tan\ \alpha=48/.4142=115.8\fallingdotseq116$in.
1. 헤드 두께를 가정하라. t=0.3125in.
2. $t_e=t\ \cos\ \alpha=0.3125\times.9239=0.288$;

$$L_e = L/2(1+D_S/D_l) = 116/2\times(1+0/96) = 58$$

$$L_e/D_l = 58/96 = 0.6 \quad D_l/t_e = 96/.288 = 333$$

3. A=0.00037(페이지 40 도표)
4. B=5,200(페이지 41 도표)
5. $P_a = \dfrac{4B}{3(D_l/t_e)} = \dfrac{4\times5,200}{3(333)} = 20.8$psi.

최대허용압력이 설계압력보다 크기 때문에 가정된 플레이트 두께는 적합하다.

원추형 단면

$D_l = 144$in., $D_S = 96$in., $\alpha = 30$ deg.
요구되는 두께를 구하라.

길이, $L = (D_l/D_S/2)\tan\alpha = 24/.5774 = 41.6$in.

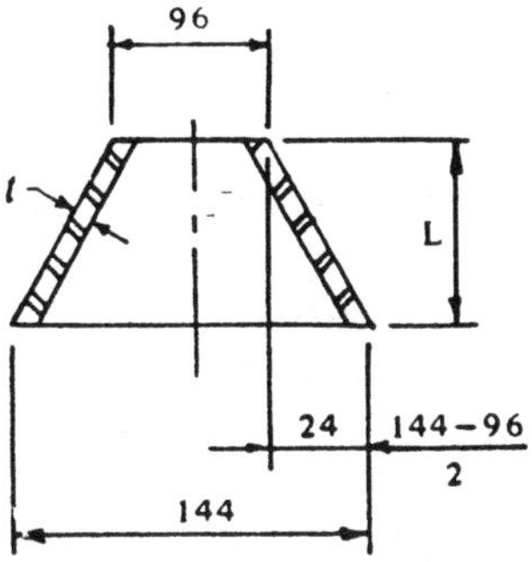

1. 헤드 두께를 가정하라. t=0.375in.
2. $t_e=t\ \cos\ \alpha=0.375\times0.866=0.324$

$$L_e = L/2(1+D_S/D_l) = 41.6/2\times(1+96/144) = 34.67$$

$$L_e/D_l = 36.67/144 = 0.241$$

$$D_l/t_e = 144/0.324 = 444$$

3. A=0.00065(페이지 40 도표)
4. B=8,600(페이지 41 도표)
5. $P_a = \dfrac{4B}{3(D_l/t_e)} = \dfrac{4\times8600}{3\times(144/0.324)} = 25.8$psi.

최대허용압력 P_a가 설계압력 P보다 크기 때문에 가정된 두께는 적합하다.

α가 60° 이상일 때 원추형 헤드에 대한 보기는
평헤드에서 주어진다.

외 부 압 력

보강링의 설계

기호

A=보강링에 사용되는 재질(페이지 40 도표의 계수)로부터 결정되는 계수
A_s=보강링의 횡단면적, in.^{2}
D_0=셀의 외경, in.
E=재료의 탄성계수(페이지 41 도표)
I_s=셀축에 평행한 중립축에서의 보강링의 요구되는 관성 모우멘트, in.^{4}
I'_s=관성 모우멘트에 영향을 주는 셀 단면과 결합된 보강링의 요구되는 관성 모우멘트, in.^{4} $1.10\sqrt{D_0 t}$ in.^{4}
셀단면의 폭
L_s=보강링의 중심선에서 (1)다음의 링까지의 (2)1/3깊이에서 헤드선까지의, (3)쟈켓 연결부까지의 혹은 (4)실린더와 원추결합부까지의 보강링 양측면상의 거리의 0.5배들의 합계, in.
P=외부 설계압력, psi.
t=요구되는 셀의 최소 벽두께, in.

I. 보강링의 유형을 선정하고 횡단면적 A를 구하라.
II. 요구되는 링의 수를 가정하고, 그들을 쟈켓을 입힌 단면, 셀과 원추 결합부 혹은 그의 깊이의 1/3인 헤드선 간에 일정간격으로 배분하고 길이 L_3을 구하라.
III. 선정된 링의 관성 모우멘트 혹은 셀단면과 결합된 링의 관성 모우멘트를 계산하라.
IV. 원주상 보강링의 요구되는 관성 모우멘트는 다음 공식들 중의 하나에 의해 결정된 것보다 작지 않아야 한다.

$$I_s' = \frac{D_0{}^2 L_s(t+A_s/L_s)A}{10.9} \qquad I_s = \frac{D_0{}^2 L_s(t+A_s/L_s)A}{14}$$

A값은 다음 절차에 의해 구해져야 한다.
1. 다음 공식을 이용, 계수 B를 계산하라 :

$$B = 3/4\left[\frac{PD_0}{t+A_s/L_s}\right]$$

2. 적용재료 도표(페이지 41-45)의 B값으로 간 후 수평으로 이동하여 설계 온도 곡선으로 가라. B값이 2500보다 작을 때, A는 다음 공식으로 계산될 수 있다.

$$A=2B/E$$

3. 교점에서 수직으로 이동하여 도표의 하단으로 가라. 그리고 A값을 읽어라.
4. 상기 공식을 이용하여 요구되는 관성 모우멘트를 계산하라.

링의 관성 모우멘트 혹은 셀과 결합된 링의 관성 모우멘트가 요구되는 관성 모우멘트보다 큰 경우, 셀의 보강은 적합하다. 그렇지 않으면 보다 큰 관성 모우멘트를 가진 보강링이 선정되어야 하며, 링의 수가 증가되어야 한다.

보 기

설계데이타

P=15psi. 외부설계압력
D_0=96in. 셸의 외경
접선에서 접선까지의 용기의 길이 : 48ft. 0in.=576in.
헤드 : 2:1 타원체형
보강링의 재질 : SA-36
온도 : 500°F
E=재료의 탄성계수, 27,000,000psi.:@°F(페이지 41 도표)
t = 0.500in. 셸의 두께

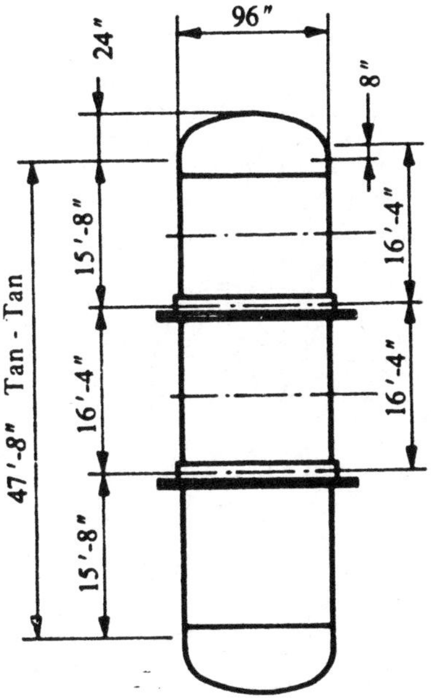

Ⅰ. 6×4-5/16의 각도를 선정하라.

A_s=3.03in.^{2}

Ⅱ. 헤드 깊이의 1/3간에 일정간격으로 배치된 2개의 보강링을 사용하라.

L_s=196in.

Ⅲ. 선정된 각도의 관성 모우멘트 : 11.4in.

1. 계수 B값 :

$B=3/4[PD_0/(t+A_s/L_s)]$
$=3/4[15\times96/(0.5+3.03/196)]$
$=2095$

2. B값이 2500보다 작기 때문에

$A=2B/E$
$=2\times2095/27,000,000=0.00015$

Ⅳ. 요구되는 관성 모우멘트 :

$$I_s=\frac{[D_0{}^2L_s(t+A_s/L_s)A]}{14}=\frac{96^2\times196\times(0.5+3.03/196)\times0.00015}{14}=9.97\text{ in.}^4$$

요구되는 관성 모우멘트(9.97in.^{4})가 선정된 각도(11.4in.^{4})의 관성 모우멘트보다 작기 때문에 용기는 적합하게 보강되어 있다.
보강링은 횡적 비틀림을 받게 될 수 있으며 이점이 요구되는 관성 모우멘트에 추가하여 고려되어야 한다.
보강링 계산에 대해서는 페이지 87-89를 보라.

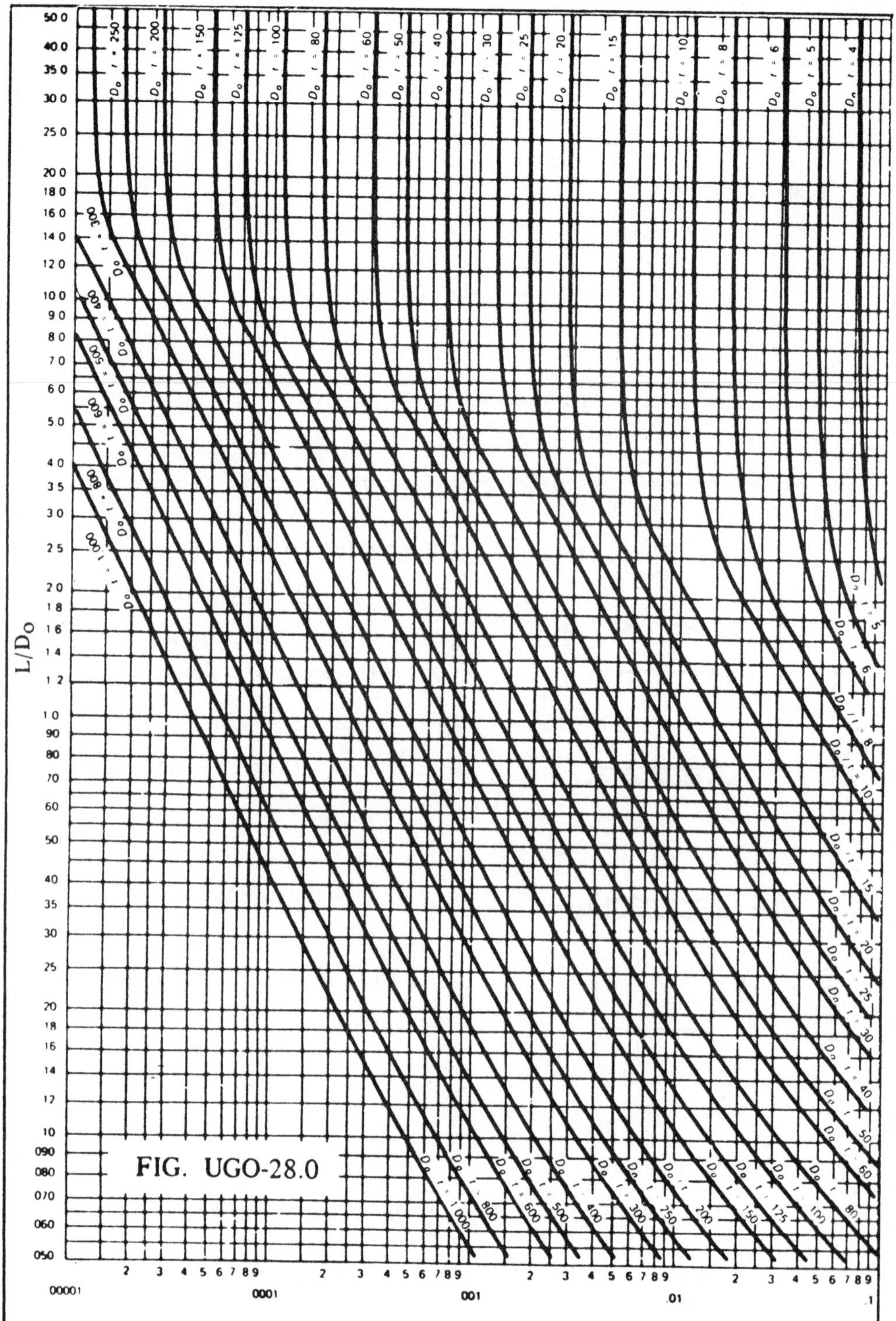

계수 A값(외부압력을 받는 용기)

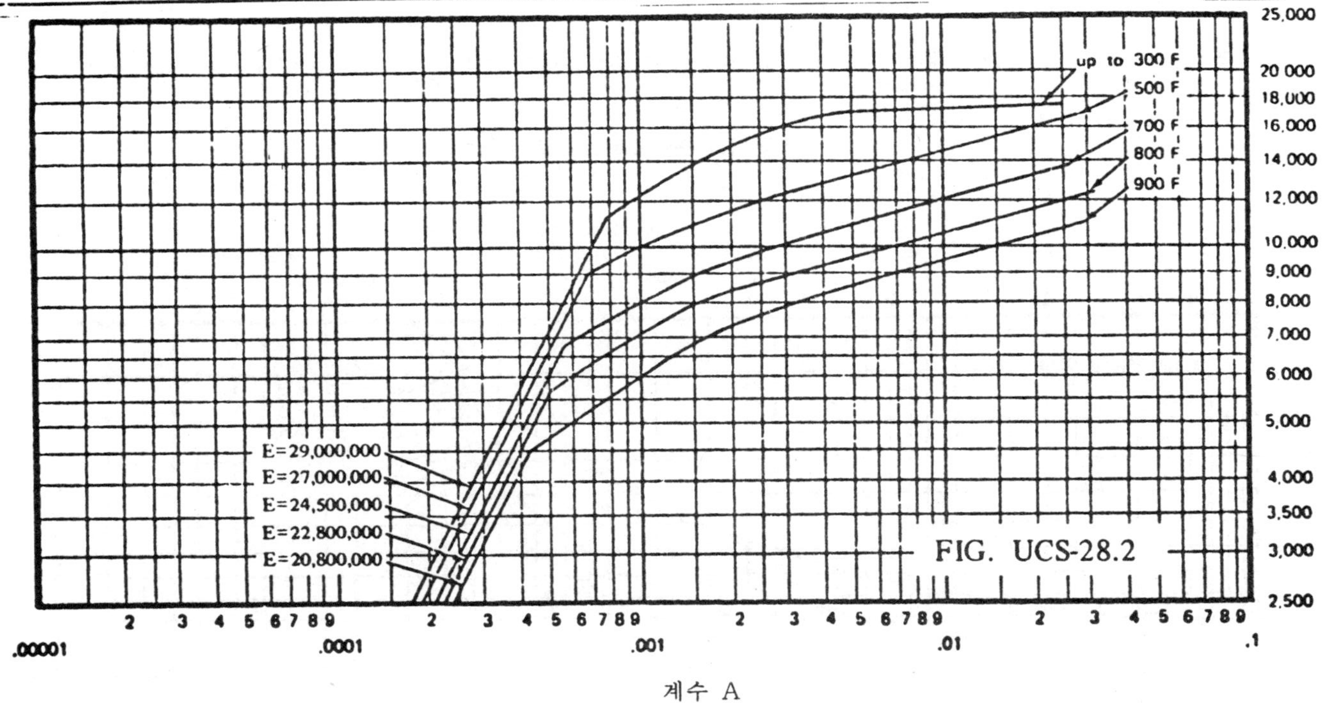

주: A값이 온도선 끝의 우측으로 떨어지는 경우, 온도선 상부 끝의 수평투영으로 교점을 가정하라.

계수 B값(외부압력을 받는 용기)

도표의 값은 용기가 탄소강으로 제작되고, 항복강도가 30,000psi. 이상인 경우에 적용된다. 이러한 범위에서 가장 많이 사용되는 재질은 아래와 같다.

SA-283 C, SA-285 C, SA-515, SA-516 } 전등급

SA-53-B, SA-106-B, Type 405, Type 410 } 스테인레스강

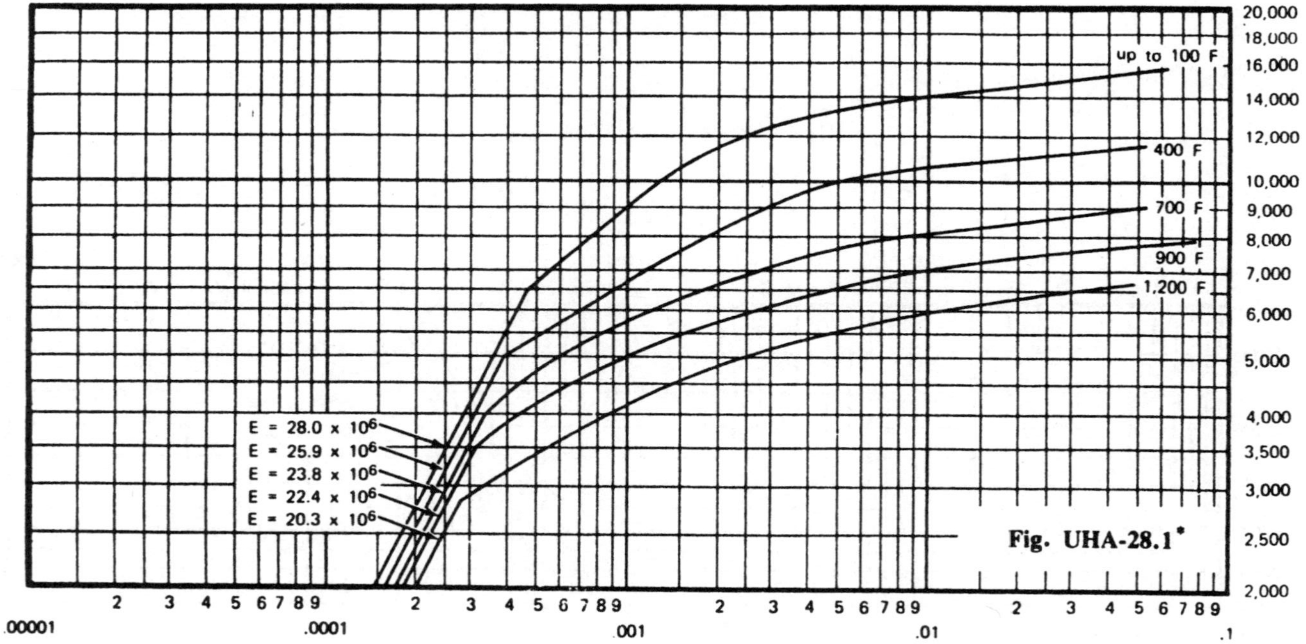

주: A값이 온도선 끝의 우측으로 떨어지는 경우에 온도선 상부의 수평투영으로 교점을 가정하라.

계수 B값(외부압력을 받는 용기)

*도표의 값은 용기가 오스테나이트강(18Cr-8Ni, Type 304)으로 제작된 경우 적용된다(페이지 160상의 도표).

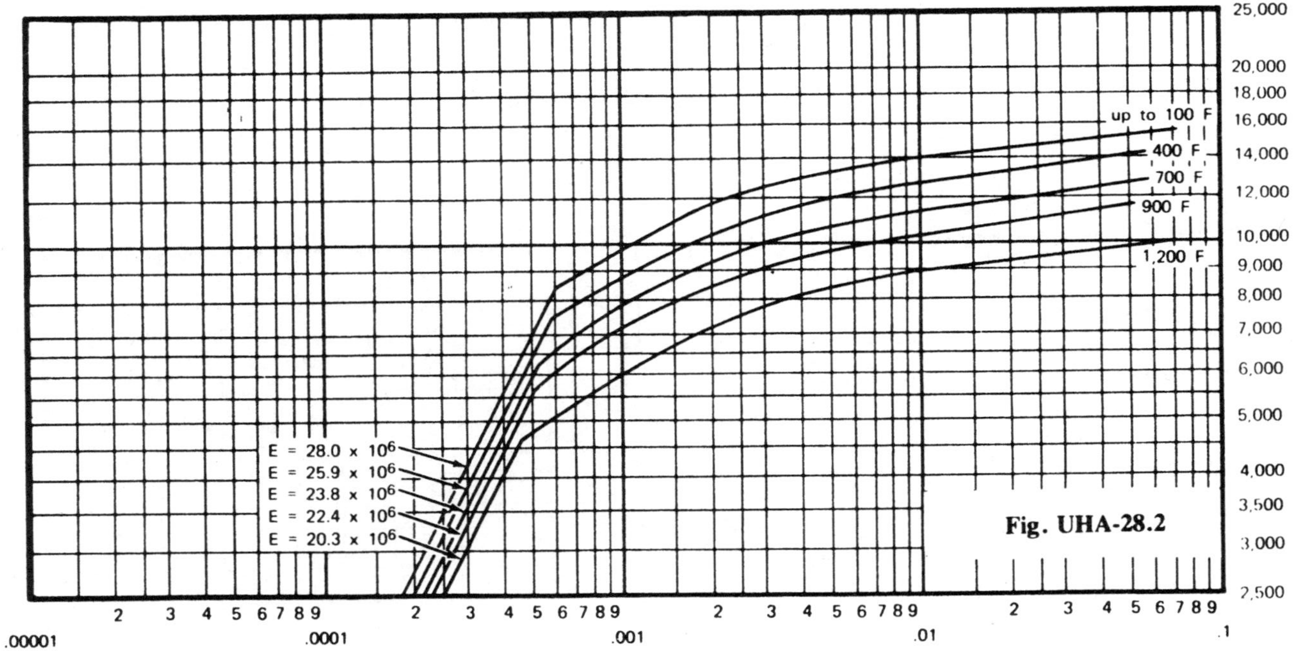

계수 B

계수 A

주: A값이 온도선 끝의 우측으로 떨어지는 경우, 온도선 상부 끝의 수평투영으로 교점을 가정하라.

계수 B값(외부압력을 받는 용기)

*도표의 값은 용기가 오스테나이트강(18Cr-8Ni, Type 316)으로 제작된 경우 적용된다(페이지 160의 도표 3).

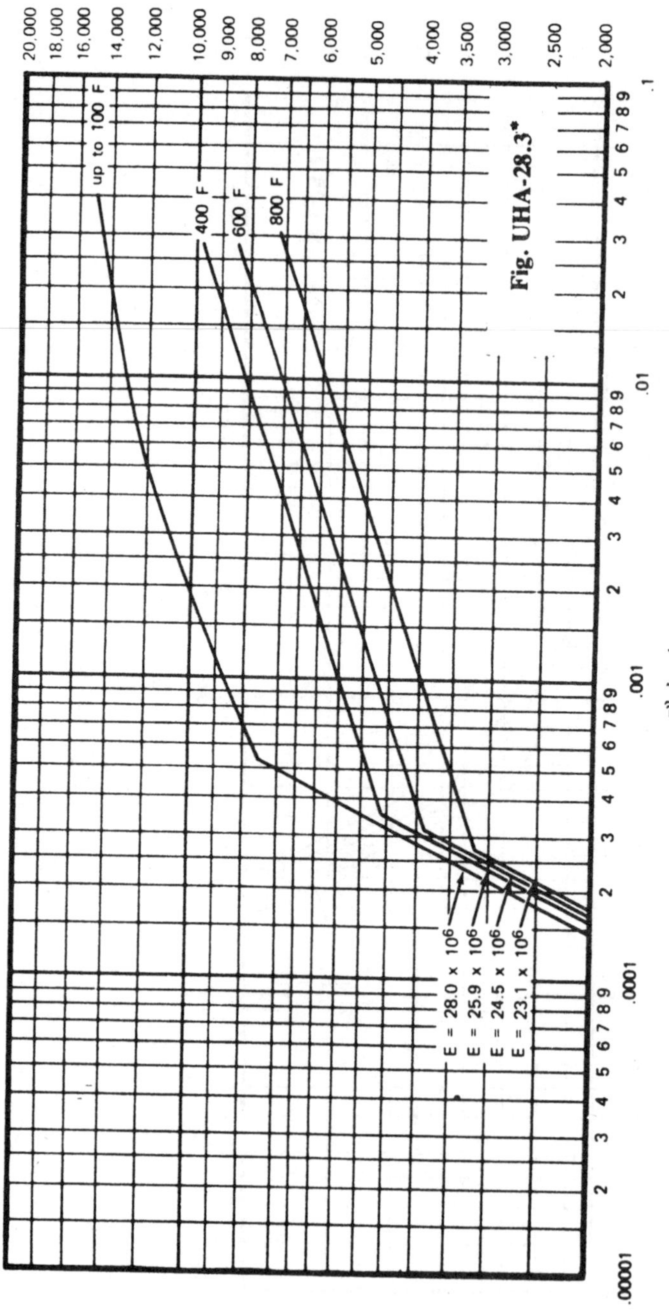

계수 B값(외부압력을 받는 용기공식)

*도표의 값은 용기가 오스테나이트강(18Cr-8Ni-0.03max. Carbon, Type 304L)으로 제작된 경우 적용된다.

주: A값이 온도선 끝의 우측으로 떨어지는 경우에 온도선의 상단의 수평투영으로 교점을 가정하라.

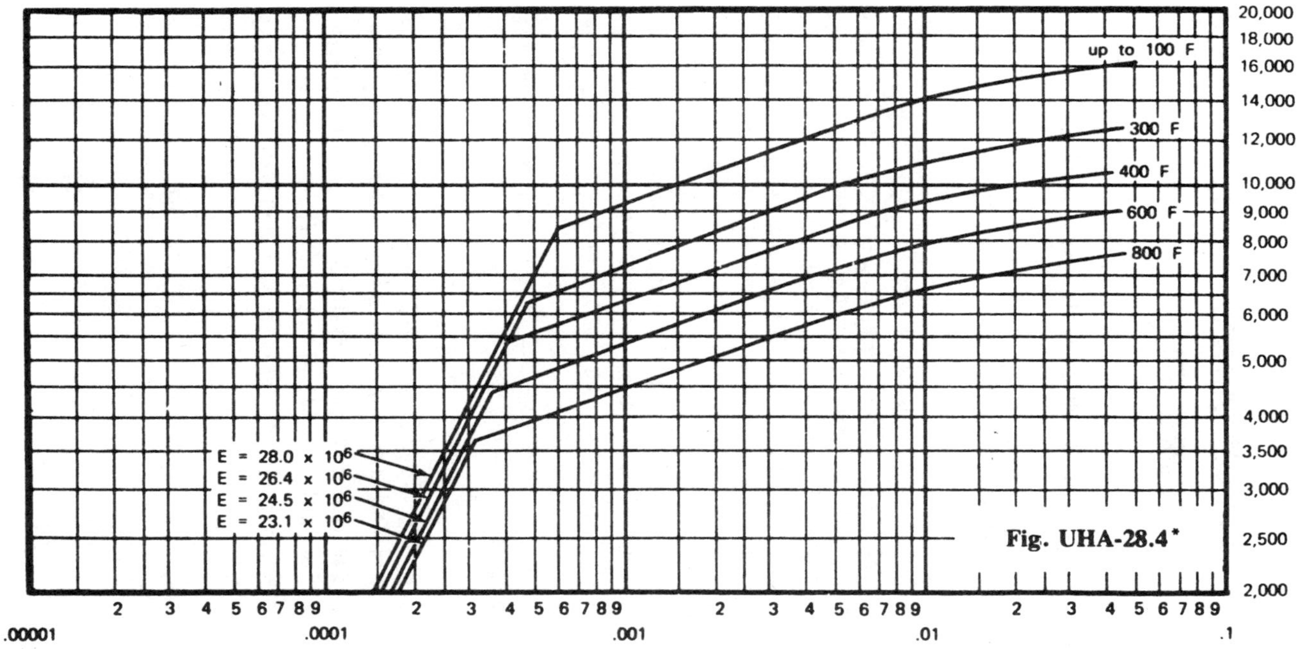

계수 A

계수 B

주: A값이 온도선 끝의 우측으로 떨어지는 경우, 온도선 상부 끝의 수평투영으로 교점을 가정하라.

계수 A값(외부압력을 받는 용기 공식)

*도표의 값은 용기가 오스테나이트강(18Cr-8Ni-Mo-0.03max. Carbon, Type 316L과 317L)으로 제작된 경우 적용된다 (페이지 160상의 도표 4).

외부압력(外部壓力)

보강링의 제작

위치
보강링은 용기의 내부 혹은 외부에 놓여질 수 있다.

링형태
링은 사각형 혹은 다른 단면형태일 수 있다.

제작
복합단면 보강링을 제작할 때는 표준 구조형태를 사용하는 것보다 플레이트를 사용하는 것이 바람직하다. 이러한 이유는 중구조형태를 롤링시키는 어려움뿐만 아니라 링을 셀의 곡면에 맞추어야 하는 필요성에 있다. 대형 용기에 대해서 최대허용진원도는 셀과 링간에 1-2인치 간격을 초래할 수 있다. 이러한 것은 링의 수직 부품이 단면에 있어서의 플레이트로부터 절단되면 제거될 수 있다. 단면은 압연 대신 화염절단된 후 버트 용접으로 상호 결합될 수 있다.

배수와 배기
수평 셀 내부에 위치한 보강링은 바닥에 배수 그리고 상단에 배기를 위한 구멍 혹은 간격을 갖는다. 실제로 바닥에 있는 3인치 직경의 구멍의 반과 상단에 있는 $1^1/_2$ 인치 직경의 구멍이면 적합하다. 그리고 이는 응력 조건에 나쁜 영향을 주지 않는다. Figure A

보강링에 있어서의 간격 때문에 지지되지 않고 놓여진 셀의 최대 호에 대해서는 Code Figure UG, 29.2를 보라.

용접
ASME Code(UG 30)에 의하면 보강링은 연속 혹은 단속 용접에 의해 셀에 부착될 수 있다. 보강링의 각 측면에서의 단속 용접의 총 길이는 다음과 같아야 한다.

1. 용기의 외면상의 링에 대해 : 용기의 외면원주의 1/2보다 작지 않아야 함.
2. 용기의 내면상의 링에 대해 : 용기의 원주의 1/3보다 작지 않아야 함.

부식허용공차가 고려된다면, 보강링은 연속 필렛 혹은 이음매용접(ASME Code UG 30)으로 셀에 부착되어야 한다.

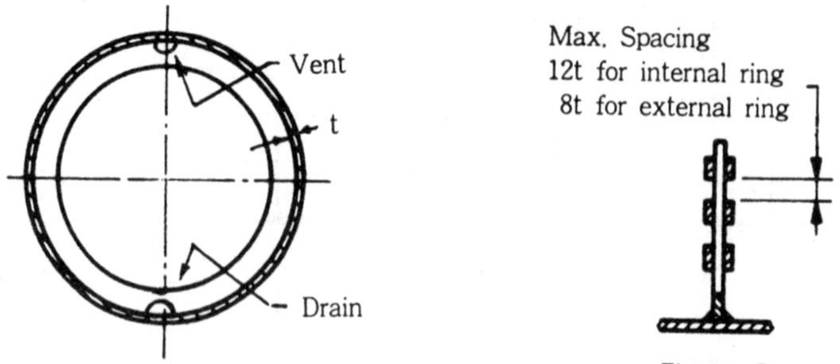

Figure A　　Figure B

EX : 링 외면 1/4″ ×3″ lg. 필렛용접
링 내면 1/4″ ×2″ lg. 필렛용접

완전 진공상태의 용기의 벽두께를 결정하기 위한 도표

이 도표를 사용하면, 다른 두께를 가정하는 시도는 불필요해진다. 이 도표는 ASME CODE, SECTION Ⅷ, DIVISION 1의 설계방식에 의해 개발되었다.

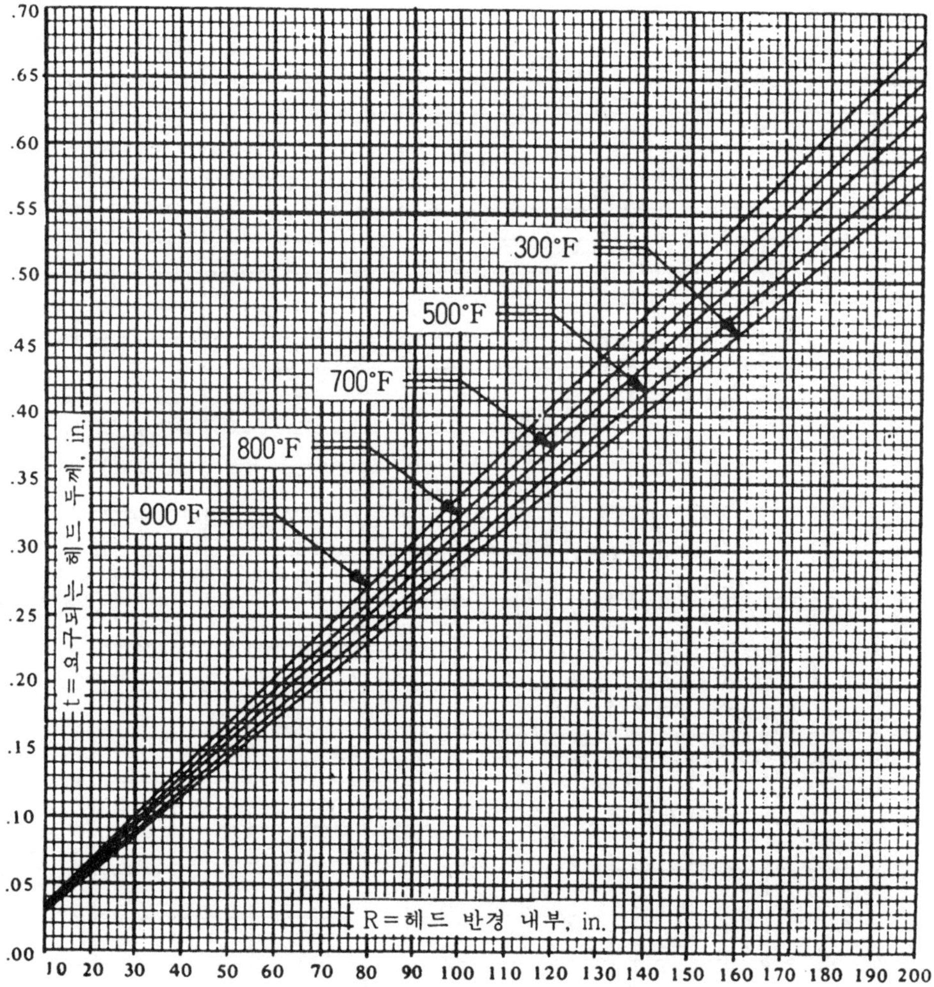

구형, 타원체형, 플랜지 & 접시이음형 헤드

(명시된 항복강도 : 30,000 - 38,000psi.)

요구되는 헤드 두께를 구하기 위한 순서 : 1. R을 구하라. 2. 도표상의 R값으로 가라. 3. 온도선을 따라 수직 이동하라. 4. 수평 이동하고, t값을 읽어라.

t＝요구되는 헤드 두께, in.
R＝반구형 헤드에 대해서는 내반경, in.
2:1 타원체형 헤드에 대해서는 0.3×D_0
플랜지 & 접시이음형 헤드에 대해서는 내면 크라운 반경, in. $R_{max}=D_0$
D_0＝헤드 외경, in.

완전진공상태의 용기벽 두께를 구하기 위한 도표

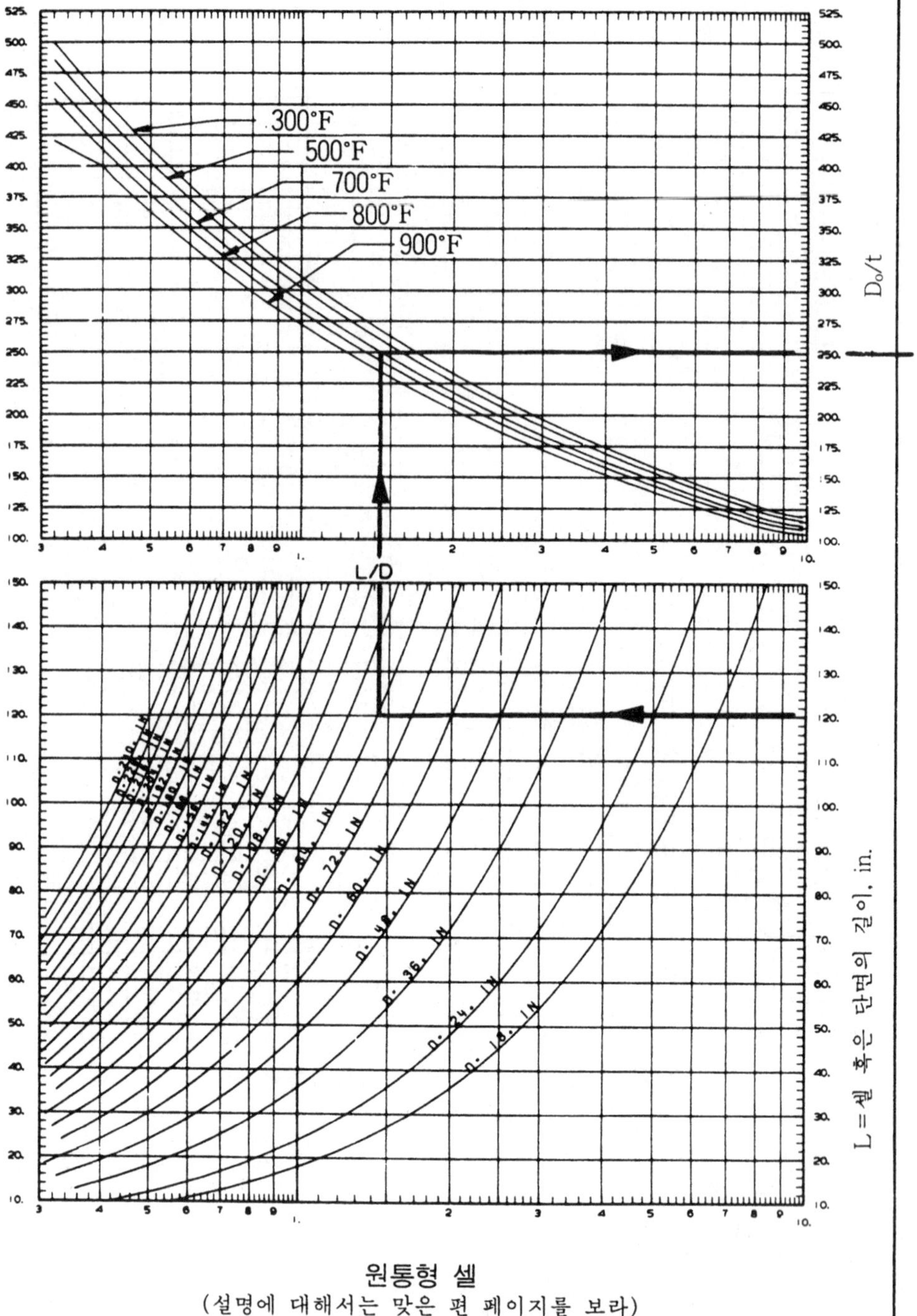

원통형 셸

(설명에 대해서는 맞은 편 페이지를 보라)

완전진공상태의 용기벽 두께를 구하기 위한 도표

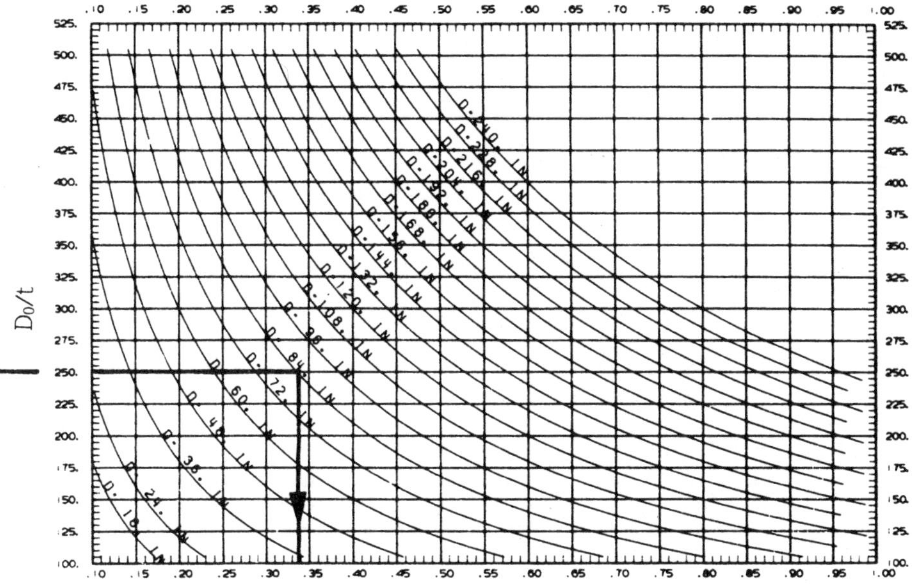

t = 요구되는 셸 두께, in.

원통형 셸

(명시된 항복 강도 : 30,000 - 38,000psi)

요구되는 셸 두께를 구하기 위한 순서

1. 맞은편 페이지의 하단 도표의 L값으로 가라.
2. D_0를 나타내는 곡선을 따라 수평으로 이동하라.
3. 온도선을 따라 수직 이동하라.
4. 수평 이동하고 D_0/t를 읽어라.
5. 상기 도표의 D_0/t값으로 가라.
6. 곡선 D를 따라 수평 이동하라.
7. 수직 하향 이동하고 t값을 읽어라.

기호

t = 요구되는 셸 두께, in.

D_0 = 셸 외경, in.

L = 용기 혹은 용기 단면의 길이(다음 것 중에서 제일 큰 것으로 취해짐)

1. 보강링이 사용되지 않는 경우, 헤드의 접선간의 거리에 헤드 길이의 1/3을 추가한 것
2. 2개의 인접한 보강링간의 거리 중 최대치, in.
3. 첫 번째 보강링의 중심으로부터 헤드의 접선까지의 거리에 헤드 깊이의 1/3을 추가한 것

본 도표의 발췌문헌

Logan, P. J., "Based on New ASME Code Addenda···Chart Finds Vessel Thickness," HYDROCARBON PROCESSING, 55 No. 5, May 1976 P.217.

Logan, P. J., "A Simplified Approach to···Pressure Vessel Head Design," HYDROCARBON PROCESSING, 55 No. 11, November 1976 P. 265.

고층탑의 설계
풍력부하

풍력을 받는 탑은 균등하게 부하가 걸린 외팔보로써 간주된다.

풍력부하의 계산은 ANSI A58.1-1982에 기준한다. 지역 형태와 지역 기록이 표준높이에서의 50mph년 풍속이 지도에서 나타나는 것보다 높을 때, 그 높은 수치가 최소 기준 바람속도가 되어야 한다.

설계풍압을 결정하기 위한 최소 기준 풍속은 다음 페이지상의 풍속 지도로부터 선정되어야 한다.

설계풍압은 어떠한 높이에 대해서 다음 공식에 의해 결정되어야 한다.

$$P = q_s C_e C_q$$

여기서 :

P = 설계풍압, psf.
q_s = 30피트 표준높이에서 바람의 전압력

기초 풍속, mph	70	80	90	100	110	120	130
압력 q_s, psf.	13	17	21	26	31	37	44

C_q = 압력계수(형태계수)
정사각형 또는 직사각형 탑 1.4
6각형 또는 8각형 탑 1.1
둥근형 또는 타원형 탑 0.8
(다수의 장비가 탑에 부착된다면, 원통형 용기에 대해서는 0.9까지 C_q를 증가시키는 것이 바람직하다.)
C_e=결합된 높이, 노출 및 돌풍계수

지상 높이, ft.	계수 C_e	
	노출 C	노출 B
0-20	1.2	0.7
20-40	1.3	0.8
40-60	1.5	1.0
60-100	1.6	1.1
100-150	1.8	1.3
150-200	1.9	1.4
200-300	2.1	1.6
300-400	2.2	1.8

노출 C는 가장 심한 노출을 나타내며 탑이 있는 현장으로부터 0.5마일 이상 걸쳐 있는 평탄하고 일반적으로 열려 있는 지역에 해당된다. 대부분의 대형 석유화학 플랜트는 이러한 범주에 속한다. 노출 B는 건물, 삼림 등을 가진 지역에 해당된다.

고층탑의 설계

풍 력

보기

최소 기본 풍속이 100mph인 알래스카에 설치될 100피트 높이의 원통형 탑에 작동할 풍력을 각기 상이한 높이에서 구하라.

높이	q_s	C_e	C_q	P
0-20	26	0.7	0.8	14.56
20-40	26	0.8	0.8	16.64
40-60	26	1.0	0.8	20.80
60-100	26	1.1	0.8	22.88

계획된 면적 A의 계산

$$A = D \times H$$

여기서, D＝보온재와 배관을 위한 허용치를 갖고 있는 탑의 외경
H＝탑의 높이

사다리 면적은 개략 선형피트당 1평방 피트이고, 플랫폼의 면적은 8평방 피트이다.

용기의 사용자들은 으레히 제조업체들을 위해 높이 구역 혹은 지도상 지역에 대한 언급 없이 풍력을 명시한다. 예를 들어, 30lb/ft.^{2}, 이 명시된 압력은 용기 전체 면에 균일한 것으로 명시되어야 한다. 탑에 대한 전체 풍력은 국부압력의 생성물이다. 장비의 효율적인 배치에 의해 바람에 노출되는 면적은 상당수준 줄여질 수 있다. 예로써 수증기 선으로부터 사다리를 90도 각도로 세우는 것을 말한다.

풍속지도
(miles/hour)

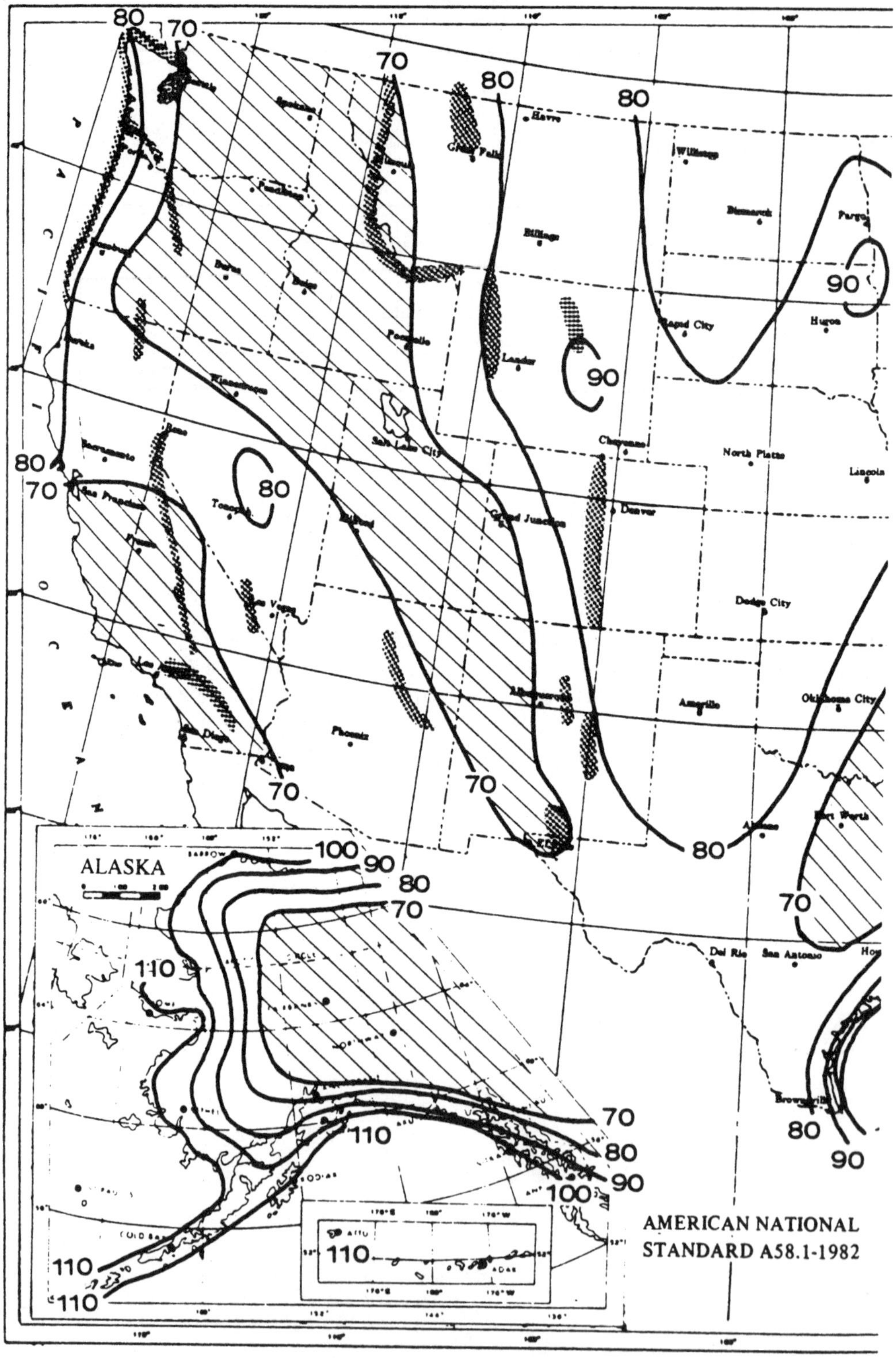

풍속지도

(miles/hour)

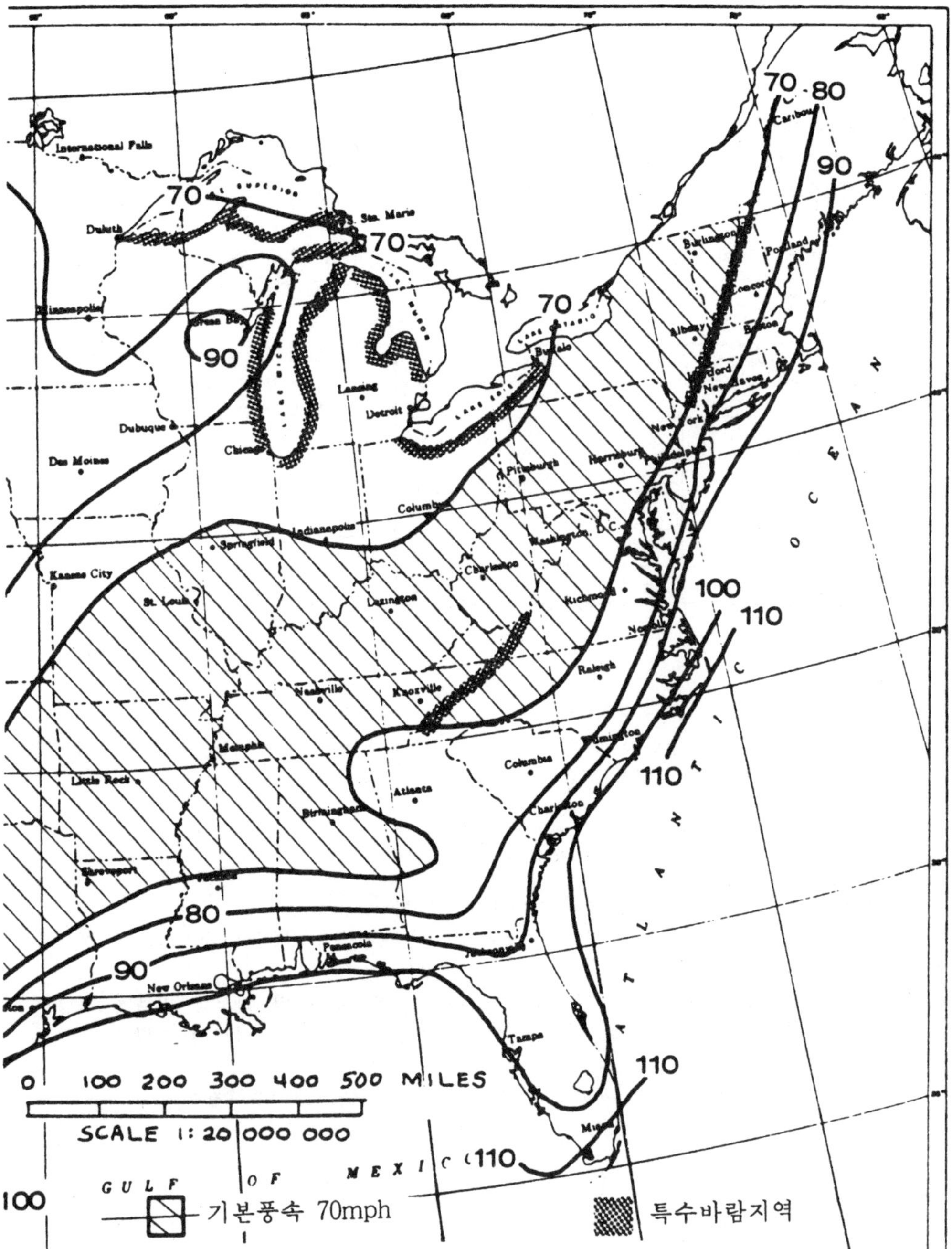

주 : 1. 값은 노출범주 C에 대해 지상 33피트 높이에서 가장 빠른 속도(mile)이며, 연중 확률은 0.02와 관련된다.

2. 바람속도 윤곽선 사이에서의 보간법 사용 가능
3. 알래스카의 산악지대에 대해 풍속윤곽선을 사용할 시는 주의를 요한다.
4. 하와이의 풍속은 80mph이고, 푸에르토리코의 풍속은 95mph이다.
5. 지역기록과 지형이 50mph 연풍속도 이상을 나타내는 곳에서는 본 지도가 사용되어야 한다.
6. 풍속은 해안과 근처 내륙 윤곽선간에서는 일정한 것으로 간주될 수 있다.

고층탑의 설계

풍 력 부 하

대체적인 방식에 의한 풍력부하의 계산은 ASA A58.1-1955에 기준한다. 이 표준규격은 폐지되었으나 몇몇 Code와 외국 국가에서는 여전히 사용되고 있다.
미국의 경우, 지상 30피트 높이에서의 풍압은 맞은편 페이지의 지도상에서 보는 바와 같다.
아래 도표는 이 지도에 표시된 지역에 대해 각기 상이한 지상 높이에 대한 풍압을 보여주고 있다.

횡단면이 정사각형 및 직사각형일 때의 풍압, P_w*							
높이 지역 ft.	지도상의 지역						
	20	25	30	35	40	45	50
30 이하	15	20	25	25	30	35	40
30-49	20	25	30	35	40	45	50
50-99	25	30	35	45	50	55	60
100-499	30	40	45	55	60	70	75

*횡단면이 6각형이거나 8각형일 때는 P_w에 0.8을 곱하고 원형이거나 타원형일 때는 0.6을 곱하라.

EX :

지도상으로부터 풍압 P_w를 구하라.
용기는 지도상 지역 풍압이 30으로 표시된 오클라호마에 설치되는 것으로 가정된다. 이 지도상 지역에 있어서 각기 상이한 높이에서의 풍력은 다음과 같다.

30피트 높이 이하인 곳 : 25lb/ft.^{2}
30 - 49피트 높이인 곳 : 30lb/ft.^{2}

원통형 탑에 대해서 이 값은 형태 계수 0.6으로 한다.
많은 장비가 이러한 원통형 탑에 부착된다면 형태계수를 0.85로 증가시키는 것이 바람직하다.
용기의 사용자들은 대부분이 제조업자들에게 지역의 높이 및 지도상 지역을 언급없이 풍압만을 명시하는 경우가 많다. 예를 들어, 30lb/ft.^{2}, 이 명시된 압력은 용기 전체 면에 균일한 것으로 고려되어야 한다.
횡단면이 원형인 경우, 풍압 풍속간의 관계는 다음 식에 의해 주어진다.

$$P_w = 0.0025 \times V_W^2$$

여기서, P_w = 풍압, lb/ft.^{2}
V_w = 풍속, mph.

EX :

100mph의 풍속이 야기 시키는 풍압 :

$$P_W = 0.0025 \times V_W^2 = 25 \text{ lb/ft.}^2$$

(지상 30피트 높이에 있는 원통형 용기의 계획된 면에서)

풍압지도

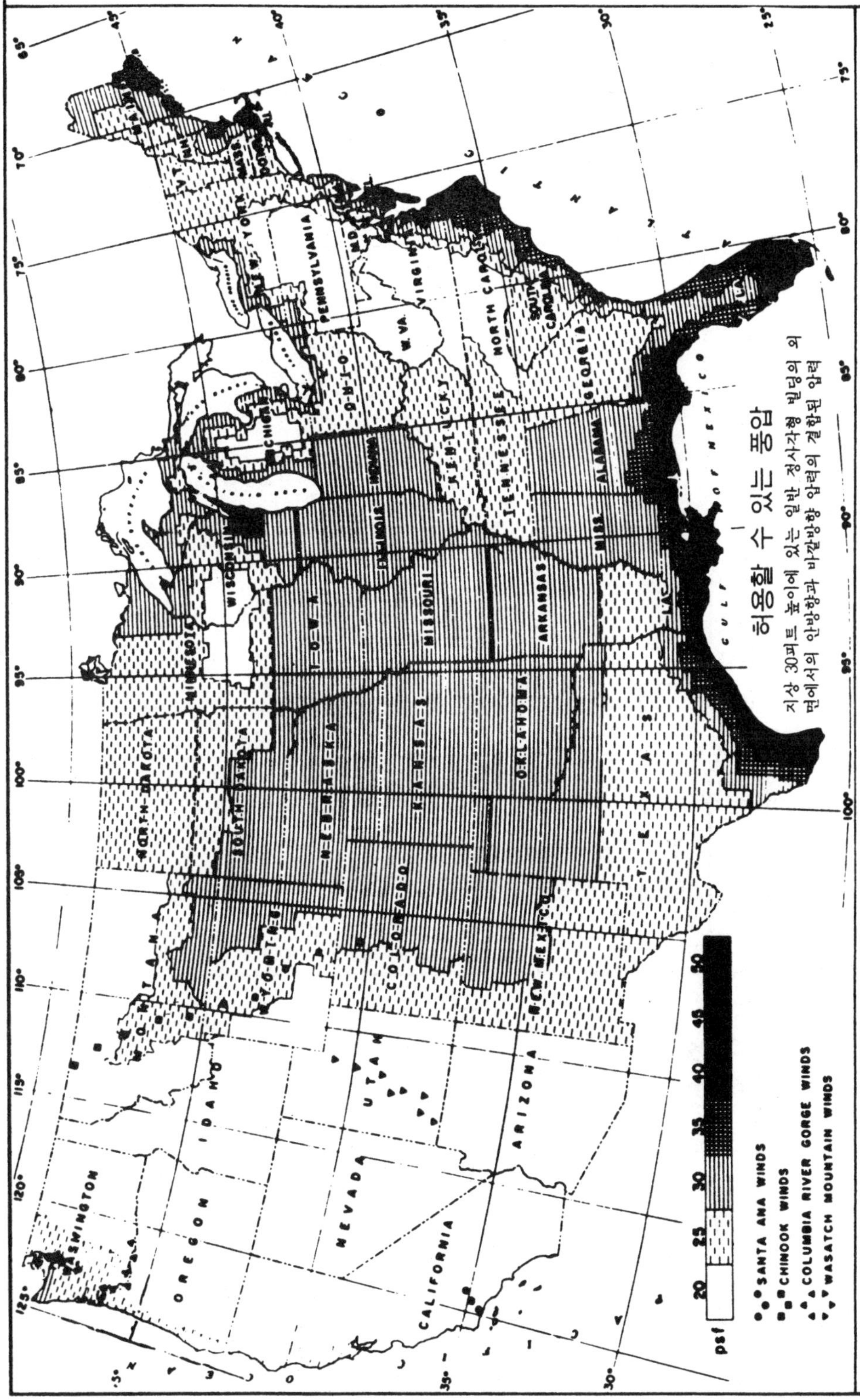
허용할 수 있는 풍압
지상 30피트 높이에 있는 일반 정사각형 빌딩의 외
벽에서의 안방향과 바깥방향 압력의 결합된 압력
psf
20
25
30
35
40
45
50
SANTA ANA WINDS
CHINOOK WINDS
COLUMBIA RIVER GORGE WINDS
WASATCH MOUNTAIN WINDS

고층탑의 설계

풍력부하

A

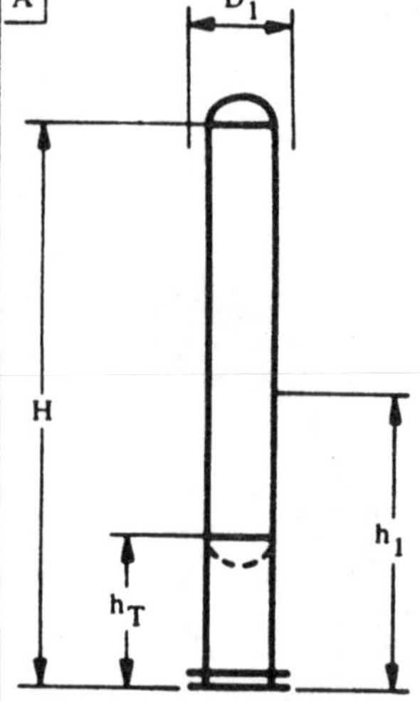

공식

전단력	모우멘트	응력	요구되는 두께
$V = P_w D_{1,2} H_{1,2}$	$M = P_w D_{1,2} H_{1,2} h_{1,2}$ $M_T = M - h_T(V - 0.5 P_w D_1 h_T)$	$S = \frac{12M}{R^2 \pi t}$	$t = \frac{12M}{R^2 \pi SE}$

기호

$D_1 D_2$ = 보온재 등을 가진 용기의 폭, ft.
E = 용접이음 효율
$h_1 h_2$ = 레비압, ft.
h_T = 밑바닥에서 고려하고 있는 단면까지의 거리, ft.
H, $H_1 H_2$ = 용기길이 혹은 용기 단면, ft.
M = 밑바닥에서의 최대 모우멘트, ft.lb.
M_T = 높이 H_T에서의 모우멘트, ft.lb.
Pw = 풍압, lb/ft.^{2}
R = 용기평균반경, in.
S = 재료의 응력치 혹은 실제응력, psi.
V = 총전단력, lb.
t = (부식이 고려되지 않은)요구되는 두께, in.

B

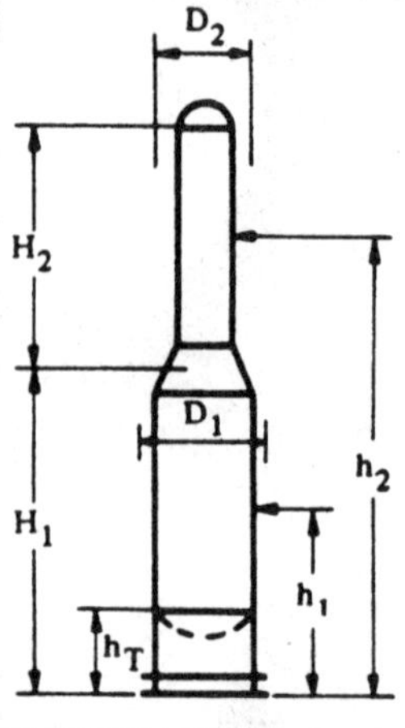

EX :

지수 D_1=4′-0″, D_2=3′-0″, H_1=56′-0″, H_2=44′-0″
h_T=4′-0″, Pw=30psf

바람 모우멘트를 구하라.

$h_1 = H_1/2 = 28'\text{-}0''$, $h_2 = H_1 + (H_2/2) = 78'\text{-}0''$
Pw × D × H = V × h = M

아래 단면 30×4×56=6720×28=188,160
위 단면 30×3×44=3,960×78=308,880
총 V=10,680 M=497,040ft.lb.

아래 접선에서의 모우멘트

$M_T = M - h_T(V - 0.5 P_w D_1 h_T)$
= 497,040 − 4(10,680 − 0.5×30×4×4) = 455,280ft.lb.

C

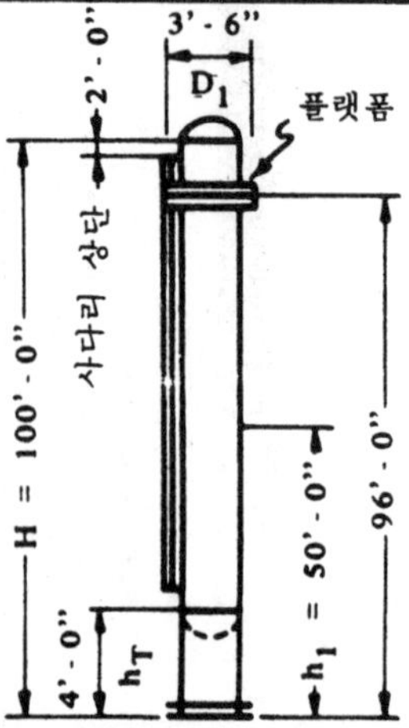

EX :

지수 D_1=3ft. 6in., H=100ft., 0in. h_T=4ft. 0in. Pw=30psf
바람 모우멘트를 구하라.

$h_1 = H_1/2$ = 50ft. 0in.
Pw × D_1 × H = V × h_1 = M

용 기 30×3.5×100=10,500×50=525,000
사다리 30×98 1in.ft.= 2,940×49=144,060
플랫폼 30× 8 1ln.ft.= 240×96= 23,040

총 V=13,680 M=692,100ft.lb.

아래 접선에서의 모우멘트

$M_T = M - h_T(V - 0.5 P_w D_1 h_T)$
= 692,100 − 4(13,680 − 0.5×30×3.5×4) = 638,220ft.lb.

복합하중에 대한 보기는 페이지 67을 보라.

고층탑의 설계

용기의 무게 진동

용기의 무게는 편심이 존재하지 않을 시 수축 응력만을 발생시킨다. 그리고 발생된 힘은 용기의 축에 작동한다. 통상 무게에 의한 수축은 중요하지 않으며, 통제를 요하지 않는다. 무게는 아래에서처럼 탑의 상이한 조건에 대해 계산되어야 한다.

A. 용기의 무게는 아래 장비들의 무게를 포함하는 설치 무게

1. 셸(shell)
2. 헤드(head)
3. 내부 플레이트 워크
4. 트레이 지지물(tray supports)
5. 인슐레이션 링(insulation rings)
6. 개구부
7. 스커트(skirt)
8. 베이스링(basering)
9. 앙커링(anchor ring)
10. 앙커러그(anchor lugs)
11. 잡품
12. 플레이트의 초과 무게와 용접에 의해 추가된 무게에 대해서는 항목 1-11까지의 무게의 +6%
13. 인슐레이션(insulation)
14. 소방재
15. 플랫폼(platform)
16. 사다리(ladder)
17. 배관(piping)
18. 잡품

B. 운전 무게는 아래와 같은 무게를 포함한다.

1. 설치 조건 하에 있는 용기
2. 트레이(trays)
3. 운전용액

C. test 무게 아래와 같은 무게를 포함한다.

1. 설치 조건 하에 있는 용기
2. 테스트 용수(test water)

무게에 기인한 수축응력은 다음과 같이 구해진다.

$$S = \frac{W}{ct}$$

여기서,
S=단위 응력, psi.
W=고려 중에 있는 단면 위의 용기 무게, lb.
c=평균 직경상의 셸 혹은 스커트 원주, in.
t=셸 혹은 스커트 두께, in.

상이한 용기 구성품의 무게는 페이지 360으로부터 시작하는 도표에서 주어진다.

고층탑의 설계
진 동

풍력에 기인하여 고층탑은 진동을 발생시킨다. 커다란 진동주기는 파괴를 초래할 수 있기 때문에 진동 주기는 제한되어야 한다. 허용 주기는 최대 허용 휨으로부터 계산되었다.

소위 조화 진동은 통상 적용되는 대로의 트레이와 그들의 지지물이 이러한 문제 유발을 방지하기 때문에 본 핸드북에서 논의되지 않는다.

공 식	
진동주기, T sec	$T = 0.0000265\left(\frac{H}{D}\right)^2\sqrt{\frac{wD}{t}}$
최대허용 진동주기, T_a –sec	$T_a = 0.80\sqrt{\frac{WH}{Vg}}$

주 :

D = 용기 외경, ft.
H = 스커트를 포함한 용기 길이, ft.
g = 32.2ft/s^2, 중력가속도
t = 밑바닥에서의 스커트 두께, in.
V = 총전단력, lb(페이지 59 참조).
W = 탑 무게, lb.
w = 높이 피트당 탑의 무게, lb.

기호

D = 3.125ft. 0in.
H = 100ft. 0in.
g = 32.2ft/sec.^{2}
t = 0.75in.
V = 1440lb.
W = 36,000lb.
(운전 중)
w = 360

보기

실제 최대 허용진동주기를 구하라.

$$T = 0.0000265\left(\frac{100}{3.125}\right)^2\sqrt{\frac{360\times3.125}{0.75}} = 1.05\text{sec.}$$

$$T_a = 0.80\sqrt{\frac{36000\times100}{1440\times32.2}} = 7.05\text{sec.}$$

실제 진동은 허용 진동을 초과하지 않는다.
따라서, $T < T_a$이다.

참고문헌 : Freese, C. E. : Vibration of Vertical Pressure Vessel ASME Paper 1959.

고층탑의 설계
지 진 부 하

지진력을 받는 탑의 부하상태는 부하가 구속되지 않은 끝에 균등하게 증가될 때의 외팔보의 그것과 유사하다.
아래의 설계방식은 ANSI 58.1-1982과 UNIFORM BUILDING CODE, 1985(UBC)에 기준한다.

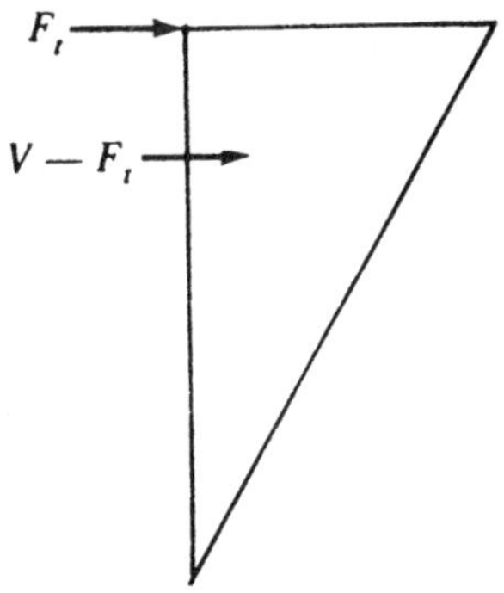

(a) 지진부하도형

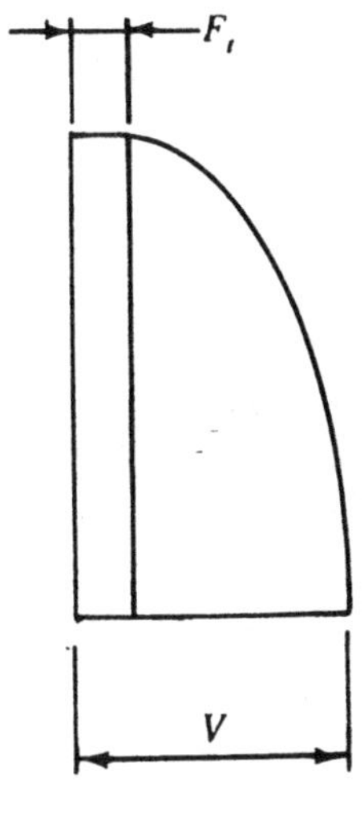

(b) 지진전단력도형

밑면전단력

공 식	
전단력	모우멘트
$V = ZIKCSW$	$M = [F_t H + (V - F_t)(2H/3)]$ $M_X = M\left(\frac{X}{H}\right)$ (개략)

밑면 전단력

밑면 전단력은 탑의 밑면에서의 총 수평지지 전단력을 의미한다. 삼각형 부하 형태와 그러한 부하에 의한 탑의 전단력 도형의 형태는 Fig. (a)와 (b)에서 보여진다.
총 수평 지지력 V의 F_t 부분은 탑의 상단에서 적용되는 것으로 가정된다. 밑면 전단력의 나머지는 상단을 포함해 탑의 길이를 통해 배분된다.

전도(轉倒) 모우멘트

어떤 위치에서의 전도 모우멘트는 그 위치 위에 작용하는 모든 힘들의 모우멘트의 대수합이다.

기호

C=정수(定數)
$= \frac{1}{15\sqrt{T}} = \frac{0.067}{\sqrt{T}}$ (0.12 이하이어야 함.)
D=용기 외경, ft.
E=용접이음효율
F_t=용기 상단에서의 총수평지진력, lb.
F_t=0.07TV(F_t는 0.25V를 초과하지 않아야 함.)
=0, T≤0.7인 경우
H=스커트를 포함한 용기의 길이, ft.
I=점유 중요도계수(용기에 대해서는 1.0을 사용하라.)
수평력 계수(용기에 대해서는 2.0을 사용하라.)
M=밑면에서의 최대 모우멘트, ft.-lb.
M_x=거리 X에서의 모우멘트, ft.-lb.
R=용기의 평균반경, in.

고층탑의 설계
지 진 부 하

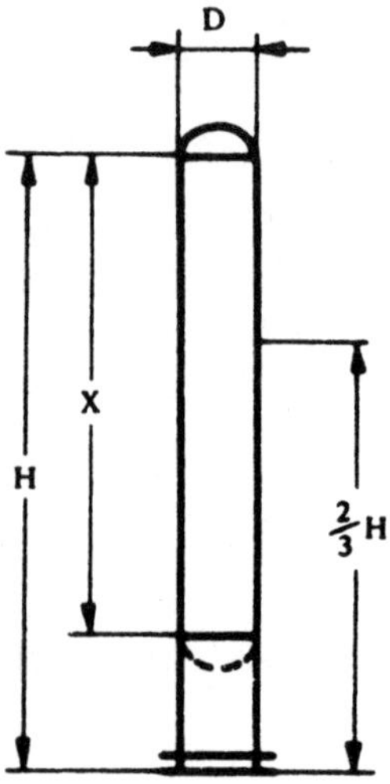

기호

S=현장구조물 공진에 대한 숫자 계수

For T/T_S=1.0 이하일 때, $S = 1.0 + \frac{T}{T_S} - 0.5\left(\frac{T}{T_S}\right)^2$

For T/T_S=1.0 이상일 때, $S = 1.2 + 0.6\frac{T}{T_S} - 0.3\left(\frac{T}{T_S}\right)^2$

특성적인 현장주기 T_S가 알려지지 않았을 때 혹은 적절히 알려졌을 때, S값은 아래처럼 계산될 수 있다.

S=1.5, $T \leq 2.5$이면,
$=1.2+.24T-.048(T)^2$, $T>2.5$

S를 계산하기 위한 공식에서의 T는 0.3초 이상이어야 하며, S값은 1.0 이상이어야 한다.
CS는 0.14를 초과하지 말 것

S_t=용기 플레이트 재질의 허용인장응력, psi.
T=근원적인 진동주기
$= 0.0000265\left(\frac{H}{D}\right)^2\sqrt{\frac{wD}{t}}$
T_S=특성적인 현장 진동주기, sec.
t=요구되는 부식된 용기 두께, in.
$= \frac{12M}{\pi R^2 S_t E}$
V=밑변에서의 총 지진 전단력, lb.
W=탑의 총 무게, lb.
w=높이의 피트 당 탑의 무게, lb/ft.
X=상단 접선으로부터 고려중의 위치까지의 거리, ft.
지진계수
Z=0.1875 지역 1에 대해, 0.375 지역 2에 대해, 0.750 지역 3에 대해, 1.000 지역 4에 대해(지역구분에 대해서는 다음 페이지의 지도를 보라.)

고층탑의 설계
지진부하(보기)

지수

지진지역 : 2

$D=37.5in.=3.125ft.$	$W=35,400lb.$
$H=100ft., 0in.$	$X=96ft., 0in.$
$t=0.75in.$	$w=35,400/100=354lb/ft.$

밑변에서의 지진에 의한 전도 모우멘트와 상단접선으로부터 X거리에서의 지진에 의한 전도 모우멘트를 구하라.

우선, 진동주기는 다음과 같이 계산된다.

$$T = 0.0000265\left(\frac{H}{D}\right)^2\sqrt{\frac{\mathrm{WD}}{\mathrm{t}}} = 0.0000265\left(\frac{100}{3.125}\right)^2\sqrt{\frac{354(3.125)}{0.75}} = 1.04\,\mathrm{sec.}$$

지역 2에 대한 UBC 계수 $Z=.375$

그리고, $I=1.0$, $K=2.0$

$$C = \frac{0.067}{\sqrt{1.04}} = \frac{0.067}{\sqrt{1.04}} = .0657$$

특성적인 현장 진동 주기 T_s가 알려지지 않았고, T가 2.5 이하이기 때문에

$S=1.5$
$CS=.0657(1.5)=.0986<0.14$
$V=ZIK(CS)W$
$=.375(1.0)(2.0).0986(35,400)$
$=2618lb.$

이제,

$F_t=0.07TV$
$=0.07(1.04)2618$
$=191lb.$

$$M = [F_tH+(V-F_t)(2H/3)] = \left[191(100)+(2618-191)\left(\frac{200}{3}\right)\right] = 180,900\,\mathrm{ft.-lb.}$$

$$M_x = M\left(\frac{X}{H}\right) = 180,900\left(\frac{96}{100}\right) = 173,664\,\mathrm{ft.-lb.}$$

미국의 지진 구역 지도

AMERICAN NATIONAL STANDARD A58.1-1982

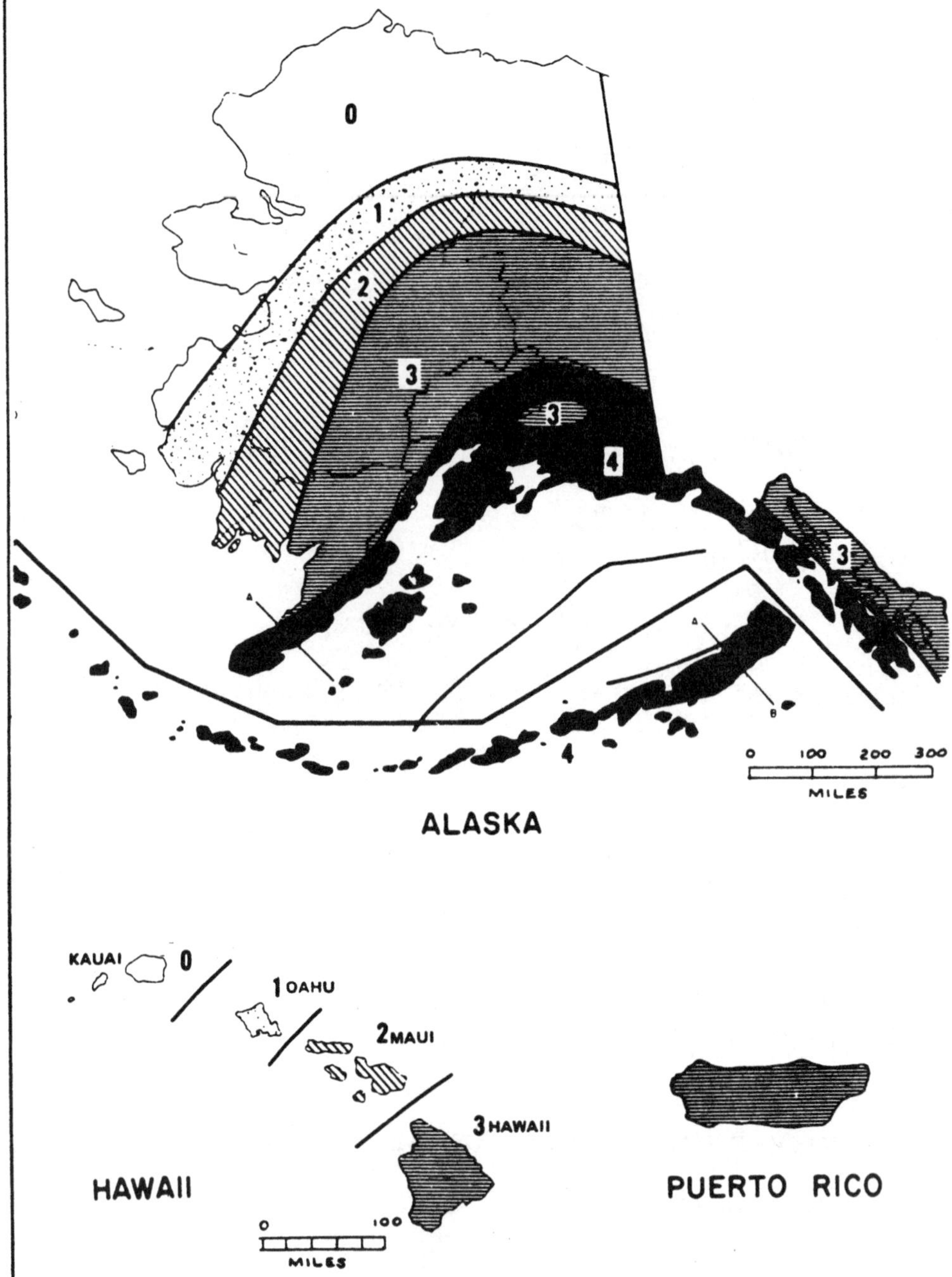

미국의 지진 구역 지도

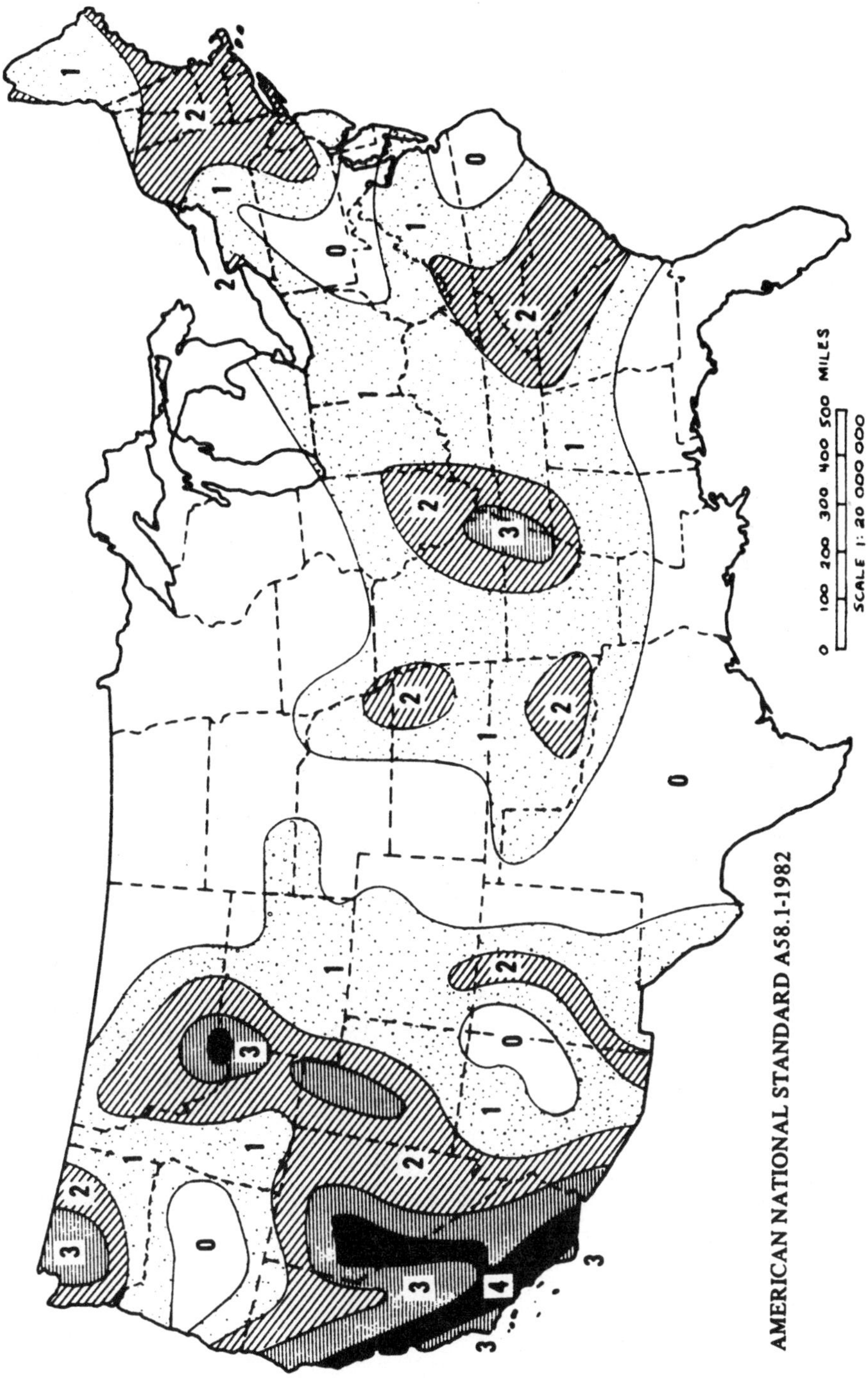

AMERICAN NATIONAL STANDARD A58.1-1982

고층탑의 설계
편심하중

탑과 이의 내부에 부착된 장비들은 통상 수직축에 대해 대칭이다. 따라서, 용기의 무게는 단지 수축응력만을 발생시킨다. 용기의 외면에 부착된 장비들은 무게에 기인, 하중의 비대칭적인 배분을 야기시키며 휨응력을 발생시킨다. 조그만 장비, 파이프와 개구부들의 이러한 비대칭적인 배열은 무시될 수도 있다. 그러나 무거운 장비에 의해 발생되는 휨응력은 바람 혹은 지진부하로부터 야기되는 휨응력에 추가되어야 한다.

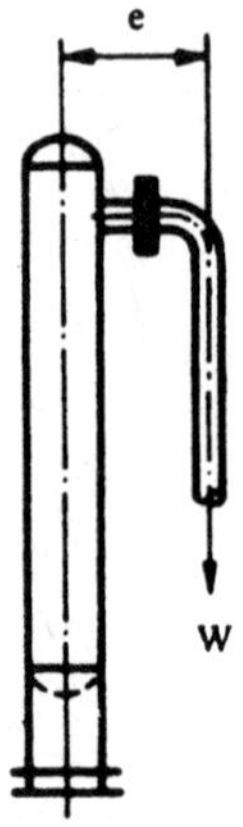

공 식

모우멘트	응력	요구되는 두께
$M = We$	$S = \frac{12We}{\pi R^2 t}$	$t = \frac{12We}{R^2 \pi SE}$

기호

e=편심, 탑 축으로부터 편심하중 중심까지의 거리, ft.
E=용접이음효율
M=편심하중 모우멘트, ft. lb.
R=용기평균반경
S=재료의 응력치 혹은 실제 휨 응력, psi.
t=용기의 두께, in.(부식허용공차제외)
W=편심하중, lb.

보기

지수: e=4ft. 0in.
R=15in.
t=0.25in.
W=1000lb.

모우멘트 M과 응력 S를 구하라.

모우멘트 M=We=1000×4=4000ft.lb.

$$S = \frac{12\,We}{\pi R^2 t} = \frac{12 \times 1000 \times 4}{3.14 \times 15^2 \times 0.25} = 272\,\text{psi}.$$

1개 이상의 편심하중이 존재할 때, 모우멘트는 모든 편심하중의 파생물을 고려하여 요약되어야 한다.

고층탑의 설계

탄성적인 안정

축방향 수축을 받는 탑은 불안정에 기인한 2가지 방식으로 파손될 수 있다.
1. 전체용기의 비틀림(Euler Bucking)
2. 국부적인 비틀림

얇은 두께의 용기에 있어서(셀 두께가 내경의 1/10 이하일 때) 국부적인 비틀림은 전체 용기의 파손을 초래할 수 있는 것보다 작은 국부 하중에서 일어날 수 있다. 셀의 진원도는 야기되는 불안정에 있어서 매우 중요한 요소이다. 탄성적인 안정의 검사를 위한 공식은 본 핸드북에서 주어지며 Wilson과 Newmark에 의해 개발되었다. 일차적으로 다른 목적을 위해 사용되는 용기의 구성품들이 밀접히 위치하고 있다면 비틀림에 대항하는 보강재로 고려될 수도 있다. 세로 보강재들은 원주방향의 보강재보다도 효과적으로 탑의 강도를 증가시켜 준다. 링이 셀 주위에 연속적이 아니라면, 이의 보강효과는 Code UG-29(c)에 설명된 제한성을 고려하여 계산되어야 한다.

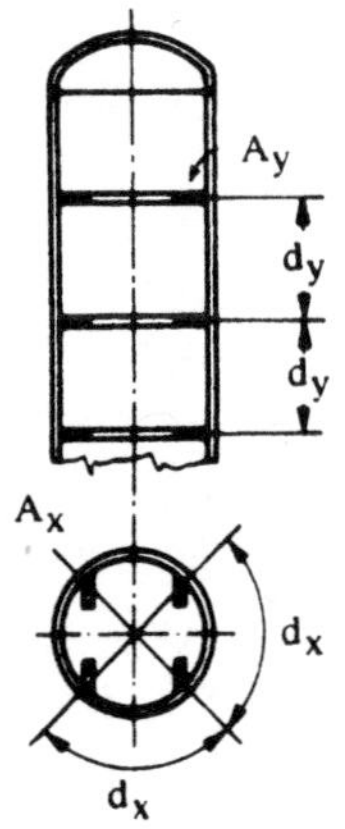

공 식

허용응력(S)	
보강재 있을 시	보강재 없을 시
$S = 1,500,000\frac{t}{R}$ ($\leqq \frac{1}{3}$ 항복점)	$S=\frac{1,500,000}{R}\sqrt{t_y t_x}$ ($\leqq \frac{1}{3}$ 항복점)

기호

A_x = 세로 보강재의 횡단면적, in.²
A_y = 원주 방향 보강재의 횡단면적, in.²
d_x = 세로 보강재간의 거리, in.
d_y = 원주 방향 보강재간의 거리, in.
R = 용기의 평균반경, in.
S = 허용수축응력, psi.
t = 셀 두께, in.
$t_x = t + \frac{A_x}{d_x}$ 수직적으로 보강될 때의 셀의 상당 두께, in.
$t_y = t + \frac{A_y}{d_y}$ 원주방향으로 보강될 때의 셀의 상당 두께, in.

보기

지수: R = 18in.
t = 0.25in.

허용수축응력(S)를 구하라.

$$S = \frac{1,500,000 \times t}{R} = \frac{1,500,000 \times 0.25}{18} = 20,833\text{psi.}$$

지수: A_y = 1sq.in.
d_y = 24in.

허용수축응력(S)를 구하라(보강링 사용시).

세로 보강재가 사용되지 않을 경우 :

$$S = \frac{1,500,000}{R}\sqrt{t_y t_x}$$

$$= \frac{1,500,000}{18}\sqrt{0.25 \times 0.29} = 22,438\text{ psi.}$$

$t_x = t = 0.25\text{in.}$

$t_y = t + \frac{1}{24} = 0.25 + 0.04 = 0.29$

고층탑의 설계

휨(Deflection)

탑은 100피트 높이 당 6인치 이상의 휨을 받지 않도록 설계되어야 한다. 풍력부하에 의한 휨은 균등하게 부하를 받는 외팔보에 대한 공식을 사용하여 계산될 수도 있다.

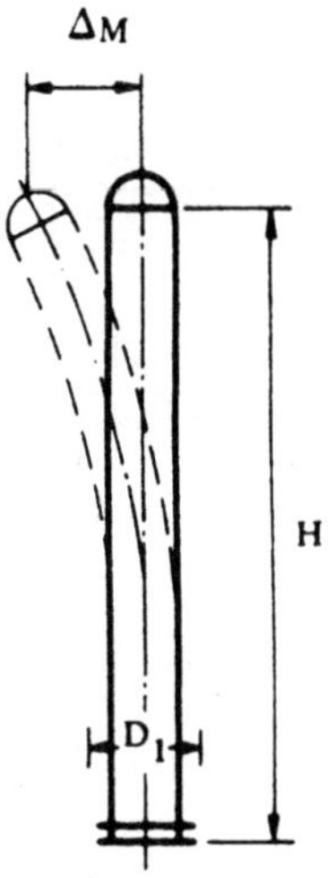

공 식

$$\Delta_M = \frac{P_w D_1 H (12H)^3}{8EI}$$

기호

Δ_M = 최대 휨(상판에서), in.
D_e = 인슐레이션 등을 가진 탑의 폭, ft.
E = 탄성계수, psi.
H = 스커트를 포함한 용기의 길이, ft.
$I = R^3 \pi t$, 얇은 원통형 셀(R>10t인)의 관성 모우멘트
K = 탑의 평균 반경, in.
t = 스커트 두께, in.
P_w = 풍력, psf. 최대 휨을 구하라 : Δ_M

보기

지수 :

D_1 = 2ft., 6in.
E = 30,000,000
H = 48ft., 0in.
$I = R^3 \pi\, 0.3125$
P_W = 30psf.
R = 12in.
t = 0.3125in.

최대 휨(Δ_M)을 구하라.

$$\Delta_M = \frac{P_w D_1 H (12H)^3}{8EI}$$

$$\Delta_M = \frac{30 \times 2.5 \times 48 (12 \times 48)^3}{8 \times 30,000,000 \times 12^3 \times 3.14 \times 0.3125}$$

$$= 1.69 \text{ in.}$$

100피트 높이 당 6인치 최대허용 휨 :

$$48'\text{-}0'' = \frac{48 \times 6}{100} = 2.88 \text{ in.}$$

실제 휨이 이 한계를 초과하지 않으므로, 스커트의 설계된 두께는 적당하다.

고층탑의 설계

응력의 결합

사전에 설명된 부하에 의해 초래된 응력은 주응력과 결합으로 조사되어야 한다. 풍력부하(및 지진부하), 용기의 내부압력과 무게의 결합은 다음과 같다.

응 력 조 건

바람이 불어오는 쪽에서	바람이 불어 가는 쪽에서
+ 바람에 따른 응력	- 바람에 따른 응력
+ 내부 압력에 따른 응력	- 내부 압력에 따른 응력
- 무게에 의한 응력	- 무게에 의한 응력

바람부하(혹은 지진부하), 용기의 외부압력과 무게의 결합은 다음과 같다.

응 력 조 건

바람이 불어오는 쪽에서	바람이 불어 가는 쪽에서
+ 바람에 따른 응력	- 바람에 따른 응력
+ 외부 압력에 따른 응력	- 외부 압력에 따른 응력
- 무게에 따른 응력	- 무게에 따른 응력

+표시는 인장을 의미하고, -표시는 수축을 의미한다. 응력 합계는 인장 혹은 수축 중 어느 것이 주된 것이냐를 나타낸다.
풍력부하와 지진부하가 동시에 발생하지 않는 것으로 가정된다. 따라서, 탑은 어느 것이 크던 간에 풍력부하 혹은 지진부하 중 하나에 적합하게 설계되어야 한다.
편심에 의해 야기된 굽힘 응력은 풍력부하 혹은 지진부하로부터 발생하는 응력들과 합해져야 한다.

이러한 응력들은 다음 위치에서 계산되어야 한다.

1. 탑의 밑바닥
2. 스커트의 헤드에 대한 이음매
3. 아래 헤드의 셀에 대한 이음매
4. 용기 직경이 달라지는 곳 혹은 용기 두께가 달라지는 곳

아울러, 이러한 응력들은 다음 조건 하에서 검사되어야 한다.

1. 설치 혹 해체
2. 검사중
3. 운전중

이러한 상이한 조건 하에서 용기 무게 그리고 응력 조건은 다르다. 그 기에 설치 혹은 해체 중에 용기는 내부 혹은 외부 압력을 받는 상태가 아니어야 한다.
본 핸드북에 의해 다양한 부하를 받는 고층탑의 강도를 부석하기 위해서는 최대 응력 이론이 적용되었다.

응력의 결합

풍력에 의한 굽힘 모우멘트는 탑의 밑에서 위로 감소한다. 따라서, 플레이트 두께도 또한 그에 따라 감소될 수 있다.
표 A와 그림 B는 어떤 두께가 적합한 탑의 상부로부터 아래까지의 거리를 구하는데 편리한 방법이다.

t_w/t_p	0.5	0.6	0.7	0.8	0.9	1.0	1.1	1.2	1.3	1.4	1.5	1.6	1.7
m	1.0	0.91	0.84	0.79	0.74	0.71	0.67	0.64	0.62	0.60	0.58	0.56	0.54
t_w/t_p	1.8	1.9	2.0	2.2	2.4	2.6	2.8	3.0	3.3	3.6	4.0	4.5	5.0
m	0.53	0.51	0.50	0.48	0.46	0.44	0.42	0.41	0.39	0.37	0.35	0.33	0.32

TABLE A. (계수값)m

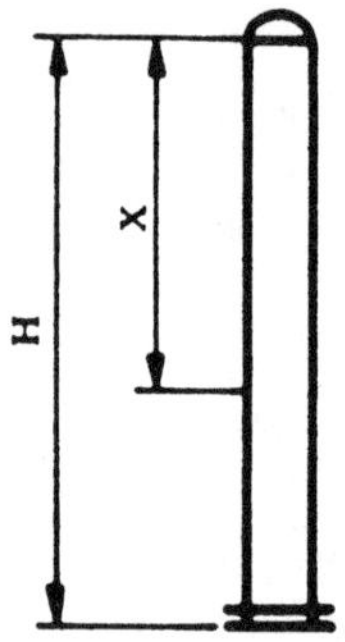

보기

내부압력에 기인한 수직 응력이 원주방향 응력의 절반이므로 내부압력을 위해 요구되는 벽두께의 절반은 바람의 굽힘력을 대항하는데 이용될 수 있다. 표 A로부터 계수 m을 사용하여 상단부 접선으로부터 아래에 있는 거리 X를 구할 수 있으며, 이 범위 내에서 내부압력을 위해 계산된 두께는 또한 풍력을 대항하기에 적합하다.

$X = \mathrm{Hxm}$

t_p = 내부압력을 위해 요구되는 두께, in.

t_w = 아래 헤드의 셀에 대한 이음매에서의 바람압력을 위해 요구되는 두께, in.

$t_p = 0.233\text{in.}$, $t_w = 0.644\text{in.}$ $t_w/t_p = 0.644/0.233 = 2.7$

$H = 100\text{ft.}$

표 A로부터 $m = 0.43$, $X = \mathrm{mH} = 0.43 \times 100 = 43\text{ft.}$

그림 B는 바람압력을 받고 있는 탑의 모우멘트 선도를 보여준다. 이 선도는 각기 다른 높이에서 적합한 플레이트 두께를 선정하기 위해 사용될 수도 있다.

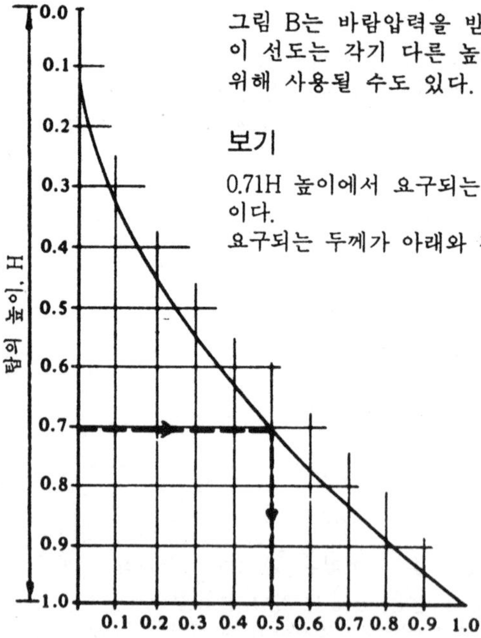

바닥에서 요구되는 플레이트 두께($t_r/2 + t_w$)의 고려되는 높이에서 요구되는 두께에 대한 비율

보기

0.71H 높이에서 요구되는 두께는 밑바닥에서 요구되는 두께의 0.5배이다.
요구되는 두께가 아래와 같다면,

내부압력에 대해, $t_p = 0.250\text{in.}$

바람부하에 대해, $t_w = 0.625\text{in.}$

바닥에서 요구되는 두께:

$t_p/2 + t_w = 0.750\text{in.}$

0.71 H높이에서:

$0.5 \times 0.750 = 0.375\text{in.}$

내부압력에 대한 두께, $t_p/2 = \underline{0.125\text{in.}}$

0.71 높이에서 요구되는 두께 $= 0.500\text{in.}$

고층탑의 설계
보 기 - A

내부압력과 바람부하를 받고 있는 원통형 셀의 요구되는 두께

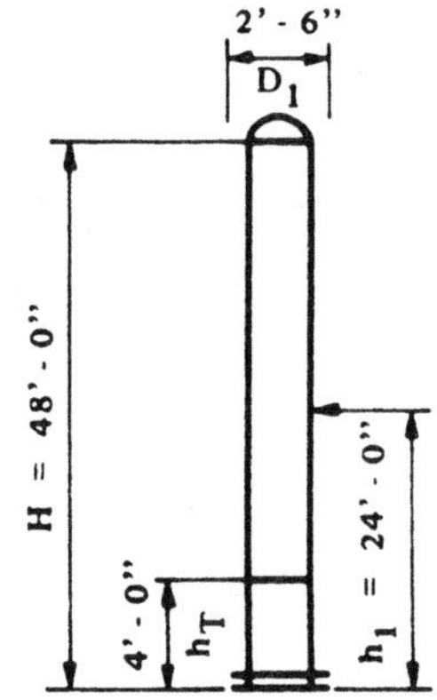

설계조건

D=2ft. 0in., 용기 내경
D_1=2ft. 6in., 인슐레이션 등을 가진 탑의 폭
E=0.85, 용접 이음 효율
H=48ft. 0in., 탑의 길이
h_t=4ft. 0in., 바닥으로부터 하단 헤드의 셀 이음까지의 거리
P=250psi. 내부압력
P_w=30psf. 바람압력
R=12in., 용기의 내반경
S=13750psi. 재질 SA 285C의 200°F에서의 응력치
V=총전단력, lb.
부식에 대한 허용 공차 미고려

긴 이음매의 강도를 고려한 내부압력에 대해 요구되는 최소 두께 :

$$t = \frac{PR}{SE-0.6P} = \frac{250\times12}{13,750\times0.85-0.6\times250} = \frac{3,000}{11,538} = 0.260\,\text{in.}$$

거스 이음매의 강도를 고려한 내부압력에 대해 요구되는 최소 두께 :

$$t = \frac{PR}{2SE+0.4P} = \frac{250\times12}{2\times13,750\times0.85+0.4\times250} = \frac{3,000}{23,475} = 0.128\,\text{in.}$$

풍력에 의한 수직 휨에 대해 요구되는 두께 : 바닥에서의 모우멘트(M)

$$P_W \times D_1 \times H = V \times h_1 = M$$
$$30\times2.5\times48 = 3,600\times24 = 86,400\text{ft. lb.}$$

바닥 이음매에서의 모우멘트(M_T)

$$M_T = M - h_T(V-0.5P_WD_1h_T) = 86,400-4(3,600-0.5\times30\times2.5\times4)$$
$$= 86,400-13,800 = 72,600\text{ft. lb.} = 72,600\times12 = 871,200\text{in. lb.}$$

요구되는 두께 :

$$t = \frac{M_T}{R^2\pi SE} = \frac{871,200}{12^2\times3.14\times13,750\times0.85} = \frac{871,200}{5,287,523} = 0.165\,\text{in}$$

하단 거스 이음매의 강도를 고려해서 계산된 요구되는 두께 :

바람 압력에 대해	0.165in.
내부 압력에 대해	0.128in.
총	0.293

이것은 수직 이음매의 강도를 고려해서 계산된 두께보다 크다. 따라서, 이 최소 두께 0.293in.가 사용되어야 한다.

바람에 의한 모우멘트가 작은 단순한 용기에 대해서는 위 계산이 만족스럽다. 커다란 부하를 받게 될 용기는 경제적인 관점과 관련해서 면밀히 검토되어야 할 것이다. 스커드, 바닥 그리고 앵커볼트 설계에 대해서는 페이지 68을 보라.

고층탑의 설계
보 기 - B

내부압력, 바람 그리고 탑의 무게의 결합 하중을 받고 있는 원통형 셀의 요구되는 두께

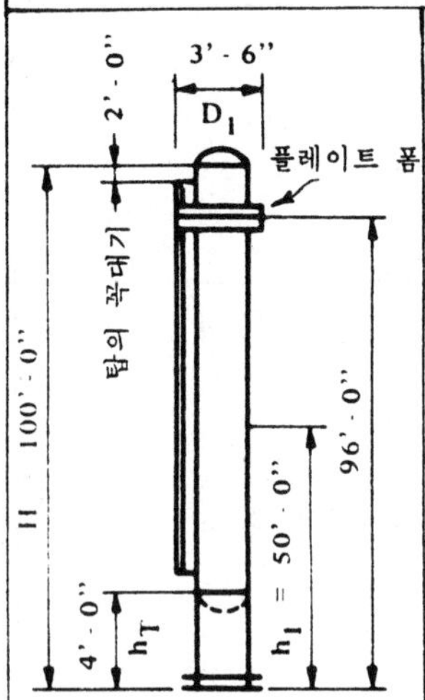

설계조건

D=3ft. 0in., 내경
D_1=3ft. 6in., 인슐레이션, 배관 등의 허용치를 가진 용기의 폭
E=0.85, 용접 이음 효율
h_t=4ft. 0in., 바닥으로부터 하단 헤드의 셀 이음까지의 거리
H=100ft. 0in., 탑의 길이
P=150psi. 내부압력
P_w=30psf. 바람압력
R=18ft., 용기의 내반경
S=13750psi. 재질 SA 285C의 200°F에서의 응력치
V=총전단력, lb.
헤드=2:1 이음매 없는 타원형
C_m=평균직경상의 셀 원주, in.
(부식허용공차 요구되지 않음)

셀의 수직 이음매의 강도를 고려한 내부압력에 대해 요구되는 최소 두께 :

$$t = \frac{PR}{SE-0.6P} = \frac{150\times18}{13,750\times0.85-0.6\times150} = 0.233\text{in.}$$

0.25in. 플레이트를 사용하라.

셀의 원주상 이음매의 강도를 고려한 내부압력에 대해 요구되는 최소 두께 :

$$t = \frac{PR}{2SE+0.4P} = \frac{150\times18}{2\times13,750\times0.85+0.4\times150} = 0.115\text{in.}$$

헤드에 대해 요구되는 최소 두께 :

$$t = \frac{PD}{2SE-0.2P} = \frac{150\times36}{2\times13,750\times0.85-0.2\times150} = 0.231\text{in.}$$

풍 력 부 하	$P_w \times D_1 \times H = V \times h_1 = M$
용 기	30×3.5×100=10,500×50=525,000
플레이트폼	30× 8lin. ft.=240 × 96= 23,040
사 다 리	30× 98lin. ft.=2,940×49=144,060
총 전단력	V=13,680 M=692,100ft.lb. 바닥에서의 모우멘트

하단헤드 이음매에서의 모우멘트(M_T)

$$M_T = M-h_T(V-0.5P_wD_1h_T) = 692,100-4(13,680-0.5\times30\times3.5\times4) = 638,220\text{ft. lb.}$$

$$t = \frac{12M_T}{R^2\pi SE} = \frac{12\times638,220}{18^2\times3.14\times13,750\times0.85} = \frac{7,658,640}{11,896,425} = 0.644\text{in.}$$

내부 압력에 대해 0.115

낮은 과정에 대해서는 0.750in. 플레이트를 시도하라. 0.759in.

보 기 B

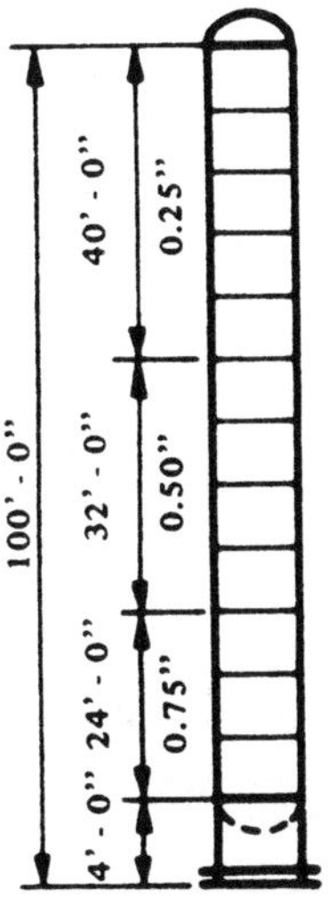

요구되는 벽두께의 일차적인 계산은 하단에서는 약 0.75in.의 플레이트가 풍력부하와 내부압력을 견디기 위해 요구되며 상단에서는 풍력부하가 인자가 아니며 내부압력(후프압력)에 대해 단지 0.25in.의 플레이트면 족하다는 것을 보여준다. 경제적인 이유 때문에 탑의 각기 다른 높이에서는 다른 두께의 플레이트를 사용하는 것이 바람직하다. 후프압력(0.25in.)에 대해 요구되는 두께는 꼭대기에서 일정한 거리 아래에까지 바람부하를 또한 견디기 위해 이용된다. 페이지 68의 도표 A로부터 이 거리(X)를 구하라.

$t_w/t_p = 0.644/0.233 = 2.7$, $X = 0.43 \times H = 43$. ft.

페이지 68의 선도 B로부터 중간 셀 단면의 요구되는 두께와 길이가 구해진다.

8ft. 폭의 플레이트를 사용해서 용기는 다음의 두께로 제작되어야 한다.

(1) 0.25 두께, 8ft. 폭의 경우	40ft.
(2) 0.50 두께, 8ft. 폭의 경우	32ft.
(3) 0.75 두께, 8ft. 폭의 경우	24ft.
총	96ft.

탑의 무게

(페이지 361로부터 시작되는 도표를 보라.)

셀	40×97	3880
	32×195	6240
	24×294	7056
헤드상단	0.3125nom.	160
헤드하단	0.8125nom.	393
내부플레이트작업		800
트레이지지물		110
인슐레이션링		220
개구부		900
		19759
	+6%	1184
		20943 lb.
	Say	21,000

스커트	4×195	780
베이스링		720
앵커링		260
앵커러그		120
		1880
	+6%	113
		1993
	즉,	2000lb.
장비		
인슐레이션		4600
플레이트폼		1160
사다리		2800
배관		1400
		9960
	즉,	10,000 lb.

총 설치 무게 : 33,000lb.

트레이	600
작동유체	2,400
+설치 무게	3,000 lb.
	33,000 lb.
총 작동 무게 :	36,000 lb.

검사용 물 :	42,000 lb.
+설치 무게	33,000 lb.
총 검사 무게 :	75,000 lb.

물의 무게에 대해서는 페이지 402를 보라.

보 기 B

일차적으로 계산된 플레이트 두께를 가진 응력을 검토하면 :
하단 헤드의 셀 이음에서의 셀의 응력 :

플레이트 두께 0.75in.

내부압력에 의한 응력 $S = \frac{PD}{4t} = \frac{150 \times 36.75}{4 \times 0.75} = 1837\text{psi.}$

바람에 의한 응력 $S = \frac{12M_T}{R^2 \pi t} = \frac{12 \times 638,220}{18.752^2 \times 3.14 \times 0.75} = 9,632\text{psi.}$

무게에 의한 응력 $S = \frac{W}{C_m t} = \frac{31,000}{115.5 \times 0.75} = 358\text{psi.}$
(설치조건 하에서)

무게에 의한 응력 $S = \frac{W}{C_m t} = \frac{34,000}{115.5 \times 0.75} = 392\text{psi.}$
(작동조건 하에서)

응력의 결합			
바람이 불어오는 쪽		**바람이 불어가는 쪽**	
설치조건 하에서			
바람에 의한 응력	+9,640	바람에 의한 응력	-9,640
무게에 의한 응력	- 358	무게에 의한 응력	- 358
	+9,282psi.		-9,998psi.
(설치 중에는 내부압력 없음)			
작동조건 하에서			
내부압력에 의한 응력	+ 1,837	바람에 의한 응력	- 9,640
바람에 의한 응력	+ 9,640	무게에 의한 응력	- 392
	+11,477		-10,032
무게에 의한 응력	- 392	내부압력에 의한 응력	+ 1,837
	+11,085psi.		- 8,195psi.

바람이 불어오는 쪽 작동조건 하에서의 인장강도 11.085psi.가 중요하다. 이음효율 0.85를 가진 플레이트 재질에 대한 허용 응력은 11.687.5psi.가 된다. 따라서, 용기의 하단에서의 선정된 0.75in. 두께 플레이트는 적합하다.

탑 꼭대기로부터 72ft. 아래에서의 셀의 응력, 플레이트 두께 0.50in.

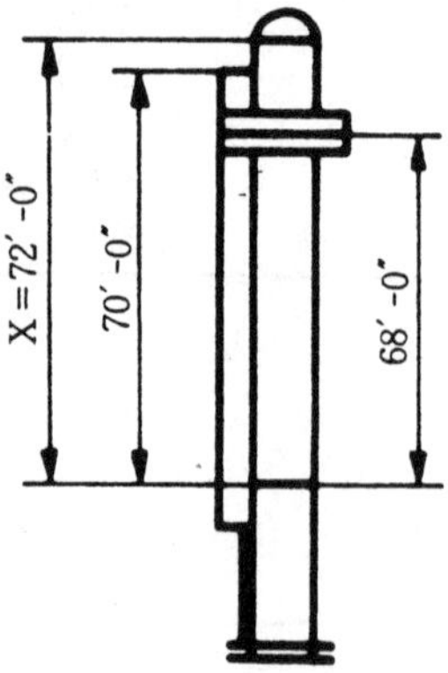

바람에 의한 응력

$$P_W \times D_1 \times X = V \times X/2 = M_X$$

셀	30 × 3.5 × 72 = 7,560 × 36 = 272,160
플레이트폼	30 × 8lin. ft. = 240 × 68 = 16,320
사 다 리	30 × 70lin. ft. = 2,100 × 35 = 73,500

총 모우멘트 $M_x = 361,980\text{ft. lb.}$

$$S = \frac{12M_X}{R^2 \pi t} = \frac{12 \times 361,980}{18.25^2 \times 3.14 \times 0.50} = 8,303\text{psi.}$$

내부압력에 의한 응력 1,837psi.
(이전에 계산된 대로)

총 10,140psi.

하단 헤드에서의 응력의 계산은 작동 하에서 바람이 불어오는 쪽에서의 응력이 중요하고 무게효과는 그렇게 중요하지 않다는 것을 보여주고 있다. 따라서, 더 이상의 계산이 필요 없이 인장강도 10.142psi.는 허용응력이 11.687.5psi.를 초과하지 않는다는 것이 입증되었으며 선정된 0.50in. 두께 플레이는 적합하다.

보 기 B

탑 꼭대기로부터 40ft., 아래에서의 셀의 응력, 플레이트두께 0.25in.

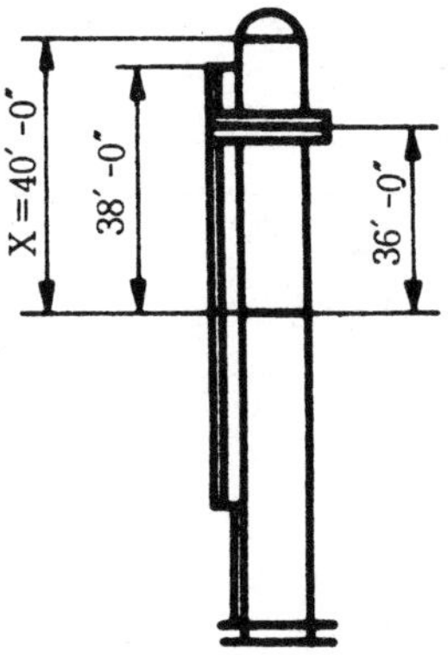

바람에 의한 응력

$$P_W \times D_1 \times X = V \times X/2 = M_X$$

용 기	30 × 3.5 × 40 = 4200 × 20 =	84,000
플레이트폼	30 × 8lin. ft. = 240 × 36 =	8,640
사 다 리	30 × 38lin. ft. = 1140 × 19 =	21,660
총 모우멘트		M_x = 114,300ft. lb.

$$S = \frac{12M_X}{R^2 \pi t} = \frac{12 \times 114,300}{18.125^2 \times 3.14 \times 0.25} = 5,316\text{psi.}$$

내부압력에 의한 응력 (이전에 계산된 대로)	1,837psi.
총	7,153psi.

탑 꼭대기로부터 40ft. 아래에서의 셀을 위한 0.25in. 두께 플레이트는 적합하다. 더 이상의 계산은 위에서 언급한 이유에 의해 불필요하다.

SKIRT-SUPPORT의 설계

스커트는 수직용기를 위해 가장 많이 사용되며 확실한 지지물이다. 이는 헤드에 연속 용접으로 부착되며 통상 이 용접의 요구되는 크기는 스커트의 두께를 결정한다.
그림 A와 B는 헤드 부착물로서의 가장 통상적인 스커트 형태를 보여준다. 요구되는 용접 크기의 계산에서 Code(UW 12)에 의해 주어진 이음매 효율값이 사용될 수 있다.

A

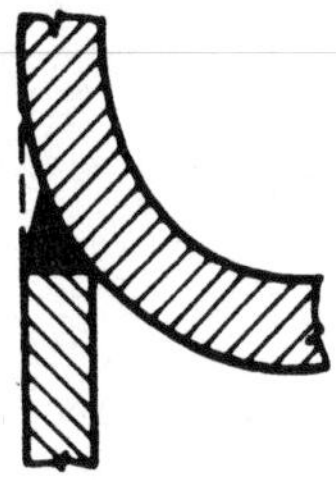

B

공식

$$t = \frac{12\,M_T}{R^2 \pi SE} + \frac{W}{D \pi SE}$$

기호

D=스커트 외경, in.
E=스커트의 헤드 이음 효율
(0.6-버트 용접, 그림 A, 0.45-랩 용접, 그림 B)
M_T=스커트의 헤드 이음에서의 모우멘트, ft. lb.
R=스커트의 외반경, in.
S=헤드 혹은 스커트 재질의 응력치(어느 것이 작던지), psi.
t=스커트의 요구 두께, in.
W=스커트의 헤드 이음 위의 탑의 무게(작동조건 하에서)

유의 : 특히 높은 스커트를 사용하면, 밑면에서의 응력이 중요하다. 이러한 경우, 스커트의 두께를 계산하기 위해 상기 공식이 적용된다. 밑면에서의 모우멘트와 무게는 고려되어야 하며 이음 효율은 1.0이다.

보기 B에서 고려된 동일한 용기의 경우.

D=37.5in.
E=0.60 버트 이음
M_T=638,220ft. lb.
R=18.75in.
S=18,000*
SA-285 플레이트의 응력치, psi.
W=31,000lb.

*구조적인 목적을 위해

보기

요구되는 스커트 두께를 구하라.

바람에 대해서

$$t = \frac{12M_T}{R^2\pi SE} = \frac{12\times 638,220}{18.75^2\times 3.14\times 18,000\times 0.6} = 0.642\,\text{in.}$$

무게에 대해서

$$t = \frac{W}{D\times 3.14\times SE} = \frac{31,000}{37.5\times 3.14\times 18,000\times 0.6} = 0.024\,\text{in.}$$

총 = 0.666 in.

스커트를 11/16″ 두께의 플레이트로 사용하라.

앵커볼트의 설계

수직용기, 스택(stacks) 그리고 탑은 콘크리트 기초, 스키드(skid) 혹은 기타 구조 프레임에 앵커볼트와 베이스링의 수단에 의해 고정되어야 한다.

앵커볼트 수

앵커볼트 수는 4의 배수가 되어야 하며, 높은 탑에 대해서는 최소 8개의 앵커볼트를 사용하는 것이 바람직하다.

앵커볼트 간격

너무 가까이 놓여진 앵커볼트의 강도는 콘크리트 기초에 충분히 전개되지 않는다. 앵커볼트를 약 18인치 이하로 가까이 위치시키지 않는 것이 바람직하다. 이런 최소 간격을 유지하기 위해서 소형용기의 경우에는 원추형 스커트 혹은 거세트(gusset)를 가진 넓은 베이스링을 사용해서 볼트원을 확대시키는 것이 필요하다.

앵커볼트 직경

앵커볼트의 크기를 계산함으로써 나사의 루트 내 면적이 고려될 수 있다. 볼트의 루트면적은 아래 도표 A에서 보여진다. 부식허용공차를 위해서 1/8인치가 계산된 앵커볼트 직경에 추가되어야 한다.

앵커볼트와 베이스의 설계를 위해서는 다음 페이지를 참조하라.

1. 다수의 경우에 만족스러울 수 있는 개략방식
2. 부하조건과 다른 환경이 요구되는 경우 면밀히 조사를 제공하는 방식

TABLE A

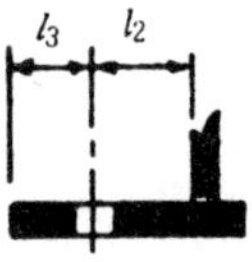

볼트 크기	볼트* 루트 면적	치수, in.	
		l_2	l_3
1/2	0.126	7/8	5/8
5/8	0.202	1	3/4
3/4	0.302	1-1/8	13/16
7/8	0.419	1-1/4	15/16
1	0.551	1-3/8	1-1/16
$1^{1}/_{8}$	0.693	1-1/2	1-1/8
$1^{1}/_{4}$	0.890	1-3/4	1-1/4
$1^{3}/_{8}$	1.054	1-7/8	1-3/8
$1^{1}/_{2}$	1.294	2	1-1/2
$1^{5}/_{8}$	1.515	2-1/8	1-5/8
$1^{3}/_{4}$	1.744	2-1/4	1-3/4
$1^{7}/_{8}$	2.049	2-3/8	1-7/8
2	2.300	2-1/2	2
$2^{1}/_{4}$	3.020	2-3/4	2-1/4
$2^{1}/_{2}$	3.715	3-1/16	2-3/8
$2^{3}/_{4}$	4.618	3-3/8	2-5/8
3	5.621	3-5/8	2-7/8

*표준 나사를 가진 볼트에 대해

TABLE B
앵커볼트 수

볼트원의 직경, in.	최 소	최 대
24 to 36	4	4
42 to 54	8	8
60 to 78	12	12
84 to 102	12	16
108 to 126	16	20
132 to 144	20	24

TABLE C
앵커볼트로 사용된 볼트의 최대 허용응력

사 양	직경, in.	최대허용 응력, psi.
SA 325	전직경	15,000
SA 193 B 7	$2^{1}/_{2}$ 이하	18,000
SA 193 B 16	$2^{1}/_{2}$ 이하	18,000
SA 193 B 7	$2^{1}/_{2}$ 이상 4까지	16,000
SA 193 B 16	$2^{1}/_{2}$ 이상 4까지	15,700

앵커볼트의 설계(개략 방식)

앵커볼트의 설계를 위한 단순방식은 볼트가 그의 직경이 볼트원과 동일한 연속적인 링에 의해 대체된 것으로 가정해야 한다.
볼트의 요구되는 면적은 탑의 빔 조건에 대해 계산되어야 한다.

공식	
최대 팽창 압력 lb./lin. in. T	$T = \frac{12M}{A_B} - \frac{W}{C_B}$
볼트의 요구되는 면적 in.^{2} B_A	$B_A = \frac{TC_B}{S_B N}$
앵커볼트에서의 응력 psi. S_B	$S_B = \frac{TC_B}{B_A N}$

기호

A_B=볼트원내 면적, in.^{2}
C_B=볼트원의 원주, in.
M=바람과 지진에 의한 밑면에서의 모우멘트, ft. lb.
N=앵커볼트 수
S_B=볼트 재질의 최대 허용 응력치, psi.
W=설치 중의 용기 무게, lb.

보기

주어진 볼트원=30in.

A_B=707 in.^{2}
C_B=94in.
M=86400ft. lb.
W=600lb.(설치 중)
S_B=1500lb. 앵커볼트 재질의 최대 허용응력치
N=4, 볼트 수(전 페이지 Table B를 보라.)

요구되는 앵커볼트의 크기와 수를 구하라.

$$T = \frac{12 \times 86,400}{707} - \frac{6,000}{94} = 1,402\text{lb./lin. in}$$

$$B_A = \frac{1,402 \times 94}{15,000 \times 4} = 2.196\text{in.}^2$$

페이지 75의 Table A로부터 2in. 볼트의 로트 면적은 2300in.^{2}
부식 허용공차를 위해 0.125in.를 추가해서 :

(4) $2^1/_4$in. 볼트

$$S_B = \frac{1,402 \times 94}{23,000 \times 4} = 14,324\text{psi}$$

최대 허용 응력이 15,000psi.이기 때문에 선정된 볼트의 수와 크기는 적합하다.

베이스링의 설계(개략 방식)

아래 공식은 다음 고려에 기준한다.

1. 베이스링의 고정 표면은 콘크리트 기초에 하중을 균등하게 배분하기에 충분해야 하며, 기초의 허용고정부하를 초과하지 않아야 한다.
2. 베이스링의 두께는 바람 혹은 지진에 의해 유발된 굽힘 응력을 견딜 수 있어야 한다.

공식

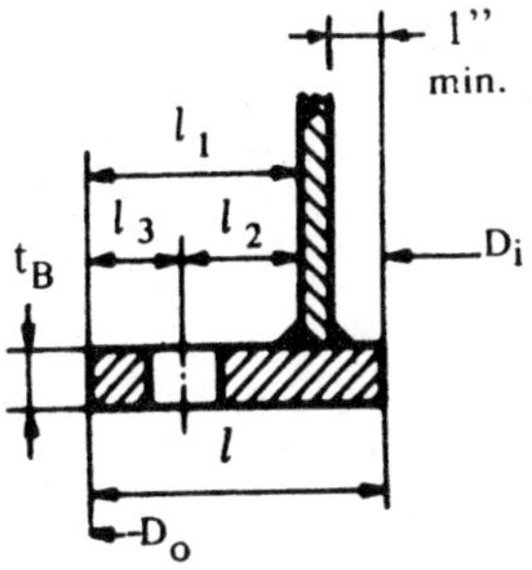

최대 수축 lb//lin. in.	$P_c = \frac{12M}{A_s} + \frac{W}{C_s}$
베이스링의 개략적인 두께, in.	$l = \frac{P_c}{f_b}$
베이스링의 개략적인 폭, in.	$t_B = 0.32 l_1$
고정응력, psi.	$S_1 = \frac{P_c C_s}{A_R}$
굽힘응력, psi.	$S_2 = \frac{3 \times S_1 l_1^2}{t_B^2}$

기호

A_R=베이스링 면적=$0.7854(D_o^2 - D_i^2)$in.^{2}
A_S=스커트 내 면적, in.^{2}
C_S=스커트 외경상 원주, in.
f_b=콘크리트에서의 안전 베어링부하, psi. 페이지 78 도표 E 참고
l_1=외팔보 내부 혹은 외부 중 큰 쪽, in.
l_2, l_3=위도형에서 보는 대로의 치수, in.(최소 치수에 대해서는 페이지 75 도표 A 참고)
M=바람 혹은 지진에 의한 밑면 모우멘트, ft. lb.
W=운전 혹은 검사중의 용기 무게, lb.

보기

EX :

M=86400ft. lb.
f_b=500psi.(페이지 78 도표 E로 부터)
W= 7,500lb.-운전 중
18,000lb.-검사 중
앵커볼트 : (4) $2^1/_4$in.
스커트 외경 : 24.625in.
A_S=476in.^{2}
C_S=77in.

운전조건 하에서 베이스링의 최소 폭과 두께를 구하라.

$$P_C = \frac{12 \times 86,400}{476} + \frac{7,500}{77} = 2,275 \text{lb./lin.-in.}$$

$$l = \frac{2,275}{500} = 4.55 \text{in.}$$

그러나, 페이지 75도표로부터 $l_2 = 2\text{-}^3/_4$in., $l_3 = 2\text{-}^1/_4$in.를 위한 최소 치수로는 $6\text{-}^1/_2$in. 폭의 베이스링을 사용하라.

$t_B = 0.32 \times 5 = 1.60$in.

$1\text{-}^5/_8$in. 두께의 베이스링을 사용하라.

응력 :

$$S_1 = \frac{2,273 \times 77}{574} = 305 \text{psi.}$$

베어링 응력

$$S_2 = \frac{3 \times 305 \times 5^2}{1.5^2} = 10,167 \text{psi.}$$

주 : 굽힘응력

앵커볼트와 베이스링 설계

탑이 바람과 지진부하를 받을 때, 바람이 불어오는 쪽에서 인장응력은 강에서 일어나고 바람이 불어 가는 쪽에서 압축응력은 콘크리트 기초에서 일어난다. 따라서, 볼트 체결부위와 베이스링의 부위가 서로 연관을 갖고 있다는 것은 명백하다. 앵커볼트부위가 증가되면 베이스링은 감소될 수 있다. 여기 주어진 설계방식으로 실제적인 베이스링 크기에 대한 앵커볼트의 최소 요구되는 부위는 구해질 수 있다. 철구조물과 콘크리트의 강도는 상이하기 때문에 중립축이 스커트의 중심선과 일치하지 않는다.

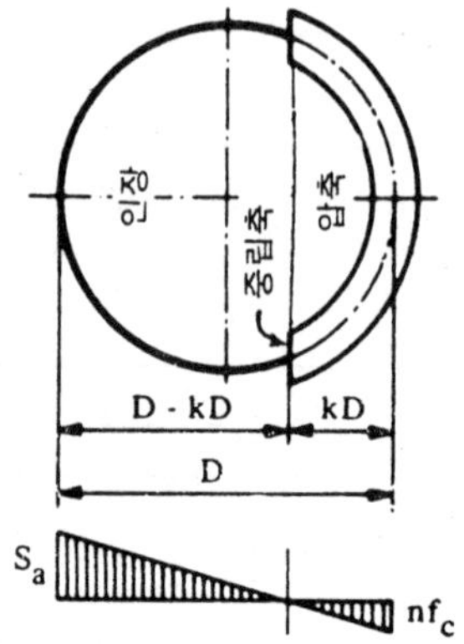

설계 순서:

1. K값을 구하라.
2. 요구되는 앵커볼트수와 크기를 계산하라. (페이지 75 도표 B 참고)
3. 베이스링 내경과 외경을 구하라.
4. 앵커볼트와 콘크리트 기초에서의 응력을 검토하라.
5. 허용응력과 실제응력간의 차이가 너무 크면 계산을 새로이 반복하라.
6. 베이스링 두께를 계산하라.
7. 베이스링과 스커트에서의 보다 나은 응력 배분을 위해 필요하면 gusset 플레이트, 앵커 chair 혹은 압축링을 사용하라.

TABLE D
K의 함수로서의 상수

k	C_c	C_t	j	z
0.00	0.000	3.142	0.750	0.500
.05	0.600	3.008	.760	.490
.10	0.852	2.887	.766	.480
.15	1.049	2.772	.771	.469
.20	1.218	2.661	.776	.459
.25	1.370	2.551	.779	.448
.30	1.510	2.442	.781	.438
.35	1.640	2.333	.783	.427
.40	1.765	2.224	.784	.416
.45	1.884	2.113	.785	.404
.50	2.000	2.000	.785	.393
.55	2.113	1.884	.785	.381
.60	2.224	1.765	.784	.369
.65	2.333	1.640	.783	.357
.70	2.442	1.510	.781	.344
.75	2.551	1.370	.779	.331
.80	2.661	1.218	.776	.316
.85	2.772	1.049	.771	.302
.90	2.887	0.852	.766	.286
.95	3.008	0.600	.760	.270
1.00	3.142	0.000	.750	.250

TABLE F
X, Y축에 수직한 플레이트의 구획의 단위 길이에 대한 굽힘 모우멘트. 큰 값을 사용하라. Mx 혹은 My

l_1/b	Mx	My
0.000	0.000	$-0.500 f_c l_1^2$
0.333	$0.0078 f_c b^2$	$-0.428 f_c l_1^2$
0.500	$0.0293 f_c b^2$	$-0.319 f_c l_1^2$
0.667	$0.0558 f_c b^2$	$-0.227 f_c l_1^2$
1.000	$0.0972 f_c b^2$	$-0.119 f_c l_1^2$
1.500	$0.123\ f_c b^2$	$-0.124 f_c b^2$
2.000	$0.131\ f_c b^2$	$-0.125 f_c b^2$
3.000	$0.133\ f_c b^2$	$-0.125 f_c b^2$
∞	$0.133\ f_c b^2$	$-0.125 f_c b^2$

TABLE E
콘크리트 4개 혼합의 특성

최대 28일 psi.	2000	2500	3000	3750
허용 압축 강도 fc psi.	800	1000	1200	1500
안전 베어링 하중 fb psi.	500	625	750	938
계수 n.	15	12	10	8

주 :

페이지 79 참고

앵커볼트와 베이스링 설계

공 식

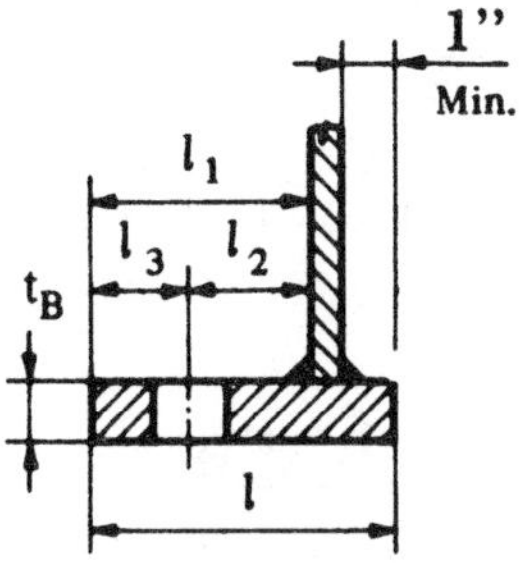

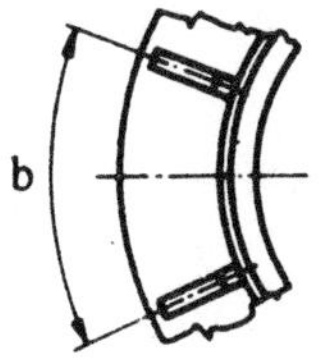

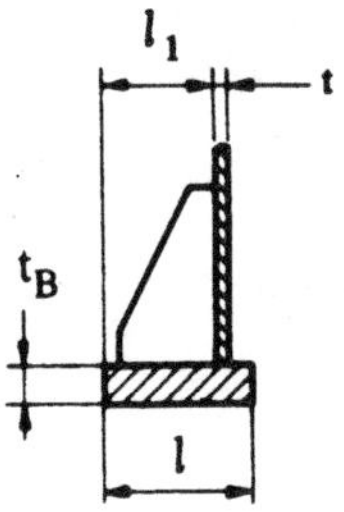

상수 K(치수 없음)	$k = \frac{1}{1 + (S_a/nf_{cb})}$
앵커볼트의 전체 요구면적, B_t in.^{2}	$B_t = 2\pi \frac{12M - Wzd}{C_t S_a jd}$
베이스링의 외부끝에서와 볼트원에서의 최대허용 압축응력간의 관계	$f_c = f_{cb} \frac{2kd + l}{2kd}$ $f_{cb} = f_c \frac{2kd}{2kd + l}$
앵커볼트 인장 하중, F_t-lb.	$F_t = \frac{M - WzD}{jD}$
앵커볼트 인장 응력, S_a, psi.	$S_a = \frac{F_t}{t_s r C_t}$
앵커볼트 면적과 동등한 면적을 가진 링의 두께, t_s, in.	$t_s = \frac{B_t}{\pi d}$
콘크리트 압축하중, F_c, lb.	$F_c = F_t + W$
볼트원에서의 콘크리트 압축응력, fcb, psi.	$f_{cb} = \frac{F_c}{(l_4 + nt_s) r C_c}$
강의 인장과 콘크리트 압축간의 관계 gusset 플레이트를 갖지 않은 베이스링 두께, t_B, in.	$S_a = nf_c$
gusset 플레이트를 갖지 않은 베이스링 두께, t_B, in.	$t_B = l_1 \sqrt{3f_c/S}$
gusset 플레이트를 가진 베이스링 두께, t_B, in.	$t_B = \sqrt{\frac{6M_{max}}{S}}$

기호

b = gusset 플레이트간의 거리(볼트원의 호에서 측정)
B_t = 앵커볼트 전체 요구면적, in.^{2}
C_c, C_t = 상수, 페이지 78 도표 D 참고
d = 앵커볼트원 직경, in.
D = 앵커볼트원 직경, ft.
f_c = 베이스링 외부끝 콘크리트의 압축응력, psi.
f_{cb} = 볼트원에서의 콘크리트의 압축응력, psi.
j = 상수, 페이지 78 도표 D 참고
$l_4 = l - t_s$in. = 베이스링 폭, in.
M = 바람과 지진에 의한 밑면 모우멘트, ft.-lb.
M_{max} = Mx 또는 My(큰 값)(페이지 78 도표 F 참고)
r = 볼트원 반경, in.
S_a = 앵커볼트 인장응력, psi.
S = 베이스플레이트 최대허용응력, psi.
W = 밑면에서의 탑의 무게, lb.
z = 상수(페이지 78 도표 D 참고)

앵커볼트와 베이스링 설계
보 기

설계자료 :

$D=5ft.\ 0in.$ 앵커볼트원직경
$d=60in.$ 앵커볼트원직경
$n=10$, 강과 콘크리트의 탄성계수 비율(페이지 75 도표 E 참고)
$f_c=1,200psi.$ 콘트리트의 허용 압축강도(페이지 78 도표 E 참고)
$S=15,000psi.$ 베이스링 허용 응력
$S_a=18,000psi.$ 볼트 허용 인장 응력
$W=36,000lb.$ 탑 무게
$M=692,000ft\text{-}lb.$ 밑면에서의 모우멘트

결론 :

앵커볼트의 크기와 수, 베이스링의 폭과 두께를 각기 구하라.

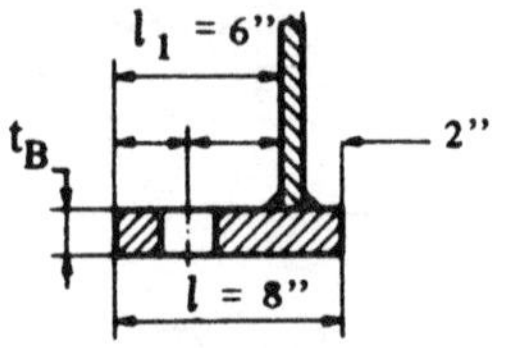

풀이 :

8인치 폭의 베이스링과 볼트원에서의 압축응력, $f_{cb}=1,000psi.$를 가정하라.

$$k=\frac{1}{1+\frac{S_a}{nf_{cb}}}=\frac{1}{1+\frac{18,000}{10\times1,000}}=0.35$$

페이지 78 도표 D로부터 상수 : $C_c=1,640$, $C_t=2.333$, $j=0.783$, $z=0.427$

볼트원에서의 압축

$$f_{cb}=f_c\frac{2kd}{2kd+l}=1,200\frac{2\times0.35\times60}{2\times0.35\times60+8}=1,008psi.$$

이 값은 가정된 $f_{cb}=1,000psi.$에 충분히 부합한다.

앵커볼트의 요구되는 면적

$$B_t=2\pi\ \frac{12M-Wzd}{C_tS_ajd}=6.28\frac{12\times692,100-36,000\times0.427\times60}{2.333\times18,000\times0.783\times60}=23.50sq.-in.$$

12개 앵커볼트를 사용하면, 한 개 볼트의 요구되는 root area(근면적)는 23.50/12=1.958in. 페이지 78도표 A에서 볼트 직경 $1\text{-}^7/_8$인치는 만족스럽다. 그러나 부식을 고려 1/8인치를 추가하여 12개의 2인치 직경 앵커볼트를 사용하라.

앵커볼트 인장부하

$$F_t=\frac{M-WzD}{jD}=\frac{692,100-36,000\times0.427\times5}{0.783\times5}=157,150lb.$$

앵커볼트 인장압력

$$S_a=\frac{F_t}{t_srC_t}=\frac{157,150}{0.125\times30\times2.333}=17,960psi.\quad t_s=\frac{B_t}{\pi d}=\frac{23.50}{3.14\times60}=0.125in.$$

콘크리트 압축하중 $l_4=l-t_s=8.0-0.125=7.875in.$

$$f_{cb}=\frac{F_c}{(l_4+nt_s)rC_c}=\frac{193,150}{(7.875+10\times0.125)\ 30\times1.640}=430psi.$$

앵커볼트와 베이스링 설계

보 기(계속)

가정된 값, f_{cb}=1,000psi.와 S_a=18,000으로 계산된 k값을 구하면

$$k = \frac{1}{1+\frac{S_a}{n f_{cb}}} = \frac{1}{1+\frac{17,960}{10\times430}} = 0.19$$

도표 D로부터 상수 : C_c=1.184, C_t=2.683, j=0.775, z=0.461

$$F_t = \frac{M-WzD}{jD} = \frac{692,100-36,000\times0.461\times5}{0.775\times5} = 157,192\text{lb.}$$

$$S_a = \frac{F_t}{t_s r C_t} = \frac{157,192}{0.125\times30\times2.683} = 15,624\text{psi.}$$

$$F_c = F_t + W = 157,192+36,000 = 193,192\text{lb.}$$

$$f_{cb} = \frac{F_c}{(l_4+n t_s) r C_c} = \frac{193,192}{(7.875+10\times0.125)30\times1.184} = 596\text{ psi.}$$

앵커볼트 압축응력 :

$$S_a = n f_{cb} = 10\times596 = 5,960\text{ psi.}$$

베이스링의 외부 끝에서의 콘크리트 압축응력 :

$$f_c = f_{cb}\times\frac{2kd+l}{2kd} = 596\times\frac{2\times0.19\times60+8}{2\times0.19\times60} = 805\text{psi}$$

요구되는 베이스링의 두께 : l_1 = 6in.

$$t_B = l_1\sqrt{3f_c/S} = 6\sqrt{\frac{3\times805}{15,000}} = 2,406\text{in.}$$

베이스링 두께를 감소시키기 위해서는 gusset 플레이트를 사용하라.

24개의 gusset 플레이트를 사용할 때 gusset간 거리,

$$b = \frac{\pi d}{24} = 7.85'' ;\ \frac{l_1}{b} = \frac{6}{7.85} = 0.764$$

도표 F로부터 :

$$M_{max} = My = 0.196 f_c l_1^2 = 0.196\times805\times6^2 = 5680\text{in. lb.}$$

$$t_B = \sqrt{\frac{6\times5680}{15,000}} = 1,5076\text{in.}$$

인치 두께의 베이스 플레이트를 사용하라.

높은 탑의 앵커볼트 CHAIR

이 CHAIR는 볼트가 이에 이전할 수 있는 최대 하중을 고려해 설계된다. 앵커볼트 크기와 베이스 플레이트는 앞 페이지에서 서술된 바와 같이 계산되어야 한다. 플레이트의 모든 접촉 모서리는 연속 필렛용접으로 용접되어야 하고, 필렛용접의 leg 크기는 얇은 접속 플레이트 두께의 절반이 되어야 한다.

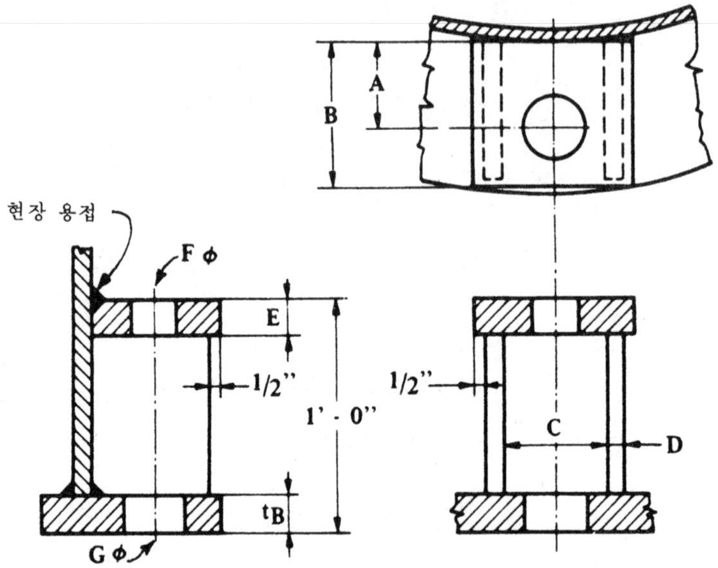

치수 in.							
앵커볼트의 직경	A	B	C	D	E	F	G
1	1 3/4	3	2 1/2	1/2	3/4	1 1/4	1 1/2
1 1/8	1 7/8	3	2 1/2	1/2	3/4	1 3/8	1 5/8
1 1/4	2	3	2 1/2	1/2	1	1 1/2	1 3/4
1 3/8	2 1/8	4	3	5/8	1	1 5/8	1 7/8
1 1/2	2 1/4	4	3	5/8	1 1/4	1 3/4	2
1 5/8	2 3/8	4	3	5/8	1 1/4	1 7/8	2 1/8
1 3/4	2 1/2	5	3 1/2	3/4	1 1/2	2	2 1/4
1 7/8	2 5/8	5	3 1/2	3/4	1 1/2	2 1/8	2 3/8
2	2 3/4	5	3 1/2	3/4	1 3/4	2 1/4	2 1/2
2 1/4	3	6	4	1	1 3/4	2 1/2	2 3/4
2 1/2	3 1/4	6	4	1	2	2 3/4	3
2 3/4	3 1/2	7	5	1 1/4	2 1/2	3	3 1/4
3	3 3/4	7	5	1 1/4	2 1/2	3 1/4	3 1/2

상기 도표는 Scheiman A.D. Short Cuts to Anchor Bolting and Base Ring Sizing. Petroleum Refiner, June 1963으로부터 발췌함.

메 모

새들에 의해 지지되는 대형 수평 용기에서의 응력

수평용기를 위한 지지물의 설계방식은 1951년에 발표된 L.P.ZICK'S ANALYSIS에 기준한다. ASME는 Zick의 방식(PRESSURE VESSEL AND PIPING DESIGN)을 추천되는 실행으로 발간했다. API 규정 2510 또한 Zick의 분석을 참조한다. BS 1515의 방식은 또한 발행된 많은 저서와 기술정기간행물의 연구에 사용되었다.

본 핸드북의 설계방식은 위에 언급된 개정된 분석에 기준한다(PRESSURE VESSEL AND PIPING: DESIGN AND ANALYSIS, ASME, 1972).

새들 지지를 받는 수평용기는 다음과 같이 서로 다른 빔으로 설치한다.

1. 부하조건이 만족하거나 또는 부분적으로 만족한 용기와는 다르다.
2. 용기에서의 응력은 새들의 강도에 따라 다르다.
3. 용기 무게에 의한 부하는 다른 모든 부하에 포함된다.

부하

1. 새들의 반작용 : 최소한 충분한 물 부하를 고려, 용기를 설계하는 것이 실제방식이다.
2. 내 부 압 력 : 용기에서의 세로 응력은 단지 원주상 응력의 절반이기 때문에 실제로 사용되는 플레이트 두께의 절반정도가 무게부하를 견디기 위해 활용된다.
3. 외 부 압 력 : 진공은 우발적으로 발생되기 때문에 용기가 완전 진공을 고려하여 설계되지 않는다면, 진공해소밸브가 설치되어야 한다. 특히, 용기의 배출구가 펌프에 연결될 때는 반드시 진공해소 밸브가 필요하다.
4. 풍력 : 매우 작은 t/r 값을 가진 긴 용기는 풍력으로부터 뒤틀림을 받기 쉽다. Zick방식에 의하면, "1psi. 외부압력에 기준에 설계된 용기는 통상적인 운전상태에서 일어날 수 있는 외부부하를 성공적으로 견딜 수 있다는 것을 경험이 말해주고 있다."고 한다.
5. 충격부하 : 선적 중에 계산하기 어려운 충격부하는 용기에 손상을 가할 수 있다는 것을 경험으로 알 수 있다. 새들의 폭과 용접크기를 설계할 때 이런 점이 고려되어야 한다.

새들의 위치

단지 2개 새들의 사용은 다수의 지지물 시스템 위에 정적으로 그리고 경계적으로 위치하는 것이 바람직하다. 보강링의 사용이 필요한 경우에도 마찬가지이다. 새들의 위치는 때때로 용기의 하단에 있는 개구부, SUMP 등의 위치에 의해 결정된다. 그렇지 않은 경우 새들은 정적으로 최적인 곳에 위치될 수 있다. 대형 얇은 용기는 헤드 근처에서 지지될 때 제일 좋으며 이 경우 헤드의 보강효과를 발휘한다. 길고 두꺼운 용기는 새들에서의 최대 세로 굽힘응력이 거의 중간부분에서의 응력과 동등한 곳에 지지될 때 제일 좋다. 이런 부위는 새들의 접촉각도에 따라 서로 다르다. 헤드 접선과 새들간의 거리는 어느 경우에도 용기길이의 0.2배를 초과해서는 안된다.

<u>접촉각 θ</u>

120°이다(CODE APPENDIX G-60). 외부압력을 받는 보강되지 않은 실린더에 대해 접촉각도는 ASME CODE(UG-29)에 의해 120°로 법적으로 제한된다.

새들에 의해 지지되는 용기는 다음과 같은 응력을 받는다.

1. 세로굽힘 응력
2. 접선전단 응력
3. 원주상 응력

2개의 새들을 가진 용기에서의 응력

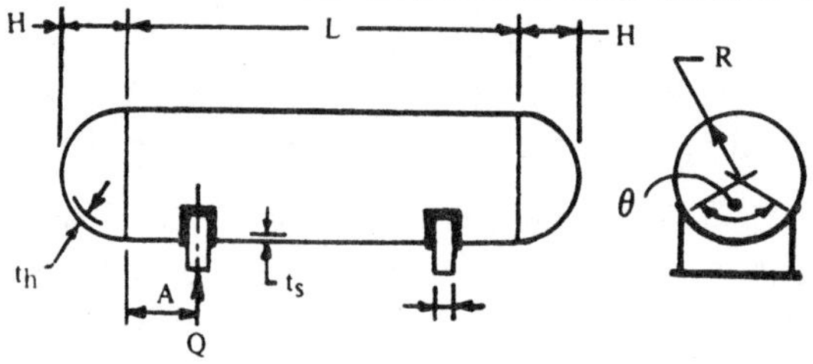

기호

모든 치수는 인치이다.
Q=1개 새들상의 부하, lb.
R=셸반경
S=평방 인치당 응력, lb.
t_s=셸 두께
t_h=헤드 두께(부식공차 제외)
K=상수, 페이지 88 참고
θ=새들의 접촉각, 도(°)

응력	조건	최대 응력 발생지	공식	최대 허용 응력
세로굽힘	헤드 혹은 링에 의해 보강된 셸, 보강되지 않은 셸	새들 (상단에서 인장 하단에서 압축)	$S_1 = \pm \dfrac{QA\left(1 - \dfrac{1 - \dfrac{A}{L} + \dfrac{R^2 - H^2}{2AL}}{1 + \dfrac{4H}{3L}}\right)}{{}^{*}KR^2 t_s}$ * 87페이지 참조	인장시 S_1에 내부압력($^{PR}/_{2ts}$)에 기인한 응력을 추가할 때 셸 재질의 허용응력치에 girth seam 효율을 곱한 값을 초과하지 않아야 한다. 수축시 내부압력에 기인한 응력에서 S_1을 공제시 재질의 수축항복강도의 절반을 초과해서는 안되며, 혹은 요구되는 값은 아래 공식으로 주어진다. $S_1 \leqq (\frac{E}{29})(t/R)[2-(2/3)(100)(t/R)]$
		중간지점 (하단에서 인장 하단에서 압축)	$S_1 = \pm \dfrac{\dfrac{QL}{4}\left(\dfrac{1 + 2\dfrac{R^2 - H^2}{L^2}}{1 + \dfrac{4H}{3L}} - \dfrac{4A}{L}\right)}{\pi R^2 t_s}$	
접선전단	새들이 헤드로부터 떨어져 있을 때 A>R/2	셸에서	$S_2 = \dfrac{K_2 Q}{R t_s}\left(\dfrac{L - 2A}{L + 4/3\ H}\right)$	S_2는 용기재질의 허용응력의 0.8배를 초과하지 않아야 한다. S_3에 내부압력에 기인한 응력을 추가한 것은 헤드 재질의 허용인장 응력의 1.25배를 초과하지 않아야 한다. 주 : 링이 사용되지 않거나 새들에 근접할 때 계수 K_2를 가진 공식을 사용하라. 링이 새들의 면에서 사용되면 계수 K_3를 가진 공식을 사용하라.
		셸에서	$S_2 = \dfrac{K_3 Q}{R t_s}\left(\dfrac{L - 2A}{L + 4/3\ H}\right)$	
	새들이 헤드와 근접할 때 A≤R/2	셸에서	$S_2 = \dfrac{K_4 Q}{R t_s}$	
		헤드에서	$S_2 = \dfrac{K_4 Q}{R t_h}$	
		헤드에서의 추가 응력	$S_3 = \dfrac{K_5 Q}{R t_h}$	
원주상	보강되지 않음 L≥8R	새들의 HORN 에서	$S_4 = -\dfrac{Q}{4t_s(b+1.56\sqrt{Rt_s})} - \dfrac{3K_6 Q}{2t_s^2}$	S_4는 셸 재질의 허용인장 응력의 1.5배 미만이어야 한다. S_5는 셸 재질의 압축 항복강도의 0.5배 미만이어야 한다.
	보강되지 않음 L<8R		$S_4 = -\dfrac{Q}{4t_s(b+1.56\sqrt{Rt_s})} - \dfrac{12K_6 QR}{Lt_s^2}$	
	보강될 혹은 보강되지 않음	셸의 하단에서	$S_5 = -\dfrac{K_7 Q}{t_s(b+1.56\sqrt{Rt_s})}$	

2개의 새들을 가진 용기에서의 응력

응력	주 : 정의 값은 인장응력을, 부의 값은 압축응력을 나타낸다. E=셀 혹은 보강링 재질의 탄성계수, $lb/in.^2$
세로굽힘	최대 굽힘 응력 S_1은 인장 혹은 압축이 될 수 있다. S_1과 계수 K를 위한 공식에서 인장응력을 계산할 때 K_1의 값이 사용되며, S_1과 계수 K를 위한 공식에서 압축응력을 계산할 때 K_8의 값이 사용된다. 셀이 보강될 때, S_1을 위한 공식에서 K값은 3.14이다. 압축응력은 $t/R \geq 0.005$이고, 용기가 충분한 내부압력을 견딜 수 있도록 설계되어 있는 강의 용기에서는 계수가 아니다. 응력 S_1이 최대 허용응력을 초과하면 보강링을 사용해야 한다.
접선전단	응력 S_2와 두께 t_s를 위한 공식에서 마모 플레이트가 사용되면 셀과 마모플레이트 두께의 합이 사용될 것이며, 이 경우 마모 플레이트는 헤드 근처의 새들의 HORN 위에서 R/10인치 이상 떨어져야 하며, 새들과 근접한 보강링간에 위치해야 한다. 보강되지 않은 셀에서 최대전단력은 새들의 HORN에서 일어난다. 헤드보강이 새들을 헤드에 근접시킴으로써 이루어진다면 접선전단응력은 헤드에서 추가적인 응력 S_3를 유발시킨다. 이 응력은 내부압력에 기인, 헤드에서의 응력에 추가되어야 한다. 보강링이 사용될 때, 최대 전단은 중심부(equator)에서 일어난다.
원주상	응력 S_4와 두께 t_s를 위한 공식에서 마모 플레이트가 사용되면 셀과 마모플레이트 두께의 합이 사용될 것이며, t_s^2에 대해서는 셀두께 제곱에 마모 플레이트 제곱이 추가된 것이 사용될 것이다. 이 경우, 마모 플레이트는 새들의 HORN 위에서 R/10인치 이상 떨어져야 하며, $A \leq R/2$.이어야 한다. 마모 플레이트의 상단 끝에서 결합된 원추상 응력은 검토되어야 한다. 이 점에서의 검토시 : t_s=셀 두께 b=새들 폭 θ=마모 플레이트 중앙각도, 새들 사이 각에 12°를 추가한 것보다 작아야 한다. 응력 S_5와 두께 t_s를 위한 공식에서 마모 플레이트가 사용되면 셀과 마모 플레이트 두께의 합이 사용될 것이며, 이 경우 마모 플레이트의 폭은 최소 $b+1.5b\sqrt{Rt_s}$와 동등해야 한다. 셀이 보강되지 않으면 최대 응력은 새들의 꼭지점(horn)에서 일어난다. 원주상 굽힘 응력이 최대 허용 응력을 초과하면 보강링을 사용할 것

2개의 새들에 의해 지지되는 대형 수평용기에서의 응력

상수 K값
(중간값은 보간법으로 계산)

*K_1=3.14 셸이 링 혹은 헤드에 의해 보강되면(A<R/2)

접촉각 θ	K_1*	K_2	K_3	K_4	K_5	K_6	K_7	K_8
120	0.335	1.171	어떤 접촉각 θ에 대해서도	0.880	0.401	페이지 89 참고	0.760	0.603
122	0.345	1.139		0.846	0.393		0.753	0.618
124	0.355	1.108		0.813	0.385		0.746	0.634
126	0.366	1.078		0.781	0.377		0.739	0.651
128	0.376	1.050		0.751	0.369		0.732	0.669
130	0.387	1.022		0.722	0.362		0.726	0.689
132	0.398	0.996		0.694	0.355		0.720	0.705
134	0.409	0.971		0.667	0.347		0.714	0.722
136	0.420	0.946		0.641	0.340		0.708	0.740
138	0.432	0.923		0.616	0.334		0.702	0.759
140	0.443	0.900		0.592	0.327		0.697	0.780
142	0.455	0.879		0.569	0.320		0.692	0.796
144	0.467	0.858		0.547	0.314		0.687	0.813
146	0.480	0.837		0.526	0.308		0.682	0.831
148	0.492	0.818		0.505	0.301		0.678	0.853
150	0.505	0.799		0.485	0.295		0.673	0.876
152	0.518	0.781		0.466	0.289		0.669	0.894
154	0.531	0.763		0.448	0.283		0.665	0.913
156	0.544	0.746		0.430	0.278		0.661	0.933
158	0.557	0.729		0.413	0.272		0.657	0.954
160	0.571	0.713		0.396	0.266		0.654	0.976
162	0.585	0.698		0.380	0.261		0.650	0.994
164	0.599	0.683		0.365	0.256		0.647	1.013
166	0.613	0.668		0.350	0.250		0.643	1.033
168	0.627	0.654		0.336	0.245		0.640	1.054
170	0.642	0.640		0.322	0.240		0.637	1.079
172	0.657	0.627		0.309	0.235		0.635	1.097
174	0.672	0.614		0.296	0.230		0.632	1.116
176	0.687	0.601		0.283	0.225		0.629	1.137
178	0.702	0.589		0.271	0.220		0.627	1.158
180	0.718	0.577		0.260	0.216		0.624	1.183

2개의 새들에 의해 지지되는 대형 수평용기에서의 응력 상수 K_6값

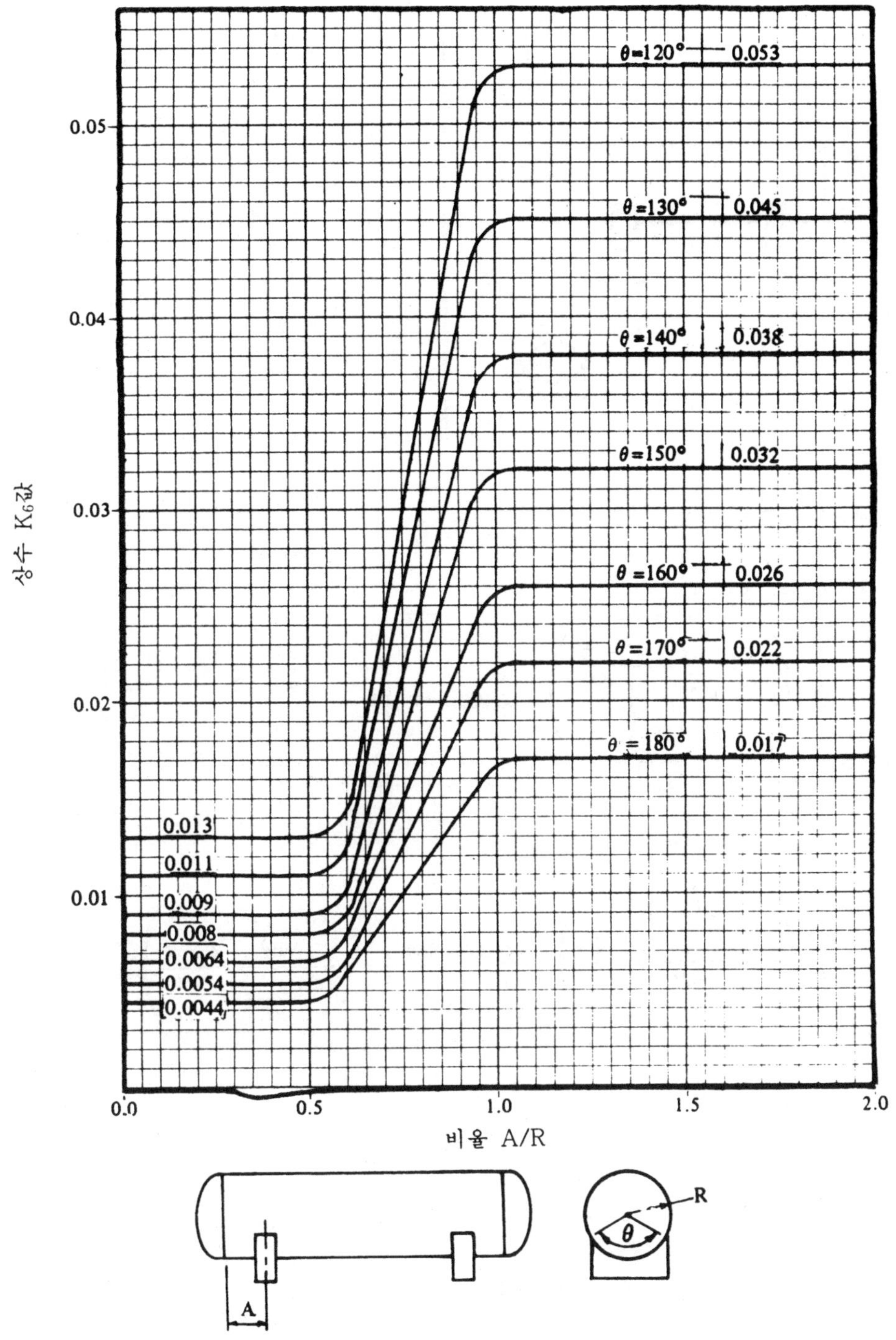

2개의 새들에 의해 지지되는 대형 수평용기에서의 응력

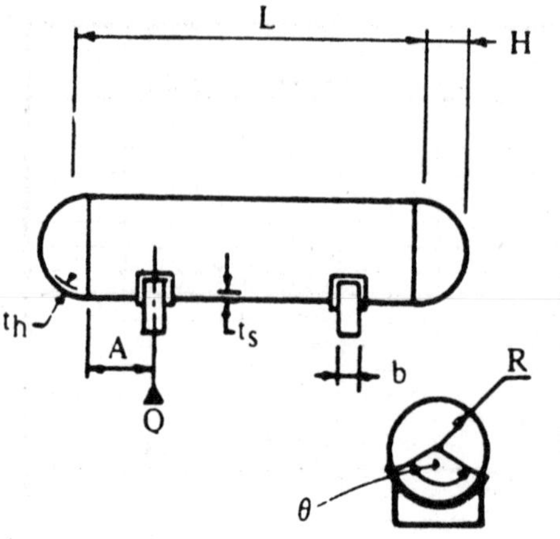

설계자료 :

A = 48in. 헤드접선에서 새들 중심까지 거리
b = 24in. 새들 폭
H = 21in. 헤드 DISH의 깊이
L = 960in. 용기의 길이(접선-접선)
P = 250psi. 내부설계압력
Q = 300,000lb. 한 개 새들 상의 부하
R = 60in. 셀의 반경
t_s = 1.00in. 셀 두께
θ = 120° 접촉각
셀 재질 : SA 515-70 플레이트
허용응력 : 17,500psi.
항복강도 : 38,000psi.
연결효율 : 0.85

세로굽힘응력(S_1)

새들에서의 응력 :

$$S_1 = \frac{QA\left(1 - \dfrac{1 - \dfrac{A}{L} + \dfrac{R^2 - H^2}{2AL}}{1 + \dfrac{4H}{3L}}\right)}{K_1 R^2 t_s} = \frac{300{,}000 \times 48\left(1 - \dfrac{1 - \dfrac{48}{960} + \dfrac{60^2 - 21^2}{2 \times 48 \times 960}}{1 + \dfrac{4 \times 21}{3 \times 960}}\right)}{0.335 \times 60^2 \times 1} = 522 \text{ psi.}$$

중간지점에서의 응력 :

$$S_1 = \frac{\dfrac{QL}{4}\left(\dfrac{1 + 2\dfrac{R^2 - H^2}{L^2}}{1 + \dfrac{4H}{3L}} - \dfrac{4A}{L}\right)}{\pi R^2 t_s} = \frac{\dfrac{300{,}000 \times 960}{4}\left(\dfrac{1 + 2\dfrac{60^2 - 21^2}{960^2}}{1 + \dfrac{4 \times 21}{3 \times 960}} - \dfrac{4 \times 48}{960}\right)}{3.14 \times 60^2 \times 1} = 4959 \text{ psi.}$$

내부압력에 의한 응력 : $\dfrac{PR}{2t_s} = \dfrac{250 \times 60}{2 \times 1} = 7500$ psi.

인장응력의 합계 : 4959 + 7500 = 12,459 psi.

girth seam의 응력을 초과하지 않음 : 17,500 × .085 = 14,875 psi.

압축응력은 t/R>0.005이기 때문에 계수가 아니다. : 1/60 = 0.017

2개의 새들에 의해 지지되는 대형 수평용기에서의 응력

접선전단응력(S_2)

A(48) > R/2(60/2)이므로, 적용공식 :

$$S_2 = \frac{K_2 Q}{R t_s}\left(\frac{L - 2A}{L + 4/3H}\right) = \frac{1.171 \times 300{,}000}{60 \times 1}\left(\frac{960 - 2 \times 48}{960 + 4/3 \times 21}\right) = 5{,}120 \text{ psi.}$$

S_2는 셸재질의 응력에 0.8을 곱한 값을 초과하지 않는다: 17,500×0.8 =14,000psi.

원주상의 응력

새들의 꼭지점(horn)에서의 응력(S_4)

L (960) > 8R(480), A(48) > R/2 (60/2), 이므로, 적용공식 :

$$S_4 = -\frac{Q}{4t_s(b+1.56\sqrt{Rt_s})} - \frac{3K_6 Q}{2t_s^2}$$

A/R = 48/60 = 0.8; K = 0.036 (도표로부터)

$$S_4 = -\frac{300{,}000}{4 \times 1\ (24 + 1.56\sqrt{60 \times 1})} - \frac{3 \times 0.036 \times 300{,}000}{2t} = -18{,}279 \text{ psi.}$$

S_4는 셸 재질의 응력에 1.5를 곱한 값을 초과하지 않는다. : 17,500×1.5 =26,250psi.

셸하단에서의 응력(S_5)

$$S_5 = -\frac{K_7 Q}{t_s(b + 1.56\sqrt{Rt_s})}$$

$$S_5 = -\frac{0.760 \times 300{,}000}{1(24 + 1.56\sqrt{60 \times 1})} = -6{,}319 \text{ psi.}$$

S_5는 압축 항복강도에 0.5를 곱한 값을 초과하지 않는다. : 38,000×0.5 =19,000psi.

새들에 의해 지지되는 대형 수평용기를 위한 보강링

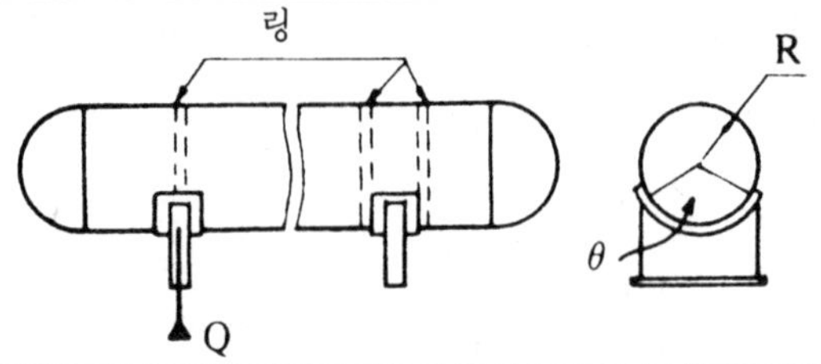

기호 :

A = 링 횡단면적+셸유효면적, in.[2]
I = 관성 모우멘트, in.[4]
K = 상수, 페이지 93 참고
Q = 한 개 새들 상의 부하, lb.
R = 셸 반경, in.
S_6 = 최대 결합하중, psi.
θ = 접촉각, 도(°)

링 형태	최대응력	공식	최대허용응력
A 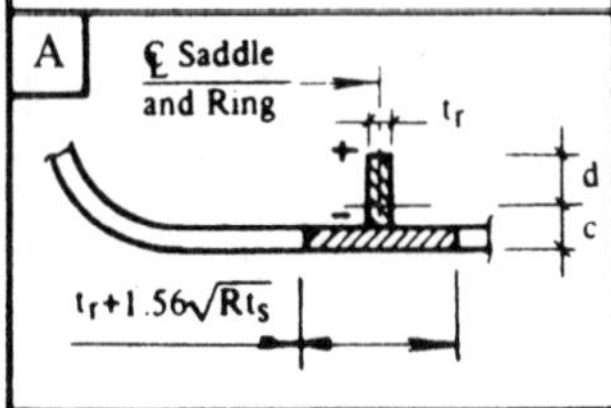	링 내부 셸에서의 압축이 주요	$S_6 = -\frac{K_9 Q}{A} - \frac{K_{10} QR}{I/c}$	인장시, 셸 혹은 링 재질의 허용응력 중 작은 것 압축시, 셸 혹은 링 재질의 항복강도의 0.5배 중 작은것.
B 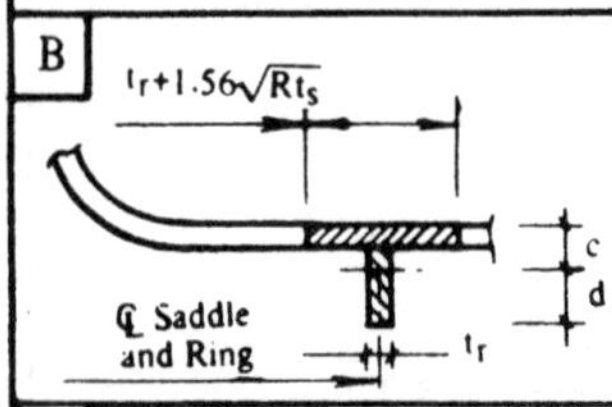	링 외부. 셸에서의 응력	$S_6 = -\frac{K_9 Q}{A} + \frac{K_{10} QR}{I/c}$	
	링 외부. 셸에서의 응력	$S_6 = -\frac{K_9 Q}{A} - \frac{K_{10} QR}{I/d}$	
C 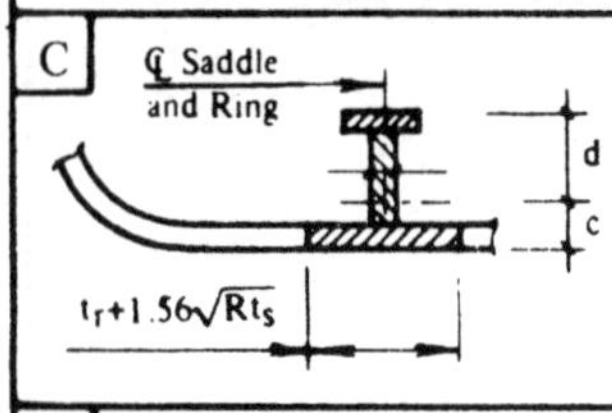	링 내부. 셸에서의 압축이 주요	$S_6 = -\frac{K_9 Q}{A} - \frac{K_{10} QR}{I/c}$	
	링 외부. 셸에서의 응력	$S_6 = -\frac{K_9 Q}{A} + \frac{K_{10} QR}{I/c}$	
D 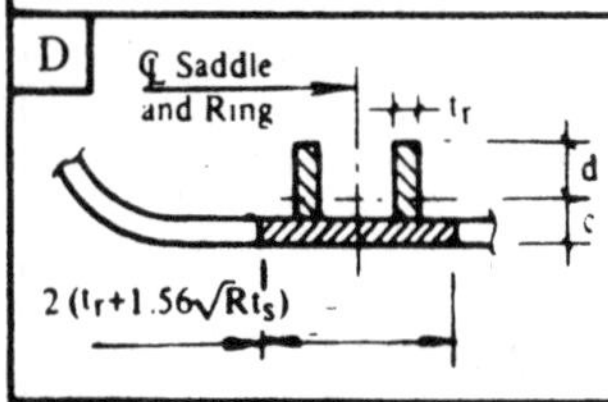	링 내부 셸에서의 응력	$S_6 = -\frac{K_9 Q}{A} + \frac{K_{10} QR}{I/c}$	
	링 내부. 링 끝에서의 응력	$S_6 = -\frac{K_9 Q}{A} - \frac{K_{10} QR}{I/d}$	
E 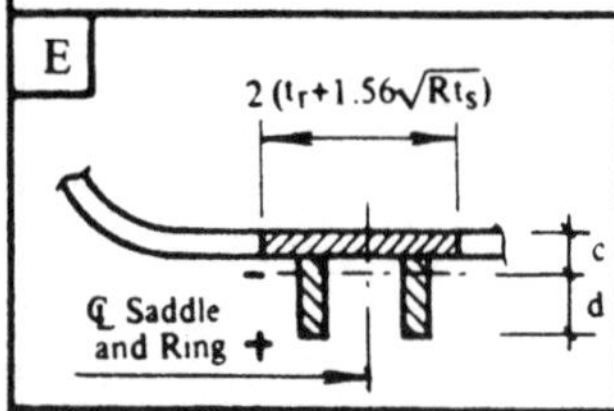	링 외부. 셸에서의 압축이 주요	$S_6 = -\frac{K_9 Q}{A} - \frac{K_{10} QR}{I/c}$	
F 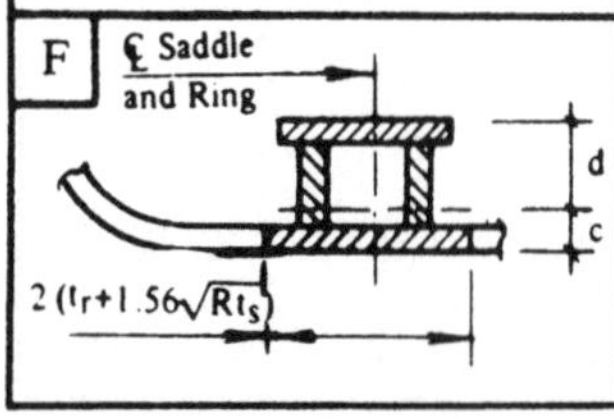	링 내부. 셸에서의 응력	$S_6 = -\frac{K_9 Q}{A} + \frac{K_{10} QR}{I/c}$	
	링 내부. 링 끝에서의 응력	$S_6 = -\frac{K_9 Q}{A} - \frac{K_{10} QR}{I/d}$	

새들에 의해 지지되는 대형 수평용기를 위한 보강링

상수 K값
(중간값은 보간법으로 계산)

접촉각 θ	120°	130°	140°	150°	160°	170°	180°
K_9	.34	.33	.32	.30	.29	.27	.25
K_{10}	.053	.045	.037	.032	.026	.022	.017

기호

1. 도형과 공식 A-F에서 정의 표시는 인장응력을, 부의 표시는 압축응력을 나타낸다.
2. S_b를 위한 공식의 첫 번째 부분은 직접적인 응력을 나타내며, 2번째 부분은 원주상 굽힘응력을 나타낸다.
3. 주된 결합응력이 인장이면, 내부압력에 의한 응력 $\frac{PR}{t_s}$이 추가되어야 한다.

관성 모우멘트(I)의 계산

1. 원주상 굽힘 모우멘트를 견딜 수 있기에 유효한 셸의 폭을 구하라.

   보강링의 2개 측면에서의 유효폭 = $1.56\sqrt{Rt_s}$; $0.78\sqrt{Rt_s}$

2. 보강링을 직사각형으로 분할하고 유효폭 이내에서의 셸 단면적을 포함한 각 직사각형의 면적 (a)를 계산하라.

   면적 (a)를 추가하면 총면적 = A

3. 면적 (a)를 셸로부터 직사각형의 중점까지의 거리 (Y)로 곱하라. 결과를 요약하고 이를 AY로 표시하라.
4. 보강링의 중심축을 구하라.

   셸에서 중심축까지 거리 (C) : $C = \frac{AY}{A}$

5. 중립축에서 보강링의 각 직사각형 중심까지의 거리(h)를 구하라.
6. 거리 제곱(h^2)를 면적(a)로 곱하고 요약하여 AH^2를 구하라.
7. 각 직사각형의 관성모우멘트 Ig를 계산하라.

$$Ig = \frac{bd^2}{12}$$

여기서, b = 직사각형의 폭, d = 직사각형의 깊이

8. AH^2와 ΣIg의 합계는 보강링의 관성 모우멘트와 셸의 유효면적을 나타낸다. 계산식 보기에 대해서는 다음의 페이지들을 참고.

보강링의 관성 모우멘트(I) 계산식 보기

모든 치수 : 인치

R = 72in. 셀 외반경

A

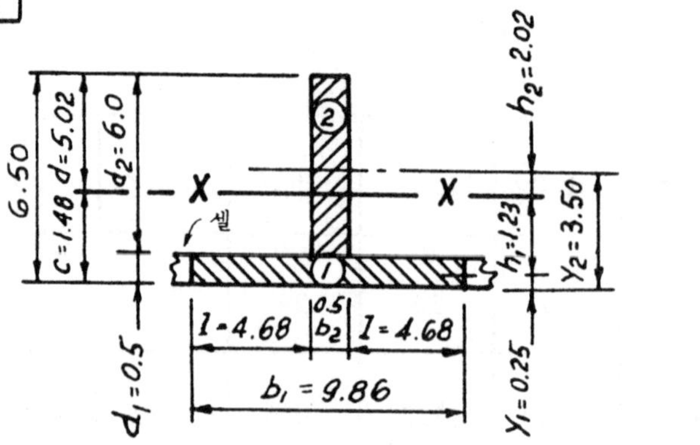

$l = 0.78\sqrt{Rd_1} =$

$0.78\sqrt{72 \times 0.5} = 4.68$

영역 ① Ig

$\dfrac{b_1 d_1^3}{12} = \dfrac{9.86 \times 0.5^3}{12} = 0.103 \text{ in.}^4$

영역 ② Ig

$\dfrac{b_2 d_2^3}{12} = \dfrac{0.5 \times 6^3}{12} = 9.00 \text{ in.}^4$

영역 기호	영역 a	y	a x y	h	h^2	a x h^2	$\dfrac{bd^3}{12}$
①	4.93	0.25	1.23	1.23	1.51	7.44	0.10
②	3.00	3.50	10.50	2.02	4.08	12.24	9.00
합계	A = 7.93	–	AY = 11.73	–	–	AH^2 =19.68	Ig = 9.10

$C = \dfrac{AY}{A} = \dfrac{11.73}{7.93} = 1.48 \qquad I = AH^2 + I_g = 19.68 + 9.10 = 28.78 \text{ in.}^4$

B

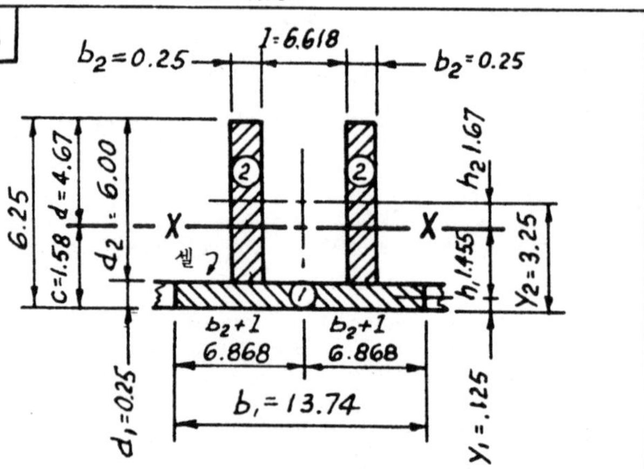

$l = 1.56\sqrt{Rd_1} =$

$1.56\sqrt{72 \times 0.25} = 6.618$

영역 ① Ig

$\dfrac{b_1 d_1^3}{12} = \dfrac{13.74 \times 0.25^3}{12} = 0.02 \text{ in}^4$

영역 ② Ig

$\dfrac{2b_2 d_2^3}{12} = \dfrac{0.50 \times 6^3}{12} = 9.00 \text{ in}^4$

영역 기호	영역 a	y	a x y	h	h^2	a x h^2	$\dfrac{bd^3}{12}$
①	3.43	0.125	0.43	1.455	2.12	7.27	0.02
②	3.00	3.250	9.75	1.670	2.79	8.37	9.00
합계	A = 6.43	–	AY = 10.18	–	–	AH^2=15.64	Ig = 9.02

$C = \dfrac{AY}{A} = \dfrac{10.18}{6.43} = 1.58 \qquad I = AH^2 + I_g = 15.64 + 9.02 = 24.66 \text{ in.}^4$

보강링의 관성 모우멘트(Ⅰ) 계산식 보기

모든 치수 : 인치

R = 72in. 셀 외반경

C

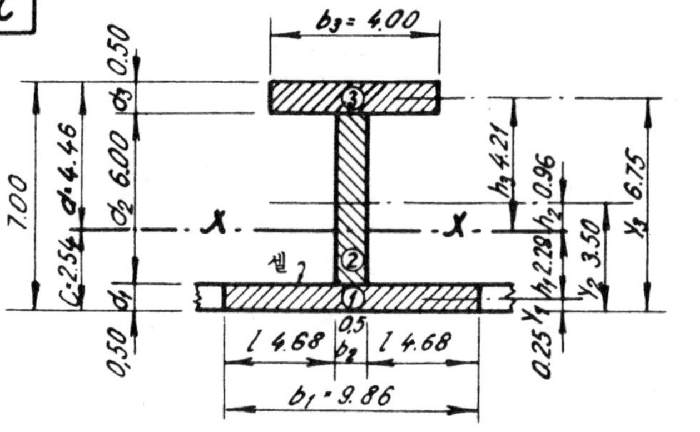

$I = 0.78\sqrt{Rd_1}$

$0.78\ \sqrt{72 \times 0.5} = 4.68$

영역 ① Ig

$\frac{b_1 d_1^3}{12} = \frac{9.86 \times 0.5^3}{12} = 0.103 \text{ in.}^4$

영역 ② Ig

$\frac{b_2 d_2^3}{12} = \frac{0.5 \times 6^3}{12} = 9.00 \text{ in.}^4$

영역 ③ Ig

$\frac{b_3 d^3}{12} = \frac{4 \times 0.5^3}{12} = 0.04 \text{ in.}^4$

영역 기호	영역 a	y	a x y	h	h^2	a x h^2	$\frac{bd^3}{12}$
1	4.93	0.25	1.23	2.29	5.24	25.83	0.10
2	3.00	3.50	10.50	0.96	0.92	2.76	9.00
3	2.00	6.75	13.50	4.21	17.72	35.44	0.04
합계	A = 9.93	–	AY = 25.23	–	–	AH = 64.03	Ig = 9.14

$C = \frac{AY}{A} = \frac{25.23}{9.93} = 2.54$ $\qquad I = AH^2 + I_g = 64.03 + 9.14 = 73.17 \text{ in.}^4$

D

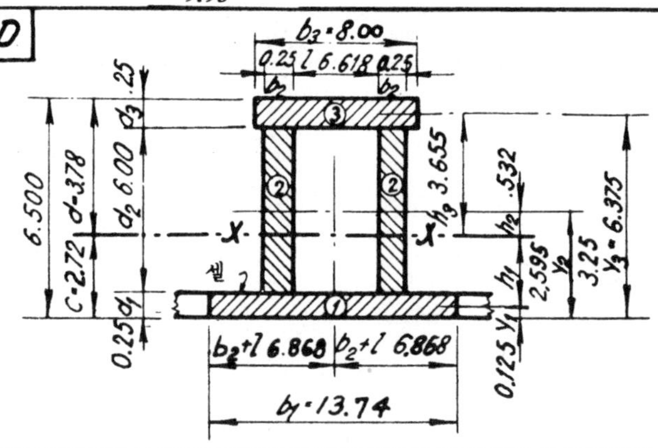

$I = 1.56\sqrt{Rd_1}$

$1.56\ \sqrt{72 \times 0.25} = 6.618$

영역 ① Ig

$\frac{b_1 d_1^3}{12} = \frac{13.74 \times 0.25^3}{12} = 0.02 \text{ in.}^4$

영역 ② Ig

$\frac{2b_2 d_2^3}{12} = \frac{0.50 \times 6^3}{12} = 9.00 \text{ in.}^4$

영역 ③ Ig

$\frac{b_3 d^3}{12} = \frac{8 \times 0.25^3}{12} = 0.01 \text{ in.}^4$

영역 기호	영역 a	y	a x y	h	h^2	a x h^2	$\frac{bd^3}{12}$
1	3.43	0.125	0.43	2.59	6.72	23.09	0.02
2	3.00	3.250	9.75	0.53	0.28	0.84	9.00
3	2.00	6.375	12.75	3.66	13.40	26.80	0.01
합계	A = 8.43	–	AY = 22.93	–	–	AH^2 = 50.73	Ig = 9.03

$C = \frac{AY}{A} = \frac{22.93}{8.43} = 2.72$ $\qquad I = AH^2 + I_g = 50.73 + 9.03 = 59.76 \text{ in.}^4$

새들의 설계

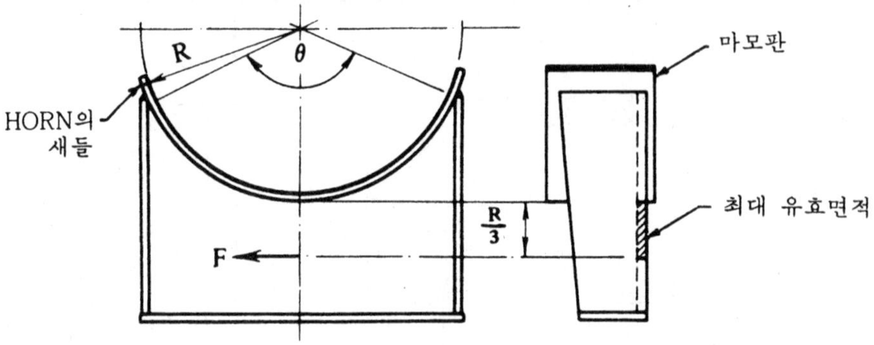

1. 최하단 구획에 있는 새들은 수평력(F)를 견디어야 한다. 이 부하를 견디기 위한 새들이 유효 횡단면은 용기 반경(R)의 1/3이다.

$$F = K_{11}Q$$

여기서, Q=한 개의 SADDLE상의 부하, lb.
K_{11}=상수(아래 도표 참고)

평균 응력은 재질의 허용 인상 응력의 2/3 미만이어야 한다.

상수 K_{11}값							
접촉각, θ	120°	130°	140°	150°	160°	170°	180°
K_{11}	.204	.222	.241	.259	.279	.298	.318

EX :
용기 직경=8′ ~ 6″
용기 무게=375,000 lbs.
Q=187,500 lbs.
새들 재질=SA 285C
WEB 플레이트 두께=0.25 in.
접촉각=120°
K_{11}=0.204
R/3=51/3=17 in.
$F=K_{11} \times Q = 0.204 \times 187{,}500 = 38{,}250$ lb.

이 힘을 견디기 위한 WEB 플레이트 유효면적은

$$R/3 \times 0.25 = 4.25 \text{ in. } 38{,}250/4.25 = 9{,}000 \text{ lbs./in.}^2$$

$$\text{허용 응력} = 2/3 \times 13{,}750 = 9{,}166 \text{ psi.}$$

WEB 플레이트 두께는 수평력(F)에 대해 만족스럽다.

2. 베이스 플레이트와 마모 플레이트는 WEB에 대한 세로 굽힘력을 견딜 수 있도록 충분히 두꺼워야 한다.

3. WEB 플레이트는 뒤틀림에 대항해 RIB로 보강되어야 한다.

수평용기의 팽창과 압축

A

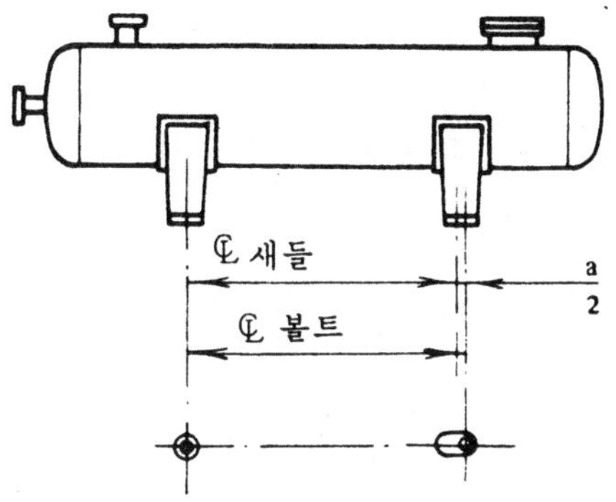

팽창용기

B

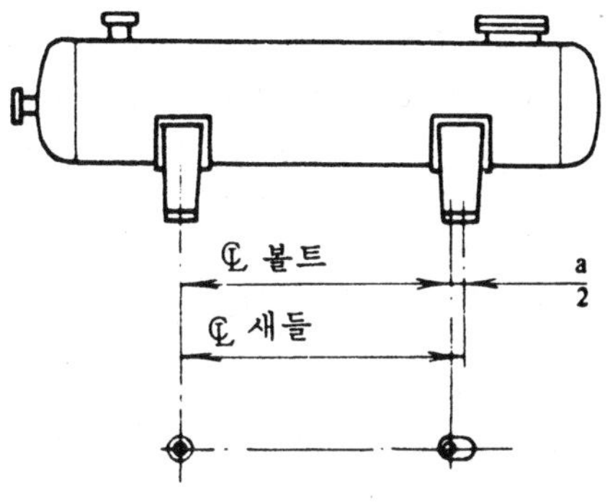

압축용기

열팽창과 수축을 위해, 새들 중에서 1개(우선적으로 배관 연결부의 맞은편에 위치한 것)는 움직임이 허용되어야 한다. 이런 새들에서는 앵커볼트를 위해서 slot이 hole대신 사용되어야 한다. Slot 길이는 예상되는 움직임의 크기에 의해 결정되어야 한다.
단위 길이와 도에 대한 탄소강을 위한 선 팽창 계수(F)는 0.0000067이다. 아래 도표는 slot의 최소길이를 보여준다. 치수 "a"는 70°F와 나타내는 용도간에서 탄소강의 선 팽창에 대해 계산되었다. 새들간 거리의 변화가 3/8″인치 이상이면 slide(bearing) 플레이트가 사용되어야 한다. 용기가 콘크리트 새들에 의해 지지되면 최소 1/4인치 두께의 탄성적인 방수 sheet가 셀과 새들 사이에 적용되어야 한다.

SLOT 최소 길이(치수 a)

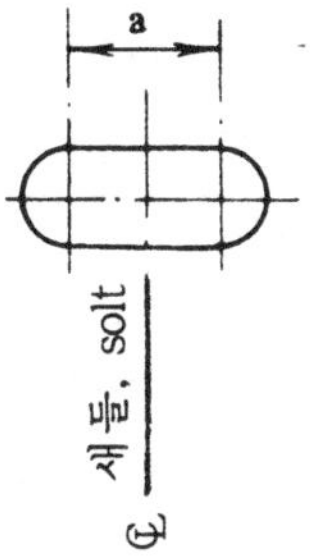

slot의 폭은 앵커볼트 직경 +1/4″와 동일하다.

새들간 거리 Ft.	온도, °F									
	-50	100	200	300	400	500	600	700	800	900
10	0	0	0	1/4	3/8	3/8	1/2	5/8	3/4	3/4
20	0	0	1/4	3/8	5/8	3/4	1	1-1/8	1-1/4	1-3/8
30	1/4	1/8	3/8	5/8	7/8	1-1/8	1-3/8	1-5/8	1-5/8	2
40	1/4	1/8	3/8	3/4	1-1/8	1-1/2	1-7/8	2-1/8	2-3/8	2-1/2
50	3/8	1/4	1/2	1	1-3/8	1-5/8	2-1/4	2-5/8	3	3-3/8
60	3/8	1/4	5/8	1-1/4	1-5/8	2-1/8	2-3/4	3-1/8	3-5/8	4-1/8
70	1/2	1/4	3/4	1-3/8	1-7/8	2-1/2	3-1/8	3-5/8	4-1/4	4-5/8
80	1/2	3/8	3/4	1-1/2	2-1/8	2-7/8	3-5/8	4-1/8	4-7/8	5-3/8
90	5/8	3/8	7/8	1-3/4	2-3/8	3-1/4	4	4-5/8	5-3/8	6
100	5/8	3/8	1	1-7/8	2-5/8	3-5/8	4-1/2	5-1/8	6	6-5/8

개구부(OPENINGS)

외부배관이 용기에 연결될 때, Code의 범위는 다음을 포함한다.

(a) 용접연결을 위한 첫 번째 원주상 이음을 위한 용접 끝 연결
(b) 나사진 연결을 위한 첫 번째 나사진 이음
(c) 볼트 연결과 플랜지 연결을 위한 첫 번째 플랜지의 면(face)
(d) 적당한 연결 혹은 fitting을 위한 첫 번째 봉합면, Code U-1(e) (1)

개구부 형태

압력용기에서의 개구부는 우선적으로 원형, 타원형 혹은 obround형이 선호된다. Obround 개구부는 2개의 평행면과 준원형의 끝에 의해 형성된 것이다. 파이프 혹은 원형 노즐에 의해 만들어지고 그의 축이 용기벽 혹은 헤드에 수직하지 않은 개구부는 설계 목적상 타원형 개구부라고 간주되어야 한다.
다른 형태의 개구부도 존재한다(Code UG-36 참고).

개구부 크기

적합히 보강된 개구부는 크기에 제한되지 않으나 원통형 셀의 헤드에서의 개구부가 헤드 내경의 절반보다 큰 경우에는 헤드의 위치에 shell-reducer section을 Code Fig. UG-36.에서 보이는 바와 같이 사용하는 것이 바람직하다.

노즐목 두께

내부압력을 받는 용기에 대해서(출입과 검사 개구부 제외)
(Code UG-45)

노즐목 혹은 다른 연결부의 벽두께는 다음 중 큰 값보다 작지 않아야 한다.

(1) 노즐 목에서의 적용부하에 대해 계산된 두께(압력, 배관 반작용 등)
(2) 다음 중 작은 것 :
  (a) 부식공차를 추가한 내부압력(가정 : E 1.0)에 대해 요구되는 셀 혹은 헤드의 두께(노즐이 부착되는 그러나, 어느 경우에도 용접된 용기에 대해서는 1/16인치 이상이어야 한다).
  E=0.80(개구부가 방사선 검사되지 않은 용기에 있을 때)
  (b) 부식 공차를 추가한 표준 파이프의 최소 두께

파이프 최소 두께(ANSI B 36.10-1979)는 공칭 벽 두께에 12.5% 허용 공차를 제한 것이다.

(페이지 116에서 시작하는 도표 참고.
외부 압력에 대해서는 페이지 124 참고.)

검사 개구부

압축공기를 사용하는 모든 압력용기와 내부부식, 침식 혹은 기계적 마모를 받는 용기들은 검사와 청소를 위해 적합한 맨홀, 핸드홀 혹은 다른 검사 개구부를 가져야 한다. 아래 도표에 보이는 요구되는 검사 개구부는 가장 경제적인 것으로 고려되기 때문에 Code UG-46에 의해 허용되는 대안들로부터 선정된 것이다.

용기 내경	요구되는 검사 개구부
12″-18″	$2\times1^1/_2$″ 와이퍼 크기 나사진 개구부
18″-36″	최소 15″내경 맨홀 혹은 2×2″ 파이프 크기 나사진 개구부
36″ 이상	최소 15″내경 맨홀 혹은 2×6″ 파이프 크기 노즐

검사 개구부가 필요 없는 경우 :

1. 최소 2×3/4″ 파이프 크기 탈부착식 연결부가 있으면 12″ 이하 내경의 용기에 대해
2. 검사를 허용하기 위해 조립으로부터 탈착될 수 있도록 설치되어 있고, 최소 $2\times^1/_2$″ 파이프크기 탈부착식 연결부가 있으면 12″ 이상 16″ 이하 내경의 용기에 대해
3. 부식을 방지하는 기타 물질을 포함하고 공기압력을 받는 12″ 이상 내경의 용기에 대해, 이 경우 이를 통해 검사가 편리하게 수행될 수 있고 크기와 숫자에 있어 도표의 요구사항과 유사한 개구부를 갖고 있을 때. UG-46(c)
4. Code UG-25 규정에 일치하는 teltale hole(1개 hole은 최소 10ft.[2])을 갖는 36″ 내경 이하의 용기에 대해 이 경우, 단지 부식을 받게 되고 압축공기 사용은 하지 않음. UG-46(b)

소형 검사 개구부의 바람직한 위치는 각 헤드 근처이다.
2개의 소형 개구부 대신에 한 개의 개구부가 사용될 수 있다. 이 경우 최소한 동일한 내부 사각면을 허용할 수 있는 크기여야 한다.

노즐 목 두께

출입 혹은 검사 개구부로 사용되는 노즐목 혹은 다른 연결부의 두께는 부식허용을 추가한 적용부하를 위해 계산된 두께 이상이어야 한다.

보강 패드가 없는 개구부

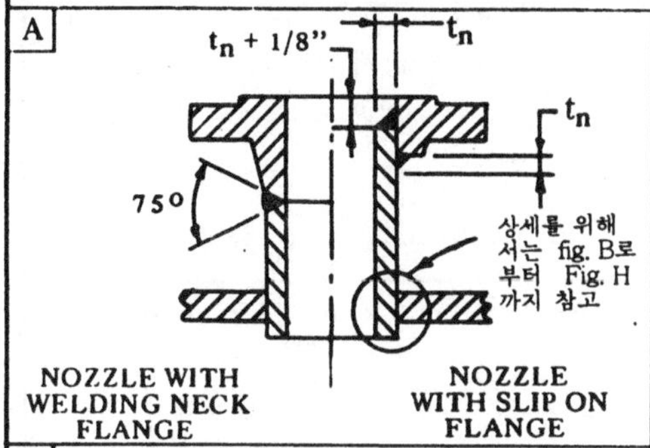

기호

a_1=최소, 용접크기=t 혹은 수 혹은 t_n 혹은 0.375in. 중 작은 것, in.

$a_1+a_2=1\,^1/_4 \times t$, t_n 혹은 1in.중 작은 것

a_1 혹은 a_2=t, t_n 혹은 0.375in.중 작은 것

b=최소크기 요구조건이 아님.

α=베벨 각도는 완전한 joint 침투와 완전한 용융을 허용 할 수 있는 것이어야 함. 플레이트 두께, 용접절차에 따라 상이.

t=부식공차를 제외한 용기 벽두께, in.

t_n=부식공차를 제외한 노즐 벽 공칭 두께, in.

주 :

1. 완전한 joint 침투가 육안검사 혹은 Code에 의해 허용되는 다른 방식에 의해 입증되지 않으면 backing strip이 단지 한 쪽으로부터 부착된 full penetration weld으로 사용되어야 한다.
2. 용접 b의 목적은 루트에서의 groove 용접의 불일치를 제거하고 full penetration을 확보하기 위한 것이다. 이것은 통상 1패스이고, 상기 목적을 위해 요구되는 것이 아니면 생략될 수 있다.
3. 여기에 명시된 용접크기는 최소 요구조건이다. 용접길이 계산에 대해서는 페이지 112 참고.

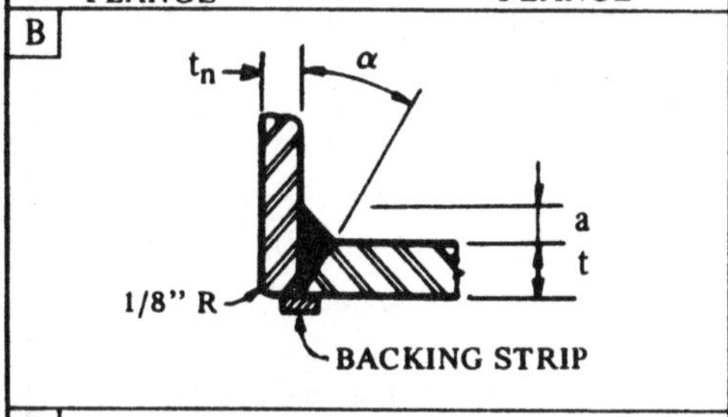

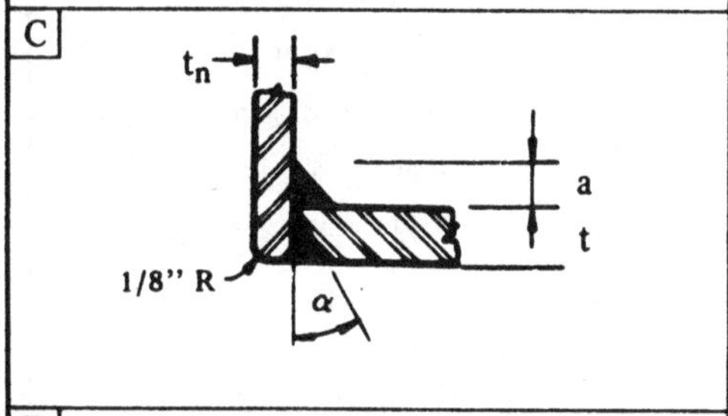

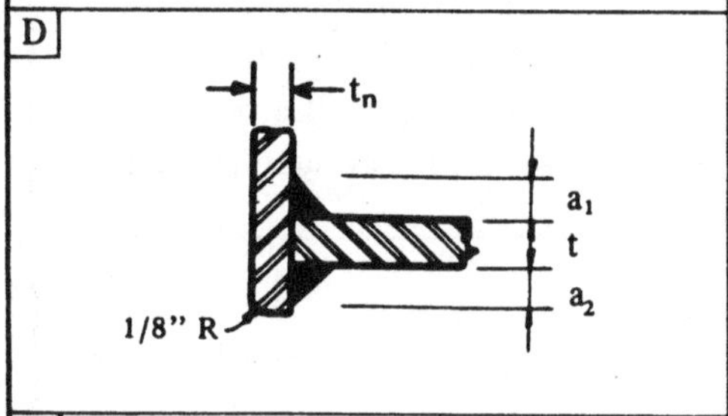

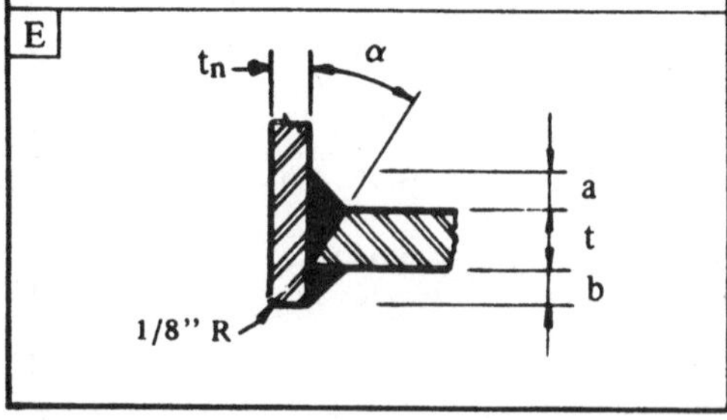

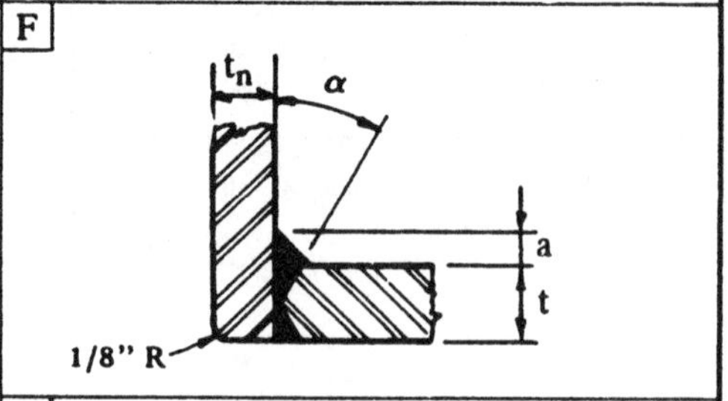

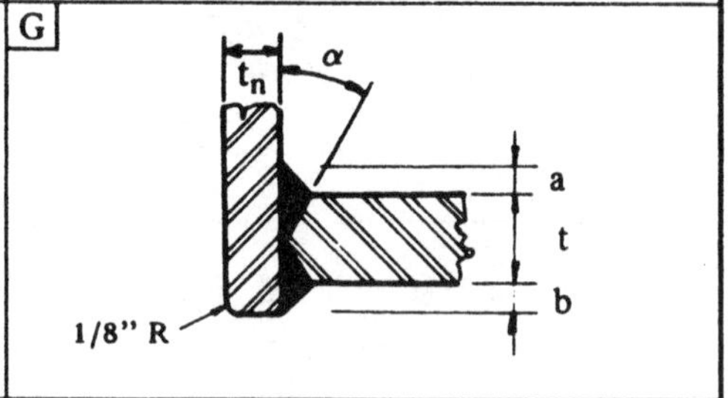

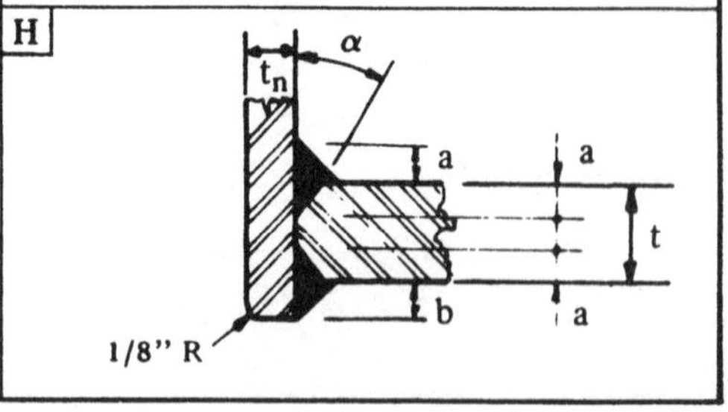

보강 패드가 있는 개구부

아래 도형은 가장 많이 사용되는 용접부착물들의 유형을 나타낸다. 다른 유형의 연결부들도 Code Fig. UW-16.1에 보여진다.

A

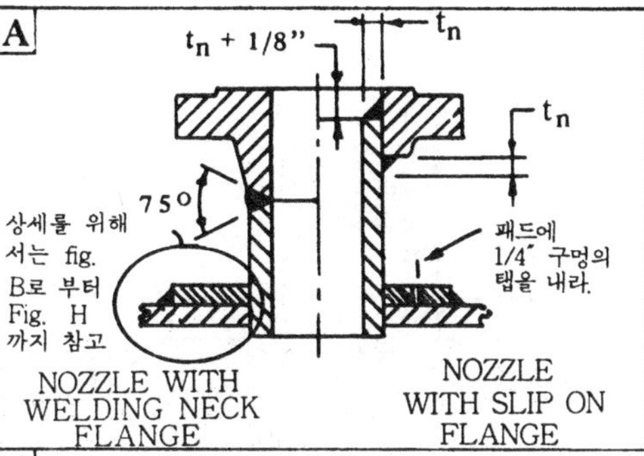

기호

최소 용접크기=in. 최소치를 사용하라.

a=t_n 혹은 t_e 혹은 0.375in.

b=최소크기 요구조건이 아님.

c=0.7t 혹은 0.7t_e 혹은 0.5in.

d=0.7t 혹은 0.7t_n 혹은 0.7t_e 혹은 0.75in.

e=t 혹은 t_p 혹은 1in.

α=베벨 각도는 완전한 joint 침투와 완전한 용융을 허용 할 수 있는 것이어야 함. 플레이트 두께, 용접절차에 따라 상이.

t=부식공차를 제외한 용기 벽두께, in.

t_e=부식공차를 제외한 보강 패드 두께, in.

t_n=부식공차를 제외한 노즐 벽 공칭 두께, in.

t_p=패드 유형 플랜지 두께, in.

페이지 100 참고.

B

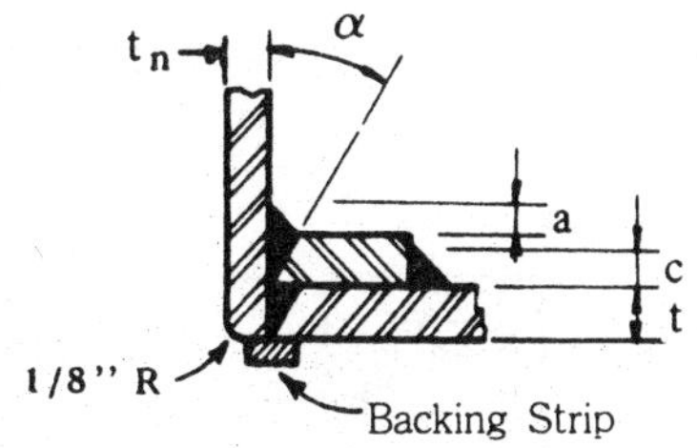

C

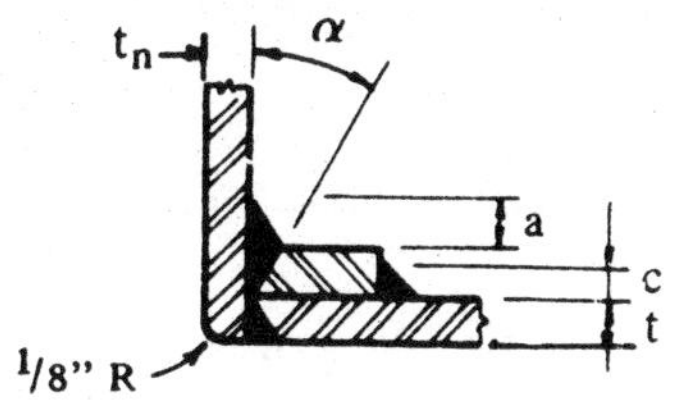

F

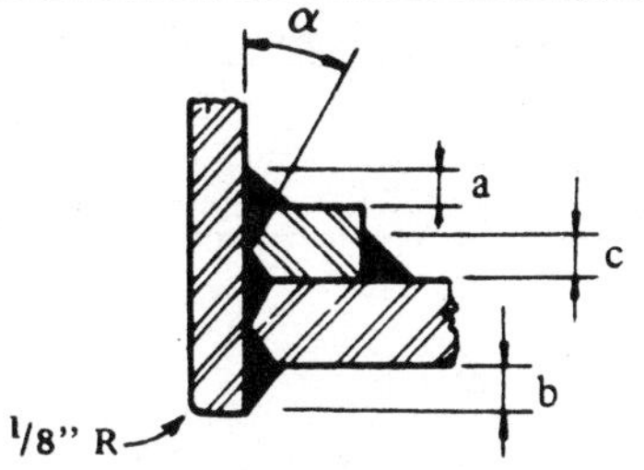

D

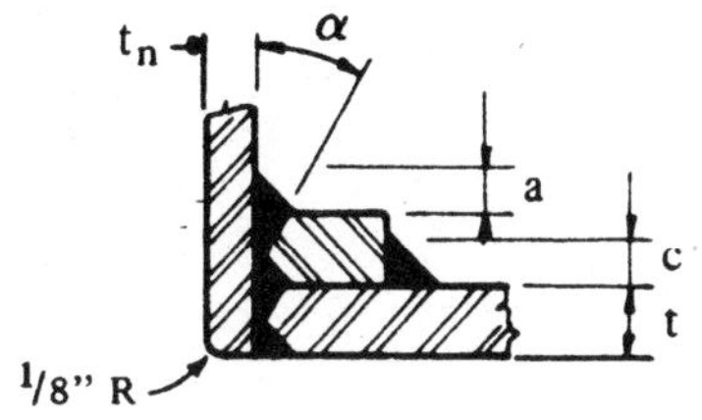

G

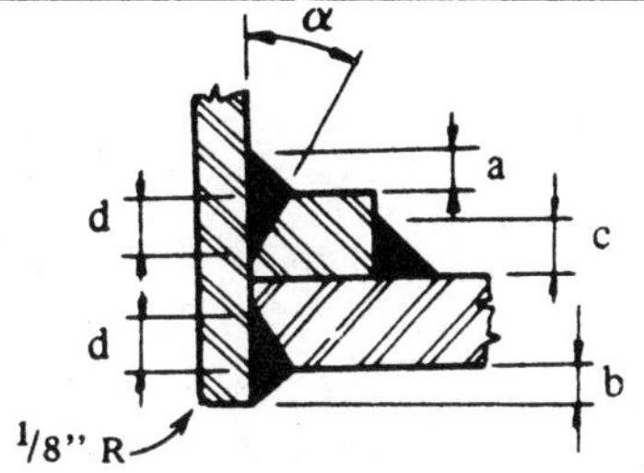

E

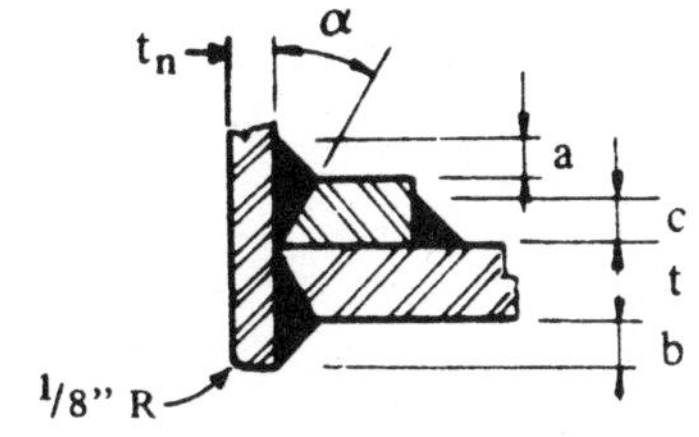

H

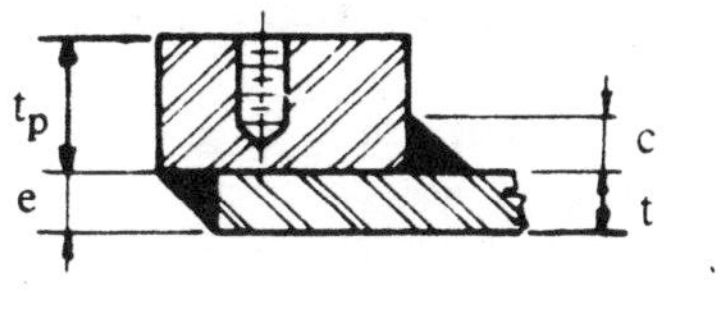

나사진 용접된 FITTINGS

아래 도형은 통상 사용되는 유형의 용접된 연결부를 나타낸다. 다른 형태에 대해서는 Code Fig. UW-16.1 참고.

A

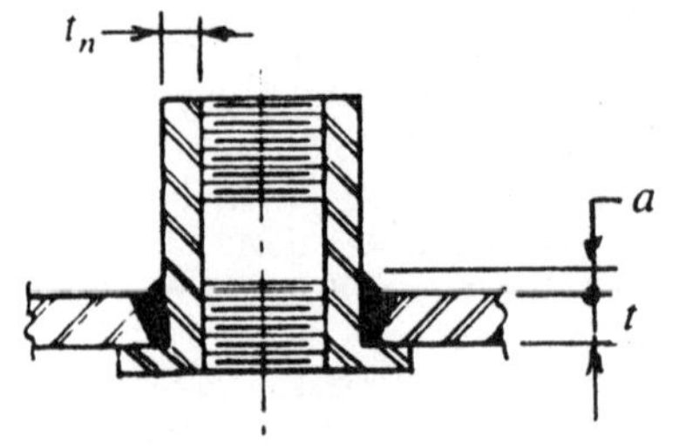

B

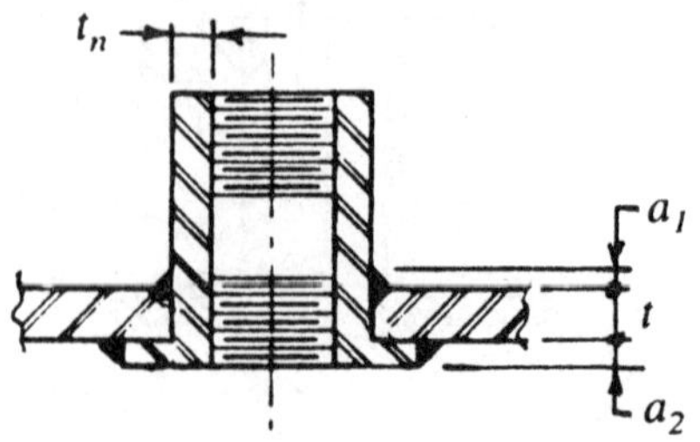

C

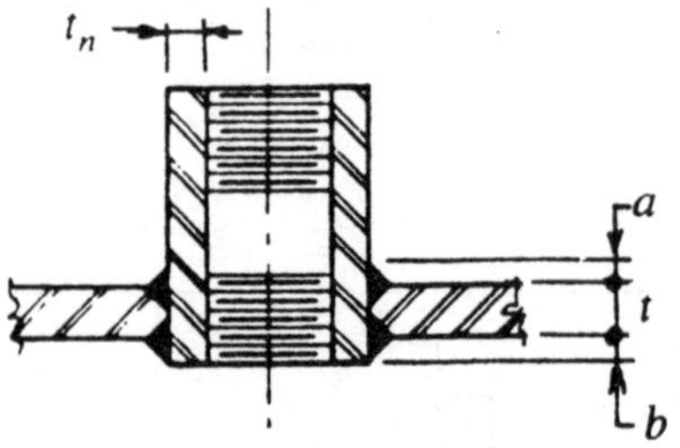

D

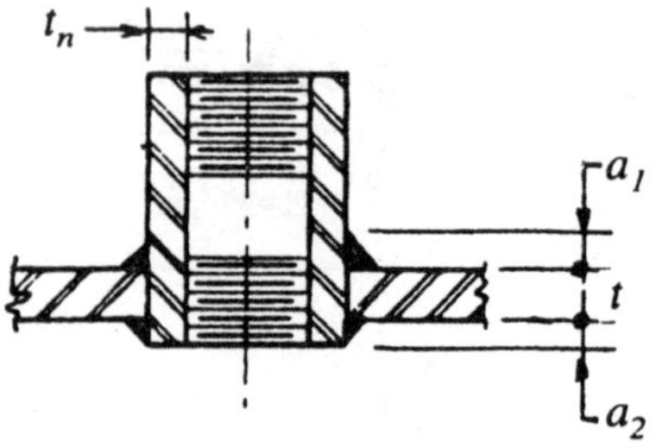

기호

$a = t$, t_n 혹은 0.375중 작은 것, in.

$a_1 + a_2 = t$, t_n 혹은 1중 작은 것의 $1\text{-}^1/_4$배, in.

a_1 혹은 $a_2 = t$, t_n 혹은 0.375중 작은 것, in.

b=최저 크기 요구조건 없음.

$c = t$ 혹은 $^1/_2$중 작은 것, in.

d=스케줄 160 파이프 두께, in.

$e = t$ 혹은 $^3/_4$중 작은 것, in.

t=용기 두께(부식 공차 제외한), in.

t_n=부식 공차를 제외한 fitting의 공칭 두께, in.

여기서, 정의된 용접크기는 최저 요구조건이다.

페이지 103 참고.

나사진 용접된 FITTINGS

아래 도형은 가장 통상 사용되는 유형의 용접된 연결부를 나타낸다. 다른 형태에 대해서는 Code Fig. UW-16.1 참고. 주에 대해서는 페이지 102 참고.

E

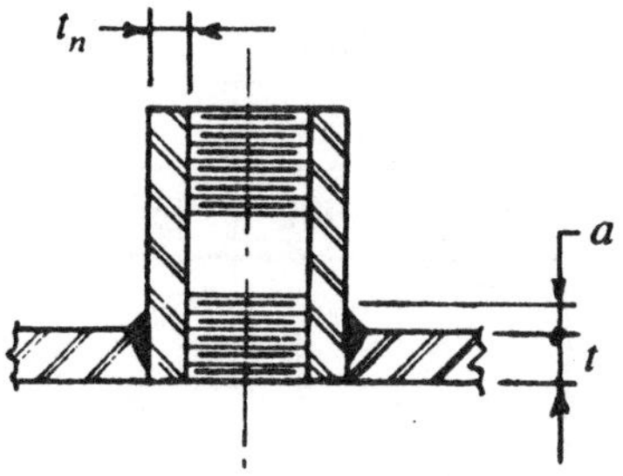

F

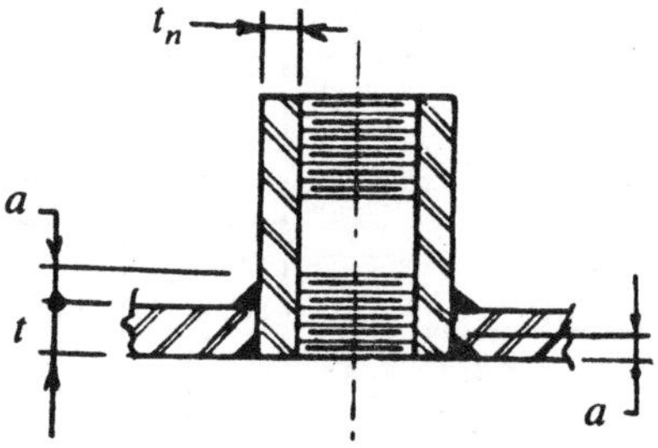

G

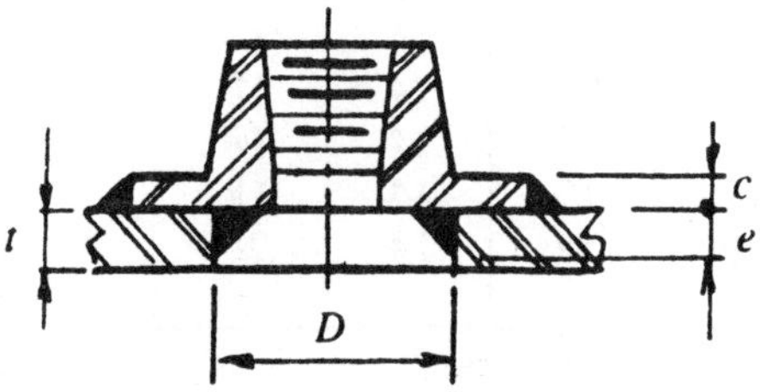

Dmax = Pipe 외경 + 3/4in.

H

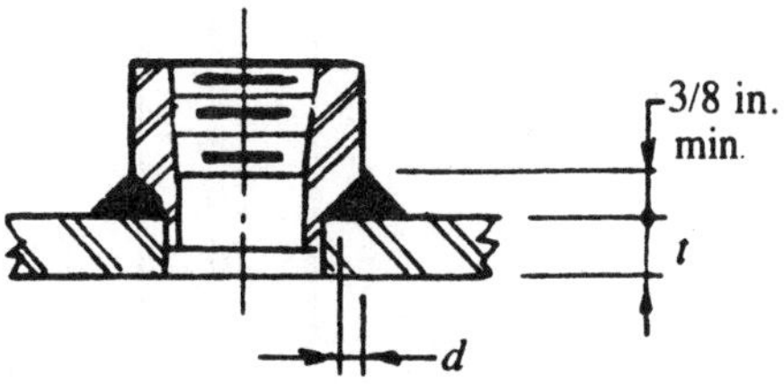

Max. 파이프 크기 : 3in.

주에 대해서는 페이지 102 참고.

주 :

3인치 파이프 크기를 초과하지 않는 FITTINGS

어떤 경우에 용접은 크기 조건으로부터 면제되거나 혹은 Fitting과 볼트 패드는 어떤 제한을 가진 외부로부터 부착된 필렛 용접에 의해 용기에 부착될 수 있다.
[Code UW-16(f) (2)와 (3)]

1. 최대 용기 두께 : $^3/_8$in.
2. 개구부의 최대 크기는 부착된 파이프 외경에 $^3/_4$in.가 추가된 것으로 제한된다.
3. 용접 throat는 Code UG-45(a)에 의해 요구되는 최소 노즐목 두께 혹은 UG-22의 적용 부하에 대한 UW-18의 요구조건을 만족시킬 수 있는 것 중에서 큰 것이어야 한다.

용접에서의 철강은 추가적인 엔지니어링비용에 의한 상대치보다 커야 한다.

권장되는 최소 개구부 확장

아래 표는 개략적인 개구부의 최소 외부 투영을 나타낸다. 인슐레이션 혹은 두꺼운 보강 패드가 사용되면, 이 치수를 증가시키는 것이 필요하다.

외부투영, 인치(Welding Neck Flange 사용하는)

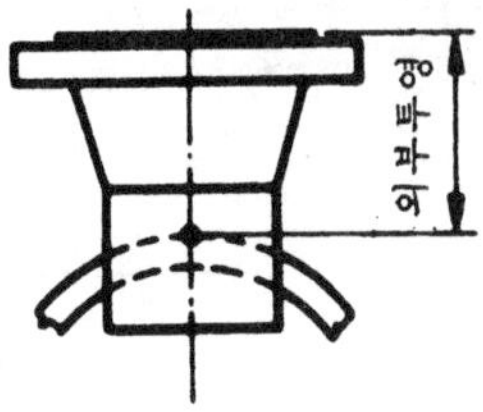

공칭 파이프 크기	플랜지 압력등급 LB					
	150	300	600	900	1500	2500
2	6	6	6	8	8	8
3	6	6	8	8	8	10
4	6	8	8	8	8	12
6	8	8	8	10	10	14
8	8	8	10	10	12	16
10	8	8	10	12	14	20
12	8	8	10	12	16	22
14	8	10	10	14	16	
16	8	10	10	14	16	
18	10	10	12	14	18	
20	10	10	12	14	18	
24	10	10	12	14	20	

외부투영, 인치(Slip On Flange 사용하는)

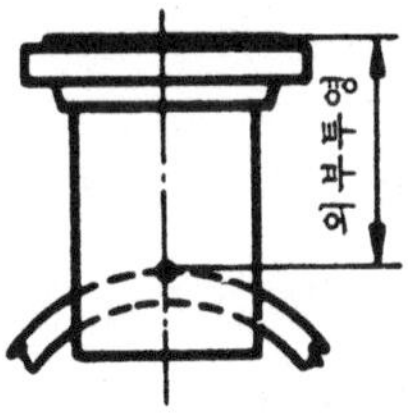

공칭 파이프 크기	플랜지 압력등급 LB					
	150	300	600	900	1500	2500
2	6	6	6	8	8	8
3	6	6	8	8	8	10
4	6	8	8	8	10	10
6	8	8	8	10	12	12
8	8	8	10	10	12	12
10	8	8	10	12	12	14
12	8	10	10	12	12	16
14	10	10	10	12		
16	10	10	12	12		
18	10	10	12	12		
20	10	10	12	12		
24	10	12	12	12		

a 용기 굴곡에 따른 flush 파이프 cut

b 굴곡에 따른 cut 이 아닌 set flush

c 용접을 위한 최소 확장

d 보강 혹은 다른 목적을 위한 확장

개구부 보강

내부압력에 대한 설계

압력의 급격한 변동을 받게 되는 단수의 용접된 개구부는 아래보다 크지 않으면 보강을 필요로 하지 않는다.

3인치 파이프 크기 - 3/8인치 이하 용기에서

12인치 파이프 크기 - 3/8인치 이상 용기에서[Code UG-36) (c) (3)]

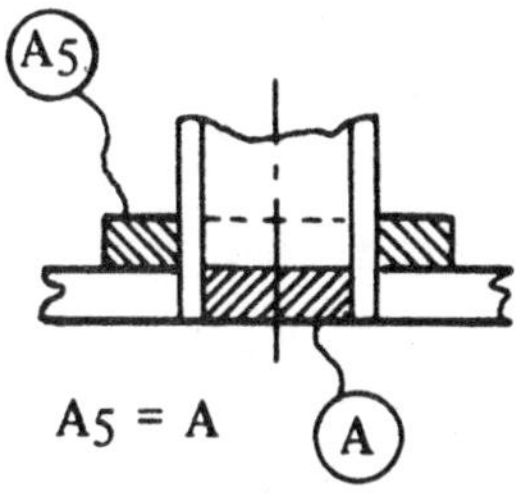

Fig. A

위보다 큰 개구부는 보강되어야 한다. 개구부 보강에 대한 규칙은 Code UG-36으로부터 UG-44에 따르며, 다음을 초과하지 않는 개구부에 우선적으로 적용된다.

60인치 직경 이하 용기에 대해 : 용기 직경의 1/2 그러나, 20인치 이하

60인치 직경 이상 용기에 대해 : 용기 직경의 1/3 그러나, 40인치 이하

보다 큰 개구부는 Code Appendix 1-7에 명시된 바와 같이 특별한 주의를 요한다.

다음 페이지들에 명기된 절차를 보다 잘 이해할 수 있는 보강 설계의 개설은 아래와 같다. 기본 조건은 개구부 주위에 용기는 개구부를 위해 절단된 만큼의 금속으로 보강되어야 한다는 것이다. 보강은 용기와 노즐의 한 부분일 수 있으며, 하나의 추가적인 보강 패드일 수 있다(Fig. A).

이 간단한 규칙은 그러나 다음과 같은 개량을 요구한다.

1. 실제로 제거된 금속을 전부 대체시키는 것은 불필요하다. 그러나, 내부압력을 견디기에 필요한 양의 금속의 대체는 필요하다(A). 개구부에서 요구되는 용기의 두께는 셸 혹은 헤드의 다른 부위에서 보다 으레히 작다.
2. 실제 사용되는 플레이트와 노즐 목은 으레히 계산에 의해 요구되는 것보다 두껍다. 용기 벽에서의 초과분(A_1)과 노즐 벽(A_2)은 보강으로써 활동한다. 개구부 외부 확장(A_3)과 용접 금속 면적(A_4) 또한 보강으로써 고려될 수 있다.
3. 보강은 일정한 한계 이내이어야 한다.
4. 보강 면적은 그의 응력이 용기 벽의 그것 보다 작으면 비례적으로 증가되어야 한다.
5. 보강에 대한 면적 조건은 개구부 중심을 통한 모든 평면에 대해 만족되어야 하며 용기 표면에 대해 정상적이어야 한다.

보강의 요구되는 횡단면은 아래와 같이 되어야 한다.
내부압력을 견디기 위해 요구되는 셸 혹은 헤드의 면적(A), 이 면적에서 한계(A_1, A_2, A_3, A_4) 이내에서 가능한 초과 면적을 공제하라. 보강을 위해 가능한 면적 합계($A_1+A_2+A_3+A_4$)가 대체되어야 할 면적(A)보다 크거나 같으면 개구부는 적절히 보강되어야 한다. 그렇지 않으면 그 차이는 보강 패드(A_5)에 의해 공급되어야 한다.

어떤 제조업체들은 개구부를 위해 실제 제거된 금속면적에 동일한 횡단면을 가진 보강 패드를 사용하는 단순한 실습을 따른다. 이러한 실습은 과도한 크기의 보강을 초래하나 계산의 필요를 삭제시킴으로써 보다 경제적임을 발견한다.

개구부 보강
내부압력에 대한 설계

B

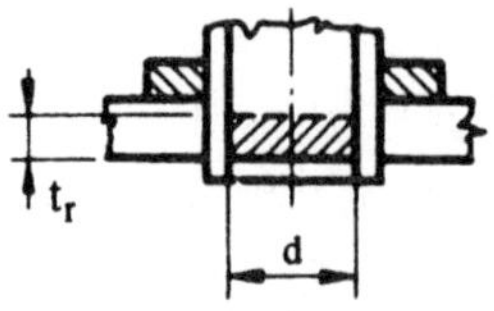

C

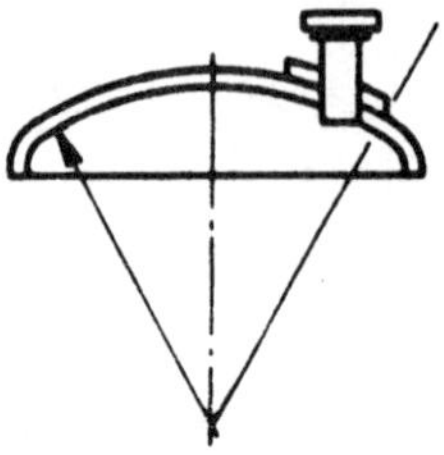

D

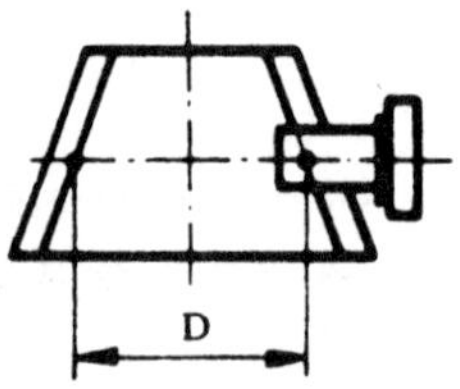

E

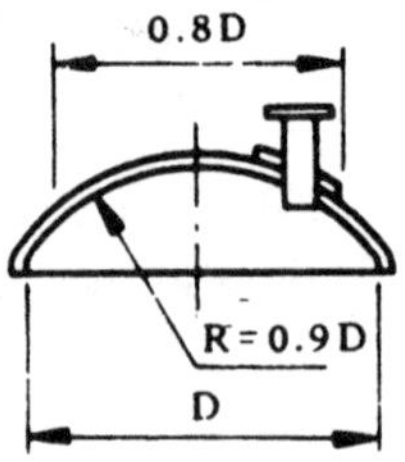

F

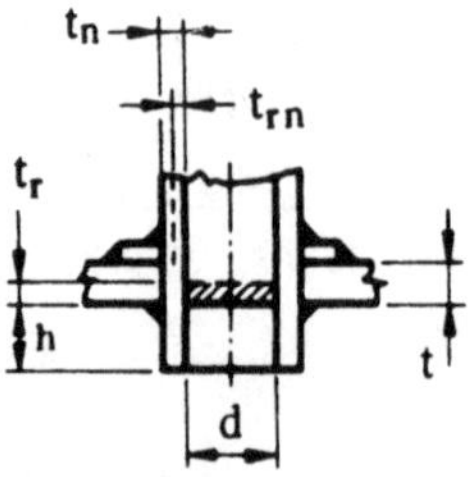

1. 보강 면적

내부압력을 받는 용기에 대해 개구부 보강을 위해 요구되는 총 횡단면적 A는 다음 보다 커야 한다.

$$A = d \times t_r,\ 여기서$$

d=부식된 상태에서 개구부의 내경, in.

t_r=개구부가 견고한 플레이트로 되어 있거나 혹은 범주 B 조인트로 되어 있을 때, E=1.0을 사용하는 적용공식에 의해 계산된 셸 혹은 헤드의 요구 두께.

개구부가 어떤 다른 용접된 조인트를 통과하면 E=그 조인트의 효율, 개구부가 방사선 검사되지 않은 용기 내에 있으면, 유형 No. 1에 대해 E=0.85, 유형 No. 2에 대해 E=0.80.

개구부와 그의 보강이 완벽히 플랜지 이음형과 접시이음형 헤드의 구형 부분 내에 있다면 t_r은 M=1을 사용하는 적용공식에 의해 요구되는 두께이다.

개구부가 원주 내에 있을 때, t_r은 노즐 축이 원추와 교접하는 곳에서 측정된 직경 D의 seamless 원추에 대해 요구되는 두께이다.

개구부와 그의 보강이 2:1 타원체형 헤드 내에 있고 그의 중심이 헤드의 중심과 일치하고 그의 직경이 헤드 직경의 0.8배와 같은 원내에 완전히 위치한다면, t_r은 헤드 직경의 0.9배에 해당하는 반경을 가진 seamless구에 대해 요구되는 두께이다.

개구부 재질의 응력이 용기재질의 그것보다 작으면 요구되는 면적 A는 증가되어야 한다(페이지 107의 보기 참고).

2. 보강을 위한 면적

A_1=용기 벽에서의 초과 두께의 면적, $(t-t_r)d$ 혹은 $(t-t_r)\ (t_n-t)$ 그 중 큰 것을 사용하라. $in.^2$

개구부 재질의 응력이 용기 재질의 그 것보다 작으면 면적 A_1은 감소되어야 한다(페이지 107의 보기 참고).

A_2=노즐 벽에서의 초과 두께의 면적, $(t_n-t_m)5t$ 혹은 $(t_n-t_m)5t_n$ 중 작은 것을 사용하라. $in.^2$

A_3=노즐의 내부 확장 면적, $in.^2$

A_4=용접 면적, $in.^2$

A_1, A_2, A_3와 A_4의 합이 요구되는 보강을 위한 면적 A보다 작으면 그 차이는 보강 패드로써 공급되어야 한다.

개구부 보강

내부압력에 대한 설계

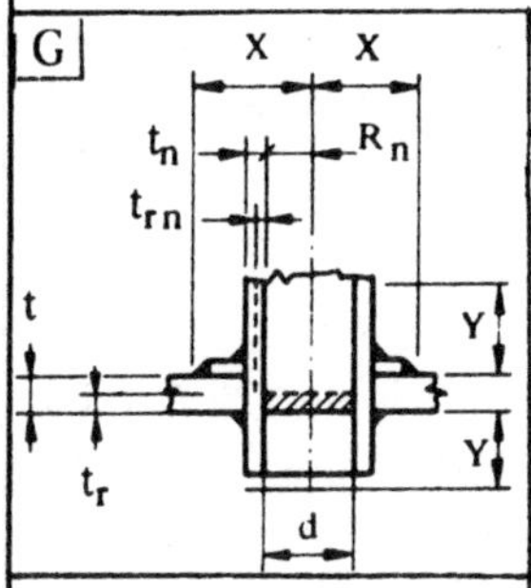

기호

t=부식 공차를 제외한 용기 두께, in.

t_r=페이지 106 참고.

t_n=부식 공차를 제외한 각 노즐의 공칭 두께, in.

t_{rn}=seamless 노즐의 요구 두께, in.

h=부식 공차를 제외한 용기의 내부 표면을 넘어선 노즐 투영의 거리, in.

c=부식 공차, in.

d=페이지 106 참고.

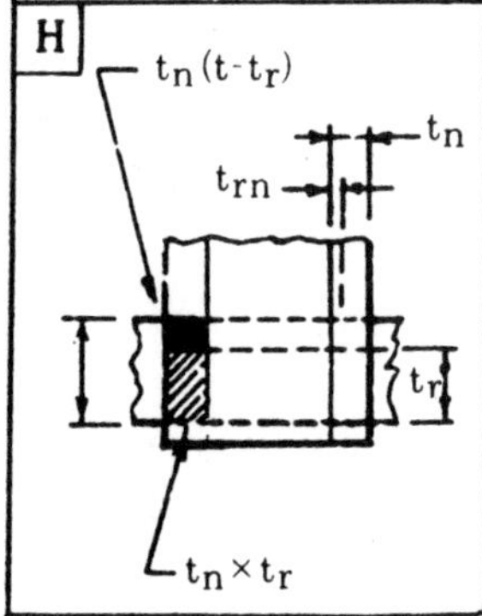

3. 보강 한계

보강으로써 사용된 금속은 일정 한계 내에서 위치해야 한다.
용기 벽에 수평하게 측정된 한계, X=d 혹은 R_n+t_n+t중 작은 것을 사용하라.
노즐 벽에 수평하게 측정된 한계, Y=2.5t 혹은 $2.5t_n$중 작은 것을 사용하라.
추가적인 보강 패드가 사용될 때, 한계 Y는 보강패드의 외부 표면으로부터 측정되어야 한다.

R_n=부식상태의 노즐의 내반경, in.

다른 부호에 대해서는 페이지 106 참고

4. 보강 강도

면적 A_1, A_2, A_3, A_4와 A_5에 있는 재료의 강도 혹은 보강 패드 재료의 강도가 용기 재료의 그것보다 작으면, 보강으로 고려되는 그들의 면적은 비례적으로 감소되어야 하며, 요구되는 면적 A는 반대로 비례적으로 감소되어야 한다.
부착된 용접금속의 강도는 이음의 약한 재료의 그것과 상당하는 것으로 고려되어야 한다.
용기 재료와 동일한 보강 패드 재료를 사용하는 것이 바람직하다. 용기 벽의 그것보다 높은 응력을 갖는 보강의 추가적인 강도에 대해서는 확신이 주어지지 않는다.

EX :

1. a. 노즐 재료의 응력 : 15,000 psi.
   셸 재료의 응력 : 17,500 psi.
   비율 : 15,000/17,500=0.857
   요구되는 면적 A에 추가되어야 하는 것 :
   $$+2t_n \times t_r(1-0.857)$$
   b. 면적 A_1으로부터 공제되어야 하는 것 :
   $$-2t_n \times (t-t_r)(1-0.857)$$
2. 용기와 보강 패드에 대해 동일한 재료를 사용하면 보강에 대해 요구되는 면적은 12인치이다.
   용기재료의 응력이 17,500 psi.이고,
   노즐재료의 응력이 15,000 psi.이면,
   비율 : 17,500/15,000=1,167
   이러한 비율로 보강 패드의 면적은 증가되어야 한다.
   $$12 \times 1,167 = 14,00in.^2$$

개구부 보강

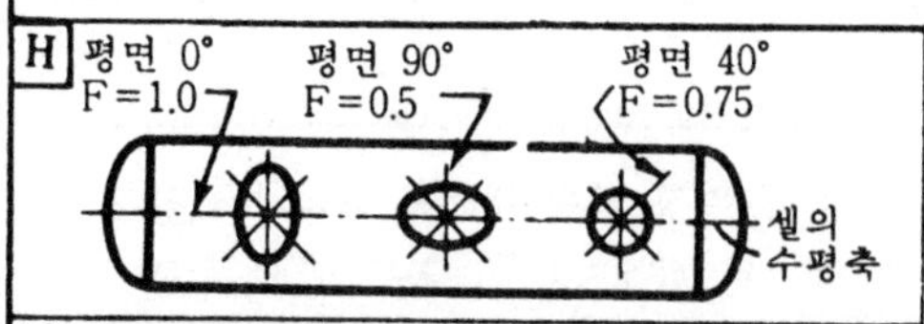

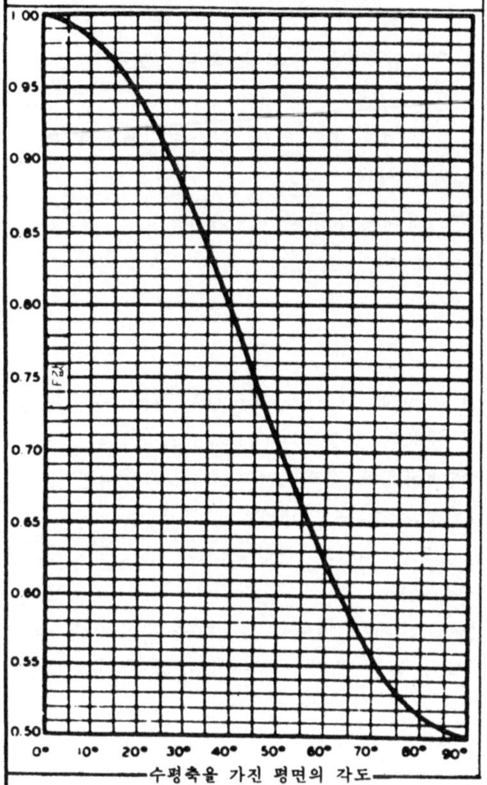

5. 내부 압력에 대한 상이한 평면에서의 보강

보강에 대한 면적 요구 조건은 개구부 중심을 통하는 모든 평면에 대해 만족되어야 하며 용기 표면에 대해 정상적이어야 한다. 타원형인 혹은 obround 개구부의 긴 치수가 짧은 치수의 2배를 초과한다면 짧은 치수를 횡단하는 보강은 뒤틀림 모우멘트에 의한 과도한 왜곡에 대해 필요한 만큼 증가되어야 한다.

Code UG-36(a)(1)

원통형/원추형 셸에서의 원주상 응력이 세로 응력보다 2배 이상 크기 때문에, 개구부에서 셸 축을 포함하는 평면은 압력에 기인한 최대 단위하중의 평면이 된다.

용기 축에 수직한 평면에서 단위부하는 이것의 절반이다.

도표는 상이한 평면에서의 응력의 변화를 나타낸다(계수 F).

어떤 평면에서의 총 횡단면적 $A=d\times t_r\times F$가 된다.

Code에 의하면, 계수 F는 원통형 셸과 원추에서 종합적으로 보강된 개구부에 대해 사용될 수 있다(UG-36).

외부 압력에 대한 설계

외부압력을 받는 단일벽을 가진 용기에서의 개구부에 대해 요구되는 보강은 tr이 외부 압력을 받는 용기에 대한 규칙에 의해 요구되는 벽 두께인 곳에서 내부압력에 대해 요구되는 그것의 50%이면 된다. Code UG-37(d) (1).

외부 압력에 대한 개구부 보강

외부압력을 받는 용기에서 개구부에 대해 요구되는 보강의 횡단면적(A)

$$A = \frac{d\times t_r\times F}{2}$$

여기서,

d=부식상태에서 개구부의 주어진 평면에서의 직경, in.

t_r=외부압력에 대해 요구되는 벽두께, in.

F=개구부가 원통형 셸 혹은 원추에 있고 종합적으로 보강되어 있을 때, 상이한 평면(압력-응력이 변화하듯이)에서 요구되는 보강 면적의 계산을 위한 계수. 다른 형태에 대해서 F값은 전부 1이다.

개구부 보강

보 기

EX. 1

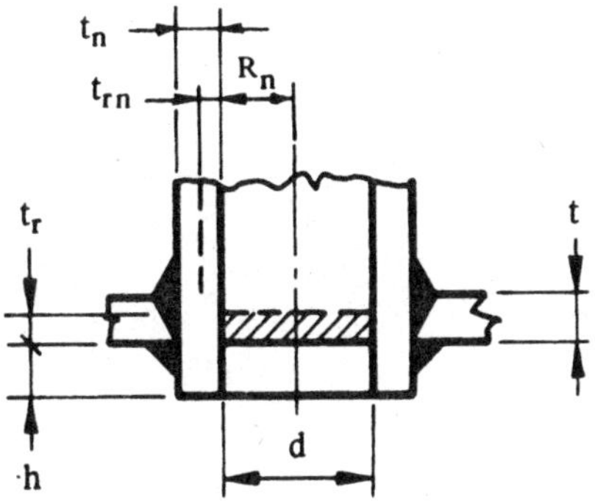

설계자료:

설계압력 : 250psi.(200°F)

셀 재질 : SA-285-C

S = 13,800psi., t = 0.625in.

용기는 spot방사선 검사되었다.

부식 공차 없음.

노즐 재질 : SA-53-B

S = 15,000psi., t_n = 0.432in.

노즐 공칭 크기 : 6in.

용기 내에서의 노즐의 확장 : 1.5in.

$h = 2.5t_n = 2.5 \times 0.432 = 1.08$ in.

필렛 용접 크기 : 0.375in.

요구되는 벽두께 :

셀에 대해, $t = \dfrac{PR}{SE - 0.6P} = \dfrac{250 \times 24}{13,800 \times 1.0 - 0.6 \times 250} = 0.440$ in.

노즐에 대해, $t_{rn} = \dfrac{PR_n}{SE - 0.6P} = \dfrac{250 \times 2.88}{15,000 \times 1.0\text{-}0.6 \times 250} = 0.048$ in.

요구되는 보강면적

$A = dt_r = 5.761 \times 0.440 =$ 2.535 sq. in.

이용할 수 있는 보강 면적

A_1 =(셀에서의 초과치) 다음 중 큰 것 :

$(t - t_r)\,d = (0.625 - 0.440) \times 5.761$ or 1.066 sq. in.

$(t - t_r)(t_n + t)\,2 = (0.625\text{-}0.440) \times (0.432 + 0.625) \times 2 =$ 0.391 sq. in.

A_2 =(노즐목에서의 초과치) 다음 중 작은 것 :

$(t_n - t_{rn})\,5t = (0.432\text{-}0.048) \times 5 \times 0.625 =$ 1,200 sq. in.

$(t_n - t_{rn})\,5t_n = (0.432\text{-}0.048) \times 5 \times 0.432 =$ 0.829 sq. in.

(용기 벽의 그것보다 큰 응력을 갖는 노즐 재질의 추가적인 강도에 대해서는 보증이 없음.)

A_3 =(내부 투영)	$t_n \times 2h = 0.432 \times 2 \times 1.08 =$	0.933in.^{2}
A_4 =(필렛 용접 면적)	0.375^2	0.140in.^{2}
A_5 =(필렛 용접 내부 면적)	0.375^2	0.140in.^{2}
이용할 수 있는 총면적		3.108in.^{2}

이 면적이 보강을 위해 요구되는 면적보다 크기 때문에 추가 보강은 불필요하다.

개구부 보강

보 기

EX. 2

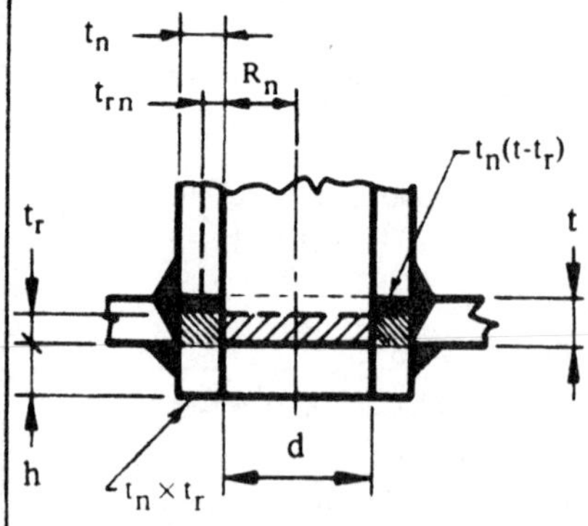

설계 자료

셀 내경 R=24in.
설계 압력 P=300psi.(200°F에서)
셀 재질, t=0.500in. SA-516-70 플레이트
S=17,500psi.
용기 부분적으로 검사됨.
부식 공차 없음.
노즐 재질, SA-53B, S=15,000psi. t_n=0.432in.
용기 내에서의 노즐의 확장, 1.5in.
필렛 용접 내부 : 0.500in. 외부 : 0.625in.
응력의 비율 : 15,000/17,500=0.857

요구되는 벽 두께:

셀에 대해, $t_r = \dfrac{PR}{SE\text{-}0.6P} = \dfrac{300 \times 24}{17500\times1\text{-}0.6\times300} = 0.416$ in.

노즐에 대해, $t_{rn} = \dfrac{PR_n}{SE\text{-}0.6P} = \dfrac{300 \times 2.88}{15000\times1\text{-}0.6\times300} = 0.058$ in.

노즐 재질의 강도가 용기 재질의 그것보다 낮기 때문에, 보강을 위해 요구되는 면적은 비례적으로 증가되어야 하고, 보강을 위해 이용할 수 있는 면적은 비례적으로 감소되어야 한다.

요구되는 보강의 면적 :

$A = dt_r = 5.761 \times 0.416 =$ 2,397 in.²

증가되는 면적: $+2t_n \times t_r(1 - 15,000/17,500)$ 0.051 in.²

$= 2 \times 0.432 \times 0.416(1 - 0.857) =$ 2.448 in.²

이용할 수 있는 보강의 면적

A_1 =(셀에서의 초과치) 다음 중 큰 것 :

$(t-t_r)d = (0.500-0.416)5.761 = 0.484$ in.²

혹은 $(t-t_r)(tn+t)2 = (0.500-0.416)$

$(0.432+0.500)2 = 0.156$ in.²

감소되는 면적 : $-2 \times t_n(t-t_r)\ (1-0.857) =$

$-2 \times 0.432 \times (0.500-0.416)\ (1-0.857) = -0.010$ in.² 0.474 in.²

A_2 =(노즐목에서의 초과치) 다음 중 작은 것 :

$(t_n-t_{rn})5t = (0.432-0.058)5 \times 0.500 = 0.935$

$(t_n-t_{rn})5tn(0.432-0.058)5 \times 0.432 = 0.808$

감소되는 면적 : $0.857 \times 0.808 = 0.692$ in.²

노즐의 강도가 셀의 그것보다 작기 때문에 감소된 면적은 고려되어야 한다.

$15,000/17,500 = 0.857,\ 0.857 \times 0.808 =$ 0.692in.²

A_3 =(내부 투영), $t_n \times 2h = 0.432 \times 2 \times 1.08 = 0.933$

감소되는 면적, $0.933 \times 0.857 =$ 0.800 in.²

A_4 =(필렛 용접 면적) $2 \times 0.5 \times 0.625^2 \times 0.857 =$ 0.334 in.²

A_5 =(필렛 용접 내부 면적) $2 \times 0.5 \times 0.500^2 \times 0.857$ 0.214 in.²

이용할 수 있는 총면적 2.514 in.²

추가적인 보강은 요구하지 않는다.

개구부 보강

보 기

EX. 3

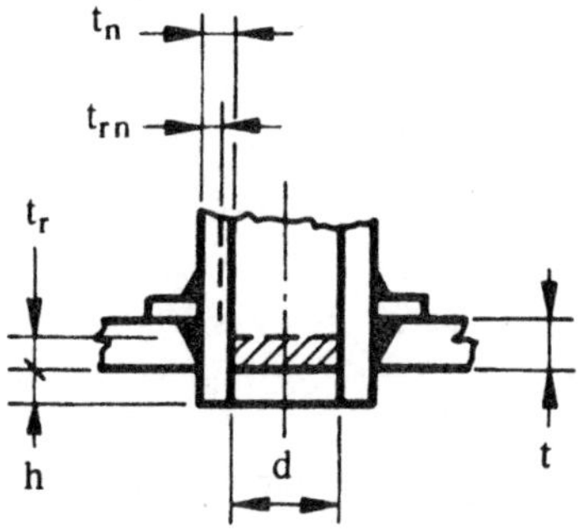

설계 자료

셀 내경, 48 in.
설계 압력, 300psi.(200°F에서)
셀 재질, 0.500in. SA-516-60 플레이트 용기는 완전히 방사선 검사됨. E=1
부식 공차 없음.
공칭 노즐 크기, 8in.
노즐 재질, SA-53B, 0.500in. 벽 용기 내에서의 노즐의 확장, 1.5in.
노즐은 주 seam을 통과하지 않는다.
필렛 용접의 크기, 0.375in.(노즐 목에 보강 패드)

요구되는 벽두께 :

셀에 대해, $t_r = \dfrac{PR}{SE-0.6\ P} = \dfrac{300\times 24}{15,000\times 1-0.6\ \times 300} =$ **0.486 in.**

노즐에 대해, $t_{rn} = \dfrac{PRn}{SE-0.6\ P} = \dfrac{300\times 3.8125}{15,000\times 1-0.6\times 300} =$ 0.077 in.

요구되는 보강의 면적

A = $d \times t_r = 7.625 \times \mathbf{0.486} =$ **3.706 sq. in.**

이용 가능한 보강면적

A_1 =(셀에서의 초과치), 다음 중 큰 것 :
$(t - t_r)\,d = (0.500 - \mathbf{0.486})\ 7.625 =$ 0.106 sq. in.
혹은 $(t - t_r)(t_n + t)\ 2 = (0.500 - \mathbf{0.486})(0.500 + 0.500)\ 2 = 0.028$

A_2 =(노즐목에서의 초과치), 다음 중 작은 것 :
$(t_n - t_{rn})\ 5t = (0.500 - 0.077)\ 5 \times 0.5 = 1.058$
혹은 $(t_n - t_{rn})\ 5t_n = (0.500 - 0.077)\ 5 \times 0.5 = 1.058$ 1.058 sq. in.

A_3 =(내부 투영), $t_n \times 2h = 0.500 \times 2 \times 0.5 =$ 0.500 sq. in.

A_4 = (필렛 용접의 면적) 0.375^2 0.141 sq. in.
(셀에 대한 패드의 용접 면적은 생략됨.)
이용할 수 있는 총면적 1.805 sq. in.

이 면적은 요구되는 면적보다 작다. 따라서, 차이만큼 보강 요소에 의해 보충되어야 한다. 그것은 두꺼운 노즐목, 용기내부에서의 노즐의 보다 큰 확장 혹은 보강 패드가 될 수 있다.

보강패드를 사용할 때 패드의 요구되는 면적 : $3.706-1.805=1.901\text{in.}^2$
보강 패드를 위해 0.375in. SA-516-60 플레이트를 사용할 때 패드의 폭은 1.901/0.375=5.069in.

보강패드의 외경 :

파이프 외경	8.625
보강패드 폭	5.069
	13.694 in.

개구부를 용기에 접속시키는 부착물의 강도

A

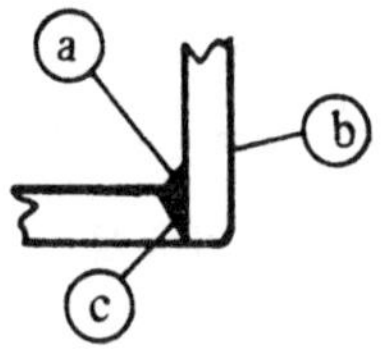

가능한 실패 경로

1. ⓐ와 ⓑ를 통해
2. ⓐ와 ⓒ를 통해

B

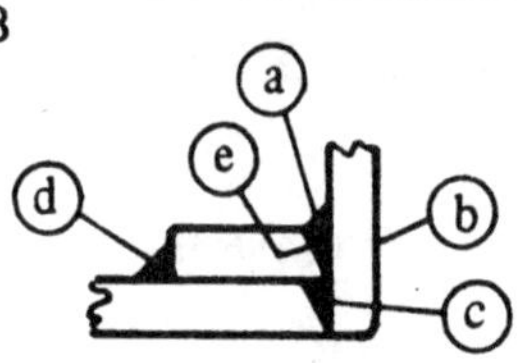

가능한 실패 경로

1. ⓑ와 ⓓ를 통해
2. ⓐⓒ와 ⓔ를 통해
3. ⓒ와 ⓓ를 통해

개구부를 용기에 접속시키는 부착물에 있어서 실패는 도형 A와 B에 보이는 것처럼 용접 혹은 결합되어 있는 노즐목을 통해서 일어날 수 있다. 이러한 결함에 있는 용접과 노즐목의 강도는 다음 중 작은 것과 최소한 동일해야 한다.

1. 고려되는 보강요소의 횡단면의 인장시의 강도
2. 용기벽에서의 초과치의 인장시 강도를 제외한 면적 A($A = d \times t_r$)의 인장시 강도

   용접의 허용응력은 다음 계수들로 곱해지는 용접에 의해 연결되는 보다 약한 재질의 응력이다.

   Groove - weld 인장 0.74
   Groove - weld 원단 0.60
   Fillet - weld 전단 0.49

전단시의 노즐목의 허용응력은 노즐재질의 허용응력치의 0.7배이다.

이음강도는 보강면적의 평면의 각 측면에서의 그의 전체적인 강도에 대해 고려되어야 한다.

EX. 3

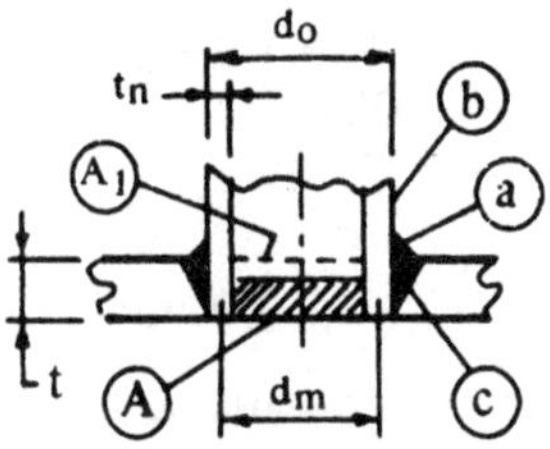

$A = 2.397 in.^2$, $A_1 = 0.484 in.^2$
$d_o = 6.625 in.$ 노즐 외경
$d_m = 6.193 in.$ 노즐 평균 직경
$S = 17,500 psi.$ 용기 재질의 허용응력
$S_n = 15,000 psi.$ 노즐 재질의 허용응력
$t_n = 0.432 in.$ 노즐벽 두께
$t = 0.500 in.$ 용기벽 두께
0.375in. 필렛 용접 leg.

용접에 의해 지지되어야 할 노즐 부하 부착물들의 강도를 검토하라.
용접에 의해 지지되어야 할 부하 : $(A-A_1)S = 2,397 - 0.484 \times 17,500 = 33,478 lb.$
용접의 응력 : Fillet - weld 전단 $0.49 \times 17,500 = 8,575 psi.$
Groove - weld 인장 $0.74 \times 17,500 = 12,950 psi.$
노즐벽 전단의 응력 $0.70 \times 15,000 = 10,500 psi.$

용접과 노즐목의 응력 :

a. fillet - weld 전단

$$\frac{\pi d_o}{2} \times \text{weld leg} \times 8,575 = 10.4065 \times 0.375 \times 8,575 = 33,463 lb.$$

b. Nozzle - wall 전단

$$\frac{\pi d_n}{2} \times t_n \times 10,500 = 9.72 \times 0.432 \times 10,500 = 44,090 lb.$$

c. Groove - weld 인장

$$\frac{\pi d_o}{2} \times \text{Weld leg} \times 12,950 = 10.4065 \times 0.500 \times 12,950 = 67,382 lb.$$

1. ⓐ와 ⓑ를 통해. 33,463+44,090 = 77,553 lb.
2. ⓐ와 ⓒ를 통해. 33,463+67,382 = 100,845 lb.

2개의 경로는 요구되는 강도 33,478 lb.보다 크다.

개구부를 용기에 접속시키는 부착물의 강도

EX. 4

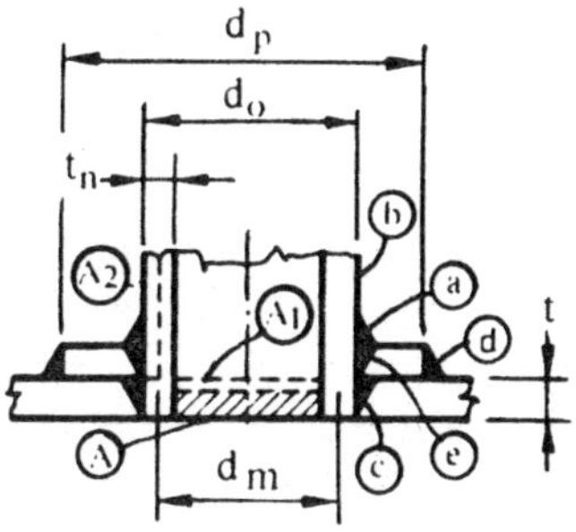

설계 자료

$A=3.172in.^2$, $A_1=0.641in.^2$, $A_2=0.907in.^2$
$d_p=12.845in.$ 보강 패드 외경
$d_o=8.625in.$ 노즐 외경
$d_m=8.125in.$ 노즐 평균 직경
$S=15,000psi.$ 용기 재질의 허용응력
$S_n=15,000psi.$ 노즐 재질의 허용응력
$t=0.500in.$ 용기벽 두께
$t_n=0.500in.$ 노즐벽 두께
0.375in. fillet leg - weld a
0.250in. fillet ieg - weld d
$t_e=0.250in.$ 보강패드의 두께

용접에 의해 지지되어야 할 노즐부하 부착물의 강도를 검토하라.

$$(A-A_1)S = z(3.172-0.641)17,500 = 44293lb.$$

용접 a, c, e에 의해 지지되어야 할 부하

$$(A_2+2t_n\times t)S = (0.907+2\times0.500\times0.500)15,000 = 21,105lb.$$

용접의 응력 :

Fillet - weld 전단 $0.49\times17,500 = 8,575psi.$
Groove - weld 인장 $0.74\times17,500 = 12,950psi.$

노즐벽 전단의 응력 :

$$0.70\times15,000 = 10,500psi.$$

용접과 노즐목의 강도

a. Fillet weld 전단

$$\frac{\pi d_o}{2}\times\text{weld leg}\times8,575 = 13.55\times0.375\times8,575 = 43,572lb.$$

b. Nozzle - shear 전단

$$\frac{\pi d_n}{2}\times t_n\times10,500 = 12.72\times0.500\times10,500 = 66,900lb.$$

c. Groove - weld 인장

$$\frac{\pi d_o}{2}\times\text{Weld leg}\times12,950 = 13.55\times0.500\times12,950 = 87,736lb.$$

d. Nozzle -- weld 전단

$$\frac{\pi d_p}{2}\times\text{Weld leg}\times8,575 = 20.18\times0.25\times8,575 = 43,260lb.$$

e. Groove - weld 인장

$$\frac{\pi d_o}{2}\times\text{Weld leg}\times12,950 = 13.55\times0.25\times12,950 = 43,868lb.$$

가능한 실패경로 :

1. ⓑ와 ⓓ를 통해 : 66,900+43,260=110,250lb.
2. ⓒ와 ⓓ를 통해 : 87,736+43,260=130,990lb.
3. ⓐ,ⓒ와 ⓔ를 통해 : 43,572+87,736+43,868=175,176lb.

경로 1과 2는 총 강도 44,293lb.보다 크다.
경도 3은 강도 21,105lb.보다 크다.
외부 필렛 용접 d 강도 43,260lb.는 보강 패드 강도
$(d_p-d_o)t_e\times17,500 = 1.055\times17,500 = 18,463lb.$ 보다 크다.

개구부를 위한 커플링과 파이프의 길이

A

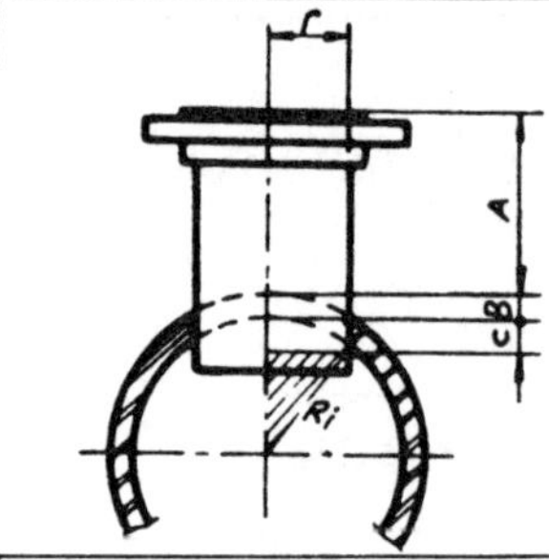

구 혹은 원통에서의 노즐

$C = R_i - \sqrt{R_i^2 - r^2}$

EX :

지 수 : R_i = 15 in., r = 8 in.

구하라 : $C = 15 - \sqrt{15^2 - 8^2}$

$= 15 - \sqrt{225 - 64} = 15 - 12.6886 = 2.3114$ in.

B

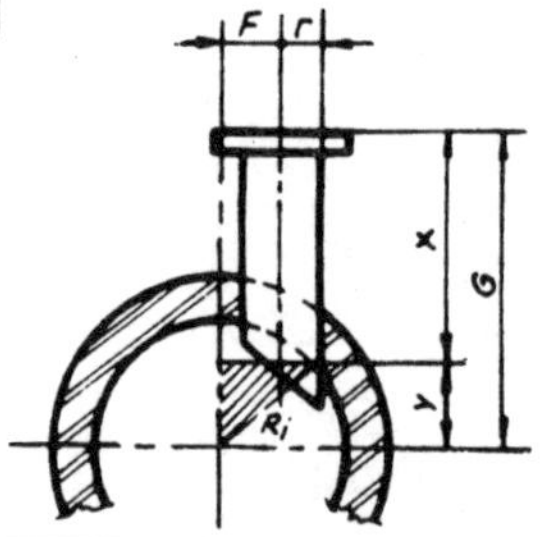

구 혹은 원통에서의 노즐

$X = G - Y \quad Y = \sqrt{R_i^2 - (F + r)^2}$

EX :

지 수 : R_i = 15 in., G = 24 in., F = 6 in.

r = 4.3125 in.

구하라 :

$Y = \sqrt{15^2 - (6 + 4.3125)^2} = \sqrt{225 - 106} = \sqrt{119}$

Y = 10.9 X = 24 - 10.9 = 13.1 in.

C

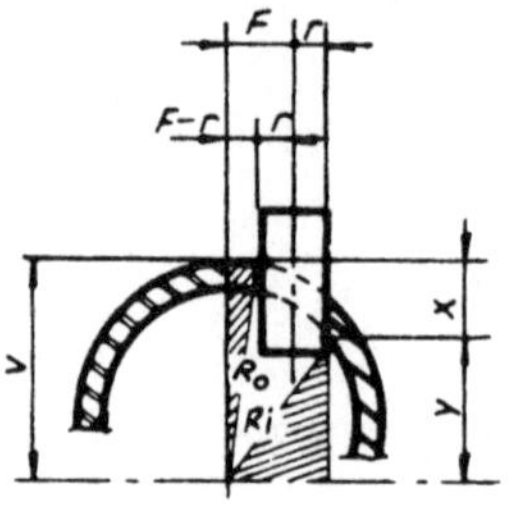

구 혹은 원통에서의 커플링

$X = V - Y \quad V = \sqrt{R_o^2 - (F - r)^2} \quad Y = \sqrt{R_i^2 - (F + r)^2}$

EX :

지수 : R_i = 15in., R_o = 16 in., F = 6 in., r = 1.25 in.

$V = \sqrt{16^2 - (6 - 1.25)^2} = \sqrt{256 - 22.56} = 15.30$ in.

$Y = \sqrt{15^2 - (6 + 1.25)^2} = \sqrt{225 - 52.56} = 13.12$ in.

X = 15.30 − 13.12 = 2.18 in.

D

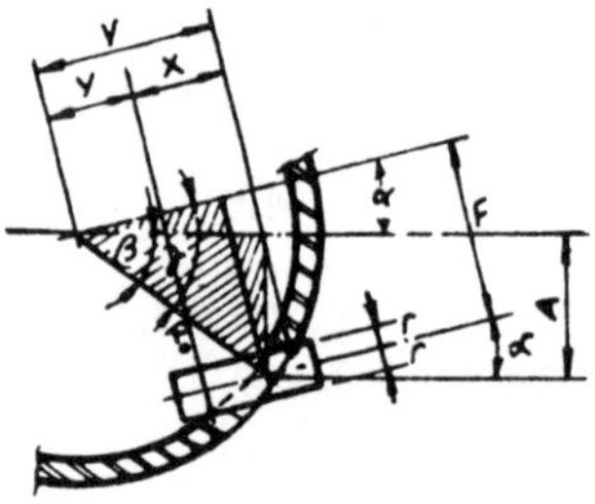

구 혹은 원통에서의 커플링

$X = V - Y, \quad \sin\beta = A/R_o, \quad \gamma = \alpha + \beta$

$F = \sin\gamma \times R_o$

EX :

지 수 : R_o = 12 in, $\alpha = 15^\circ$, A = 6 in.

구하라 : F

$\sin\beta = 6/12 = 0.500 = 30^\circ \quad \gamma = 30^\circ + 15^\circ = 45^\circ$

$F = \sin 45^\circ \times 6 = 0.7071 \times 6 = 4.243$ in.

위 보기 c에서처럼 F가 지수일 때 X를 구하라.

F.

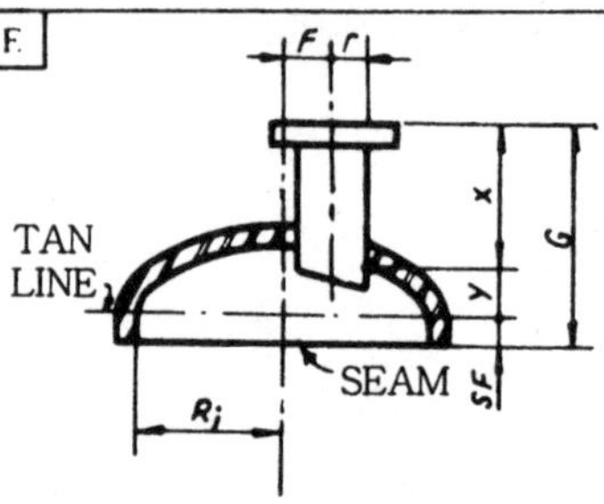

2:1 타원형 헤드에서의 노즐

$X = G - Y - SF \qquad Y = \dfrac{\sqrt{R_i^2 - (F + r)^2}}{2}$

EX :

지 수 : R_i = 24 in., F = 12 in., r = 8 in., SF = 2 in.

G = 20 in.

구하라 :

$Y = \dfrac{\sqrt{24^2 - (12 + 8)^2}}{2} = \dfrac{\sqrt{576 - 400}}{2} = 6.63$ in.

X = 20 − 6.63 − 2 = 11.37 in.

개구부를 위한 커플링과 파이프의 길이

F

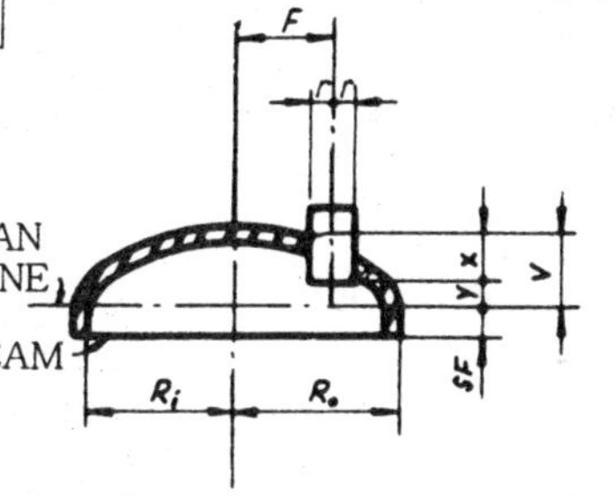

2:1 타원형 헤드 커플링

$X = V - Y,\quad V = \dfrac{\sqrt{R_o^2 - (F-r)^2}}{2},\quad Y = \dfrac{\sqrt{R_i^2 - (F+r)^2}}{2}$

EX :

지 수 : $R_i = 29$ in., $R_o = 30$ in., $F = 18$ in., $r = 1$ in.

구하라 : X

$V = \dfrac{\sqrt{30^2 - (18-1)^2}}{2} = \dfrac{\sqrt{900-289}}{2} = 12.36$ in.

$Y = \dfrac{\sqrt{29^2 - (18+1)^2}}{2} = \dfrac{\sqrt{841-361}}{2} = 10.95$ in.

$X = 12.36 - 10.95 = 1.41$ in.

G

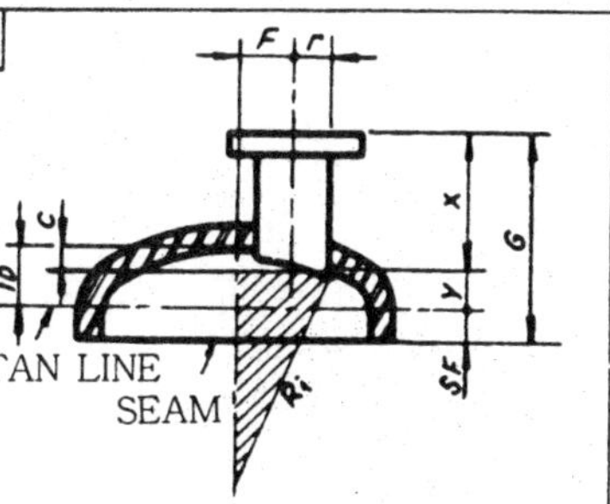

플랜지 이음형과 접시 이음형 헤드에서 노즐

$X = G - Y - SF,\quad Y = ID - C,\quad C = R_i - \sqrt{R_i^2 - (F+r)^2}$

EX :

지 수 : 접시내부 깊이, ID = 8 in.

$R_i = 48$ in., $R_o = 49$ in., $F = 24$ in., $r = 2$ in., $G = 18$ in.,

$SF = 2$ in.

구하라 : X

$C = 48 - \sqrt{48^2 - (24+2)^2} = 7.70$ in.

$X = 18 - 7.70 - 2 = 8.30$ in.

H

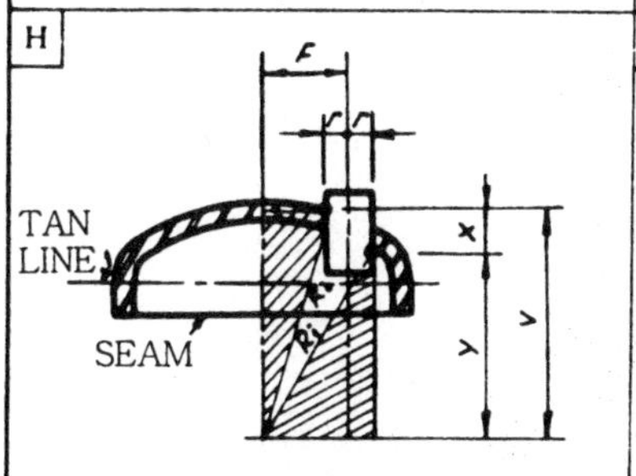

플랜지 이음형과 접시 이음형 헤드에서 노즐

$X = V - Y,\quad V = \sqrt{R_o^2 - (F-r)^2},\quad Y = \sqrt{R_i^2 - (F+r)^2}$

EX :

지 수 : $R_i = 24$ in., $R_o = 25$ in., $F = 8$ in., $r = 1$ in.

구하라 : X

$V = \sqrt{25^2 - (8-1)^2} = \sqrt{625 - 49} = 24$ in.

$Y = \sqrt{24^2 - (8+1)^2} = \sqrt{576 - 81} = 22.25$ in.

$X = 24 - 22.25 = 1.75$ in.

J

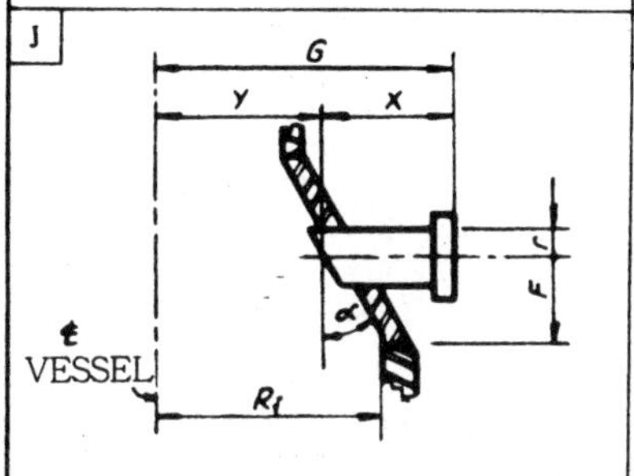

원주에서의 노즐

α가 45° 이하 일 때

$X = G - Y,\quad Y = R_i - [\tan\alpha \times (F + r)]$

EX :

지 수 : $R_i = 24$ in., $G = 30$ in., $F = 12$ in., $r = 2$ in.,

$\alpha = 30^\circ$

구하라 : X

$Y = 24 - [\tan 30^\circ\,(12+2)] = 24 - 8.08 = 15.92$ in.

$X = 30 - 15.92 = 14.08$ in.

K

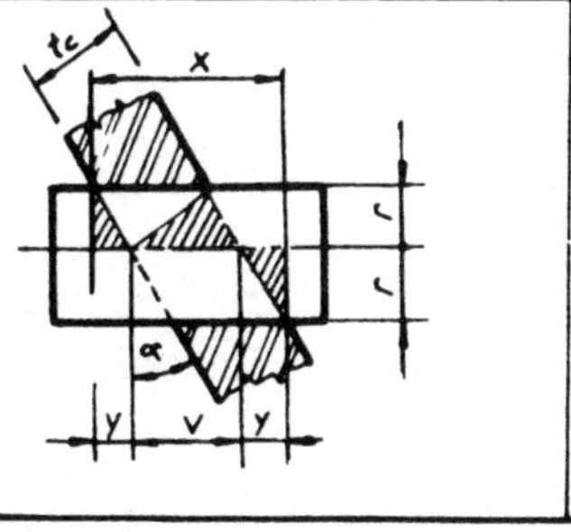

원주에서의 커플링

$X = V + 2Y,\quad V = \dfrac{t_c}{\cos\alpha},\quad Y = \tan\alpha \times r$

EX :

지 수 : $t_c = 2$ in., $r = 1$ in., $\alpha = 30^\circ$

구하라 : X

$V = \dfrac{2}{0.866} = 2.31\quad Y = 0.5774 \times 1 = 0.5774$

$X = 2.31 + 2 \times 0.5774 = 3.46$ in.

노즐목 두께

내부압력을 받는 용기에 있어서 요구되는 노즐목 두께, Code UG-45 :

1. 부식공차를 추가한 적용부하에 대해 계산된 두께. 그러나, 다음 중의 작은 것 보다 커야 한다.
2. 요구되는 용기벽 두께(E=1.0 가정시)(주를 참고)
3. 표준 두께 파이프의 최소 두께에 부식허용치를 추가한 것

출입과 검사 개구부(맨홀, 핸드홀)에 대해 요구되는 두께

1. 부식공차를 추가한 적용부하에 대해 계산된 두께(여타 조건 없음)
   내부 압력 하에서 요구되는 파이프의 선정을 위해서는 페이지 118에서 시작하는 도표 "Maximum Allowable Internal Working Pressure for Pipes" 를 참고하라.

도표 사용에 대한 보기

1. 개구부 직경 : 18″
   설계압력 : 800psig.
   부식공차 : 0.125″
   맨홀에 대해 요구되는 파이프 : Sch. 60, 0.750″ 두께
   노즐에 대해 요구되는 파이프 : Sch. 60, 0.750″ 두께
2. 개구부 직경 : 18″
   설계압력 : 1500psig.
   부식공차 : 0.125″
   용기벽 두께 : 0.3125″
   맨홀에 대해 요구되는 파이프 : Sch. 10, 0.250″ 두께
   노즐에 대해 요구되는 파이프 : Std. Wt. 0.375″ 두께
3. 개구부 직경 : 18″
   설계압력 : 150psig.
   부식공차 : 0.125″
   용기벽 두께 : 0.750″
   맨홀에 대해 요구되는 파이프 : Sch. 10, 0.250″ 두께
   노즐에 대해 요구되는 파이프 : Std. Wt. 0.328″ +0.125″ Corr. Allow.
   =0.453″ 최소 두께=Sch. 40 파이프

외부 압력을 받는 용기에 있어서 요구되는 노즐목 두께, Code UG-45 :

1. 부식공차를 추가한 적용부하에 대해 계산된 두께. 그러나. 다음 중의 작은 것보다 커야 한다.
2. 상당 내부압력으로써 외부 설계압력을 사용하는 내부압력에 대해 요구되는 헤드 혹은 셸의 두께. 그러나, 어느 경우에도 UG-16(b)에서 재료에 대해 명시된 최소 두께보다는 커야 한다.

3. 표준 두께 파이프의 최소 두께에 부식허용치를 추가한 것
(1/16인치 - 셀과 헤드에 대해, 3/32인치 - 압축공기, 증기와 물 사용 시, 1/4인치 - unfired steam boiler에 대해)

출입과 검사 개구부(맨홀, 핸드홀)에 대해 요구되는 두께

1. 부식공차를 추가한 적용부하에 대해 계산된 두께(여타조건 없음)

EX. 1

외부 설계압력, P=35psi.
재질 SA 516-60: S=15,000
원통형 셀 외경, D_o=96in.
셀 두께, t=1in.

14인치 외경, 12인치 길이 노즐목의 요구되는 두께 :

1. 35psi. 외부압력을 견디기 위해서는 개략 0.05인치 벽두께가 필요하다. 그러나 그 두께는 다음 중의 작은 것보다 커야 한다:
2. 35psi. 내부압력을 받는 셀에 대해 요구되는 두께.

$$t=\frac{PR}{SE-0.6P}=\frac{35\times 47}{15,000-21}=0.110\,\text{in.}$$

3. 표준 두께 파이프의 최소 두께 : 0.328in.(0.375in. nom)
2와 3중 작은 것, 0.110인치가 노즐목 두께로써 적합하다.

EX. 2

외부 설계압력, P=15psi.
재질 SA 516-60: S=15,000
원통형 셀 외경, D_o=36in.
셀 두께, t=0.3125in.

14인치 외경, 12인치 길이 노즐목의 요구되는 두께 :

1. 15psi. 외부압력을 견디기 위해 개략 0.02인치 두께가 필요하다. 그러나, 그 두께는 다음 중 작은 것보다 커야 한다.
2. 15psi. 내부 압력하의 셀에 대해 요구되는 두께 :

$$t=\frac{PR}{SE-0.6P}=\frac{15\times 17.6875}{15,000-9}=0.018\,\text{in.}$$

3. 표준 두께 파이프의 최소 두께 : 0.328in.(0.375in. nom)
2와 3중 작은 것, 0.018인치가 선택된다. 그러나, 노즐목의 두께는 어떤 경우에도 0.0625인치보다 커야 한다. UG-45(α)(2)

주 : 셀과 헤드에 대한 요구 두께 계산시 용기설계가 Code UW-12(c)에 기준한다면 이음 효율 0.80이 가정된다(방사선검사 없음).

파이프에 대한 최대허용 내부작동 압력

계산식 : $P = \frac{2SEt}{D+1.2t}$

여기서,

P = 최대 허용 작동압력, psig.

S = 15,000psig. 통상 사용되는 파이프 재질의 -20°F와 650°F간에서의 응력보다 높은 온도에 대해서는 본 도표 하단의 주를 참고.

E = 1.0, seamless파이프의 이음효율

D = 파이프 내경, in.

t = 최소 파이프 두께, in.(공칭 두께의 0.875배)

밑줄 친 수치는 두께가 부식 공차를 추가한 최소 표준 두께인 파이프의 부식상태에서의 최대 허용 압력이다.

공칭 파이프 크기	등급	파이프 두께		부식허용공차, in.				
				0	1/16	1/8	3/16	1/4
		NOM.	MIN.	최대 허용 압력, psig.				
1/2	STD.	0.109	0.095	3730	1198			
	X-STG.	0.147	0.129	5252	2534	143		
	SCH. 160	0.187	0.164	6941	4013	1447		
	XX-STG.	0.294	0.257	12153	8526	5392	2658	252
3/4	STD.	0.113	0.099	3059	1072			
	X-STG.	0.154	0.135	4299	2192	288		
	SCH. 160	0.218	0.191	6386	4069	1985	100	
	XX-STG.	0.308	0.270	9712	7041	4657	2515	580
1	STD.	0.133	0.116	2847	1261			
	X-STG.	0.179	0.154	3959	2287	744		
	SCH. 160	0.250	0.219	5764	3946	2274	732	
	XX-STG.	0.358	0.313	8820	7423	4842	3099	1494
1-1/4	STD.	0.140	0.123	2362	1126			
	X-STG.	0.191	0.167	3282	1988	774		
	SCH. 160	0.250	0.219	4424	3059	1779	578	
	XX-STG.	0.382	0.334	7194	5645	4200	2848	1582
1-1/2	STD.	0.145	0.127	2118	1046	31		
	X-STG.	0.200	0.175	2982	1864	806		
	SCH. 160	0.281	0.246	4333	3139	2013	947	
	XX-STG.	0.400	0.350	6481	5164	3924	2754	1648
2	STD.	0.154	0.135	1786	938	126		
	X-STG.	0.218	0.191	2578	1696	852	44	
	SCH. 160	0.343	0.300	4215	3260	2348	1477	642
	XX-STG.	0.436	0.382	5537	4522	3553	2629	1744

최대허용 작동 압력 (계속)

공칭 파이프 크기	등급	파이프 두께		부식허용공차, in.				
				0	1/16	1/8	3/16	1/4
		NOM.	MIN.	최대 허용 압력, psig				
2½	STD.	0.203	0.178	1954	1245	561		
	X-STG.	0.276	0.242	2707	1971	1261	577	
	SCH-160	0.375	0.328	3766	2991	2245	1525	831
	XX-STG.	0.552	0.483	5822	4969	4148	3359	2599
3	STD.	0.216	0.189	1693	1116	556	12	
	X-STG.	0.300	0.263	2398	1801	1221	658	111
	SCH. 160	0.438	0.383	3597	2964	2350	1754	1175
	XX-STG.	0.600	0.525	5113	4432	3773	3134	2515
3½	STD.	0.226	0.198	1546	1044	555	78	
	X-STG.	0.318	0.278	2207	1689	1183	691	211
	XX-STG.	0.636	0.557	4701	4115	3546	2992	1937
4	STD.	0.237	0.208	1439	995	561	137	
	X-STG.	0.337	0.295	2075	1616	1168	730	280
	SCH. 120	0.438	0.383	2739	2265	1802	1350	908
	SCH. 160	0.531	0.465	3379	2890	2412	1946	1490
	XX-STG.	0.674	0.590	4394	3880	3379	2890	2412
5	STD.	0.258	0.226	1259	902	552	208	
	X-STG.	0.375	0.328	1856	1488	1127	773	425
	SCH. 120	0.500	0.438	2520	2140	1767	1401	1042
	SCH. 160	0.625	0.547	3201	2808	2422	2044	1673
	XX-STG.	0.750	0.656	3906	3499	3100	2709	2325
6	STD.	0.280	0.245	1143	845	551	262	
	X-STG.	0.432	0.378	1793	1485	1181	882	588
	SCH. 120	0.562	0.492	2368	2051	1738	1431	1128
	SCH. 160	0.718	0.628	3077	2748	2425	2106	1793
	XX-STG.	0.864	0.756	3767	3427	3093	2764	2440
8	SCH. 20	0.250	0.219	777	552	329	113	
	SCH. 30	0.277	0.242	861	634	411	190	
	STD.	0.322	0.282	1007	779	554	331	111
	SCH. 60	0.406	0.355	1276	1045	817	591	368
	X-STG.	0.500	0.438	1587	1353	1121	892	665
	SCH. 100	0.593	0.519	1896	1658	1422	1189	959
	SCH. 120	0.718	0.628	2319	2075	1835	1597	1362

최대허용 작동 압력(계속)

공칭 파이프 크기	등급	파이프 두께		부식허용공차, in.				
				0	1/16	1/8	3/16	1/4
		NOM.	MIN.	최대 허용 압력, psig.				
8	SCH. 140	0.812	0.711	2647	2400	2155	1913	1675
	SCH. 160	0.906	0.793	2977	2725	2476	2231	1988
	XX-STG.	0.875	0.766	2868	2617	2370	2126	1885
10	SCH. 20	0.250	0.219	621	441	264	90	
	SCH. 30	0 307	0.269	766	585	406	228	50
	STD.	0.365	0.319	911	729	549	370	193
	X-STG.	0.500	0.438	1263	1078	894	712	532
	SCH. 80	0.593	0.519	1506	1318	1132	948	766
	SCH. 100	0.718	0.628	1838	1647	1458	1270	1085
	SCH. 120	0.843	0.738	2179	1984	1792	1601	1413
	SCH. 140	1.000	0.875	2611	2413	2216	1986	1829
	SCH. 160	1.125	0.984	2963	2760	2560	2362	2166
12	SCH. 20	0.250	0.219	522	371	222	76	
	SCH. 30	0.330	0.289	692	540	389	240	91
	STD.	0.375	0.328	787	635	483	333	184
	SCH. 40	0.406	0.355	854	701	549	398	248
	X-STG.	0.500	0.438	1059	904	751	598	486
	SCH. 60	0.562	0.492	1194	1038	883	730	578
	SCH. 80	0.687	0.601	1469	1311	1154	998	844
	SCH. 100	0.843	0.738	1820	1659	1500	1341	1184
	SCH. 120	1.000	0.875	2178	2014	1851	1690	1530
	SCH. 140	1.125	0.984	2467	2301	2136	1972	1810
	SCH. 160	1.312	1.148	2910	2740	2572	2404	2239
14	SCH. 10	0.250	0.219	475	338	202	69	
	SCH. 20	0.312	0.273	594	456	319	184	49
	STD.	0.375	0.328	716	577	440	303	167
	SCH. 40	0.438	0.383	839	699	561	423	287
	X-STG.	0.500	0.438	962	822	682	544	407
	SCH. 60	0.593	0.519	1146	1004	863	724	585
	SCH. 80	0.750	0.656	1460	1316	1173	1031	890
	SCH. 100	0.937	0.820	1843	1696	1550	1406	1262
	SCH. 120	1.093	0.956	2166	2017	1869	1722	1576
	SCH. 140	1.250	1.094	2500	2348	2198	2048	1900

최대허용 작동 압력(계속)

공칭 파이프 크기	등급	파이프 두께		부식허용공차, in.				
				0	1/16	1/8	3/16	1/4
		NOM.	MIN.	최대 허용 압력, psig.				
14	SCH. 160	1.406	1.230	2834	2680	2527	2375	2224
16	SCH. 10	0.250	0.219	415	295	166	57	
	SCH. 20	0.312	0.273	518	398	279	161	43
	SCH. 30. STD.	0.375	0.328	625	504	384	265	146
	SCH. 40X-STG.	0.500	0.438	839	717	596	475	355
	SCH. 60	0.656	0.574	1108	984	861	738	617
	SCH. 80	0.843	0.738	1436	1310	1185	1061	937
	SCH. 100	1.031	0.902	1771	1643	1515	1389	1263
	SCH. 120	1.218	1.066	2111	1980	1851	1722	1595
	SCH. 140	1.438	1.258	2517	2384	2251	2120	1990
	SCH. 160	1.593	1.394	2809	2674	2540	2407	2275
18	SCH. 10	0.250	0.219	368	262	157	54	
	SCH. 20	0.312	0.273	460	354	248	143	38
	STD.	0.375	0.328	554	447	341	235	130
	SCH. 30	0.438	0.383	649	541	434	328	222
	X-STG.	0.500	0.438	744	636	529	422	315
	SCH. 40	0.562	0.492	838	729	621	514	407
	SCH. 60	0.750	0.656	1129	1015	906	797	689
	SCH. 80	0.937	0.820	1418	1306	1195	1084	974
	SCH. 100	1.156	1.012	1766	1652	1539	1426	1314
	SCH. 120	1.375	1.203	2118	2002	1887	1772	1658
	SCH. 140	1.562	1.367	2425	2308	2190	2074	1958
	SCH. 160	1.781	1.558	2789	2669	2550	2432	2314
20	SCH. 10	0.250	0.219	331	231	141	48	
	SCH. 20 STD.	0.375	0.328	498	402	306	211	117
	SCH. 30 X-STG.	0.500	0.438	668	571	475	379	284
	SCH. 40	0.593	0.519	795	697	600	503	407
	SCH. 60	0.812	0.711	1097	998	900	802	704
	SCH. 80	1.031	0.902	1403	1303	1202	1103	1004
	SCH. 100	1.281	1.121	1760	1657	1555	1454	1353
	SCH. 120	1.500	1.313	2078	1974	1870	1767	1665
	SCH. 140	1.750	1.531	2446	2340	2234	2129	2025
	SCH. 160	1.968	1.722	2774	2666	2558	2452	2346

최대허용 작동 압력(계속)

공칭 파이프 크기	등급	파이프 두께 NOM.	파이프 두께 MIN.	부식허용공차, in. 0	1/16	1/8	3/16	1/4
				최대 허용 압력, psig.				
22		0.250	0.219	301	214	128	44	
		0.312	0.273	376	289	202	116	31
		0.375	0.328	452	365	278	192	106
		0.437	0.382	528	440	353	267	136
		0.500	0.438	606	519	431	344	258
		0.562	0.492	681	594	507	419	332
		0.625	0.547	761	672	584	496	409
		0.688	0.602	839	750	661	573	486
		0.750	0.656	916	827	738	649	561
24	SCH. 10	0.250	0.219	275	196	117	40	
	SCH. 20 STD.	0.375	0.328	414	334	255	176	97
	X-STG.	0.500	0.438	555	475	395	315	236
	SCH. 30	0.562	0.492	625	544	464	384	304
	SCH. 40	0.687	0.601	766	685	604	524	443
	SCH. 60	0.968	0.847	1089	1006	924	842	761
	SCH. 80	1.218	1.066	1381	1297	1214	1131	1048
	SCH. 100	1.531	1.340	1753	1667	1582	1498	1413
	SCH. 120	1.812	1.586	2093	2006	1919	1833	1747
	SCH. 140	2.062	1.804	2399	2311	2223	2135	2048
	SCH. 160	2.343	2.050	2750	2660	2571	2482	2393
26		0.250	0.219	254	181	108	37	
		0.312	0.273	317	244	171	98	26
		0.375	0.328	382	308	235	162	90
		0.437	0.382	446	372	298	225	152
		0.500	0.438	512	438	364	291	218
		0.562	0.492	576	502	428	354	281
		0.625	0.547	641	567	493	419	345
		0.688	0.602	707	633	558	484	410
		0.750	0.656	772	697	622	548	474
30		0.312	0.273	275	211	148	85	23
		0.375	0.328	330	267	204	141	78
		0.500	0.438	443	379	315	252	188

파이프에 대한 최대허용 내부작동 압력(계속)

		초과하지 않는 온도 기준							
		650	700	750	800	850	900	950	1000
A 53 B	응력	15000	14350	12950	10800	8650	6500	–	–
A 106 B	psig.	15000	14350	12950	10800	8650	6500	4500	2500
계수		1.000	0.9566	0.8633	0.7200	0.5766	0.4333	0.3000	0.1666

EX :

도표로부터 1/8″ 부식공차를 갖는 6″ 표준 파이프에 대한

최대 허용 압력=1,181psi.(800°F에서)

최대 허용 응력=1,101×0.72=850psig.

어떤 응력치에 대한 최대 허용 압력을 구하기 위한 보기

도표로부터 최대 허용 압력 : 1,181psig.

응 력 : 13,000psi.

이 파이프에 대해 최대 허용압력 : $\frac{13,000}{15,000} \times 1,181 = 1,023$psi.

주 : 파이프의 응력이 높은 온도에 의해 15,000psig.보다 작으면 도표에 주어진 최대 허용 압력을 아래 도표의 계수로 곱하라.

내부압력하의 파이프에 대해 요구되는 두께

페이지 125로부터 도표화되어 있는 파이프에 대해 요구되는 두께는 다음 공식으로 계산된다.

$$t = \frac{PR}{SE - 0.6P}$$

여기서,

t = 파이프의 요구되는 최소 두께, in.
P = 내부압력, psig.
S = 15,000 psig. 통상 사용되는 파이프 재질 A53B, A106B의 -20°F와 650 °F간에서의 응력
E = seamless 파이프의 이음 효율
R = 파이프 내 반경

파이프 내경에 대해서는 개략적인 수치가 보여진다.
보간법에 의해 요구되는 두께가 구해질 수 있다.

도표상의 두께는 부식공차를 포함하지 않는다.

배관 시스템에서 요구되는 파이프 두께를 구하기 위해서는 다양한 배관 코드가 적용되어야 한다.

파이프 선정 시 12.5% 두께 공차가 고려되어야 한다.
파이프 최소 두께는 공칭 두께×0.875와 같다.

내부압력에 대한 요구되는 파이프 두께

내경	압력, psig.									
	50	100	150	200	250	300	350	400	450	500
1	0.002	0.003	0.005	0.007	0.008	0.010	0.012	0.014	0.015	0.017
2	0.003	0.007	0.010	0.013	0.017	0.020	0.024	0.027	0.031	0.034
3	0.005	0.010	0.015	0.020	0.025	0.030	0.035	0.041	0.046	0.051
4	0.007	0.013	0.020	0.027	0.034	0.040	0.048	0.054	0.061	0.068
5	0.008	0.017	0.025	0.034	0.042	0.051	0.059	0.068	0.076	0.085
6	0.010	0.020	0.030	0.040	0.051	0.061	0.071	0.081	0.092	0.102
7	0.012	0.023	0.035	0.047	0.059	0.071	0.083	0.095	0.107	0.119
8	0.013	0.027	0.040	0.054	0.067	0.081	0.095	0.108	0.122	0.136
9	0.015	0.030	0.045	0.060	0.076	0.091	0.106	0.122	0.137	0.153
10	0.017	0.033	0.050	0.067	0.084	0.101	0.118	0.136	0.153	0.170
11	0.018	0.037	0.055	0.074	0.093	0.111	0.130	0.149	0.168	0.187
12	0.020	0.040	0.060	0.081	0.101	0.121	0.142	0.163	0.183	0.204
13	0.022	0.044	0.065	0.087	0.109	0.132	0.154	0.176	0.198	0.221
14	0.023	0.047	0.070	0.094	0.118	0.142	0.166	0.190	0.214	0.238
15	0.025	0.050	0.075	0.101	0.126	0.152	0.177	0.203	0.229	0.255
16	0.027	0.054	0.080	0.108	0.135	0.162	0.189	0.217	0.244	0.272
17	0.028	0.057	0.086	0.114	0.143	0.172	0.201	0.230	0.260	0.289
18	0.030	0.060	0.091	0.121	0.152	0.182	0.213	0.244	0.275	0.306
19	0.032	0.064	0.096	0.128	0.160	0.192	0.225	0.257	0.290	0.323
20	0.033	0.067	0.101	0.134	0.168	0.202	0.237	0.271	0.305	0.340
21	0.035	0.070	0.107	0.141	0.177	0.213	0.248	0.285	0.321	0.357
22	0.037	0.074	0.111	0.148	0.185	0.223	0.260	0.298	0.336	0.374
23	0.038	0.077	0.116	0.155	0.194	0.233	0.272	0.312	0.351	0.391
24	0.040	0.080	0.121	0.161	0.202	0.243	0.284	0.325	0.367	0.408
25	0.042	0.084	0.126	0.168	0.210	0.253	0.296	0.339	0.382	0.425
26	0.044	0.087	0.131	0.175	0.219	0.263	0.308	0.352	0.397	0.442
27	0.045	0.090	0.136	0.181	0.227	0.273	0.319	0.366	0.412	0.459
28	0.047	0.094	0.141	0.188	0.236	0.283	0.331	0.379	0.428	0.476
29	0.048	0.097	0.146	0.195	0.244	0.294	0.343	0.393	0.443	0.493
30	0.050	0.100	0.151	0.202	0.253	0.304	0.355	0.407	0.458	0.510

내부압력에 대한 요구되는 파이프 두께

내경	압력, psig.									
	550	600	650	700	750	800	850	900	950	1000
1	0.019	0.020	0.022	0.024	0.026	0.028	0.029	0.031	0.033	0.035
2	0.037	0.041	0.044	0.048	0.052	0.055	0.059	0.062	0.066	0.069
3	0.056	0.062	0.067	0.072	0.077	0.083	0.088	0.093	0.099	0.104
4	0.075	0.082	0.089	0.096	0.103	0.110	0.117	0.124	0.132	0.139
5	0.094	0.102	0.111	0.120	0.129	0.138	0.147	0.156	0.165	0.174
6	0.112	0.123	0.133	0.144	0.155	0.165	0.176	0.187	0.198	0.208
7	0.131	0.143	0.156	0.168	0.180	0.193	0.205	0.218	0.230	0.243
8	0.150	0.164	0.178	0.192	0.206	0.220	0.235	0.249	0.263	0.278
9	0.169	0.184	0.200	0.216	0.232	0.248	0.264	0.280	0.296	0.312
10	0.187	0.205	0.222	0.240	0.258	0.275	0.293	0.311	0.329	0.347
11	0.206	0.225	0.245	0.264	0.284	0.303	0.323	0.342	0.362	0.382
12	0.225	0.246	0.267	0.268	0.309	0.331	0.352	0.373	0.393	0.417
13	0.244	0.266	0.289	0.312	0.335	0.358	0.381	0.405	0.428	0.451
14	0.262	0.287	0.311	0.336	0.361	0.386	0.411	0.436	0.461	0.486
15	0.281	0.307	0.334	0.360	0.387	0.413	0.440	0.467	0.494	0.521
16	0.300	0.328	0.356	0.384	0.412	0.441	0.469	0.498	0.527	0.556
17	0.319	0.348	0.378	0.408	0.438	0.468	0.499	0.529	0.560	0.590
18	0.337	0.369	0.400	0.432	0.464	0.496	0.528	0.560	0.593	0.625
19	0.356	0.389	0.423	0.456	0.490	0.523	0.557	0.591	0.625	0.660
20	0.375	0.410	0.445	0.480	0.515	0.551	0.587	0.622	0.658	0.694
21	0.394	0.430	0.467	0.504	0.541	0.579	0.616	0.654	0.692	0.729
22	0.412	0.451	0.489	0.528	0.567	0.606	0.645	0.685	0.724	0.764
23	0.431	0.471	0.512	0.552	0.593	0.634	0.675	0.716	0.757	0.799
24	0.450	0.492	0.534	0.576	0.619	0.661	0.704	0.747	0.790	0.833
25	0.469	0.512	0.556	0.600	0.645	0.689	0.733	0.778	0.823	0.868
26	0.487	0.533	0.578	0.624	0.670	0.716	0.763	0.809	0.856	0.903
27	0.506	0.553	0.601	0.648	0.696	0.744	0.792	0.840	0.889	0.937
28	0.525	0.574	0.623	0.672	0.722	0.771	0.821	0.871	0.922	0.972
29	0.544	0.594	0.645	0.696	0.747	0.779	0.851	0.902	0.955	1.007
30	0.562	0.615	0.667	0.720	0.773	0.826	0.880	0.934	0.988	1.042

내부압력에 대한 요구되는 파이프 두께

내경	압력, psig.									
	1100	1200	1300	1400	1500	1600	1700	1800	1900	2000
1	0.038	0.042	0.046	0.049	0.053	0.057	0.061	0.065	0.069	0.072
2	0.077	0.084	0.091	0.099	0.106	0.114	0.122	0.129	0.137	0.145
3	0.115	0.126	0.137	0.148	0.160	0.171	0.182	0.194	0.206	0.217
4	0.153	0.168	0.183	0.198	0.213	0.228	0.243	0.259	0.274	0.290
5	0.192	0.210	0.229	0.247	0.266	0.285	0.304	0.323	0.343	0.362
6	0.230	0.252	0.274	0.297	0.319	0.342	0.365	0.388	0.411	0.435
7	0.268	0.294	0.320	0.346	0.372	0.399	0.426	0.453	0.480	0.507
8	0.307	0.336	0.366	0.395	0.426	0.456	0.486	0.517	0.548	0.580
9	0.345	0.378	0.411	0.445	0.479	0.513	0.547	0.582	0.617	0.652
10	0.384	0.420	0.457	0.494	0.532	0.570	0.608	0.647	0.685	0.725
11	0.422	0.462	0.503	0.544	0.585	0.627	0.669	0.711	0.784	0.797
12	0.460	0.504	0.549	0.593	0.638	0.684	0.730	0.776	0.823	0.870
13	0.499	0.546	0.594	0.643	0.691	0.741	0.790	0.841	0.891	0.942
14	0.537	0.588	0.640	0.692	0.745	0.798	0.851	0.905	0.960	1.014
15	0.575	0.630	0.686	0.742	0.798	0.855	0.912	0.970	1.028	1.087
16	0.614	0.672	0.732	0.791	0.851	0.912	0.973	1.034	1.097	1.159
17	0.652	0.714	0.777	0.840	0.904	0.969	1.034	1.099	1.165	1.232
18	0.690	0.756	0.823	0.890	0.958	1.026	1.094	1.164	1.234	1.305
19	0.729	0.798	0.868	0.939	1.011	1.083	1.155	1.228	1.302	1.377
20	0.768	0.840	0.914	0.989	1.064	1.140	1.216	1.293	1.371	1.449
21	0.805	0.882	0.960	1.038	1.117	1.197	1.277	1.358	1.439	1.522
22	0.844	0.924	1.006	1.088	1.170	1.254	1.338	1.422	1.508	1.594
23	0.882	0.966	1.051	1.137	1.223	1.311	1.398	1.487	1.576	1.667
24	0.920	1.008	1.097	1.186	1.277	1.368	1.459	1.552	1.645	1.739
25	0.959	1.050	1.143	1.236	1.330	1.425	1.520	1.616	1.714	1.812
26	0.997	1.092	1.188	1.286	1.383	1.481	1.581	1.681	1.782	1.884
27	1.036	1.134	1.234	1.334	1.436	1.538	1.642	1.746	1.851	1.957
28	1.074	1.176	1.280	1.384	1.498	1.595	1.702	1.810	1.919	2.029
29	1.112	1.218	1.326	1.434	1.543	1.652	1.763	1.875	1.988	2.101
30	1.151	1.260	1.371	1.483	1.596	1.709	1.824	1.940	2.056	2.174

내부압력에 대한 요구되는 파이프 두께

내경	압력, psig.									
	2100	2200	2300	2400	2500	2600	2700	2800	2900	3000
1	0.076	0.080	0.084	0.088	0.093	0.097	0.101	0.105	0.109	0.114
2	0.153	0.161	0.169	0.177	0.185	0.193	0.202	0.210	0.219	0.227
3	0.229	0.241	0.253	0.265	0.278	0.290	0.303	0.315	0.328	0.341
4	0.306	0.322	0.338	0.354	0.370	0.387	0.404	0.420	0.437	0.455
5	0.382	0.402	0.422	0.442	0.463	0.484	0.504	0.526	0.547	0.568
6	0.459	0.482	0.507	0.531	0.556	0.580	0.605	0.631	0.656	0.682
7	0.535	0.563	0.591	0.619	0.648	0.677	0.706	0.736	0.765	0.795
8	0.611	0.643	0.675	0.708	0.741	0.774	0.807	0.841	0.875	0.909
9	0.688	0.724	0.760	0.796	0.833	0.871	0.908	0.946	0.984	1.023
10	0.764	0.804	0.844	0.885	0.926	0.967	1.009	1.051	1.093	1.136
11	0.841	0.884	0.929	0.973	1.019	1.064	1.110	1.156	1.203	1.250
12	0.917	0.965	1.013	1.062	1.111	1.161	1.211	1.261	1.312	1.364
13	0.993	1.045	1.098	1.150	1.204	1.257	1.312	1.366	1.422	1.477
14	1.070	1.126	1.182	1.239	1.296	1.354	1.413	1.471	1.531	1.591
15	1.146	1.206	1.267	1.327	1.389	1.451	1.513	1.577	1.640	1.705
16	1.223	1.287	1.351	1.416	1.481	1.548	1.614	1.682	1.750	1.818
17	1.299	1.367	1.435	1.504	1.574	1.644	1.715	1.787	1.859	1.932
18	1.376	1.447	1.520	1.593	1.667	1.741	1.816	1.892	1.968	2.045
19	1.452	1.528	1.604	1.681	1.759	1.838	1.917	1.997	2.078	2.159
20	1.528	1.608	1.689	1.770	1.852	1.935	2.018	2.102	2.187	2.273
21	1.605	1.689	1.773	1.858	1.944	2.031	2.119	2.207	2.296	2.386
22	1.681	1.769	1.858	1.947	2.037	2.128	2.220	2.312	2.406	2.500
23	1.758	1.849	1.942	2.036	2.130	2.225	2.321	2.417	2.515	2.614
24	1.834	1.930	2.026	2.124	2.222	2.321	2.422	2.523	2.624	2.727
25	1.910	2.010	2.111	2.212	2.315	2.418	2.522	2.628	2.734	2.841
26	1.987	2.090	2.195	2.301	2.407	2.515	2.623	2.733	2.843	2.955
27	2.063	2.171	2.280	2.389	2.450	2.612	2.724	2.838	2.952	3.068
28	2.140	2.251	2.364	2.478	2.593	2.708	2.825	2.943	3.062	3.182
29	2.216	2.332	2.449	2.566	2.685	2.805	2.926	3.048	3.171	3.295
30	2.293	2.412	2.533	2.655	2.778	2.902	3.027	3.153	3.281	3.409

내부압력에 대한 요구되는 파이프 두께

굽힘과 전단에 의한 원추 혹은 원추형 구획의 실린더에 대한 접속부에서는(Fig. CD) 불일치 응력이 발생하며 이는 보강으로 보상되어야 한다.

설계절차(꼭지각 절반 $\alpha \leq 30°$)

1. 계수 Z를 구하라. = S_SE_1 혹은 S_CE_2중 작은 것
   계수 y를 구하라. = S_SE_S 혹은 S_CE_C중 큰 것
2. P/x를 구하고, 도표 A&B로부터 Δ값을 읽어라.

Table A - 큰 끝에서의 접속부에 대한 Δ값									
P/x	0.001	0.002	0.003	0.004	0.005	0.006	0.007	0.008	0.009*
Δ, deg.	11	15	18	21	23	25	27	28.5	30
Table B - 작은 끝에서의 접속부에 대한 Δ값									
P/x		0.002	0.005	0.010	0.020	0.040	0.080	0.100	0.125*
Δ, deg.		4	6	9	12.5	17.5	24.	27.	30

* $\Delta = 30°$, P/x의 큰 값에 대해서

Δ값이 α보다 작을 때, 보강이 필요하다.

3. 계수 K를 구하라. = y/S_rE_r(공식에서는 K에 대해 최소 1.0을 사용하라.)
4. 보강링의 크기와 위치를 설계하라(페이지 130참고).

기호

E = 밑에 쓴 기호 s, c 혹은 r을 가진 셀과 보강링 원추 재질의 탄성계수, psi

※ 탄성계수에 대해서는 페이지 41에서부터 시작하는 도표를 보라.

E = 밑에 쓴 기호 1, 2 혹은 3을 가진 셀, 원추 혹은 보강링에 수평 용접된 이음의 효율, 버트 용접에 대한 압축에 대해 E = 1.0

P = 설계 압력, psi.

R_L = 큰 실린더의 내반경 혹은 원추의 큰 끝, in.

R_S = 작은 실린더의 내반경 혹은 원추의 작은 끝

S = 밑에 쓴 기호 s, c 혹은 r을 가진 셀, 원추 혹은 보강링 재질의 허용 응력, psi.

t = 부식 공차 제외됨 접속부에서의 셀의 최소 요구두께

t_s = 부식 공차를 제외한 접속부에서의 셀의 실제두께

t_c = 부식 공차를 제외한 접속부에서의 셀의 실제두께

α = 원추 혹은 원추형 구획의 꼭지각 절반

Δ = 도표 A 혹은 B로부터 각도(°);

$$m = \left[\frac{t_s}{t}\cos(\alpha-\Delta)\right]\text{와}$$

$$\left[\frac{t_c\cos\alpha\cos(\alpha-\Delta)}{t}\right]\text{중 작은 것}$$

$T_e = (t_s - t)$와 $[t_c - (t/\cos\alpha)]$중 작은 것

x = 계수, S_SE_1과 S_CE_2중 작은 것

y = 계수, S_SE_S와 S_CE_C중 큰 것

원추의 실린더에 대한 접속부에서의 보강

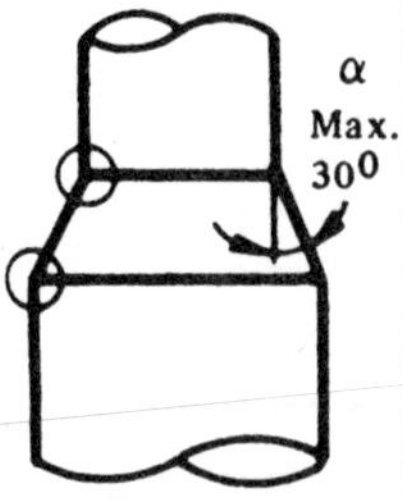

FIG. C

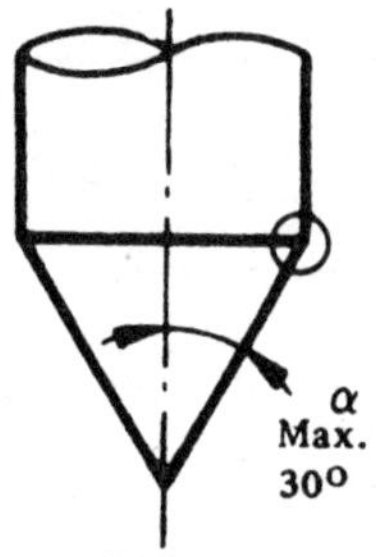

FIG. D

공 식	
대구경(大口徑)에서의 접속	
요구되는 보강면적, A in.²	$A_{rL} = \frac{PK_L^2 k}{2x}\left(1 - \frac{\Delta}{\alpha}\right) \tan \alpha$
보강으로 이용될 수 있는 초과 금속의 면적, Aein.²	$A_e = 4 t_e \sqrt{R_L t_s}$
추가적인 보강이 그 이내에 위치해야 하는 접속부로부터의 거리, in.	$\sqrt{R_L t_s}$
그 이내에 보강의 중심이 위치해야 하는 접속부로부터의 거리, in.	$0.5\sqrt{R_L t_s}$
소구경(小口徑)에서의 접속	
요구되는 보강면적, A in.²	$A_{rs} = \frac{PR_s^2 k}{2x}\left(1 - \frac{\Delta}{\alpha}\right) \tan \alpha$
보강으로 이용될 수 있는 초과 금속의 면적, Aein.²	$A_e = m\sqrt{R_s t}\left[\left(t_c - \frac{t}{\cos \alpha}\right) + (t_s - t)\right]$
추가적인 보강이 그 이내에 위치해야 하는 접속부로부터의 거리, in.	$\sqrt{R_s t_s}$
그 이내에 보강의 중심이 위치해야 하는 접속부로부터의 거리, in.	$0.5\sqrt{R_s t_s}$

보 기

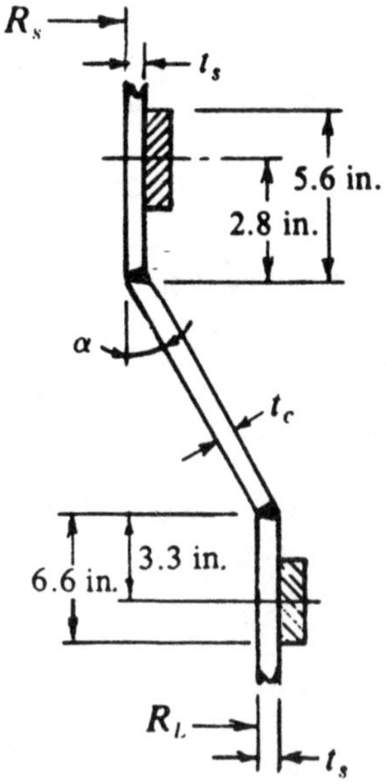

설계자료

$\alpha = 30°$, 원주의 꼭지각 절반

$E_sE_cE_r = 30 \times 10^6$, 탄성계수, psi.

$E_1E_2 = 1.0$, 셸과 원추에서의 이음효율

$E_3 = 0.55$, 보강링에서의 이음효율

$P = 50$psi., 내부설계압력

$P_L = 100$in. 큰 실린더의 내반경

$R_S = 84$in. 작은 실린더의 내반경

$S_S = 13{,}800$psi. 셸 허용응력

$S_C = 13{,}800$psi. 원추재질 허용응력

$S_r = 14{,}500$psi. 링재질 허용응력

$t = 0.429$in. 큰 실린더에 대해 요구되는 최소두께

$t = 0.360$in. 작은 실린더에 대해 요구되는 최소두께

$t_c = 0.500$in. 원추 실제 두께

$t_C = 0.4375$in. 큰 실린더 실제 두께

$t_S = 0.752$in. 작은 실린더 실제 두께

원추의 실린더에 대한 접속부에서의 보강
보 기

큰 실린더에서의 접속

페이지 130의 설계자료 참고
셀과 원추에 대해 동일한 재질을 사용하면

1. 계수 x=다음 중 작은 것 :
   S_SE_1 혹은 S_CE_2 x =13,800×1.0

   계수 y=다음 중 큰 것:
   S_SE_S 혹은 S_CE_C y =13,800×30×10 [6]

2. P/x=50/13,800=0.0036; 도표 A로부터 △=19.8
   △이 α보다 작기 때문에 보강이 필요하다.

3. 계수 $K = y / S_rE_r = 13,800 \times 30 \times 10^6 / 14,500 \times 30 \times 10^6 = 0.95$

4. 압축링의 요구되는 횡단면적 :

$$A = \frac{PR_L^2k}{2x}\left(1-\frac{\Delta}{\alpha}\right)\tan\alpha = \frac{50\times 100^2\times 0.95}{2\times 13.800}\left(1-\frac{19.8}{30}\right)0.5774 = 3.38 \text{ sq. in.}$$

보강링으로 이용될 수 있는 셀에서의 초과면적

$t_e = (t_s - t)$ 혹은 $[t_c - (t/\cos\alpha)]$중 작은 것. in.

$$A_e = 4t_e\sqrt{R_Lt_s} = 4\times 0.005\ \sqrt{100\times 0.4375} = 0.132 \text{ sq. in.}$$

$A - A_e = 3.380 - 0.132 = 3.248$ sq. in. 압축링의 요구되는 횡단면적

0.625인치 두꺼운 바(bar)를 사용하면 : 3.248/0.625=5.20in.

압축링의 위치

접속부로부터의 최대거리= $\sqrt{R_Lts} = \sqrt{100\times 0.4375} = 6.60$ in.

접속부로부터의 중심의 최대거리$=0.5\sqrt{R_Lts} =$

$$0.5\sqrt{100\times 0.4375} = 3.30 \text{ in.}$$

작은 실린더에서의 접속

1. 계수 x=13,800
2. P/x=50/13,800=0.0036; 도표 B로부터 △=5
3. 계수 k=0.95
4. 압축링의 요구되는 횡단면적

$$A = \frac{PR_s^2k}{2x}\left(1-\frac{\Delta}{\alpha}\right)\tan\alpha = \frac{50\times 84^2\times 0.95}{2\times 13,800}\left(1-\frac{5}{30}\right)0.5774 = 5.820 \text{ sq. in.}$$

원추의 실린더에 대한 접속부에서의 보강
보 기

계수, m=다음 중 작은 것: $\left[\frac{t_s}{t}\cos(\alpha-\Delta)\right]$혹은$\left[\frac{t_c\cos\alpha\cos(\alpha-\Delta)}{t}\right]$ =

$0.375/0.360\times0.9063=0.944$ 혹은 $0.500\times0.866\times0.9063/0.360=1.090$

보강으로 이용할 수 있는 셸에서의 초과면적

$$A_e=m\sqrt{R_s t}\left[\left(t_c-\frac{t}{\cos\alpha}\right)+(t_s-t)\right]=$$

$$0.944\sqrt{84\times0.360}[\,(0.500-0.360/0.866)+(0.375-0.360)\,]=0.515\text{ sq.in.}$$

$A-A_e=5.820-0.515=5.305$ sq. in. 압축링의 요구되는 횡단면적

$1^1/_4$인치 두께 바(Bar)를 사용하면, 바의 요구되는 폭 : 5.305/1.25=4.244in.

압축링의 위치 :

접속부로부터의 최대거리 $\sqrt{R_s t_s}=\sqrt{84\times0.375}=5.6$ in.

접속부로부터 중심의 최대거리 $0.5\sqrt{R_s t_s}=2.8$ in.

연속적이고 그의 끝이 함께 결합되어 있으면 인슐레이션 링은 압축링으로 사용될 수 있다.

링의 관성모우멘트는 계수가 아니므로 단순한 방식으로 감긴 평바(flat bar)의 사용이 구조형의 사용보다 경제적이다.

어떤 경우에 접속부에서 실린더에 대해 보다 두꺼운 플레이트를 사용함으로써 추가적인 보강의 필요성을 제거하는 것은 압축링을 사용하는 것보다 이로울 것이다.

외부압력하에서 원추의 실린더에 대한 접속부에서의 보강

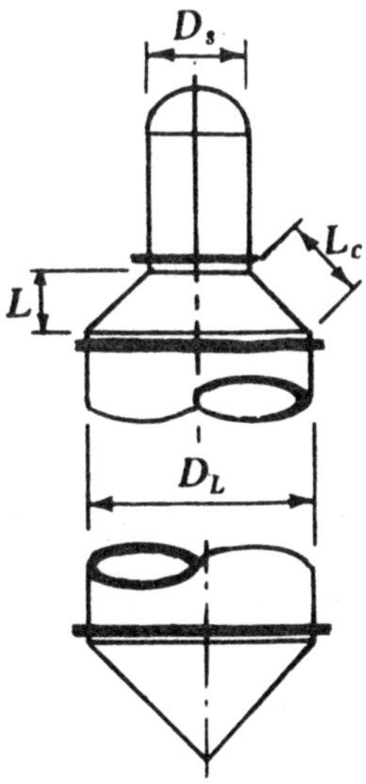

FIG. F

보강은 원추의 실린더에 대한 접속부에서 혹은 원추 혹은 원추형 구획이 너클을 갖고 있지 않고, 도표 E로부터 구한 △값이 α보다 작은 경우에, 원추형 구획 큰 끝의 실리더에 대한 접속부에서 준비되어야 한다.

Table - E - △값

P/SE	0	0.002	0.005	0.010	0.02	0.04	0.08	0.10
Δ, deg.	0	5	7	10	15	21	29	33

P/SE	0.125	0.15	0.20	0.25	0.30	0.35
Δ, deg.	37	40	47	52	57	60

α=°(P/5E의 큰 값에 대해)
half apex angle 60° 각도와 같거나 작을 때

보강링 횡단면적의 요구되는 관성모우멘트는 다음 공식과 절차에 의해 구해진다.

1. P/SE를 구하라. 그리고 도표 E로부터 △값을 읽어라.

2. 실린더, 원추 그리고 보강링의 면적을 구하라.
   (보강링 제작에 대해서는 페이지 46 참고)

$$A_{TL} = \frac{L_L t}{2} + \frac{L_c t_r}{2} + A_s$$

계수 B를 계산하라. $B = \frac{3}{4}\left(\frac{F_L D_L}{A_{TL}}\right)$

여기서,

$$F_L = PM + f_1 \tan\alpha \qquad M = \frac{-R_L \tan\alpha}{2} + \frac{L_L}{2} + \frac{R_L^2 - R_s^2}{3R_L \tan\alpha}$$

3. 적용 도표(페이지 41-45)로부터 B값으로 가서 A값을 읽어라. 왼쪽으로 재질/온도선으로 이동하고, 교점으로부터 도표의 하단으로 수직이동함으로써, 설계온도에 대해 재질/온도선의 좌측 끝 아래로 떨어지는 B값에 대해서, A값 A=2B/E

4. 요구되는 관성모우멘트의 값을 계산하라.

보강링만에 대해서 :

$$I_s = \frac{AD_L^2 A_{TL}}{14.0}$$

링-셸-원추 구획에 대해 :

$$I'_s = \frac{AD_L^2 A_{TL}}{10.9}$$

5. 보강링의 유형을 선정하고 보강링 면에 대한 가능한 관성모우멘트(페이지 87참고) I와 링-셸-원추 구획에 대한 가능한 관성모우멘트 I′를 구하라.

원추의 실린더에 대한 접속부에서의 보강

I' 혹은 I'가 I_s 혹은 I_s' 보다 작다면, 보다 큰 관성모우멘트를 가진 보강링을 선정하라.

6. 보강의 요구되는 횡단면적을 구하라. A_{rL} in.^{2}

$$A_{rL} = \frac{kQ_L R_L \tan\alpha}{SE}\left[1 - \frac{1}{4}\left(\frac{PR_L - Q_L}{Q_L}\right)\frac{\Delta}{\alpha}\right]$$

보강으로 이용할 수 있는 초과 금속면적, A_e in.^{2} :

$$A_e = 4\, t_l \sqrt{R_L t_s}$$

그 이내에 추가적인 보강이 위치해야 하는 접속부로부터의 거리, in.

$$\sqrt{R_L t_s}$$

그 이내에 보강의 중심이 위치해야 하는 접속부로부터의 거리, in.

$$0.5\sqrt{R_L t_s}$$

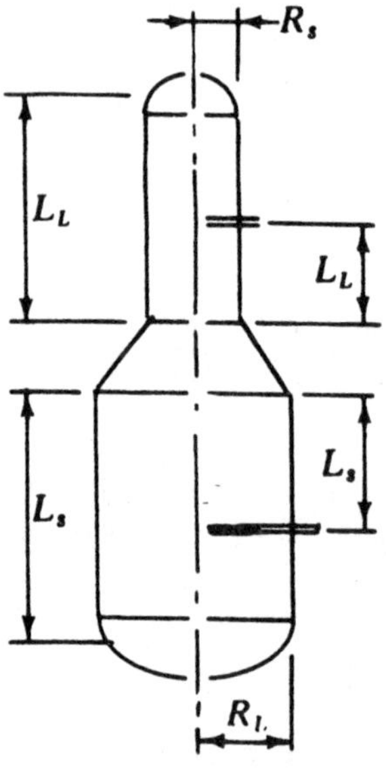

보강링을 갖지 않은 용기　보강링을 가진 용기

FIG. G

실린더에 대한 flare없이 원추형 구획의 작은 끝의 접속부에 보강이 마련되어야 한다. 보강링의 요구되는 관성모우멘트와 횡단면적은 다음 공식과 절차에 의해 계산되어야 한다.

1. 실린더, 원추와 보강링의 면적을 구하라.

$$A_{TS} = \frac{L_s t}{2} + \frac{L_c t_r}{2} + A_s$$

계산 B를 계산하라.

$$B = \frac{3}{4}\left(\frac{F_S D_S}{A_{TS}}\right)$$

여기서,

$$F_s = PN + f_2 \tan\alpha$$

$$N = \frac{R_s \tan\alpha}{2} + \frac{L_s}{2} + \frac{R_L^2 - R_s^2}{3R_L \tan\alpha}$$

원추의 실린더에 대한 접속부에서의 보강

3. 적용 도표(페이지 41-45)로부터 B값에 들어가서 A값을 읽어라. 좌측으로 이동하여 재질/온도선으로 가고, 교점에서 수직 이동하여 도표의 하단으로 가라. 설계온도에 대한 재질/온도선의 좌측 끝에 떨어지는 B값에 대해서, A값은 $A = 2B/E$

4. 요구되는 관성모우멘트 값을 계산하라 :

링-셀-원추 구획에 대해 :

$$I'_s = \frac{AD_s^2 A_{TS}}{10.9}$$

보강링만에 대해 :

$$I_s = \frac{AD_s^2 A_{TS}}{14.0}$$

5. 보강링 유형을 선정하고 링 만에 대한 가능한 관성모우멘트(페이지 87 참고) I와 링-셀-원추구획에 대한 가능한 관성모우멘트 I'를 계산하라.

   I혹은 I'가 I_s 혹은 $I's$보다 작으면, 보다 큰 관성모우멘트를 가진 보강링을 선정하라.

6. 보강의 요구되는 횡단면적을 계산하라. A_{rs}, in.^{2}

$$A_{rs} = \frac{kQ_s R_s \tan\alpha}{SE}$$

보강을 위해 이용할 수 있는 초과금속의 면적, A_e, in.^{2}

$$A_e = \sqrt{\frac{R_s t_c}{\cos\alpha}}(t_c - t_r) + \sqrt{R_s t_s}(t_s - t)$$

그 이내에 추가보강이 위치해야 하는 접속부로부터의 거리, in.

$$\sqrt{R_s t_s}$$

그 이내에 보강의 중심이 위치해야 하는 접속부로부터의 거리, in.

$$0.5\sqrt{R_s t_s}$$

기호

A_e = 보강을 위해 이용할 수 있는 초과금속의 면적, in.^{2}

A_{rL} = 보강요구면적, in.^{2}

A_{rs} = 보강요구면적, in.^{2}

A_s = 보강링의 단면적, in.^{2}

A_T = 실린더, 원추 그리고 보강링의 면적, in.^{2}

B = 계수

D_L = 원추 혹은 원추형 구획의 큰 끝의 대구경(大口徑) 외경, in.

D_o = 원통형 셀의 외경, in.

D_s = 원추형 구획의 소구경(小口徑) 외경, in.

E = 셀, 헤드 혹은 원추에서의 세로 이음의 최저효율: 압축시의 버트 용접에 대해서 E=1.

원추의 실린더에 대한 접속부에서의 보강

E =아래 기호 c, r 혹은 s를 가진 원추, 보강 혹은 셀 재질의 탄성계수, psi.

$k = S_sE_s / S_RE_R$ (1보다 큰)

f_1 =바람 등에 의한 큰 쪽에서의 축하중. f_1값은 모든 계산에서 +로 취해져야 한다.

f_2 =바람 등에 의한 작은 끝에서의 축하중. f_2값은 모든 계산에서 -로 취해져야 한다.

I =보강링의 가능한 관성모우멘트, $in.^4$

I' =결합된 링-셀 횡단면의 가능한 관성모우멘트, $in.^4$
결합된 구획의 관성모우멘트에 좋은 영향을 주는 것으로써 여겨지는 셀의 폭:

$$1.10\sqrt{D_o t}$$

I_s =보강링의 요구되는 관성모우멘트, $in.^4$

I_s' =결합된 링-셀-원추 횡단면의 요구되는 관성모우멘트, $in.^4$

L =원추의 축길이, in.

L_c =원추 표면을 따른 원추의 길이 혹은 원추의 보강링간의 거리, in.

L_L =용기 구획의 설계 길이, in.
보강된 용기 귀획에 대해: 원추-큰 셀 접속부와 큰 셀 상의 인접한 보강링간의 거리, 보강되지 않은 용기 구획에 대해 : 원추-큰 셀 접속부와 큰 셀의 다른 끝 상의 헤드 깊이의 1/3.

L_s =용기 구획의 설계 길이, in.
보강된 용기 구획에 대해 : 원추-작은 셀 접속부와 작은 셀 상의 인접한 보강링간에서의 거리

보강되지 않은 용기 구획에 대해 : 원추-작은 셀 접속부와 작은 셀의 다른 끝에서의 헤드 깊이의 1/3.

P =외부설계압력, psi.

$$Q_L = \frac{PR_L}{2} + f_1 \qquad Q_s = \frac{PR_s}{2} + f_2$$

압력과 축하중에 의한 축방향의 압축력

R_L =큰 실린더의 내반경, in.

R_s =작은 실린더의 내반경, in.

S =최대 허용작동응력, psi.

S_R =보강재질의 허용응력, psi.

S_s =셀 재질의 허용응력, psi.

t =부식 공차 제외된 실린더의 최소 요구두께, in.

t_c =부식 공차 제외된 원추의 실제 두께, in.

t_1 =$(t_s - t)$ 혹은 $(t_c - t_r)$ 중 작은 것, in.

t_r =부식공차 제외된 원추의 최소 요구두께, in.

t_s =부식공차 제외된 셀의 실제 두께, in.

α =꼭지각의 반

Δ =보강에 대한 필요를 나타내는 값, °(도표 E로부터)

원추의 실린더에 대한 접속부에서의 보강 보 기

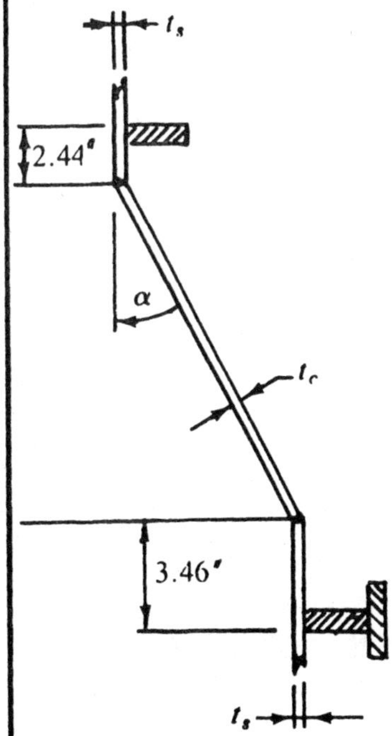

설계온도 : 650°F

설계자료

D_L =96in. 큰 실린더의 외경

D_s =48in. 작은 실린더의 외경

E =0.7, 셀과 원추의 수평 용접된 이음의 효율

E_s , E_c , E_R =셀, 원추와 링 재질의 탄성계수, psi.

f_1 =100lb./in., 바람에 의한 축하중

f_2 =30lb./in., 바람에 의한 축하중

L_L =120in., 큰 용기구획의 설계 길이

L_s =244in., 작은 용기구획의 설계 길이

L_c =48in.

P =15psi., 외부설계압력

R_L =47.75in., 큰 실린더의 내반경

R_s =23.75in., 작은 실린더의 내반경

S_s =13,800psi., 셀과 원추 재질의 최대허용작동압력

S_R =12,700psi., 보강 재질의 최대허용작동압력

r =0.25in., 큰 실린더의 최소요구 두께

t =0.1875in., 작은 실린더의 최소요구 두께

t_c =0.25in., 원추의 실제 두께

t_r =0.25in., 원추의 최소요구 두께

t_s =0.25in., 실린더의 실제 두께

큰 끝에서의 접속

1. $P/SE = 15/13,800 = 0.0016$; 도표 E로부터, $\Delta = 4$
   Δ가 α보다 작으므로 보강이 필요하다.

2. $A_s = 0$을 가정하면,

$$A_{TL} = L_L t/2 + L_c t_r/2 + A_s = 120 \times 0.125 + 48 \times 0.125 + 0 = 21 \text{ in}^2$$

$$M = -\frac{R_L \tan \alpha}{2} + \frac{L_L}{2} + \frac{R_L^2 - R_s^2}{3R_L \tan \alpha}$$

$$= -\frac{48 \times 0.5774}{2} + \frac{120}{2} + \frac{48^2 - 24^2}{3 \times 48 \times 0.5774} = 94.63$$

$$F_L = PM + f_1 \tan \alpha = 15 \times 94.63 + 100 \times 0.5774 = 1477$$

원추의 실린더에 대한 접속부에서의 보강
보 기

$$B = \frac{3}{4}\left(\frac{F_L D_L}{A_{TL}}\right) = 0.75\times 1477\times 96/21 = 5064$$

3. A =0.00035(페이지 41의 도표로부터)

4. 결합된 링-셸 원추 횡단면의 요구되는 관성모우멘트 :

$$I_s' = \frac{AD_L A_{TL}}{10.9} = \frac{0.00035\times 96^2\times 21}{10.9} = 6.214\ \text{in.}^4$$

5. 2개의 $2^1/_2\times{}^1/_2$평 바를 사용하면 셸의 유효폭 :

$$1.10\times\sqrt{D_L t} = 1.1\ \sqrt{96\times 0.25} = 5.389\ \text{in.},$$

가능한 관성모우멘트 : 7,368in.(페이지 89 참고)

이것은 요구되는 관성모우멘트보다 크므로 보강은 적합하다.

6. 보강의 요구되는 횡단면적 :

$$k = \frac{S_s E_s}{S_R E_R} = \frac{13{,}800\times 30\times 10^6}{12{,}700\times 30\times 10^6} = 1.09$$

$$Q_L = \frac{PR_L}{2} + f_1 = \frac{15\times 48}{2} + 100 = 460$$

$$A_{rL} = \frac{kQ_L R_L \tan\alpha}{S_s E}\left[1 - {}^1/_4\left(\frac{PR_L - Q_L}{Q_L}\right)\frac{\Delta}{\alpha}\right]$$

$$= \frac{1.09\times 460\times 48\times 0.5774}{13{,}800\times 0.7}\left[1 - 0.25\left(\frac{15\times 48\ -\ 460}{460}\right)\frac{4}{30}\right] = 1.412\ \text{in.}^2$$

보강링의 횡단면적은 2.5in.^{2}이다. 이것은 요구되는 면적보다 크다.
보강은 접속부로부터 다음 거리 내에 위치해야 한다. :

$$\sqrt{R_L t_s} = \sqrt{48\times 0.25} = 3.46\ \text{in.}$$

보강링의 중심은 접속부로부터 다음 거리 내에 위치해야 한다.

$$0.5\sqrt{R_L t_s} = 0.5\ \sqrt{48\times 0.25} = 1.73\ \text{in.}$$

작은 끝에서의 접속

1. flare를 가지 않은 구획에 대해서는 보강이 마련되어야 한다.
2. A_s =0을 가정하면,

$$A_{TS} = L_s t/2 + L_c t_c/2 + A_s = 244\times 0.25/2 + 48\times 0.25/2 + 0 = 36.5\ \text{in.}$$

$$N = \frac{R_s \tan\alpha}{2} + \frac{L_s}{2} + A_s = \frac{24\times 0.5774}{2} + \frac{244}{2} + 0 = 128.93\ \text{in.}$$

원추의 실린더에 대한 접속부에서의 보강
보 기

$F_s = PN + f_2 \tan\alpha \quad = 15\times128.93 + 30\times0.5774 = 1951$

$B = \frac{3}{4}\left(\frac{F_s D_s}{A_{TS}}\right) \quad = 3/4\left(\frac{1951\times48}{36.5}\right) = 1924$

3. A = 0.00015 (페이지 41의 도표로부터)

4. 결합된 링-셀-원추의 횡단면의 요구되는 관성모우멘트 :

$I_s' = \frac{AD_s^2 A_{TS}}{10.9} \quad = \frac{0.00015\times48^2\times36.5}{10.9} = 1.16 \text{ in.}^4$

5. $2^1/_2\times{}^1/_2$평 바를 사용하면 유효 셀 폭 :

$1.1\sqrt{48\times0.25} = 3.81 \text{ in.}$

가능한 관성모우멘트 : 1.658in.^{4}(페이지 89 참고)

이것은 요구되는 관성모우멘트보다 크기 때문에, 보강은 적합하다.

6. 보강의 요구면적 :

$k = 1.09 \qquad Q_s = \frac{PR_s}{2} + f_2 \quad = \frac{15\times24}{2} + 30 = 210 \text{ lb./in.}$

$A_{rs} = \frac{kQ_sR_s\tan\alpha}{S_sE} \quad = \frac{1.09\times210\times24\times0.5774}{13{,}800\times0.7} = 0.328 \text{ in.}^2$

보강을 위해 이용 가능한 초과금속의 면적

$A_e = \sqrt{\frac{R_s t_c}{\cos\alpha}}\,(t_c - t_r) + \sqrt{R_s t_s}\,(t_s - t)$

$= \sqrt{\frac{24\times0.25}{0.866}}(0.25-0.25) + \sqrt{24\times0.25}\,(0.25 - 0.1875) = 0.153 \text{ in.}^2$

$A_{rs} - A_e = 0.328 - 0.153 = 0.175 \text{ in.}^2$

보강을 위해 사용되는 링 면적, 1.25in.^{2} 이것은 보강을 위해 요구되는 면적보다 크다.

보강은 접속부로부터 다음의 거리 이내에 위치해야 한다. :

$\sqrt{R_s t_s} = \sqrt{24\times0.25} = 2.44 \text{ in.}$

그리고, 링의 중심은 접속부로부터 다음의 거리 이내에 위치해야 한다. :

$0.5\sqrt{R_s t_s} = 0.5\sqrt{24\times0.25} = 1.22 \text{ in.}$

압력용기의 용접

용접이음을 만드는데는 몇 가지 방식이 있다. 특수한 경우에 많은 대체 방식으로부터의 한 방식의 선택은 다음의 경우에 달려 있다. :

1. 용접환경
2. Code 요구조건
3. 경제적인 면

1. 용접환경

많은 경우에 이음의 가능성은 용접형태에 달려 있다. 작은 직경 용기(18-24인치 이하)에서 내부로부터 수동식 용접은 적용될 수 없다. Backing strip을 사용하여 그것은 제 위치에 고정되어야 한다. 맨홀이 사용되지 않는 대형 용기에서 last(closing) joint는 단지 외부로부터만 용접될 수 있다. 용접형태는 또한 제조업체의 장비에 의해 결정될 수 있다.

2. Code 요구조건

이음 형태에 대해 Code는 서비스, 재질과 용접위치에 기준한 요구조건을 설정하고 있다. 용기 제작에 사용될 수 있는 용접절차는 UW-27 Code에 명시된 대로 제작제한이 따른다.

Code 규정은 다음의 제목 하에 다음 페이지에 도표화되어 있다.

a. 용접이음의 형태
   (Code에 의해 허용되는 이음과 그들의 효율과 그들의 적용의 한계)
   Table UW-12

b. 용접이음의 설계
   (다양한 서비스와 어떠한 설계 조건 하에서의 용기에 대해 사용되어야 할 이음형태) UW-2, UW-3

c. 이음효율과 응력감소
   (어떠한 위치에서의 이음의 효율과 용기부품의 계산에서 사용되어야 할 감소된 허용 응력)

   도표의 자료는 다음 Code 규정에 기준한다.

   full, spot, 부분적인 방사선검사 혹은 A, B와 C 이음의 비파과검사, UW-11

수직 응력 계산에 대해서, 부분적으로 방사선검사된 이음의 효율은 스포트 방사선 검사된 이음에 대한 것과 동일하다.

Category B, C 혹은 D 버트 이음을 가진 스포트 방사선 검사된 seamless 용기 구획과 헤드는 재질 허용 응력의 85%에 상당한 응력을 사용하는 원주상 응력에 대해 설계되어야 한다.

이음이 방사선 검사되지 않고, 도표 "용접이음형태"의 C 컬럼에 있는 이음 효율 E 값이 사용될 때, 모든 다른 설계 계산에서 재질 허용 응력의 80%에 상당한 응력은 고정되지 않은 평 헤드의 경우를 제외하고 사용되어야 한다.

3. 용접의 경제성

2개의 전자 요소가 자유스런 선택을 허용한다면, 그 다음에는 경제적인 면이 주요 요소가 되어야 한다.

용접의 경제성에 대한 몇 가지 고려 :

토오치 절단에 의해 만들어질 수 있는 V-edge 준비는 J 또는 U 준비보다 항시 경제적이다.

이중 V 홈 준비는 단지 단일 V준비에 대해 요구되는 용착된 용접금속의 절반을 요구한다.

필렛 용접의 크기를 증가시키면, 그 강도는 직접적인 비례로 증가하고 용착된 용접금속은 그 크기의 제곱에 비례해 증가한다.

저 품질 용접은 용기에 대해 두꺼운 플레이트의 사용을 필요로 하게 만든다. 강한 용접과 얇은 플레이트를 사용하는 것 혹은 그 반대의 경우 어느 것이 더 경제적인가는 용기의 크기, 용접기에 좌우된다. 이는 각기의 특수한 경우에 따라 결정되어야 한다.

용접이음형태

타입 CODE UW - 12		이음 효율, E a 완전 방사선 검사된	 b 스포트 방사선 검사된	 c 방사선 검사되지 않은
1 	이중 용접 혹은 용접표면 안과 밖에 용착된 용접 금속과 동일한 품질을 얻게되는 모든 방식에 의해 만들어지는 버트 이음	1.00	0.85	0.70
2 	용접 후에 제 위치에 있게 되는 backing strip을 가진 단일 용접된 버트 이음	0.90	0.80	0.65
3 	Backing strip을 사용하지 않는 단일 용접된 버트 이음	–	–	0.60
4 	Double - full fillet lap 이음	–	–	0.55
5 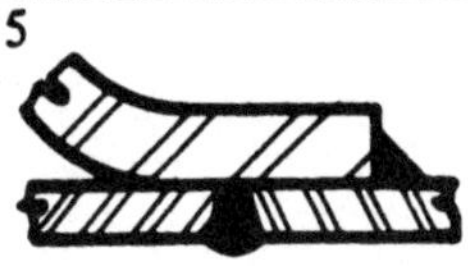	플러그 용접을 가진 Single - full fillet lap 이음	–	–	0.50
6 	플러그 용접을 가진 Single - full fillet lap 이음	–	–	0.45

압력용기의 용접

다양한 용접형태를 적용하는 데의 조건	주
Type 1에 대해 : 없음 **Type 2에 대해 :** 원주상 이음만에 대해 단일 플레이트 오프세트를 가진 버트 용접을 제외하고는 없음. **Type 3에 대해 :** 5/8인치 두께와 24인치 외경을 초과하지 않는 원주상 이음만 **Type 4에 대해 :** 3/8인치 두께를 초과하지 않는 세로이음. 5/8인치 두께를 초과하지 않는 원주상 이음 **Type 5에 대해 :** (a) 24인치 외경을 초과하지 않는 헤드의 1/2인치 두께를 초과하지 않는 셀에 대한 부착을 위한 원주상 이음 반구형 헤드의 셀에 대한 부착은 제외된다. (b) 플러그용접의 중심으로부터 플레이트 끝까지의 거리가 플러그를 위한 구멍직경의 1.5배보다 커야 하는 곳에서 5/8인치 공칭 두께를 초과하지 않는 자켓 셀에 대한 부착을 위한 원주상 이음 **Type 6에 대해 :** (a) 압력에 따른 헤드 Convex의 요구 두께 5/8인치를 초과하지 않는 셀에 대한 부착에 대해서는 단지, 셀 내부에 필렛 용접 사용 (b) 각 면에 압력을 갖는 헤드의 24인치 내경을 초과하지 않고 1/4인치 요구 두께를 초과하지 않는 셀에 대한 부착에 대해서는 단지, 헤드 플랜지 외부에 필렛 용접의 사용	1. 이 도표에는 아크와 가스용접과정에서 Code에 의해 허용되는 용접이음형태가 보여진다. 2. 버트 용접에 의해 결합되어야 할 끝의 형태는 완벽한 용해와 침투를 허용하는 그런 것이어야 한다. 3. 버트 이음은 언더커트, 오버랩과 가파른 요철이 제거된 것이어야 한다. 용접 그루브가 완전히 채워져 있다는 것을 확인하기 위해 만들어진 용접금속은 보강으로써 이용될 수도 있다. 보강두께는 다음을 초과하지 않아야 한다. 최대 보강에서의 플레이트 두께, in. 1/2인치 미만 3/16 1/2-1인치까지 1/8 1인치 이상 3/32 4. 이중 용접 버트 이음의 2번째 면을 용접하기 이전에 첫 번째 면 용접의 불순물은 완벽한 용해와 침투를 위한 양호한 금속을 얻기 위해 chipping, 그라인딩 혹은 melting에 의해 제거되어야 한다. 침수 아크 용접에서는 crater에 있는 그루브를 chipping하는 것이 바람직하다. 5. 이 도표에 주어진 최대 허용 이음 효율은 이음이 아크 혹은 가스 용접에 의해 만들어질 때는 공식의 형태로 사용되어야 한다.

용접이음의 설계

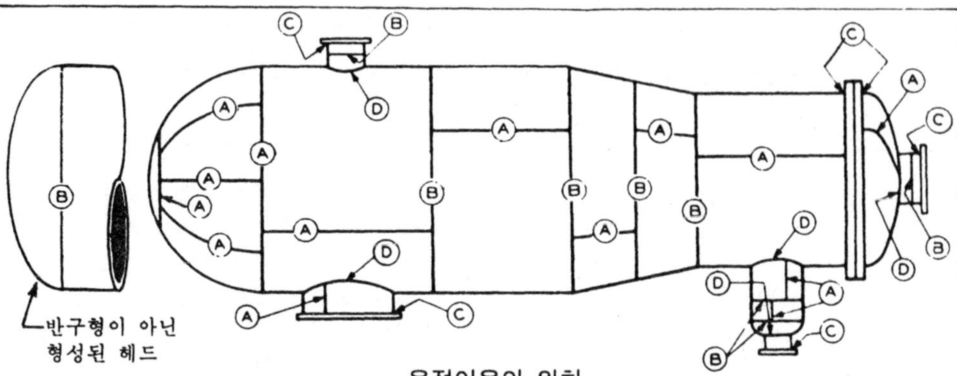

용접이음의 위치

어떤 조건 하에 있는 이음에 대해서는 특별한 요구조건이 적용되어야 하며, 이는 동일한 글자에 의해 지정된 이음에 대해서 동일하다.
서비스, 재질, 두께 그리고 다른 설계 조건에 기준한 이러한 특별한 요구조건은 아래에 도표화되어 있다.

설계조건	용접형태	방사선 검사	이음효율	용접 후 열처리
1. 압력용기의 설계는 이음 효율 1.0에 기준한다. Code UW-11 (a)(5)	이음 A와 D 이음 A와 B(girth seam만)는 Type (1) 혹은 (2)이어야 한다. 이음 B와 C 버트 용접 UW-11(a)(5)(6)	전둘레 검사 완전히 선 둘레 없다. 스포트 없음 부분적 검사	1.0 Type(1) Type(2) 1.0 0.90 0.85 0.80 0.70 0.65 0.85 Type(1) 0.80 Type(2)	Code UCS-56
2. 완전한 방사선 검사가 강요되지 않을 때 압력용기 Code UW-11 (b)	모든 버트 용접 이음은 Type (1) 혹은 (2)가 되어야 한다. UW-11(b)	버트 용접 이음 스포트 검사된 UW-12(b) 이음 B, C 혹은 D를 가진 헤드와 seamless 용기구획은 재질의 응력의 85%를 사용하는 원주상 응력에 대해 설계되어야 한다.	0.85 Type(1) 0.80 Type(2)	Code UCS-56

용접이음의 설계

설계조건	용접형태	방사선검사	이음효율	용접 후 열처리
3. 용기는 외부압력에 대해서 설계되었다. 설계는 UW-12(c)에 기준한다.	어떤 용접 이음 UW-11(c)	어떤 방사선검사도 요구되지 않음	0.70 Type(1) 0.65 Type(2) 0.60 Type(3) 0.55 Type(4) 0.50 Type(5) 0.45 Type(6) 모든 다른 설계 계산에서는 재질의 응력의 80%가 사용되어야 한다.	Code UCS-56
4. 치명적인 내용물을 담고 있는 용기 UW-2(a)	이음 A Type (1)이 되어야 한다. UW-2(a)(1)(a) 이음 B와 C는 Type (1) 혹은 Type (2)가 되어야 한다. UW-2(a)(1)(b) 이음 D는 용기 혹은 노즐벽의 전 두께를 통해 확장된 Full penetration 용접이 되어야 한다. UW-2(a)(1)(c)	전둘레검사 셸과 헤드에서의 모든 버트 용접 이음은 교환기 튜브와 교환기를 제외하고는 완전히 방사선 검사 되어야 한다. UW-2(a)(2)와 (3) UW-11(a)(4)	1.0 1.0 0.9* *수평응력계산에 대해 사용	모든 다른 설계 계산에서는 재질의 응력의 80%가 사용되어야 한다.
5. -20°F 이하에서 작동하는 용기 충격 테스트가 재질 혹은 용접 금속에 대해 요구된다. UW-2(b)	이음 A는 Type 304 스테인레스스틸을 제외하고는 Type(1)이 되어야 한다. 이음 B는 Type(1) 혹은 (2)가 외어야 한다. UW-2(b)(1)와 (2) 이음 C는 이음의 전 구획을 통해 확장된 full penetration 용접이 되어야 한다. 이음 D는 이음에서 전구획을 통해 확장된 full penetration 용접이 되어야 한다. UW-2(b)(2)(3)	완전전둘레검사 스포트 없음	Type(1) Type(2) 1.0 0.90 0.85 0.80 0.70 0.65	Code UCS-56
6. 50psi.를 초과하는 설계압력을 가진 unfired 증기 보일러	이음 A는 type (1)이 되어야 한다. 이음 B는 type (1) 혹은 (2)가 되어야 한다. UW-2(c)	셸과 헤드에서의 모든 버트 용접 이음은 UW-11(a)(4)와 UW-2(c)의 규정에 정해진 경우를 제외하고는 완전히 방사선 검사되어야 한다.	1.0 0.85 Type(1) 0.80 Type(2)	탄소강 혹은 저합금강으로 제작된 용기는 용접후 열처리 되어야 한다. UW-2(c)

용접이음의 설계				
설계조건	용접형태	방사선 검사	이음효율	용접 후 열처리
7. 직접 연소의 압력용기	이음 A는 Type (1)이어야 한다. 이음 B는 두께가 5/8인치를 초과할 때 Type (1) 혹은 (2)가 되어야 한다. UW-2(d)	완전 전둘레검사 스포트 없음	Type(1) Type(2) 1.0 0.90 0.85 0.80 0.70 0.65	탄소강의 용접이음에서의 두께가 5/8인치와 저탄소강에 대한 모든 두께를 초과할 때는 용접 후 열처리가 강요된다.
8. Electroslag 용접	모든 버트 용접 UW-11(a)(6) 어떤 용접	완전 전둘레검사 초음파검사	1.0 Type(1) 0.9 Type(2)	Code UCS-56
9. 용기의 최종 봉합(closure)	어떤 용접 UW-11(a)(7)	완전히 제작이 방사선 검사를 허용하지 않을 때 초음파검사	1.0 Type(1) 0.9 Type(2)	Code UCS-56

특별한 두께를 가진 플레이트의 버트용접이음

특별한 두께를 가진 플레이트를 버트 용접으로 결합할 때, 두꺼운 플레이트는 두께상의 차이가 1/8인치 혹은 얇은 플레이트의 1/4 이상일 때는 경사가 져야 한다.
Code UW-9(c), UW-13.

경사진 변이의 길이는 인접한 표면간에서의 오프세트의 최소 3배 이상이어야 한다. 용접은 경사진 구획에서 혹은 그에 인접해서 부분적으로 혹은 완전히 만들어져야 한다.

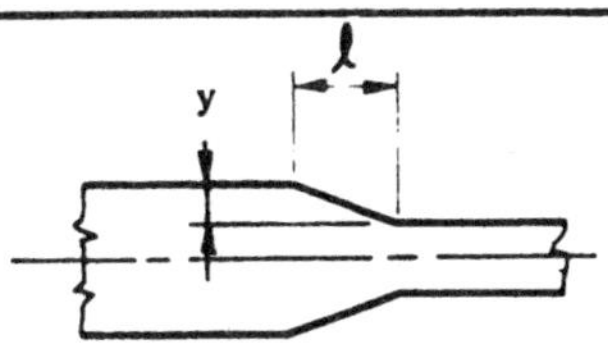

$\ell \geqq 3y$

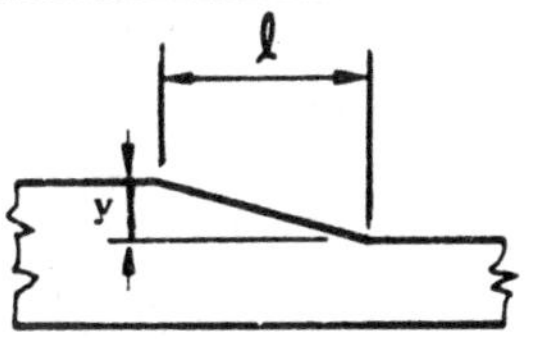

$\ell \geqq 3y$

용기의 내부 혹은 외부 경사짐

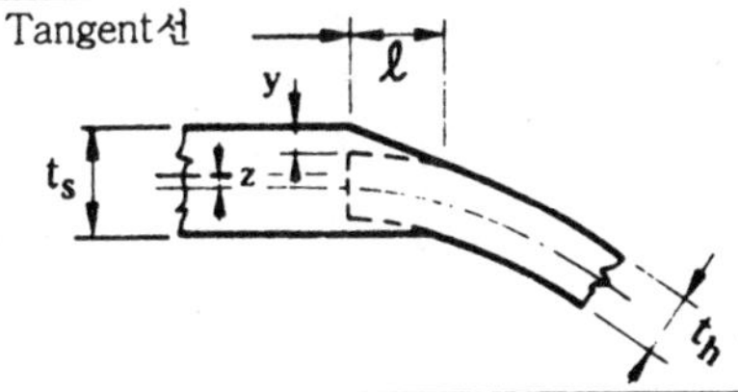

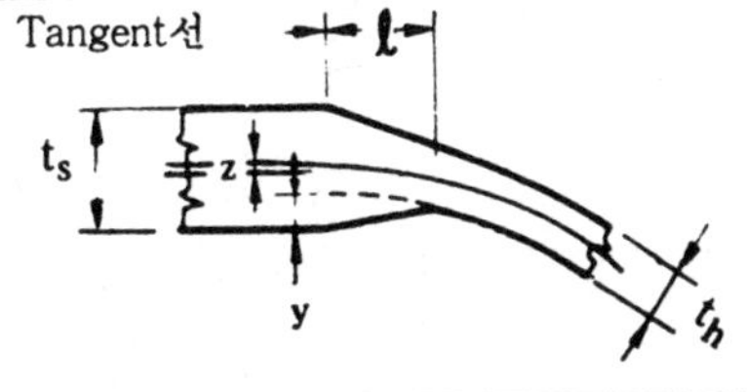

헤드의 셸에 대한 부착

$\ell \geqq 3y \quad Z \geqq 1/2(t_s - t_h)$

셸 플레이트 중심선은 헤드 플레이트 중심선의 어느 면에 있을 수도 있다.

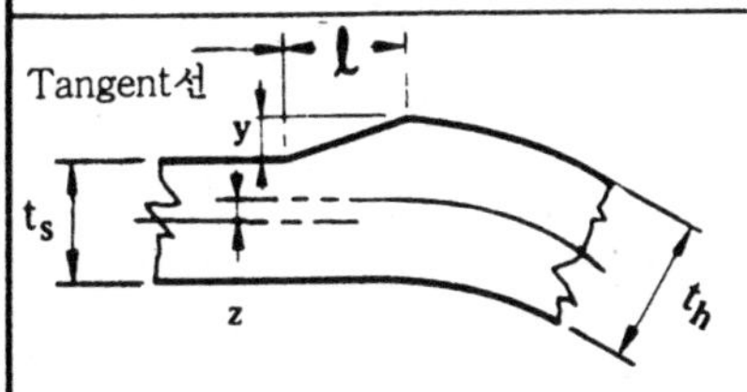

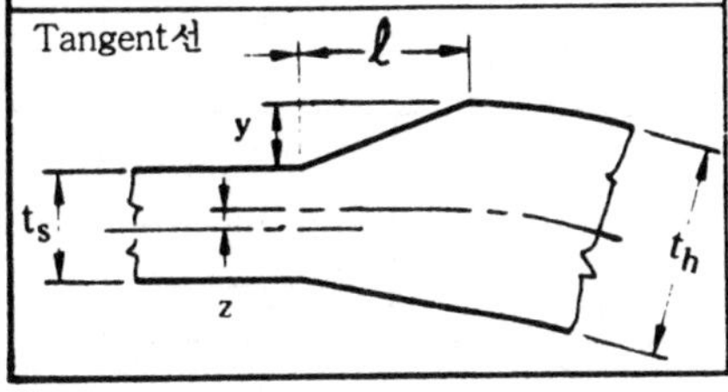

헤드의 셸에 대한 접속

$\ell \geqq 3y \quad Z \geqq 1/2(t_h - t_s)$

t_h가 t_s보다 클 때 직선 플랜지의 최소길이는 $3t_h$이다. 그러나 이는 요구되는 경사 길이를 준비하는데 필요한 경우를 제외하고는 $1^1/_2$인치를 초과할 필요는 없다. t_h가 $1.25t_s$와 같거나 작을 때, 직선 플랜지의 길이는 어떠한 요구되는 경사에 대해서도 충분한 것이 되어야 한다. 셸 플레이트 중심선은 헤드플레이트 중심선의 어느 면에 있을 수도 있다.

이음효율과 응력감소

(Code UW-11(a), (b), (c)와 UW-12(b), (c))

셀-헤드

방사선검사	헤드 두께 계산		셀 두께 계산			
			원주상 응력		수평 응력	
	이음효율	허용응력%	이음효율	허용응력%	이음효율	허용응력%
Full	1.0	100	1.0	100	1.0/0.9	100
Partial					0.85/0.80 (1) (2)	
Spot		85		85		85
No		80		80	.70/.65	100

셀-헤드

방사선검사		헤드 두께 계산		셀 두께 계산			
				원주상 응력		수평 응력	
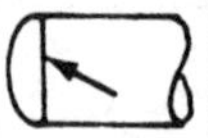	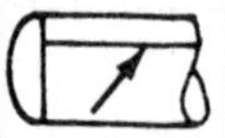	이음효율	허용응력%	이음효율	허용응력%	이음효율	허용응력%
Full	Full		100	1.0/0.9		1.0/0.9	
Partial	Full					↑ type (1) ↓ / ↑ type (2) ↓	
Spot	Full		85	↑ type (1) ↓ / ↑ type (2) ↓			
No	Full						
Full	Spot		100				
Partial	Spot			0.85/80			
Spot	Spot	1.0	85		100	.85/.80	100
No	Spot						
Full	No		100	↑ type (1) ↓ / ↑ type (2) ↓		↑ type (1) ↓ / ↑ type (2) ↓	
Partial	No						
Spot	No		85				
No	No		80	.70/.65		.70/.65	

셀-헤드

방사선검사		헤드 두께 계산		셀 두께 계산			
				원주상 응력		수평 응력	
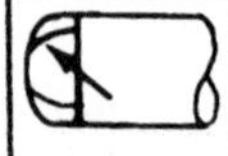	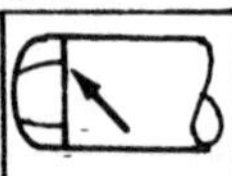	이음효율	허용응력%	이음효율	허용응력%	이음효율	허용응력%
Full	Full	1.0/0.9			100	1.0/0.9	100
Full	Partial					.85/.80	
Full	Spot	↑ type (1) ↓ / ↑ type (2) ↓			85		85
Full	No						
Spot	Full				100	1.0/0.9	100
Spot	Partial	0.85/.80	100	1.0			
Spot	Spot				85	0.85/.80	85
Spot	No	↑ type (1) ↓ / ↑ type (2) ↓					
No	Full				100	1.0/0.9	100
No	Partial					0.85/.80	
No	Spot				85		85
No	No	.70/.65			80	.70/.65	100

용접기호와 적용

용접형상	기호	기호설명
	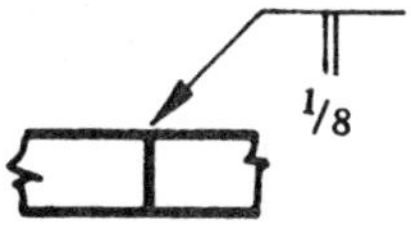	기호는 화살표 위치에 그루브 용접의 제곱을 나타낸다. Root gap 1/8인치
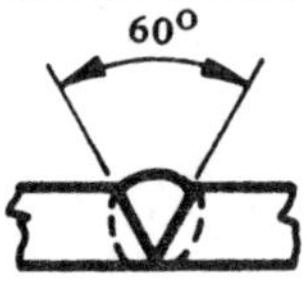	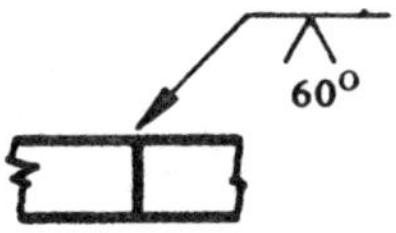	기호는 화살표 위치에 60° 각도를 가진 V 그루브를 나타낸다.
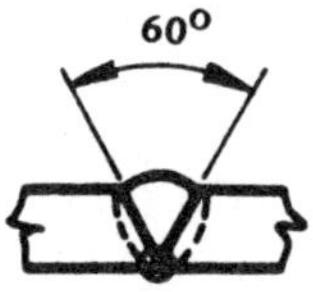	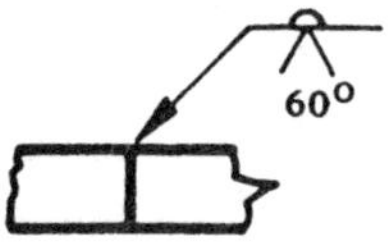	기호는 화살표 위치에 60° 각도를 가진 V 그루브 용접과 다른 면에서는 Bead형 Back Weld를 나타낸다.
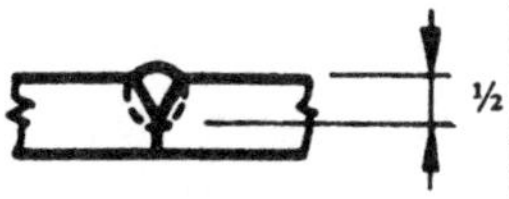	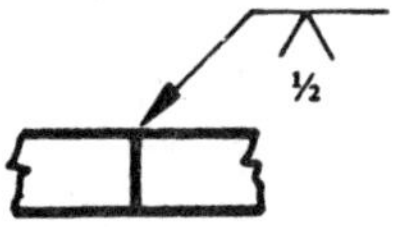	기호는 1/2인치 V 그루브 용접을 나타낸다.
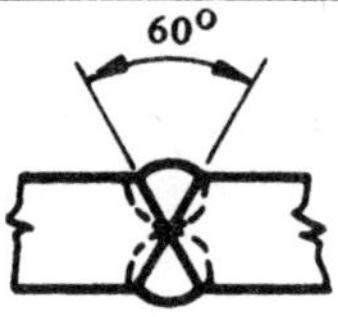	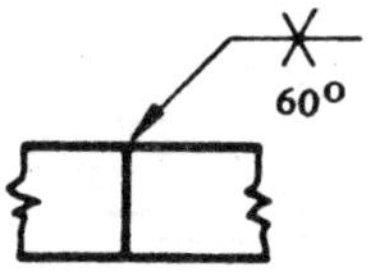	기호는 화살표 위치에 다른 면 60° 각도를 가진 V 그루브 용접을 나타낸다.
	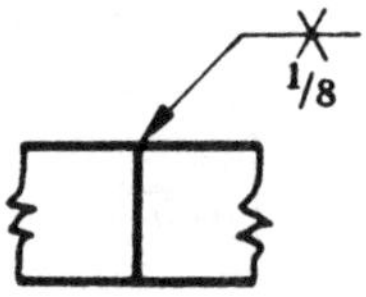	기호는 화살표 위치에 다른 면에 1/8인치 Root Opening을 가진 V 그루브 용접을 나타낸다.
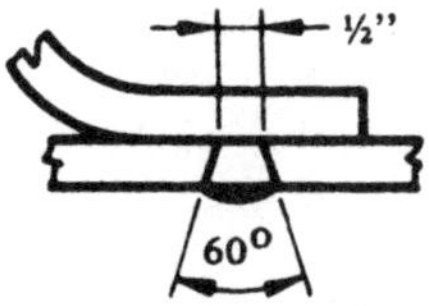	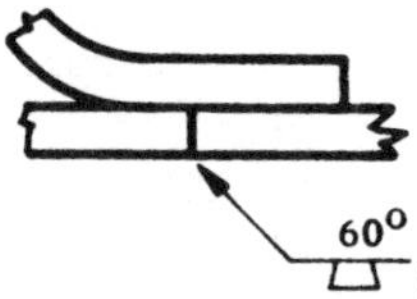	기호는 1/2인치 직경과 60° 각도를 가진 플러그 용접을 나타낸다.
	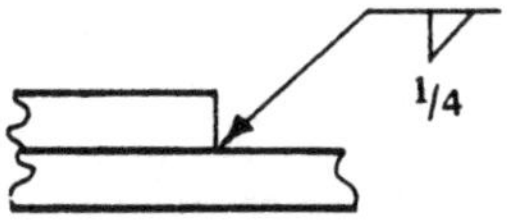	기호는 1/4인치 필렛용접을 나타낸다.

용접기호와 적용

용접	기호	기호의 의미
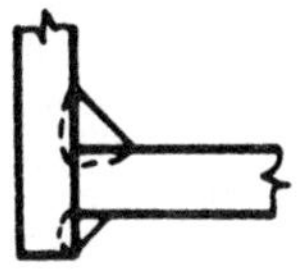	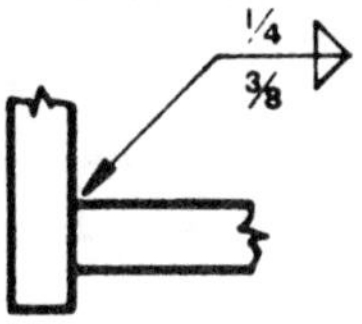	기호는 화살표상에는 3/8인치 필렛 용접 그리고 다른 면에는 1/4인치 필렛 용접을 나타낸다.
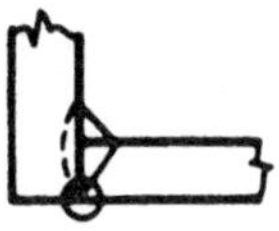	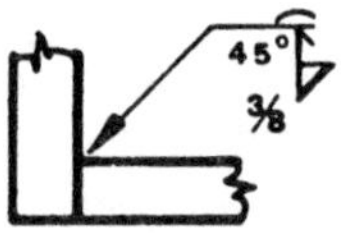	기호는 화살표상에는 45° 각도를 가진 베벨 그루브, 3/8인치 필렛 용접 그리고 다른 면에는 Bead형 Bact Weld를 나타낸다.
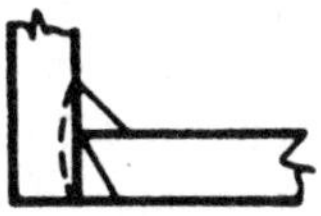	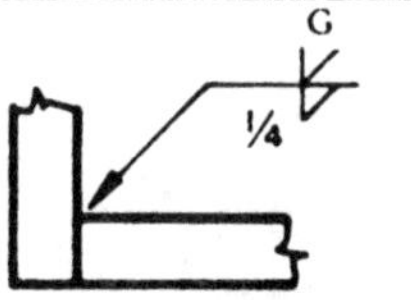	기호는 화살표상에는 1/4인치 필렛 용접, 다른 면에는 베벨 그루브 용접 그리고 또다른 면에는 Grind Flush를 나타낸다.
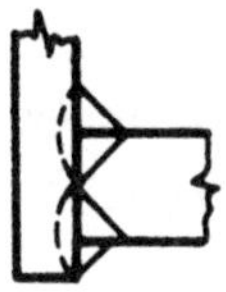	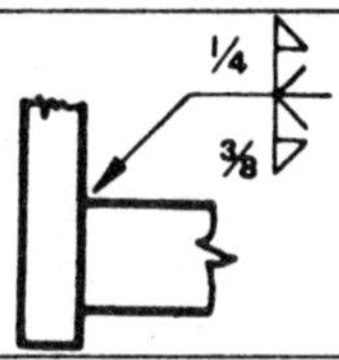	기호는 화살표상에 베벨 그루브 용접과 3/8인치 필렛 용접 그리고 다른 면에는 베벨 그루브와 1/4인치 필렛 용접을 나타낸다.
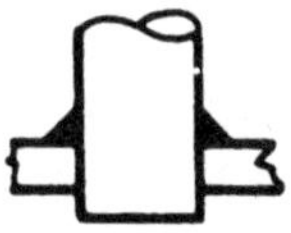		기호는 모든 부위에 1/4인치 필렛 용접을 나타낸다.
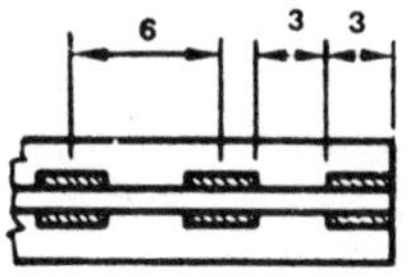	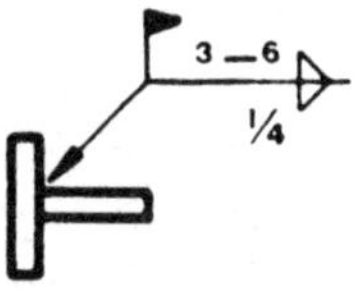	기호는 1/4인치 단속적인 필렛 용접(각 3인치 길이, 6인치 거리에 위치하고, field 용접된)을 나타낸다.
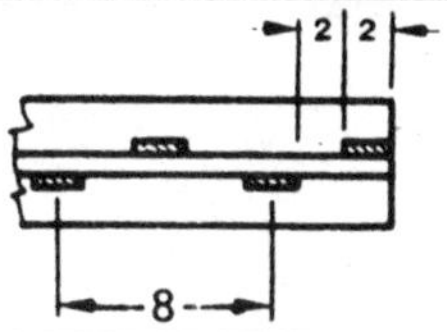	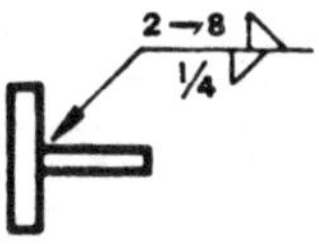	기호는 1/4인치 단속적인 필렛 용접(각 2인치 길이, 8인치 거리에 위치한)을 나타낸다. 용접은 서로 엇갈리게 한다.
	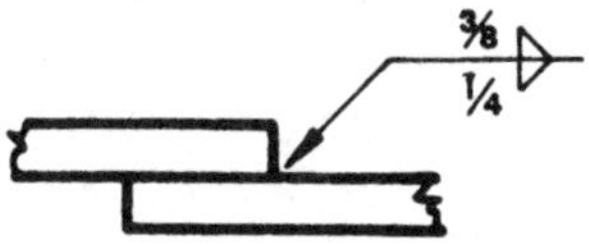	기호는 화살표상에 1/4인치 필렛 용접 그리고 다른 면에 3/8인치 필렛 용접을 나타낸다.

다양한 서비스에 관련한 CODE 규정

서비스	Code 요구조건의 간략한 발췌	Code 구절
공기	본 구절에서 달리 허용되는 경우를 제외하고 압축공기를 갖고 사용되는 모든 압력용기에는 적합한 개구부가 마련되어야 한다. 압축공기 서비스에 사용될 1/4인치 이하의 요구되는 최소 두께를 가진 용기에는 계산된 플레이트 두께, 1/6인치 보다 작지 않은 부식 허용공차가 마련되어야 한다.	UG - 46 (a) UCS - 25 UG 16-(b) (6)
인화성 그리고 유독성 가스와 용액	확장 연결부는 사용하지 말 것	UG - 43 (g)
치명적인 물질	치명적인 물질을 담고 있는 용기에서의 버트 용접 이음은 완전히 방사선 검사를 실시하여야 한다. 탄소강 혹은 저합금강으로 제작될 때는 용접 후 열처리되어야 한다. 여러 범주의 이음은 UW-2에 부합해야 한다. SA-36, AS-283 사양에 부합하는 강 플레이트는 사용하지 말 것.	UW - 2 (a) UW - 2 (a) UCS - 6 (b)(1)
증기	증기 서비스에서 사용될 1/4인치 이하의 요구되는 최소두께를 가진 용기에는 계산된 플레이트 두께 1/6인치보다 작지 않은 부식허용공차가 주어져야 한다. 셸과 헤드의 최소 두께 3/32인치이다.	UCS - 25 UG-16 (b) (6)
Unfired 증기 보일러 (1)	50spi.를 초과하는 설계압력을 가진 상이한 범주의 이음들은 UW-2에 부합해야 한다. SA-36과 SA-283 사양에 부합하는 강플레이트는 사용하지 말 것. 셸과 헤드의 최소 두께 : 1/4인치이다.	UCS - 6 (b) (2) UG-16 (b) (5)
물(2)	물 서비스에서 사용될 1/4인치 이하의 요구되는 최소두께를 가진 용기에는 계산된 플레이트 두께, 1/6인치 이내의 부식공차가 주어져야 한다. 셸과 헤드의 최소 두께 : 3/32인치이다.	UCS - 25 UG-16 (b) (6)

주 :

1. Unfired 증기 보일러는 Code Section 1의 규정에 따라 제작될 수도 있다.
2. Code 규정에서 제외된 물 서비스에 사용되는 용기는 U-1(c)(6)과 (7)에 수록되어 있다.

용기의 상이한 벽 두께에 관련한 CODE 규정

벽두께, in.	1/16	3/32	3/16	1/4	5/16	3/8	7/16	1/2
적용주	2, 4, 15 5, 6, 8, 9, 11, 12, 14	2, 4, 15 5, 6, 8, 9, 11, 12, 14	2, 3, 4, 5, 6, 8, 9, 11 12, 14, 15	2, 4, 5, 6, 8, 9, 11, 12, 14	4, 6, 8, 9 11, 12, 14 15	4, 6, 8, 9 11, 12, 14 15	7, 8, 9, 11, 12, 14, 15	7, 8, 9, 11, 12, 14, 15
벽두께, in.	9/16	5/8	11/16	3/4	13/16	7/8	15/16	1
적용주	7, 10, 11, 12, 14, 15	7, 10, 11, 12, 14, 15	7, 10, 13, 16, 20	7, 10, 13, 16, 20	7, 10, 13, 16, 20	7, 10, 13, 16, 20	7, 10, 13, 16, 20	7, 10, 13, 16, 20
벽두께, in.	1 1/16	1 1/8	1 3/16	1 1/4	1 5/16	1 3/8	1 7/16	1½ & over
적용주	7, 13, 16, 17, 20	7, 13, 16, 17, 20	7, 13, 16, 17, 20	7, 13, 16, 17, 20, 19, 22	7, 13, 16, 17, 18, 19, 20, 22	7, 13, 16, 17, 18, 19, 20, 22	7, 13, 16, 17, 18, 19, 20, 22	7, 13, 16, 17, 18, 19, 20, 21

주 : (Code 요구조건의 간략한 발췌)

1. 용접을 위한 플레이트의 최소 두께는 1/16인치 이상이어야 한다. — UG-16(b)
   압축 공기 서비스, 증기 및 물 서비스에 사용되는 셀과 헤드의 최소 두께는 3/32인치이다. — UG-16(b)(6)
2. 제조원 표기는 음각이 아닌 양각으로 표시되어야 한다. — UG-77(b)
3. 압축공기, 증기와 물 서비스에서 계산된 플레이트 두께의 1/6" 이내의 부식 공차가 주어져야 한다. — UCS-25
4. 3인치 파이프 크기까지의 단일 용접된 개구부는 보강이 필요 없다. — UG-36(c)(3)
5. Unfired 증기 보일러의 셀과 헤드의 최소 두께는 1/4이다. — UG-16(b)(5)
6. 세로 용접이음을 위한 이중 full fillet lap 이음은 적합하다. — Table UW-12
7. 2인치 파이프 크기까지의 단일 용접 개구부는 보강이 필요 없다. — UG-36(c)(3)
8. 24인치 이하의 외경을 가진 헤드의 셀 부착을 위한 플러그 용접을 가진 단일 full fillet lap 이음은 적합하다. — Table UW-12
9. 버트 용접을 위한 보강의 최대 두께는 3/32인치이다. — UW-35(a)
10. 버트 용접을 위한 보강의 최대 두께는 1/8인치이다. — UW-35(a)
11. 원주상 이음을 위한 플러그 용접을 가진 단일 full fillet lap 이음은 필요하다. — Table UW-12

용기의 상이한 벽 두께에 관련한 CODE 규정

주 : (Code 요구조건의 간략한 발췌)

12. 플러그 용접을 갖지 않은 단일 full fillet lap 이음은 Table 압력에 따른 헤드 convex의 셸에 대한 부착에 적합하다.

13. Category B에 속하는 직접 연소 압력용기의 용접이음은 type (1) 혹은 type (2)가 되어야 하며, 용접 후 열처리가 요구된다.

14. Backing strip 사용이 없는 단일 용접 버트 이음은 24인치 외경 이하의 원주상 이음에 적합하다.

15. 원주상 이음을 위한 이중 full fillet lap 이음은 적합하다.

16. SA-36과 SA-283에 부합하는 강 플레이트는 사용하지 말 것.

17. 버트 용접을 위한 보강의 최대 두께는 3/16인치이다.

18. P-1으로 구분된 재질의 버트 용접 이음은 완전 전둘레 방사선 검사되어야 한다.

19. P-1재질의 용접 후 열처리는 모든 용접 부위와 부착물에 대해 실시되어야 한다.

20. Backing strip을 가진 이중 용접 버트 이음 혹은 단일 용접 버트 이음은 원주상 혹은 수평 이음에 대해 사용되어야 한다.

21. Type (1)과 (2)에 따라 만들어진 버트 용접 이음은 전길이에 대해 방사선 검사를 실시하여야 한다.

22. P-1재질의 용접 후 열처리는 재질이 사전 열처리 된다면 생략을 할 수 있다.

Table UW-12
UW-2(d)
(1)(2)
Table UW-12
Table UW-12
UCS-6(b)(4)
UW-35(a)
UCS-57
Table UCS-56
Table UW-12
UW-11(a)(2)
Table UCS-56
Note(2)(a)(b)

가연성 용액을 담고 있는 탱크와 용기

Excerpt from the Department of Labor Occupational Safety and Health Standards(OSHA), Chapter XⅦ, Part 1910. 106, (Federal Register, July 1, 1985)

구 분	규 정
대기압 탱크 대기압으로부터 0.5psig.까지의 압력에서 사용되도록 설계된 저장 탱크	대기압 탱크는 만족할 만한 설계기준에 일치해 제작되어야 한다. 대기압 탱크는 다음에 일치해 제작될 수도 있다. 1. UL Standard 2. API Standard No. 12A, No. 650, No. 12B, No. 12D & No. 12F
저압 탱크 0.5psig. 이상 15 psig. 이하에서 사용되도록 설계된 저장 탱크	저압 탱크는 만족할 만한 설계기준에 일치해 제작되어야 한다. 저압 탱크는 다음에 일치해 제작될 수도 있다. 1. API Standard No. 620 2. ASME Code for Pressure Vessels, Section Ⅷ [이런 탱크는 ASME Code Section Ⅷ(U-1d)의 관할권에 속하지 않으나 Code U 기호, U-1g라는 인자를 가질 수 있다.]
압력용기 15psig. 이상의 압력에서 사용되도록 설계된 저장 탱크 혹은 용기	압력용기는 ASME Code for Pressure Vessels, Section Ⅷ에 일치해 제작되어야 한다.

상기에 언급된 스탠다드와 코드의 규정에 추가해 직업적인 안전과 후생 기준은 다음과 같은 탱크와 용기에 관한 규칙을 포함한다.

1. 가연성 용액의 정의
2. 저장 탱크의 재질
3. 탱크의 위치
4. 탱크의 배기
5. 긴급 배기
6. 배수
7. 탱크의 설치

메 모

재료의 특성
탄소 & 저 합금강

형태	통상구성	사양 숫자	사양 설계	적 용
플레이트	C	SA-283	C	구조적인 품질. 압력용기에 대해서는 제한을 갖고 사용될 수 있다. 주 1을 참고.
	C	SA-285	C	정기적인 서비스를 위한 보일러와 다른 압력 용기
	C - Si	SA-515	55	일차적으로 중간과 높은 온도 서비스를 위한
	C - Si	SA-515	60	- 〃 -
	C - Si	SA-515	65	- 〃 -
	C - Si	SA-515	70	- 〃 -
	C - Si	SA-516	55	중간 정도와 낮은 온도 서비스를 위한
	C - Si	SA-516	60	- 〃 -
	C - Mn - Si	SA-516	65	- 〃 -
	C - Mn - Si	SA-516	70	- 〃 -
플렌지와 부속품 (Fittings)	C - Mn - Si	SA-105		높은 온도 서비스를 위한
	C - Si	SA-181	I	일반적인 서비스를 위한
	C - Mn C - Mn - Si	SA-350	LF1 LF2	낮은 온도 서비스를 위한
파이프	C - Mn	SA-53	B	일반적인 서비스를 위한
	C - Mn	SA-106	B	높은 온도 서비스를 위한
볼트체결	1Cr-1/5 Mo.	SA-193	B7	높은 온도 서비스를 위한 볼트 $2^{1}/_{2}''$ 직경 이하
		SA-194	2H	높은 온도 서비스를 위한 너트
		SA-307	B	일반적인 사용을 위한 머신 너트

※가장 빈번히 사용되는 재료의 자료는 ASME Code Section Ⅱ와 Ⅲ로부터 발췌.

재료의 특성
탄소 & 저 합금강

형태	사양		P 숫자	인장강도 1,000psi.	항복강도 1,000psi.		주 참고
	사양	등급					
플레이트	SA-283	C	1	55.0	30.0		1
	SA-285	C	1	55.0	30.0		2,6
	SA-515	55	1	55.0	30.0		3
	SA-515	60	1	60.0	32.0		3
	SA-515	65	1	65.0	35.0		3
	SA-515	70	1	70.0	38.0		3
	SA-516	55	1	55.0	30.0		3,8
	SA-516	60	1	60.0	32.0		3,8
	SA-516	65	1	65.0	35.0		3,8
	SA-516	70	1	70.0	38.0		3,8
플랜지와 부속물 (Fittings)	SA-105		1	70.0	36.0		2,3
	SA-181	I	1	60.0	30.0		2,3
	SA-350	LF1 LF2	1	60.0 70.0	30.0 36.0		–
seamless 파이프	SA-53	B	1	60.0	35.0		2,3,4,7
	SA-106	B	1	60.0	35.0		3
볼트체결	SA-193	B7	–	125.0	105.0	직경 > $2^1/_2$in. ≤4in.	–
	SA-194	2H	–	55.0	–		–
	SA-307	B	–	55.0	–		5

재료의 특성

주 :

1. SA-283 A, B, C, D 플레이트는 다음의 요구조건이 전부 충족된다면 압력용기에서 압력부품을 위해 사용될 수 있다.
   (1) 용기는 용액이던 가스이던 치명적인 물질을 저장하기 위해 사용되지 말아야 한다 :
   (2) 재료는 unfired 증기 보일러의 제작에 사용되지 말아야 한다(Par. U-1(g) 참고) :
   (3) 재료가 사용될 설계온도가 -20°F와 650°F사이에 있다.
   (4) 셸, 헤드와 노즐에 대해, 용접 강도가 적용되어야 하는 플레이트의 두께만이 5/8인치를 초과하지 않는다.
2. 850°F 이상의 사용 온도에 대해서는 0.10% 이상의 잔류 실리콘을 포함하는 킬드강을 사용하는 것이 바람직하다. 대량의 알루미늄과 Rimmed steel을 가진 탄산된 킬드강은 850°F 이상의 온도 범위에서 Creep와 Stress-rupture 특성을 가질 수도 있다.
3. 800°F 이상의 온도에 오랫동안 노출되면 탄소강의 카바이드 상은 그래파이트로 변화될 수 있다.
4. 킬드강만은 850°F 이상에서 사용되어야 한다.
5. 450°F 이상에서 허용되지 않음 : 허용 응력 7000psi.
6. 재료는 2인치 이상 두께로서는 사용되지 말아야 한다.
7. 용접된 파이프에 대해 최대 허용 응력은 15% 적다. 이런 응력에서는 어떤 증가도 방사선 검사를 허용하지 않아야 한다.
8. 강이 SA-20 Supplement (5)에 일치해 만들어져야 할 때 -20°F 이하의 온도에 대해 사용되어야 할 응력은 -20°~650°F에 대한 칼럼에 주어진 것이 되어야 한다.

철 재료에 대한 탄성계수

재 료	백만 psi., 온도 F에 대해										
	70	200	300	400	500	600	700	800	900	1000	1100
탄소강 C≥0.30%	29.5	28.8	28.3	27.7	27.3	26.7	25.5	24.2	22.4	20.4	18.0
탄소강 C<0.30%	29.3	28.6	28.1	27.5	27.1	26.5	25.3	24.0	22.3	20.2	17.9
고합금강	28.3	27.6	27.0	26.5	25.8	25.3	24.8	24.1	23.5	22.8	22.1

외부압력 도표에서의 값은 외부압력 계산만을 위해 사용되어야 한다.

재료의 특성 탄소 & 저 합금강

최대허용응력, 1000psi.

사양		온도 °F를 초과하지 않는 금속 온도 18Cr-8Ni										
숫자	등급	20 ~ 650	700	750	800	850	900	950	1050	1100	1150	1200
SA-283	C	12.7	-	-	-	-	-	-	-	-	-	-
SA-285	C	13.8	13.3	12.1	10.2	8.4	6.5	-	-	-	-	-
SA-515	55	13.8	13.3	12.1	10.2	8.4	6.5	4.5	2.5	-	-	-
SA-515	60	15.0	14.4	13.0	10.8	8.7	6.5	4.5	2.5	-	-	-
SA-515	65	16.3	15.5	13.9	11.4	9.0	6.5	4.5	2.5	-	-	-
SA-515	70	17.5	16.6	14.8	12.0	9.3	6.5	4.5	2.5	-	-	-
SA-516	55	13.8	13.3	12.1	10.2	8.4	6.5	4.5	2.5	-	-	-
SA-516	60	15.0	14.4	13.0	10.8	8.7	6.5	4.5	2.5	-	-	-
SA-516	65	16.3	15.5	13.9	11.4	9.0	6.5	4.5	2.5	-	-	-
SA-516	70	17.5	16.6	14.8	12.0	9.3	6.5	4.5	2.5	-	-	-
SA-105		17.5	16.6	14.8	12.0	9.3	6.5	4.5	2.5	-	-	-
SA-181	I	15.0	14.4	13.0	10.8	8.7	6.5	4.5	2.5	-	-	-
SA-350	LF1 LF2	15.0 17.5	14.4 16.6	13.0 14.8	10.8 12.0	7.8 7.8	5.0 5.0	3.0 3.0	1.5 1.5	-	-	-
SA-53	B	15.0	14.4	13.0	10.8	8.7	6.5	-	-	-	-	-
SA 106	B	15.0	14.4	13.0	10.8	8.7	6.5	4.5	2.5	-	-	-
SA-193	B7≦2½"	25.0	25.0	23.6	21.0	17.0	12.5	8.5	4.5	-	-	-
SA-194	2H	-	-	-	-	-	-	-	-	-	-	-
SA-307	B		-	-	-	-	-	-	-	-	-	-

재료의 특성 스테인레스 강

P. No. 8 Group No. 1

TABLE 1

통상 구성 18Cr-8Ni

최소항복 ksi. 30.0
최소인장 ksi. 75.0

제품	사양번호	등급	주
Plate	SA-240	304	2 3
Smls. Tb.	SA-213	TP304	2
Smls. Tb.	SA-213	TP304H	—
Smls. Pp.	SA-312	TP304	2
Smls. Pp.	SA-312	TP304H	—
Smls. Pp.	SA-376	TP304	2
Smls. Pp.	SA-376	TP304H	—
Cast. Pp.	SA-452	TP304H	—
Forg.	SA-182	F304	2
Forg.	SA-182	F304H	—
Bar	SA-479	304	2 3 5

TABLE 2

항복 25.0
인장 70.0

제품	사양번호	등급	주
Plate	SA-240	304L	—
Smls. Tb.	SA-213	TP304L	—
Smls. Pp.	SA-312	TP304L	—
Forg.	SA-182	F304L	—
Bar	SA-479	304L	5

TABLE 3

°F를 초과하지 않는 금속온도에 대해 Cr-12Ni-2Mo.

최소항복 ksi. 30.0
최소인장 ksi. 75.0

제품	사양번호	등급	주
Plate	SA-240	316	2 3
Plate	SA-240	317	2 3
Smls. Tb.	SA-213	TP316	2
Smls. Tb.	SA-213	TP316H	—
Smls. Pp.	SA-312	TP316	2
Smls. Pp.	SA-312	TP316H	—
Smls. Pp.	SA-312	317	2
Smls. Pp.	SA-376	TP316	2
Smls. Pp.	SA-376	TP316H	—
Cast Pp.	SA-452	TP316H	—
Forg.	SA-182	F316	2
Forg.	SA-182	F316H	—
Bar	SA-479	316	2 3 5

TABLE 4

항복 25.0
인장 70.0

제품	사양번호	등급	주
Plate	SA-240	316L	—
Smls. Tb.	SA-213	TP316L	—
Smls. Pp.	SA-312	TP316L	—
Forg.	SA-182	F316L	4
Bar	SA-479	316L	5

최대 허용 응력, 1000psi.

도표상 재료	°F를 초과하지 않는 금속온도에 대해											요점
	-20~100	200	300	400	500	600	650	700	750	800	850	900	
1	18.8	17.8	16.6	16.2	15.9	15.9	15.9	15.9	15.5	15.2	14.9	14.7	1
	18.8	15.7	14.1	12.9	12.1	11.4	11.2	11.1	10.8	10.6	10.4	10.2	
2	15.6	15.7	15.3	14.7	14.4	14.0	13.7	13.5	13.3	13.0	—	—	1
	15.7	13.4	12.0	11.0	10.3	9.7	9.5	9.4	9.2	9.1	—		
3	18.8	18.8	18.4	18.1	18.0	17.0	16.7	16.3	16.1	15.9	15.7	15.5	1
	18.8	16.2	14.6	13.4	12.5	11.8	11.6	11.3	11.2	11.0	10.9	10.8	
4	15.7	15.7	15.7	15.5	14.4	13.5	13.2	12.9	12.6	12.4	12.1	—	1
	15.7	13.3	11.9	10.8	10.0	9.4	9.2	9.0	8.8	8.6	8.4		

도표상 재료	°F를 초과하지 않는 금속온도에 대해											
	950	1000	1050	1100	1150	1200	1250	1300	1350	1400	1450	1500	
1	14.4	13.8	12.2	9.8	7.7	6.1	4.7	3.7	2.9	2.3	1.8	1.4	1
	10.0	9.8	9.5	8.9	7.7	6.1	4.7	3.7	2.9	2.3	1.8	1.4	
3	15.4	15.3	14.5	12.4	9.8	7.4	5.5	4.1	3.1	2.3	1.7	1.3	1
	10.7	10.6	10.5	10.3	9.3	7.4	5.5	4.1	3.1	2.3	1.7	1.2	

주 : 1. 이 높은 응력치는 항복강도의 2/3 이상 90% 미만이어야 한다. 이 응력치의 사용은 영구적인 변형에 의한 치수상의 변화를 존재할 수도 있다. 이 응력치는 작은 량의 뒤틀림이 누수 혹은 오기능을 야기시킬 수 있는 곳에서 플랜지, 캐스킷 이음 혹은 다른 적용에 대해서는 권장되지 않는다.
2. 100°F 이상 온도에서 응력치는 탄소함량이 0.04% 이상일 때만 적용된다.
3. 100°F 이상 온도에 대해서 이 응력치는 이를 최소 1900°F 온도까지 가열하고 물에 담금질하거나 다른 방식으로 급격히 냉각시킴으로써 재료가 열처리되는 경우에만 사용될 수 있다.
4. 명시된 최소 인장 ksi. 65.0
5. Barstock 형태의 재료에 대한 외부압력도표의 사용은 보강링에 대해서만 허용된다.

열 팽 창

70°F와 표시된 온도간에서의 선열팽창, 인치/100피트

이 도표의 자료는 압력배관에 대한 American Standard Code로부터 발췌된 것이다. 재료가 도표에 보이는 모든 온도에 대해 적합하다는 것을 의미하는 것으로 해석되어서는 안된다.

온도 °F	재 료									
	탄소강 탄소-몰리브덴저크롬(thru 3 Cr Mo)	5 CrMo thru 9 CrMo	오스테나이트 스테인레스 스틸 18Cr 8Ni	12 Cr 17 Cr 27 Cr	25 Cr 20 Ni	Monel 67 Ni 30 Cu	3½ Nickel	알루미늄	회주철	Bronze
-325	-2.37	-2.22	-3.85	-2.04		-2.62	-2.25	-4.68		-3.98
-300	-2.24	-2.10	-3.63	-1.92		-2.50	-2.17	-4.46		-3.74
-275	-2.11	-1.98	-3.41	-1.80		-2.38	-2.07	-4.21		-3.50
-250	-1.98	-1.86	-3.19	-1.68		-2.26	-1.96	-3.97		-3.26
-225	-1.85	-1.74	-2.96	-1.57		-2.14	-1.86	-3.71		-3.02
-200	-1.71	-1.62	-2.73	-1.46		-2.02	-1.76	-3.44		-2.78
-175	-1.58	-1.50	-2.50	-1.35		-1.90	-1.62	-3.16		-2.54
-150	-1.45	-1.37	-2.27	-1.24		-1.79	-1.48	-2.88		-2.31
-125	-1.30	-1.23	-2.01	-1.11		-1.59	-1.33	-2.57		-2.06
-100	-1.15	-1.08	-1.75	-0.98		-1.38	-1.17	-2.27		-1.81
- 75	-1.00	-0.94	-1.50	-0.85		-1.18	-1.01	-1.97		-1.56
- 50	-0.84	-0.79	-1.24	-0.72		-0.98	-0.84	-1.67		-1.32
- 25	-0.68	-0.63	-0.98	-0.57		-0.77	-0.67	-1.32		-1.25
0	-0.49	-0.46	-0.72	-0.42		-0.57	-0.50	-0.97		-0.77
25	-0.32	-0.30	-0.46	-0.27		-0.37	-0.32	-0.63		-0.49
50	-0.14	-0.13	-0.21	-0.12		-0.20	-0.15	-0.28		-0.22
70	0	0	0	0	0	0	0	0	0	0
100	0.23	0.22	0.34	0.20	0.32	0.28	0.23	0.46	0.21	0.36
125	0.42	0.40	0.62	0.36	0.58	0.52	0.42	0.85	0.38	0.66
150	0.61	0.58	0.90	0.53	0.84	0.75	0.61	1.23	0.55	0.96
175	0.80	0.76	1.18	0.69	1.10	0.99	0.81	1.62	0.73	1.26
200	0.99	0.94	1.46	0.86	1.37	1.22	1.01	2.00	0.90	1.56
225	1.21	1.13	1.75	1.03	1.64	1.46	1.21	2.41	1.08	1.86
250	1.40	1.33	2.03	1.21	1.91	1.71	1.42	2.83	1.27	2.17
275	1.61	1.52	2.32	1.38	2.18	1.96	1.63	3.24	1.45	2.48
300	1.82	1.71	2.61	1.56	2.45	2.21	1.84	3.67	1.64	2.79
325	2.04	1.90	2.90	1.74	2.72	2.44	2.05	4.09	1.83	3.11
350	2.26	2.10	3.20	1.93	2.99	2.68	2.26	4.52	2.03	3.42
375	2.48	2.30	3.50	2.11	3.26	2.91	2.47	4.95	2.22	3.74
400	2.70	2.50	3.80	2.30	3.53	3.25	2.69	5.39	2.42	4.05
425	2.93	2.72	4.10	2.50	3.80	3.52	2.91	5.83	2.62	4.37
450	3.16	2.93	4.41	2.69	4.07	3.79	3.13	6.28	2.83	4.69
475	3.39	3.14	4.71	2.89	4.34	4.06	3.35	6.72	3.03	5.01
500	3.62	3.35	5.01	3.08	4.61	4.33	3.58	7.17	3.24	5.33
525	3.86	3.58	5.31	3.28	4.88	4.61	3.81	7.63	3.46	5.65
550	4.11	3.80	5.62	3.49	5.15	4.90	4.04	8.10	3.67	5.98
575	4.35	4.02	5.93	3.69	5.42	5.18	4.27	8.56	3.89	6.31
600	4.60	4.24	6.24	3.90	5.69	5.46	4.50	9.03	4.11	6.64
625	4.86	4.47	6.55	4.10	5.96	5.75	4.74		4.34	6.96
650	5.11	4.69	6.87	4.31	6.23	6.05	4.98		4.57	7.29
675	5.37	4.92	7.18	4.52	6.50	6.34	5.22		4.80	7.62
700	5.63	5.14	7.50	4.73	6.77	6.64	5.46		5.03	7.95
725	5.90	5.38	7.82	4.94	7.04	6.94	5.70		5.26	8.28
750	6.16	5.62	8.15	5.16	7.31	7.25	5.94		5.50	8.62
775	6.43	5.86	8.47	5.38	7.58	7.55	6.18		5.74	8.96
800	6.70	6.10	8.80	5.60	7.85	7.85	6.43		5.98	9.30
825	6.97	6.34	9.13	5.82	8.15	8.16	6.68		6.22	9.64
850	7.25	6.59	9.46	6.05	8.45	8.48	6.93		6.47	9.99
875	7.53	6.83	9.79	6.27	8.75	8.80	7.18		6.72	10.33
900	7.81	7.07	10.12	6.49	9.05	9.12	7.43		6.97	10.68
925	8.08	7.31	10.46	6.71	9.35	9.44	7.68		7.23	11.02
950	8.35	7.56	10.80	6.94	9.65	9.77	7.93		7.50	11.37
975	8.62	7.81	11.14	7.17	9.95	10.09	8.17		7.76	11.71
1000	8.89	8.06	11.48	7.40	10.25	10.42	8.41		8.02	12.05
1025	9.17	8.30	11.82	7.62	10.55	10.75				12.40
1050	9.46	8.55	12.16	7.95	10.85	11.09				12.76
1075	9.75	8.80	12.50	8.18	11.15	11.43				13.11
1100	10.04	9.05	12.84	8.31	11.45	11.77				13.47
1125	10.31	9.28	13.18	8.53	11.78	12.11				
1150	10.57	9.52	13.52	8.76	12.11	12.47				
1175	10.83	9.76	13.86	8.98	12.44	12.81				
1200	11.10	10.00	14.20	9.20	12.77	13.15				
1225	11.38	10.26	14.54	9.42	13.10	13.50				
1250	11.66	10.53	14.88	9.65	13.43	13.86				
1275	11.94	10.79	15.22	9.88	13.76	14.22				
1300	12.22	11.06	15.56	10.11	14.09	14.58				
1325	12.50	11.30	15.90	10.33	14.39	14.94				
1350	12.78	11.55	16.24	10.56	14.69	15.30				
1375	13.06	11.80	16.58	10.78	14.99	15.66				
1400	13.34	12.05	16.92	11.01	15.29	16.02				
1425			17.30							
1450			17.69							
1475			18.08							
1500			18.47							

재료의 명기

도면에 다양한 용기부품과 부속들을 표기할 때, 표준방식을 사용하는 것이 바람직하다. 이런 목적을 위하여 아래에 예시된 널리 인정된 약어의 사용이 바람직하다. 재료를 구매하기 위해서는 제조업체의 요구조건이 검토되어야 한다.

	부품	명 기	재료사양
	바	Bar 2 x 1/4 x 3'-6 Bar 3/4 ∅ x 2'-0 Bar 1 ⏀ x 3'-0	SA-7
	볼트	3/4 ∅ x 2-1/2 H. Hd. M. B. w/ (1) sq. nut 1 ∅ x 5-1/2 stud w/ (2) h. nuts	SA-193 B7 bolt SA-194 2H nut
	캡	8" Std. Cap	
	나사진 커플링	1" – 6000 # Cplg. 2" – 3000 # Cplg. 1" - 6000 # Half Cplg. 1" - 6000 # 4-1/2 Lg. Cplg.	SA-105
	용접 엘보우	6"- Std. 90° L. R. Ell. 4"- X Stg. 45° S. R. Ell. 6" x 4" Std. L. R. Red. Ell	SA-234 WPB
	플랜지	4" - 300 # RF. So. Flg. 6" - 150 # RF. Wn. Flg. Std. Bore 6" - 600 # RTJ. Wn. Flg. X Stg. Bore 3" - 150 # FF. So. Flg. 8" - 150 # R.F. Bld. Flg.	SA-181 1
	나사진 소켓 용접단조 부속물	1" - 6000 # 90° Scr'd. Ell. 1" - 3000 # 90° Scr'd. Street Ell. 2" - 3000 # S.W. Cplg. 1" - 3000 # Sq. Hd. Plug 2" - 6000 # Scr'd. Tee 2" - 3000 # 45° S. W. Ell.	SA-105
	개스킷	18 - 150 # 1/16" Serv. Sht. Gasket 18 - 300 # Spiral Wound ASB. Filled	ASB.
	헤드	48" ID x 0.375 min. 2:1 ellip. head 2" S.F. 48" OD x 0.500" min. ASME F & D Head 2 S.F. L = 48" r = 3" 54" ID x 0.375" min. Hemis. Head	SA-285 C SA-515-70 SA-516-70

재료의 명기

	Long Welding Neck	18" - 300 RF. LWN	SA-181 1
	파이프	6" - Std. Pipe x 2'-1 8" - X Stg. Pipe x 1' - 6-1/2 4" - S. 160 Pipe x 2'-4 24" - 0.438" Wall Pipe x 1' - 0	SA-53 B
	플레이트	PL 96" x 3/8 x 12' - 6 PL 24" OD x 1/2 x 18" ID PL 18" OD x 1-1/2	SA-285 C
	Welding REDUCER	6" x 4" Std. Conc. Reducer 8" x 6" X Stg. Ecc. Reducer	SA-234 WPB
	Welding RETURN	6" - Std. 180° L. R. Return 4" - X Stg. 180° S. R. Return	SA-234 WPB
	Welding TEE	4" - Std. Tee 6" x 6" x 4" X Stg. Red. Tee	SA-234 WPB

메 모

규정 및 규격
압력용기의 설계와 제작을 위한

주 :

압력용기 사용자들과 제조업자들은 압력용기의 설계와 제작에 유용한 것으로 판명된 어떤 스탠다드 실례를 개발하였다. 이 규격은 가장 광범위하게 인정되고 사용되는 그러한 실례를 포함한다.
이 스탠다드는 부분적으로 ASME Code에 의해 허용된 선정된 대체 안에 대한 참조이며 부분적으로는 이 Code에 의해 포함되지 않는 설계와 제작방식을 명기한다. 이 Code의 규정은 이 규격에서 인용되지 않는다.

A. 일반

1. 구매주문서와 도면과 더불어 이 규격은 압력용기의 설계와 제작에 대한 요구조건을 포함한다.
2. 상충의 경우에 구매주문서와 도면은 이 규격에 우선한다.
3. 압력용기는 ASME Boiler and Pressure Vessel Code, Section Ⅷ, Division 1의 최근판과 그의 부속된 부록에 일치하여 설계되고, 제작되고, 검사되고 인자되어야 한다.
4. 용기와 용기 부속물들은 Occupational Safety and Health Act(OSHA)의 규정에 일치되어야 한다.
5. 그렇게 하는 것이 경제적 혹은 다른 면에서 바람직할 때 용기제조업체들은 대체재질과 제작방식에 대한 가격을 표시할 수 있다.
6. 본 규격, 구매주문서 혹은 도면으로부터의 모든 상이는 구매자의 서면 승인을 얻어야 한다.
7. 용기 제조업체는 구매 주문서 입수 후에 구매자에게 승인을 위한 제작도면을 제출해야 한다.

B. 설계

1. 압력용기는 내부 혹은 외부 압력에 의해 야기될 부하, 용기의 무게, 바람, 지진, 지지물의 반응, 충격과 온도를 견딜 수 있도록 설계되어야 한다.
2. 최대허용작동압력은 사소한 부품에 의해서가 아니라 셀과 헤드에 의해 제한되어야 한다.
3. 바람부하와 지진: 모든 용기는 free-standing 되도록 설계되어야 한다. 미국의 각 지역에서 바람압력의 크기, 지진확률과 지진계수를 구하기 위해서는 ANSI A 58.1-1972(Code Requirement for Minimum Design Loads in Buildings and other Structures)가 적용되어야 한다.
   바람과 지진부하는 동시에 일어나지 않는 것으로 가정된다. 따라서 용기는 바람 혹은 지진부하 중 큰 것에 적합하게 설계되어야 한다.

4. 새들에 의해 지지되는 수평용기는 L. P. Zick의 방식에 따라 설계되어야 한다(2개 새들 지지를 받는 대형 수평 압력용기에서의 응력)
5. 정상적인 운전조건 하에서 수직용기의 변형은 100피트 길이당 6인치를 초과하지 말아야 한다.
6. 스커트, 새들 혹은 다른 지지물과 그들의 부착물 용접에서의 응력은 ASME Code, Part UCS에 주어진 재질의 최대 허용응력을 $33^1/_3$% 초과할 수 있다.
7. 용기제조업체는 구매자가 설계를 제공하지 않거나 요구되는 플레이트 두께를 명시하지 않을 때 승인을 위해 설계도를 제출해야 한다.

C. 제작

1. 재질은 구매자에 의해 명시되어야 하며, 그들의 지정은 제작도면에 표시되어야 한다. 구매자의 사전 서면승인 없이는 명시된 재질은 대체되어서는 안된다.
2. 셀과 헤드를 위해 사용되는 플레이트 두께는 최소 1/4인치가 되어야 한다.
3. 제조업체의 용접 절차와 자격 기록은 구매자주문을 수령하자마자 승인을 위해 제출되어야 한다. 용접 절차와 자격에 대한 구매자의 승인 이전에는 용접은 수행되지 말아야 한다.

   모든 용접은 metallic shielded 아크 혹은 서브머지드 아크용접 절차에 의해 행해져야 한다.

   영구적으로 설치된 뒷대기판은 구매자의 서면 승인 없이는 사용되지 말아야 한다. 사용될 경우, 뒷대기판은 그들이 부착될 금속과 동일한 구성의 강이 되어야 한다.
4. 원통형 혹은 원추형 셀에서의 세로 seam, 구형셀과 제작된 헤드에서의 모든 seam은 개구부 그들의 보강패드 그리고 새들-마모플레이트로부터는 충분히 떨어져 있어야 한다.

   셀의 원주상 seam은 개구부 그들의 보강패드, 트레이와 인슐레이션 지지링과 새들-마모플레이트로부터 충분히 떨어져 있어야 한다. 원주상 seam의 보강패드에 의한 겹침이 피할 수 없을 때, 그 seam은 지상에서 세척되어야 하고, 보강패드를 원위치에 용접하기 전에 검사되어야 한다.

   어떤 세로 이음도 물건을 아래로 내려보내는 파이프(dowmcomer) 지역 내에는 허용되지 말아야 하며, 용접에 대한 적합한 육안 검사가 불가능한 어떠한 다른 장소에도 허용되지 말아야 한다.

   내부에 대한 강도 용착부로써 사용될 필렛 용착부 최소 크기는 1/4인치이다.
5. 스커트 : 세로용기에는 지지되는 용기의 외경과 동일한 외경을 가진 스커트가 마련되어야 한다. 스커트의 최소 두께는 1/4인치이다.

   스커트에는 서로 180° 떨어져 있으며, 가능한 높은 곳에 위치한 최소 2개의 2인치 배기구멍이 마련되어야 한다.

   4피트 직경 이하의 스커트는 1개의 출입 개구부를 가져야 한다 : 4피트 직경 이상의 스커트는 2개의 슬리브로 보강된 18인치 외경 출입 개구부를 가져야 한다.
6. 베이스 링은 625psi.의 콘크리트상의 허용 베어링 압력에 대해 적합하게 설계되어야 한다.
7. 앵커볼트 chair 혹은 lug 링은 요구되는 곳과 용기 높이가 60피트를 초과할 때 사용되어야 한다. 앵커볼트의 수는 4의 배수가 되어야 한다 : 최소 8개가 추천된다.

8. 새들(saddle) : 수평용기는 가능하면, 단지 2개의 새들에 의해 지지되어야 한다. 새들의 수는 2개가 권장된다. 특별히 결합되지 않은 채로 선적되어야 한다고 지시될 때를 제외하고는 새들은 용기에 용접되어야 한다. 결합되지 않은 채 선적될 새들은 용기에 부착되고, 현장 설치를 위해 위치가 표시되어야 한다. 제작도면은 이에 대한 상세한 지시사항을 명시해야 한다.
   온도 팽창이 새들간에서의 거리에 있어 3/8인치 이상의 변화를 야기시킬 때 슬라이드 베어링 플레이트가 사용되어야 한다. 용기가 1/4인치 두께의 콘크리트 새들에 의해 지지될 때 콘크리트 새들보다 2인치 넓은 부식 플레이트는 연속 용접에 의해 셀에 용접되어야 한다. 부식 플레이트에는 용기가 압력 테스트된 후에 플라스틱 실런트로 막힌 1/4인치 배기 구멍이 마련되어야 한다.
9. 2인치 이하의 개구부는 전면 혹은 반 커플링을 가진 6000lb. 단조강으로 만들어져야 한다.
   $2^1/_2$인치 이상의 개구부는 플랜지 이음형이어야 한다.
   플랜지는 ANSI B 16.5-1973에 부합해야 한다.
   플랜지면은 다음과 같아야 한다.

Raised면	600lb. ANSI 등급 이하
Raised면	600lb. ANSI 등급, 3인치 이하 파이프 크기
Ring Type 이음	600lb. ANSI 등급, 4인치 이상 파이프 크기
Ring Type 이음	600lb. ANSI 등급 이상

   플랜지-볼트 구멍은 용기의 주 중심선에서 좌우 같은 거리에 위치해야 한다. 개구부는 배수로써 사용될 때 혹은 용기 내부와 간섭되도록 위치할 때 용기의 내부와 함께 물로 씻어내려야 한다. 개구부의 내부 모서리는 최소 1/8인치 반경 혹은 그것이 1/4인치 이하일 때 파이프 두께의 1/2과 동일한 반경으로까지 다듬어져야 한다.
   노즐목, 웰딩네크 플랜지 혹은 용접부속물의 내경이 1/16인치 이상 상이한 경우, 작은 직경의 부분은 4:1의 비율로 경사지게 되어야 한다.
   개구부는 부식된 상태에 대비해서뿐만 아니라 새것과 추운 경우에 대비해서 보강되어야 한다.
   보강패드용 플레이트는 그것이 연결될 셀 혹은 헤드에 대해 사용될 강과 동일한 구성을 가져야 한다.
   보강패드에는 용기의 수평축으로부터 90° 떨어져 위치하는 1/4인치 tapped tell-tale 구멍이 마련되어야 한다.
   보강패드의 최소 외경은 개구부 목의 외경에 4인치를 추가한 것이 되어야 한다.
   맨홀 뚜껑에는 다빗(davit)이 마련되어야 한다.
   커플링 나사는 깨끗해야 하며, 설치 후 결합 및 이물질을 갖지 말아야 한다.
10. 내부 : 트레이는 트레이 제조업체에 의해 제공되어야 하며, 용기제조업체에 의해 설치되어야 한다. 트레이 지지링과 물건을 아래로 내려보내는 파이프(downcomer) 볼트체결 바는 용기 제조업체에 의해 제공되고 설치되어야 한다. 트레이 제조업체는 설치 규격과 포장명세서 등을 포함한 완벽한 제작명세를 용기제조업체의 승인을 위해 구매자에게 제출해야 한다.
    트레이는 균일한 실제하중 10psi.와 저장된 물의 무게 중 큰 것과 집중하중 250lb.에 대해 적합하게 설계되어야 한다.

설계부하에서 트레이의 최대 휨은 다음을 초과하지 않아야 한다.

10피트 직경까지-1/8인치
10피트 직경 이상-3/16인치

내부 플레이트와 지지링의 최소 두께는 1/4인치 이상이어야 한다.
내부 탄소강 파이프는 표준 무게이어야 한다.
내부 플렌지 ANSI 150-lb. 슬립-언 형태 혹은 플레이트로 제작된 것이어야 한다.
탄소강 내부 플렌지는 탄소강 사각머리 머신(machine)볼트와 이탈됨을 방지하기 위해 플랜지에 tack-weld된 사각머리 너트로 조여져야 한다.
탈착 가능한 내부는 맨홀을 통해 탈착될 수 있는 구획으로 만들어져야 한다.
탈착 가능한 내부에는 부식공차가 허용되지 않아야 한다.
탈착 가능한 내부는 응력제거 후 설치되어야 한다.
펌프 흡입부에 연결된 개구부를 위해서는 Vortex breaker가 마련되어야 한다.

11. 부속물 : 지상으로부터 12피트 이상 높이에 맨홀, 용액 레벨 콘트롤 혹은 릴리프 밸브를 가진 용기는 철골구조의 사다리와 플랫폼을 가져야 한다.
사다리와 플랫폼 손잡이는 공장에서 용기에 용접되어야 한다.
세로용기가 인슐레이션을 필요로 하는 경우, 제작자는 지지링을 제공하고 설치해야 한다. 보강링 또한 인슐레이션을 지지하는데 이용될 수 있다.
인슐레이션 지지링은 인슐레이션의 두께보다 폭에 있어 1/2인치 작아야 하고, 상단접선으로부터 시작해 12피트 $2^1/_2$인치 떨어져 위치되어야 한다. 상단링은 헤드에 연속 용접되어야 한다 : 모든 다른 링은 12인치 중심상에 1인치 길이 필렛용접에 의해 부착될 수 있다. 인슐레이션을 가진 세로용기의 하단헤드는 개략 12인치 제곱 중심상에 있는 헤드의 외부에 용접된 1/2인치 제곱의 너트를 가져야 한다.
12. 제작공차는 페이지 170으로부터 시작하는 도표에 표시된 제한을 초과하지 말아야 한다.

D. 검사

1. 구매자는 용기재질과 제작기술이 본 규격과 일치한다는 것을 확인하기 위해 제작기간 중 어느 때든 용기를 검사할 권한을 보유한다.
2. 구매자의 대표에 의한 어떤 작업의 승인과 그의 용기에 대한 승인의 면제가 본 규격의 규정을 수행해야 하는 제조업체의 책임을 면제시키는 것은 아니다.

E. 기타

1. 방사선검사는 ASME Code에 의해 요구되거나 설계의 경제성에 의해 결정될 때 수행되어야 한다.
2. 제작 완료된 용기에는 명판이 용접에 의해 부착되어야 한다.
3. 용기가 용접 후 열처리되어 있다면, 응력제거 후에는 어떤 용접도 허용되지 말아야 한다.
4. 탈착 가능한 내부는 응력제거 후 설치되어야 한다.
5. 용기의 모든 구성품 개구부, seam, 내부 등은 통상 기준선(common reference line)에 대한 거리를 갖고 제작도면에 표시되어야 한다. 이 통상 기준선(common

reference line)은 셸에 영구적으로 표기되어야 한다.
6. 철저한 검사를 허용하기 위해 수력테스트 압력이 30분 이상 유지되어야 한다.
7. 용기는 주문시 특별히 명기되지 않았으면 페이트칠 되지 말아야 한다.

F. 선적 준비

1. 최종 수압 테스트 후, 용기는 구리스, 찌꺼기, 녹, 오물 등을 제거하기 위해 내외부가 철저히 건조되고 청소되어야 한다.
2. 블라인드 플랜지에 의해 보호되지 않는 모든 마감된 표면은 녹방지제로 입혀져야 한다.
3. 뚜껑을 갖지 않은 모든 플랜지 이음형 개구부는 적합한 강 플레이트로 보호되어야 한다.
4. 나사진 개구부는 플러그로 막아져야 한다.
5. 내부 부품에 대해서는 선적 중의 손상을 회피하기 위해 적합한 지지물이 마련되어야 한다.
6. 볼트와 너트는 방수 윤활류로 입혀져야 한다.
7. 용기의 의심스러운 위치에 주문번호와 품목번호를 페인트로 표기함으로써 용기는 명확히 식별될 수 있어야 한다.
8. 조립되지 않고 선적될 작은 부품은 백(bag) 혹은 박스(box)에 담아져야 하고 용기의 주문번호와 품목번호로써 표기되어야 한다.
9. 용기 제조업체는 손상을 방지하기 위해 용기를 blocking, bracing하고 모든 필요재료를 공급함으로써 부하 적용시 모든 필요한 예방책을 취해야 한다.

G. 최종 보고

1. 용기가 선적되기 전에 제조업체는 구매자에게 다음 보고서의 사본 혹은 청사진을 제출해야 한다 :
   a. 제조업체 자료 보고서
   b. 용기와 치수를 나타내는 제작도면, "AS BUILT"
   c. 수압테스트 동안의 압력을 보여주는 기록 chart 사본
   d. 용접 후 열처리 기간 중의 온도를 보여주는 기록 chart 사본
   e. 명판 탁본

H. 보증

제조업체는 용기가 이 사양에 명시된 모든 조건을 만족시킨다는 것과 설계, 시공과 재질상 어떠한 오류도 없다는 것을 보증한다. 사용 1년 동안에 어떠한 결함이 발생하면 제조업체는 모든 필요한 변경, 보수, 대체를 무상으로 하여 줄 것에 동의한다.

용 기 제 작 공 차

달리 표시되지 않으면 본 도표에서의 치수상 공차는 압력용기의 수요자와 제조업체들에 의해 널리 인정된 실제에 기준한다.

모든 공차는 달리 표시되지 않으면 1인치이다.

본 도표에 없는 공차는 실질적인 한계 내에 있어야 한다.

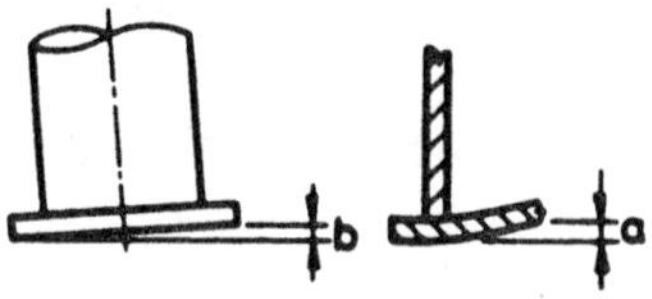

베이스링

a. Flatness .... ±1/16

b. Out of level .... ±1/8

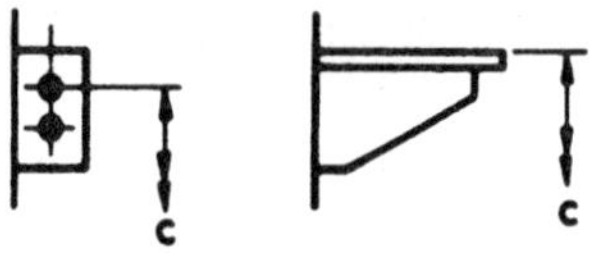

클립, 브라켓

c. 기준선(reference line)까지의 거리 .... ±1/4

d. 구조 이음에서 원주상
   측정된 상이 .... ±1/4
   2개의 인접한 클립간의 거리 .... ±1/16

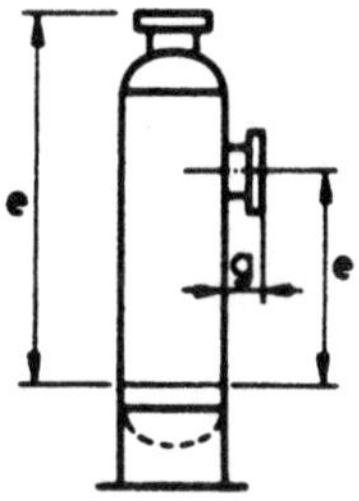

Manway

e. 플랜지 면 혹은 manway의 중심선으로부터 기준선, 용기지지 lug, 새들 하단, 용기의 중심선까지의 거리 중 실제적인 것 .... ±1/2

f. 용기의 외부 표면에서 원주상으로 측정된 상이 .... ±1/2

g. 투영 : 용기의 외부표면으로부터 manway 면까지의 최단거리 .... ±1/2

h. 수평, 수직 혹은 어떤 방향에서 의도된 위치로부터 상이 .... ±1°

I. 어떤 방향에서의 볼트구멍의 상이 .... ±1/4

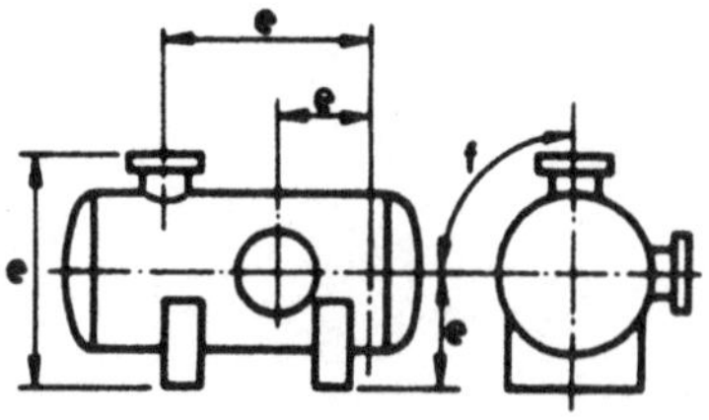

Piping에 연결되지 않는 노즐과 커플링 Manway에 대한 공차가 적용되어야 한다.

Piping에 연결되는 노즐과 커플링 플랜지면 혹은 개구부 중심선으로부터 기준선, 용기지지 lug, 새들 하단, 용기의 중심선까지의 거리 중 실제적인 것 .... ±1/4

f. 용기의 외부표면에서의 원주상으로 측정된 상이 .... ±1/4

g. 투영 : 용기의 외부표면으로부터 개구부 면까지의 최단거리 .... ±1/4

용기제작공차

노즐

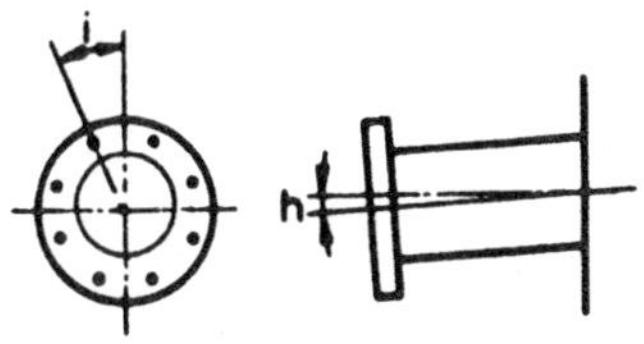

h. 수평, 수직 혹은 어떤 방향에서 의도된 위치로부터의 상이 .... ±1/2°

i. 어떤 방향에서의 볼트구멍의 상이 .... ±1/8

레벨 게이지, 레벨 컨트롤 등을 위해 사용되는 노즐과 커플링

개구부 중심선간의 거리 .... ±1/16

새들

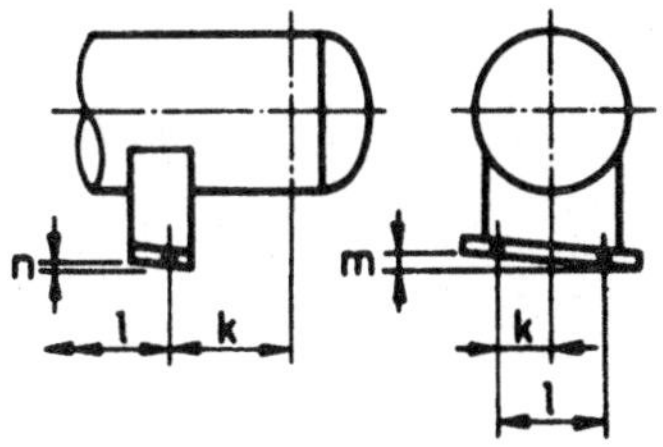

j. 볼트구멍의 중심선으로부터 기준선까지의 거리 .... ±1/8

k. 볼트구멍의 중심선으로부터 셀 중심선까지의 거리 .... ±1/8

l. 베이스 플레이트에서의 볼트구멍간의 거리 혹은 2개의 새들의 볼트구멍 혹은 슬롯간의 거리 .... ±1/8

m. 베이스 플레이트의 가로경사 .... ±1/32/Ft.

n. 베이스 플레이트의 세로경사 .... ±1/8

셀

o. 30피트 전체길이까지의 용기에 대한 수직정도로부터의 상이 .... ±1/2

30피트 전체 길이 이상의 용기에 대해 ..... ±1/8/10ft.

p. 내부압력에 대한 용기

어떠한 횡단면에서 최대와 최소의 내경간의 차이는 그 횡단면에서 공칭 직경의 1%를 초과하지 말아야 한다. .... ±1%

Strapping에 의해 구해진 공칭 내경으로부터의 상이 .... ±1/32/Ft. max. 1-1/2

진원도 : Code UG-80

외부압력 : Code UG-80

성형된 헤드 Code UG-81

$D_{max} - D_{min} = P$

트레이 설치

r. 어떠한 방향에서의 out of level .... ±1/32/Ft.

트레이 지지물

r. 어떠한 방향에서의 out of level .... ±1/32/Ft.

용 기 제 작 공 차

트레이 지지물

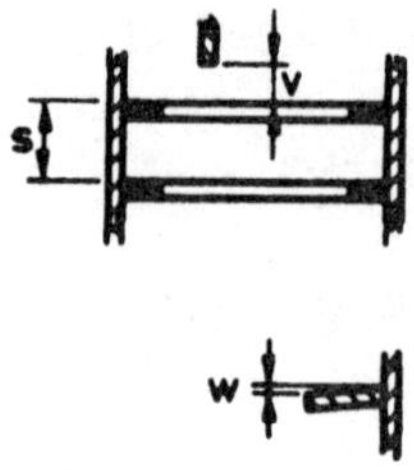

s. 인접한 트레이 지지물의 거리 .... ±1/8

t. 기준선(reference line)까지의 거리 .... ±1/4

s. seal pan까지의 거리 .... ±1/8

v. downcomer 지지물까지의 거리 .... ±1/8

w. 지지링의 어떤 폭에 대한 기울기 .... ±1/16

Wear 플레이트

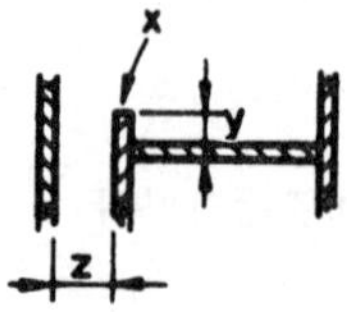

x. Out of level .... ±1/16

y. 높이 .... ±1/8

z. 용기벽 내부까지의 거리 .... ±1/4

API 규격

소형 용접 탱크

API 12F. 8th Edition 1982의 주요 요구조건 요약

범위

이 규격은 수직, 원통형, 지상용, 공장에서 용접된 공칭 용량 90-500bbl.의(최대 15피트 6인치 직경까지의) 오일현장 서비스를 위한 철강 탱크에 대한 재질, 설계와 제작 요구조건을 제시한다.

A

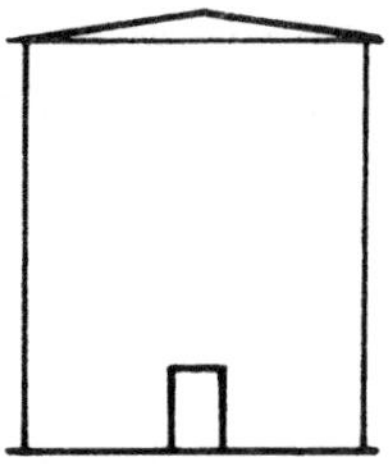

B

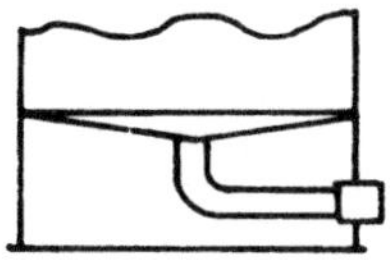

D

E

H

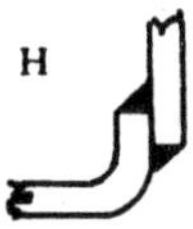

F

J

G

K

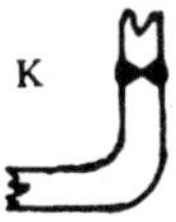

재질

플레이트는 ASTM A36, A283 C 혹은 D와 A285 C에 일치해야 한다.

플레이트 최소 두께

셀과 데크 : 3/16인치, 하단 : 1/4인치, Sump : 3/8인치

제작

탱크의 하단은 평면형 혹은 원추형이어야 한다. : 후에 skirted 혹은 unskirted 될 수 있다. Fig. A, B, C. 데크는 원추형이어야 한다. 하단과 데크 원추의 경사는 1:12이어야 한다.

용접

하단, 셀과 데크 플레이트 이음은 complete penetration을 가진 이중용접의 버트 이음이 되어야 한다. Fig. D. 하단과 데크는 내외부에 이중 용접된 버트 이음 혹은 3/16인치 필렛 용착부에 의해 셀에 부착되어야 한다. Fig. E→K

개구부

탱크에는 24인치×36인치 확장된 네크 크린아우트(neck cleanout)가 마련되어야 한다. API 12F. Fig. 3, 4.

검사

10피트까지의 직경을 가진 탱크는 3psi. 공기압에 의해 검사되어야 한다. : 10피트 이상의 직경을 가진 탱크는 1.5psi. 공기압에 의해 검사되어야 한다.

페인트

일도(一途) 프라이머(primer)

탱크 치수			
공칭 용량, bbl.	운전용량, bbl.	외경, ft. in.	높이, ft.
90	72	7-11	10
100	79	9-6	8
150	129	9-6	12
200	166	12-0	10
210	200	10-0	15
250	224	11-0	15
300	266	12-0	15
400	366	12-0	20
500	479	15-6	16
Tolerance	-	±1/8in.	±3/8in.

오일 저장용 용접 철강 탱크

API Standard 650, 7th Edition

Appendix A - Optional Design Basis for Small Tanks

(주요 요구조건의 요약)

〈범위〉

이 부록은 응력을 받는 부품이 구매자에 의해 명시된 어떠한 부식공차를 포함해 최대 0.5인치 공칭두께에 제한되는 상대적으로 작은 용량의 현장에서 설치된 탱크에 대한 규칙을 제공한다.

〈재질〉

이 규격에 의해 허용되는 탱크의 가장 빈번히 사용되는 플레이트 재질은 A 283C, A 285 C, A 36, A 516-55, A 516-60이다.
플레이트 재질은 0.5인치 두께에 제한되어야 한다.

〈용접이음〉

각 위치에서 이음 형태는 다음과 같아야 한다.

셀에서의 수직 이음

이중 용접 혹은 이음의 동일한 질을 얻을 수 있는 다른 방법에 의해 얻어지는 complete penetration과 complete fusion을 가진 버트 이음.

셀에서의 수평 이음

complete penetration과 complete fusion 버트 이음

하단 플레이트

단일 용접된 full-fillet lap 이음 혹은 뒷대기판을 가진 단일 용접된 버트 이음

상단 플레이트(Roof plates)

단일 용접된 full-fillet lap 이음. 상단 플레이트는 상단에만 연속 필렛 용접으로 탱크의 꼭지각에 대해 용접되어야 한다.

셀의 하단플레이트에 대한 이음

셀 플레이트의 각 면에 놓인 연속 필렛 용접 각 용착부의 크기는 얇은 플레이트의 두께가 되어야 한다.
하단 플레이트는 하단을 셀 플레이트에 부착하는 용착부의 외부 모서리 너머로 최소 1인치 폭을 투영해야 한다.

〈검사〉

버트(butt) 용착부

용착부질에 대한 검사는 방사선 검사 방식에 의해 행해져야 한다. 구매자와 제조업체간의 합의에 의해 스포트 방사선 검사는 생략될 수 있다.

필렛(fillet) 용착부

필렛 용착부의 검사는 육안검사에 의해 행해져야 한다.

오일 저장용 용접 철강 탱크

API Standard, 7th Edition, 1980

〈테스트〉

하단용접

1. 누수검사를 위한 비눗물, 오일 혹은 다른 적합한 재료를 사용해서 공기압 혹은 진공에 의해 테스트되어야 한다.
2. 하단셸의 부착 후에 최소한 탱크조립, 설치시 생성된 물은 하단에서 펌프로 배출되어야 하며, 6인치 양정의 용액은 임시댐 내에 잔류되도록 해야 한다.

탱크 셸

1. 탱크는 물로 채워져야 한다.
2. 내부상의 모든 이음은 매우 침투성이 강한 오일로 칠하고, 누수에 대해 외부를 검사하라.
3. 진공을 적용하라.

〈API 규격 650의 부록 기호〉

Appendix A - Optional Design Basis for Small Tanks
Appendix B - Foundations
Appendix C - Floating Roofs
Appendix E - Seismic Design of Storage Tanks
Appendix F - Design for Small Internal Pressure
Appendix H - Internal Floating Roofs
Appendix J - Shop-Assembled Storage Tanks
Appendix K - Example of the application of variable design point procedure to Determine Shell-Plate Thicknesses
Appendix M - Tanks Operating at Elevated Temperatures
Appendix N - Use of Unidentified Materials
Appendix O - Under-Bottom Connections

용접 철강 탱크
API Std. 650-Appendix A
공 식

기호

C.A.=부식공차, in.
 탱크의 평균직경, ft.
D=이음효율, 0.85 :
 (스포트 방사선 검사될 때)
E=0.70 : (방사선 검사되지 않을 때)
G=저장될 용액비중 어느 경우에도 1.0
 이하이어야 한다.

H=높이, ft.
t=플레이트 최소두께, in. n.
R=지붕굴곡의 반경, ft.
 원추 요소의 수평에 대한 대한
θ=각도, °

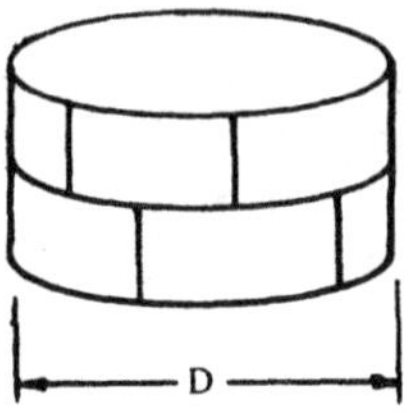

셀

$$t = \frac{(2.6)\,(D)\,(H-1)\,(G)}{(E)\,(21{,}000)} + \text{C.A.}$$

그러나, 어느 경우에도 다음보다 커야 한다. :

탱크의 평균직경, ft.	플레이트 두께, in.
50 미만	3/16
50~120 미만	1/4
120~200 미만	5/16
200 이상	3/8

자체지지의
원추지붕

$t=\dfrac{D}{400 \sin\theta}$ 그러나, 3/16인치보다 커야 한다.

max. t = 1/2 in.
max. θ = 37 deg. 9:12 경사
min. θ = 9 deg. 28 min. 2:12 경사

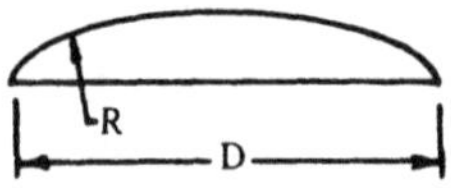

자체지지의
DOME과
우산형지붕

$t=R/200$ 그러나, 3/16인치보다 커야 한다.

max. t=1/2in.
R=지붕굴곡의 반경, ft.
min. R=0.8D(구매자에 의해 달리 명시되지 않으면)

max. R=1.2D

상단 링

꼭지각(top angle)에 대한 그의 가장 먼 부착점으로부터 측정될 때, 그 두께의 16배 거리 내에서의 셀과 지붕플레이트의 횡단면적에 추가된 제곱인치단위의 꼭대기각도의 횡단면적은 최소 다음이 되어야 한다. :

자체 지지의 원주지붕	자체 지지의 Dome과 우산형 지붕
$\dfrac{D^2}{3{,}000 \sin\theta}$	$\dfrac{DR}{1{,}500}$

하단

모든 하단 플레이트는 최소 공칭 두께 1/4인치를 가져야 한다.

오일 저장용 용접 철강 탱크

API Standard 650, 7th Edition, 1980

Appendix J - Shop Assembled Storage Tanks

(주요 요구조건의 요약)

범위

이 부록은 완전한 공장조립과 현장에서의 일체로서의 설치를 허용할 수 있는 그런 크기의 수직 저장탱크에 대한 설계와 제작 사양을 제공한다. 이런 기준에 의해 설계된 저장탱크는 API Std. 650의 범위 내에서는 20피트 직경을 초과하지 않아야 한다.

재질

이 규격에 의해 허용되는 탱크의 가장 일반적으로 사용되는 플레이트 재질은 A 36, A 283 C, A 285 C, A 516-55, A 156-60이다.

용접이음

다음의 수정을 갖고, Appendix A(페이지 176 참고)에 명기된 대로 :

하단에서의 lap 용접이음은 허용되지 않는다.

모든 셀 이음은 backup bar의 사용 없이 full penetration 버트 용접형이 되어야 한다.

꼭지각(top angle)은 플랜지 이음형 지붕(roof) 탱크에 대해서는 요구되지 말아야 한다.

하단 플레이트에서의 이음은 full penetration 버트 용접형이 되어야 한다. 평탄한 하단은 셀 플레이트의 각 면에 놓여진 연속 필렛 용착부에 의해 셀에 부착되어야 한다.

하단 설계

모든 하단 플레이트는 최소 1/4인치 두께를 가져야 한다.

하단은 평탄하거나 평탄한 플랜지형이어야 한다.

평탄한 하단은 하단을 셀에 부착하는 용접의 외경 너머로 최소 1인치 투영되어야 한다.

셀 설계

셀 플레이트 두께는 다음 공식으로 설계되어야 한다. : (페이지 176 참고)

$$t = \frac{(2.6)\,(D)\,(H-1)\,(G)}{(E)\,(21{,}000)} + \text{C.A.}$$

그러나, 어느 경우에도 공칭 두께는 아래보다 커야 한다.

공칭 탱크 직경(ft.)	공칭 플레이트 두께(in.)
10.5 이내	3/16
10.5 이상	1/4

지붕 설계

지붕은 자체지지의 원추형태 혹은 dome과 우산형 지붕형태이어야 한다. 설계공식에 대해서는 페이지 176을 참고하라.

테스트

2~3lb./in.^{2}의 내부 공기압을 적용하라.

파이프 벽두께와 허용압력에 대한 배관 CODE의 주요 요구조건의 요약

CODE와 범위	공 식

ANSI B 31.1-1986
POWER배관

이 Code는 전기발전소, 산업 플랜트, 중앙집중식 및 개별 난방 플랜트 개별 난방 시스템을 위한 동력과 보조 서비스 배관 시스템의 설계, 재질, 제작, 설치, 테스트 및 검사에 대한 최소 요구조건을 명기한다(단, Para. 100. 1. 3에 제한된 경우는 예외).
이 시스템은 그들이 Para. 100. 1.에 달리 제한되지 않으면 플랜트 혹은 다른 property line에 의해 제한되지 않는다.

내부압력

$$t_m = \frac{PD_o}{2(SE + Py)} + A$$

$$t_m = \frac{Pd + 2SEA + 2yPA}{2(SE + Py - P)}$$

$$P = \frac{2SE(t_m - A)}{D_o - 2y(t_m - A)}$$

$$P = \frac{2SE(t_m - A)}{d - 2y(t_m - A) + 2t_m}$$

S값, 1000psi.

재질 ASTM A 53 B와 A 106 B에 대해 온도 °F를 초과하지 않는 금속온도에 대해

-20 to 650	700	750	800
15.0	14.4	13.0	10.8

외부압력

벽두께와 보강조건을 결정하기 위해서는 ASME Boiler and Pressure Vessel Code, Division 1, Section Ⅷ의 Paras. UG-28, 29와 30에 개설된 절차가 수행되어야 한다.

USAS B 31.2-1968
연료가스배관

이 Code는 천연가스, 제조된 가스, 액화석유 가스(LPG)와 같은 연료가스, 인화점 이상에 있는 공기혼합물, 가스상태에 있는 액화석유가스(LPG) 혹은 이러한 가스들의 혼합물을 위한 배관시스템의 설계, 제작, 설치 및 테스트를 망라한다.

내부압력

$$t_m = t + A \qquad P = \frac{2SEt}{D} \qquad t = \frac{PD}{2SE}$$

(페이지 179의 주. 1, 3, 4, 5, 6, 8 참고)

S값, 1000psi.

재질 ASTM A 53 B와 A 106 B에 대해 온도 °F를 초과하지 않는 금속온도에 대해

-20 to 100	200	300	400	450
20.00	19.10	18.15	17.25	16.80

ANSI B 31.3-1984
화학플랜트와 석유정제배관

(a) 이 Code는 압력 혹은 진공을 받게 되는 배관시스템의 재질, 설계, 제작, 조립, 설치, 시험, 검사 및 테스트에 대한 요구조건을 제시한다.

(b) 이 Code는 액화고체를 포함한 모든 액체를 취급하는 배관시스템에 적용되며, 원자재 상태, 중간 가공상태 그리고 완제품상태의 화공약품, 오일과 다른 석유제품, 가스, 증기, 공기, 물과 냉매를 포함한 모든 형태의 서비스에 적용된다(단, 300.1.2 혹은 300.1.3에 명기된 경우는 예외) 300.2.에 명시된 대로 단지 Category D와 M 용액 서비스만이 특별한 고려를 위해 분리되어야 한다.

내부압력

$$t_m = t + c \qquad t = \frac{Pd}{2[SE - P(1 - Y)]}$$

$$t = \frac{PD}{2(SE + PY)}$$

(페이지 179의 주. 1, 7, 8 참고)

S값, 1000psi.

재질 ASTM A 53 B와 A 106 B에 대해 온도 °F를 초과하지 않는 금속온도에 대해

	20 ~ 100	200	300	400	500
A 53B A106B	20.00	20.00	20.00	20.00	18.90

외부압력

벽두께와 보강조건을 결정하기 위해서는 ASME 보일러 및 압력용기 Code, Division 1, Section Ⅷ의 Paras. UG-28, 29와 30에 개설된 절차가 수행되어야 한다.

배관 CODE의 주요 요구조건의 요약

기 호	주

기 호

A=나사 작업과 골 깊이 작업 시 절삭된 것을 보강하고 기계적 강도, 부식과 침식 공차를 제공하기 위한 추가 두께, in. 주철 파이프에 대해서는 다음의 A값이 적용된다. :

원심주조 .... 0.14in.

정적인 주조 .... 0.18in.

C=기계적인 공차(나사 혹은 골 깊이)에 부식과 침식 공차를 추가한 합계, in.

d=부식상태에서의 파이프 내경, in.

D&D_o=파이프 외경, in.

E=파이프에서의 용접 이음 효율, Seamless 파이프에 대해, E=1.0

F=주철 파이프에 대해서는 주조질계수 F가 E대신 사용되어야 한다.

P=내부설계압력 혹은 최대허용 작동압력, psig.

S=설계온도에서 내부압력에 기인한 재질의 최대허용응력, psig.

t=압력에 대해 요구되는 파이프 두께, in.

t_m=압력에 대해 요구되고 나사 작업시 골 작업등을 위해 제거된 재료를 보강하고 기계적 강도, 부식과 침식 공차를 제공하기 위한 파이프의 최소두께, in.

y&Y=아래에 도표화된 계수

y & Y의 값						
온도, °F	900[1] 이하	950	1000	1050	1100	1150 이상
페 라 이 트	0.4	0.5	0.7	0.7	0.7	0.7
오스테나이트	0.4	0.4	0.4	0.4	0.5	0.7

주: 비철 재료와 주철에 대한 y값은 0.4이다.

[1] 6 이하의 D_0/t_m 비율을 가진 파이프에 대해 900°F 이하 온도에 대해 설계된 페라이트강과 오스테나이트 강의 y 값은 아래 값으로 되어야 한다.

$$y = \frac{d}{d + D_0}$$

주

1. 선정된 파이프의 최소두께는 제조업체의 마이너스 공차를 고려 t_m 이상이어야 한다. Seamless steel 파이프의 마이너스 공차는 공칭 파이프 벽 두께의 12.5%이다.
2. Steel 파이프가 나사진 것은 250psi. 이상 압력에서 증기 서비스를 위해 혹은 220°F 이상 물 온도에서 100psi. 이상 압력에서 물 서비스를 위해 사용될 때, 파이프는 최소 최종인장강도 48,000psi.와 최소 ANSI B 36. 10의 Sch. 80과 동일한 무게를 갖는 seamless형이어야 한다 (Code ANSI B 31.1, Para. 104.1.2C. 1).
3. 대중 혹은 배관시스템의 소유주 혹은 그의 종업원 혹은 대리인 이외의 개인에게 출입이 허용되는 공공지역에 설치된 배관시스템은 USAS B 31.8에 일치하여 설계되어야 한다 (Code USAS B 31.02, para. 201.1).
4. 가스 사용 공정 혹은 장비에 의해 달리 요구되지 않으면, 사람의 사용과 점유를 위한 목적의 건물에 설치된 배관 시스템을 위한 최대 작동 압력은 10psig.를 초과하지 않아야 한다 (Code USAS B 31.2, Para. 201. 2.1).
5. 예기되는 서비스 조건에 무관하게 모든 배관 시스템은 -20°F와 250°F의 온도간에서 최소 10psig.의 설계압력을 가져야 한다(Code USAS B 31.2, Para. 201.2.2.b.).
6. 최소 벽 두께가 공칭 직경의 0.10을 초과하는 경우, 배관시스템은 USAS B 31.3의 요구조건을 충족시켜야 한다(Code USAS B 31.2 Para. 203).
7. D/6 혹은 0.385보다 큰 P/SE와 같거나 큰 t를 가진 파이프는 특별한 고려를 요한다. 파괴, 피로와 열 응력의 이론과 같은 설계와 재질 계수 등이 고려되어야 한다(Code B 31.3, Para. 304.1.2.b).
8. 파이프 bend는 적용 Code flattening 한계를 충족시켜야 한다.

파이프의 벽두께와 허용압력에 대한 배관 CODE의 주요 요구조건의 요약

CODE 범위	공 식
ANSI B 31.4-1979 **액화석유 이송 배관시스템** 이 Code는 제조업자의 리스시설, 탱크 단지, 천연가스 제조플랜트, 정제시설, 스테이션, 터미날과 다른 이송과 입수점간에 있는 천연오일, 응축수, 천연가솔린, 천연가스액체, 액화석유가스와 액체석유제품과 같은 액체석유를 이송하는 배관의 설계, 재질, 제작, 조립, 검사와 테스트의 최소 요구조건을 제시한다.	**내부압력** $t_n = t + A$ $t = \dfrac{P_iD}{2S}$ 여기서, S=Code, Para. 402.3.1. a, b, c 혹은 이에 따른 적용허용응력, -20°F~250°F에서 파이프 재질 ASTM A 53 B와 A 106 B에 대해서 S=25,200psi. t=설계압력에 대한 벽두께, in.(페이지 181 주. 1, 2, 참고.)
ANSI B 31.5-1983 **Refrigeration 배관** 이 Code는 -320°F 온도에 대한 냉매와 염분용 배관의 재질, 설계, 제작, 조립, 설치, 테스트와 검사를 위한 최소 요구조건을 명기한다(단, 다음의 구절에 달리 배제된 경우는 예외임). 다른 배관 Code section도 그들의 각기 관할권내에서 refrigeration 배관에 대한 요구조건을 규정한다는 것을 사용자들은 주지해야 한다. 이 Code는 다음에 적용된다. : (a) UL 혹은 다른 국가적으로 인정된 검사 시험소의 요구조건에 따르는 어떤 self-contained 혹은 unit system : (b) 물 배관 (c) 크기에 관계없이 15psi.(103kpa)을 초과하지 않는 외부 혹은 내부 게이지 압력에 대해 설계된 배관	**내부압력** $t_m = t + c$ c $t = \dfrac{PD_o}{2(S + Py)}$ or $t = \dfrac{Pd}{2(S + Py - P)}$ $P = \dfrac{2St}{D_o - 2yt}$ 여기서 S=설계온도에서 내부압력에 따른 재질의 최대 허용응력, psi. 100°F~400°F에서 파이프 재질 ASTM A 53 B와 A 106 B에 대해 S=15,000psi. t=설계압력에 대한 벽두께, in.(페이지 181 주. 1.2. 참고) **외부압력** 설계압력에 대한 두께 t는 Code. Para. 504.1.3에 따라 결정되어야 한다.
ANSI B 31.8-1982 **가스 이송과 배분 및 배관시스템** 이 Code는 가스배관, 가스압축기 스테이션, 가스 측정과 조절스테이션, 가스 main과 사용자의 계기의 배출구에 따른 서비스라인 등을 포함한 가스 이송과 배분 시스템의 운전과 보수의 설계, 제작, 설치, 검사, 테스트와 안전등을 망라한다. 이 Section의 범위에는 또한 파이프로 제작되거나 성형된 혹은 파이프와 부속물로 제작된 밀폐 파이프 형태의 가스저장장비와 가스저장라인이 포함된다.	**내부압력** $P = \dfrac{2St}{D} \times F \times E \times T$ 여기서 S=명시된 최소 항복강도, psi. 파이프 재질 ASTM A 53 B와 A 106 B에 대해서 S=35,000psi. t=공칭 벽두께, in. (페이지 181 주. 1, 2, 3, 4, 5 참고)

배관 CODE의 주요 요구조건의 요약

기 호

A=Code, Para. 40.4.2에서 요구되는 나사절삭작업을 위한 공차, Code Para 402.4.1에서 요구되는 부식을 위한 공차와 Code. Para. 402.1에서 보호조치로써 사용된다면 벽두께의 증가의 합계, in.

C=내부압력에 대해서, 나사와 절삭골 깊이에 있어서의 공차, 제조업체의 마이너스 공차, 부식과 침식공차의 합계, in.
외부압력에 대해서, 부식과 침식 공차, 제조업체의 마이너스 공차의 합계, in.

D=파이프의 내경, in.

$D\&D_o$=파이프의 외경, in.

E=Code, Table 841.12에서 구해진 세로이음계수. Seamless 파이프의 E=1.0 적용.

F=설계계수 값

제작형태 (Code 841.02 참고)	설계계수 F
Type-A	0.72
Type-B	0.60
Type-C	0.50
Type-D	0.40

$P\&P_i$=내부설계압력, psig.

S=공식에서 표기된 대로 그리고 적용 Code에 표기된 대로 psi.

t_t=공식에서 표기된 대로, in.

t_n=압력과 공차를 위한 요구조건을 만족시키는 공칭 벽두께. 그러나, Code Table 404.1.1에 열거된 공칭 벽두께보다 작지 않아야 함, in.

t_{mi}=설계압력과 기계적인 공차, 부식과 침식공차에 대한 요구조건을 충족시키는 최소요구두께, in.

T= Steel 파이프에 대한 온도 derating 계수

온도 °F	계수 T
250 미만	1.000
300	0.967
350	0.933
400	0.900
450	0.867

표시된 재질을 위한 계수 : ductile 비철 재질, 페라이트 강과 오스테나이트 강에 대해

ductile 재질에 대해 D_o/t가 4-6의 범위 내에서 있다면,

$y=\frac{d}{d+D_o}$를 사용하라.

ductile 재질에 대해서는 y=0.0을 사용하라.

주 :

1. 파이프를 선정할 때, 제조업체의 마이너스 공차가 고려되어야 한다. Seamless steel 파이프에 대한 마이너스 공차는 공칭 벽두께의 12.5%이다.
이 공차는 사양이 명시되지 않는 곳에서 또한 사용될 수 있다.
2. 파이프 bend 적용 Code의 flattening 한계를 충족시켜야 한다.
3. 위치의 구분, Code B 31.8, Para. 841.01. 에서 4개 등급이 제작형태를 제시하는 기준으로써 서술되고 있다.
4. 파이프 설계치의 제한, Code B 31.8, Para. 841.14.
5. 최소 공칭 벽두께, Code B 31.8, Table 841.141.

공식과 규정은 American National Standard Code for Pressure Piping으로부터 발췌되었다.

수압하의 직사각형 탱크

기계적으로 불리한 형태에 기인한 평평한 벽의 탱크는 저수압에 대해서만 사용된다. 직사각형 탱크에 대해 요구되는 재료의 양은 같은 용량의 실린더 용기에 대해서 보다 크다. 그러나 때때로 직사각형의 탱크의 적용이 용이한 제작과 양호한 공간활용 때문에 선호된다.

최대크기

보강되지 않은 탱크의 용량은 30 입방피트보다 작아야 하며 보강된 탱크용량은 140 입방피트보다 작아야 한다.
보다 큰 탱크에 대해서는 stay rod의 사용이 경제적인 관점에서 권장된다.

측면의 비율

모든 측면이 동일하다면, 한 변의 길이 : $B = \sqrt[3]{V}$: 여기서 V = 체적 $ft.^3$
선호된 비율 : 긴면 : 1.5B ; 짧은 면 : 0.667B

설계

페이지 183의 공식은 최대 허용 휨 $\Delta = L/500$에 기준 한다. 여기서, L은 플레이트의 긴 면을 나타낸다. 플레이트 재질에 대해 허용응력은 ASME Code for Pressure Vessels Section Ⅷ Div. 1에 의한다. 이 공식에서 사용되는 α 값은 측면의 비율에 달려있고 페이지 183의 도표에서 보여진다.

플레이트 모서리의 용접

플레이트 모서리의 선호되는 용접 이음은 아래 그림과 같다.

보강은 단속적인 혹은 연속적인 용접에 의해 탱크내부 또는 외부 벽에 부착될 수 있다.

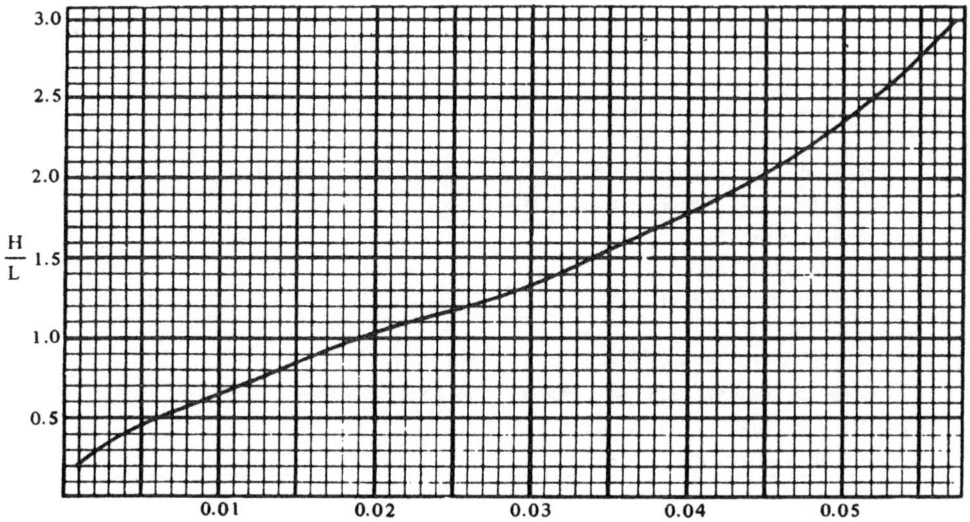

α값 직사각형 탱크에 대한 공식에서*

*이 곡선을 작성하는데 사용된 자료는 "Vegyipari Készulékek Szerkeszttése" Budapest, 1969, by Ba lazs Szan tay로부터 발췌되었다.

수압하의 직사각형 탱크

기호

α=탱크 길이와 높이의 비율에 따른 계수, H/L(페이지 183 참고)
E=탄성계수, psi.,: 30,000,000(탄소강에 대해)
G=용액의 비중
I=관성모우멘트, in.^{4}
l=지지물간의 최대거리, in.
L=탱크길이, in.
R=위치를 표시하는 아래첨자를 가진 반작용, lb/in.
S=플레이트의 응력, psi.(Code, Table UCS-23에 도표화되어 있는)
t=요구되는 플레이트 두께, in.
ω=길이당 부하, lb/in.

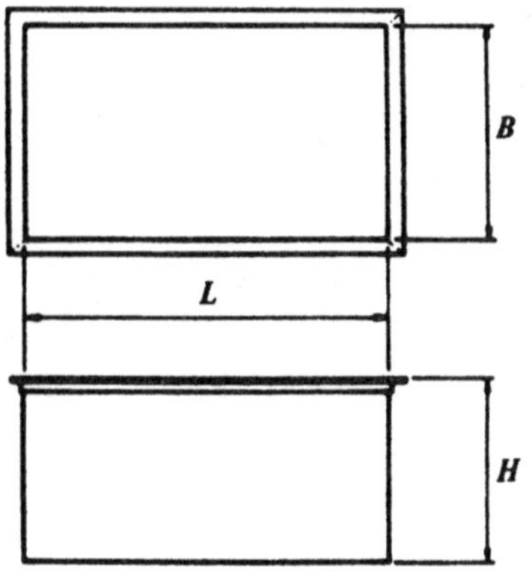

플레이트 요구 두께

$$t = 2.45\,L\sqrt{\frac{\alpha H\,0.036\,G}{S}}$$

두께 t는 그 전체 표면이 지지된다면 하단 플레이트에 대해서도 사용될 수 있다.

두께 t는 부식이 다르므로 증가되어야 한다.

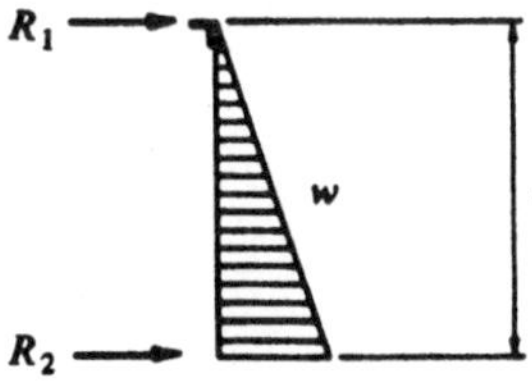

보강 프레임

$$w = \frac{0.036\,G\,H^2}{2} \qquad R_1 = 0.3\,w \quad R_2 = 0.7\,w$$

최소 요구 관성모우멘트:

$$I_{min} = 1.25\,\frac{R_1 L^3}{E}$$

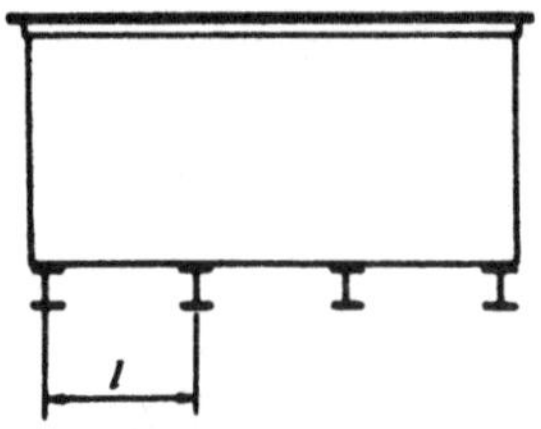

Beam에 의해 지지될 때 하단 플레이트

$$t = \frac{l}{1.254\sqrt{\dfrac{S}{0.036\,G\,H}}}$$

하단의 주어진 두께에 대한 지지물의 최대 간격 :

$$l = 1.254\,t\sqrt{\frac{S}{0.036\,G\,H}}$$

직사각형 탱크

보 기

설계자료

탱크용량 : 600 갤런=80ft.^{3}
내용물 : 물 : G=1
정해진 용량을 위한 입방체형태의 탱크의 측면 : $\sqrt[3]{80}=4.31$ft.
선호되는 측면의 비율 :

$$L=4.31\times1.5=6.47\text{ft.}=78\text{in.}$$
$$H=4.31\times.667=2.87\text{ft.}=34\text{in.}$$

탱크폭 : 4.31ft.=52인치
S=13750, SA 285 C 재질 사용시
부식공차 : 1/16인치 : 1/16in.

$$H/L=34/78=0.44 \ : \ \alpha=0.0045$$

플레이트 요구 두께

$$t = 2.45 \times 78\sqrt{\frac{0.0045\text{x}34\text{x}0.036\text{x}1}{13750}} = 0.121$$

+ 0.0625 부식공차 = 3/16 in.

보강 프레임

$$w = \frac{0.036\text{x}1\text{x}34^2}{2} = 20.808 \text{ lb./in.} \qquad R_1 = 0.3\text{x}20.808 = 6.24$$
$$R_2 = 0.7 \times 20.808 = 14.57$$

$$I_{min} = 1.25\frac{6.24\text{x}78^3}{30,000,000} = 0.123 \text{ in.}^4$$

$1^1/_2\times1^1/_2\times{}^1/_4$(0.14in.^{4})는 탱크 상단에서의 보강에 적합하다.
$1\times1\times{}^1/_8$ 앵글은 그런 이음형태가 선택된다면, 모든 모서리에 대해 사용될 수 있다 (페이지 182 참고).

Beam에 지지될 때 하단 플레이트

Beam의 수=4: ℓ=26.in.

$$t = \frac{26}{1.254\sqrt{\frac{13750}{0.036\text{x}1\text{x}34}}} = 0.196 \text{ in.},$$

혹은 위에서 계산된 대로 플레이트 두께 0.125를 사용하면, 지지물의 최대 간격:

$$l = 1.254 \times 0.125\sqrt{\frac{13750}{0.036 \times 1 \times 34}} = 16.6 \text{ in.}$$

수압하에서의 수직 보강을 가진 직사각형 탱크

기호

α=탱크 길이와 높이의 비율에 따른 계수, H/L(페이지 183의 도표 참고)
H=탱크 높이, in.
G=용액의 비중
l =보강간의 거리, in.
S=플레이트의 응력, psi.(ASME Code에 도표화된 대로)
t=요구되는 플레이트 두께, in.
ω=부하, lbs.

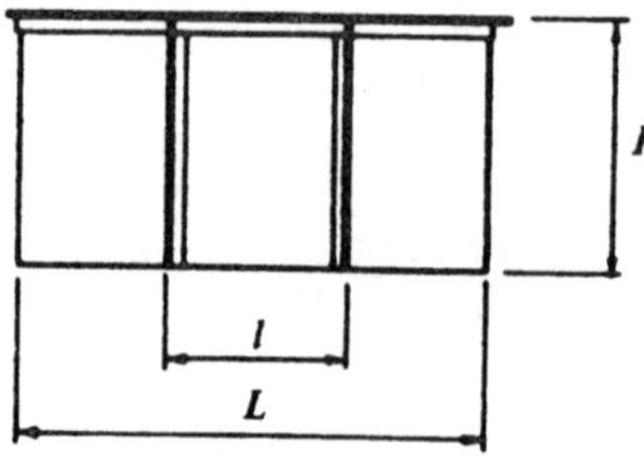

보강간의 최대거리	$l = 0.455\,t\sqrt{\frac{1}{\alpha}\,\frac{S}{0.036\,G\,H}}$
요구면적의 단면계수	$Z = \frac{l \times 0.036\,G\,H^3}{16\,S}$
면적상의 부하 $l \times H$	$W = \frac{0.036\,l\,H^2\,G}{2}$
탱크플레이트의 단면계수	$Z = \frac{l\,t^2}{6}$

수직 보강을 가진 직사각형 탱크 보 기

설계자료

L=78인치　　　내용물 : 물
H=34인치　　　G=1
B=52인치(폭)
S=13750psi.
t=0.125in.

보장간 최대거리

α값을 α=0.032로 가정하면, H/L=1.4(페이지 183의 도표 참고)

$$l = 0.455 \times 0.125 \sqrt{\frac{1}{0.032} \times \frac{13750}{0.036 \times 1 \times 34}} = 33.7 \text{ in.}$$

요구되는 면적의 단면계수, $\ell \times H$

ℓ이 26인치라면(탱크 길이의 1/3)

H/l = **34/26 = 1.31** ; **α = 0.0295**

$$Z = \frac{26 \times 0.036 \times 1 \times 34^3}{16 \times 13750} = \frac{36789}{220{,}000} = 0.167 \text{ in.}^3$$

탱크플레이트의 단면 계수 :

$$Z = 0.068 \text{ in.}^3$$

보강 최소 요구 단면 계수 :

0.167 − 0.068 = **0.099 in.^{3}**

2개의 $1^1/_2 \times 1^1/_2 \times 3/16$ 앵글은 보강에 적합하다.

수압하의 수평 보강을 가진 직사각형 탱크

기호

α=길이와 높이의 비율에 따른 계수, H/L(페이지 183의 도표 참고)
E=탄성계수, psi.,: 30,000,000(탄소강에 대해)
G=용액의 비중
H=탱크의 높이, in.
I=관성모우멘트, $in.^4$
L=탱크길이, in.
p=용액의 압력, psi.
R=위치를 표시하는 아래첨자를 가진 반작용, lb./in.
S=플레이트의 응력(ASME Code에 도표화된 대로)
t=플레이트 요구 두께, in.
ω=길이당 부하, lb./in.

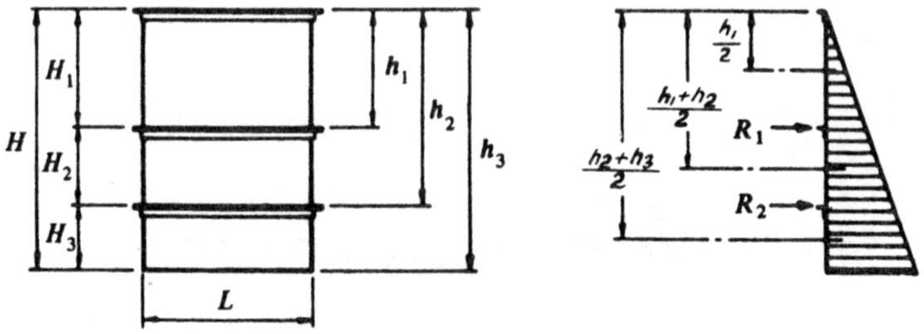

보강요구 수

H, in.			
60-84	84-120	120-156	> 156
1	2	3	4

보강간격

	H_1	H_2	H_3	H_4	H_5
1	0.60 *H*	0.40 *H*			
2	0.45 *H*	0.30 *H*	0.25 *H*		
3	0.37 *H*	0.25 *H*	0.21 *H*	0.17 *H*	
4	0.31 *H*	0.21 *H*	0.18 *H*	0.16 *H*	0.14 *H*

부하 lb./in.

$$w = \frac{0.036\,G\,h^2}{2}$$

보강 최소 관성모우멘트

$$I = 1.25\,R\,\frac{L^3}{E}$$ 여기서, $R = 0.7\,w$

플레이트 요구 두께

$$t = 2.45\,L\sqrt{\alpha_n \frac{P_n}{S}}$$

수평 직사각형 탱크 보강을 가진 보 기

설계자료

지정된 용량 = 1,000 갤런 = 134ft.^{3}
내용물 : 물
S = 13,750psi. SA 258 C 재질 사용시
부식공차 = 1/16in.
지정된 용량에 대한 입방체형태의 탱크 측면 : $\sqrt[3]{134} = 5.12$ft.
선호되는 측면의 비율 : 폭 = 0.667 × 5.12 = 3.41ft : 개략 42in.
높이 = 1.500 × 5.12 = 7.68ft : 개략 92in.
길이 = 5.12ft : 개략 60in.

보강의 계산 :

높이 92인치에 대해서는 2개의 보강이 필요하다.
보강간격 : (페이지 188의 도표 참고)

$H_1 = 0.45\,H = 41$ in., $H_2 = 0.30\,H = 28$ in., $H_3 = 0.25\,H = 23$ in., $h_1 = 41$ in., $h_2 = 69$ in., $h_3 = 92$ in.

$$w = \frac{0.036\,G\,h^2}{2} \quad lb/in.$$

$w_1 = 0.5 \times 0.036 \times 1 \times 41^2 = 30.3$ lb./in. $w_2 = 0.5 \times 0.036 \times 1 \times 69^2 = 85.7$ lb./in.

$R_1 = 0.7 \times 30.3 = 21.2$ $R_2 = 0.7 \times 85.7 = 60.0$

요구되는 관성모우멘트 : $I = 1.25\,R\,\frac{L^3}{E}$ in.^{4}

$1.25 \times R_1 = 1.25 \times 21.2 = 26.5$ $1.25 \times R_2 = 1.25 \times 60.0 = 75.0$

$$\frac{L^3}{E} = \frac{60^3}{30{,}000{,}000} = 0.0072$$

$I_1 = 0.0072 \times 26.5 = 0.1908$ in.^{4} $I_2 = 0.0072 \times 75.0 = 0.54$ in.^{4}

1¾x1¾x¼ 각(I = 0.23) 2½x2½x3/16 각(I=0.55)

이 앵글크기는 상단에서도 사용될 수 있다.

플레이트 요구 두께 :

$$t = 2.45\,L\sqrt{\alpha_n \frac{p_n}{S}} \quad in$$

용액 압력 : $p_n = 0.036\,G\,\frac{h_{n-1} + h_n}{2}$

$p_1 = 0.036\,\frac{h_1}{2} = 0.036 \times \frac{41}{2} = 0.738$, $\frac{p_1}{S} = \frac{0.738}{13750} = 0.0000536 = 5.36 \times 10^{-5}$

$p_2 = 0.036\,\frac{h_1 + h_2}{2} = 0.036 \times \frac{41 + 69}{2} = 1.980$, $\frac{p_2}{S} = \frac{1.980}{13750} = 0.000144 = 14.4 \times 10^{-5}$

$p_3 = 0.036\,\frac{h_2 + h_3}{2} = 0.036 \times \frac{69 + 92}{2} = 2.898$, $\frac{p_3}{S} = \frac{2.898}{13750} = 0.000211 = 21.1 \times 10^{-5}$

$H_1/L = 41/60 = 0.683$, $H_2/L = 28/60 = 0.467$, $H_3/L = 23/60 = 0.383$

페이지 183의 도표로부터의 α 값

$\alpha_1 = 0.011 = 11 \times 10^{-3}$, $\alpha_2 = 0.0055 = 5.5 \times 10^{-3}$, $\alpha_3 = 0.0038 = 3.8 \times 10^{-3}$

$\alpha_1 \frac{p_1}{S} = 11 \times 10^{-3} \times 5.36 \times 10^{-5} = 58.96 \times 10^{-8}$, $\alpha_2 \frac{p_2}{S} = 5.5 \times 10^{-3} \times 14.4 \times 10^{-5} = 79.2 \times 10^{-8}$, $\alpha_3 \frac{p_3}{S} = 3.8 \times 10^{-3} \times 21.1 \times 10^{-5} = 80.18 \times 10^{-8}$

$t_1 = 2.45 \times 60\sqrt{58.96 \times 10^{-8}} = 147 \times 7.68 \times 10^{-4} = 0.113$ in.

$t_2 = 2.45 \times 60\sqrt{79.2 \times 10^{-8}} = 147 \times 8.90 \times 10^{-4} = 0.131$ in.

$t_3 = 2.45 \times 60\sqrt{80.18 \times 10^{-8}} = 147 \times 8.95 \times 10^{-4} = 0.132$ in.

평균 플레이트 두께 : 0.1253+0.0625 부식공차 = 0.1878 = 3/16 플레이트

수압하의 직사각형 탱크를 위한 TIE - ROD 지지물

무거운 하중을 피하기 위해, 대형 탱크의 측면을 tire - rod 보강에 의해 가장 경제적으로 지지될 수 있다.

기호

A=tire-rod의 요구 횡단면적, in.^{2}
a=수평 피치, in.
b=수직 피치, in.
G=용액의 비중
P=용액의 압력
S=rod 재질의 응력, psi.
t=플레이트 요구 두께, in.

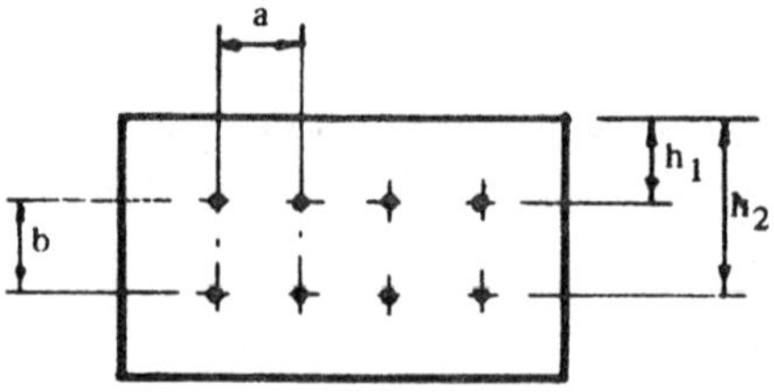

플레이트 요구 두께	a≅b일 때, $t = \frac{b}{200}\sqrt{0.036\,G\,h}$
tire-rod 상의 부하	$P = ab\ 0.036\ Gh$
tire-rod 상의 부하 횡단면적	$A = \frac{P}{S}$

보기

설계자료

길이=30ft. 폭=12ft., 높이=15ft.
a=60in.
b=60in.
G=1
S=20,000psi.

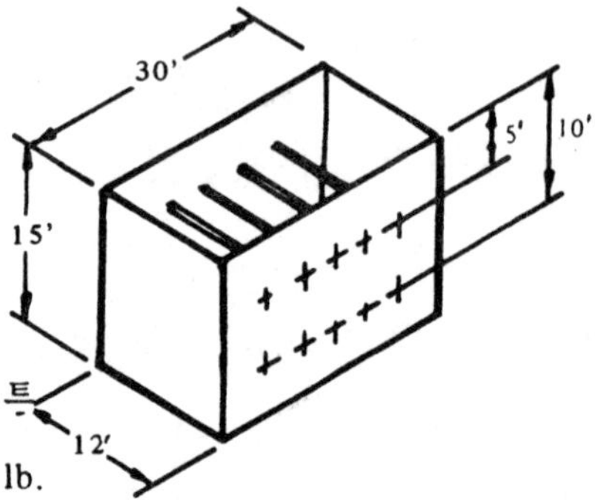

$$t = \frac{60}{200}\sqrt{0.036 \times 1 \times 120} = 0.625 = 5/8 \text{ in. 플레이트}$$

$$P_2 = ab0.036Gh_2 = 60 \times 60 \times 0.036 \times 120 = 15{,}552 \text{ lb.}$$

$$A_2 = \frac{15{,}552}{20{,}000} = 0.778 \text{ sq. in.} = 1\phi \text{ rods}$$

$$P_1 = ab0.036Gh_1 = 60 \times 60 \times 0.036 \times 60 = 7{,}776 \text{ lb.}$$

$$A_1 = \frac{7{,}776}{20{,}000} = 0.389 \text{ sq. in.} = 3/4\ \phi \text{ rods}$$

부 식

부식, 침식 혹은 기계적인 마모에 의해 얇아지는 용기 및 용기의 부품들은 설계에 의한 방법이나 다른 적합한 방법에 의해 대책이 강구되어야 한다. 따라서, 재질의 두께에서도 적합한 여유에 의해 요구되는 용기 수명을 유지시켜야 한다(Code UG-25b).

이 Code는 증기, 물 혹은 압축공기 서비스에서 사용될 0.25인치 이하의 최소 요구두께를 가진 용기가 계산된 플레이트 두께의 1/6보다 작지 않은 부식공차를 가져야 하는 경우를 제외하고는 부식공차의 크기를 명시하지 않는다. 계산된 두께와 부식공차의 합계는 1/4인치를 초과할 필요가 없다(Code UCS-25).

부식의 비율이 예측 가능한 다른 용기에 대해, 용기의 요구되는 수명은 부식공차를 결정할 것이며, 부식의 효과를 결정하기 어렵다면 설계자의 판단에 따라야 한다. 연간 5mils(0.005inch)의 부식비율(1/16in.=12년)이 용기와 배관에 대해 통상 적합하다(Code UG-25b).

용기의 요구되는 수명은 경제적인 질문사항이다. 주 용기는 긴 운전수명(15-20년)에 대해 통상 설계된다. 반면에 사소한 용기는 짧은 수명(8-10년)에 대해 통상 설계된다.

부식공차는 부식비율이 각 부품에 대해 서로 상이할 때 용기의 모든 부품에 대해 동일한 두께일 필요는 없다(Code UG-25C).

부식을 측정하는 방식에는 몇 개의 상이한 방식이 있다. 가장 단순한 방법은 telltale hole(Code UG-25e) 혹은 corrosion gauge의 사용이다.

부식을 받게 되는 용기에는 배수구가 마련되어야 한다(Code UG-25f).
내부부식, 침식 혹은 기계적인 마모를 받게 되는 모든 압력용기는 검사 개구부가 마련되어야 한다(Code UG-46).
부식을 방지하기 위해, 내부식성 재질이 단지 라이닝만을 위해 사용되거나 혹은 용기 벽의 전체 면에 대해 사용될 수 있다.

라이닝의 규칙은 Code in Part UCL, Appendix F and Par. UG-26에 개설된다.

기계적인 마모에 대응해 다른 방식에 의해 용기의 노출된 면에 용접되거나 고정되는 플레이트 패드에 의해 용기는 보호될 수 있다.

부식이 일어나는 용기에서는 연속용접으로 용기벽에 간격과 협소한 포켓(pocket) 등을 부착시키는 것은 삼가야 한다.

내부식성 재질의 선정

페이지 194로부터 시작되는 도표의 정보는 현존하는 테스트 자료를 요약 분석한 것이다. 이것은 간략하게 취해졌으므로 모든 조건에 적용되는 것은 아니다. 따라서, 이 자료는 각종 재질들이 최종 선정을 위해 요구되는 검사의 분야에 적용되며 안전도를 구하는데 사용될 수 있는 편리한 도구이다. 특히 부식에 의한 파괴로 위험한 상황을 초래하거나 가동률을 저하시키고 가동중지 등을 초래하는 경우에 적용되기도 한다.

각주(玨註)는 이 도표에 포함된 정보를 설명하고 상세히 구분하기 위해 일반적으로 사용된다. 도표를 사용할 때 이 각주(玨註)가 유의 깊게 읽혀져야 한다.

재질을 구분할 때 "A"라는 글자는 주어진 조건 하에서의 사용에 대해 적합한 것으로 일반적으로 인정된 재질을 표시하기 위해 사용되었다. "F"라는 글자는 다소 덜 바람직하나 낮은 부식비율이 허용되거나 비용적인 고려가 낮은 내부식성 재질의 사용을 정당화시키는 경우에 사용될 수 있다. "C"라는 글자로서 구분된 재질은 특정한 조건 하에서 적합할 것이다. 특정한 정보가 부식매체에 대해 이용 가능하지 않거나 경험이 고려된 서비스에 대해 이의 사용을 정당화시키지 않으면 이 구분에 의한 재질의 사용에 주의를 요한다. 글자 "A"는 서비스를 위해 만족스럽지 않으나 일반적으로 인정된 재질을 표시하기 위해 사용된다.

금속에 대한 정보는 International Nickel Company, the Dow Chemical Company, the Crane Company, the Haynes-Stellite Company, Mckay & Worthington에 의한 "Corrosion Resistance of Metals and Alloys", Samuel L. White에 의한 "Metals and Alloys Data Book", McGraw-Hill에 의한 "Chemical and Metallurgical Engineering"과 "The Chemical Engineers Handbook" 3rd. Edition으로부터 발췌된 것이다.

주기 : 개스킷 재질

Ⅰ. 양호한 등급의 압축 석면지, 소위 석면 composition sheet에 대한 일반적으로 인정되는 온도는 750°F이다.
그러나 몇 개의 등급은 상당히 더 높은 온도에서 성공적으로 사용된다.
이런 형태의 석면지는 유연한 플랜지를 위해 사용된다. 강한 플랜지에 대

해서는 석면-금속지로부터 절단된 혹은 석면-금속천을 접음으로써 형성된 개스킷이 선호된다. 후자 그리고 펠트석면지로부터 절단된 개스킷은 볼트압력이 플랜지 재질 형태 때문에 제한될 때 플랜지를 위해 사용된다.

Ⅱ. Pfaulder Company로부터의 자료는 glass-lined steel 장비와의 사용을 위한 개스킷 재질의 적합성에 대한 특별한 관점에서 이용된다.

Ⅲ. 이 컬럼 내의 자료는 특별히 Dow-Corning Corporation에 의해 생산되는 개스킷에 사용되는 특수한 실리콘고무인 Silastic 181에 적용된다.

Ⅳ. Silastic 실리콘 고무로 채워진 fiberglass 섬유(polysiloxane elastomer)는 약 20%의 이용 가능한 수축성을 갖고 있으며 -85°F로부터 392°F 온도까지 걸쳐 여기서 인용되는 내화학성을 나타낸다. 내화학성의 합성고무로 채워진 fiberglass 섬유에 대해서는 온도범위가 개략 -40°F에서 257°F까지이다. 실리콘고무와 일반 합성고무는 둘 다 보강섬유가 금속천(brass, aluminum, iron, stainless steel)인 캐스킷 재질로써 활용된다.

이런 제품의 화학적 특성은 Fiberglass 보강재질에 대해 여기에 주어진 것과 동일하다. 증가된 기계적 강도와 전기 전도성을 위해 금속-천 제조 방법이 사용된다.

Ⅴ. 테프론은 Polymerized Tetrafluorethylene에 대한 듀폰(Dupont)의 트레이드 명칭이다. 이는 모든 알려진 화학약품에 대해 완전히 반응을 일으키지 않으며 어떤 알려진 용매 혹은 그의 결합물에 의해 악영향을 받지 않는다. 이것은 화학적으로 617°F까지 안정하나 플라스틱이 될 수 있으며 tongue-and-groove 혹은 유사한 이음에의 사용에 한정되지 않는 한 392°F 이상 혹은 높은 압력에 대한 캐스킷 적용으로써 권장되지 않는다.

* 자료원: A-Armstrong Cork Co.; C-Connectictut Hard Rubber Co.; D-Dow-Corning Corp.; E-E.I.Dupont de Nemours & Co.; J-Johns-Manville Corp.; P-The Pfaudler Co.; S-Stanco Distributors, Inc.; U-United States Rubber Co.

개스킷 재질에 대한 정보는 McGraw-Hill의 "Chemical Engineers Handbook" 3rd. Edition에 의해 편집되었다.

금속의 내화학성

주의 :
도표 이용 전에
각주와 원문을 읽어라.

등급 : A=양호; F=사용 가능
C=주의-조건에 달려 있음;
조건부 사용
X=사용 불가

Chemical	Iron and Steel	Red Brass	Commercial Bronze	Lead	Copper	Aluminum	Nickel	Inconel	Monel Metal	Type 304 S.S.	Type 316 S.S.	Type 347 S.S.	Carpenter "20" S.S.	Hastelloy "B" or "C"
Acetic acid, crude	C	C	F	C	F	A	C	C	C	C	C	C	A	A
Pure	X	C	F	C	F	A	F	A	A	F	A_{10}	C	A	A
Vapors	X	C	F	C	F	C	C	C	C	C	X	C	A	A
150 lb/sq.in. @ 400°F	X	–	X	X	F	C	–	C	C	–	A	C	A	A
Acetic anhydride	C	F	F	A_1	F	A	A	A	A	F	A	A	A	A
Acetone	A	A	A	A	A	A	A	A	A	A	A	A	A	A
Acetylene	A	X	X_8	A	X_8	A	A	–	A	A	A	A	A	A
Aluminum chloride	X	C	C	X	C	C	C	C	C	X	C	X	A_2	A_2
Aluminum sulfate	X	F	F	A	C	C	C	C	F	A	A	A	A	A
Alums	X	F	F	A	F	F	C	–	C	A	A	C	A	–
Ammonia gas, dry	F	A	A	A	A	A	–	A_3	–	A	A	A	A	A
Moist	F	X	X	A	X	C	C	A	C	A	A	A	A	–
Ammonium chloride	F	X	X	A	X	C	A	C	A	C	C	C	A	A_6
Ammonium hydroxide	A	X	X	A	X	A	C	A	C	A	A	A	A	A
Ammonium nitrate	F	X	X	X	X	A	–	–	C	A	A	–	A	A
Ammonium phosphate	C	C	C	A	C	C	A_4	A_4	A_4	A	A	A	A	A_5
Ammonium sulfate	F	C	C	A	C	A_5	F	A	A	C	C	A	A	A
Aniline, aniline oil	A	X	X	–	X	X	–	–	A	A	A	A	A	A
Aniline dyes	–	–	–	–	–	–	–	–	A	A	A	A	A	A
Barium chloride	–	–	–	–	–	–	A	–	–	C	C	–	F	A_6
Barium hydroxide	–	–	–	X	X	X	A	–	–	A	A	–	A	–
Barium sulfide	–	–	–	A	X	–	–	–	A	A	A	A	–	–
Beer	C	–	A	–	A	A	A	A	A	A	A	A	–	A
Beet sugar liquors	C	–	–	–	A	C	A	A	A	A	A	A	A	A
Benzene, benzol	A	A	A	A	A	A	A	A	A	A	A	A	A	A
Benzine, petroleum ether, naphtha	A	A	A	A	A	A	A	A	A	A	A	A	A	A
Black sulfate liquor	A	–	F	F	X	–	A	A	A	A	A	–	A	–
Boric acid	X	A	A	C	C	A	–	–	C	A	A	A	A	A
Bromine	X	C	C	–	C	X	C	C	C	X	X	X	C	A

주 : 뒷 페이지에 계속됨.

1. 산소가 없을 때
2. 125° max
3. 모든 퍼센터; 70°
4. 기화까지
5. 5% 실내온도
6. 122°까지
7. 철과 강은 물과 공기가 있을 때 상당히 녹슬 수 있다.
8. 고동합금은 Code에 의해 금지됨; yellow brass 인정됨.
9. Hastelloy "C" 105°까지 추천됨.
10. 색깔이 중요하지 않을 때, c. p. acid와 함께 사용하지 말아라.
11. 212°까지의 실내 온도, 습기는 공격을 억제한다.
12. 가스; 70°
13. 500°까지
14. Hastelloy "C"(실내온도에서)
15. 158°까지의 실내온도
16. 실내온도에서
17. 퇴색이 문제되지 않을 때
18. 5% max; 150° max
19. 212°까지의 만족스런 수증기

캐스킷의 내화학성

(앞 페이지 Chemical 참고)

등급 : 페이지 194와 동일

Asbestos									Rubber							Miscellaneous				
			Comp., Rubber Bonded			Woven Rubber Frictioned														
White (comp. or woven) I	Blue (comp. or woven) I	Compressed sheet	White (Buna-S) II	White (Neoprene) II	Blue (Butyl) II	Blue (Neoprene) II	White (Neoprene) II	Blue (Butyl) II	GR-S	Neoprene	Buna-N	Butyl	Thiokol	Natural	Silicone III	Glass Fabric and Silicone Elastomer IV	Glass Fabric and Synthetic Rubber IV	Cork Composition	Plant-Fiber Sheet	Teflon II
*J	J	U	P	P	P	P	P	P	U	A	U	U	U	U	D	C	C	A	A	P
C	A	C	A	A	A	A	A	A	C	C	F	F	F	C	–	A	A	C	X	A
C	A	C	A	A	A	A	A	A	C	C	F	F	F	C	A	A	A	C	X	A
C	A	C	A	A	A	A	A	A	C	A	F	F	F	C	–	A	A	C	X	A
C	A	F	–	–	–	–	–	–	X	X	F	X	X	X	–	A	X	X	X	–
C	A	–	A	A	A	A	A	A	–	A	–	–	–	–	–	C	C	X	X	A
A	–	A	X	X	X	X	X	X	A	A	X	A	C	F	F	A	A	A	A	A
A	–	A	–	–	–	–	–	–	A	A	A	A	C	A	–	X	X	A	A	–
A	–	A	A	A	A	A	A	A	A	A	A	A	–	A	–	F	A	F	C	A
A	–	–	A	A	A	A	A	A	A	A	A	A	–	A	–	A	A	F	F	A
A	–	A	A	A	A	C	C	C	A	A	A	A	–	A	–	A	A	F	F	A
A	–	A	A	A	A	A	A	A	A	A	A	A	A	A	–	A	A	X	X	A
A	–	A	–	–	–	–	–	–	C	C	C	C	X	C	–	A	A	X	X	A
C	A	A	A	A	A	A	A	A	–	A	–	A	C	A	–	F	A	F	F	A
A	–	A	A	A	A	A	A	A	C	F	C	A	X	C	A	A	A	X	X	A
C	A	–	F	F	F	F	F	F	A	A	A	A	–	A	–	–	A	F	F	A
C	A	–	A	A	A	A	A	A	A	A	A	A	–	A	–	–	A	F	F	A
C	A	A	A	A	A	A	A	A	A	A	A	A	–	A	A	–	A	F	F	A
A	–	A	–	–	–	–	–	–	X	X	X	A	A	X	–	X	C	X	A	A
A	–	A	–	–	–	–	–	–	F	–	F	A	C	F	–	X	C	C	C	A
C	A	A	A	A	A	A	A	A	A	A	A	A	–	A	A	–	A	F	F	A
A	–	A	A	A	A	A	A	A	A	A	A	A	A	A	A	A	A	F	F	A
A	–	–	–	–	–	–	–	–	A	A	A	A	A	A	–	–	A	F	F	A
A	–	A	A	A	A	X	X	X	A	A	X	A	X	A	–	A	A	A	A	A
A	–	A	A	A	A	A	A	A	A	A	A	A	X	A	–	A	A	A	A	A
A	–	C	X	X	X	X	X	X	X	X	X	X	C	X	X	X	X	A	A	A
A	–	C	X	X	X	X	X	X	X	F	X	X	C	X	X	X	C	A	A	A
A	–	A	–	–	–	–	–	–	A	A	A	A	X	A	–	–	–	A	A	–
A	–	–	A	A	A	A	A	A	A	Ĉ	A	A	X	A	A	A	A	A	A	A
X	C	X	X	X	X	X	X	X	X	X	X	X	F	X	–	X	X	X	X	A

*이 도표의 앞 페이지의 원문을 참고하라.

20. 증가된 온도에서 니켈합금에 매우 부식이 심한 일반온도에서는 "건조" 가스가 권장된다.
21. 48%-330°에서 기화
22. 실내온도-80% 이상
23. 390°F 이상 온도에서는 사용하지 말 것
24. 140°F까지
25. 200°F까지
26. 176°F까지
27. 10% max: 기화
28. 50% 320°
29. 철 오염이 허용되지 않으면 사용하지 말 것
30. 10%-실내온도
31. 뜨거운
32. 뜨거운 가스에는 부적합
33. Hastelloy "C" 158°까지
34. 실내온도 158°까지. 부식은 온도뿐만 아니라 순도의 증가와 더불어 증가한다.
35. 실내온도에서 회석하라.
36. 단지 부분적으로 침수되었을 때 공격은 증가한다: 연무는 매우 부식적임.
37. Hastelloy "C" 212°까지

금속의 내화학성

주의 :
도표 이용 전에
각주와 원문을 읽어라.

등급 : A=양호; F=사용 가능
C=주의-조건에 달려 있음: 조건부 사용
X=사용 불가

Chemical	Iron and Steel	Red Brass	Commercial Bronze	Lead	Copper	Aluminum	Nickel	Inconel	Monel Metal	Type 304 S.S.	Type 316 S.S.	Type 347 S.S.	Carpenter "20" S.S.	Hastelloy "B" or "C"
Butane	A	A	A	–	–	A	–	–	A	A	A	A	A	A
Butyl alcohol, butanol	A_{7}	A	A	A	A	A	A	A	A	A	A	A	A	A
Calcium chloride	F	F	F	X	F	C	A	A	A	C	C	C	A	A_{6}
Calcium hypochlorite	C	C	F	X	C	C	C	C	C	C	F	C	C	X_{9}
Carbolic acid, phenol	A_{10}	C	F	A	C	A_{11}	A	A	A	C	A	C	A	A
Carbon dioxide, dry	F	A	A	A	A	A	A	A	A	A	A	A	A	A
Wet	C	A	A	X	–	A	A	A	A	A	A	A	A	A
Carbon tetrachloride	C	C	F	F	C	F	A	A	A	C	A	C	A	A
Chlorine, dry	A	A	A	A	A	X	A	A	A	X	A_{12}	X	A_{13}	A
Wet	X	X	C	F	C	X	X	X	X	X	C	X	X	A_{14}
Chromic acid	C	X	X	A	X	C	C	C	C	C	C	X	C	A_{23}
Citric acid	X	A	A	A	C	F	F	A	A	A	A	A	A	A
Ethers	C	A	A	A	A	A	A	A	A	A	A	A	A	A
Ethylene glycol	A	A	A	A	A	A	A	A	A	A	A	A	A	A
Ferric chloride	X	X	X	X	X	X	X	X	X	X	C	X	X	F_{24}
Ferric sulfate	X	X	X	A	X	F_{16}	C	C	X	A	A	A	A	A_{15}
Formaldehyde	F_{17}	A	A	–	A	C	A	A	A	C	C	C	A	A
Formic acid	X	A	A	–	C	X	F	F	F	A_{18}	A_{18}	C	A	A
Freon, dry	A	A	A	A	A	A	A	A	A	A	A	A	A	A
Furfural	A	A	C	–	–	A	A	A	A	A	A	A	A	A
Gasoline, sour	C	X	X	A	X	A	A	A	C	A	A	A	A	A
Refined	A	A	A	A	A	A	A	A	A	A	A	A	A	A
Glycerin, glycerol	A_{17}	A	A	A	A	A	A	A	A	A	A	A	A	A
Hydrochloric acid, <150°F	X	C	C	C	C	X	C	C	F	X	X	X	A_{25}	A
Hydrofluoric acid, cold, <65%	X	X	X	F	X	X	C	C	A	X	X	X	F	A_{26}
>65%	X	X	X	C	X	X	C	–	A	X	X	X	F	A_{26}
Hot <65%	X	X	X	X	X	X	X	X	A	X	X_{19}	X	X	A_{26}
>65%	X	X	X	X	X	X	C	C	A	X	X	X	C	A_{26}
Hydrogen gas, cold	A	A	A	A	A	A	A	A	A	A	A	A	A	A

주 : 뒷 페이지에 계속됨.

1. 산소가 없을 때
2. 125° max
3. 모든 퍼센터: 70°
4. 기화까지
5. 5% 실내온도
6. 122° 까지
7. 철과 강은 물과 공기가 있을 때 상당히 녹쓸 수 있다.
8. 고동합금은 Code에 의해 금지됨: yellow brass 인정됨.
9. Hastelloy "C" 105° 까지 추천됨.
10. 색깔이 중요하지 않을 때, c. p. acid와 함께 사용하지 말아라.
11. 212° 까지의 실내 온도, 습기는 공격을 억제한다.
12. 가스: 70°
13. 500° 까지
14. Hastelloy "C"(실내온도에서)
15. 158° 까지의 실내온도
16. 실내온도에서
17. 퇴색이 문제되지 않을 때
18. 5% max: 150° max
19. 212° 까지의 만족스런 수증기

캐스킷의 내화학성

(앞 페이지 Chemical 참고)

등급 : 페이지 194와 동일

Asbestos									Rubber							Miscellaneous				
			Comp., Rubber Bonded			Woven Rubber Frictioned														
White (comp. or woven) I	Blue (comp. or woven) I	Compressed sheet	White (Buna-S) II	White (Neoprene) II	Blue (Butyl) II	Blue (Neoprene) II	White (Neoprene) II	Blue (Butyl) II	GR-S	Neoprene	Buna-N	Butyl	Thiokol	Natural	Silicone III	Glass Fabric and Silicone Elastomer IV	Glass Fabric and Synthetic Rubber IV	Cork Composition	Plant-Fiber Sheet	Teflon II
*J	J	U	P	P	P	P	P	P	U	A	U	U	U	U	D	C	C	A	A	P
A	–	A	–	–	–	–	–	–	X	A	C	–	C	X	–	X	C	A	A	–
A	–	A	X	C	X	C	C	X	A	A	A	A	C	A	–	F	A	A	F	A
C	A	A	A	A	A	A	A	A	A	A	A	A	A	A	A	F	A	F	F	A
C	A	A	A	A	A	A	A	A	C	F	C	A	–	C	A	F	F	X	X	A
A	–	A	C	C	C	C	C	C	X	C	X	X	–	X	–	F	C	A	A	A
A	–	A	C	C	C	–	–	–	A	A	A	A	A	A	A	A	A	X	A	A
A	–	A	C	C	C	–	–	–	A	A	A	A	A	A	A	A	A	X	A	A
A	–	F	C	C	C	X	X	X	X	X	X	X	C	X	X	X	X	A	A	A
X	–	F	X	X	C	C	X	C	F	X	F	F	C	A	–	X	X	X	X	A
X	A	F	X	X	C	C	X	C	F	X	F	F	X	F	–	X	X	X	X	A
X	A	C	C	C	C	X	X	X	X	X	X	C	X	X	–	X	F	F	X	A
C	A	C	A	A	A	A	A	A	F	A	F	F	X	A	–	A	A	A	A	A
A	–	A	C	C	C	X	X	X	C	X	C	C	X	C	X	C	–	A	A	A
A	–	A	–	–	–	–	–	–	A	A	A	A	C	A	–	A	A	A	A	A
C	A	–	C	C	C	C	C	C	A	A	A	A	–	A	–	F	A	A	F	A
C	A	–	A	A	A	C	C	C	A	A	A	A	–	A	–	F	A	A	F	A
A	–	C	A	A	A	C	C	C	A	A	A	A	A	A	–	C	A	A	A	A
X	A	–	A	A	A	C	C	C	A	A	X	A	–	A	A	X	A	F	F	A
A	–	C	–	–	–	–	–	–	X	A	F	F	C	X	–	X	X	A	A	–
A	–	C	–	–	–	–	–	–	X	A	X	–	C	X	–	C	A	A	A	A
A	–	–	–	–	–	–	–	–	X	F	A	X	C	X	X	X	A	A	A	A
A	–	C	–	–	–	–	–	–	X	F	A	X	C	X	X	X	A	A	A	A
A	–	A	C	C	C	C	C	C	A	A	A	A	C	A	–	A	A	A	A	A
C	A	F	A	A	A	A	A	A	F	F	A	A	X	A	A	X	F	X	X	A
X	A	X	–	–	–	–	–	–	F	A	–	F	C	F	–	X	F	X	X	–
X	A	X	–	–	–	–	–	–	X	X	X	C	X	X	–	–	–	X	X	–
X	A	X	–	–	–	–	–	–	C	X	–	C	X	C	–	–	–	X	X	–
X	A	X	–	–	–	–	–	–	C	X	–	C	X	C	–	–	–	X	X	–
A	–	A	–	–	–	–	–	–	F	A	A	A	C	F	A	A	A	A	A	–

*이 도표의 앞 페이지의 원문을 참고하라.

20. 증가된 온도에서 니켈합금에 매우 부식이 심한 일반온도에서는 "건조" 가스가 권장된다.
21. 48%-330°에서 기화
22. 실내온도-80% 이상
23. 390°F 이상 온도에서는 사용하지 말 것.
24. 140°F까지
25. 220°F까지
26. 176°F까지
27. 10% max: 기화
28. 50%: 320°
29. 철 오염이 허용되지 않으면 사용하지 말 것
30. 10%-실내온도
31. 뜨거운
32. 뜨거운 가스에는 부적합
33. Hastelloy "C" 158°까지
34. 실내온도 158°까지. 부식은 온도뿐만 아니라 순도의 증가와 더불어 증가한다.
35. 실내온도에서 회석하라.
36. 단지 부분적으로 침수되었을 때 공격은 증가한다: 연무는 매우 부식적임.
37. Hastelloy "C" 212°까지

금속의 내화학성

주의 :
도표 이용 전에
각주와 원문을 읽어라.

등급 : A=양호; F=사용 가능
C=주의-조건에 달려 있음:
조건부 사용
X=사용 불가

Chemical	Iron and Steel	Red Brass	Commercial Bronze	Lead	Copper	Aluminum	Nickel	Inconel	Monel Metal	Type 304 S.S.	Type 316 S.S.	Type 347 S.S.	Carpenter "20" S.S.	Hastelloy "B" or "C"
Hydrogen peroxide	C	C	F	C	C	C	C	C	C	A	A	C	A	A
Hydrogen sulfide, dry (20)	A	X	X	–	X	A	C	A	C	C	A	A	A	A
Wet	C	X	X	–	X	A	C	C	C	C	A	A	A	A
Lacquers (solvents)	C	C	C	A	C	A	A	A	A	A	A	A	A	A
Lactic acid	X	A	A	–	C	F	C	C	C	C	A	A	A	A
Lubricating oils, refined	A	A	A	A	A	A	A	A	A	A	A	A	A	A
Magnesium chloride	F	F	F	X	F	F	A_{21}	A_{21}	A_{21}	C	C	C	A	A_{15}
Magnesium hydroxide	A	C	C	–	X	X	A	A	A	A	A	A	A	A
Magnesium sulfate	C	A	–	–	A	C	A	A	A	A	A	–	A	–
Mercury	A	X	X	–	X	X	A	–	A	A	A	–	–	–
Natural gas	A	C	C	A	C	X	A	A	A	A	A	A	A	A
Nitric acid, crude	X	X	X	X	X	A_{22}	X	C	X	A	A	A	A	C
Diluted	X	X	X	X	X	A_{22}	X	C	X	A	A	A	A	C_{33}
Concentrated	X	X	X	X	X	A_{22}	X	X	X	A	A	A	A	–
Oleic acid	C	A	A_{23}	X	C_{23}	A_{16}	A	A	A	A	A	A	A	A_{16}
Oxalic acid	C	A	A	X	C	C	F	A	A	C	F	C	A	A
Palmitic acid	C	C	A_{23}	C	C_{23}	A	A	A	A	A	A	A	A	A
Petroleum oils, <500°F-crude	A	C	C	A	C	A	C	A	C	C	F	–	A	A
Phosphoric acid	C	C	C_{24}	C	C_{24}	X	C	C	C	C	F	A	A_{26}	A
Potassium hydroxide	C	X	X	X	X	X	A	A	A	C	C	–	–	A
Potassium sulfate	C	A	–	A	A	A	A	A	A	F	F	–	–	A_{16}
Propane	A	A	A	A	A	A	A	A	A	A	A	A	A	A
Sewage (gas)	C	X	X	A	C	A	C	A	C	A	A	–	–	–
Soda ash, (sodium carbonate)	A	F	F	A	C	C	A	A	A	A	A	A	A	A
Sodium bisulfate	X	F	F	A	F	C	–	–	–	A	A	A	A	A
Sodium chloride	F	F	F	A	C	C	A_{25}	A_{25}	A_{25}	C	C	C	A	A
Sodium cyanide	A	X	X	X	X	X	C	–	C	C	–	–	A	–
Sodium hydroxide	A	C	F	F	C	X	A	A	A	A	A	A	A	A
Sodium hypochlorite	X	C	F	X	C	X	C	C	C	C	C	C	F	A_9

주 : 뒷 페이지에 계속됨.

1. 산소가 없을 때
2. 125° max
3. 모든 퍼센터: 70°
4. 기화까지
5. 5% 실내온도
6. 122° 까지
7. 철과 강은 물과 공기가 있을 때 상당히 녹쓸 수 있다.
8. 고동합금은 Code에 의해 금지됨: yellow brass 인정됨.
9. Hastelloy "C" 105° 까지 추천됨.
10. 색깔이 중요하지 않을 때, c. p. acid와 함께 사용하지 말아라.
11. 212° 까지의 실내 온도, 습기는 공격을 억제한다.
12. 가스: 70°
13. 500° 까지
14. Hastelloy "C" (실내온도에서)
15. 158° 까지의 실내온도
16. 실내온도에서
17. 퇴색이 문제되지 않을 때
18. 5% max: 150° max
19. 212° 까지의 만족스런 수증기

캐스킷의 내화학성

(앞 페이지 Chemical 참고)

등급 : 페이지 194와 동일

Asbestos									Rubber							Miscellaneous				
			Comp., Rubber Bonded			Woven Rubber Frictioned														
White (comp. or woven) I	Blue (comp. or woven) I	Compressed sheet	White (Buna-S) II	White (Neoprene) II	Blue (Butyl) II	Blue (Neoprene) II	White (Neoprene) II	Blue (Butyl) II	GR-S	Neoprene	Buna-N	Butyl	Thiokol	Natural	Silicone III	Glass Fabric and Silicone Elastomer IV	Glass Fabric and Synthetic Rubber IV	Cork Composition	Plant-Fiber Sheet	Teflon II
*J	J	U	P	P	P	P	P	P	U	A	U	U	U	U	D	C	C	A	A	P
A	–	–	C	C	C	X	X	X	F	A	–	F	C	F	A	A	A	X	X	–
A	–	–	C	C	C	X	X	X	C	A	C	A	A	C	–	C	A	X	A	A
A	–	–	C	C	C	X	X	X	C	F	C	A	A	C	–	C	A	X	A	A
A	–	C	C	C	C	X	X	X	X	X	X	X	C	X	–	X	A	A	A	A
A	–	A	A	A	A	A	A	A	C	A	C	C	X	C	–	A	A	A	F	A
A	–	A	C	C	C	C	C	C	F	F	A	X	C	F	A	C	A	A	A	A
C	A	A	A	A	A	C	C	C	A	A	A	A	C	A	–	A	A	X	F	A
A	–	A	A	A	A	C	C	C	A	F	A	A	C	A	A	A	A	A	F	A
C	A	–	A	A	A	C	C	C	A	A	A	A	–	A	A	A	A	A	A	A
A	–	C	–	–	–	–	–	–	–	A	–	–	–	–	–	A	A	A	A	–
A	–	A	–	–	–	–	–	–	F	A	A	X	C	F	–	C	A	A	A	–
X	A	C	X	X	X	X	X	X	X	X	X	C	–	X	–	A	A	X	X	A
X	A	C	C	C	C	X	X	X	X	X	X	A	–	X	A	F	A	X	X	A
X	A	X	X	X	X	X	X	X	X	X	X	C	–	X	A	A	X	X	X	A
A	–	A	–	–	–	–	–	–	F	C	A	–	–	F	–	X	X	A	A	A
X	A	A	A	A	A	A	A	A	F	F	–	–	–	F	–	C	A	A	F	A
A	–	A	–	–	–	–	–	–	F	A	A	F	C	F	–	X	C	A	A	–
A	–	A	C	C	C	X	X	X	C	F	A	X	C	C	–	F	A	A	C	A
X	A	A	A	A	A	C	C	C	C	F	C	C	–	C	–	X	A	X	X	A
A	–	–	C	C	C	C	C	C	A	C	A	A	–	A	A	A	A	X	X	A
A	–	–	A	A	A	A	A	A	A	A	A	A	–	A	A	A	A	A	X	A
A	–	A	–	–	–	–	–	–	–	A	A	–	A	–	–	C	A	A	A	–
A	–	A	–	–	–	–	–	–	C	A	A	X	C	C	A	A	A	X	F	–
A	–	A	A	A	A	A	A	A	A	A	A	A	C	A	A	A	A	X	X	A
C	A	A	A	A	A	A	A	A	A	A	A	A	C	A	–	A	A	A	F	A
A	–	A	A	A	A	A	A	A	A	A	A	A	C	A	A	A	A	A	A	A
A	–	–	–	–	–	–	–	–	A	A	A	A	–	A	–	A	A	A	A	A
A	–	A	A	A	A	A	A	A	C	C	C	A	C	C	A	A	A	X	X	A
C	A	A	A	A	A	A	A	A	C	F	C	C	–	C	A	A	A	X	X	A

*이 도표의 앞 페이지의 원문을 참고하라.

20. 증가된 온도에서 니켈합금에 매우 부식이 심한 일반온도에서는 "건조" 가스가 권장된다.
21. 48%-330°에서 기화
22. 실내온도-80% 이상
23. 390°F 이상 온도에서는 사용하지 말 것.
24. 140°F 이상
25. 200°F까지
26. 176°F까지
27. 10% max: 기화
28. 50%: 320°
29. 철 오염이 허용되지 않으면 사용하지 말 것
30. 10%-실내온도
31. 뜨거운
32. 뜨거운 가스에는 부적합
33. Hastelloy "C" 158°까지
34. 실내온도 158°까지. 부식은 온도뿐만 아니라 순도의 증가와 더불어 증가한다.
35. 실내온도에서 희석하라.
36. 단지 부분적으로 침수되었을 때 공격은 증가한다: 연무는 매우 부식적임.
37. Hastelloy "C" 212°까지

금속의 내화학성

주의 :
도표 이용 전에
각주와 원문을 읽어라.

등급 : A=양호; F=사용 가능
C=주의-조건에 달려 있음; 조건부 사용
X=사용 불가

Chemical	Iron and Steel	Red Brass	Commercial Bronze	Lead	Copper	Aluminum	Nickel	Inconel	Monel Metal	Type 304 S.S.	Type 316 S.S.	Type 347 S.S.	Carpenter "20" S.S.	Hastelloy "3" or "C"
Sodium nitrate	A	A	A	A	A	A	A_{25}	A_{25}	A_{25}	C	A	A	A	C_{11}
Sodium peroxide	C	C	–	–	–	A	A	–	A	A	A	–	–	A_{37}
Sodium sulfate	A	A	A	A_{27}	A	A	A_{25}	A_{25}	A_{25}	A	A	A	A	A
Sodium sulfide	A	C	C	A	C	X	A_{28}	A_{28}	A_{28}	C	A	A	A	A_{16}
Sodium thiosulfate, "hypo"	A_{29}	C	C	A	C	C	–	–	–	A	A	A	A	–
Stearic acid	F	A	A	A	C_{23}	A_{11}	A_{4}	A_{4}	A_{4}	A	A	A	A	A_{25}
Sulfur	A	A	F	–	C	A	A	A	A	C	C	C	A	A
Sulfur dioxide, dry	A	A	A	A	A	A	A	A	A	C	A	C	A	A_{33}
Sulfur dioxide, wet	X	F	F	A	A	C	X	F	X	C	A	C	A	–
Sulfuric acid, <10%, cold	X	C	C	A	C	X	C	C	F	C	A	X	A	A
Hot	X	X	X	A	X	X	X	X	C	X	X	X	A	A
10-75%, cold	X	X	X	A	X	X	C	C	C	C	C	C	A	A
Hot	X	X	X	A	X	X	X	X	F	X	X	–	A_{26}	A_{15}
75-95%, cold	A	C	C	A	C	X	–	–	A	F	A	C	A	A
Hot	A	–	X	A	–	X	X	X	C	X	C	X	A_{26}	–
Fuming	A	–	–	A	C	A_{16}	X	–	–	–	A	–	A_{26}	–
Sulfurous acid	X	F	F	A	F	F	C	C	C	C	A	C	A	A_{14}
Tartaric acid	X	C	–	A	–	A	C	C	C	C	A	–	A	A_{30}
Toluene	A	A	A	A	A	A	A	A	A	A	A	A	A	A
Trichloroethylene, dry	A	A	A	F	A	A	A	A	A	C	A	C	A	–
Wet	X	F	F	–	C	C	–	–	–	–	–	–	A	–
Turpentine	C	C	C	A	C	A	–	A	A	A	A	A	A	A
Water, fresh (tap, boiler feed, etc.)	A	A	A	A	A	X	A	A	A	A	A	A	A	A
Water, sea water	C	A	A	A	C	X	C	A	A	C	C	C	A	A
Whiskey and wines	X	C	C	–	A	C	A	A	C	A	A	–	A	–
Zinc chloride	X	X	X	A	X	X	–	–	A	X	C	–	A	A
Zinc sulfate	C	C	C	–	F	–	–	–	A	F	A	–	A	A

주 : 뒷 페이지에 계속됨.

1. 산소가 없을 때
2. 125° max
3. 모든 퍼센터: 70°
4. 기화까지
5. 5% 실내온도
6. 122° 까지
7. 철과 강은 물과 공기가 있을 때 상당히 녹쓸 수 있다.
8. 고동합금은 Code에 의해 금지됨: yellow brass 인정됨.
9. Hastelloy "C" 105° 까지 추천됨.
10. 색깔이 중요하지 않을 때. c. p. acid와 함께 사용하지 말아라.
11. 212° 까지의 실내 온도. 습기는 공격을 억제한다.
12. 가스: 70°
13. 500° 까지
14. Hastelloy "C"(실내온도에서)
15. 158° 까지의 실내온도
16. 실내온도에서
17. 퇴색이 문제되지 않을 때
18. 5% max: 150° max
19. 212° 까지의 만족스런 수증기

캐스킷의 내화학성

(앞 페이지 Chemical 참고)

등급 : 페이지 194와 동일

Asbestos									Rubber							Miscellaneous				
			Comp., Rubber Bonded			Woven Rubber Frictioned														
White (comp. or woven) I	Blue (comp. or woven) I	Compressed sheet	White (Buna-S) II	White (Neoprene) II	Blue (Butyl) II	Blue (Neoprene) II	White (Neoprene) II	Blue (Butyl) II	GR-S	Neoprene	Buna-N	Butyl	Thiokol	Natural	Silicone III	Glass Fabric and Silicone Elastomer IV	Glass Fabric and Synthetic Rubber IV	Cork Composition	Plant-Fiber Sheet	Teflon II
*J	J	U	P	P	P	P	P	P	U	A	U	U	U	U	D	C	C	A	A	P
C	A	C	A	A	A	A	A	A	C	A	C	A	–	C	–	A	A	A	A	A
A	–	C	–	–	–	–	–	–	C	F	C	A	–	C	–	C	A	X	X	A
A	–	A	A	A	A	A	A	A	A	A	A	A	–	A	A	A	A	A	F	A
A	–	A	–	–	–	–	–	–	A	A	A	A	–	A	–	A	A	X	X	A
A	–	A	A	A	A	A	A	A	A	A	A	A	–	A	A	A	A	A	F	A
A	–	A	C	C	C	X	X	X	C	A	A	C	–	C	A	X_{31}	F_{31}	A	A	A
A	–	A	–	–	–	–	–	–	F	A	F	F	A	F	–	A	C	A	A	–
A	–	–	C	C	C	–	–	–	C	C	C	C	–	C	–	F	C	F	X	A
—	—	—	—	—	—	—	—	—	—	—	—	—	—	—	—	—	—	—	—	—
F	A	A	A	A	A	A	A	A	A	A	A	A	–	A	A	A	A	X	X	A
F	A	A	C	C	C	C	X	C	A	F	A	A	–	A	–	F	A	X	X	A
X	A	F	X	X	X	X	X	X	C	C	C	A	–	C	A	A	A	X	X	A
X	A	F	X	X	X	X	X	X	C	X	C	A	–	C	–	F	A	X	X	A
X	A	C	X	X	X	X	X	X	C	C	C	A	–	C	X	X	F	X	X	A
X	A	C	X	X	X	X	X	X	X	X	X	C	–	X	–	X	F	X	X	A
X	A	X	X	X	X	X	X	X	X	X	X	X	–	X	–	X	X	X	X	A
X	A	A	A	A	A	A	A	A	C	F	C	C	–	A	–	F	A	X	X	A
A	–	–	A	A	A	A	A	A	C	A	C	C	–	A	–	A	A	A	F	A
A	–	A	C	C	C	X	X	X	X	X	A	X	A	X	X	X	C	A	A	A
A	–	C	C	C	C	X	X	X	X	X	C	X	X	X	X	X	X	A	A	A
—	—	—	—	—	—	—	—	—	—	—	—	—	—	—	—	—	—	—	—	—
A	–	A	C	C	C	X	X	X	C	C	A	X	C	C	–	C	C	A	A	A
A	–	A	A	A	A	A	A	A	A	A	A	A	C	A	A	A	A	F	A	A
A	–	A	A	A	A	A	A	A	A	A	A	A	C	A	A	A	A	F	F	A
A	–	A	C	C	C	X	X	X	A	A	A	A	X	A	–	A	A	A	A	A
X	A	C	A	A	A	A	A	A	C	A	C	A	–	C	–	A	A	F	X	A
X	A	A	A	A	A	A	A	A	A	A	A	A	–	A	–	A	A	F	F	A

*이 도표의 앞 페이지의 원문을 참고하라.

20. 증가된 온도에서 니켈합금에 매우 부식이 심한 일반온도에서는 "건조" 가스가 권장된다.
21. 48%-330°에서 기화
22. 실내온도-80% 이상
23. 390°F 이상 온도에서는 사용하지 말 것.
24. 140°F까지
25. 200°F까지
26. 176°F까지
27. 10% max: 기화
28. 50% 320°
29. 철 오염이 허용되지 않으면 사용하지 말 것
30. 10%-실내온도
31. 뜨거운
32. 뜨거운 가스에는 부적합
33. Hastelloy "C" 158°까지
34. 실내온도 158°까지. 부식은 온도뿐만 아니라 순도의 증가와 더불어 증가한다.
35. 실내온도에서 희석하라.
36. 단지 부분적으로 침수되었을 때 공격은 증가한다: 연무는 매우 부식적임.
37. Hastelloy "C" 212°까지

제 작 능 력

아래 도표는 용기 설계자에게 알려져야 하는 공장의 제작능력에 대한 자료에 관한 것이다. 빈 칼럼은 고려되는 공장의 시설에 따라 본 핸드북의 사용자에 의해 결정된다.

	최대 폭, in.	최대 두께, in.	최소 직경, in.
롤링플레이트 플레이트 인장강도, psi. 주 : 더 높은 강도의 재질에 대해 플레이트의 두께 혹은 폭은 높은 강도에 비례해서 감소되어야 한다.			

		최대 크기	최소 직경, in.
ROLLING ANGLES	 LEG IN		
	 LEG OUT		
		최소 크기	최소 직경, in.
	 LEG IN		
	 LEG OUT		

		최대 크기	최소 직경, in.
ROLLING BEAMS	 ON FLANGES		

		최대 크기	최소 직경, in.
ROLLING CHANNELS	 FLANGES IN		
	 FLANGES OUT		

		최대 크기	최소 직경, in.
ROLLING FLAT BAR	 ON EDGE		

제 작 능 력

BENDING PIPES	공칭 파이프 크기	스케줄	최소 반경, in.

BENDING PLATES WITH PRESS BRAKE	플레이트 두께, in.	최소 내반경, in.	플레이트 두께, in.	최소 내반경, in.

PUNCHING HOLES	플레이트 두께, in.	구멍 최대 직경, in.	플레이트 두께, in.	구멍 최대 직경, in.

내부 용접이 가능한 용기의 최소 내경	inchs
가능한 용접 형태	
응력제거를 위한 노	폭 ft. 높이 ft. 길이 ft. 최대 온도, °F

파이프와 튜브의 밴딩 *

파이프 혹은 튜브를 밴딩하는데 있어서 밴드의 바깥부분은 인장, 안쪽부분은 수축현상이 일어난다. 따라서, 서로 다르게 일어나는 응력의 결과로써 파이프 혹은 튜브는 다시 평평하게 되거나 파괴되려고 하는 경향이 있다. 그러한 변형을 방지하기 위한 일반적인 방법은 구부림 과정 중에 파이프 혹은 튜브의 벽을 지지하는 것이다. 이러한 지지는 충진제의 형태이거나 혹은 밴딩 기계 혹은 기기가 사용될 때, 내부 맨드렐 혹은 볼형상의 부재가 요구된다면 내부벽을 지지할 수도 있다.

최소반경 : 주어진 직경, 재질에 대한 안전한 최소반경과 구부림 방식은 파이프 벽두께에 달려있다 예를 들어, 작은 반경까지 구부릴 때는 가능하면 표준 무게의 파이프보다 무거운 파이프를 사용하라. 일반적인 규칙으로써 Wrought iron 혹은 표준 무게의 철강파이프는 파이프 공칭직경의 5 내지 6배까지의 반경까지 쉽게 구부려질 수 있다. 표준무게 파이프에 대한 최소반경은 하나의 규칙으로써, 직경의 3.5~4배이어야 한다. 그렇지만 최소반경은 구부림 방식에 따라 상당히 다르다는 점에 유의해야 한다. 보다 무거운 파이프는 소형크기에 대해서는 직경의 2.5배로부터 대형크기에 대해서는 직경의 3.5~4배까지 걸치는 반경까지 구부려질 수 있다.

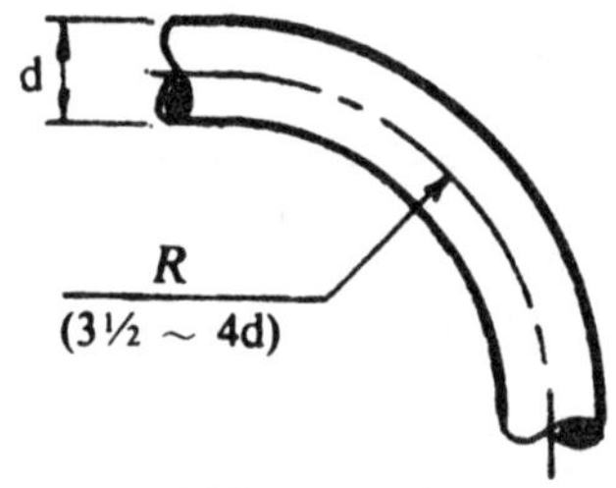

표준 파이프

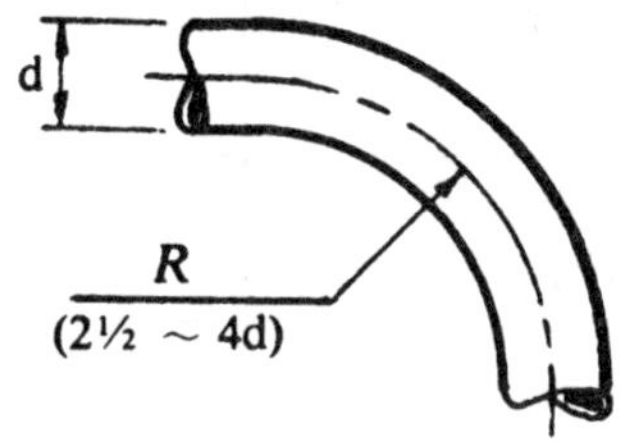

무거운 파이프

최소 반경

*From Machinery's Handbook, 1969 Industrial Press, Inc.-New York

파이프 체결
빈틈없는 이음을 만들기 위한 파이프상의 나사길이

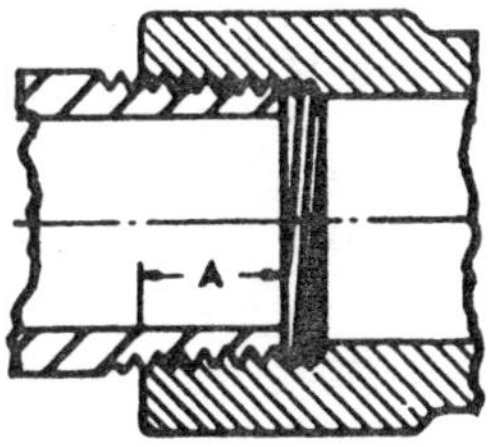

공칭 파이프 크기	치수 A in.	공칭 파이프 크기	치수 A in.
1/8	1/4	3-1/2	1-1/16
1/4	3/8	4	1-1/8
3/8	3/8	5	1-1/4
1/2	1/2	6	1-5/16
3/4	9/16	8	1-7/16
1	11/16	10	1-5/8
1-1/4	11/16	12	1-3/4
1-1/2	11/16		
2	3/4		
2-1/2	15/16		
3	1		

치수는 Tapping 혹은 Threading시의
상이를 허용하지 않음.

파이프 탭을 위한 드릴 크기

공칭 파이프 크기	탭 드릴 크기 in.	공칭 파이프 크기	탭 드릴 크기 in.
1/8	11/32	2	2-3/16
1/4	7/16	2-1/2	2-9/16
3/8	19/32	3	3-3/16
1/2	23/32	3-1/2	3-11/16
3/4	15/16	4	4-3/16
1	1-5/32	5	5-5/16
1-1/4	1-1/2	6	6-5/16
1-1/2	1-23/32		

밴드 공차
저탄소강 90° 밴드에 대해

금속 두께 (t), in.	내경(r) in.를 가진 밴드 공차, in.					
	1/32	1/16	3/32	1/8	1/4	1/2
0.032	0.059	0.066	0.079	0.093	0.146	0.254
0.050	0.087	0.101	0.114	0.129	0.168	0.276
0.062	0.105	0.118	0.132	0.145	0.183	0.290
0.078	0.128	0.142	0.155	0.169	0.202	0.310
0.090	0.146	0.160	0.173	0.187	0.217	0.324
0.125	0.198	0.211	0.224	0.243	0.260	0.367
0.188	0.289	0.302	0.316	0.329	0.383	0.443
0.250	0.382	0.395	0.409	0.424	0.476	0.519
0.313	0.474	0.488	0.501	0.515	0.569	0.676
0.375	0.566	0.580	0.593	0.607	0.661	0.768
0.437	0.658	0.672	0.685	0.699	0.752	0.860
0.500	0.750	0.764	0.777	0.791	0.845	0.952

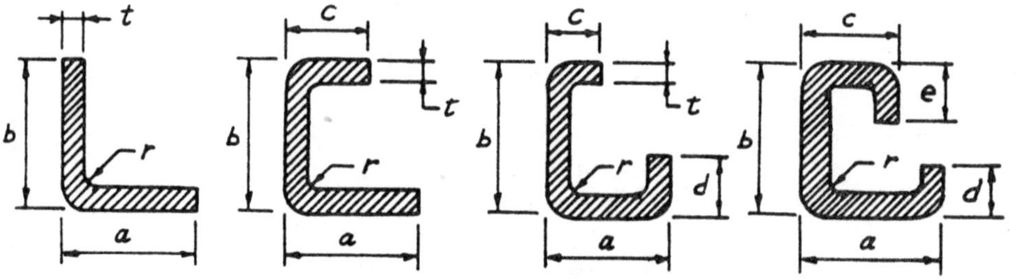

w = a + b − 밴드 공차

w = a + b + c − (2×밴드 공차)

w = a + b + c + d − (3×밴드 공차)

w = a + b + c + d + e − (4×밴드 공차)

주 : w=blank 폭(길이), t=재료 두께,
r=밴드 내반경

EX :

2개소에서 구부려진 탄소강 바
치수 a, b와 c의 합계가 12인치일 때 위에 보는 바와 같이 1/4인치 내반경으로 90도까지 구부려진 1/4인치 두께의 바의 요구되는 길이:

$$12-(2\times 0.476)=11.048\text{in.}$$

냉간 구부림을 위한 최소반경 :

구부림 선이 최종 롤링의 방향과 교차할 때, 금속의 냉간 구부림의 최소 허용 내반경은 두께 t의 관점에서 재질의 두께와 연성에 따라 $1^1/_2$t로부터 6t까지 차이가 있다. 구부림선이 최종 롤링의 방향에 평행할 때 상기값은 대략 2배가 되어야 한다.

플랜지를 위한 스터드(stud) 볼트길이*

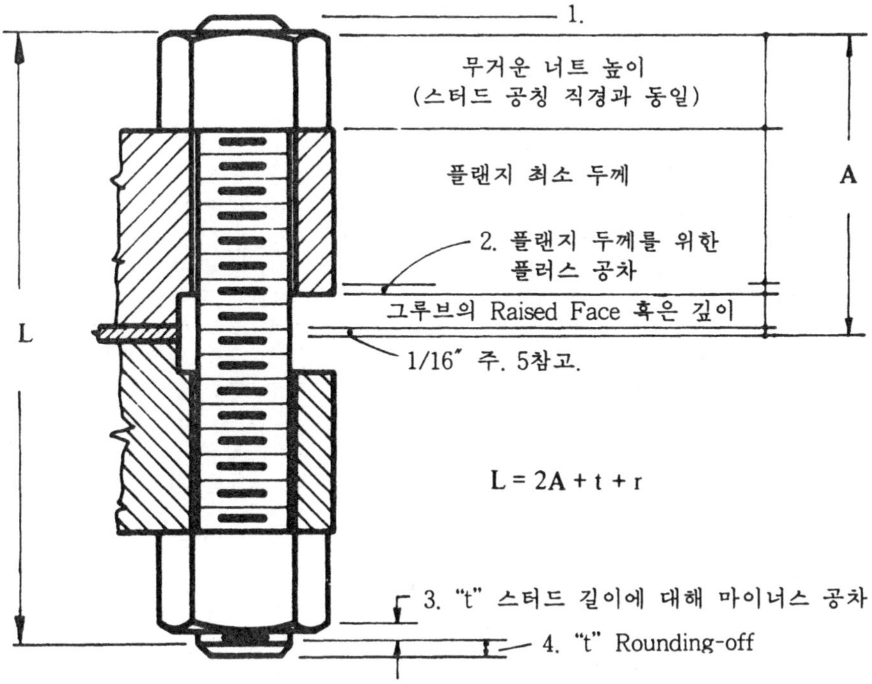

주 :

1. 스터드(stud) 볼트 길이는 끝(point)의 높이를 포함하지 않는다.
   (나사 피치의 1.5배)
2. 플랜지 두께의 플러스 공차
   크기 18" 이하 0.12in.
   크기 20" 이상 0.19in.
3. 스터드(stud) 길이의 마이너스 공차
   길이 12"까지 0.06in.
   길이 12" 이상 18"까지 0.12in.
   길이 18" 이상 0.25in.
4. 다음 크기의 0.25" 증분까지의 Rounding-off
5. Raised face에 대한 개스킷 두께 : M&F와 T&G 플랜지 0.12". 링형 이음에 대해서는 페이지 346의 도표를 참고하고, 치수 "A"에서는 개스킷 두께의 단지 절반만이 포함되었으므로 보여지는 치수의 절반을 취하라.

---

*American National Standard :
ANSI B 16.5-1973, Steel Pipe Flanges and Flanged Fittings로부터 발췌됨.

압력용기 세부도 작성

실제 압력용기의 세부도를 작성하는 데에는 몇 개의 상이한 방식이 있고, 항시 동일한 방식으로 도면을 작성함으로써 상이한 시간이 절약될 수 있으며, 또한 오류의 가능성도 적다. 다음의 추천된 방식은 실제적인 것으로 판명되었으며, 일반적으로 인정된다.

수평용기

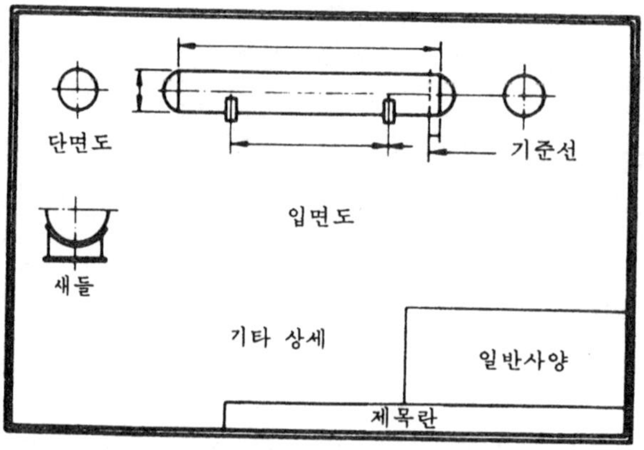

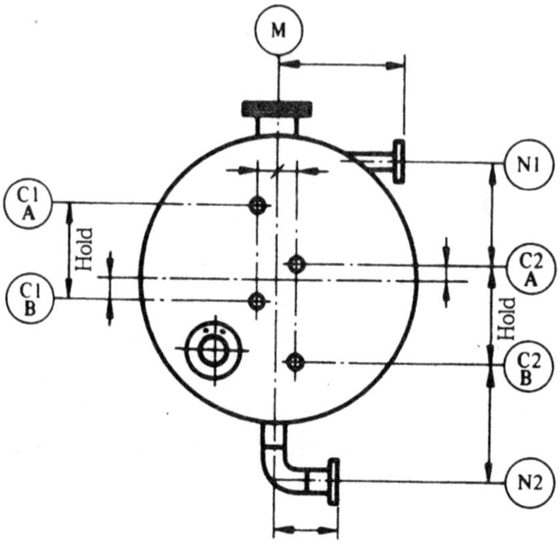

단면도

A. 모든 개구부, 이음매 등이 중복되거나 혼동되는 그림이 일없이 보여질 수 있도록 척도를 선정하라.

B. 헤드상의 많은 연결부들 때문에 단지 구분을 위해 필요하다면 우측면도를 그려라. 이런 경우에는 셀에 있는 연결부 등을 좌우 양면에 나타내는 것은 불필요하다.

C. 단면도에 이를 나타내는 것이 그림을 혼잡하게 만든다면 새들을 별도로 나타내라. 측면도에는 단지 새들과 중심선의 단순한 그림만 나타내라.

D. 다빗의 위치를 정하라.

E. 명판의 위치를 정하라.

F. 모든 것이 입면도 상에 정위치된 후에 seam은 노즐, 러그, 새들로부터 떨어져 있어야 한다.

G. 별개의 명세도가 이들을 위해 만들어져야 한다면, 개구부, 내부 등의 단순한 그림을 입면도와 단면도에 나타내라.

H. 측면도에 치수를 기입하라. 모든 위치는 기준선으로부터 측정된 치수와 함께 보여져야 한다. 기준선으로부터의 거리는 단지 한 개의 새들에 대해서만 보여져야 한다. 다른 새들은 새들이 앵커볼트간의 치수를 보여주면서 위치되어야 한다.

I. 플랜지에 보여진 2개의 상징적인 볼트구멍은 그 구멍이 용기의 주 중심선과 평행한 선들에 양쪽으로 다리를 벌리고 있는 위치가 되어야 하는 것을 분명히 한다.

압력용기 세부도 작성

수직용기

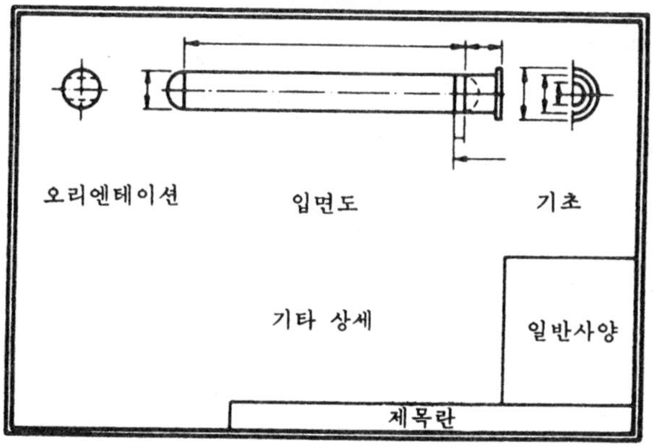

A. 모든 개구부, 트레이, seam 등의 그림이 중복되거나 혼동되는 일없이 보여질 수 있도록 척도를 선정하라.

B. 용기 직경이 길이에 대해 무비례적으로 작다면, 상세를 위한 충분한 공간을 가질 수 있는 보다 큰 척도로 용기의 폭을 그려라.

C. 오리엔테이션은 top view가 아니라 노즐 등의 위치에 대한 도식적인 정보이다.

D. 측면도상의 downcomer가 그의 실제 위치에서 보여질 수 있도록 회전시켜서 나타내라.

E. 치수, 측면도상의 모든 위치는 기준선으로부터 측정된 상세 치수와 함께 보여져야 한다.

F. 모든 것이 측면도 상에 정위치된 후에 긴 seam의 위치를 정하라.

G. 각도: 0°, 90°, 180°, 270° 로써 용기 중심선을 표시하고, 모든 다른 설명도상의 동일한 위치에서 이를 사용하라.

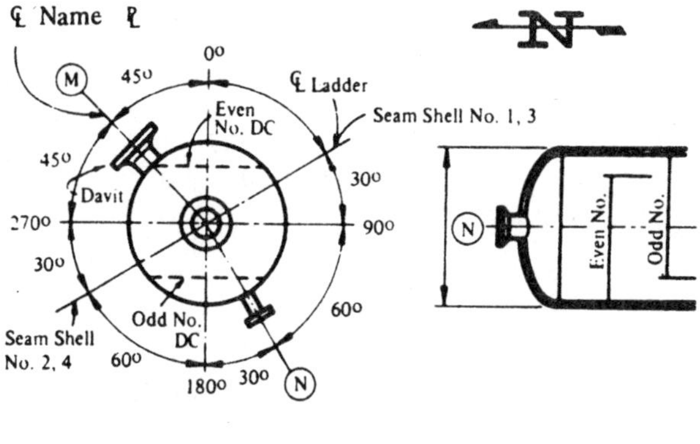

오리엔테이션 플랜

압력용기 세부도 작성

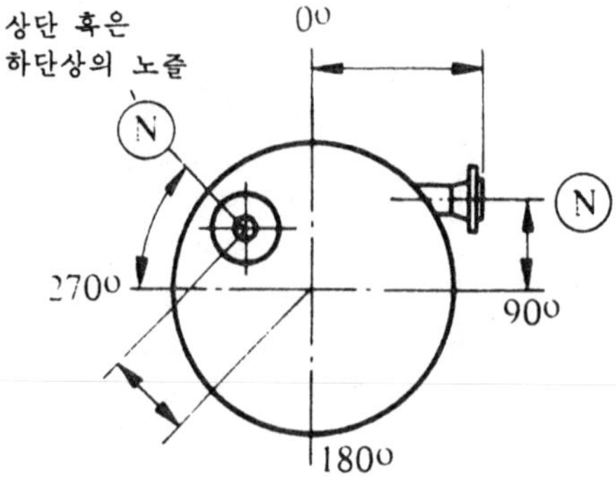

H. 그의 위치가 세부도면으로부터 명확하면 용기 오리엔테이션 상에 내부를 나타낼 필요는 없다.

J. 한 개에 모든 것을 보여줄 충분한 공간이 없으면 상이한 내부, 러그 등을 나타내기 위해 별도의 오리엔테이션을 그려라.

K. 원추형 구획을 가진 용기에 대해서는 한 개는 상부구획을 위한, 한 개는 하부구획을 위한 2개의 오리엔테이션이 필요하다면 작성하라.

L. 플랜지에 보여지는 2개의 상징적인 볼트 구멍은 그 구멍이 용기의 주 중심선과 평행한 선들에 양쪽으로 다리를 벌리고 있는 위치가 되어야 하는 것을 분명히 한다.

M. 용기에 슬로팅 트레이, 파티션 플레이트, 코일 등이 있다면, 오리엔테이션에 경사의 방향을 나타내라.

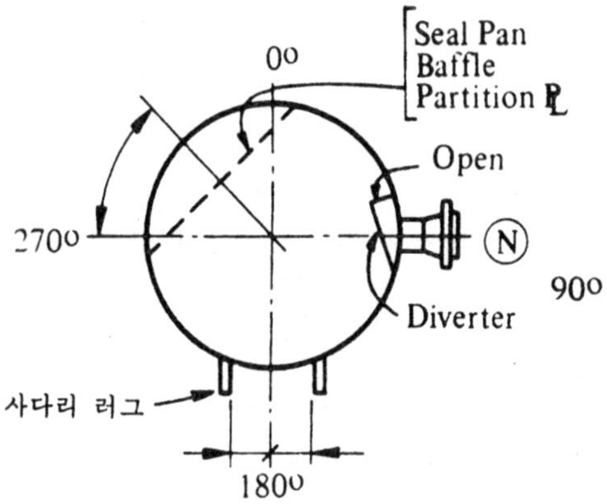

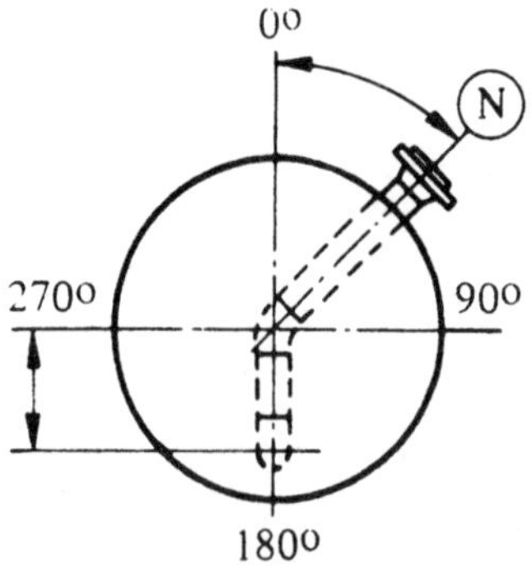

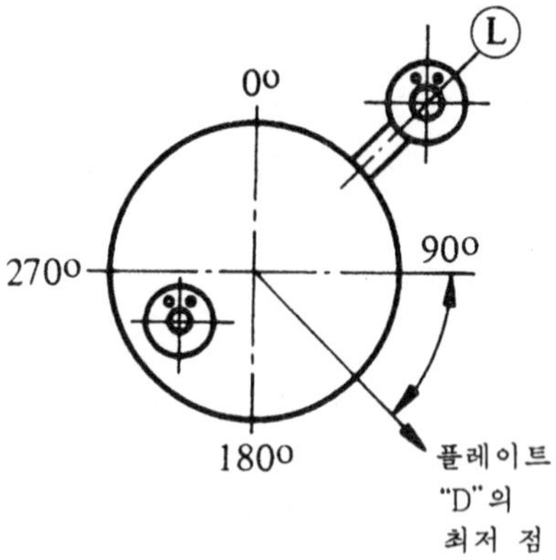

오리엔테이션

용기구성품과 부속물의 선호되는 위치

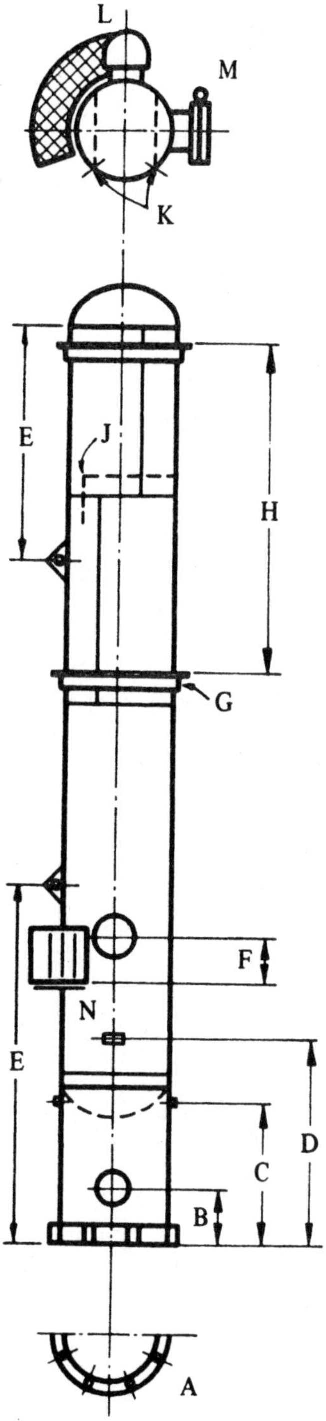

A. 앵커 볼트는 용기의 주 중심선에 양쪽으로 다리를 벌리고 있는 위치이다.

B. 스커트 출입 개구부는 기초면 위로부터 최소 앵커러그를 피할 수 있고, 최대 3′-0″가 되는 위치이어야 한다.

C. 스커트 배기 구멍은 가능한 한 높이 위치시켜라.

D. 명판은 manway, 용액 레벨 콘트롤 혹은 레벨 게이지 위에 위치시켜라. Manway가 없으면 기초면 위로부터 5′-0″가 되는 곳에 위치시켜라.

E. 리프팅 러그-용기의 무게가 일정하면 "E" 치수는 용기의 전체 길이의 0.207배이다.

F. Manway는 플랫폼-바닥 플레이트의 상단 위로부터 3′-0″에 위치시켜라.

G. 인슐레이션 링은 거스 seam으로부터 떨어져 있어야 하며, 노즐 등을 명확히 나타낼 수 있도록 절단되어야 한다.

H. 인슐레이션 링은 8-12피트(개략 금속재킷 sheet의 길이) 간격으로 위치시켜라.

J. 거스 seam은 트레이, 노즐, 러그로부터 떨어져 있어야 한다.

K. 긴 seam은 노즐, 러그, 트레이 downcomer로부터 떨어져야 한다. 긴 seam을 downcomer 뒤에는 위치시키지 말 것. 육안 검사가 모든 내부를 정 위치에 놓고, 행해질 수 있도록 seam은 위치되어야 한다. 세로 seam은 가능하면 180° 서로 엇갈리게 되어야 한다.

L. 사다리와 플랫폼 관계

M. 다빗과 힌지는 manway의 출입이 가장 자유로운 위치에 또는 오른쪽에 놓여야 한다.

N. 사다리 발판은 플랫폼 바닥 플레이트의 상단과 위치가 일치해야 한다. 기초면 위의 첫 번째 사다리 발판 높이는 최소 6″이고, 최대 1′-6″ 이내로 하여야 한다.

압력용기 세부도 작성시의 일반적인 실수내용

A. 간섭

개구부, seam, 러그 등은 서로 간섭된다. 이 간섭은 다음의 경우에 일어난다. :

1. 측면도와 오리엔테이션 상의 위치가 검토되지 않은 경우와 그들의 실제 위치에 입면도 상에 개구부 등이 표시되지 않은 경우, 이런 것이 실수의 확률을 높인다.
2. 오리엔테이션 상의 개구부간의 tail 치수 혹은 거리가 간섭을 나타내지 않으나 노즐, 러그 등이 어떤 확장을 갖는 다는 것이 무시된 경우, 다음과 같은 실수를 범하게 된다.

   a. 스커트 출입 개구부가 앵커 러그로부터 떨어져 있지 않다.
   b. 사다리 러그가 노즐을 방해한다.
   c. 2개의 노즐의 보강패드가 서로 중첩된다.
   d. 보강패드가 seam을 덮는다.
   e. 용기 다빗이 노즐을 간섭한다. 이는 특히 제조업체가 용기 다빗을 공급하지 않고, 러그만을 공급할 때 간과될 수 있다.
   f. 러그, 개구부 등이 용기 seam 위에 있다.
   g. 스커트 주위에 요구되는 수의 앵커 러그를 위한 공간이 없다.

   사다리, 플랫폼, 용기 다빗 등이 별개의 도면에 표시되거나 한 개 이상의 오리엔테이션이 사용되는 경우 특별한 주의가 요구된다.

B. 변경

입면도에는 나타나나 오리엔테이션에는 나타나지 않는 경우, 혹은 이와 반대의 경우 어떠한 변경이 도면에 만들어져야 한다. 변경을 만들면서 "이것이 무엇에 나쁜 영향을 주는가?"라고 자문하는 것이 바람직하다.

EX :

재질의 변경은 다음에 나쁜 영향을 준다. : 재료값
개구부의 스케줄
일반사양
설명

위치의 변경은 다음에 나쁜 영향을 준다. : 오리엔테이션
측면도
내부의 위치
다른 구성품의 위치

C. 내경 대신 외경을 나타내는 것 혹은 이와 반대로 나타내는 경우

D. 잘못 표기된 치수 :

10″ 대신 1′-0″
20″ 대신 2″-0″

E. 특수 재질의 요구 조건을 간과하는 것.

리프팅 부착물

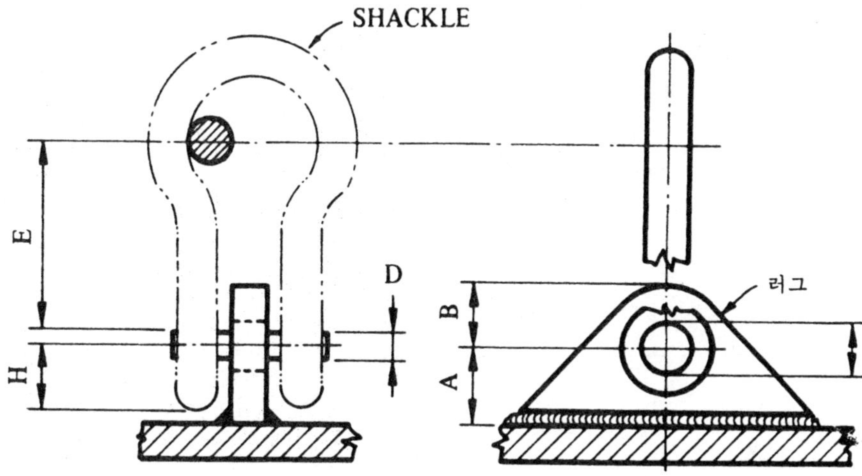

Shackle을 사용하는 리프팅 러그의 최소 치수

Load Lbs.	Shackle Pin Diam. D	Hole Diam. in Lug D_1	H	A	Sheared Edge B	Rolled Gas-cut B	Arm of Moment E
710	5/16	3/8	.50	.65			.84
1060	3/8	7/16	.56	.73			.97
1600	7/16	1/2	.63	.82	7/8	3/4	1.16
2170	1/2	5/8	.69	.90	1-1/8	7/8	1.44
2820	5/8	3/4	.94	1.22	1-1/4	1	1.75
4420	3/4	7/8	1.13	1.47	1-1/2	1-1/8	2.12
6375	7/8	1	1.19	1.55	1-3/4	1-1/4	2.25
8650	1	1-1/8	1.31	1.70	2	1-1/2	2.59
11300	1-1/8	1-1/4	1.50	1.95	2-1/4	1-5/8	2.94
13400	1-1/4	1-3/8	1.63	2.12	2-7/16	1-3/4	3.06
16500	1-3/8	1-1/2	1.75	2.28	2-5/8	1-7/8	3.62
20000	1-1/2	1-5/8	1.88	2.45	2-7/8	2	4.06
23750	1-5/8	1-3/4			3-1/16	2-3/16	4.19
32350	2	2-1/8	2.25	2.93	3-3/4	2-5/8	4.75
42500	2-1/4	2-3/8	2.56	3.33	4-1/8	3	5.25
54000	2-1/2	2-5/8	2.81	3.66	4-9/16	3-1/4	6.00
67600	2 3/4	2-7/8	2.94	3.82	5	3-9/16	7.00
81000	3	3-1/8			5-7/16	3-7/8	8.61
97000	3-1/4	3-3/8			5-7/8	4-1/4	9.74

모든 치수, in.

리프팅용 치구(治具)

추천되는 재질 : A 515-70, A 302 혹은 상당 등급, 리프팅 러그의 두께와 길이는 계산으로 구해져야 한다.*

용 접 : 필렛 용접이 사용될 때 목 부위는 러그의 횡단면적보다 최소 50% 큰 것이 추천된다.

러그를 설계하기 위해서는 전체 부하가 1개의 러그에 작동하는 것으로 가정되어야 한다.

부하의 모든 가능한 방향이 고려되어야 한다(선적, 보관, 설치, 취급 동안). 2개 이상의 러그 다족 슬링을 위해 사용된다면, 슬링의 각 다리와 수평간의 각도는 30도인 것으로 가정되어야 한다.

아이(EYE)-볼트

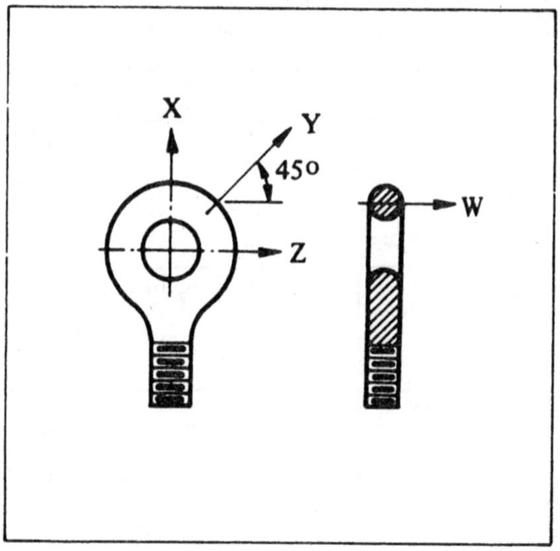

5/8″ 직경 이하의 나사진 패스너는 조립시의 과도한 비틀림의 위험한 리프팅을 해서는 안된다.

일반 시중판매용의 아이볼트는 X방향으로의 어떤 파괴강도를 가진 것이다.

아이 볼트축 방향을 따른 것이 아닌 부하에 대해서는 다음의 등급이 추천된다. 이는 축방향으로의 등급의 퍼센트로써 표시된다.

X = 100% Y = 33%

Z = 20% W = 10%

EX :

4,960lb. 인장부하(방향 x)에 대해 적합한 1인치 직경의 아이볼트는 그것이 방향 y로 작동한다면, 단지 4,960×0.33 = 1,637lb. 부하만을 견딘다.

상기 치수와 추천은 C. V. Moore : Designing Lifting Attachmemts, Machine Design, March 18, 1963으로부터 취해진 것이다.

*단지 최소 구획을 통한 전단부하를 가정하면, 요구되는 두께는 다음 공식에 의해 계산될 수 있다. :

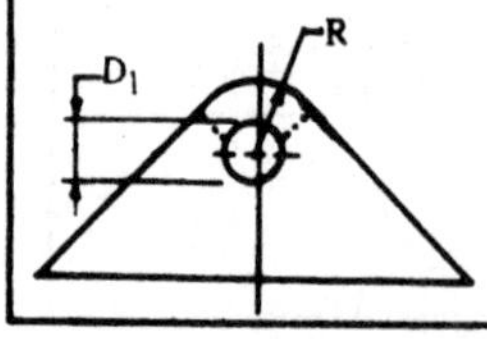

$$t = \frac{P}{2S\ (R - D_1/2)}$$

여기서, t : 러그의 요구되는 두께, in.
p : 부하, lb.
S : 허용 전단 응력, psi.

용접과 러그 길이 설계에 대해서는 페이지 440 참고.

로우프와 체인에 대한 안전부하

부하를 받는 로우프와 체인에서의 응력은 슬링과 수평간의 각도가 감소함에 따라 증가한다. 따라서, 최대 허용 안전 부하는 증가되는 응력에 비례로 감소되어야 한다.

만일, 수직 로우프에 대한 허용 부하가 로우프의 한 면과 수평간의 각도의 cosecant로 나누어진다면, 결과는 경사진 슬링의 한 면 상의 허용 부하를 나타낸다.

EX :
수직 위치에 있는 로우프에 대한 허용 부하는 8,000lb.이다. 로우프가 30도 각도에 적용되면, 이 위치에서 한 면 상의 허용 부하는 8,000/cosecant 30° =8000/2=4000lb.이다. 2개의 로우프 슬링에 대해서 전체 허용 부하는 4000lb.의 2배인 8,000lb.이다. 도표는 상이한 위치에서의 로우프와 체인의 부하지지능력을 나타낸다. 이 도표에 주어진 계수로 어떤 로우프 혹은 체인에 대한 허용 부하를 곱하면 결과치는 위치에서의 허용 부하를 나타내게 된다.

로우프와 체인에 대한 안전부하를 계산하기 위한 계수

	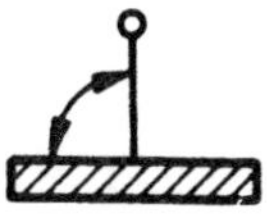				
경사각도	90°	60°	45°	30°	10°
한 줄	1.00	0.85	0.70	0.50	0.17
두 줄	–	1.70	1.40	1.00	0.34

용기의 이송

선전능력과 제한

1. 트럭에 의한 이송

특별한 허가 없이 이송될 수 있는 부하의 최대 크기

a. 무게 개략 40,000lb.
b. 부하의 폭, 8′-0″
c. 길 위의 높이 13′-6″(트럭의 높이 4′-6″에서 5′-0″까지)
d. 12′-0″ 폭을 초과하는 트럭 선적은 호위를 요구한다. 이는 운송비용을 상당히 증가시킨다.

2. 철도에 의한 이송

특별한 경로 없이 이송될 수 있는 부하의 최대 크기.

a. 부하의 폭 10′-0″
b. 차의 적재함 바닥으로부터의 높이 10′-0″

특별한 경로에 대해서는 14′-0″ 폭과 14′-0″ 높이까지의 부하도 취급될 수 있다.

표면외부도장(塗裝)

〈목적〉

도장의 목적은 강표면의 보호와 부식방지이다. 1. 부식성의 약품이 용기표면과 접촉하는 것을 방지함에 의해, 2. 도장재료의 녹 억제, 그리고 전자-화학적인 특성에 의해. 도장은 환경, 열, 충격, 마모와 화공약품의 작용의 영향을 견디기에 적합한 것이어야 한다.

〈표면전처리〉

성공적인 도장 작업을 위한 첫째 조건은 공장 스케일, 녹, 먼지, 구리스, 오일과 이물질의 제거이다. 공장스케일은 청회색이며, 열간압연과정에 따라 구조강에 형성된 철산화물은 두꺼운 층이 형성된다. 공장 스케일이 금속표면에 부착되어 있으면, 이는 강에 대해 보호를 제공한다.

그러나, 플레이트의 회전과 겹침에 기인해 공장의 스케일이 붙어 있을 수가 없다.
흩어진 공장스케일, 녹, 오일, 구리스 등이 제거된다면, 공장에서 칠한 프라이머는 일반적인 환경 하에서는 긴 수명을 제공한다.

〈경제적인 고려〉

기술적인 면을 초과하는 페인트 선정과 표면 준비는 당연히 경제적인 문제점이 된다.
페인트 가격은 통상 구조물을 도장하는 비용의 25~30% 미만이다.
따라서, 고품질 페인트를 사용하는 이점은 분명하다.

도장작업 총비용의 60% 이상은 표면 준비에 있으며, 상이한 정도에 대한 준비비용은 1/10 내지 1/12의 비율로 나타난다. 예를 들어, 샌드브라스팅 비용은 핸드 와이어 브러싱보다 약 10~12배 높다. 표면 준비의 비용은 용기의 수명에 대해 평형을 이루어야 한다.

〈페인트시스템 선정〉

다음 페이지 상의 도표는 적합한 페인트 시스템을 선정하는데 가이드로써 사용되고, 상이한 서비스 조건에 대한 페인트의 요구되는 수량을 계산한다. 도표화되어 있는 재료는 The Steel Structures Painting Council의 사양이 취해졌다.
도장 문제점의 몇 개 변수를 고려하여 페인트 제조업체의 협조를 요구하는 것이 바람직하다.

〈특수조건〉

마모

도장이 마모를 견디어야 한다면 코팅의 양호한 접착제는 특히 중요하다. 최대 접착을 위해서는 브라스트 청소가 최선이며, 피클링 또한 만족스럽다. 고온인산염 혹은 wash 프라이머와 같은 사전처리는 표면을 에칭하고 roughening하는데 훌륭한 방법이다.
우레탄 코팅 에폭시와 비닐 페인트는 매우 양호한 내마모성을 갖고 있다. 또한 아연 코팅과 페놀 페인트 또한 양호하다. 합성수지 페인트는 모재 보강에 의해 보다 큰 저항성을 얻게 될 수 있다.

고온

온도 500°F~600°F 이하에서 표면에 양호한 코팅을 하기 위해서는 고온 인산염처리가 만족스럽다. 온도 500°F~600°F 이상에서는 블라스팅 방법이 좋다.

추천되는 페인트 :

200°F~250°F : 오일에 기초한 페인트(제한된 기간 동안)
200°F~300°F : 알키드 혹은 페놀 용액
300°F~400°F : 특수하게 수정된 알키드
300°F~550°F : 색조 실리콘
700°F~800°F : 550°F 이상에서는 무기질의 아연 코팅 흑색 혹은 알루미늄 실리콘
800°F~1200°F : 1600°F~1800°F까지 알루미늄 실리콘 실리콘 세라믹 코팅

부식성 화공약품

페인트 시스템 선정을 위한 도표 I와 V를 참고할 것.

페인트의 요구되는 수량

이론적으로 1갤론의 페인트는 습할 경우 1mils을(0.001인치) 두께로 1,600ft.²의 표면을 칠할 수 있다.

건조된 후의 두께는 라벨상의 사양에서 혹은 공급자의 기술자료에서 찾을 수 있는 페인트의 고체함량에 의해 결정된다.

그 고체의 함량이 예를 들어 체적으로 60%라면 최대건조 칠 능력(spreading rate)은 이론적으로 1600×0.60=960ft.²이다.

페인트의 고체의 체적 함량, %

Spec. No.	Paint	%	Spec. No.	Paint	%
1	Red Lead and Raw linseed Oil Primer	96	12	Cold Applied Asphalt Mastic (Extra Thick Film)	50
2	Red Lead, Iron Oxide, Raw Linseed Oil and Alkyd Primer	82	13	Red or Brown One-Coat Shop Paint	60
3	Red Lead, Iron Oxide, and Fractionated Linseed Oil Primer	96	14	Red Lead, Iron Oxide & Linseed Oil Primer	96
4	Extended Red Lead, Raw and Bodied Linseed Oil Primer	70	15	Steel Joist Steel Shop Paint	70
5	Zinc Dust, Zinc Oxide, and Phenolic Varnish Paint	60	16	Coal Tar Epoxy-Polyamide Black(or Dark Red) Paint	75
6	Red Lead, Iron Oxide, and Phenolic Varnish Paint	47	101	Aluminum Alkyd Paint	40
8	Aluminum Vinyl Paint	14	102	Black Alkyd Paint	37
9	White(or Colored) Vinyl Paint	17	103	Black Phenolic Paint	57
11	Red Iron Oxide, Zinc Chromate, Raw Linseed Oil and Alkyd Primer	70	104	White or Tinted Alkyd Paint, Types I, II, III, IV	47~50
			106	Black Vinyl Paint	13
			107	Red Lead, Iron Oxide and Alkyd Intermediate Paint	60

실제, 특히 스프레이 방법을 채택할 때 페인트는 결코 100% 사용될 수 없다. 지나친 스프레이와 표면의 복잡성에 의한 유일한 실제 칠 능력을 40%~60% 이하까지 감소시킬 수 있다.

도 장

TABLE I, 페인트 시스템

System Number SSPC-PS	CONDITION	Surface Preparation Table II	Pretreatment Table III	Paint and Dry Thickness, mils See Table IV 1st Coat	2nd Coat	3rd Coat	4th Coat	5th Coat	Total Thick-ness
1.01	Condensation, chemical fumes, brine drippings and other extremely corrosive conditions are not present	2 or 3	Not Req'd	14 (1.7)	104 (1.3)	104 (1.0)			4.0
1.02				14 (1.7)	14	104	104		5.0
1.03				1 (1.7)	104 (1.3)	104 (1.0)			4.0
1.05				2 (1.7)	104	104			4.0
1.06				A (1.7)	104	104			4.0
2.01	Steel surfaces exposed to the weather, high humidity, infrequent immersion in fresh or salt water or to mild chemical atmospheres	6 or 8	Not Req'd	C (1.5)	C (1.5)	104	104		5.0
2.02				D (1.5)	104 (1.5)	104 (1.0)			4.0
2.03				B (1.5)	104 (1.5)	104 (1.0)			4.0
2.04				E (1.5)	104	104			3.5
3.00	Steel surfaces exposed to alternate immersion, high humidity and condensation or to the weather or moderately severe chemical atmospheres or immersed in fresh water	5, 6, 8, or 10	1, 2, 3, or 4	5, or 6 (1.5)	5, or 6 (1.5)	103 (1.0)	5, 6 or 103 *		4.0 or 5.0
4.01	Immersion in salt water or in many chemical solutions, condensation, very severe weather exposure or chemical atmospheres	10	3 **	G (1.5)	G	9	9		5.5
4.02	Fresh water immersion, condensation, very severe weather or chemical atmospheres	10	Not Req'd	H (1.5)	H	H	H		6.0
4.03	Complete or alternate immersion in salt water, high humidity, condensation, and exposure to the weather	6 or 8	3 **	G (1.5)	9	8			4.0
4.04	Condensation, or very severe weather exposure, or chemical atmospheres	6 or 8	Not Req'd	9 (1.2)	9	9	9		4.5
4.05	Condensation, severe weather, mild chemical atmospheres	6 or 8	3 **	G (1.5)	F	F			4.0
6.01	Steel vessels and floating structures exposed to fresh or salt water, fouling water and weather	10	3	G (1.5)	G	G	G	I (2.0)	7.0
6.02		6 or 8	3	G (1.5)	G	G	J	J	7.0
6.03		6 or 8	3	G (1.5)	G	G	L	K	6.25
7.01	Dry, non corrosive environment, inside of buildings or temporary weather protection	nominal clean-ing	Not Req'd	13 (1.0)					1.0
8.01	Longtime protection in sheltered or inaccessible places, short term or temporary protection in corrosive environments	1 and 2 or 3	Not Req'd	M 31 (wet)					31 (wet)
9.01	Corrosive or chemical atmospheres, but should not be used in contact with oils, solvents, or other agents	6	Not Req'd	12 63					63
10.01	Underground and underwater steel structures	6	Not Req'd	N (.5-2)	N (31)	N (31)			6[illegible]- 100
10.02	Underground, underwater or for damp, corrosive environments. Not recommended for potable water or for high temperature	6	Not Req'd	0 (15-18)	0 (25)	P (8-15)			35

*Four coats are recommended in severe exposures **The dry film thickness of the wash coat 0.3-0.5 mils.

TABLE I, 페인트 시스템

System Number SSPC-PS	CONDITION	Surface Preparation Table II	Pretreatment Table III	Paint and Dry Thickness, mils See Table IV 1st Coat	2nd Coat	3rd Coat	4th Coat	5th Coat	Total Thick-ness
11.01	Fresh or sea water immersion, tidal and splash zone exposure, condensation, burial in soil and exposure of brine, crude oil, sewage and alkalies, chemical fumes, mists	6 or 10	Not Req'd	16 (16)	16 (16)				32
12.00	High humidity or marine atmospheric exposures, fresh water immersion. With proper topcoating in brackish and seawater immersion and exposure to chemical acid and alkali fumes		Zinc-rich coatings comprise a number of different commercial types such as: chlorinated rubber, styrene, epoxies, polyesters, vinyls, urethanes, silicones, silicate esters, silicates, phosphates.						
13.00	Industrial exposure, marine environment fresh and salt water immersion, and areas subject to chemical exposure such as acid and alkali.		Epoxy Paint System						

TABLE II, 표면처리사양

Table I에 대한 참고	제목과 목적	사양번호
1	**습식 오일처리** 프라이머 페인트와 효과적으로 작동하는 습식오일로 녹슬고 이물질이 낀 강의 표면층을 기화시키는 것. 이렇게 해서 적용될 페인트 시스템의 접착과 수행능력을 향상시킴.	SSPC-PT 1-64
2	**저온 인산염 표면처리** 부식을 억제하고 적용될 페인트의 접착과 수행능력을 향상시키기 위한 목적으로 강의 표면을 인산의 불용성 염에 화학 변화시키는 것	SSPC-PT 2-64
3	**BASIC ZINC CHROMATE-VINYL BUTYRAL WASHCOAT (Wash Primer)** 금속과 반응하고 동시에 녹을 방지하는 억제 안료를 포함하는 보호 비닐막을 형성 사전처리.	SSPC-PT 3-64
4	**고온 인산염 표면처리** 부식을 억제하고 적용될 페인트의 접착과 수행능력을 향상시키기 위한 목적으로 강의 표면을 인산의 불용성염의 두꺼운 결정 상의 층에 화학 변화시키는 것	SSPC-PT 4-64

도 장

TABLE Ⅱ, 표면 준비 사양

Table Ⅰ에 대한 참고	제목과 목적	사양번호
1	**SOLVENT CLEANING** Removal of oil, grease, dirt, soil, salts, and contaminants with solvents, emulsions, cleaning compounds, or steam.	SSPC-SP 1-63
2	**HAND TOOL CLEANING** Removal of loose mill scale, loose rust, and loose paint by hand brushing, hand sanding, hand scraping, hand chipping or other hand impact tools, or by combination of these methods.	SSPC-SP 2-63
3	**POWER TOOL CLEANING** Removal of loose mill scale, loose rust, and loose paint with power wire brushes, power impact tools, power grinders, power sanders, or by combination of these methods.	SSPC-SP 3-63
4	**FLAME CLEANING OF NEW STEEL** Removal of scale, rust and other detrimental foreign matter by high-velocity oxyacetylene flames, followed by wire brushing.	SSPC-SP 4-63
5	**WHITE METAL BLAST CLEANING** Removal of all mill scale, rust, rust-scale, paint or foreign matter by the use of sand, grit or shot to obtain a gray-white, uniform metallic color surface.	SSPC-SP 5-63
6	**COMMERCIAL BLAST CLEANING** Removal of mill scale, rust, rust-scale, paint or foreign matter completely except for slight shadows, streaks, or discolorations caused by rust, stain, mill scale oxides or slight, tight residues of paint or coating that may remain.	SSPC-SP 6-63
7	**BRUSH-OFF BLAST CLEANING** Removal of all except tightly adhering residues of mill scale, rust and paint by the impact of abrasives. (Sand, grit or shot)	SSPC-SP 7-63
8	**PICKLING** Complete removal of all mill scale, rust, and rust-scale by chemical reaction, or by electrolysis, or by both. The surface shall be free of unreacted or harmful acid, alkali, or smut.	SSPC-SP 8-63
10	**NEAR-WHITE BLAST CLEANING** Removal of nearly all mill scale, rust, rust-scale, paint, or foreign matter by the use of abrasives (sand, grit, shot). Very light shadows, very slight streaks, or slight discolorations caused by rust stain, mill scale oxides, or slight, tight residues of paint or coating may remain.	SSPC-SP 10-63T

도 장
TABLE Ⅳ, 페인트

Table Ⅰ에 대한 참고	재 료	번 호
1	Red Lead and Raw Linseed Oil Primer	1-64T No. 1
2	Red Lead, Iron Oxide, Raw Linseed Oil and Alkyd Primer	2-64 No. 2
3	Red Lead, Iron Oxide, and Fractionated Linseed Oil Primer	3-64T No. 3
4	Extended Red Lead, Raw and Bodied Linseed Oil Primer	4-64T No. 4
5	Zinc Dust, Zink Oxide, and Phenolic Varnish Paint	5-64T No. 5
6	Red Lead, Iron Oxide, and Phenolic Varnish Paint	6-64T No. 6
8	Aluminum Vinyl Paint	8-64 No. 8
9	White (or Colored) Vinyl Paint	9-64 No. 9
11	Red Iron Oxide, Zinc Chromate, Raw Linseed Oil and Alkyd Primer	11-64T No. 11
12	Cold Applied Asphalt Mastic (Extra Thick Film)	12-64 No. 12
13	Red or Brown One-Coat Shop Paint	13-64 No. 13
14	Red Lead, Iron Oxide & Linseed Oil Primer	14-64T No. 14
15	Steel Joist Shop Paint	15-68T No. 15
16	Coal Tar Epoxy-Polyamide Black (or Dark Red) Paint	16-68T No. 16
102	Black Alkyd Paint	102-64 No. 102
103	Black Phenolic Paint	103-64T No. 103
104	White or Tinted Alkyd Paint, Types I, II, III, IV	104-64 No. 104
106	Black Vinyl Paint	106-64 No. 106
107	Red Lead, Iron Oxide and Alkyd Intermediate Paint	107-64T No. 107
	SSPC SPECIFICATIONS	
	Paint; Red-Lead Base, Ready-Mixed	
A	Type I red lead-raw and bodied linseed oil	TT-P-86c
B	Type II red lead, iron oxide, mixed pigment-alkyd-linseed oil	TT-P-86c
C	Type III red lead alkyd	TT-P-86c
D	Primer; Paint; Zinc Chromate, alkyd Type	TT-P-645
E	Paint; Zinc Yellow-Iron Oxide Base, Ready Mixed, Type II-yellow, alkyd	MIL-P-15929B
F	Paint; Outside, White, Vinyl, Alkyd Type	MIL-P-16738B
G	Primer; Vinyl-Red Lead Type	MIL-P-15929B
H	Vinyl Resin Paint	VR-3
I	Paint; Antifouling, Vinyl Type	MIL-P-15931A
J	Paints; Boottopping, Vinyl-Alkyd, Bright Red Undercoat and Indian Red Finish Coat	MAP-44
K	Enamel, Outside, Gray No. 11 (Vinyl-Alkyd)	MIL-E-15935B
L	Enamel, Outside, Gray No. 27 (Vinyl-Alkyd)	MIL-E-15936B
M	Compounds; Rust Preventive	52-MA-602a
N	Coal Tar Enamel and Primers	MIL-P-15147C
O	Coal Tar Base Coating	MIL-C-18480A
P	Coating, Bituminous Emulsion	MIL-C-15203c
	MIL = Military, TT = Federal Spec., MAP or MA = Mari-time Admin., VR = Bureau of Reclamations.	

도　장

TABLE V, 코팅재료의 내화학성

	Natural Rubber	Butadiene-Styrene Rubber	Neoprene	Phenolics	Furanes	Epoxys	Oleoresinous	Vinyls	Vinylidene Chloride	Chlorinated Rubber	Styrene-Butadiene	Polyethylene	Bitumens
Acetaldehyde	1	2	1	1	1	1	3	2	2	3	3	2	3
Acetic acid, 10%	1	2	1	1	1	1	4	3	3	4	4	3	4
Acetic acid, glacial	1	2	1	1	1	1	4	3	3	4	4	3	4
Acetone	3	3	3	1	1	1	4	4	4	4	4	3	4
Alcohol, amyl	1	1	1	1	1	1	4	3	3	3	3	2	3
Alcohol butyl, normal	1	1	1	1	1	1	3	2	2	2	2	1	3
Alcohol, ethyl	1	1	1	1	1	1	2	1	1	1	1	1	2
Alcohol, isopropyl	1	1	1	1	1	1	2	1	1	1	1	1	2
Alcohol, methyl	1	1	1	1	1	1	2	1	1	1	1	1	2
Aluminum chloride	1	1	1	2	2	2	4	1	1	3	3	1	3
Aluminum sulphate	1	1	1	1	1	1	4	1	1	2	2	1	2
Ammonia, liquid	1	1	1	3	2	2	3	1		3	3	1	3
Ammonium chloride	1	1	1	1	1	1	3	1	1	3	3	1	2
Ammonium hydroxide	1	1	1	3	2	2	3	1		3	3	1	3
Ammonium nitrate	1	1	1	1	1	1	3	1	1	3	3	1	2
Ammonium sulphate	1	1	1	1	1	1	3	1	1	3	3	1	2
Aniline			2	3	2	2	4	4		4	4	2	4
Benzene	4	4	4	1	1	1	3	3	3	4	4	3	4
Boric acid	1	1	1	1	1	1	1	1	1	1	1	1	1
Butyl acetate	1	1	1	1	1	1	3	4	4	3	3	1	3
Calcium chloride	1	1	1	1	1	1	2	1	1	2	2	1	2
Calcium hydroxide	1	1	1	2	1	1	2	1	1	2	2	1	2
Calcium hypochlorite	1	2	2	3	2	2	4	1	1	2	2	1	3
Carbon disulphide	4	4	4	1	1	1	4	4	4	4	4	3	4
Carbon tetrachloride	4	4	4	1	1	1	4	4	4	4	4	4	4
Chlorine gas	1	2	2	4	4	4	4	2	1	4	4	3	4
Chlorobenzene	4	4	4	1	1	1	4	4	4	4	4	4	4
Chloroform	4	4	4	1	1	1	4	4	4	4	4	4	4
Chromic acid, 10%	2	2	2	4	3	3	4	2	2	4	4	2	4
Chromic acid, 60%	2	2	2	4	3	3	4	2	2	4	4	2	4
Citric acid	1	1	1	1	1	1	2	1	1	2	2	1	2
Copper sulphate	1	1	1	1	1	1	1	1	1	1	1	1	1
Diethyl ether	4	4	4	1	1	1	4	4	4	4	4	4	4
Ethylene glycol	1	1	1	1	1	1	2	1	1	1	1	1	2
Ferric chloride	1	1	1	1	1	1	3	1	1	3	3	1	3
Ferric sulphate	1	1	1	1	1	1	2	1	1	2	2	1	2
Formaldehyde, 40%	1	1	1	1	1	1	3	1	1	2	2	1	3
Formic acid, 20%	1	1	1	1	1	1	3	1	1	2	2	1	3
Formic acid, conc.	1	1	1	1	1	1	3	1	1	2	2	1	3
Gasoline	4	4	1	1	1	1	2	1	1	4	4	2	4
Glycerine	1	1	1	1	1	1	2	1	1	1	1	1	2
Hydrochloric acid, 10%	1	1	1	1	1	1	3	1	1	3	3	1	3
Hydrochloric acid, 30%	1	2	2	1	1	1	3	1	1	3	3	1	3
Hydrochloric acid, conc.	1	2	2	1	1	1	3	1	1	3	3	1	3
Hydrofluoric acid, 10%	1	2	1	1	1	1	3	2	2	2	2	1	2
Hydrofluoric acid, 40%	1	2	1	1	1	1	3	2	2	2	2	1	3

노출의 등급(도표 상의 번호는 일반적인 사용을 위한 가장 심한 노출등급과 관련한다.)

Class 1. 부식물과 계속적이고 직접적인 접촉

Class 2. 부식성 연무의 고농도 그리고 빈번한 튀김과 엎지름

Class 3. 상대적으로 높은 연무의 농도, 그러나 튀김과 엎지름 그리고 부식물과의 직접적인 접촉은 미약하거나 전혀 없는 것.

Class 4. 부식성 연무의 보통의 농도, 풍화작용

이 도표는 Kenneth Tator, Chemical Engineering, December, 1952에 의해 준비되었다.

도 장

TABLE V, 코팅재료의 내화학성

	Natural Rubber	Butadiene-Styrene Rubber	Neoprene	Phenolics	Furanes	Epoxys	Oleoresinous	Vinyls	Vinylidene Chloride	Chlorinated Rubber	Styrene-Butadiene	Polyethylene	Bitumens
Hydrofluoric acid, 75%	1	2	1	1	1	1	3	2	2	2	2	2	3
Hydrogen peroxide, 3%	1	1	1	3	2	2	3	1	1	3	3	1	4
Hydrogen perioxide, 30%	2	2	1	3	2	2	3	2	2	3	3	3	4
Hydrogen sulphide	1	1	1	1	1	1	2	1	1	2	2	1	2
Hypocholorous acid	1	2	1	4	3	3	4	1	1	3	3	1	4
Kerosene	4	4	1	1	1	1	2	1	1	4	4	2	4
Lubricating oil	4	4	1	1	1	1	2	1	1	4	4	2	4
Magnesium sulphate	1	1	1	1	1	1	2	1	1	2	2	1	2
Methyl ethyl ketone	1	1	2	1	1	1	4	4	4	3	3	1	3
Mineral oil	4	4	1	1	1	1	2	1	1	4	4	2	4
Nitric acid, 5%	1	1	1	4	2	2	4	1	1	3	3	1	3
Nitric acid, 10%	2	2	1	4	2	2	4	2	2	3	3	1	3
Nitric acid, 40%	2	2	2	4	3	3	4	2	2	4	4	2	4
Nitric acid, conc.	3	3	2	4	3	3	4	2	2	4	4	2	4
Nitrobenzene	4	4	4	1	1	1	3	3	3	4	4	3	4
Oleic acid	3	3	2	1	1	1	3	2	2	4	4	2	4
Oxalic acid	1	1	1	1	1	1	2	1	1	2	2	1	2
Phenol, 15-25%			3	1	1	1							4
Phenol			3										4
Phosphoric acid, 10%	1	1	1	1	1	1	3	1	1	3	3	1	3
Phosphoric acid, 60%	1	1	1	1	1	1	3	1	1	3	3	1	3
Phosphoric acid, conc.	1	1	1	1	1	1	3	1	1	3	3	1	3
Potassium alum	1	1	1	1	1	1	2	1	1	2	2	1	2
Potassium hydroxide, 20%	1	2	1	4	2	2	4	1	1	2	2	1	3
Potassium hydroxide, 95%	1	2	1	4	2	2		1	1	2	2	1	3
Potassium permanganate	2	2	1	3	2	2	3	2	2	3	3	3	4
Potassium sulphate	1	1	1	1	1	1	2	1	1	2	2	1	2
Sea water	1	1	1	1	1	1	1	1	1	1	1	1	1
Silver nitrate	1	1	1	1	1	1	2	1	1	1	1	1	2
Sodium bisulphate	1	1	1	1	1	1	3	1	1	2	2	1	2
Sodium carbonate	1	1	1	4	2	2	4	1	1	2	2	1	4
Sodium chloride	1	1	1	1	1	1	1	1	1	1	1	1	1
Sodium hydroxide, 10%	1	2	1	4	2	2	4	1	1	1	1	1	3
Sodium hydroxide, 20%	1	2	1	4	2	2	4	1	1	2	2	1	3
Sodium hydroxide, 40%	1	2	1	4	2	2	4	1	1	2	2	1	3
Sodium hypochlorite	1	2	1	4	3	3	4	1	1	3	3	1	4
Sodium nitrate	1	1	1	1	1	1	2	1	1	2	2	1	2
Sodium sulphate	1	1	1	1	1	1	2	1	1	2	2	1	2
Sodium sulphite	1	1	1	1	1	1	2	1	1	2	2	1	2
Sulphur dioxide	1	1	1	1	1	1	2	1	1	2	2	1	2
Sulphuric acid, 10%	1	1	1	1	1	1	3	1	1	2	2	1	2
Sulphuric acid, 30%	1	1	1	1	1	1	3	1	1	3	3	1	3
Sulphuric acid, 60%	1	1	1	1	1	1	3	1	1	3	3	1	3
Sulphuric acid, conc	2	2	2	1	1	1	3	2	2	3	3	1	3
Toluene	4	4	4	1	1	1	3	3	3	4	4	3	4
Trichloroethylene	4	4	4	1	1	1	4	4	4	4	4	4	4

노출의 등급(도표 상의 번호는 일반적인 사용을 위한 가장 심한 노출등급과 관련한다.)

Class 1. 부식물과 계속적이고 직접적인 접촉

Class 2. 부식성 연무의 고농도 그리고 빈번한 튀김과 엎지름

Class 3. 상대적으로 높은 연무의 농도, 그러나 튀김과 엎지름 그리고 부식물과의 직접적인 접촉은 미약하거나 전혀 없는 것.

Class 4. 부식성 연무의 보통의 농도, 풍화작용

이 도표는 Kenneth Tator, Chemical Engineering, December, 1952에 의해 준비되었다.

■ 제 2 부 ■

압력용기의 기하학과 배치도

기하학적 공식

(페이지 227의 보기 참고)

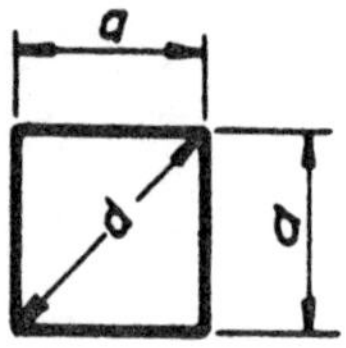

정사각형

A = 면적

$A = a^2$

$d = 1.414\ a$

$A = \frac{d^2}{2}$

$a = 0{,}7071\ d$ or $a = \sqrt{A}$

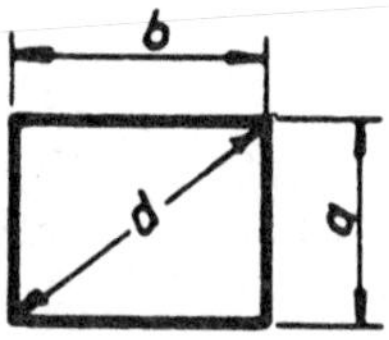

직사각형

A = 면적

$A = a \times b$

$d = \sqrt{a^2 + b^2}$

$a = \sqrt{d^2 - b^2}$ or $a = \frac{A}{b}$

$b = \sqrt{a^2 - a^2}$ or $b = \frac{A}{a}$

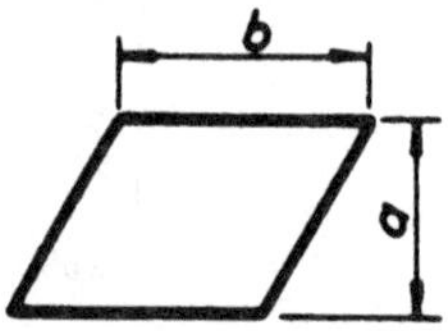

평행사변형

A = 면적

$A = a \times b$

$a = \frac{A}{b}$

$b = \frac{A}{a}$

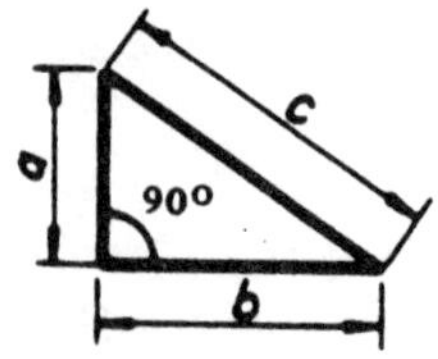

직각삼각형

A = 면적

$A = \frac{a \times b}{2}$

$a = \sqrt{c^2 - b^2}$

$b = \sqrt{c^2 - a^2}$

$c = \sqrt{a^2 + b^2}$

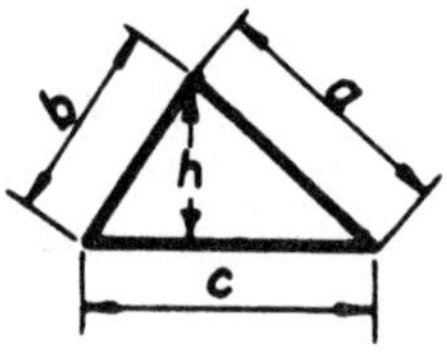

예각삼각형

A = 면적

$A = \frac{C \times h}{2}$

$A = \sqrt{s(s-a) \times (s-b) \times (s-c)}$

$s = ½(a + b + c)$

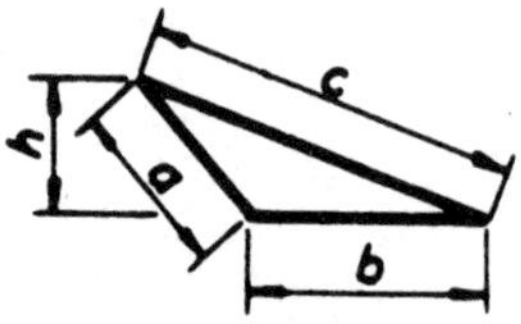

둔각삼각형

A = 면적

$A = \frac{b \times h}{2}$

$A = \sqrt{s(s-a) \times (s-b) \times (s-c)}$

$s = ½(a + b + c)$

보 기

(페이지 226의 공식 참고)

정사각형

지수 : 변 $a = 8$ in.

구하라 : 면적 $A = a^2 = 8^2 = 64$ in.^{2}

대각선 $d = 1.414\ a = 1.414 \times 8 = 11.312$ in.

면적 $A = d^2/2 = 11.312^2/2 = 64$ in.^{2}

변 $a = 0.7071\ d = 0.7071 \times 11.312 = 8$ in.

변 $a = \sqrt{A} = \sqrt{64} = 8$ in.

직사각형

지수 : 변 $a = 3$ in., 변 $b = 12$ in.

구하라 : 면적 $A = a \times b = 3 \times 4 = 12$ in.^{2}

대각선 $d = \sqrt{a^2 + b^2} = \sqrt{3^2 + 4^2} = \sqrt{9 + 16} = \sqrt{25} = 5$ in.

변 $a = A/b = 12/4 = 3$ in.

변 $b = A/a = 12/3 = 4$ in.

평행사변형

지수 : 높이 $a = 8$ in., 변 $b = 12$ in.

구하라 : 면적 $A = a \times b = 8 \times 12 = 96$ sq.-in.

높이 $a = A/b = 96/12 = 8$ in.

면적 $b = A/a = 96/8 = 12$ in.

직각삼각형

지수 : 변 $a = 6$ in., 변 $b = 8$ in.

구하라 : 면적 $A = \frac{a \times b}{2} = \frac{6 \times 8}{2} = 24$ in.^{2}

변 $c = \sqrt{a^2 + b^2} = \sqrt{6^2 + 8^2} = \sqrt{36 + 64} = \sqrt{100} = 10$ in.

변 $a = \sqrt{c^2 - b^2} = \sqrt{10^2 - 8^2} = \sqrt{100 - 64} = \sqrt{36} = 6$ in.

변 $b = \sqrt{c^2 - a^2} = \sqrt{10^2 - 6^2} = \sqrt{100 - 36} = \sqrt{64} = 8$ in.

예각삼각형

지수 : 변 $a = 6$ in. 변 $b = 8$ in., 변 $c = 10$ in.

구하라 : 면적 $A = s = ½(a + b + c) = ½(6 + 8 + 10) = 12$

$A = \sqrt{s(s-a) \times (s-b) \times (s-c)} = \sqrt{12(12-5) \times (12-8) \times (12-10)} =$ 24 in.^{2}

둔각삼각형

지수 : 변 $a = 3$ in., $b = 4$ in., $c = 5$ in.

구하라 : 변 $A = s = ½(a + b + c) = ½(3 + 4 + 5) = 6$

$A = \sqrt{6(6-3) \times (6-4) \times (6-5)} = \sqrt{36} = 6$ in.^{2}

기하학적 공식

(페이지 229의 보기 참고)

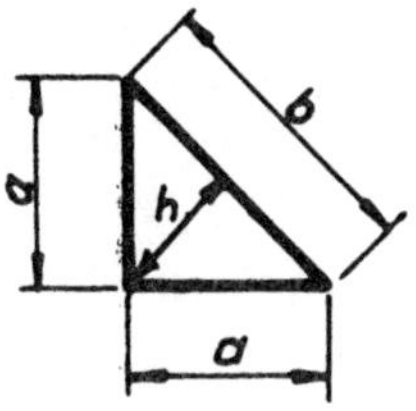

2개의 45° 각도를 가진 직각삼각형

A = 면적

$A = \frac{a^2}{2}$

b = 1.414 a

h = 0.7071 a

a = 1.414 h

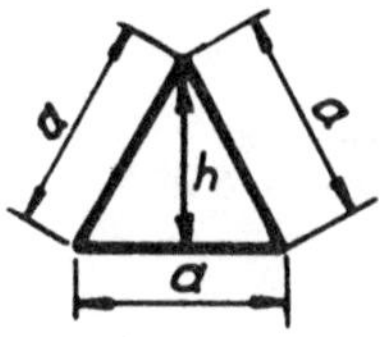

이등변삼각형

A = 면적

$A = \frac{a \times h}{2}$

h = 0.866 a   a = 1.155 h

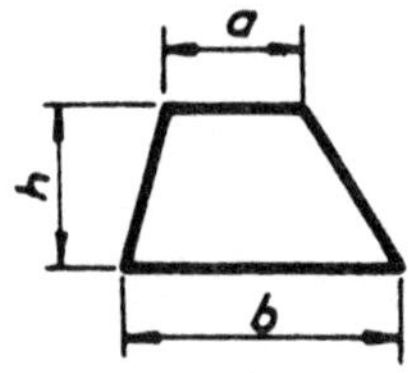

사다리꼴

A = 면적

$A = \frac{(a+b)h}{2}$

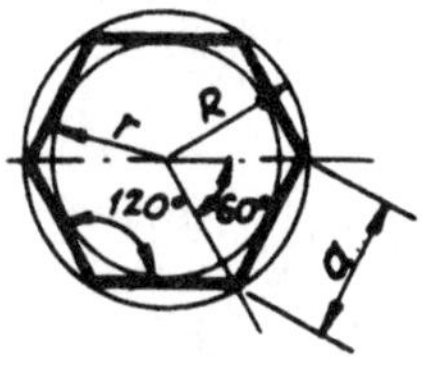

정육각형

A = 면적

R = 외접원반경

r = 내접원반경

$A = 2.598\ a^2 = 2.598\ R^2 = 3.464\ r^2$

R = a = 1.155 r

r = 0.866 a = 0.866 R

a = R = 1.155 r

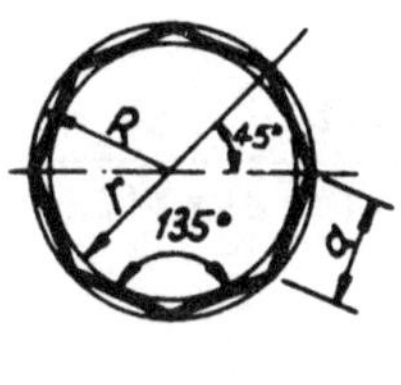

정팔각형

A = 면적

R = 외접원반경

r = 내접원반경

$A = 4.828\ a^2 = 2.828\ R^2 = 3.314\ r^2$

R = 1.307 a = 1.082 r

r = 1.207 a = 0.924 R

a = 0.765 R = 0.828 r

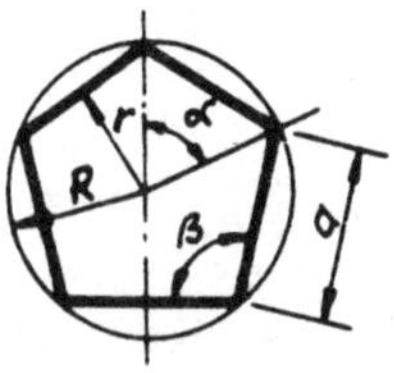

정오각형

A = 면적   n = 변의 수

$\alpha = \frac{360^\circ}{n}$ $\beta = 180^\circ - \alpha$

$A = \frac{nra}{2}$ $r = \sqrt{R^2 - \frac{a^2}{4}}$ $a = 2\sqrt{R^2 - r^2}$

$R = \sqrt{r^2 + \frac{a^2}{4}}$

보 기

(페이지 228의 공식 참고)

2개의 45° 각도를 가진 직각삼각형

지수 : 변 $a = 8$ in.

구하라 : 면적 $A = \frac{a^2}{2} = \frac{8^2}{2} = \frac{64}{2} = 32$ in.^{2}

변 $b = 1.414\ a = 1.414 \times 8 = 11.312$ in.

$h = 0.7071\ a = 0.7071 \times 8 = 5.6568$ in.

이등변삼각형

지수 : 변 $a = 8$ in.

구하라 : $h = 0.866 \times a = 0.866 \times 8 = 6.928$ in.

면적 $A = \frac{a \times h}{2} = \frac{8 \times 6.928}{2} = \frac{55.424}{2} = 27.712$ in.^{2}

사다리꼴

지수 : 변 $a = 4$ in., $b = 8$ in., 높이 $h = 6$ in.

구하라 : 면적 $A = \frac{(a+b)h}{2} = \frac{(4+8) \times 6}{2} = 36$ in.^{2}

정육각형

지수 : 변 $a = 4$ in.

구하라 : 면적 $A = 2.598 \times a^2 = 2.598 \times 4^2 = 41.568$ in.^{2}

$r = 0.866 \times a = 0.866 \times 4 = 3.464$ in.

$R = a = 1.155\ r = 1.155 \times 3.464 = 4$ in.

정팔각형

지수 : $R = 6$ in., 외접원반경

구하라 : 면적 $A = 2.828\ R^2 = 2.828 \times 6^2 = 101.81$ in.^{2}

변 $a = 0.765\ R = 0.765 \times 6 = 4.59$ in.

정오각형

지수 : 변의 수 $n = 5$, 변 $a = 9.125$in.

외접원반경, $R = 7.750$

구하라 : $r = \sqrt{R^2 - \frac{a^2}{4}} = \sqrt{7.750^2 - \frac{9.125^2}{4}} = 6.25$ in.

면적 $A = \frac{nra}{2} = \frac{5 \times 6.25 \times 9.125}{2} = 142.58$ in.^{2}

기하학적 공식

(페이지 231의 보기 참고)

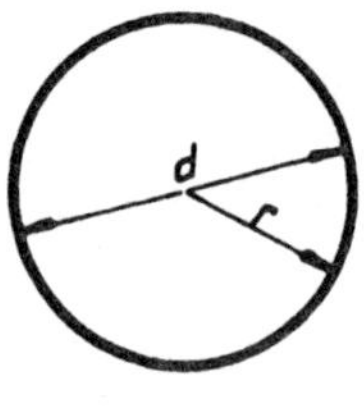

원

A = 면적   C = 원주

$A = r^2 \times \pi = r^2 \times 3.1416 = d^2 \times 0.7854$

$C = d \times \pi = d \times 3.1416$

각도 α에 대한 호의 길이 $= 0.008727d \times \alpha$

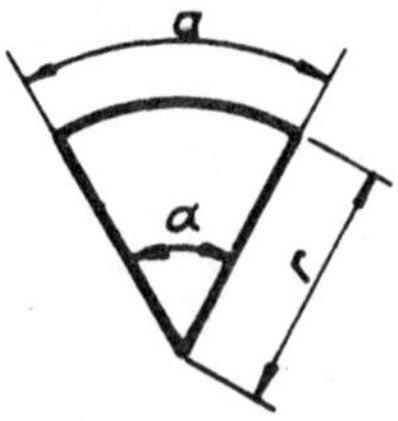

부채꼴

A = 면적   a = 호 α = 각도

$A = r^2 \pi \times \frac{\alpha}{360}$

$a = \frac{r \times \alpha \times 3.1416}{180}$

$\alpha = \frac{57.296\,a}{r}$ $r = \frac{2A}{a}$

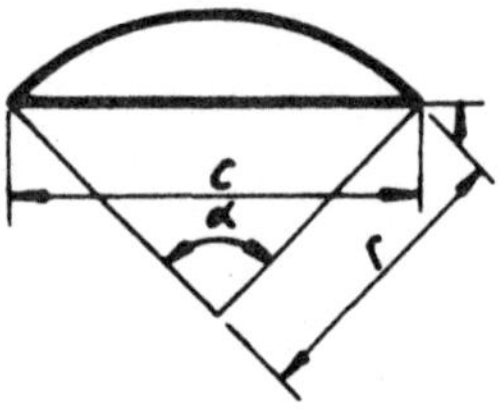

원호

A = 면적 α = 각도   c = 현

A = 부채꼴면적-삼각형면적

$c = 2r \times \sin\frac{\alpha}{2}$

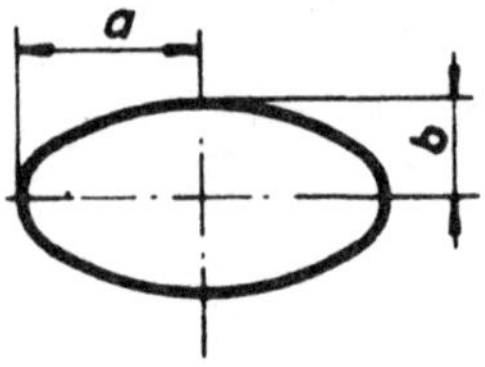

타원

A = 면적   P = 주변의 길이

$A = \pi \times a \times b = 3.1416 \times a \times b$

주변길이를 위한 근사 공식

$P = 3.1416\sqrt{2(a^2 + b^2)}$

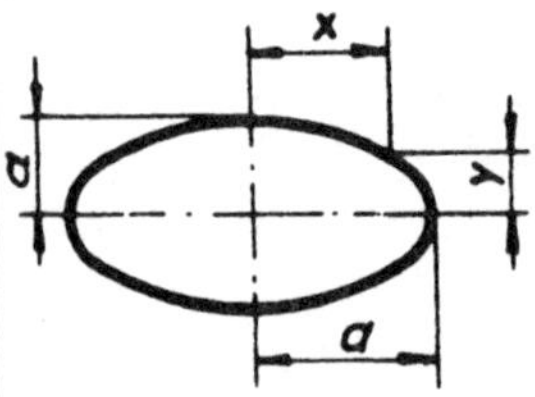

타원

타원상의 위치 점

$\frac{a}{b} = C$ = 주축에 대한 소축의 비율

$x = \sqrt{a^2 - (2C \times y^2)}$

$y = \frac{\sqrt{a^2 - x^2}}{C}$

보 기

(페이지 230의 공식 참고)

원

지수 : 반경 $r = 6$ in.

면적을 구하라. $= r^2 \times \pi = 6^2 \times 3.1416 = 113.10$ in.² 혹은

$A = d^2 \times 0.7854 = 12^2 \times 0.7854 = 113.10$ in.²

원주 $C = d \times \pi = 12 \times 3.1416 = 37.6991$ in.

각도 α에 대한 호의 길이 만약, $\alpha = 60°$

호 $= 0.008727\, d \times \alpha = 0.008727 \times 12 \times 60 = 6.283$ in.

부채꼴

지수 : 반경 $r = 6$ in., Angle $= 60°$

구하라 : 면적 $A = r^2 \pi \times \frac{\alpha}{360} = 6^2 \times \pi \times \frac{60}{360} = 18.85$ sq. in.

호 $a = \frac{r \times \alpha \times 3.1416}{180} = \frac{6 \times 60 \times 3.1416}{180} = 6.283$ in.

각도 $\alpha = \frac{57.296 \times a}{r} = \frac{57.296 \times 6.283}{6} = 60°$

원호

지수 : 반경 $r = 6$ in., Angle $\alpha = 90°$

구하라 : 면적 A

부채꼴면적 $= r^2 \times \pi \times \frac{\alpha}{360} = 6^2 \times 3.1416 \times \frac{90}{360} = 28.274$ in.²

삼각형면적 18.000 in.²

원호의 면적 A = 10.274 in.²

현 $c = 2r \times \sin\frac{\alpha}{2} = 2 \times 6 \times \sin\frac{90}{2} = 2 \times 6 \times 0.7071 = 8.485$ in.

타원

지수 : 반축 $a = 8$ in. $b = 3$ in.

구하라 : 면적 $A = \pi \times a \times b = 3.1416 \times 8 \times 3 = 75.398$ in.

주변의 길이 $P = 3.1416\sqrt{2(a^2 + b^2)} = 3.1416\sqrt{2 \times (8^2 + 3^2)} =$

$3.1416\sqrt{146} = 37.96$ in.

타원

지수 : 반축 $a = 8$ in. $b = 4$ in., $C = \frac{a}{b} = \frac{8}{4} = 2$, $x = 6$ in.

구하라 : $Y = \frac{\sqrt{a^2 - x^2}}{C} = \frac{\sqrt{8^2 - 6^2}}{2} = \frac{\sqrt{64 - 36}}{2} = \frac{\sqrt{28}}{2} = \frac{5.2915}{2} = 2.6457$ in.²

$X = \sqrt{a^2 - (2C \times y^2)} = \sqrt{8^2 - (2 \times 2 \times 2.6457^2)} = \sqrt{64 - 4 \times 7} = \sqrt{36} = 6$ in.

기하학적 공식

(페이지 233의 보기 참고)

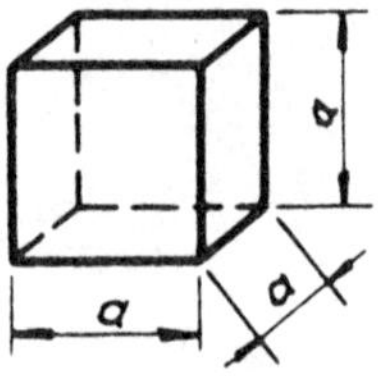

정육면체

V = 체적

$V = a^3$

$a = \sqrt[3]{V}$

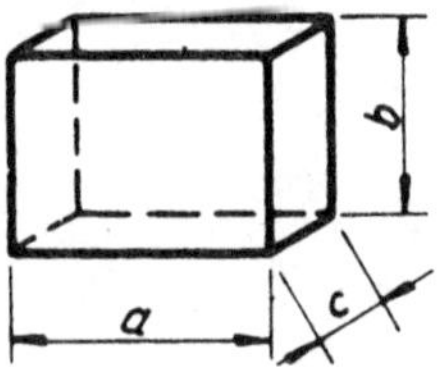

직육면체

V = 체적

$V = a \times b \times c$

$a = \frac{V}{bc} \quad b = \frac{V}{ac} \quad c = \frac{V}{ab}$

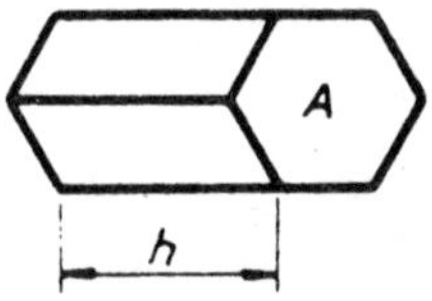

6각기둥

V = 체적　　　A = 끝면적

$V = h \times A$

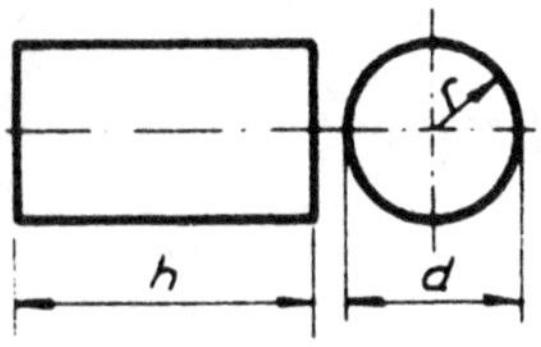

원기둥

V = 체적　　　S = 원통형표면적

$V = 3.1416 \times r^2 \times h = 0.785 \times d^2 \times h$

$S = 3.1416 \times d \times h$

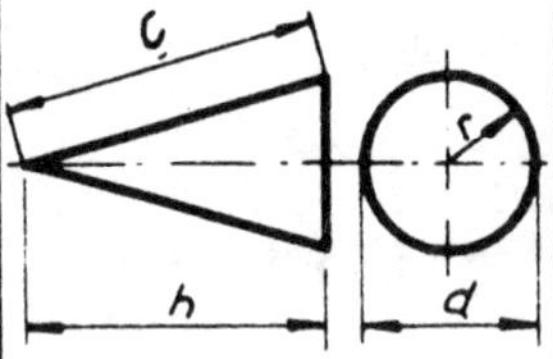

원추

V = 체적　　　S = 원추형표면적

$V = \frac{3.1416 \times r^2 \times h}{3} = 1.0472 \times r^2 \times h$

$c = \sqrt{r^2 + h^2}$

$S = 3.1416\, rc = 1.5708\, dc$

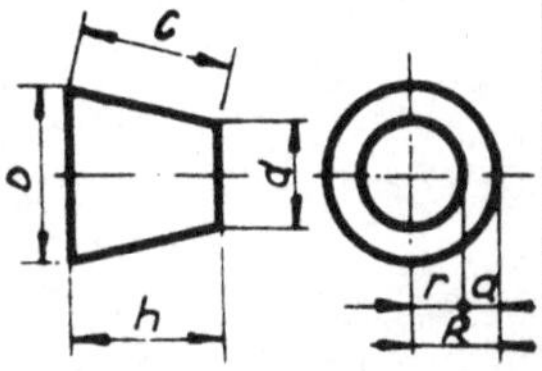

원추대

V = 체적　　　S = 원추형표면적

$V = 0.2618\, h\,(D^2 + Dd + d^2)$　$a = R - r$　$c = \sqrt{a^2 + h^2}$

$S = 1.5708\, c\,(D + d)$

보기

(페이지 232의 보기 참고)

정육면체

지수 : 변 $a = 8$ in.

구하라 : 체적 $V = a^3 = 8^3 = 512$ in.³

변 $a = \sqrt[3]{512} = 8$ in.

직육면체

치수 : 변 $a = 8$ in., $b = 6$ in., $c = 4$ in.

구하라 : 체적 $V = a \times b \times c = 8 \times 6 \times 4 = 192$ in.³

$$a = \frac{V}{b \times c} = \frac{192}{6 \times 4} = 8 \text{ in.}; \quad b = \frac{V}{a \times c} = \frac{192}{8 \times 4} = 6 \text{ in.}$$

$$c = \frac{V}{a \times b} = \frac{192}{2 \times 6} = 4 \text{ in.}$$

6각기둥

지수 : 끝면적 $A = 12$ in.², $h = 8$ in.

구하라: 체적 $V = h \times A = 8 \times 12 = 96$ in.³

원기둥

지수 : 반경 $r = 6$ in., $h = 12$ in.

구하라: 체적 $V = 3.1416 \times r^2 \times h = 3.1416 \times 6^2 \times 12 = 1357.2$ in.³

원통형표면적 : $S = 3.1416 \times d \times h =$

$= 3.1416 \times 12 \times 12 = 452.389$ in.²

원추

지수 : 반경 $r = 6$ in., $h = 12$ in.

구하라: 체적 $V = 1.0472 \times r^2 \times h = 1.0472 \times 6^2 \times h = 452.4$ in.³

$$c = \sqrt{r^2 + h^2} = \sqrt{36 + 144} = \sqrt{180} = 13.416 \text{ in.}$$

원추형표면적 : $S = 3.1416\ r \times c =$

$= 3.1416 \times 6 \times 13.416 = 252.887$ in.²

원추대

지수 : 직경 $D = 24$ in., $d = 12$ in., $h = 10.375$ in.

구하라: 체적 $V = 0.2618\, h\,(D^2 + Dd + d^2) =$

$0.2618 \times 10.375\,(24^2 + 24 \times 12 + 12^2) = 2737.9$ in.³

표면 $S = 1.5708\, c\,(D + d) = 1.5708 \times 12\,(24 + 12) =$

678.586 in.²

기하학적 공식

(페이지 235의 보기 참고)

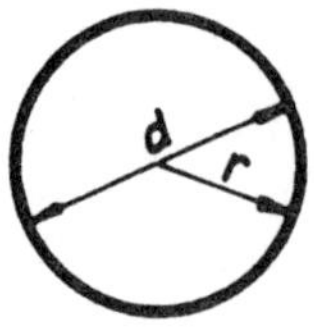

구

V = 체적　　A = 표면적

$$V = \frac{4\pi x r^3}{3} = \frac{\pi x d^3}{6} = 4.1888\ r^3 = 0.5236\ d^3$$

$$A = 4\ \pi\ x\ r^2 = \pi d^2$$

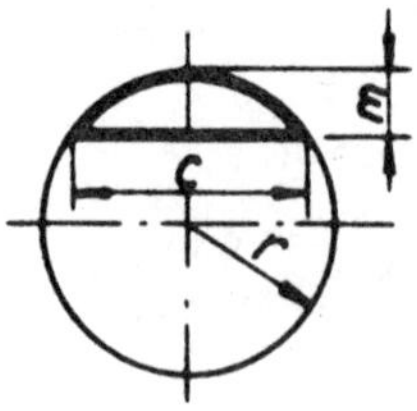

구형호

V = 체적　　A = 구형표면적

$$V = 3.1416\ x\ m^2\ (r - \frac{m}{3})$$

$$A = 2\pi\ x\ r\ x\ m$$

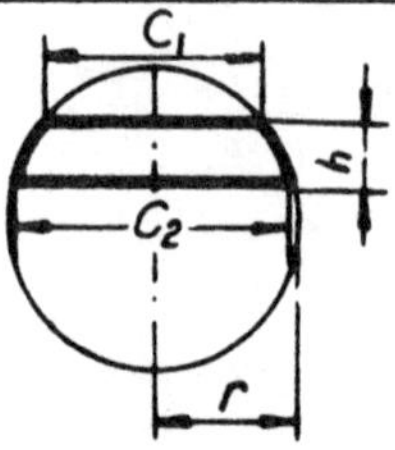

구형구역

V = 체적　　A = 구형표면적

$$V = 0.5236h\left(\frac{3C_1^2}{4} + \frac{3C_2^2}{4} + h^2\right)$$

$$A = 2\pi\ rh = 6.2832\ rh$$

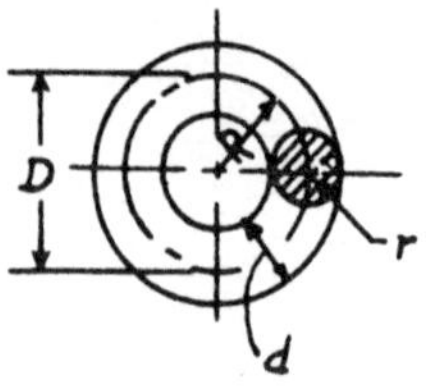

원환체

V = 체적　　A = 표면적

$$V = 19.739\ Rr^2$$
$$= 2.4674\ Dd^2$$
$$A = 39.478\ Rr$$
$$= 9.8696\ Dd$$

원통형 셀, 구형, 타원형과 플랜지 이음과 접시이음형 헤드의 체적과 표면적에 대해서는 페이지 402로부터 시작되는 도표 참고.

보기

(페이지 234의 공식 참고)

구

지수 : 반경 $r = 6$ in.

구하라: 체적 $V = 4.1888\ r^3 = 4.1888 \times 216 = 904.78$ in.^{3}

또는 $V = 0.5236\ d^3 = 0.5236 \times 1728 = 904.78$ in.^{3}

면적 $A = 4\ \pi\ r^2 = 4 \times 3.1416 \times 6^2 = 452.4$ in.^{2}

혹은 $A = \pi\ d^2 = 3.1416 \times 12^2 = 452.4$ in.^{2}

구형호

지수 : 반경 $r = 6$ in. $m = 3$ in.

구하라 : 체적 $V = 3.1416 \times m^2 \left(r - \frac{m}{3}\right) =$

$= 3.1416 \times 3^2 \left(6 - \frac{3}{3}\right) = 141.37$ in.^{3}

면적 $A = 2\ \pi \times r \times m = 2 \times 3.1416 \times 6 \times 3 = 113.10$ in.^{2}

구형구역

지수 : 반경 $r = 6$ in., $C_1 = 8$ in., $C_2 = 11.625$ in., $h = 3$ in.

구하라 : 체적 $V = 0.5236 \times 3 \times \left(\frac{3 \times 8^2}{4} + \frac{3 \times 11.625^2}{4} + 3^2\right) = 248.74$ in^3

면적 $A = 6.2832 \times 6 \times 3 = 113.10$ in.^{2}

원환체

지수 : 반경 $R = 6$ in. $r = 2$ in.

구하라 : 체적 $V = 19.739\ R \times r^2 = 19.739 \times 6 \times 2^2 = 473.7$ in.^{3}

면적 $A = 39.478\ Rr = 39.478 \times 6 \times 2 = 473.7$ in.^{2}

기하학적 문제와 작도

A

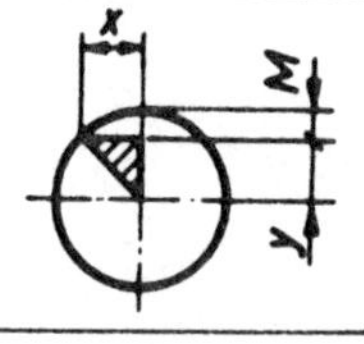

원상의 위치점

$Y = \sqrt{R^2 - X^2}$
$X = \sqrt{R^2 - Y^2}$

EX :
R = 5 in. X = 3 in.
Find Y $= \sqrt{5^2 - 3^2} = \sqrt{25 - 9}$
$= \sqrt{16} = 4$ in.

B

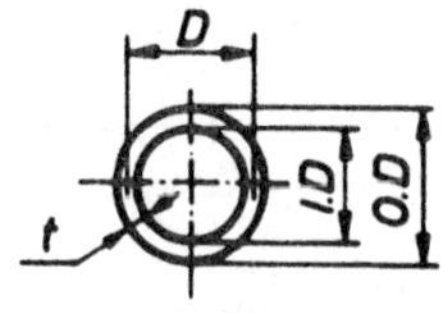

원기둥을 위한 플레이트 길이

L = π×D
L = 플레이트 길이
D = 직경

EX :
내경 = 23in.
플레이트 두께 = 1in.
플레이트 길이 :
L = 25×3.1416 = 78.5398in.

C

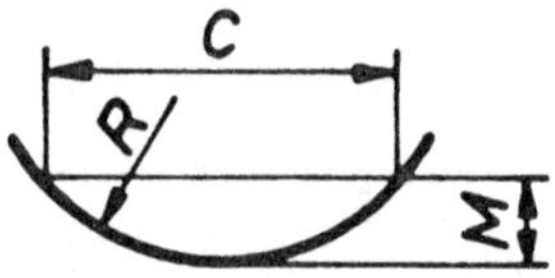

원호의 반경을 구하기 위한

$R = \dfrac{\left(\frac{c}{2}\right)^2 + M^2}{2M}$

EX :
c = 6 in., M = 2 in.
구하라. $R = \dfrac{(6/2)^2 + 2^2}{2 \times 2} = 3.25$ in.

D

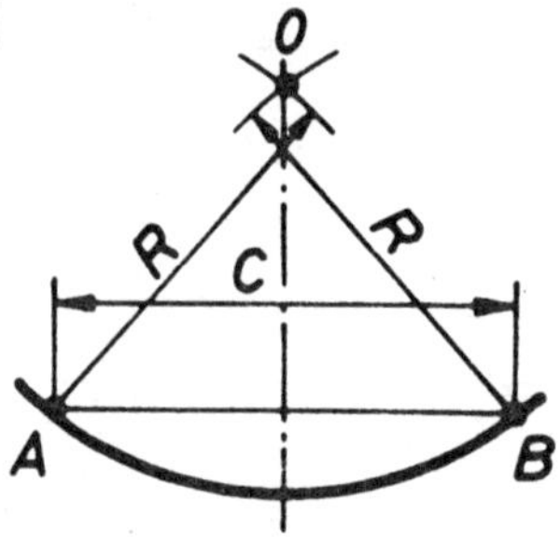

원호의 중심을 찾기 위한

반경 R과 현 C가 알려져 있다면, 점 A와 B로부터 주어진 반경 R로써 호를 그려라. 2개 호의 교점 O는 원호의 중심이 된다.

원호의 중심을 찾기 위한

현 C와 치수 M이 알려져 있다면, A점과 호의 양측에 있는 점 B로부터 호를 구하라. 교점을 직선으로 연결하라. 직선상의 교점 O는 원호의 중심이 된다.

E

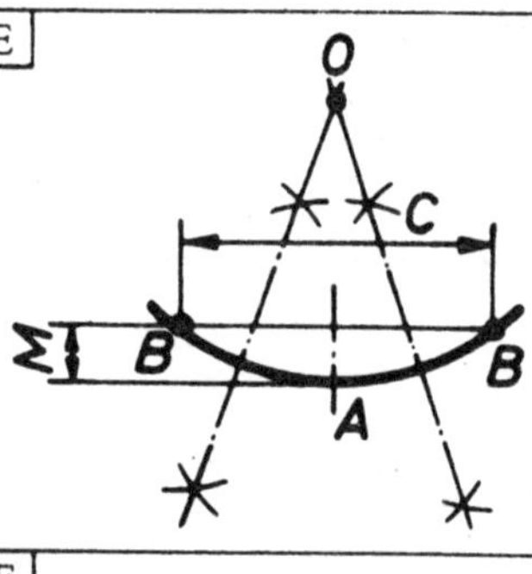

원호의 중심을 찾기 위한

현 C와 치수 M이 알려져 있다면, A점과 호의 양측에 있는 점 B로부터 호를 그려라. 교점을 직선으로 연결하라. 직선상의 점 O는 원호의 중심이 된다.

F

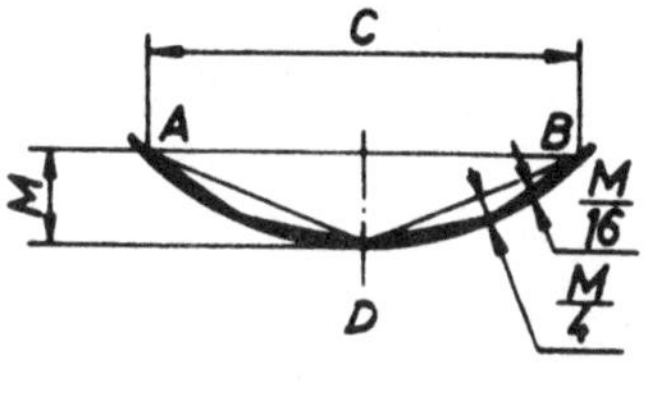

원호의 작도

반경을 알고 그 길이가 매우 커서 콤파스로 호를 그리는 것이 불가능하다. 현의 길이와 치수 M을 결정하라. 현의 중심에 수직선을 구려라. 이 선상에서 치수 M을 측정하라. 점 AD와 BD를 연결하라. 선 AD와 BD를 이등분하고, 수직한 M/4 치수를 측정하라. 이런 절차를 요구되는 정밀도가 얻어질 때까지 반복하면 M은 각 이등분의 1/4 이하에 있게 된다. 삼각형의 Vortex는 원호의 점이다.

기하학적 문제와 작도

A

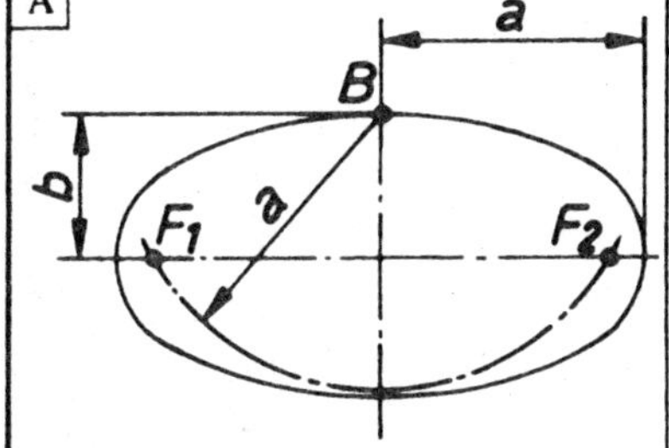

타원의 초점을 찾기 위해

타원의 소축과 주축이 주어져 있을 때, 초점을 찾아라.
반경 a(주축의 0.5인)로 B에 중심을 가진 호를 그려라. 호와 주축의 교점이 타원의 2개의 초점이 된다.

B

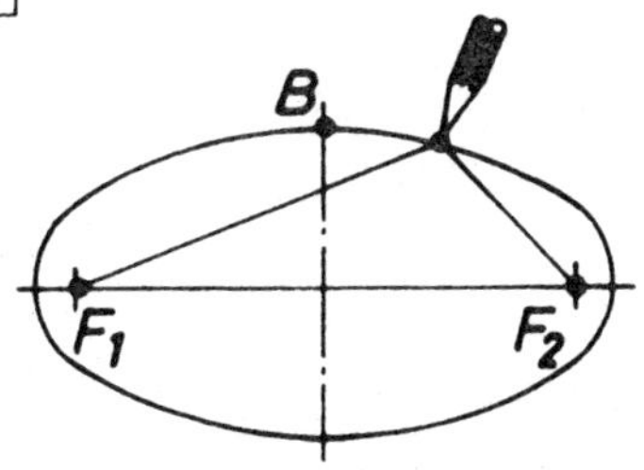

타원의 작도

루프형태의 줄을 점 F_1, B와 F_2 주위에 놓아라. 연필을 가지고 줄을 팽팽하게 유지시키면서 줄의 최대 궤적을 따라 연필을 움직이면서 타원을 그려라.

C

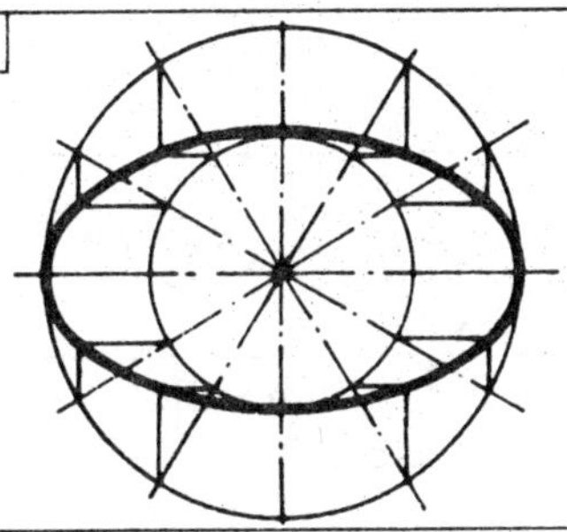

타원의 작도

직경이 타원의 주축과 동일한 원과 그리고 이와 동일한 중심을 갖고 직경이 소축과 동일한 원을 그려라. 큰 원의 교점으로부터 주축에 수직한 선을 그리고, 작은 원의 교점으로부터 소축과 평행한 선을 그려라. 이 수직선과 평행선의 교점들은 타원 굴곡의 점들이 된다.

D

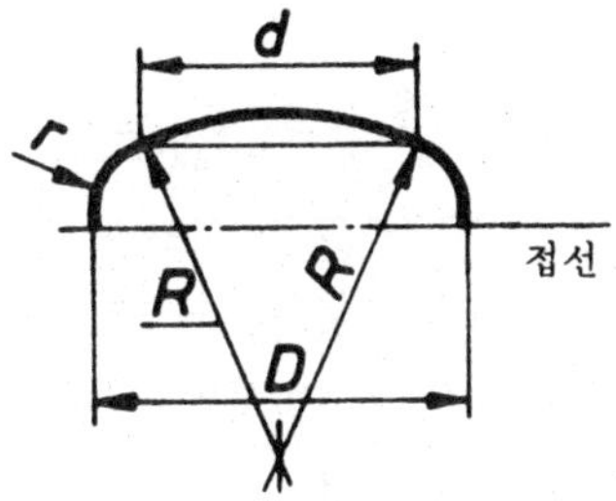

2:1 타원형 헤드의 특성

d=0.8D(개략)
R=0.9D(개략)
r=0.173D(개략)

직경 d에 있는 헤드의 상부는 무시할만한 편차를 가진 구형호이다.

E

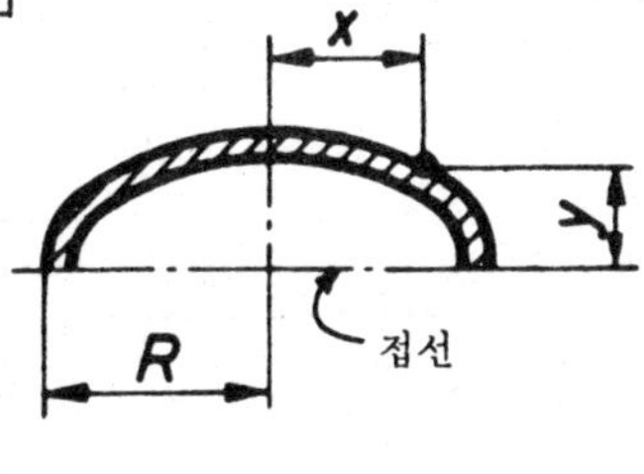

2:1 타원형 헤드상의 위치점

$X = \sqrt{R^2 - 4Y^2}$ $\quad$ $Y = \dfrac{\sqrt{R^2 - X^2}}{2}$

주 : 단지 한 면에서의 타원형 헤드의 굴곡이 실제 타원(내부 혹은 외부)이다. 맞은 편의 수평곡선은 기하학적으로 구해지지 않는다. 특히 두꺼운 벽을 가진 헤드의 경우에 이 곡선 상에 점을 위치시키는 것은 단지 배치도의 수단에 의해서만 가능하다. 페이지 285의 도표 참고.

직각삼각형의 해법

지수	요구되는 변 혹은 각도 (원 표시)	공 식	보 기
a, b	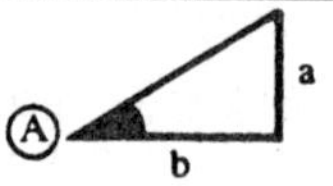	$\tan A = \frac{a}{b}$	변 a=6 in. b=12.867 in. 각 $A=\frac{6}{12.867}=0.4663$ tan 0.46630=25°
a, b	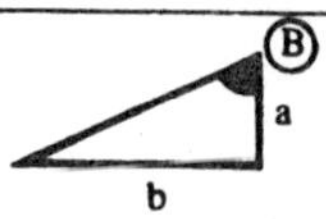	$\tan B = \frac{b}{a}$	변 a=6 in. b=12.867 in. 각 $B=\frac{12.867}{6}=2.1445$ tan 2.1445=65°
a, b	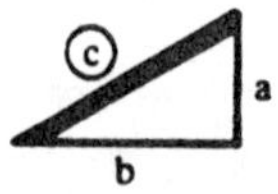	$c = \sqrt{a^2+b^2}$	변 a=3 in. b=4 in. 각 $C=\sqrt{3^2+4^2}=\sqrt{9+16}$ $=\sqrt{25}=5$ in.
a, c	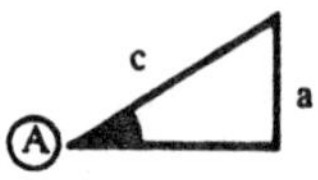	$\sin A = \frac{a}{c}$	변 a=6 in. b=12 in. 각 $A=\frac{6}{12}=0.500$ sin 0.500=30°
a, c	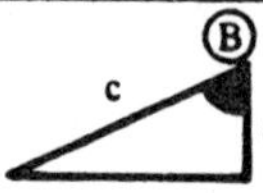	$\cos B = \frac{a}{c}$	변 a=6 in. b=12 in. 각 $B=\frac{6}{12}=0.500$ cos 0.500=60°
a, c	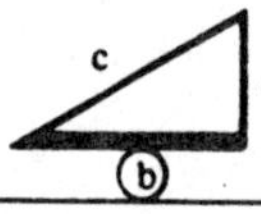	$b = \sqrt{c^2-a^2}$	변 a=3 in. b=5 in. 변 $b=\sqrt{5^2-3^2}\ \sqrt{25-9}$ $=\sqrt{16}=4$ in.
A, a	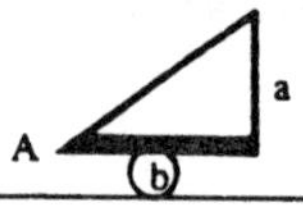	$b = a \times \cot A$	각 A=25°, 변 a=6 in. 변 b=6× cot 25° =6×2.1445=12.867 in.
A, a	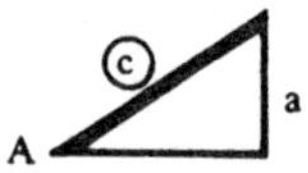	$c = \frac{a}{\sin A}$	각 A=30°, 변 a=6 in. 변 $c=\frac{6}{\sin 30°}=\frac{6}{0.500}=12$ in.
A, b	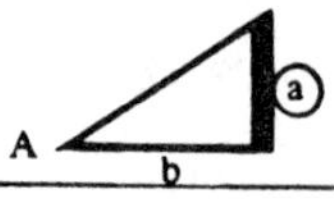	$a = b \times \tan A$	각 A=25°, 변 b=12.867 in. 변 a=12.867× tan 25° =12.867×0.4663=6 in.
A, b	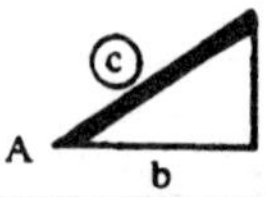	$c = \frac{b}{\cos A}$	각 A=30°, 변 b=12 in. 변 $c=\frac{b}{\cos 30}=\frac{12}{0.866}$ =13.856 in.
A, c	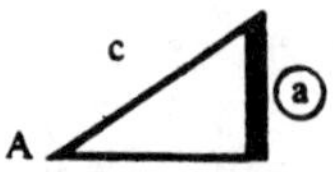	$a = c \times \sin A$	각 A=30°, 변 c=12 in. 변 a=12× sin 30° =12×0.500=6 in.
A, c	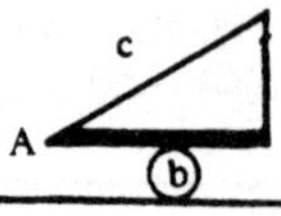	$b = c \times \cos A$	각 A=30°, 변 c=12 in. 변 b=12× cos 30° 12×0.866=10.392 in.

삼 각 함 수 표

주 : 다음의 삼각함수표에서 45도와 90도 사이의 각도를 구하기 위해서는 페이지 하단에서부터 상단으로 읽을 것.

삼 각 함 수

	0°						1°						
	sin	cos	tan	cot	sec	cosec	sin	cos	tan	cot	sec	cosec	′
0	.00000	1.0000	.00000	Infinite	1.0000	Infinite	.01745	.99985	.01745	57.290	1.0001	57.299	60
1	.00029	.0000	.00029	3437.7	.0000	3437.7	.01774	.99984	.01775	56.350	.0001	56.359	59
2	.00058	.0000	.00058	1718.9	.0000	1718.9	.01803	.99984	.01804	55.441	.0001	55.450	58
3	.00087	.0000	.00087	1145.9	.0000	1145.9	.01832	.99983	.01833	54.561	.0002	54.570	57
4	.00116	.0000	.00116	859.44	.0000	859.44	.01861	.99983	.01862	53.708	.0002	53.718	56
5	.00145	1.0000	.00145	687.55	.0000	687.55	.01891	.99982	.01891	52.882	.0002	52.891	55
6	.00174	.0000	.00174	572.96	.0000	572.96	.01920	.99981	.01920	52.081	.0002	52.090	54
7	.00204	.0000	.00204	491.11	.0000	491.11	.01949	.99981	.01949	51.303	.0002	51.313	53
8	.00233	.0000	.00233	429.72	.0000	429.72	.01978	.99980	.01978	50.548	.0002	50.558	52
9	.00262	.0000	.00262	381.97	.0000	381.97	.02007	.99980	.02007	49.816	.0002	49.826	51
10	.00291	0.99999	.00291	343.77	.0000	343.77	.02036	.99979	.02036	49.104	.0002	49.114	50
11	.00320	.99999	.00320	312.52	.0000	312.52	.02065	.99979	.02066	48.412	.0002	48.422	49
12	.00349	.99999	.00349	286.48	.0000	286.48	.02094	.99978	.02095	47.739	.0002	47.750	48
13	.00378	.99999	.00378	264.44	.0000	264.44	.02123	.99977	.02124	47.085	.0002	47.096	47
14	.00407	.99999	.00407	245.55	.0000	245.55	.02152	.99977	.02153	46.449	.0002	46.460	46
15	.00436	.99999	.00436	229.18	.0000	229.18	.02181	.99976	.02182	45.829	.0002	45.840	45
16	.00465	.99999	.00465	214.86	.0000	214.86	.02210	.99975	.02211	45.226	.0002	45.237	44
17	.00494	.99999	.00494	202.22	.0000	202.22	.02240	.99975	.02240	44.638	.0002	44.650	43
18	.00524	.99999	.00524	190.98	.0000	190.99	.02269	.99974	.02269	44.066	.0002	44.077	42
19	.00553	.99998	.00553	180.93	.0000	180.93	.02298	.99974	.02298	43.508	.0003	43.520	41
20	.00582	.99998	.00582	171.88	.0000	171.89	.02326	.99973	.02327	42.964	.0003	42.976	40
21	.00611	.99998	.00611	163.70	.0000	163.70	.02356	.99972	.02357	42.433	.0003	42.445	39
22	.00640	.99998	.00640	156.26	.0000	156.26	.02385	.99971	.02386	41.916	.0003	41.928	38
23	.00669	.99998	.00669	149.46	.0000	149.47	.02414	.99971	.02415	41.410	.0003	41.423	37
24	.00698	.99997	.00698	143.24	.0000	143.24	.02443	.99970	.02444	40.917	.0003	40.930	36
25	.00727	.99997	.00727	137.51	.0000	137.51	.02472	.99969	.02473	40.436	.0003	40.448	35
26	.00756	.99997	.00756	132.22	.0000	132.22	.02501	.99969	.02502	39.965	.0003	39.978	34
27	.00785	.99997	.00785	127.32	.0000	127.32	.02530	.99968	.02531	39.506	.0003	39.518	33
28	.00814	.99997	.00814	122.77	.0000	122.78	.02559	.99967	.02560	39.057	.0003	39.069	32
29	.00843	.99996	.00844	118.54	.0000	118.54	.02589	.99966	.02589	38.618	.0003	38.631	31
30	.00873	.99996	.00873	114.59	.0000	114.59	.02618	.99966	.02618	38.188	.0003	38.201	30
31	.00902	.99996	.00902	110.89	.0000	110.90	.02647	.99965	.02648	37.769	.0003	37.782	29
32	.00931	.99996	.00931	107.43	.0000	107.43	.02676	.99964	.02677	37.358	.0003	37.371	28
33	.00960	.99995	.00960	104.17	.0000	104.17	.02705	.99963	.02706	36.956	.0004	36.969	27
34	.00989	.99995	.00989	101.11	.0000	101.11	.02734	.99963	.02735	36.563	.0004	36.576	26
35	.01018	.99995	.01018	98.218	.0000	98.223	.02763	.99962	.02764	36.177	.0004	36.191	25
36	.01047	.99994	.01047	95.489	.0000	95.495	.02792	.99961	.02793	35.800	.0004	35.814	24
37	.01076	.99994	.01076	92.908	.0000	92.914	.02821	.99960	.02822	35.431	.0004	35.445	23
38	.01105	.99994	.01105	90.463	.0001	90.469	.02850	.99959	.02851	35.069	.0004	35.084	22
39	.01134	.99993	.01134	88.143	.0001	88.149	.02879	.99958	.02880	34.715	.0004	34.729	21
40	.01163	.99993	.01164	85.940	.0001	85.946	.02908	.99958	.02910	34.368	.0004	34.382	20
41	.01193	.99993	.01193	83.843	.0001	83.849	.02937	.99957	.02939	34.027	.0004	34.042	19
42	.01222	.99992	.01222	81.847	.0001	81.853	.02967	.99956	.02968	33.693	.0004	33.708	18
43	.01251	.99992	.01251	79.943	.0001	79.950	.02996	.99955	.02997	33.366	.0004	33.381	17
44	.01280	.99992	.01280	78.126	.0001	78.133	.03025	.99954	.03026	33.045	.0004	33.060	16
45	.01309	.99991	.01309	76.390	.0001	76.396	.03054	.99953	.03055	32.730	.0005	32.745	15
46	.01338	.99991	.01338	74.729	.0001	74.736	.03083	.99952	.03084	32.421	.0005	32.437	14
47	.01367	.99991	.01367	73.139	.0001	73.146	.03112	.99951	.03113	32.118	.0005	32.134	13
48	.01396	.99990	.01396	71.615	.0001	71.622	.03141	.99951	.03143	31.820	.0005	31.836	12
49	.01425	.99990	.01425	70.153	.0001	70.160	.03170	.99950	.03172	31.528	.0005	31.544	11
50	.01454	.99989	.01454	68.750	.0001	68.757	.03199	.99949	.03201	31.241	.0005	31.257	10
51	.01483	.99989	.01484	67.402	.0001	67.409	.03228	.99948	.03230	30.960	.0005	30.976	9
52	.01512	.99988	.01513	66.105	.0001	66.113	.03257	.99947	.03259	30.683	.0005	30.699	8
53	.01542	.99988	.01542	64.858	.0001	64.866	.03286	.99946	.03288	30.411	.0005	30.428	7
54	.01571	.99988	.01571	63.657	.0001	63.664	.03315	.99945	.03317	30.145	.0005	30.161	6
55	.01600	.99987	.01600	62.499	.0001	62.507	.03344	.99944	.03346	29.882	.0005	29.899	5
56	.01629	.99987	.01629	61.383	.0001	61.391	.03374	.99943	.03375	29.624	.0006	29.641	4
57	.01658	.99987	.01658	60.306	.0001	60.314	.03403	.99942	.03405	29.371	.0006	29.388	3
58	.01687	.99986	.01687	59.266	.0001	59.274	.03432	.99941	.03434	29.122	.0006	29.139	2
59	.01716	.99985	.01716	58.261	.0001	58.270	.03461	.99940	.03463	28.877	.0006	28.894	1
60	.01745	.99985	.01745	57.290	.0001	57.299	.03490	.99939	.03492	28.636	.0006	28.654	0
′	cos	sin	cot	tan	cosec	sec	cos	sin	cot	tan	cosec	sec	′
	89°						88°						

삼 각 함 수

	2°						3°						
′	sin	cos	tan	cot	sec	cosec	sin	cos	tan	cot	sec	cosec	′
0	.03490	.99939	.03492	28.636	1.0006	28.654	.05234	.99863	05241	19.081	1.0014	19.107	60
1	.03519	.99938	.03521	28.399	.0006	28.417	.05263	.99861	.05270	18.975	.0014	19.002	59
2	.03548	.99937	.03550	28.166	.0006	28.184	.05292	.99860	.05299	18.871	.0014	18.897	58
3	.03577	.99936	.03579	27.937	.0006	27.955	.05321	.99858	.05328	18.768	.0014	18.794	57
4	.03606	.99935	.03608	27.712	.0006	27.730	.05350	.99857	.05357	18.665	.0014	18.692	56
5	.03635	.99934	.03638	27.490	.0007	27.508	.05379	.99855	.05387	18.564	.0014	18.591	55
6	.03664	.99933	.03667	27.271	.0007	27.290	.05408	.99854	.05416	18.464	.0015	18.491	54
7	.03693	.99932	.03696	27.056	.0007	27.075	.05437	.99852	.05445	18.365	.0015	18.393	53
8	.03722	.99931	.03725	26.845	.0007	26.864	.05466	.99850	.05474	18.268	.0015	18.295	52
9	.03751	.99930	.03754	26.637	.0007	26.655	.05495	.99849	.05503	18.171	.0015	18.198	51
10	.03781	.99928	.03783	26.432	.0007	26.450	.05524	.99847	.05532	18.075	.0015	18.103	50
11	.03810	.99927	.03812	26.230	.0007	26.249	.05553	.99846	.05562	17.980	.0015	18.008	49
12	.03839	.99926	.03842	26.031	.0007	26.050	.05582	.99844	.05591	17.886	.0016	17.914	48
13	.03868	.99925	.03871	25.835	.0007	25.854	.05611	.99842	.05620	17.793	0016	17.821	47
14	.03897	.99924	.03900	25.642	.0008	25.661	.05640	.99841	.05649	17.701	.0016	17.730	46
15	.03926	.99923	.03929	25.452	.0008	25.471	.05669	.99839	.05678	17.610	.0016	17.639	45
16	.03955	.99922	.03958	25.264	.0008	25.284	.05698	.99837	.05707	17.520	.0016	17.549	44
17	.03984	.99921	.03987	25.080	.0008	25.100	.05727	.99836	.05737	17.431	.0016	17.460	43
18	.04013	.99919	.04016	24.898	.0008	24.918	.05756	.99834	.05766	17.343	.0017	17.372	42
19	.04042	.99918	.04045	24.718	.0008	24.739	.05785	.99832	.05795	17.256	.0017	17.285	41
20	.04071	.99917	.04075	24.542	.0008	24.562	.05814	.99831	.05824	17.169	.0017	17.198	40
21	.04100	.99916	.04104	24.367	.0008	24.388	.05843	.99829	.05853	17.084	.0017	17.113	39
22	.04129	.99915	.04133	24.196	.0008	24.216	.05872	.99827	.05883	16.999	.0017	17.028	38
23	.04158	.99913	.04162	24.026	.0009	24.047	.05902	.99826	.05912	16.915	.0017	16.944	37
24	.04187	.99912	.04191	23.859	.0009	23.880	.05931	.99824	.05941	16.832	.0018	16.861	36
25	.04217	.99911	.04220	23.694	.0009	23.716	.05960	.99822	.05970	16.750	.0018	16.779	35
26	.04246	.99910	.04249	23.532	.0009	23.553	.05989	.99820	.05999	16.668	.0018	16.698	34
27	.04275	.99908	.04279	23.372	.0009	23.393	.06018	.99819	.06029	16.587	.0018	16.617	33
28	.04304	.99907	.04308	23.214	.0009	23.235	.06047	.99817	.06058	16.507	.0018	16.538	32
29	.04333	.99906	.04337	23.058	.0009	23.079	.06076	.99815	.06087	16.428	.0018	16.459	31
30	.04362	.99905	.04366	22.904	.0009	22.925	.06105	.99813	.06116	16.350	.0019	16.380	30
31	.04391	.99903	.04395	22.752	.0010	22.774	.06134	.99812	.06145	16.272	.0019	16.303	29
32	.04420	.99902	.04424	22.602	.0010	22.624	.06163	.99810	.06175	16.195	.0019	16.226	28
33	.04449	.99901	.04453	22.454	.0010	22.476	.06192	.99808	.06204	16.119	.0019	16.150	27
34	.04478	.99900	.04483	22.308	.0010	22.330	.06221	.99806	.06233	16.043	.0019	16.075	26
35	.04507	.99898	.04512	22.164	.0010	22.186	.06250	.99804	.06262	15.969	.0019	16.000	25
36	.04536	.99897	.04541	22.022	.0010	22.044	.06279	.99803	.06291	15.894	.0020	15.926	24
37	.04565	.99896	.04570	21.881	.0010	21.904	.06308	.99801	.06321	15.821	.0020	15.853	23
38	.04594	.99894	.04599	21.742	.0010	21.765	.06337	.99799	.06350	15.748	.0020	15.780	22
39	.04623	.99893	.04628	21.606	.0011	21.629	.06366	.99797	.06379	15.676	.0020	15.708	21
40	.04652	.99892	.04657	21.470	.0011	21.494	.06395	.99795	.06408	15.605	.0020	15.637	20
41	.04681	.99890	.04687	21.337	.0011	21.360	.06424	.99793	.06437	15.534	.0021	15.566	19
42	.04711	.99889	.04716	21.205	.0011	21.228	.06453	.99791	.06467	15.464	.0021	15.496	18
43	.04740	.99888	.04745	21.075	.0011	21.098	.06482	.99790	.06496	15.394	.0021	15.427	17
44	.04769	.99886	.94774	20.946	.0011	20.970	.06511	.99788	.06525	15.325	.0021	15.358	16
45	.04798	.99885	.04803	20.819	.0011	20.843	.06540	.99786	.06554	15.257	.0021	15.290	15
46	.04827	.99883	.04832	20.693	.0012	20.717	.06569	.99784	.06583	15.189	.0022	15.222	14
47	.04856	.99882	.04862	20.569	.0012	20.593	.06598	.99782	.06613	15.122	.0022	15.155	13
48	.04885	.99881	.04891	20.446	.0012	20.471	.06627	.99780	.06642	15.056	.0022	15.089	12
49	.04914	.99879	.04920	20.325	.0012	20.350	.06656	.99778	.06671	14.990	.0022	15.023	11
50	.04943	.99878	.04949	20.205	.0012	20.230	.06685	.99776	.06700	14.924	.0022	14.958	10
51	.04972	.99876	.04978	20.087	.0012	20.112	.06714	.99774	.06730	14.860	.0023	14.893	9
52	.05001	.99875	.05007	19.970	.0012	19.995	.06743	.99772	.06759	14.795	.0023	14.829	8
53	.05030	.99873	.05037	19.854	.0013	19.880	.06772	.99770	.06788	14.732	.0023	14.765	7
54	.05059	.99872	.05066	19.740	.0013	19.760	.06801	.99768	.06817	14.668	.0023	14.702	6
55	.05088	.99870	.05095	19.627	.0013	19.653	.06830	.99766	.06846	14.606	.0023	14.640	5
56	.05117	.99869	.05124	19.515	.0013	19.541	.06859	.99764	.06876	14.544	.0024	14.578	4
57	.05146	.99867	.05153	19.405	.0013	19.431	.06888	.99762	.06905	14.482	.0024	14.517	3
58	.05175	.99866	.05182	19.296	.0013	19.322	.06918	.99760	.06934	14.421	.0024	14.456	2
59	.05204	.99864	.05212	19.188	.0013	19.214	.06947	.99758	.06963	14.361	.0024	14.395	1
60	.05234	.99863	.05241	19.081	.0014	19.107	.06976	.99756	06993	14.301	.0024	14.335	0
′	cos	sin	cot	tan	cosec	sec	cos	sin	cot	tan	cosec	sec	′
	87°						86°						

삼 각 함 수

	4°						5°						
′	sin	cos	tan	cot	sec	cosec	sin	cos	tan	cot	sec	cosec	′
0	.06976	.99756	.06993	14.301	1.0024	14.335	.08715	.99619	.08749	11.430	1.0038	11.474	60
1	.07005	.99754	.07022	14.241	.0025	14.276	.08744	.99617	.08778	11.392	.0038	11.436	59
2	.07034	.99752	.07051	14.182	.0025	14.217	.08773	.99614	.08807	11.354	.0039	11.398	58
3	.07063	.99750	.07080	14.123	.0025	14.159	.08802	.99612	.08837	11.316	.0039	11.360	57
4	.07092	.99748	.07110	14.065	.0025	14.101	.08831	.99609	.08866	11.279	.0039	11.323	56
5	.07121	.99746	.07139	14.008	.0025	14.043	.08860	.99607	.08895	11.242	.0039	11.286	55
6	.07150	.99744	.07168	13.951	.0026	13.986	.08889	.99604	.08925	11.205	.0040	11.249	54
7	.07179	.99742	.07197	13.894	.0026	13.930	.08918	.99601	.08954	11.168	.0040	11.213	53
8	.07208	.99740	.07226	13.838	.0026	13.874	.08947	.99599	.08983	11.132	.0040	11.176	52
9	.07237	.99738	.07256	13.782	.0026	13.818	.08976	.99596	.09013	11.095	.0040	11.140	51
10	.07266	.99736	.07285	13.727	.0026	13.763	.09005	.99594	.09042	11.059	.0041	11.104	50
11	.07295	.99733	.07314	13.672	.0027	13.708	.09034	.99591	.09071	11.024	.0041	11.069	49
12	.07324	.99731	.07343	13.617	.0027	13.654	.09063	.99588	.09101	10.988	.0041	11.033	48
13	.07353	.99729	.07373	13.563	.0027	13.600	.09092	.99586	.09130	10.953	.0041	10.998	47
14	.07382	.99727	.07402	13.510	.0027	13.547	.09121	.99583	.09159	10.918	.0042	10.963	46
15	.07411	.99725	.07431	13.457	.0027	13.494	.09150	.99580	.09189	10.883	.0042	10.929	45
16	.07440	.99723	.07460	13.404	.0028	13.441	.09179	.99578	.09218	10.848	.0042	10.894	44
17	.07469	.99721	.07490	13.351	.0028	13.389	.09208	.99575	.09247	10.814	.0043	10.860	43
18	.07498	.99718	.07519	13.299	.0028	13.337	.09237	.99572	.09277	10.780	.0043	10.826	42
19	.07527	.99716	.07548	13.248	.0028	13.286	.09266	.99570	.09306	10.746	.0043	10.792	41
20	.07556	.99714	.07577	13.917	.0029	13.235	.09295	.99567	.09335	10.712	.0043	10.758	40
21	.07585	.99712	.07607	13.146	.0029	13.184	.09324	.99564	.09365	10.678	.0044	10.725	39
22	.07614	.99710	.07636	13.096	.0029	13.134	.09353	.99562	.09394	10.645	.0044	10.692	38
23	.07643	.99707	.07665	13.046	.0029	13.084	.09382	.99559	.09423	10.612	.0044	10.659	37
24	.07672	.99705	.07694	12.996	.0029	13.034	.09411	.99556	.09453	10.579	.0044	10.626	36
25	.07701	.99703	.07724	12.947	.0030	12.985	.09440	.99553	.09482	10.546	.0045	10.593	35
26	.07730	.99701	.07753	12.898	.0030	12.937	.09469	.99551	.09511	10.514	.0045	10.561	34
27	.07759	.99698	.07782	12.849	.0030	12.888	.09498	.99548	.09541	10.481	.0045	10.529	33
28	.07788	.99696	.07812	12.801	.0030	12.840	.09527	.99545	.09570	10.449	.0046	10.497	32
29	.07817	.99694	.07841	12.754	.0031	12.793	.09556	.99542	.09599	10.417	.0046	10.465	31
30	.07846	.99692	.07870	12.706	.0031	12.745	.09584	.99540	.09629	10.385	.0046	10.433	30
31	.07875	.99689	.07899	12.659	.0031	12.698	.09613	.99537	.09658	10.354	.0046	10.402	29
32	.07904	.99687	.07929	12.612	.0031	12.652	.09642	.99534	.09688	10.322	.0047	10.371	28
33	.07933	.99685	.07958	12.566	.0032	12.606	.09671	.99531	.09717	10.291	.0047	10.340	27
34	.07962	.99682	.07987	12.520	.0032	12.560	.09700	.99528	.09746	10.260	.0047	10.309	26
35	.07991	.99680	.08016	12.474	.0032	12.514	.09729	.99525	.09776	10.229	.0048	10.278	25
36	.08020	.99678	.08046	12.429	.0032	12.469	.09758	.99523	.09805	10.199	.0048	10.248	24
37	.08049	.99675	.08075	12.384	.0032	12.424	.09787	.99520	.09834	10.168	.0048	10.217	23
38	.08078	.99673	.08104	12.339	.0033	12.379	.09816	.99517	.09864	10.138	.0048	10.187	22
39	.08107	.99671	.08134	12.295	.0033	12.335	.09845	.99514	.09893	10.108	.0049	10.157	21
40	.08136	.99668	.08163	12.250	.0033	12.291	.09874	.99511	.09922	10.078	.0049	10.127	20
41	.08165	.99666	.08192	12.207	.0033	12.248	.09903	.99508	.09952	10.048	.0049	10.098	19
42	.08194	.99664	.08221	12.163	.0034	12.204	.09932	.99505	.09981	10.019	.0050	10.068	18
43	.08223	.99661	.08251	12.120	.0034	12.161	.09961	.99503	.10011	9.9893	.0050	10.039	17
44	.08252	.99659	.08280	12.077	.0034	12.118	.09990	.99500	.10040	9.9601	.0050	10.010	16
45	.08281	.99656	.08309	12.035	.0034	12.076	.10019	.99497	.10069	9.9310	.0050	9.9812	15
46	.08310	.99654	.08339	11.992	.0035	12.034	.10048	.99494	.10099	9.9021	.0051	9.9525	14
47	.08339	.99652	.08368	11.950	.0035	11.992	.10077	.99491	.10128	9.8734	.0051	9.9239	13
48	.08368	.99649	.08397	11.909	.0035	11.950	.10106	.99488	.10158	9.8448	.0051	9.8955	12
49	.08397	.99647	.08426	11.867	.0035	11.909	.10134	.99485	.10187	9.8164	.0052	9.8672	11
50	.08426	.99644	.08456	11.826	.0036	11.868	.10163	.99482	.10216	9.7882	.0052	9.8391	10
51	.08455	.99642	.08485	11.785	.0036	11.828	.10192	.99479	.10246	9.7601	.0052	9.8112	9
52	.08484	.99639	.08514	11.745	.0036	11.787	.10221	.99476	.10275	9.7322	.0053	9.7834	8
53	.08513	.99637	.08544	11.704	.0036	11.747	.10250	.99473	.10305	9.7044	.0053	9.7558	7
54	.08542	.99634	.08573	11.664	.0037	11.707	.10279	.99470	.10334	9.6768	.0053	9.7283	6
55	.08571	.99632	.08602	11.625	.0037	11.668	.10308	.99467	.10363	9.6493	.0053	9.7010	5
56	.08600	.99629	.08632	11.585	.0037	11.628	.10337	.99464	.10393	9.6220	.0054	9.6739	4
57	.08629	.99627	.08661	11.546	.0037	11.589	.10366	.99461	.10422	9.5949	.0054	9.6469	3
58	.08658	.99624	.08690	11.507	.0038	11.550	.10395	.99458	.10452	9.5679	.0054	9.6200	2
59	.08687	.99622	.08719	11.468	.0038	11.512	.10424	.99455	.10481	9.5411	.0055	9.5933	1
60	.08715	.99619	.08749	11.430	.0038	11.474	.10453	.99452	.10510	9.5144	.0055	9.5668	0
′	cos	sin	cot	tan	cosec	sec	cos	sin	cot	tan	cosec	sec	′
	85°						84°						

삼 각 함 수

	6°						7°						
′	sin	cos	tan	cot	sec	cosec	sin	cos	tan	cot	sec	cosec	′
0	.10453	.99452	.10510	9.5144	1.0055	9.5668	.12187	.99255	.12278	8.1443	1.0075	8.2055	60
1	.10482	.99449	.10540	.4878	.0055	.5404	.12216	.99251	.12308	.1248	.0075	.1861	59
2	.10511	.99446	.10569	.4614	.0056	.5141	.12245	.99247	.12337	.1053	.0076	.1668	58
3	.10540	.99443	.10599	.4351	.0056	.4880	.12273	.99244	.12367	.0860	.0076	.1476	57
4	.10568	.99440	.10628	.4090	.0056	.4620	.12302	.99240	.12396	.0667	.0076	.1285	56
5	.10597	.99437	.10657	9.3831	.0057	9.4362	.12331	.99237	.12426	8.0476	.0077	8.1094	55
6	.10626	.99434	.10687	.3572	.0057	.4105	.12360	.99233	.12456	.0285	.0077	.0905	54
7	.10655	.99431	.10716	.3315	.0057	.3850	.12389	.99229	.12485	.0095	.0078	.0717	53
8	.10684	.99428	.10746	.3060	.0057	.3590	.12418	.99226	.12515	7.9906	.0078	.0529	52
9	.10713	.99424	.10775	.2806	.0058	.3343	.12447	.99222	.12544	.9717	.0078	.0342	51
10	.10742	.99421	.10805	9.2553	.0058	9.3092	.12476	.99219	.12574	7.9530	.0079	8.0156	50
11	.10771	.99418	.10834	.2302	.0058	.2842	.12504	.99215	.12603	.9341	.0079	7.9971	49
12	.10800	.99415	.10863	.2051	.0059	.2593	.12533	.99211	.12633	.9158	.0079	.9787	48
13	.10829	.99412	.10893	.1803	.0059	.2346	.12562	.99208	.12662	.8973	.0080	.9604	47
14	.10858	.99409	.10922	.1555	.0059	.2100	.12591	.99204	.12692	.8789	.0080	.9421	46
15	.10887	.99406	.10952	9.1309	.0060	9.1855	.12620	.99200	.12722	7.8606	.0080	7.9240	45
16	.10916	.99402	.10981	.1064	.0060	.1612	.12649	.99197	.12751	.8424	.0081	.9059	44
17	.10944	.99399	.11011	.0821	.0060	.1370	.12678	.99193	.12781	.8243	.0081	.8879	43
18	.10973	.99396	.11040	.0579	.0061	.1129	.12706	.99189	.12810	.8062	.0082	.8700	42
19	.11002	.99393	.11069	.0338	.0061	.0890	.12735	.99186	.12840	.7882	.0082	.8522	41
20	.11031	.99390	.11099	9.0098	.0061	9.0651	.12764	.99182	.12869	7.7703	.0082	7.8344	40
21	.11060	.99386	.11128	8.9860	.0062	.0414	.12793	.99178	.12899	.7525	.0083	.8168	39
22	.11089	.99383	.11158	.9623	.0062	.0179	.12822	.99174	.12928	.7348	.0083	.7992	38
23	.11118	.99380	.11187	.9387	.0062	8.9944	.12851	.99171	.12958	.7171	.0084	.7817	37
24	.11147	.99377	.11217	.9152	.0063	.9711	.12879	.99167	.12988	.6996	.0084	.7642	36
25	.11176	.99373	.11246	8.8918	.0063	8.9479	.12908	.99163	.13017	7.6821	.0084	7.7469	35
26	.11205	.99370	.11276	.8686	.0063	.9248	.12937	.99160	.13047	.6646	.0085	.7296	34
27	.11234	.99367	.11305	.8455	.0064	.9018	.12966	.99156	.13076	.6473	.0085	.7124	33
28	.11262	.99364	.11335	.8225	.0064	.8790	.12995	.99152	.13106	.6300	.0085	.6953	32
29	.11291	.99360	.11364	.7996	.0064	.8563	.13024	.99148	.13136	.6129	.0086	.6783	31
30	.11320	.99357	.11393	8.7769	.0065	8.8337	.13053	.99144	.13165	7.5957	.0086	7.6613	30
31	.11349	.99354	.11423	.7542	.0065	.8112	.13081	.99141	.13195	.5787	.0087	.6444	29
32	.11378	.99350	.11452	.7317	.0065	.7888	.13110	.99137	.13224	.5617	.0087	.6276	28
33	.11407	.99347	.11482	.7093	.0066	.7665	.13139	.99133	.13254	.5449	.0087	.6108	27
34	.11436	.99344	.11511	.6870	.0066	.7444	.13168	.99129	.13284	.5280	.0088	.5942	26
35	.11465	.99341	.11541	8.6648	.0066	8.7223	.13197	.99125	.13313	7.5113	.0088	7.5776	25
36	.11494	.99337	.11570	.6427	.0067	.7004	.13226	.99121	.13343	.4946	.0089	.5611	24
37	.11523	.99334	.11600	.6208	.0067	.6786	.13254	.99118	.13372	.4780	.0089	.5446	23
38	.11551	.99330	.11629	.5989	.0067	.6569	.13283	.99114	.13402	.4615	.0089	.5282	22
39	.11580	.99327	.11659	.5772	.0068	.6353	.13312	.99110	.13432	.4451	.0090	.5119	21
40	.11609	.99324	.11688	8.5555	.0068	8.6138	.13341	.99106	.13461	7.4287	.0090	7.4957	20
41	.11638	.99320	.11718	.5340	.0068	.5924	.13370	.99102	.13491	.4124	.0090	.4795	19
42	.11667	.99317	.11747	.5126	.0069	.5711	.13399	.99098	.13520	.3961	.0091	.4634	18
43	.11696	.99314	.11777	.4913	.0069	.5499	.13427	.99094	.13550	.3800	.0091	.4474	17
44	.11725	.99310	.11806	.4701	.0069	.5289	.13456	.99090	.13580	.3639	.0092	.4315	16
45	.11754	.99307	.11836	8.4489	.0070	8.5079	.13485	.99086	.13609	7.3479	.0092	7.4156	15
46	.11783	.99303	.11865	.4279	.0070	.4871	.13514	.99083	.13639	.3319	.0092	.3998	14
47	.11811	.99300	.11895	.4070	.0070	.4663	.13543	.99079	.13669	.3160	.0093	.3840	13
48	.11840	.99296	.11924	.3862	.0071	.4457	.13571	.99075	.13698	.3002	.0093	.3683	12
49	.11869	.99293	.11954	.3655	.0071	.4251	.13600	.99071	.13728	.2844	.0094	.3527	11
50	.11898	.99290	.11983	8.3449	.0071	8.4046	.13629	.99067	.13757	7.2687	.0094	7.3372	10
51	.11927	.99286	.12013	.3244	.0072	.3843	.13658	.99063	.13787	.2531	.0094	.3217	9
52	.11956	.99283	.12042	.3040	.0072	.3640	.13687	.99059	.13817	.2375	.0095	.3063	8
53	.11985	.99279	.12072	.2837	.0073	.3439	.13716	.99055	.13846	.2220	.0095	.2909	7
54	.12014	.99276	.12101	.2635	.0073	.3238	.13744	.99051	.13876	.2066	.0096	.2757	6
55	.12042	.99272	.12131	8.2434	.0073	8.3039	.13773	.99047	.13906	7.1912	.0096	7.2604	5
56	.12071	.99269	.12160	.2234	.0074	.2840	.13802	.99043	.13935	.1759	.0097	.2453	4
57	.12100	.99265	.12190	.2035	.0074	.2642	.13831	.99039	.13965	.1607	.0097	.2302	3
58	.12129	.99262	.12219	.1837	.0074	.2446	.13860	.99035	.13995	.1455	.0097	.2152	2
59	.12158	.99258	.12249	.1640	.0075	.2250	.13888	.99031	.14024	.1304	.0098	.2002	1
60	.12187	.99255	.12278	8.1443	.0075	8.2055	.13917	.99027	.14054	7.1154	.0098	7.1853	0
′	cos	sin	cot	tan	cosec	sec	cos	sin	cot	tan	cosec	sec	
	83°						82°						

삼 각 함 수

	8°						9°						
′	sin	cos	tan	cot	sec	cosec	sin	cos	tan	cot	sec	cosec	′
0	.13917	.99027	.14054	7.1154	1.0098	7.1853	.15643	.98769	.15838	6.3137	1.0215	6.3924	60
1	.13946	.99023	.14084	.1004	.0099	.1704	.15672	.98764	.15868	.3019	.0125	.3807	59
2	.13975	.99019	.14113	.0854	.0099	.1557	.15701	.98760	.15898	.2901	.0125	.3690	58
3	.14004	.99015	.14143	.0706	.0099	.1409	.15730	.98755	.15928	.2783	.0126	.3574	57
4	.14032	.99010	.14173	.0558	.0100	.1263	.15758	.98750	.15958	.2665	.0126	.3458	56
5	.14061	.99006	.14202	7.0410	.0100	7.1117	.15787	.98746	.15987	6.2548	.0127	6.3343	55
6	.14090	.99002	.14232	.0264	.0101	.0972	.15816	.98741	.16017	.2432	.0217	.3228	54
7	.14119	.98998	.14262	.0117	.0101	.0827	.15844	.98737	.16047	.2316	.0128	.3113	53
8	.14148	.98994	.14291	6.9972	.0102	.0683	.15873	.98732	.16077	.2200	.0128	.2999	52
9	.14176	.98990	.14321	.9827	.0102	.0539	.15902	.98727	.16107	.2085	.0129	.2885	51
10	.14205	.98986	.14351	6.9682	.0102	7.0396	.15931	.98723	.16137	6.1970	.0129	6.2772	50
11	.14234	.98982	.14380	.9538	.0103	.0254	.15959	.98718	.16167	.1856	.0130	.2659	49
12	.14263	.98978	.14410	.9395	.0103	.0112	.15988	.98714	.16196	.1742	.0130	.2546	48
13	.14292	.98973	.14440	.9252	.0104	6.9971	.16017	.98709	.16226	.1628	.0131	.2434	47
14	.14320	.98969	.14470	.9110	.0104	.9830	.16045	.98704	.16256	.1515	.0131	.2322	46
15	.14349	.98965	.14499	6.8969	.0104	6.9690	.16074	.98700	.16286	6.1402	.0132	6.2211	45
16	.14378	.98961	.14529	.8828	.0105	.9550	.16103	.98695	.16316	.1290	.0132	.2100	44
17	.14407	.98957	.14559	.8687	.0105	.9411	.16132	.98690	.16346	.1178	.0133	.1990	43
18	.14436	.98952	.14588	.8547	.0106	.9273	.16160	.98685	.16376	.1066	.0133	.1880	42
19	.14464	.98948	.14618	.8408	.0106	.9135	.16189	.98681	.16405	.0955	.0134	.1770	41
20	.14493	.98944	.14648	6.8269	.0107	6.8998	.16218	.98676	.16435	6.0844	.0134	6.1661	40
21	.14522	.98940	.14677	.8131	.0107	.8861	.16246	.98671	.16465	.0734	.0135	.1552	39
22	.14551	.98936	.14707	.7993	.0107	.8725	.16275	.98667	.16495	.0624	.0135	.1443	38
23	.14579	.98931	.14737	.7856	.0108	.8589	.16304	.98662	.16525	.0514	.0136	.1335	37
24	.14608	.98927	.14767	.7720	.0108	.8454	.16333	.98657	.16555	.0405	.0136	.1227	36
25	.14637	.98923	.14796	6.7584	.0109	6.8320	.16361	.98652	.16585	6.0296	.0136	6.1120	35
26	.14666	.98919	.14826	.7448	.0109	.8185	.16390	.98648	.16615	.0188	.0137	.1013	34
27	.14695	.98914	.14856	.7313	.0110	.8052	.16419	.98643	.16644	.0080	.0137	.0906	33
28	.14723	.98910	.14886	.7179	.0110	.7919	.16447	.98638	.16674	5.9972	.0138	.0800	32
29	.14752	.98906	.14915	.7045	.0111	.7787	.16476	.98633	.16704	.9865	.0138	.0694	31
30	.14781	.98901	.14945	6.6911	.0111	6.7655	.16505	.98628	.16734	5.9758	.0139	6.0588	30
31	.14810	.98897	.14975	.6779	.0111	.7523	.16533	.98624	.16764	.9651	.9139	.0483	29
32	.14838	.98893	.15004	.6646	.0112	.7392	.16562	.98619	.16794	.9545	.9140	.0379	28
33	.14867	.98880	.15034	.6514	.0112	.7262	.16591	.98614	.16824	.9439	.0140	.0274	27
34	.14896	.98884	.15064	.6383	.0113	.7132	.16619	.98609	.16854	.9333	.0141	.0170	26
35	.14925	.98880	.15094	6.6252	.0113	6.7003	.16648	.98604	.16884	5.9228	.0141	6.0066	25
36	.14953	.98876	.15123	.6122	.0114	.6874	.16677	.98600	.16914	.9123	.0142	5.9963	24
37	.14982	.98871	.15153	.5992	.0114	.6745	.16705	.98595	.16944	.9019	.0142	.9860	23
38	.15011	.98867	.15183	.5863	.0115	.6617	.16734	.98590	.16973	.8915	.0143	.9758	22
39	.15050	.98862	.15213	.5734	.0115	.6490	.16763	.98585	.17003	.8811	.0143	.9655	21
40	.15068	.98858	.15243	6.5605	.0115	6.6363	.16791	.98580	.17033	5.8708	.0144	5.9554	20
41	.15097	.98854	.15272	.5478	.0116	.6237	.16820	.98575	.17063	.8605	.0144	.9452	19
42	.15126	.98849	.15302	.5350	.0116	.6111	.16849	.98570	.17093	.8502	.0145	.9351	18
43	.15155	.98845	.15332	.5223	.0117	.5985	.16878	.98565	.17123	.8400	.0145	.9250	17
44	.15183	.98840	.15362	.5097	.0117	.5860	.16906	.98560	.17153	.8298	.0146	.9150	16
45	.15212	.98836	.15391	6.4971	.0118	6.5736	.16935	.98556	.17183	5.8196	.0146	5.9049	15
46	.15241	.98832	.15421	.4845	.0118	.5612	.16964	.98551	.17213	.8095	.0147	.8950	14
47	.15270	.98827	.15451	.4720	.0119	.5488	.16992	.98546	.17243	.7994	.0147	.8850	13
48	.15298	.98823	.15481	.4596	.0119	.5365	.17021	.98541	.17273	.7894	.0148	.8751	12
49	.15328	.98818	.15511	.4472	.0119	.5243	.17050	.98536	.17303	.7794	.0148	.8652	11
50	.15356	.98814	.15540	6.4348	.0120	6.5121	.17078	.98531	.17333	5.7694	.0149	5.8554	10
51	.15385	.98809	.15570	.4225	.0120	.4999	.17107	.98526	.17363	.7594	.0150	.8456	9
52	.15413	.98805	.15600	.4103	.0121	.4878	.17136	.98521	.17393	.7495	.0150	.8358	8
53	.15442	.98800	.15630	.3980	.0121	.4757	.17164	.98516	.17423	.7396	.0151	.8261	7
54	.15471	.98796	.15659	.3859	.0122	.4637	.17193	.98511	.17453	.7297	.0151	.8163	6
55	.15500	.98791	.15689	6.3737	.0122	6.4517	.17221	.98506	.17483	5.7199	.0152	5.8067	5
56	.15528	.98787	.15719	.3616	.0123	.4398	.17250	.98501	.17513	.7101	.0152	.7970	4
57	.15557	.98782	.15749	.3496	.0123	.4279	.17279	.98496	.17543	.7004	.0153	.7874	3
58	.15586	.98778	.15779	.3376	.0124	.4160	.17307	.98491	.17573	.6906	.0153	.7778	2
59	.15615	.98773	.15809	.3257	.0124	.4042	.17336	.98486	.17603	.6809	.0154	.7683	1
60	.15643	.98769	.15838	6.3137	.0125	6.3924	.17365	.98481	.17633	5.6713	.0154	5.7588	0
′	cos	sin	cot	tan	cosec	sec	cos	sin	cot	tan	cosec	sec	′
	81°						80°						

삼 각 함 수

	10°						11°						
′	sin	cos	tan	cot	sec	cosec	sin	cos	tan	cot	sec	cosec	′
0	.17365	.98481	.17633	5.6713	1.0154	5.7588	.19081	.98163	.19438	5.1445	1.0187	5.2408	60
1	.17393	.98476	.17663	.6616	.0155	.7493	.19109	.98157	.19468	.1366	.0188	.2330	59
2	.17422	.98471	.17693	.6520	.0155	.7398	.19138	.98152	.19498	.1286	.0188	.2252	58
3	.17451	.98465	.17723	.6425	.0156	.7304	.19166	.98146	.19529	.1207	.0189	.2174	57
4	.17479	.98460	.17753	.6329	.0156	.7210	.19195	.98140	.19559	.1128	.0189	.2097	56
5	.17508	.98455	.17783	5.6234	.0157	5.7117	.19224	.98135	.19589	5.1049	.0190	5.2019	55
6	.17537	.98450	.17813	.6140	.0157	.7023	.19252	.98129	.19619	.0970	.0191	.1942	54
7	.17565	.98445	.17843	.6045	.0158	.6930	.19281	.98124	.19649	.0892	.0191	.1865	53
8	.17594	.98440	.17873	.5951	.0158	.6838	.19309	.98118	.19680	.0814	.0192	.1788	52
9	.17622	.98435	.17903	.5857	.0159	.6745	.19338	.98112	.19710	.0736	.0192	.1712	51
10	.17651	.98430	.17933	5.5764	.0159	5.6653	.19366	.98107	.19740	5.0658	.0193	5.1636	50
11	.17680	.98425	.17963	.5670	.0160	.6561	.19395	.98101	.19770	.0581	.0193	.1560	49
12	.17708	.98419	.17993	.5578	.0160	.6470	.19423	.98095	.19800	.0504	.0194	.1484	48
13	.17737	.98414	.18023	.5485	.0161	.6379	.19452	.98090	.19831	.0427	.0195	.1409	47
14	.17766	.98409	.18053	.5393	.0162	.6288	.19480	.98084	.19861	.0350	.0195	.1333	46
15	.17794	.98404	.18083	5.5301	.0162	5.6197	.19509	.98078	.19891	5.0273	.0196	5.1258	45
16	.17823	.98399	.18113	.5209	.0163	.6107	.19537	.98073	.19921	.0197	.0196	.1183	44
17	.17852	.98394	.18143	.5117	.0163	.6017	.19566	.98067	.19952	.0121	.0197	.1109	43
18	.17880	.98388	.18173	.5026	.0164	.5928	.19595	.98061	.19982	.0045	.0198	.1034	42
19	.17909	.98383	.18203	.4936	.0164	.5838	.19623	.98056	.20012	4.9969	.0198	.0960	41
20	.17937	.98378	.18233	5.4845	.0165	5.5749	.19652	.98050	.20042	4.9894	.0199	5.0886	40
21	.17966	.98373	.18263	.4755	.0165	.5660	.19680	.98044	.20073	.9819	.0199	.0812	39
22	.17995	.98368	.18293	.4665	.0166	.5572	.19709	.98039	.20103	.9744	.0200	.0739	38
23	.18023	.98362	.18323	.4575	.0166	.5484	.19737	.98033	.20133	.9669	.0201	.0666	37
24	.18052	.98357	.18353	.4486	.0167	.5396	.19766	.98027	.20163	.9594	.0201	.0593	36
25	.18080	.98352	.18383	5.4396	.0167	5.5308	.19794	.98021	.20194	4.9520	.0202	5.0520	35
26	.18109	.98347	.18413	.4308	.0168	.5221	.19823	.98016	.20224	.9446	.0202	.0447	34
27	.18138	.98341	.18444	.4219	.0169	.5134	.19851	.98010	.20254	.9372	.0203	.0375	33
28	.18166	.98336	.18474	.4131	.0169	.5047	.19880	.98004	.20285	.9298	.0204	.0302	32
29	.18195	.98331	.18504	.4043	.0170	.4960	.19908	.97998	.20315	.9225	.0204	.0230	31
30	.18223	.98325	.18534	5.3955	.0170	5.4874	.19937	.97992	.20345	4.9151	.0205	5.0158	30
31	.18252	.98320	.18564	.3868	.0171	.4788	.19965	.97987	.20375	.9078	.0205	.0087	29
32	.18281	.98315	.18594	.3780	.0171	.4702	.19994	.97981	.20406	.9006	.0206	.0015	28
33	.18309	.98309	.18624	.3694	.0172	.4617	.20022	.97975	.20436	.8933	.0207	4.9944	27
34	.18338	.98304	.18654	.3607	.0172	.4532	.20051	.97969	.20466	.8860	.0207	.9873	26
35	.18366	.98299	.18684	5.3521	.0173	5.4447	.20079	.97963	.20497	4.8788	.0208	4.9802	25
36	.18395	.98293	.18714	.3434	.0174	.4362	.20108	.97957	.20527	.8716	.0208	.9732	24
37	.18424	.98288	.18745	.3349	.0174	.4278	.20136	.97952	.20557	.8644	.0209	.9661	23
38	.18452	.98283	.18775	.3263	.0175	.4194	.20165	.97946	.20588	.8573	.0210	.9591	22
39	.18481	.98277	.18805	.3178	.0175	.4110	.20193	.97940	.20618	.8501	.0210	.9521	21
40	.18509	.98272	.18835	5.3093	.0176	5.4026	.20222	.97934	.20648	4.8430	.0211	4.9452	20
41	.18538	.98267	.18865	.3008	.0176	.3943	.20250	.97928	.20679	.8359	.0211	.9382	19
42	.18567	.98261	.18895	.2923	.0177	.3860	.20279	.97922	.20709	.8288	.0212	.9313	18
43	.18595	.98256	.18925	.2839	.0177	.3777	.20307	.97916	.20739	.8217	.0213	.9243	17
44	.18624	.98250	.18955	.2755	.0178	.3695	.20336	.97910	.20770	.8147	.0213	.9175	16
45	.18652	.98245	.18985	5.2671	.0179	5.3612	.20364	.97904	.20800	4.8077	.0214	4.9106	15
46	.18681	.98240	.19016	.2588	.0179	.3530	.20393	.97899	.20830	.8007	.0215	.9037	14
47	.18709	.98234	.19046	.2505	.0180	.3449	.20421	.97893	.20861	.7937	.0215	.8969	13
48	.18738	.98229	.19076	.2422	.0180	.3367	.20450	.97887	.20891	.7867	.0216	.8901	12
49	.18767	.98223	.19106	.2339	.0181	.3286	.20478	.97881	.20921	.7798	.0216	.8833	11
50	.18795	.98218	.19136	5.2257	.0181	5.3205	.20506	.97875	.20952	4.7728	.0217	4.8765	10
51	.18824	.98212	.19166	.2174	.0182	.3124	.20535	.97869	.20982	.7659	.0218	.8967	9
52	.18852	.98207	.19197	.2092	.0182	.3044	.20563	.97863	.21012	.7591	.0218	.8630	8
53	.18881	.98201	.19227	.2011	.0183	.2963	.20592	.97857	.21043	.7522	.0219	.8563	7
54	.18909	.98196	.19257	.1929	.0184	.2883	.20620	.97851	.21073	.7453	.0220	.8496	6
55	.18938	.98190	.19287	5.1848	.0184	5.2803	.20649	.97845	.21104	4.7385	.0220	4.8429	5
56	.18967	.98185	.19317	.1767	.0185	.2724	.20677	.97839	.21134	.7317	.0221	.8362	4
57	.18995	.98179	.19347	.1686	.0185	.2645	.20706	.97833	.21164	.7249	.0221	.8296	3
58	.19024	.98174	.19378	.1606	.0186	.2566	.20734	.97827	.21195	.7181	.0222	.8229	2
59	.19052	.98168	.19408	.1525	.0186	.2487	.20763	.97821	.21225	.7114	.0223	.8163	1
60	.19081	.98163	.19438	5.1445	.0187	5.2408	.20791	.97815	.21256	4.7046	.0223	4.8097	0
′	cos	sin	cot	tan	cosec	sec	cos	sin	cot	tan	cosec	sec	′
	79°						78°						

삼 각 함 수

	12°						13°						
′	sin	cos	tan	cot	sec	cosec	sin	cos	tan	cot	sec	cosec	′
0	.20791	.97815	.21256	4.7046	1.0223	4.8097	.22495	.97437	.23087	4.3315	1.0263	4.4454	60
1	.20820	.97809	.21286	.6979	.0224	.8032	.22523	.97430	.23117	.3257	.0264	.4398	59
2	.20848	.97803	.21316	.6912	.0225	.7966	.22552	.97424	.23148	.3200	.0264	.4342	58
3	.20876	.97797	.21347	.6845	.0225	.7901	.22580	.97417	.23179	.3143	.0265	.4287	57
4	.20905	.97790	.21377	.6778	.0226	.7835	.22608	.97411	.23209	.3086	.0266	.4231	56
5	.20933	.97784	.21408	4.6712	.0226	4.7770	.22637	.97404	.23240	4.3029	.0266	4.4176	55
6	.20962	.97778	.21438	.6646	.0227	.7706	.22665	.97398	.23270	.2972	.0267	.4121	54
7	.20990	.97772	.21468	.6580	.0228	.7641	.22693	.97391	.23301	.2916	.0268	.4065	53
8	.21019	.97766	.21499	.6514	.0228	.7576	.22722	.97384	.23332	.2859	.0268	.4011	52
9	.21047	.97760	.21529	.6448	.0229	.7512	.22750	.97378	.23363	.2803	.0269	.3956	51
10	.21076	.97754	.21560	4.6382	.0230	4.7448	.22778	.97371	.23393	4.2747	.0270	4.3901	50
11	.21104	.97748	.21590	.6317	.0230	.7384	.22807	.97364	.23424	.2691	.0271	.3847	49
12	.21132	.97741	.21621	.6252	.0231	.7320	.22835	.97358	.23455	.2635	.0271	.3792	48
13	.21161	.97735	.21651	.6187	.0232	.7257	.22863	.97351	.23485	.2579	.0272	.3738	47
14	.21189	.97729	.21682	.6122	.0232	.7193	.22892	.97344	.23516	.2524	.0273	.3684	46
15	.21218	.97723	.21712	4.6057	.0233	4.7130	.22920	.97338	.23547	4.2468	.0273	4.3630	45
16	.21246	.97717	.21742	.5993	.0234	.7067	.22948	.97331	.23577	.2413	.0274	.3576	44
17	.21275	.97711	.21773	.5928	.0234	.7004	.22977	.97324	.23608	.2358	.0275	.3522	43
18	.21303	.97704	.21803	.5864	.0235	.6942	.23005	.97318	.23639	.2303	.0276	.3469	42
19	.21331	.97698	.21834	.5800	.0235	.6879	.23033	.97311	.23670	.2248	.0276	.3415	41
20	.21360	.97692	.21864	4.5736	.0236	4.6817	.23061	.97304	.23700	4.2193	.0277	4.3362	40
21	.21388	.97686	.21895	.5673	.0237	.6754	.23090	.97298	.23731	.2139	.0278	.3309	39
22	.21417	.97680	.21925	.5609	.0237	.6692	.23118	.97291	.23762	.2084	.0278	.3256	38
23	.21445	.97673	.21956	.5546	.0238	.6631	.23146	.97284	.23793	.2030	.0279	.3203	37
24	.21473	.97667	.21986	.5483	.0239	.6569	.23175	.97277	.23823	.1976	.0280	.3150	36
25	.21502	.97661	.22017	4.5420	.0239	4.6507	.23202	.97271	.23854	4.1921	.0280	4.3098	35
26	.21530	.97655	.22047	.5357	.0240	.6446	.23231	.97264	.23885	.1867	.0281	.3045	34
27	.21559	.97648	.22078	.5294	.0241	.6385	.23260	.97257	.23916	.1814	.0282	.2993	33
28	.21587	.97642	.22108	.5232	.0241	.6324	.23288	.97250	.23946	.1760	.0283	.2941	32
29	.21615	.97636	.22139	.5169	.0242	.6263	.23316	.97244	.23977	.1706	.0283	.2838	31
30	.21644	.97630	.22169	4.5107	.0243	4.6201	.23344	.97237	.24008	4.1653	.0284	4.2836	30
31	.21672	.97623	.22200	.5045	.0243	.6142	.23373	.97230	.24039	.1600	.0285	.2785	29
32	.21701	.97617	.22230	.4983	.0244	.6081	.23401	.97223	.24069	.1546	.0285	.2733	28
33	.21729	.97611	.22261	.4921	.0245	.6021	.23429	.97216	.24100	.1493	.0286	.2681	27
34	.21757	.97604	.22291	.4860	.0245	.5961	.23458	.97210	.24131	.1440	.0287	.2630	26
35	.21786	.97598	.22322	4.4799	.0246	4.5901	.23486	.97203	.24162	4.1388	.0288	4.2579	25
36	.21814	.97592	.22353	.4737	.0247	.5841	.23514	.97196	.24192	.1335	.0288	.2527	24
37	.21843	.97575	.22383	.4676	.0247	.5782	.23542	.97189	.24223	.1282	.0289	.2476	23
38	.21871	.97579	.22414	.4615	.0248	.5722	.23571	.97182	.24254	.1230	.0290	.2425	22
39	.21899	.97573	.22444	.4555	.0249	.5663	.23599	.97175	.24285	.1178	.0291	.2375	21
40	.21928	.97566	.22475	4.4494	.0249	4.5604	.23627	.97169	.24316	4.1126	.0291	4.2324	20
41	.21956	.97560	.22505	.4434	.0250	.5545	.23655	.97162	.24346	.1073	.0292	.2273	19
42	.21985	.97553	.22536	.4373	.0251	.5486	.23684	.97155	.24377	.1022	.0293	.2223	18
43	.22013	.97547	.22566	.4313	.0251	.5428	.23712	.97148	.24408	.0970	.0293	.2173	17
44	.22041	.97541	.22597	.4253	.0252	.5369	.23740	.97141	.24439	.0918	.0294	.2122	16
45	.22070	.97534	.22628	4.4194	.0253	4.5311	.23768	.97134	.24470	4.0867	.0295	4.2072	15
46	.22098	.97528	.22658	.4134	.0253	.5253	.23797	.97127	.24501	.0815	.0296	.2022	14
47	.22126	.97521	.22689	.4074	.0254	.5195	.23825	.97120	.24531	.0764	.0296	.1972	13
48	.22155	.97515	.22719	.4015	.0255	.5137	.23853	.97113	.24562	.0713	.0297	.1923	12
49	.22183	.97508	.22750	.3956	.0255	.5079	.23881	.97106	.24593	.0662	.0298	.1873	11
50	.22211	.97502	.22781	4.3897	.0256	4.5021	.23910	.97099	.24624	4.0611	.0299	4.1824	10
51	.22240	.97495	.22811	.3838	.0257	.4964	.23938	.97092	.24655	.0560	.0299	.1774	9
52	.22268	.97489	.22842	.3779	.0257	.4907	.23966	.97086	.24686	.0509	.0300	.1725	8
53	.22297	.97483	.22872	.3721	.0258	.4850	.23994	.97079	.24717	.0458	.0301	.1676	7
54	.22325	.97476	.22903	.3662	.0259	.4793	.24023	.97072	.24747	.0408	.0302	.1627	6
55	.22353	.97470	.22934	4.3604	.0260	4.4736	.24051	.97065	.24778	4.0358	.0302	4.1578	5
56	.22382	.97463	.22964	.3546	.0260	.4679	.24079	.97058	.24809	.0307	.0303	.1529	4
57	.22410	.97457	.22995	.3488	.0261	.4623	.24107	.97051	.24840	.0257	.0304	.1481	3
58	.22438	.97450	.23025	.3430	.0262	.4566	.24136	.97044	.24871	.0207	.0305	.1432	2
59	.22467	.97443	.23056	.3372	.0262	.4510	.24164	.97037	.24902	.0157	.0305	.1384	1
60	.22495	.97437	.23087	4.3315	.0263	4.4454	.24192	.97029	.24933	4.0108	.0306	4.1336	0
′	cos	sin	cot	tan	cosec	sec	cos	sin	cot	tan	cosec	sec	′
	77°						76°						

삼 각 함 수

	14°						15°						
′	sin	cos	tan	cot	sec	cosec	sin	cos	tan	cot	sec	cosec	′
0	.24192	.97029	.24933	4.0108	1.0306	4.1336	.25882	.96592	.26795	3.7320	1.0353	3.8637	60
1	.24220	.97022	.24964	.0058	.0307	.1287	.25910	.96585	.26826	.7277	.0353	.8595	59
2	.24249	.97015	.24995	.0009	.0308	.1239	.25938	.96577	.26857	.7234	.0354	.8553	58
3	.24277	.97008	.25025	3.9959	.0308	.1191	.25966	.96570	.26888	.7191	.0355	.8512	57
4	.24305	.97001	.25056	.9910	.0309	.1144	.25994	.96562	.26920	.7147	.0356	.8470	56
5	.24333	.96994	.25087	3.9861	.0310	4.1096	.26022	.96555	.26951	3.7104	.0357	3.8428	55
6	.24361	.96987	.25118	.9812	.0311	.1048	.26050	.96547	.26982	.7062	.0358	.8387	54
7	.24390	.96980	.25149	.9763	.0311	.1001	.26078	.96540	.27013	.7019	.0358	.8346	53
8	.24418	.96973	.25180	.9714	.0312	.0953	.26107	.96532	.27044	.6976	.0359	.8304	52
9	.24446	.96966	.25211	.9665	.0313	.0906	.26135	.96524	.27076	.6933	.0360	.8263	51
10	.24474	.96959	.25242	3.9616	.0314	4.0859	.26163	.96517	.27107	3.6891	.0361	3.8222	50
11	.24502	.96952	.25273	.9568	.0314	.0812	.26191	.96509	.27138	.6848	.0362	.8181	49
12	.24531	.96944	.25304	.9520	.0315	.0765	.26219	.96502	.27169	.6806	.0362	.8140	48
13	.24559	.96937	.25335	.9471	.0316	.0718	.26247	.96494	.27201	.6764	.0363	.8100	47
14	.24587	.96930	.25366	.9423	.0317	.0672	.26275	.96486	.27232	.6722	.0364	.8059	46
15	.24615	.96923	.25397	3.9375	.0317	4.0625	.26303	.96479	.27263	3.6679	.0365	3.8018	45
16	.24643	.96916	.25428	.9327	.0318	.0579	.26331	.96471	.27294	.6637	.0366	.7978	44
17	.24672	.96909	.25459	.9279	.0319	.0532	.26359	.96463	.27326	.6596	.0367	.7937	43
18	.24700	.96901	.25490	.9231	.0320	.0486	.26387	.96456	.27357	.6554	.0367	.7897	42
19	.24728	.96894	.25521	.9184	.0320	.0440	.26415	.96448	.27388	.6512	.0368	.7857	41
20	.24756	.96887	.25552	3.9136	.0321	4.0394	.26443	.96440	.27419	3.6470	.0369	3.7816	40
21	.24784	.96880	.25583	.9089	.0322	.0348	.26471	.96433	.27451	.6429	.0370	.7776	39
22	.24813	.96873	.25614	.9042	.0323	.0302	.26499	.96425	.27482	.6387	.0371	.7736	38
23	.24841	.96865	.25645	.8994	.0323	.0256	.26527	.96417	.27513	.6346	.0371	.7697	37
24	.24869	.96858	.25676	.8947	.0324	.0211	.26556	.96409	.27544	.6305	.0372	.7657	36
25	.24897	.96851	.25707	3.8900	.0325	4.0165	.26584	.96402	.27576	3.6263	.0373	3.7617	35
26	.24925	.96844	.25738	.8853	.0326	.0120	.26612	.96394	.27607	.6222	.0374	.7577	34
27	.24953	.96836	.25769	.8807	.0327	.0074	.26640	.96386	.27638	.6181	.0375	.7538	33
28	.24982	.96829	.25800	.8760	.0327	.0029	.26668	.96378	.27670	.6140	.0376	.7498	32
29	.25010	.96822	.25831	.8713	.0328	3.9984	.26696	.96371	.27701	.6100	.0376	.7459	31
30	.25038	.96815	.25862	3.8667	.0329	3.9939	.26724	.96363	.27732	3.6059	.0377	3.7420	30
31	.25066	.96807	.25893	.8621	.0330	.9894	.26752	.96355	.27764	.6018	.0378	.7380	29
32	.25094	.96800	.25924	.8574	.0330	.9850	.26780	.96347	.27795	.5977	.0379	.7341	28
33	.25122	.96793	.25955	.8528	.0331	.9805	.26808	.96340	.27826	.5937	.0380	.7302	27
34	.25151	.96785	.25986	.8482	.0332	.9760	.26836	.96332	.27858	.5896	.0381	.7263	26
35	.25179	.96778	.26017	3.8436	.0333	3.9716	.26864	.96324	.27889	3.5856	.0382	3.7224	25
36	.25207	.96771	.26048	.8390	.0334	.9672	.26892	.96316	.27920	.5816	.0382	.7186	24
37	.25235	.96763	.26079	.8345	.0334	.9627	.26920	.96308	.27952	.5776	.0383	.7147	23
38	.25263	.96756	.26110	.8299	.0335	.9583	.26948	.96301	.27983	.5736	.0384	.7108	22
39	.25291	.96749	.26141	.8254	.0336	.9539	.26976	.96293	.28014	.5696	.0385	.7070	21
40	.25319	.96741	.26172	3.8208	.0337	3.9495	.27004	.96285	.28046	3.5656	.0386	3.7031	20
41	.25348	.96734	.26203	.8163	.0338	.9451	.27032	.96277	.28077	.5616	.0387	.6993	19
42	.25376	.96727	.26234	.8118	.0338	.9408	.27060	.96269	.28109	.5576	.0387	.6955	18
43	.25404	.96719	.26266	.8073	.0339	.9364	.27088	.96261	.28140	.5536	.0388	.6917	17
44	.25432	.96712	.26297	.8027	.0340	.9320	.27116	.96253	.28171	.5497	.0389	.6878	16
45	.25460	.96704	.26328	3.7983	.0341	3.9277	.27144	.96245	.28203	3.5457	.0390	3.6840	15
46	.25488	.96697	.26359	.7938	.0341	.9234	.27172	.96238	.28234	.5418	.0391	.6802	14
47	.25516	.96690	.26390	.7893	.0342	.9190	.27200	.96230	.28266	.5378	.0392	.6765	13
48	.25544	.96682	.26421	.7848	.0343	.9147	.27228	.96222	.28297	.5339	.0393	.6727	12
49	.25573	.96675	.26452	.7804	.0344	.9104	.27256	.96214	.28328	.5300	.0393	.6689	11
50	.25601	.96667	.26483	3.7759	.0345	3.9061	.27284	.96206	.28360	3.5261	.0394	3.6651	10
51	.25629	.96660	.26514	.7715	.0345	.9018	.27312	.96198	.28391	.5222	.0395	.6614	9
52	.25657	.96652	.26546	.7671	.0346	.8976	.27340	.96190	.28423	.5183	.0396	.6576	8
53	.25685	.96645	.26577	.7627	.0347	.8933	.27368	.96182	.28454	.5144	.0397	.6539	7
54	.25713	.96638	.26608	.7583	.0348	.8890	.27396	.96174	.28486	.5105	.0398	.6502	6
55	.25741	.96630	.26639	3.7539	.0349	3.8848	.27424	.96166	.28517	3.5066	.0399	3.6464	5
56	.25769	.96623	.26670	.7495	.0349	.8805	.27452	.96158	.28549	.5028	.0399	.6427	4
57	.25798	.96615	.26701	.7451	.0350	.8763	.27480	.96150	.28580	.4989	.0400	.6390	3
58	.25826	.96608	.26732	.7407	.0351	.8721	.27508	.96142	.28611	.4951	.0401	.6353	2
59	.25854	.96600	.26764	.7364	.0352	.8679	.27536	.96134	.28643	.4912	.0402	.6316	1
60	.25882	.96592	.26795	3.7320	.0353	3.8637	.27564	.96126	.28674	3.4874	.0403	3.6279	0
′	cos	sin	cot	tan	cosec	sec	cos	sin	cot	tan	cosec	sec	′
	75°						74°						

삼 각 함 수

	16°						17°						
′	sin	cos	tan	cot	sec	cosec	sin	cos	tan	cot	sec	cosec	′
0	.27564	.96126	.28674	3.4874	1.0403	3.6279	.29237	.95630	.30573	3.2708	1.0457	3.4203	60
1	.27592	.96118	.28706	.4836	.0404	.6243	.29265	.95622	.30605	.2674	.0458	.4170	59
2	.27620	.96110	.28737	.4798	.0405	.6206	.29293	.95613	.30637	.2640	.0459	.4138	58
3	.27648	.96102	.28769	.4760	.0406	.6169	.29321	.95605	.30668	.2607	.0460	.4106	57
4	.27675	.96094	.28800	.4722	.0406	.6133	.29348	.95596	.30700	.2573	.0461	.4073	56
5	.27703	.96086	.28832	3.4684	.0407	3.6096	.29376	.95588	.30732	3.2539	.0461	3.4041	55
6	.27731	.96078	.28863	.4646	.0408	.6060	.29404	.95579	.30764	.2505	.0462	.4009	54
7	.27759	.96070	.28895	.4608	.0409	.6024	.29432	.95571	.30796	.2472	.0463	.3977	43
8	.27787	.96062	.28926	.4570	.0410	.5987	.29460	.95562	.30828	.2438	.0464	.3945	52
9	.27815	.96054	.28958	.4533	.0411	.5951	.29487	.95554	.30859	.2405	.0465	.3913	51
10	.27843	.96045	.28990	3.4495	.0412	3.5915	.29515	.95545	.30891	3.2371	.0466	3.3881	50
11	.27871	.96037	.29021	.4458	.0413	.5879	.29543	.95536	.30923	.2338	.0467	.3849	49
12	.27899	.96029	.29053	.4420	.0413	.5843	.29571	.95528	.30955	.2305	.0468	.3817	48
13	.27927	.96021	.29084	.4383	.0414	.5807	.29598	.95519	.30987	.2271	.0469	.3785	47
14	.27955	.96013	.29116	.4346	.0415	.5772	.29626	.95511	.31019	.2238	.0470	.3754	46
15	.27983	.96005	.29147	3.4308	.0416	3.5736	.29654	.95502	.31051	3.2205	.0471	3.3722	45
16	.28011	.95997	.29179	.4271	.0417	.5700	.29682	.95493	.31083	.2172	.0472	.3690	44
17	.28039	.95989	.29210	.4234	.0418	.5665	.29710	.95485	.31115	.2139	.0473	.3659	43
18	.28067	.95980	.29242	.4197	.0419	.5629	.29737	.95476	.31146	.2106	.0474	.3627	42
19	.28094	.95972	.29274	.4160	.0420	.5594	.29765	.95467	.31178	.2073	.0475	.3596	41
20	.28122	.95964	.29305	3.4124	.0420	3.5559	.29793	.95459	.31210	3.2041	.0476	3.3565	40
21	.28150	.95956	.29337	.4087	.0421	.5523	.29821	.95450	.31242	.2008	.0477	.3534	39
22	.28178	.95948	.29368	.4050	.0422	.5488	.29848	.95441	.31274	.1975	.0478	.3502	38
23	.28206	.95940	.29400	.4014	.0423	.5453	.29876	.95433	.31306	.1942	.0478	.3471	37
24	.28234	.95931	.29432	.3977	.0424	.5418	.29904	.95424	.31338	.1910	.0479	.3440	36
25	.28262	.95923	.29463	3.3941	.0425	3.5383	.29932	.95415	.31370	3.1877	.0480	3.3409	35
26	.28290	.95915	.29495	.3904	.0426	.5348	.29959	.95407	.31402	.1845	.0481	.3378	34
27	.28318	.95907	.29526	.3868	.0427	.5313	.29987	.95398	.31434	.1813	.0482	.3347	33
28	.28346	.95898	.29558	.3832	.0428	.5279	.30015	.95389	.31466	.1780	.0483	.3316	32
29	.28374	.95890	.29590	.3795	.0428	.5244	.30043	.95380	.31498	.1748	.0484	.3286	31
30	.28401	.95882	.29621	3.3759	.0429	3.5209	.30070	.95372	.31530	3.1716	.0485	3.3255	30
31	.28429	.95874	.29653	.3723	.0430	.5175	.30098	.95363	.31562	.1684	.0486	.3224	29
32	.28457	.95865	.29685	.3687	.0431	.5140	.30126	.95354	.31594	.1652	.0487	.3194	28
33	.28485	.95857	.29716	.3651	.0432	.5106	.30154	.95345	.31626	.1620	.0488	.3163	27
34	.28513	.95849	.29748	.3616	.0433	.5072	.30181	.95337	.31658	.1588	.0489	.3133	26
35	.28541	.95840	.29780	3.3580	.0434	3.5037	.30209	.95328	.31690	3.1556	.0490	3.3102	25
36	.28569	.95832	.29811	.3544	.0435	.5003	.30237	.95319	.31722	.1524	.0491	.3072	24
37	.28597	.95824	.29843	.3509	.0436	.4969	.30265	.95310	.31754	.149[illegible]	.0492	.3042	23
38	.28624	.95816	.29875	.3473	.0437	.4935	.30292	.95301	.31786	.1460	.0493	.3011	22
39	.28652	.95807	.29906	.3438	.0438	.4901	.30320	.95293	.31818	.1429	.0494	.2981	21
40	.28680	.95799	.29938	3.3402	.0438	3.4867	.30348	.95284	.31850	3.1397	.0495	3.2951	20
41	.28708	.95791	.29970	.3367	.0439	.4833	.30375	.95275	.31882	.1366	.0496	.2921	19
42	.28736	.95782	.30001	.3332	.0440	.4799	.30403	.95266	.31914	.1334	.0497	.2891	18
43	.28764	.95774	.30033	.3296	.0441	.4766	.30431	.95257	.31946	.1303	.0498	.2861	17
44	.28792	.95765	.30065	.3261	.0442	.4732	.30459	.95248	.31978	.1271	.0499	.2831	16
45	.28820	.95757	.30096	3.3226	.0443	3.4698	.30486	.95239	.32010	3.1240	.0500	3.2801	15
46	.28847	.95749	.30128	.3191	.0444	.4665	.30514	.95231	.32042	.1209	.0501	.2772	14
47	.28875	.95740	.30160	.3156	.0445	.4632	.30542	.95222	.32074	.1177	.0502	.2742	13
48	.28903	.95732	.30192	3121	.0446	.4598	.30569	.95213	.32106	.1146	.0503	.2712	12
49	.28931	.95723	.30223	3087	.0447	.4565	.30597	.95204	.32138	.1115	.0504	.2683	11
50	.28959	.95715	.30255	3.3052	.0448	3.4532	.30625	.95195	.32171	3.1084	.0505	3.2653	10
51	.28987	.95707	.30287	.3017	.0448	.4498	.30653	.95186	.32203	.1053	.0506	.2624	9
52	.29014	.95698	.30319	.2983	.0449	.4465	.30680	.95177	.32235	.1022	.0507	.2594	8
53	.29042	.95690	.30350	.2948	.0450	.4432	.30708	.95168	.32267	.0991	.0508	.2565	7
54	.29070	.95681	.30382	.2914	.0451	.4399	.30736	.95159	.32299	.0960	.0509	.2535	6
55	.29098	.95673	.30414	3.2879	.0452	3.4366	.30763	.95150	.32331	3.0930	.0510	3.2506	5
56	.29126	.95664	.30446	.2845	.0453	.4334	.30791	.95141	.32363	.0899	.0511	.2477	4
57	.29154	.95656	.30478	.2811	.0454	.4301	.30819	.95132	.32395	.0868	.0512	.2448	3
58	.29181	.95647	.30509	.2777	.0455	.4268	.30846	.95124	.32428	.0838	.0513	.2419	2
59	.29209	.95639	.30541	.2742	.0456	.4236	.30874	.95115	.32460	.0807	.0514	.2390	1
60	.29237	.95630	.30573	3.2708	.0457	3.4203	.30902	.95106	.32492	3.0777	.0515	3.2361	0
′	cos	sin	cot	tan	cosec	sec	cos	sin	cot	tan	cosec	sec	′
	73°						72°						

삼 각 함 수

′	18° sin	cos	tan	cot	sec	cosec	19° sin	cos	tan	cot	sec	cosec	′
0	.30902	.95106	.32492	3.0777	1.0515	3.2361	.32557	.94552	.34433	2.9042	1.0576	3.0715	60
1	.30929	.95097	.32524	.0746	.0516	.2332	.32584	.94542	.34465	.9015	.0577	.0690	59
2	.30957	.95088	.32556	.0716	.0517	.2303	.32612	.94533	.34498	.8987	.0578	.0664	58
3	.30985	.95079	.32588	.0686	.0518	.2274	.32639	.94523	.34530	.8960	.0579	.0638	57
4	.31012	.95070	.32621	.0655	.0519	.2245	.32667	.94514	.34563	.8933	.0580	.0612	56
5	.31040	.95061	.32653	3.0625	.0520	3.2216	.32694	.94504	.34595	2.8905	.0581	3.0586	55
6	.31068	.95051	.32685	.0595	.0521	.2188	.32722	.94495	.34628	.8878	.0582	.0561	54
7	.31095	.95042	.32717	.0565	.0522	.2159	.32749	.94485	.34661	.8851	.0584	.0535	53
8	.31123	.95033	.32749	.0535	.0523	.2131	.32777	.94476	.34693	.8824	.0585	.0509	52
9	.31150	.95024	.32782	.0505	.0524	.2102	.32804	.94466	.34726	.8797	.0586	.0484	51
10	.31178	.95015	.32814	3.0475	.0525	3.2074	.32832	.94457	.34758	2.8770	.0587	3.0458	50
11	.31206	.95006	.32846	.0445	.0526	.2045	.32859	.94447	.34791	.8743	.0588	.0433	49
12	.31233	.94997	.32878	.0415	.0527	.2017	.32887	.94438	.34824	.8716	.0589	.0407	48
13	.31261	.94988	.32910	.0385	.0528	.1989	.32914	.94428	.34856	.8689	.0590	.0382	47
14	.31289	.94979	.32943	.0356	.0529	.1960	.32942	.94418	.34889	.8662	.0591	.0357	46
15	.31316	.94970	.32975	3.0326	.0530	3.1932	.32969	.94409	.34921	2.8636	.0592	3.0331	45
16	.31344	.94961	.33007	.0296	.0531	.1904	.32996	.94399	.34954	.8609	.0593	.0306	44
17	.31372	.94952	.33039	.0267	.0532	.1876	.33024	.94390	.34987	.8582	.0594	.0281	43
18	.31399	.94942	.33072	.0237	.0533	.1848	.33051	.94380	.35019	.8555	.0595	.0256	42
19	.31427	.94933	.33104	.0208	.0534	.1820	.33079	.94370	.35052	.8529	.0596	.0231	41
20	.31454	.94924	.33136	3.0178	.0535	3.1792	.33106	.94361	.35085	2.8502	.0598	3.0206	40
21	.31482	.94915	.33169	.0149	.0536	.1764	.33134	.94351	.35117	.8476	.0599	.0181	39
22	.31510	.94906	.33201	.0120	.0537	.1736	.33161	.94341	.35150	.8449	.0600	.0156	38
23	.31537	.94897	.33233	.0090	.0528	.1708	.33189	.94332	.35183	.8423	.0601	.0131	37
24	.31565	.94888	.33265	.0061	.0539	.1681	.33216	.94322	.35215	.8396	.0602	.0106	36
25	.31592	.94878	.33298	3.0032	.0540	3.1653	.33243	.94313	.35248	2.8370	.0603	3.0081	35
26	.31620	.94869	.33330	.0003	.0541	.1625	.33271	.94303	.35281	.8344	.0604	.0056	34
27	.31648	.94860	.33362	2.9974	.0542	.1598	.33298	.94293	.35314	.8318	.0605	.0031	33
28	.31675	.94851	.33395	.9945	.0543	.1570	.33326	.94283	.35346	.8291	.0606	.0007	32
29	.31703	.94841	.33427	.9916	.0544	.1543	.33353	.94274	.35379	.8265	.0607	2.9982	31
30	.31730	.94832	.33459	2.9887	.0545	3.1515	.33381	.94264	.35412	2.8239	.0608	2.9957	30
31	.31758	.94823	.33492	.9858	.0546	.1488	.33408	.94254	.35445	.8213	.0609	.9933	29
32	.31786	.94814	.33524	.9829	.0547	.1461	.33435	.94245	.35477	.8187	.0611	.9908	28
33	.31813	.94805	.33557	.9800	.0548	.1433	.33463	.94235	.35510	.8161	.0612	.9884	27
34	.31841	.94795	.33589	.9772	.0549	.1406	.33490	.94225	.35543	.8135	.0613	.9859	26
35	.31868	.94786	.33621	2.9743	.0550	3.1379	.33518	.94215	.35576	2.8109	.0614	2.9835	25
36	.31896	.94777	.33654	.9714	.0551	.1352	.33545	.94206	.35608	.8083	.0615	.9810	24
37	.31923	.94767	.33686	.9686	.0552	.1325	.33572	.94196	.35641	.8057	.0616	.9786	23
38	.31951	.94758	.33718	.9657	.0553	.1298	.33600	.94186	.35674	.8032	.0617	.9762	22
39	.31978	.94749	.33751	.9629	.0554	.1271	.33627	.94176	.35707	.8006	.0618	.9738	21
40	.32006	.94740	.33783	2.9600	.0555	3.1244	.33655	.94167	.35739	2.7980	.0619	2.9713	20
41	.32034	.94730	.33816	.9572	.0556	.1217	.33682	.94157	.35772	.7954	.0620	.9689	19
42	.32061	.94721	.33848	.9544	.0557	.1190	.33709	.94147	.35805	.7929	.0622	.9665	18
43	.32089	.94712	.33880	.9515	.0558	.1163	.33737	.94137	.35838	.7903	.0623	.9641	17
44	.32116	.94702	.33913	.9487	.0559	.1137	.33764	.94127	.35871	.7878	.0624	.9617	16
45	.32144	.94693	.33945	2.9459	.0560	3.1110	.33792	.94118	.35904	2.7852	.0625	2.9593	15
46	.32171	.94684	.33978	.9431	.0561	.1083	.33819	.94108	.35936	.7827	.0626	.9569	14
47	.32199	.94674	.34010	.9403	.0562	.1057	.33846	.94098	.35969	.7801	.0627	.9545	13
48	.32226	.94665	.34043	.9375	.0563	.1030	.33874	.94088	.36002	.7776	.0628	.9521	12
49	.32254	.94655	.34075	.9347	.0565	.1004	.33901	.94078	.36035	.7751	.0629	.9497	11
50	.32282	.94646	.34108	2.9319	.0566	3.0977	.33928	.94068	.36068	2.7725	.0630	2.9474	10
51	.32309	.94637	.34140	.9291	.0567	.0951	.33956	.94058	.36101	.7700	.0632	.9450	9
52	.32337	.94627	.34173	.9263	.0568	.0925	.33983	.94049	.36134	.7675	.0633	.9426	8
53	.32364	.94618	.34205	.9235	.0569	.0898	.34011	.94039	.36167	.7650	.0634	.9402	7
54	.32392	.94608	.34238	.9208	.0570	.0872	.34038	.94029	.36199	.7625	.0635	.9379	6
55	.32419	.94599	.34270	2.9180	.0571	3.0846	.34065	.94019	.36232	2.7600	.0636	2.9355	5
56	.32447	.94590	.34303	.9152	.0572	.0820	.34093	.94009	.36265	.7575	.0637	.9332	4
57	.32474	.94580	.34335	.9125	.0573	.0793	.34120	.93999	.36298	.7550	.0638	.9308	3
58	.32502	.94571	.34368	.9097	.0574	.0767	.34147	.93989	.36331	.7525	.0639	.9285	2
59	.32529	.94561	.34400	.9069	.0575	.0741	.34175	.93979	.36364	.7500	.0641	.9261	1
60	.32557	.94552	.34433	2.9042	.0576	3.0715	.34202	.93969	.36397	2.7475	.0642	2.9238	0
′	cos	sin	cot	tan	cosec	sec	cos	sin	cot	tan	cosec	sec	′
	71°						70°						

삼 각 함 수

	20°						21°						
′	sin	cos	tan	cot	sec	cosec	sin	cos	tan	cot	sec	cosec	′
0	.34202	.93969	.36397	2.7475	1.0642	2.9238	.35837	.93358	.38386	2.6051	1.0711	2.7904	60
1	.34229	.93959	.36430	.7450	.0643	.9215	.35864	.93348	.38420	.6028	.0713	.7883	59
2	.34257	.93949	.36463	.7425	.0644	.9191	.35891	.93337	.38453	.6006	.0714	.7862	58
3	.34284	.93939	.36496	.7400	.0645	.9168	.35918	.93327	.38486	.5983	.0715	.7841	57
4	.34311	.93929	.36529	.7376	.0646	.9145	.35945	.93316	.38520	.5960	.0716	.7820	56
5	.34339	.93919	.36562	2.7351	.0647	2.9122	.35972	.93306	.38553	2.5938	.0717	2.7799	55
6	.34366	.93909	.36595	.7326	.0648	.9098	.36000	.93295	.38587	.5916	.0719	.7778	54
7	.34393	.93899	.36628	.7302	.0650	.9075	.36027	.93285	.38620	.5893	.0720	.7757	53
8	.34421	.93889	.36661	.7277	.0651	.9052	.36054	.93274	.38654	.5871	.0721	.7736	52
9	.34448	.93879	.36694	.7252	.0652	.9029	.36081	.93264	.38687	.5848	.0722	.7715	51
10	.34475	.93869	.36727	2.7228	.0653	2.9006	.36108	.93253	.38720	2.5826	.0723	2.7694	50
11	.34502	.93859	.36760	.7204	.0654	.8983	.36135	.93243	.38754	.5804	.0725	.7674	49
12	.34530	.93849	.36793	.7179	.0655	.8960	.36162	.93232	.38787	.5781	.0726	.7653	48
13	.34557	.93839	.36826	.7155	.0656	.8937	.36189	.93222	.38821	.5759	.0727	.7632	47
14	.34584	.93829	.36859	.7130	.0658	.8915	.36217	.93211	.38854	.5737	.0728	.7611	46
15	.34612	.93819	.36892	2.7106	.0659	2.8892	.36244	.93201	.38888	2.5715	.0729	2.7591	45
16	.34639	.93809	.36925	.7082	.0660	.8869	.36271	.93190	.38921	.5693	.0731	.7570	44
17	.34666	.93799	.36958	.7058	.0661	.8846	.36298	.93180	.38955	.5671	.0732	.7550	43
18	.34693	.93789	.36991	.7033	.0662	.8824	.36325	.93169	.38988	.5649	.0733	.7529	42
19	.34721	.93779	.37024	.7009	.0663	.8801	.36352	.93158	.39022	.5627	.0734	.7509	41
20	.34748	.93769	.37057	2.6985	.0664	2.8778	.36379	.93148	.39055	2.5605	.0736	2.7488	40
21	.34775	.93758	.37090	.6961	.0666	.8756	.36406	.93137	.39089	.5583	.0737	.7468	39
22	.34803	.93748	.37123	.6937	.0667	.8733	.36433	.93127	.39122	.5561	.0738	.7447	38
23	.34830	.93738	.37156	.6913	.0668	.8711	.36460	.93116	.39156	.5539	.0739	.7427	37
24	.34857	.93728	.37190	.6889	.0669	.8688	.36488	.93105	.39189	.5517	.0740	.7406	36
25	.34884	.93718	.37223	2.6865	.0670	2.8666	.36515	.93095	.39223	2.5495	.0742	2.7386	35
26	.34912	.93708	.37256	.6841	.0671	.8644	.36542	.93084	.39257	.5473	.0743	.7366	34
27	.34939	.93698	.37289	.6817	.0673	.8621	.36569	.93074	.39290	.5451	.0744	.7346	33
28	.34966	.93687	.37322	.6794	.0674	.8599	.36596	.93063	.39324	.5430	.0745	.7325	32
29	.34993	.93677	.37355	.6770	.0675	.8577	.36623	.93052	.39357	.5408	.0747	.7305	31
30	.35021	.93667	.37388	2.6746	.0676	2.8554	.36650	.93042	.39391	2.5386	.0748	2.7285	30
31	.35048	.93657	.37422	.6722	.0677	.8532	.36677	.93031	.39425	.5365	.0749	.7265	29
32	.35075	.93647	.37455	.6699	.0678	.8510	.36704	.93020	.39458	.5343	.0750	.7245	28
33	.35102	.93637	.37488	.6675	.0679	.8488	.36731	.93010	.39492	.5322	.0751	.7225	27
34	.35130	.93626	.37521	.6652	.0681	.8466	.36758	.92999	.39525	.5300	.0753	.7205	26
35	.35157	.93616	.37554	2.6628	.0682	2.8444	.36785	.92988	.39559	2.5278	.0754	2.7185	25
36	.35184	.93606	.37587	.6604	.0683	.8422	.36812	.92978	.39593	.5257	.0755	.7165	24
37	.35211	.93596	.37621	.6581	.0684	.8400	.36839	.92967	.39626	.5236	.0756	.7145	23
38	.35239	.93585	.37654	.6558	.0685	.8378	.36866	.92956	.39660	.5214	.0758	.7125	22
39	.35266	.93575	.37687	.6534	.0686	.8356	.36893	.92945	.39694	.5193	.0759	.7105	21
40	.35293	.93565	.37720	2.6511	.0688	2.8334	.36921	.92935	.39727	2.5171	.0760	2.7085	20
41	.35320	.93555	.37754	.6487	.0689	.8312	.36948	.92924	.39761	.5150	.0761	.7065	19
42	.35347	.93544	.37787	.6464	.0690	.8290	.36975	.92913	.39795	.5129	.0763	.7045	18
43	.35375	.93534	.37820	.6441	.0691	.8269	.37002	.92902	.39828	.5108	.0764	.7026	17
44	.35402	.93524	.37853	.6418	.0692	.8247	.37029	.92892	.39862	.5086	.0765	.7006	16
45	.35429	.93513	.37887	2.6394	.0694	2.8225	.37056	.92881	.39896	2.5065	.0766	2.6986	15
46	.35456	.93503	.37920	.6371	.0695	.8204	.37083	.92870	.39930	.5044	.0768	.6967	14
47	.35483	.93493	.37953	.6348	.0696	.8182	.37110	.92859	.39963	.5023	.0769	.6947	13
48	.35511	.93482	.37986	.6[illegible]25	.0697	.8160	.37137	.92848	.39997	.5002	.0770	.6927	12
49	.35538	.93472	.38020	.6[illegible]02	.0698	.8139	.37164	.92838	.40031	.4981	.0771	.6908	11
50	.35565	.93462	.38053	2.6279	.0699	2.8117	.37191	.92827	.40065	2.4960	.0773	2.6888	10
51	.35592	.93451	.38086	.6256	.0701	.8096	.37218	.92816	.40098	.4939	.0774	.6869	9
52	.35619	.93441	.38120	.6233	.0702	.8074	.37245	.92805	.40132	.4918	.0775	.6849	8
53	.35647	.93431	.38153	.6210	.0703	.8053	.37272	.92794	.40166	.4897	.0776	.6830	7
54	.35674	.93420	.38186	.6187	.0704	.8032	.37299	.92784	.40200	.4876	.0778	.6810	6
55	.35701	.93410	.38220	2.6164	.0705	2.8010	.37326	.92773	.40233	2.4855	.0779	2.6791	5
56	.35728	.93400	.38253	.6142	.0707	.7989	.37353	.92762	.40267	.4834	.0780	.6772	4
57	.35755	.93389	.38286	.6119	.0708	.7968	.37380	.92751	.40301	.4813	.0781	.6752	3
58	.35782	.93379	.38320	.6096	.0709	.7947	.37407	.92740	.40335	.4792	.0783	.6733	2
59	.35810	.93368	.38353	.6073	.0710	.7925	.37434	.92729	.40369	.4772	.0784	.6714	1
60	.35837	.93358	.38386	2.6051	.0711	2.7904	.37461	.92718	.40403	2.4751	.0785	2.6695	0
′	cos	sin	cot	tan	cosec	sec	cos	sin	cot	tan	cosec	sec	′
	69°						68°						

삼 각 함 수

′	sin 22°	cos 22°	tan 22°	cot 22°	sec 22°	cosec 22°	sin 23°	cos 23°	tan 23°	cot 23°	sec 23°	cosec 23°	′
0	.37461	.92718	.40403	2.4751	1.0785	2.6695	.39073	.92050	.42447	2.3558	1.0864	2.5593	60
1	.37488	.92707	.40436	.4730	.0787	.6675	.39100	.92039	.42482	.3539	.0865	.5575	59
2	.37514	.92696	.40470	.4709	.0788	.6656	.39126	.92028	.42516	.3520	.0866	.5558	58
3	.37541	.92686	.40504	.4689	.0789	.6637	.39153	.92016	.42550	.3501	.0868	.5540	57
4	.37568	.92675	.40538	.4668	.0790	.6618	.39180	.92005	.42585	.3482	.0869	.5523	56
5	.37595	.92664	.40572	2.4647	.0792	2.6599	.39207	.91993	.42619	2.3463	.0870	2.5506	55
6	.37622	.92653	.40606	.4627	.0793	.6580	.39234	.91982	.42654	.3445	.0872	.5488	54
7	.37649	.92642	.40640	.4606	.0794	.6561	.39260	.91971	.42688	.3426	.0873	.5471	53
8	.37676	.92631	.40673	.4586	.0795	.6542	.39287	.91959	.42722	.3407	.0874	.5453	52
9	.37703	.92620	.40707	.4565	.0797	.6523	.39314	.91948	.42757	.3388	.0876	.5436	51
10	.37730	.92609	.40741	2.4545	.0798	2.6504	.39341	.91936	.42791	2.3369	.0877	2.5419	50
11	.37757	.92598	.40775	.4525	.0799	.6485	.39367	.91925	.42826	.3350	.0878	5402	49
12	.37784	.92587	.40809	.4504	.0801	.6466	.39394	.91913	.42860	.3332	.0880	.5384	48
13	.37811	.92576	.40843	.4484	.0802	.6447	.39421	.91902	.42894	.3313	.0881	.5367	47
14	.37838	.92565	.40877	.4463	.0803	.6428	.39448	.91891	.42929	.3294	.0882	.5350	46
15	.37865	.92554	.40911	2.4443	.0804	2.6410	.39474	.91879	.42963	2.3276	.0884	2.5333	45
16	.37892	.92543	.40945	.4423	.0806	.6391	.39501	.91868	.42998	.3257	.0885	.5316	44
17	.37919	.92532	.40979	.4403	.0807	.6372	.39528	.91856	.43032	.3238	.0886	.5299	43
18	.37946	.92521	.41013	.4382	.0808	.6353	.39554	.91845	.43067	.3220	.0888	.5281	42
19	.37972	.92510	.41047	.4362	.0810	.6335	.39581	.91833	.43101	.3201	.0889	.5264	41
20	.37999	.92499	.41081	2.4342	.0811	2.6316	.39608	.91822	.43136	2.3183	.0891	2.5247	40
21	.38026	.92488	.41115	.4322	.0812	.6297	.39635	.91810	.43170	.3164	.0892	.5230	39
22	.38053	.92477	.41149	.4302	.0813	.6279	.39661	.91798	.43205	.3145	.0893	.5213	38
23	.38080	.92466	.41183	.4282	.0815	.6260	.39688	.91787	.43239	.3127	.0895	.5196	37
24	.38107	.92455	.41217	.4262	.0816	.6242	.39715	.91775	.43274	.3109	.0896	.5179	36
25	.38134	.92443	.41251	2.4242	.0817	2.6223	.39741	.91764	.43308	2.3090	.0897	2.5163	35
26	.38161	.92432	.41285	.4222	.0819	.6205	.39768	.91752	.43343	.3072	.0899	.5146	34
27	.38188	.92421	.41319	.4202	.0820	.6186	.39795	.91741	.43377	.3053	.0900	.5129	33
28	.38214	.92410	.41353	.4182	.0821	.6168	.39821	.91729	.43412	.3035	.0902	.5112	32
29	.38241	.92399	.41387	.4162	.0823	.6150	.39848	.91718	.43447	.3017	.0903	.5095	31
30	.38268	.92388	.41421	2.4142	.0824	2.6131	.39875	.91706	.43481	2.2998	.0904	2.5078	30
31	.38295	.92377	.41455	.4122	.0825	.6113	.39901	.91694	.43516	.2980	.0906	.5062	29
32	.38322	.92366	.41489	.4102	.0826	.6095	.39928	.91683	.43550	.2962	.0907	.5045	28
33	.38349	.92354	.41524	.4083	.0828	.6076	.39955	.91671	.43585	.2944	.0908	.5028	27
34	.38376	.92343	.41558	.4063	.0829	.6058	.39981	.91659	.43620	.2925	.0910	.5011	26
35	.38403	.92332	.41592	2.4043	.0830	2.6040	.40008	.91648	.43654	2.2907	.0911	2.4995	25
36	.38429	.92321	.41626	.4023	.0832	.6022	.40035	.91636	.43689	.2889	.0913	.4978	24
37	.38456	.92310	.41660	.4004	.0833	.6003	.40061	.91625	.43723	.2871	.0914	.4961	23
38	.38483	.92299	.41694	.3984	.0834	.5985	.40088	.91613	.43758	.2853	.0915	.4945	22
39	.38510	.92287	.41728	.3964	.0836	.5967	.40115	.91601	.43793	.2835	.0917	.4928	21
40	.38537	.92276	.41762	2.3945	.0837	2.5949	.40141	.91590	.43827	2.2817	.0918	2.4912	20
41	.38564	.92265	.41797	.3925	.0838	.5931	.40168	.91578	.43862	.2799	.0920	.4895	19
42	.38591	.92254	.41831	.3906	.0840	.5913	.40195	.91563	.43897	.2781	.0921	.4879	18
43	.38617	.92242	.41865	.3886	.0841	.5895	.40221	.91554	.43932	.2763	.0922	.4862	17
44	.38644	.92231	.41899	.3867	.0842	.5877	.40248	.91543	.43966	.2745	.0924	.4846	16
45	.38671	.92220	.41933	2.3847	.0844	2.5958	.40205	.91531	.44001	2.2727	.0925	2.4829	15
46	.38698	.92209	.41968	.3828	.0845	.5841	.40301	.91519	.44036	.2709	.0927	.4813	14
47	.38725	.92197	.42002	.3808	.0846	.5823	.40328	.91508	.44070	.2691	.0928	.4797	13
48	.38751	.92186	.42036	.3789	.0847	.5805	.40354	.91496	.44105	.2673	.0929	.4780	12
49	.38778	.92105	.42070	.3770	.0849	.5787	.40381	.91484	.44140	.2655	.0931	.4764	11
50	.38805	.92164	.42105	2.3750	.0850	2.5770	.40408	.91472	.44175	2.2637	.0932	2.4748	10
51	.38832	.92152	.42139	.3731	.0851	.5752	.40434	.91461	.44209	.2619	.0934	.4731	9
52	.38859	.92141	.42173	.3712	.0853	.5734	.40461	.91449	.44244	.2602	.0935	.4715	8
53	.38886	.92130	.42207	.3692	.0854	.5716	.40487	.91437	.44279	.2584	.0936	.4699	7
54	.38912	.92118	.42242	.3673	.0855	.5699	.40514	.91425	.44314	.2566	.0938	.4683	6
55	.38939	.92107	.42276	2.3654	.0857	2.5681	.40541	.91414	.44349	2.2548	.0939	2.4666	5
56	.38966	.92096	.42310	.3635	.0858	.5663	.40567	.91402	.44383	.2531	.0941	.4650	4
57	.38993	.92084	.42344	.3616	.0859	.5646	.40594	.91390	.44418	.2513	.0942	.4634	3
58	.39019	.92073	.42379	.3597	.0861	.5628	.40620	.91378	.44453	.2495	.0943	.4618	2
59	.39046	.92062	.42413	.3577	.0862	.5610	.40647	.91366	.44488	.2478	.0945	.4602	1
60	.39073	.92050	.42447	2.3558	.0864	2.5593	.40674	.91354	.44523	2.2460	.0946	2.4586	0
′	cos 67°	sin 67°	cot 67°	tan 67°	cosec 67°	sec 67°	cos 66°	sin 66°	cot 66°	tan 66°	cosec 66°	sec 66°	′

삼 각 함 수

	24°						25°						
′	sin	cos	tan	cot	sec	cosec	sin	cos	tan	cot	sec	cosec	′
0	.40674	.91354	.44523	2.2460	1.0946	2.4586	.42262	.90631	.46631	2.1445	1.1034	2.3662	60
1	.40700	.91343	.44558	.2443	.0948	.4570	.42288	.90618	.46666	.1429	.1035	.3647	59
2	.40727	.91331	.44593	.2425	.0949	.4554	.42314	.90606	.46702	.1412	.1037	.3632	58
3	.40753	.91319	.44627	.2408	.0951	.4538	.42341	.90594	.46737	.1396	.1038	.3618	57
4	.40780	.91307	.44662	.2390	.0952	.4522	.42367	.90581	.46772	.1380	.1040	.3603	56
5	.40806	.91295	.44697	2.2373	.0953	2.4506	.42394	.90569	.46808	2.1364	.1041	2.3588	55
6	.40833	.91283	.44732	.2355	.0955	.4490	.42420	.90557	.46843	.1348	.1043	.3574	54
7	.40860	.91271	.44767	.2338	.0956	.4474	.42446	.90544	.46879	.1331	.1044	.3559	53
8	.40886	.91260	.44802	.2320	.0958	.4458	.42473	.90532	.46914	.1315	.1046	.3544	52
9	.40913	.91248	.44837	.2303	.0959	.4442	.42499	.90520	.46950	.1299	.1047	.3530	51
10	.40939	.91236	.44872	2.2286	.0961	2.4426	.42525	.90507	.46985	2.1283	.1049	2.3515	50
11	.40966	.91224	.44907	.2268	.0962	.4418	.42552	.90495	.47021	.1267	.1050	.3501	49
12	.40992	.91212	.44942	.2251	.0963	.4395	.42578	.90483	.47056	.1251	.1052	.3486	48
13	.41019	.91200	.44977	.2234	.0965	.4379	.42604	.90470	.47092	.1235	.1053	.3472	47
14	.41045	.91188	.45012	.2216	.0966	.4363	.42630	.90458	.47127	.1219	.1055	.3457	46
15	.41072	.91176	.45047	2.2199	.0968	2.4347	.42657	.90445	.47163	2.1203	.1056	2.3443	45
16	.41098	.91164	.45082	.2182	.0969	.4332	.42683	.90433	.47199	.1187	.1058	.3428	44
17	.41125	.91152	.45117	.2165	.0971	.4316	.42709	.90421	.47234	.1171	.1059	.3414	43
18	.41151	.91140	.45152	.2147	.0972	.4300	.42736	.90408	.47270	.1155	.1061	.3399	42
19	.41178	.91128	.45187	.2130	.0973	.4285	.42762	.90396	.47305	.1139	.1062	.3385	41
20	.41204	.91116	.45222	2.2113	.0975	2.4269	.42788	.90383	.47341	2.1123	.1064	2.3371	40
21	.41231	.91104	.45257	.2096	.0976	.4254	.42815	.90371	.47376	.1107	.1065	.3356	39
22	.41257	.91092	.45292	.2079	.0978	.4238	.42841	.90358	.47412	.1092	.1067	.3342	38
23	.41284	.91080	.45327	. 2062	.0979	.4222	.42867	.90346	.47448	.1076	.1068	.3328	37
24	.41310	.91068	.45362	.2045	.0981	.4207	.42893	.90333	.47483	.1060	.1070	.3313	36
25	.41337	.91056	.45397	2.2028	.0982	2.4191	42920	.90321	.47519	2.1044	.1072	2.3299	35
26	.41363	.91044	.45432	.2011	.0984	.4176	.42946	.90308	.47555	.1028	.1073	.3285	34
27	.41390	.91032	.45467	.1994	.0985	.4160	.42972	.90296	.47590	.1013	.1075	.3271	33
28	.41416	.91020	.45502	.1977	.0986	.4145	.42998	.90283	.47626	.0997	.1076	.3256	32
29	.41443	.91008	.45537	.1960	.0988	.4130	.43025	.90271	.47662	.0981	.1078	.3242	31
30	.41469	.90996	.45573	2.1943	.0989	2.4114	.43051	.90258	.47697	2.0965	.1079	2.3228	30
31	.41496	.90984	.45608	.1926	.0991	.4099	.43077	.90246	.47733	.0950	.1081	.3214	29
32	.41522	.90972	.45643	.1909	.0992	.4083	.43104	.90233	.47769	.0934	.1082	.3200	28
33	.41549	.90960	.45678	.1892	.0994	.4068	.43130	.90221	.47805	.0918	.1084	.3186	27
34	.41575	.90948	.45713	.1875	.0995	.4053	.43156	.90208	.47840	.0903	.1085	.3172	26
35	.41602	.90936	.45748	2.1859	.0997	2.4037	.43182	.90196	.47876	2.0887	.1087	2.3158	25
36	.41628	.90924	.45783	.1842	.0938	.4022	.43208	.90183	.47912	.0872	.1088	.3143	24
37	.41654	.90911	.45819	.1825	.1000	.4007	.43235	.90171	.47948	.0856	.1090	.3129	23
38	.41681	.90899	.45854	.1808	.1001	.3992	.43261	.90158	.47983	.0840	.1092	.3115	22
39	.41707	.90887	.45889	.1792	.1003	.3976	.43287	.90145	.48019	.0825	.1093	.3101	21
40	.41734	.90875	.45924	2.1775	.1004	2.3961	.43313	.90133	.48055	2.0809	.1095	2.3087	20
41	.41760	.90863	.45960	.1758	.1005	.3946	.43340	.90120	.48091	.0794	.1096	.3073	19
42	.41787	.90851	.45995	.1741	.1007	.3931	.43366	.90108	.48127	.0778	.1098	.3059	18
43	.41813	.90839	.46030	.1725	.1008	.3916	.43392	.90095	.48162	.0763	.1099	.3046	17
44	.41839	.90826	.46065	.1708	.1010	.3901	.43418	.90082	.48198	.0747	.1101	.3032	16
45	.41866	.90814	.46101	2.1692	.1011	2.3886	.43444	.90070	.48234	2.0732	.1102	2.3018	15
46	.41892	.90812	.46136	.1675	.1013	.3871	.43471	.90057	.48270	.0717	.1104	.3004	14
47	.41919	.90790	.46171	.1658	.1014	.3856	.43497	.90044	.48306	.0701	.1106	.2990	13
48	.41945	.90778	.46206	.1642	.1016	.3841	.43523	.90032	.48342	.0686	.1107	.2976	12
49	.41972	.90765	.46242	1625	.1017	.3826	.43549	.90019	.48378	.0671	.1109	.2962	11
50	.41998	.90753	.46277	2.1609	.1019	2.3811	.43575	.90006	.48414	2.0655	.1110	2.2949	10
51	.42024	.90741	.46312	.1592	.1020	.3796	.43602	.89994	.48449	.0640	.1112	.2935	9
52	.42051	.90729	.46348	.1576	.1022	.3781	.43628	.89981	.48485	.0625	.1113	.2921	8
53	.42077	.90717	.46383	.1559	.1023	.3766	.43654	.89968	.48521	.0609	.1115	.2907	7
54	.42103	.90704	.46418	.1543	.1025	.3751	.43680	.89956	.48557	.0594	.1116	.2894	6
55	.42130	.90692	.46454	2.1527	.1026	2.3736	.43706	.89943	.48593	2.0579	.1118	2.2880	5
56	.42156	.90680	.46489	.1510	.1028	.3721	.43732	.89930	.48629	.0564	.1120	.2866	4
57	.42183	.90668	.46524	.1494	.1029	.3706	.43759	.89918	.48665	.0548	.1121	.2853	3
58	.42209	.90655	.46560	.1478	.1031	.3691	.43785	.89905	.48701	.0533	.1123	.2839	2
59	.42235	.90643	.46595	.1461	.1032	.3677	.43811	.89892	.48737	.0518	.1124	.2825	1
60	.42262	.90631	.46631	2.1445	.1034	2.3662	.43837	.89879	.48773	2.0503	.1126	2.2812	0
′	cos	sin	cot	tan	cosec	sec	cos	sin	cot	tan	cosec	sec	′
	65°						64°						

삼 각 함 수

′	26° sin	cos	tan	cot	sec	cosec	27° sin	cos	tan	cot	sec	cosec	′
0	.43837	.89879	.48773	2.0503	1.1126	2.2312	.45399	.89101	.50952	1.9626	1.1223	2.2027	60
1	.43863	.89867	.48809	.0488	.1127	.2798	.45425	.89087	.50989	.9612	.1225	.2014	59
2	.43889	.89854	.48845	.0473	.1129	.2784	.45451	.89074	.51026	.9598	.1226	.2002	58
3	.43915	.89841	.48881	.0458	.1131	.2771	.45477	.89061	.51062	.9584	.1228	.1989	57
4	.43942	.89828	.48917	.0443	.1132	.2757	.45503	.89048	.51099	.9570	.1230	.1977	56
5	.43968	.89815	.48953	2.0427	.1134	2.2744	.45528	.89034	.51136	1.9556	.1231	2.1964	55
6	.43994	.89803	.48989	.0412	.1135	.2730	.45554	.89021	.51172	.9542	.1233	.1952	54
7	.44020	.89790	.49025	.0397	.1137	.2717	.45580	.89008	.51209	.9528	.1235	.1939	53
8	.44046	.89777	.49062	.0382	.1139	.2703	.45606	.88995	.51246	.9514	.1237	.1927	52
9	.44072	.89764	.49098	.0367	.1140	.2690	.45632	.88981	.51283	.9500	.1238	.1914	51
10	.44098	.89751	.49134	2.0352	.1142	2.2676	.45658	.88968	.51319	1.9486	.1240	2.1902	50
11	.44124	.89739	.49170	.0338	.1143	.2663	.45684	.88955	.51356	.9472	.1242	.1889	49
12	.44150	.89726	.49206	.0323	.1145	.2650	.45710	.88942	.51393	.9458	.1243	.1877	48
13	.44177	.89713	.49242	.0308	.1147	.2636	.45736	.88928	.51430	.9444	.1245	.1865	47
14	.44203	.89700	.49278	.0293	.1148	.2623	.45761	.88915	.51466	.9430	.1247	.1852	46
15	.44229	.89687	.49314	2.0278	.1150	2.2610	.45787	.88902	.51503	1.9416	.1248	2.1840	45
16	.44255	.89674	.49351	.0263	.1151	.2596	.45813	.88888	.51540	.9402	.1250	.1828	44
17	.44281	.89661	.49387	.0248	.1153	.2583	.45839	.88875	.51577	.9388	.1252	.1815	43
18	.44307	.89649	.49423	.0233	.1155	.2570	.45865	.88862	.51614	.9375	.1253	.1803	42
19	.44333	.89636	.49459	.0219	.1156	.2556	.45891	.88848	.51651	.9361	.1255	.1791	41
20	.44359	.89623	.49495	2.0204	.1158	2.2543	.45917	.88835	.51687	1.9347	.1257	2.1778	40
21	.44385	.89610	.49532	.0189	.1159	.2530	.45942	.88822	.51724	.9333	.1258	.1766	39
22	.44411	.89597	.49568	.0174	.1161	.2517	.45968	.88808	.51761	.9319	.1260	.1754	38
23	.44437	.89584	.49604	.0159	.1163	.2503	.45994	.88795	.51798	.9306	.1262	.1742	37
24	.44463	.89571	.49640	.0145	.1164	.2490	.46020	.88781	.51835	.9292	.1264	.1730	36
25	.44489	.89558	.49677	2.0130	.1166	2.2477	.46046	.88768	.51872	1.9278	.1265	2.1717	35
26	.44516	.89545	.49713	.0115	.1167	.2464	.46072	.88755	.51909	.9264	.1267	.1705	34
27	.44542	.89532	.49749	.0101	.1169	.2451	.46097	.88741	.51946	.9251	.1269	.1693	33
28	.44568	.89519	.49785	.0086	.1171	.2438	.46123	.88728	.51983	.9237	.1270	.1681	32
29	.44594	.89506	.49822	.0071	.1172	.2425	.46149	.88714	.52020	.9223	.1272	.1669	31
30	.44620	.89493	.49858	2.0057	.1174	2.2411	.46175	.88701	.52057	1.9210	.1274	2.1657	30
31	.44646	.89480	.49894	.0042	.1176	.2398	.46201	.88688	.52094	.9196	.1275	.1645	29
32	.44672	.89467	.49931	.0028	.1177	.2385	.46226	.88674	.52131	.9182	.1277	.1633	28
33	.44698	.89454	.49967	.0013	.1179	.2372	.46252	.88661	.52168	.9169	.1279	.1620	27
34	.44724	.89441	.50003	1.9998	.1180	.2359	.46278	.88647	.52205	.9155	.1281	.1608	26
35	.44750	.89428	.50040	1.9984	.1182	2.2346	.46304	.88634	.52242	1.9142	.1282	2.1596	25
36	.44776	.89415	.50076	.9969	.1184	.2333	.46330	.88620	.52279	.9128	.1284	.1584	24
37	.44802	.89402	.50113	.9955	.1185	.2320	.46355	.88607	.52316	.9115	.1286	.1572	23
38	.44828	.89389	.50149	.9940	.1187	.2307	.46381	.88593	.52353	.9101	.1287	.1560	22
39	.44854	.89376	.50185	.9926	.1189	.2294	.46407	.88580	.52390	.9088	.1289	.1548	21
40	.44880	.89363	.50222	1.9912	.1190	2.2282	.46433	.88566	.52427	1.9074	.1291	2.1536	20
41	.44906	.89350	.50258	.9897	.1192	.2269	.46458	.88553	.52464	.9061	.1293	.1525	19
42	.44932	.89337	.50295	.9883	.1193	.2256	.46484	.88539	.52501	.9047	.1294	.1513	18
43	.44958	.89324	.50331	.9868	.1195	.2243	.46510	.88526	.52538	.9034	.1296	.1501	17
44	.44984	.89311	.50368	.9854	.1197	.2230	.46536	.88512	.52575	.9020	.1298	.1489	16
45	.45010	.89298	.50404	1.9840	.1198	2.2217	.46561	.88499	.52612	1.9007	.1299	2.1477	15
46	.45036	.89285	.50441	.9825	.1200	.2204	.46587	.88485	.52650	.8993	.1301	.1465	14
47	.45062	.89272	.50477	.9811	.1202	.2192	.46613	.88472	.52687	.8980	.1303	.1453	13
48	.45088	.89258	.50514	.9797	.1203	.2179	.46639	.88458	.52724	.8967	.1305	.1441	12
49	.45114	.89245	.50550	.9782	.1205	.2166	.46664	.88444	.52761	.8953	.1306	.1430	11
50	.45140	.89232	.50587	1.9768	.1207	2.2153	.46690	.88431	.52798	1.8940	.1308	2,1418	10
51	.45166	.89219	.50623	.9754	.1208	.2141	.46716	.88417	.52836	.8927	.1310	.1406	9
52	.45191	.89206	.50660	.9739	.1210	.2128	.46741	.88404	.52873	.8913	.1312	.1394	8
53	.45217	.89193	.50696	.9725	.1212	.2115	.46767	.88390	.52910	.8900	.1313	.1382	7
54	.45243	.89180	.50733	.9711	.1213	.2103	.46793	.88376	.52947	.8887	.1315	.1371	6
55	.45269	.89166	.50769	1.9697	.1215	2.2090	.46819	.88363	.52984	1.8873	.1317	2.1359	5
56	.45295	.89153	.50806	.9683	.1217	.2077	.46844	.88349	.53022	.8860	.1319	.1347	4
57	.45321	.89140	.50843	.9668	.1218	.2065	.46870	.88336	.53059	.8847	.1320	.1335	3
58	.45347	.89127	.50879	.9654	.1220	.2052	.46896	.88322	.53096	.8834	.1322	.1324	2
59	.45373	.89114	.50916	.9640	.1222	.2039	.46921	.88308	.53134	.8820	.1324	.1312	1
60	.45399	.89101	.50952	1.9626	.1223	2.2027	.46947	.88295	.53171	1.8807	.1326	2.1300	0
′	cos	sin	cot	tan	cosec	sec	cos	sin	cot	tan	cosec	sec	′
	63°						62°						

삼 각 함 수

	28°						29°						
′	sin	cos	tan	cot	sec	cosec	sin	cos	tan	cot	sec	cosec	
0	.46947	.88295	.53171	1.8807	1.1326	2.1300	.48481	.87462	.55431	1.8040	1.1433	2.0627	60
1	.46973	.88281	.53208	.8794	.1327	.1289	.48506	.87448	.55469	.8028	.1435	.0616	59
2	.46998	.88267	.53245	.8781	.1329	.1277	.48532	.87434	.55507	.8016	.1437	.0605	58
3	.47024	.88254	.53283	.8768	.1331	.1266	.48557	.87420	.55545	.8003	.1439	.0594	57
4	.47050	.88240	.53320	.8754	.1333	.1254	.48583	.87405	.55583	.7991	.1441	.0583	56
5	.47075	.88226	.53358	1.8741	.1334	2.1242	.48608	.87391	.55621	1.7979	.1443	2.0573	55
6	.47101	.88213	.53395	.8728	.1336	.1231	.48633	.87377	.55659	.7966	.1445	.0562	54
7	.47127	.88199	.53432	.8715	.1338	.1219	.48659	.87363	.55697	.7954	.1446	.0551	53
8	.47152	.88185	.53470	.8702	.1340	.1208	.48684	.87349	.55735	.7942	.1448	.0540	52
9	.47178	.88171	.53507	.8689	.1341	.1196	.48710	.87335	.55774	.7930	.1450	.0530	51
10	.47204	.88158	.53545	1.8676	.1343	2.1185	.48735	.87320	.55812	1.7917	.1452	2.0519	50
11	.47229	.88144	.53582	.8663	.1345	.1173	.48760	.87306	.55850	.7905	.1454	.0508	49
12	.47255	.88130	.53619	.8650	.1347	.1162	.48786	.87292	.55888	.7893	.1456	.0498	48
13	.47281	.88117	.53657	.8637	.1349	.1150	.48811	.87278	.55926	.7881	.1458	.0487	47
14	.47306	.88103	.53694	.8624	.1350	.1139	.48837	.87264	.55964	.7868	.1459	.0476	46
15	.47332	.88089	.53732	1.8611	.1352	2.1127	.48862	.87250	.56003	1.7856	.1461	2.0466	45
16	.47357	.88075	.53769	.8598	.1354	.1116	.48887	.87235	.56041	.7844	.1463	.0455	44
17	.47383	.88061	.53807	.8585	.1356	.1104	.48913	.87221	.56079	.7832	.1465	.0444	43
18	.47409	.88048	.53844	.8572	.1357	.1093	.48938	.87207	.56117	.7820	.1467	.0434	42
19	.47434	.88034	.53882	.8559	.1359	.1082	.48964	.87193	.56156	.7808	.1469	.0423	41
20	.47460	.88020	.53919	1.8546	.1361	2.1070	.48989	.87178	.56194	1.7795	.1471	2.0413	40
21	.47486	.88006	.53957	.8533	.1363	.1059	.49014	.87164	.56232	.7783	.1473	.0402	39
22	.47511	.87992	.53995	.8520	.1365	.1048	.49040	.87150	.56270	.7771	.1474	.0392	38
23	.47537	.87979	.54032	.8507	.1366	.1036	.49065	.87136	.56309	.7759	.1476	.0381	37
24	.47562	.87965	.54070	.8495	.1368	.1025	.49090	.87121	.56347	.7747	.1478	.0370	36
25	.47588	.87951	.54107	1.8482	.1370	2.1014	.49116	.87107	.56385	1.7735	.1480	2.0360	35
26	.47613	.87937	.54145	.8469	.1372	.1002	.49141	.87093	.56424	.7723	.1482	.0349	34
27	.47639	.87923	.54183	.8456	.1373	.0991	.49166	.87078	.56462	.7711	.1484	.0339	33
28	.47665	.87909	.54220	.8443	.1375	.0980	.49192	.87064	.56500	.7699	.1486	.0329	32
29	.47690	.87895	.54258	.8430	.1377	.0969	.49217	.87050	.56539	.7687	.1488	.0318	31
30	.47716	.87882	.54295	1.8418	.1379	2.0957	.49242	.87035	.56577	1.7675	.1489	2.0308	30
31	.47741	.87868	.54333	.8405	.1381	.0946	.49268	.87021	.56616	.7663	.1491	.0297	29
32	.47767	.87854	.54371	.8392	.1382	.0935	.49293	.87007	.56654	.7651	.1493	.0287	28
33	.47792	.87840	.54409	.8379	.1384	.0924	.49318	.86992	.56692	.7639	.1495	.0276	27
34	.47818	.87826	.54446	.8367	.1386	.0912	.49343	.86978	.56731	.7627	.1497	.0266	26
35	.47844	.87812	.54484	1.8354	.1388	2.0901	.49369	.86964	.56769	1.7615	.1499	2.0256	25
36	.47869	.87798	.54522	.8341	.1390	.0890	.49394	.86949	.56808	.7603	.1501	.0245	24
37	.47895	.87784	.54559	.8329	.1391	.0879	.49419	.86935	.56846	.7591	.1503	.0235	23
38	.47920	.87770	.54597	.8316	.1393	.0868	.49445	.86921	.56885	.7579	.1505	.0224	22
39	.47946	.87756	.54635	.8303	.1395	.0857	.49470	.86906	.56923	.7567	.1507	.0214	21
40	.47971	.87742	.54673	1.8291	.1397	2.0846	.49495	.86892	.56962	1.7555	.1508	2.0204	20
41	.47997	.87728	.54711	.8278	.1399	.0835	.49521	.86877	.57000	.7544	.1510	.0194	19
42	.48022	.87715	.54748	.8265	.1401	.0824	.49546	.86863	.57039	.7532	.1512	.0183	18
43	.48048	.87701	.54786	.8253	.1402	.0812	.49571	.86849	.57077	.7520	.1514	.0173	17
44	.48073	.87687	.54824	.8240	.1404	.0801	.49596	.86834	.57116	.7508	.1516	.0163	16
45	.48099	.87673	.54862	1.8227	.1406	2.0790	.49622	.86820	.57155	1.7496	.1518	2.0152	15
46	.48124	.87659	.54900	.8215	.1408	.0779	.49647	.86805	.57193	.7484	.1520	.0142	14
47	.48150	.87645	.54937	.8202	.1410	.0768	.49672	.86791	.57232	.7473	.1522	.0132	13
48	.48175	.87631	.54975	.8190	.1411	.0757	.49697	.86776	.57270	.7461	.1524	.0122	12
49	.48201	.87617	.55013	.8177	.1413	.0746	.49723	.86762	.57309	.7449	.1526	.0111	11
50	.48226	.87603	.55051	1.8165	.1415	2.0735	.49748	.86748	.57348	1.7437	.1528	2.0101	10
51	.48252	.87588	.55089	.8152	.1417	.0725	.49773	.86733	.57386	.7426	.1530	.0091	9
52	.48277	.87574	.55127	.8140	.1419	.0714	.49798	.86719	.57425	.7414	.1531	.0081	8
53	.48303	.87560	.55165	.8127	.1421	.0703	.49823	.86704	.57464	.7402	.1533	.0071	7
54	.48328	.87546	.55203	.8115	.1422	.0692	.49849	.86690	.57502	.7390	.1535	.0061	6
55	.48354	.87532	.55241	1.8102	.1424	2.0681	.49874	.86675	.57541	1.7379	.1537	2.0050	5
56	.48379	.87518	.55279	.8090	.1426	.0670	.49899	.86661	.57580	.7367	.1539	.0040	4
57	.48405	.87504	.55317	.8078	.1428	.0659	.49924	.86646	.57619	.7355	.1541	.0030	3
58	.48430	.87490	.55355	.8065	.1430	.0648	.49950	.86632	.57657	.7344	.1543	.0020	2
59	.48455	.87476	.55393	.8053	.1432	.0637	.49975	.86617	.57696	.7332	.1545	.0010	1
60	.48481	.87462	.55431	1.8040	.1433	2.0627	.50000	.86603	.57735	1.7320	.1547	2.0000	0
′	cos	sin	cot	tan	cosec	sec	cos	sin	cot	tan	cosec	sec	′
	61°						60°						

삼 각 함 수

	30°						31°						
′	sin	cos	tan	cot	sec	cosec	sin	cos	tan	cot	sec	cosec	′
0	.50000	.86603	.57735	1.7320	1.1547	2.0000	.51504	.85717	.60086	1.6643	1.1666	1.9416	60
1	.50025	.86588	.57774	.7309	.1549	1.9990	.51529	.85702	.60126	.6632	.1668	.9407	59
2	.50050	.86573	.57813	.7297	.1551	.9980	.51554	.85687	.60165	.6621	.1670	.9397	58
3	.50075	.86559	.57851	.7286	.1553	.9970	.51578	.85672	.60205	.6610	.1672	.9388	57
4	.50101	.86544	.57890	.7274	.1555	.9960	.51603	.85657	.60244	.6599	.1674	.9378	56
5	.50126	.86530	.57929	1.7262	.1557	1.9950	.51628	.85642	.60284	1.6588	.1676	1.9369	55
6	.50151	.86515	.57968	.7251	.1559	.9940	.51653	.85627	.60324	.6577	.1678	.9360	54
7	.50176	.86500	.58007	.7239	.1561	.9930	.51678	.85612	.60363	.6566	.1681	.9350	53
8	.50201	.86486	.58046	.7228	.1562	.9920	.51703	.85597	.60403	.6555	.1683	.9341	52
9	.50226	.86471	.58085	.7216	.1564	.9910	.51728	.85582	.60443	.6544	.1685	.9332	51
10	.50252	.86457	.58123	1.7205	.1566	1.9900	.51753	.85566	.60483	1.6534	.1687	1.9322	50
11	.50277	.86442	.58162	.7193	.1568	.9890	.51778	.85551	.60522	.6523	.1689	.9313	49
12	.50302	.86427	.58201	.7182	.1570	.9880	.51803	.85536	.60562	.6512	.1691	.9304	48
13	.50327	.86413	.58240	.7170	.1572	.9870	.51827	.85521	.60602	.6501	.1693	.9295	47
14	.50352	.86398	.58279	.7159	.1574	.9860	.51852	.85506	.60642	.6490	.1695	.9285	46
15	.50377	.86383	.58318	1.7147	.1576	1.9850	.51877	.85491	.60681	1.6479	.1697	1.9276	45
16	.50402	.86369	.58357	.7136	.1578	.9840	.51902	.85476	.60721	.6469	.1699	.9267	44
17	.50428	.86354	.58396	.7124	.1580	.9830	.51927	.85461	.60761	.6458	.1701	.9258	43
18	.50453	.86339	.58435	.7113	.1582	.9820	.51952	.85446	.60801	.6447	.1703	.9248	42
19	.50478	.86325	.58474	.7101	.1584	.9811	.51977	.85431	.60841	.6436	.1705	.9239	41
20	.50503	.86310	.58513	1.7090	.1586	1.9801	.52002	.85416	.60881	1.6425	.1707	1.9230	40
21	.50528	.86295	.58552	.7079	.1588	.9791	.52026	.85400	.60920	.6415	.1709	.9221	39
22	.50553	.86281	.58591	.7067	.1590	.9781	.52051	.85385	.60960	.6404	.1712	.9212	38
23	.50578	.86266	.58630	.7056	.1592	.9771	.52076	.85370	.61000	.6293	.1714	.9203	37
24	.50603	.86251	.58670	.7044	.1594	.9761	.52101	.85355	.61040	.6383	.1716	.9193	36
25	.50628	.86237	.58709	1.7033	.1596	1.9752	.52126	.85340	.61080	1.6372	.1718	1.9184	35
26	.50653	.86222	.58748	.7022	.1598	.9742	.52151	.85325	.61120	.6361	.1720	.9175	34
27	.50679	.86207	.58787	.7010	.1600	.9732	.52175	.85309	.61160	.6350	.1722	.9166	33
28	.50704	.86192	.58826	.6999	.1602	.9722	.52200	.85294	.61200	.6340	.1724	,9157	32
29	.50729	.86178	.58865	.6988	.1604	.9713	.52225	.85279	.61240	.6329	.1726	.9148	31
30	.50754	.86163	.58904	1.6977	.1606	1.9703	.52250	.85264	.61280	1.6318	.1728	1.9139	30
31	.50779	.86148	.58944	.6965	.1608	.9693	.52275	.85249	.61320	.6308	.1730	.9130	29
32	.50804	.86133	.58983	.6954	.1610	.9683	.52299	.85234	.61360	.6297	.1732	.9121	28
33	.50829	.86118	.59022	.6943	.1612	.9674	.52324	.85218	.61400	.6286	.1734	.9112	27
34	.50854	.86104	.59061	.6931	.1614	.9664	.52349	.85203	.61440	.6276	.1737	.9102	26
35	.50879	.86089	.59100	1.6920	.1616	1.9654	.52374	.85188	.61480	1.6265	.1739	1.9093	25
36	.50904	.86074	.59140	.6909	.1618	.9645	.52398	.85173	.61520	.6255	.1741	.9084	24
37	.50929	.86059	.59179	.6898	.1620	.9635	.52423	.85157	.61560	.6244	.1743	.9075	23
38	.50954	.86044	.59218	.6887	.1622	.9625	.52448	.85142	.61601	.6233	.1745	.9066	22
39	.50979	.86030	.59258	.6875	.1624	.9616	.52473	.85127	.61641	.6223	.1747	.9057	21
40	.51004	.86015	.59297	1.6864	.1626	1.9606	.52498	.85112	.61681	1.6212	.1749	1.9048	20
41	.51029	.86000	.59336	.6853	.1628	.9596	.52522	.85096	.61721	.6202	.1751	.9039	19
42	.51054	.85985	.59376	.6842	.1630	.9587	.52547	.85081	.61761	.6191	.1753	.9030	18
43	.51079	.85970	.59415	.6831	.1632	.9577	.52572	.85066	.61801	.6181	.1756	.9021	17
44	.51104	.85955	.59454	.6820	.1634	.9568	.52597	.85050	.61842	.6170	.1758	.9013	16
45	.51129	.85941	.59494	1.6808	.1636	1.9558	.52621	.85735	.61882	1.6160	.1760	1.9004	15
46	.51154	.85926	.59533	.6797	.1638	.9549	.52646	.85020	.61922	.6149	.1762	.8995	14
47	.51179	.85911	.59572	.6786	.1640	.9539	.52671	.85004	.61962	.6139	.1764	.8986	13
48	.51204	.85896	.59612	.6775	.1642	.9530	.52695	.84989	.62003	.6128	.1766	.8977	12
49	.51229	.85881	.59651	.6764	.1644	.9520	.52720	.84974	.62043	.6118	.1768	.8968	11
50	.51254	.85866	.59691	1.6753	.1646	1.9510	.52745	.84959	.62083	1.6107	.1770	1.8959	10
51	.51279	.85851	.59730	.6742	.1648	.9501	.52770	.84943	.62123	.6097	.1772	.8950	9
52	.51304	.85836	.59770	.6731	.1650	.9491	.52794	.84928	.62164	.6086	.1775	.8941	8
53	.51329	.85821	.59809	.6720	.1652	.9482	.52819	.84912	.62204	.6076	.1777	.8932	7
54	.51354	.85806	.59849	.6709	.1654	.9473	.52844	.84897	.62244	.6066	.1779	.8924	6
55	.51379	.85791	.59888	1.6698	.1656	1.9463	.52868	.84882	.62285	1.6055	.1781	1.8915	5
56	.51404	.85777	.59928	.6687	.1658	.9454	.52893	.84866	.62325	.6045	.1783	.8906	4
57	.51429	.85762	.59967	.6676	.1660	.9444	.52918	.84851	.62366	.6034	.1785	.8897	3
58	.51454	.85747	.60007	.6665	.1662	.9435	.52942	.84836	.62406	.6024	.1787	.8888	2
59	.51479	.85732	.60046	.6654	.1664	.9425	.52967	.84820	.62446	.6014	.1790	.8879	1
60	.51504	.85717	.60086	1.6643	.1666	1.9416	.52992	.84805	.62487	1.6003	.1792	1.8871	0
′	cos	sin	cot	tan	cosec	sec	cos	sin	cot	tan	cosec	sec	′
	59°						58°						

삼 각 함 수

	32°						33°						
′	sin	cos	tan	cot	sec	cosec	sin	cos	tan	cot	sec	cosec	′
0	.52992	.84805	.62487	1.6003	1.1792	1.8871	.54464	.83867	.64941	1.5399	1.1924	1.8361	60
1	.53016	.84789	.62527	.5993	.1794	.8862	.54488	.83851	.64982	.5389	.1926	.8352	59
2	.53041	.84774	.62568	.5983	.1796	.8853	.54513	.83835	.65023	.5379	.1928	.8344	58
3	.53066	.84758	.62608	.5972	.1798	.8844	.54537	.83819	.65065	.5369	.1930	.8336	57
4	.53090	.84743	.62649	.5962	.1800	.8836	.54561	.83804	.65106	.5359	.1933	.8328	56
5	.53115	.84728	.62689	1.5952	.1802	1.8827	.54586	.83788	.65148	1.5350	.1935	1.8320	55
6	.53140	.84712	.62730	.5941	.1805	.8818	.54610	.83772	.65189	.5340	.1937	.8311	54
7	.53164	.84697	.62770	.5931	.1807	.8809	.54634	.83756	.65231	.5330	.1939	.8303	53
8	.53189	.84681	.62811	.5921	.1809	.8801	.54659	.83740	.65272	.5320	.1942	.8295	52
9	.53214	.84666	.62851	.5910	.1811	.8792	.54683	.83724	.65314	.5311	.1944	.8287	51
10	.53238	.84650	.62892	1.5900	.1813	1.8783	.54708	.83708	.65355	1.5301	.1946	1.8279	50
11	.53263	.84635	.62933	.5890	.1815	.8775	.54732	.83692	.65397	.5291	.1948	.8271	49
12	.53288	.84619	.62973	.5880	.1818	.8766	.54756	.83676	.65438	.5282	.1951	.8263	48
13	.53312	.84604	.63014	.5869	.1820	.8757	.54781	.83660	.65480	.5272	.1953	.8255	47
14	.53337	.84588	.63055	.5859	.1822	.8749	.54805	.83644	.65521	.5262	.1955	.8246	46
15	.53361	.84573	.63095	1.5849	.1824	1.8740	.54829	.83629	.65563	1.5252	.1958	1.8238	45
16	.53386	.84557	.63136	.5839	.1826	.8731	.54854	.83613	.65604	.5234	.1960	.8230	44
17	.53411	.84542	.63177	.5829	.1828	.8723	.54878	.83597	.65646	.5233	.1962	.8222	43
18	.53435	.84526	.63217	.5818	.1831	.8714	.54902	.83581	.65688	.5223	.1964	.8214	42
19	.53460	.84511	.63258	.5808	.1833	.8706	.54926	.83565	.65729	.5214	.1967	.8206	41
20	.53484	.84495	.63299	1.5798	.1835	1.8697	.54951	.83549	.65771	1.5204	.1969	1.8198	40
21	.53509	.84479	.63339	.5788	.1837	.8688	.54975	.83533	.65813	.5195	.1971	.8190	39
22	.53533	.84464	.63380	.5778	.1839	.8680	.54999	.83517	.65854	.5185	.1974	.8182	38
23	.53558	.84448	.63421	.5768	.1841	.8671	.55024	.83501	.65896	.5175	.1976	.8174	37
24	.53583	.84433	.63462	.5757	.1844	.8663	.55048	.83485	.65938	.5166	.1978	.8166	36
25	.53607	.84417	.63503	1.5747	.1846	1.8654	.55002	.83469	.65980	1.5156	.1980	1.8158	35
26	.53632	.84402	.63543	.5737	.1848	.8646	.55090	.83453	.66021	.5147	.1983	.8150	34
27	.53656	.84386	.63584	.5727	.1850	.8637	.55121	.83437	.66063	.5137	.1985	.8142	33
28	.53681	.84370	.63625	.5717	.1852	.8629	.55145	.83421	.66105	.5127	.1987	.8134	32
29	.53705	.84355	.63666	.5707	.1855	.8620	.55169	.83405	.66147	.5118	.1990	.8126	31
30	.53730	.84339	.63707	1.5697	.1857	1.8611	.55194	.83388	.66188	1.5108	.1992	1.8118	30
31	.53754	.84323	.63748	.5687	.1859	.8603	.55218	.83372	.66230	.5099	.1994	.8110	29
32	.53779	.84308	.63789	.5677	.1861	.8595	.55242	.83356	.66272	.5089	.1997	.8102	28
33	.53803	.84292	.63830	.5667	.1863	.8586	.55266	.83340	.66314	.5080	.1999	.8094	27
34	.53828	.84276	.63871	.5657	.1866	.8578	.55291	.83324	.66356	.5070	.2001	.8086	26
35	.53852	.84261	.63912	1.5646	.1868	1.8569	.55315	.83308	.66398	1.5061	.2004	1.8078	25
36	.53877	.84245	.63953	.5636	.1870	.8561	.55339	.83292	.66440	.5051	.2006	.8070	24
37	.53901	.84229	.63994	.5626	.1872	.8552	.55363	.83276	.66482	.5042	.2008	.8062	23
38	.53926	.84214	.64035	.5616	.1874	.8544	.55388	.83260	.66524	.5032	.2010	.8054	22
39	.53950	.84198	.64076	.5606	.1877	.8535	.55412	.83244	.66566	.5023	.2013	.8047	21
40	.53975	.84182	.64117	1.5596	.1879	1.8527	.55436	.83228	.66608	1.5013	.2015	1.8039	20
41	.53999	.84167	.64158	.5586	.1881	.8519	.55460	.83211	.66650	.5004	.2017	.8031	19
42	.54024	.84151	.64199	.5577	.1883	.8510	.55484	.83195	.66692	.4994	.2020	.8023	18
43	.54048	.84135	.64240	.5567	.1886	.8502	.55509	.83179	.66734	.4985	.2022	.8015	17
44	.54073	.84120	.64281	.5557	.1888	.8493	.55533	.83163	.66776	.4975	.2024	.8007	16
45	.54097	.84104	.64322	1.5547	.1890	1.8485	.55557	.83147	.66818	1.4966	.2027	1.7999	15
46	.54122	.84088	.64363	.5537	.1892	.8477	.55581	.83131	.66860	.4957	.2029	.7992	14
47	.54146	.84072	.64404	.5527	.1894	.8468	.55605	.83115	.66902	.4947	.2031	.7984	13
48	.54171	.84057	.64446	.5517	.1897	.8460	.55629	.83098	.66944	.4938	.2034	.7976	12
49	.54195	.84041	.64487	.5507	.1899	.8452	.55654	.83082	.66986	.4928	.2036	.7968	11
50	.54220	.84025	.64528	1.5497	.1901	1.8443	.55678	.83066	.67028	1.4919	.2039	1.7960	10
51	.54244	.84009	.64569	.5487	.1903	.8435	.55702	.83050	.67071	.4910	.2041	.7953	9
52	.54268	.83993	.64610	.5477	.1906	.8427	.55726	.83034	.67113	.4900	.2043	.7945	8
53	.54293	.83978	.64652	.5467	.1908	.8418	.55750	.83017	.67155	.4891	.2046	.7937	7
54	.54317	.83962	.64693	.5458	.1910	.8410	.55774	.83001	.67197	.4881	.2048	.7929	6
55	.54342	.83946	.64734	1.5448	.1912	1.8402	.55799	.82985	.67239	1.4872	.2050	1.7921	5
56	.54366	.83930	.64775	.5438	.1915	.8394	.55823	.82969	.67282	.4863	.2053	.7914	4
57	.54391	.83914	.64817	.5428	.1917	.8385	.55847	.82952	.67324	.4853	.2055	.7906	3
58	.54415	.83899	.64858	.5418	.1919	.8377	.55871	.82936	.67366	.4844	.2057	.7898	2
59	.54439	.83883	.64899	.5408	.1921	.8369	.55895	.82920	.67408	.4835	.2060	.7891	1
60	.54464	.83867	.64941	1.5399	.1922	1.8361	.55919	.82904	.67451	1.4826	.2062	1.7883	0
′	cos	sin	cot	tan	cosec	sec	cos	sin	cot	tan	cosec	sec	′
	57°						56°						

삼 각 함 수

	34°						35°						
′	sin	cos	tan	cot	sec	cosec	sin	cos	tan	cot	sec	cosec	′
0	.55919	.82904	.67451	1.4826	1.2062	1.7883	.57358	.81915	.70021	1.4281	1.2208	1.7434	60
1	.55943	.82887	.67493	.4816	.2064	.7875	.57381	.81898	.70064	.4273	.2210	.7427	59
2	.55967	.82871	.67535	.4807	.2067	.7867	.57405	.81882	.70107	.4264	.2213	.7420	58
3	.55992	.82855	.67578	.4798	.2069	.7860	.57429	.81865	.70151	.4255	.2215	.7413	57
4	.56016	.82839	.67620	.4788	.2072	.7852	.57453	.81848	.70194	.4246	.2218	.7405	56
5	.56040	.82822	.67663	1.4779	.2074	1.7844	.57477	.81832	.70238	1.4237	.2220	1.7398	55
6	.56064	.82806	.67705	.4770	.2076	.7837	.57500	.81815	.70281	.4228	.2223	.7391	54
7	.56088	.82790	.67747	.4761	.2079	.7829	.57524	.81798	.70325	.4220	.2225	.7384	53
8	.56112	.82773	.67790	.4751	.2081	.7821	.57548	.81781	.70368	.4211	.2228	.7377	52
9	.56136	.82757	.67832	.4742	.2083	.7814	.57572	.81765	.70412	.4202	.2230	.7369	51
10	.56160	.82741	.67875	1.4733	.2086	1.7806	.57596	.81748	.70455	1.4193	.2233	1.7362	50
11	.56184	.82724	.67917	.4724	.2088	.7798	.57619	.81731	.70499	.4185	.2235	.7355	49
12	.56208	.82708	.67960	.4714	.2091	.7791	.57643	.81714	.70542	.4176	.2238	.7348	48
13	.56232	.82692	.68002	.4705	.2093	.7783	.57667	.81698	.70586	.4167	.2240	.7341	47
14	.56256	.82675	.68045	.4696	.2095	.7776	.57691	.81681	.70629	.4158	.2243	.7334	46
15	.56280	.82659	.68087	1.4687	.2098	1.7768	.57714	.81664	.70673	1.4150	.2245	1.7327	45
16	.56304	.82643	.68130	.4678	.2100	.7760	.57738	.81647	.70717	.4141	.2248	.7319	44
17	.56328	.82626	.68173	.4669	.2103	.7753	.57762	.81630	.70760	.4132	.2250	.7312	43
18	.56353	.82610	.68215	.4659	.2105	.7745	.57786	.81614	.70804	.4123	.2253	.7305	42
19	.56377	.82593	.68258	.4650	.2107	.7738	.57809	.81597	.70848	.4115	.2255	.7298	41
20	.56401	.82577	.68301	1.4641	.2110	1.7730	.57833	.81580	.70891	1.4106	.2258	1.7291	40
21	.56425	.82561	.68343	.4632	.2112	.7723	.57857	.81563	.70935	.4097	.2260	.7284	39
22	.56449	.82544	.68386	.4623	.2115	.7715	.57881	.81546	.70979	.4089	.2263	.7277	38
23	.56473	.82528	.68429	.4614	.2117	.7708	.57904	.81530	.71022	.4080	.2265	.7270	37
24	.56497	.82511	.68471	.4605	.2119	.7700	.57928	.81513	.71066	.4071	.2268	.7263	36
25	.56521	.82495	.68514	1.4595	.2122	1.7693	.57952	.81496	.71110	1.4063	.2270	1.7256	35
26	.56545	.82478	.68557	.4586	.2124	.7685	.57975	.81479	.71154	.4054	.2273	.7249	34
27	.56569	.82462	.68600	.4577	.2127	.7678	.57999	.81462	.71198	.4045	.2276	.7242	33
28	.56593	.82445	.68642	.4568	.2129	.7670	.58023	.81445	.71241	.4037	.2278	.7234	32
29	.56617	.82429	.68685	.4559	.2132	.7663	.58047	.81428	.71285	.4028	.2281	.7227	31
30	.56641	.82413	.68728	1.4550	.2134	1.7655	.58070	.81411	.71329	1.4019	.2283	1.7220	30
31	.56664	.82396	.68771	.4541	.2136	.7648	.58094	.81395	.71373	.4011	.2286	.7213	29
32	.56688	.82380	.68814	.4532	.2139	.7640	.58118	.81378	.71417	.4002	.2288	.7206	28
33	.56712	.82363	.68857	.4523	.2141	.7633	.58141	.81361	.71461	.3994	.2291	.7199	27
34	.56736	.82347	.68899	.4514	.2144	.7625	.58165	.81344	.71505	.3985	.2293	.7192	26
35	.56760	.82330	.68942	1.4505	.2146	1.7618	.58189	.81327	.71549	1.3976	.2296	1.7185	25
36	.56784	.82314	.68985	.4496	.2149	.7610	.58212	.81310	.71593	.3968	.2298	.7178	24
37	.56808	.82297	.69028	.4487	.2151	.7603	.58236	.81293	.71637	.3959	.2301	.7171	23
38	.56832	.82280	.69071	.4478	.2153	.7596	.58259	.81276	.71681	.3951	.2304	.7164	22
39	.56856	.82264	.69114	.4469	.2156	.7588	.58283	.81259	.71725	.3942	.2306	.7157	21
40	.56880	.82247	.69157	1.4460	.2158	1.7581	.58307	.81242	.71769	1.3933	.2309	1.7151	20
41	.56904	.82231	.69200	.4451	.2161	.7573	.58330	.81225	.71813	.3925	.2311	.7144	19
42	.56928	.82214	.69243	.4442	.2163	.7566	.58354	.81208	.71857	.3916	.2314	.7137	18
43	.56952	.82198	.69286	.4433	.2166	.7559	.58378	.81191	.71901	.3908	.2316	.7130	17
44	.56976	.82181	.69329	.4424	.2168	.7551	.58401	.81174	.71945	.3899	.2319	.7123	16
45	.57000	.82165	.69372	1.4415	.2171	1.7544	.58425	.81157	.71990	1.3891	.2322	1.7116	15
46	.57023	.82148	.69415	.4406	.2173	.7537	.58448	.81140	.72034	.3882	.2324	.7109	14
47	.57047	.82131	.69459	.4397	.2175	.7529	.58472	.81123	.72078	.3874	.2327	.7102	13
48	.57071	.82115	.69502	.4388	.2178	.7522	.58496	.81106	.72122	.3865	.2329	.7095	12
49	.57095	.82098	.69545	.4379	.2180	.7514	.58519	.81089	.72166	.3857	.2332	.7088	11
50	.57119	.82082	.69588	1.4370	.2183	1.7507	.58543	.81072	.72211	1.3848	.2335	1.7081	10
51	.57143	.82065	.69631	.4361	.2185	.7500	.58566	.81055	.72255	.3840	.2337	.7075	9
52	.57167	.82048	.69674	.4352	.2188	.7493	.58590	.81038	.72299	.3831	.2340	.7068	8
53	.57191	.82032	.69718	.4343	.2190	.7485	.58614	.81021	.72344	.3823	.2342	.7061	7
54	.57214	.82015	.69761	.4335	.2193	.7478	.58637	.81004	.72388	.3814	.2345	.7054	6
55	.57238	.81998	.69804	1.4326	.2195	1.7471	.58661	.80987	.72432	1.3806	.2348	1.7047	5
56	.57262	.81982	.69847	.4317	.2198	.7463	.58684	.80970	.72477	.3797	.2350	.7040	4
57	.57286	.81965	.69891	.4308	.2200	.7456	.58708	.80953	.72521	.3789	.2353	.7033	3
58	.57310	.81948	.69934	.4299	.2203	.7449	.58731	.80936	.72565	.3781	.2355	.7027	2
59	.57334	.81932	.69977	.4290	.2205	.7442	.58755	.80919	.72610	.3772	.2358	.7020	1
60	.57358	.81915	.70021	1.4281	.2208	1.7434	.58778	.80902	.72654	1.3764	.2361	1.7013	0
′	cos	sin	cot	tan	cosec	sec	cos	sin	cot	tan	cosec	sec	′
	55°						54°						

삼 각 함 수

	36°						37°						
′	sin	cos	tan	cot	sec	cosec	sin	cos	tan	cot	sec	cosec	′
0	.58778	.80902	.72654	1.3764	1.2361	1.7013	.60181	.79863	.75355	1.3270	1.2521	1.6616	60
1	.58802	.80885	.72699	.3755	.2363	.7006	.60205	.79846	.75401	.3262	.2524	.6610	59
2	.58825	.80867	.72743	.3747	.2366	.6999	.60228	.79828	.75447	.3254	.2527	.6603	58
3	.58849	.80850	.72788	.3738	.2368	.6993	.60251	.79811	.75492	.3246	.2530	.6597	57
4	.58873	.80833	.72832	.3730	.2371	.6986	.60274	.79793	.75538	.3238	.2532	.6591	56
5	.58896	.80816	.72877	1.3722	.2374	1.6979	.60298	.79776	.75584	1.3230	.2535	1.6584	55
6	.58920	.80799	.72921	.3713	.2376	.6972	.60320	.79758	.75629	.3222	.2538	.6578	54
7	.58943	.80782	.72966	.3705	.2379	.6965	.60344	.79741	.75675	.3214	.2541	.6572	53
8	.58967	.80765	.73010	.3697	.2382	.6959	.60367	.79723	.75721	.3206	.2543	.6565	52
9	.58990	.80747	.73055	.3688	.2384	.6952	.60390	.79706	.75767	.3198	.2546	.6559	51
10	.59014	.80730	.73100	1.3680	.2387	1.6945	.60413	.79688	.75812	1.3190	.2549	1.6552	50
11	.59037	.80713	.73144	.3672	.2389	.6938	.60437	.79670	.75858	.3182	.2552	.6546	49
12	.59060	.80696	.73189	.3663	.2392	.6932	.60460	.79653	.75904	.3174	.2554	.6540	48
13	.59084	.80679	.73234	.3655	.2395	.6925	.60483	.79635	.75950	.3166	.2557	.6533	47
14	.59107	.80662	.73278	.3647	.2397	.6918	.60506	.79618	.75996	.3159	.2560	.6527	46
15	.59131	.80644	.73323	1.3638	.2400	1.6912	.60529	.79600	.76042	1.3151	.2563	1.6521	45
16	.59154	.80627	.73368	.3630	.2403	.6905	.60552	.79582	.76088	.3143	.2565	.6514	44
17	.59178	.80610	.73412	.3622	.2405	.6898	.60576	.79565	.76134	.3135	.2568	.6508	43
18	.59201	.80593	.73457	.3613	.2408	.6891	.60599	.79547	.76179	.3127	.2571	.6502	42
19	.59225	.80576	.73502	.3605	.2411	.6885	.60622	.79530	.76225	.3119	.2574	.6496	41
20	.59248	.80558	.73547	1.3597	.2413	1.6878	.60645	.79512	.76271	1.3111	.2577	1.6489	40
21	.59272	.80541	.73592	.3588	.2416	.6871	.60668	.79494	.76317	.3103	.2579	.6483	39
22	.59295	.80524	.73637	.3580	.2419	.6865	.60691	.79477	.76364	.3095	.2582	.6477	38
23	.59318	.80507	.73681	.3572	.2421	.6858	.60714	.79459	.76410	.3087	.2585	.6470	37
24	.59342	.80489	.73726	.3564	.2424	.6851	.60737	.79441	.76456	.3079	.2588	.6464	36
25	.59365	.80472	.73771	1.3555	.2427	1.6845	.60761	.79424	.76502	1.3071	.2591	1.6458	35
26	.59389	.80455	.73816	.3547	.2429	.6838	.60784	.79406	.76548	.3064	.2593	.6452	34
27	.59412	.80437	.73861	.3539	.2432	.6831	.60807	.79388	.76594	.3056	.2596	.6445	33
28	.59435	.80420	.73906	.3531	.2435	.6825	.60830	.79371	.76640	.3048	.2599	.6439	32
29	.59459	.80403	.73951	.3522	.2437	.6818	.60853	.79353	.76686	.3040	.2602	.6433	31
30	.59482	.80386	.73996	1.3514	.2440	1.6812	.60876	.79335	.76733	1.3032	.2605	1.6427	30
31	.59506	.80368	.74041	.3506	.2443	.6805	.60899	.79318	.76779	.3024	.2607	.6420	29
32	.59529	.80351	.74086	.3498	.2445	.6798	.60922	.79300	.76825	.3016	.2610	.6414	28
33	.59552	.80334	.74131	.3489	.2448	.6792	.60945	.79282	.76871	.3009	.2613	.6408	27
34	.59576	.80316	.74176	.3481	.2451	.6785	.60968	.79264	.76918	.3001	.2616	.6402	26
35	.59599	.80299	.74221	1.3473	.2453	1.6779	.60991	.79247	.76964	1.2993	.2619	1.6396	25
36	.59622	.80282	.74266	.3465	.2456	.6772	.61014	.79229	.77010	.2985	.2622	.6389	24
37	.59646	.80264	.74312	.3457	.2459	.6766	.61037	.79211	.77057	.2977	.2624	.6383	23
38	.59669	.80247	.74357	.3449	.2461	.6759	.61061	.79193	.77103	.2970	.2627	.6377	22
39	.59692	.80230	.74402	.3440	.2464	.6752	.61084	.79176	.77149	.2962	.2630	.6371	21
40	.59716	.80212	.74447	1.3432	.2467	1.6746	.61107	.79158	.77196	1.2954	.2633	1.6365	20
41	.59739	.80195	.74492	.3424	.2470	.6739	.61130	.79140	.77242	.2946	.2636	.6359	19
42	.59762	.80177	.74538	.3416	.2472	.6733	.61153	.79122	.77289	.2938	.2639	.6352	18
43	.59786	.80160	.74583	.3408	.2475	.6726	.61176	.79104	.77335	.2931	.2641	.6346	17
44	.59809	.80143	.74628	.3400	.2478	.6720	.61199	.79087	.77382	.2923	.2644	.6340	16
45	.59832	.80125	.74673	1.3392	.2480	1.6713	.61222	.79069	.77428	1.2915	.2647	1.6334	15
46	.59856	.80108	.74019	.3383	.2483	.6707	.61245	.79051	.77475	.2907	.2650	.6328	14
47	.59879	.80090	.74064	.3375	.2486	.6700	.61268	.79033	.77521	.2900	.2653	.6322	13
48	.59902	.80073	.74809	3367	.2488	.6694	.61290	.79015	.77568	.2892	.2656	.6316	12
49	.59926	.80056	.74855	.3359	.2491	.6687	.61314	.78998	.77614	.2884	.2659	.6309	11
50	.59949	.80038	.74900	1.3351	.2494	1.6681	.61337	.78980	.77661	1.2876	.2661	1.6303	10
51	.59972	.80021	.74946	.3343	.2497	.6674	.61360	.78962	.77708	.2869	.2664	.6297	9
52	.59995	.80003	.74991	.3335	.2499	.6668	.61383	.78944	.77754	.2861	.2667	.6291	8
53	.60019	.79986	.75037	.3327	.2502	.6661	.61405	.78926	.77801	.2853	.2670	.6285	7
54	.60042	.79968	.75082	.3319	.2505	.6655	.61428	.78908	.77848	.2845	.2673	.6279	6
55	.60065	.79951	.75128	1.3311	.2508	1.6648	.61451	.78890	.77895	1.2838	.2676	1.6273	5
56	.60088	.79933	.75173	.3303	.2510	.6642	.61474	.78873	.77941	.2830	.2679	.6267	4
57	.60112	.79916	.75219	.3294	.2513	.6636	.61497	.78855	.77988	.2822	.2681	.6261	3
58	.60135	.79898	.75264	.3286	.2516	.6629	.61520	.78837	.78035	.2815	.2684	.6255	2
59	.60158	.79881	.75310	.3278	.2519	.6623	.61543	.78819	.78082	.2807	.2687	.6249	1
60	.60181	.79863	.75355	1.3270	.2521	1.6616	.61566	.78801	.78128	1.2799	.2690	1.6243	0
′	cos	sin	cot	tan	cosec	sec	cos	sin	cot	tan	cosec	sec	′
	53°						52°						

삼 각 함 수

	38°						39°						
′	sin	cos	tan	cot	sec	cosec	sin	cos	tan	cot	sec	cosec	′
0	.61566	.78801	.78128	1.2799	1.2690	1.6243	.62932	.77715	.80978	1.2349	1.2867	1.5890	60
1	.61589	.78783	.78175	.2792	.2693	.6237	.62955	.77696	.81026	.2342	.2871	.5884	59
2	.61612	.78765	.78222	.2784	.2696	.6231	.62977	.77678	.81075	.2334	.2874	.5879	58
3	.61635	.78747	.78269	.2776	.2699	.6224	.63000	.77660	.81123	.2327	.2877	.5873	57
4	.61658	.78729	.78316	.2769	.2702	.6218	.63022	.77641	.81171	.2320	.2880	.5867	56
5	.61681	.78711	.78363	1.2761	.2705	1.6212	.63045	.77623	.81219	1.2312	.2883	1.5862	55
6	.61703	.78693	.78410	.2753	.2707	.6206	.63067	.77605	.81268	.2305	.2886	.5856	54
7	.61726	.78675	.78457	.2746	.2710	.6200	.63090	.77586	.81316	.2297	.2889	.5850	53
8	.61749	.78657	.78504	.2738	.2713	.6194	.63113	.77568	.81364	.2290	.2892	.5854	52
9	.61772	.78640	.78551	.2730	.2716	.6188	.63135	.77549	.81413	.2283	.2895	.5839	51
10	.61795	.78622	.78598	1.2723	.2719	1.6182	.63158	.77531	.81461	1.2276	.2898	1.5833	50
11	.61818	.78604	.78645	.2715	.2722	.6176	.63180	.77513	.81509	.2268	.2901	.5828	49
12	.61841	.78586	.78692	.2708	.2725	.6170	.63203	.77494	.81558	.2261	.2904	.5822	48
13	.61864	.78568	.78739	.2700	.2728	.6164	.63225	.77476	.81606	.2254	.2907	.5816	47
14	.61886	.78550	.78786	.2692	.2731	.6159	.63248	.77458	.81655	.2247	.2910	.5811	46
15	.61909	.78532	.78834	1.2685	.2734	1.6153	.63270	.77439	.81703	1.2239	.2913	1.5805	45
16	.61932	.78514	.78881	.2677	.2737	.6147	.63293	.77421	.81752	.2232	.2916	.5799	44
17	.61955	.78496	.78928	.2670	.2739	.6141	.63315	.77402	.81800	.2225	.2919	.5794	43
18	.61978	.78478	.78975	.2662	.2742	.8135	.63338	.77384	.81849	.2218	.2922	.5788	42
19	.62001	.78460	.79022	.2655	.2745	.6129	.63360	.77365	.81898	.2210	.2926	.5783	41
20	.62023	.78441	.79070	1.2647	.2748	1.6123	.63383	.77347	.81946	1.2203	.2929	1.5777	40
21	.62046	.78423	.79117	.2639	.2751	.6117	.63405	.77329	.81995	.2196	.2932	.5771	39
22	.62069	.78405	.79164	.2632	.2754	.6111	.63428	.77310	.82043	.2189	.2935	.5766	38
23	.62092	.78387	.79212	.2624	.2757	.6105	.63450	.77292	.82092	.2181	.2938	.5760	37
24	.62115	.78369	.79259	.2617	.2760	.6099	.63473	.77273	.82141	.2174	.2941	.5755	36
25	.62137	.78351	.79306	1.2609	.2763	1.6093	.63495	.77255	.82190	1.2167	.2944	1.5749	35
26	.62160	.78333	.79354	.2602	.2766	.6087	.63518	.77236	.82238	.2160	.2947	.5743	34
27	.62183	.78315	.79401	.2594	.2769	.6081	.63540	.77218	.82287	.2152	.2950	.5738	33
28	.62206	.78297	.79449	.2587	.2772	.6077	.63563	.77199	.82336	.2145	.2953	.5732	32
29	.62229	.78279	.79496	.2579	.2775	.6070	.63585	.77181	.82385	.2138	.2956	.5727	31
30	.62251	.78261	.79543	1.2572	.2778	1.6064	.63608	.77162	.82434	1.2131	.2960	1.5721	30
31	.62274	.78243	.79591	.2564	.2781	.6058	.63630	.77144	.82482	.2124	.2963	.5716	29
32	.62297	.78224	.79639	.2557	.2784	.6052	.63653	.77125	.82531	.2117	.2966	.5710	28
33	.62320	.78206	.79686	.2549	.2787	.6046	.63675	.77107	.82580	.2109	.2969	.5705	27
34	.62342	.78188	.79734	.2542	.2790	.6040	.63697	.77088	.82629	.2102	.2972	.5699	26
35	.62365	.78170	.79781	1.2534	.2793	1.6034	.63720	.77070	.82678	1.2095	.2975	1.5694	25
36	.62388	.78152	.79829	.2527	.2795	.6029	.63742	.77051	.82727	.2088	.2978	.5688	24
37	.62411	.78134	.79876	.2519	.2798	.6023	.63765	.77033	.82776	.2081	.2981	.5683	23
38	.62433	.78116	.79924	.2512	.2801	.6017	.63787	.77014	.82825	.2074	.2985	.5677	22
39	.62456	.78097	.79972	.2504	.2804	.6011	.63810	.76996	.82874	.2066	.2988	.5672	21
40	.62479	.78079	.80020	1.2497	.2807	1.6005	.63832	.76977	.82923	1.2059	.2991	1.5666	20
41	.62501	.78061	.80067	.2489	.2810	.6000	.63854	.76958	.82972	.2052	.2994	.5661	19
42	.62524	.78043	.80115	.2482	.2813	.5994	.63877	.76940	.83022	.2045	.2997	.5655	18
43	.62547	.78025	.80163	.2475	.2816	.5988	.63899	.76921	.83071	.2038	.3000	.5650	17
44	.62570	.78007	.80211	.2467	.2819	.5982	.63921	.76903	.83120	.2031	.3003	.5644	16
45	.62592	.77988	.80258	1.2460	.2822	1.5976	.63944	.768[illegible]4	.83169	1.2024	.3006	1.5639	15
46	.62615	.77970	.80306	.2452	.2825	.5971	.63966	.76865	.83218	.2016	.3010	.5633	14
47	.62638	.77952	.80354	.2445	.2828	.5965	.63989	.76847	.83267	.2009	.3013	.5628	13
48	.62660	.77934	.80402	.2437	.2831	.5959	.64011	.76828	.83317	.2002	.3016	.5622	12
49	.62683	.77915	.80450	.2430	.2834	.5953	.64033	.76810	.83366	.1995	.3019	.5617	11
50	.62706	.77897	.80498	1.2423	.2837	1.5947	.64056	.76791	.83415	1.1988	.3022	1.5611	10
51	.62728	.77879	.80546	.2415	.2840	.5942	.64078	.76772	.83465	.1981	.3025	.5606	9
52	.62751	.77861	.80594	.2408	.2843	.5936	.64100	.76754	.83514	.1974	.3029	.5600	8
53	.62774	.77842	.80642	.2400	.2846	.5930	.64123	.76735	.83563	.1967	.3032	.5595	
54	.62796	.77824	.80690	.2393	.2849	.5924	.64145	.76716	.83613	.1960	.3035	.5590	6
55	.62819	.77806	.80738	1.2386	.2852	1.5919	.64160	.76698	.83662	1.1953	.3038	1.5584	5
56	.62841	.77788	.80786	.2378	.2855	.5913	.64189	.76679	.83712	.1946	.3041	.5579	4
57	.62864	.77769	.80834	.2371	.2858	.5907	.64212	.76660	.83761	.1939	.3044	.5573	3
58	.62887	.77751	.80882	.2364	.2861	.5901	.64234	.76642	.83811	.1932	.3048	.5568	2
59	.62909	.77733	.80930	.2356	.2864	.5896	.64256	.76623	.83860	.1924	.3051	.5563	1
60	.62932	.77715	.80978	1.2349	.2867	1.5890	.64279	.76604	.83910	1.1917	.3054	1.5557	0
′	cos	sin	cot	tan	cosec	sec	cos	sin	cot	tan	cosec	sec	′
	51°						50°						

삼 각 함 수

	40°						41°						
′	sin	cos	tan	cot	sec	cosec	sin	cos	tan	cot	sec	cosec	′
0	.64279	.76604	.83910	1.1917	1.3054	1.5557	.65606	.75471	.86929	1.1504	1.3250	1.5242	60
1	.64301	.76586	.83959	.1910	.3057	.5552	.65628	.75452	.86980	.1497	.3253	.5237	59
2	.64323	.76567	.84009	.1903	.3060	.5546	.65650	.75433	.87031	.1490	.3257	.5232	58
3	.64345	.76548	.84059	.1896	.3064	.5541	.65672	.75414	.87082	.1483	.3260	.5227	57
4	.64368	.76530	.84108	.1889	.3067	.5536	.65694	.75394	.87133	.1477	.3263	.5222	56
5	.64390	.76511	.84158	1.1882	.3070	1.5530	.65716	.75375	.87184	1.1470	.3267	1.5217	55
6	.64412	.76492	.84208	.1875	.3073	.5525	.65037	.75356	.87235	.1463	.3270	.5212	54
7	.64435	.76473	.84257	.1868	.3076	.5520	.65759	.75337	.87287	.1456	.3274	.5207	53
8	.64457	.76455	.84307	.1861	.3080	.5514	.65781	.75318	.87338	.1450	.3277	.5202	52
9	.64479	.76436	.84357	.1854	.3083	.5509	.65803	.75299	.87389	.1443	.3280	.5197	51
10	.64501	.76417	.84407	1.1847	.3086	1.5503	.65285	.75280	.87441	1.1436	.3284	1.5192	50
11	.64523	.76398	.84457	.1840	.3089	.5498	.65847	.75261	.87492	.1430	.3287	.5187	49
12	.64546	.76380	.84506	.1833	.3092	.5493	.65869	.75241	.87543	.1423	.3290	.5182	48
13	.64568	.76361	.84556	.1826	.3096	.5487	.65891	.75222	.87595	.1416	.3294	.5177	47
14	.64590	.76342	.84606	.1819	.3099	.5482	.65913	.75203	.87646	.1409	.3297	.5171	46
15	.64612	.76323	.84656	1.1812	.3102	1.5477	.65934	.75184	.87698	1.1403	.3301	1.5166	45
16	.64635	.76304	.84706	.1805	.3105	.5471	.65956	.75165	.87749	.1396	.3304	.5161	44
17	.64657	.76286	.84056	.1798	.3109	.5466	.65978	.75146	.87801	.1389	.3307	.5156	43
18	.64679	.76267	.84806	.1791	.3112	.5461	.66000	.75126	.87852	.1383	.3311	.5151	42
19	.64701	.76248	.84856	.1785	.3115	.5456	.66022	.75107	.87904	.1376	.3314	.5146	41
20	.64723	.76229	.84906	1.1778	.3118	1.5450	.66044	.75088	.87955	1.1369	.3318	1.5141	40
21	.64745	.76210	.84956	.1771	.3121	.5445	.66066	.75069	.88007	.1363	.3321	.5136	39
22	.64768	.76191	.85006	.1764	.3125	.5440	.66087	.75049	.88058	.1356	.3324	.5131	38
23	.64790	.76173	.85056	.1757	.3128	.5434	.66109	.75030	.88110	.1349	.3328	.5126	37
24	.64812	.76154	.85107	.1750	.3131	.5429	.66131	.75011	.88162	.1343	.3331	.5121	36
25	.64834	.76135	.85157	1.1743	.3134	1.5424	.66153	.74992	.88213	1.1336	.3335	1.5116	35
26	.64856	.76116	.85207	.1736	.3138	.5419	.66175	.74973	.88265	.1329	.3338	.5111	34
27	.64878	.76097	.85257	.1729	.3141	.5413	.66197	.74953	.88317	.1323	.3342	.5106	33
28	.64900	.76078	.85307	.1722	.3144	.5408	.66218	.74934	.88369	.1316	.3345	.5101	32
29	.64923	.76059	.85358	.1715	.3148	.5403	.66240	.74915	.88421	.1309	.3348	.5096	31
30	.64945	.76041	.85408	1.1708	.3151	1.5398	.66262	.74895	.88472	1.1303	.3352	1.5092	30
31	.64967	.76022	.85458	.1702	.3154	.5392	.66284	.74876	.88524	.1296	.3355	.5087	29
32	.64989	.76003	.85509	.1695	.3157	.5387	.66305	.74857	.88576	.1290	.3359	.5082	28
33	.65011	.75984	.85559	.1688	.3161	.5382	.66327	.74838	.88628	.1283	.3362	.5077	27
34	.65033	.75965	.85609	.1681	.3164	.5377	.66349	.74818	.88680	.1276	.3366	.5072	26
35	.65055	.75946	.85660	1.1674	.3167	1.5371	.66371	.74799	.88732	1.1270	.3369	1.5067	25
36	.65077	.75927	.85710	.1667	.3170	.5366	.66393	.74780	.88784	.1263	.3372	.5062	24
37	.65100	.75908	.85761	.1660	.3174	.5361	.66414	.74760	.88836	.1257	.3376	.5057	23
38	.65121	.75889	.85811	.1653	.3177	.5356	.66436	.74741	.88888	.1250	.3379	.5052	22
39	.65144	.75870	.85862	.1647	.3180	.5351	.66458	.74722	.88940	.1243	.3383	.5047	21
40	.65166	.75851	.85912	1.1640	.3184	1.5345	.66479	.74702	.88992	1.1237	.3386	1.5042	20
41	.65188	.75832	.85963	.1633	.3187	.5340	.66501	.74683	.89044	.1230	.3390	.5037	19
42	.65210	.75813	.86013	.1626	.3190	.5335	.66523	.74664	.89097	.1224	.3393	.5032	18
43	.65232	.75794	.86064	.1619	.3193	.5330	.66545	.74644	.89149	.1217	.3397	.5027	17
44	.65254	.75775	.86115	.1612	.3197	.5325	.66566	.74625	.89201	.1211	.3400	.5022	16
45	.65276	.75756	.86165	1.1605	.3200	1.5319	.66588	.74606	.89253	1.1204	1.3404	1.5018	15
46	.65298	.75737	.86216	.1599	.3203	.5314	.66610	.74586	.89306	.1197	.3407	.5013	14
47	.65320	.75718	.86267	.1592	.3207	.5309	.66631	.74567	.89358	.1191	.3411	.5008	13
48	.65342	.75700	.86318	.1585	.3210	.5304	.66653	.74548	.89410	.1184	.3414	.5003	12
49	.65364	.75680	.86368	.1578	.3213	.5299	.66675	.74528	.89463	.1178	.3418	.4998	11
50	.65386	.75661	.86419	1.1571	.3217	1.5294	.66697	.74509	.89515	1.1171	.3421	1.4993	10
51	.65408	.75642	.86470	.1565	.3220	.5289	.66718	.74489	.89567	.1165	.3425	.4988	9
52	.65430	.75623	.86521	.1558	.3223	.5283	.66740	.74470	.89620	.1158	.3428	.4983	8
53	.65452	.75604	.86572	.1551	.3227	.5278	.66762	.74450	.89672	.1152	.3432	.4979	7
54	.65474	.75585	.86623	.1544	.3230	.5273	.66783	.74431	.89725	.1145	.3435	.4974	6
55	.65496	.75566	.86674	1.1537	.3233	1.5268	.66805	.74412	.89777	1.1139	.3439	1.4969	5
56	.65518	.75547	.86725	.1531	.3237	.5263	.66826	.74392	.89830	.1132	.3442	.4964	4
57	.65540	.75528	.86775	.1524	.3240	.5258	.66848	.74373	.89882	.1126	.3446	.4959	3
58	.65562	.75509	.86826	.1517	.3243	.5253	.66870	.74353	.89935	.1119	.3449	.4954	2
59	.65584	.75490	.86878	.1510	.3247	.5248	.66891	.74334	.89988	.1113	.3453	.4949	1
60	.65606	.75401	.86929	1.1504	.3250	1.5242	.66913	.74314	.90040	1.1106	.3456	1.4945	0
′	cos	sin	cot	tan	cosec	sec	cos	sin	cot	tan	cosec	sec	′
	49°						48°						

삼 각 함 수

	42°						43°						
′	sin	cos	tan	cot	sec	cosec	sin	cos	tan	cot	sec	cosec	′
0	.66913	.74314	.90040	1.1106	1.3456	1.4945	.68200	.73135	.93251	1.0724	1.3673	1.4663	60
1	.66935	.74295	.90093	.1100	.3460	.4940	.68221	.73115	.93306	.0717	.3677	.4658	59
2	.66956	.74276	.90146	.1093	.3463	.4935	.68242	.73096	.93360	.0711	.3681	.4654	58
3	.66978	.74256	.90198	.1086	.3467	.4930	.68264	.73076	.93415	.0705	.3684	.4649	57
4	.66999	.74236	.90251	.1080	.3470	.4925	.68285	.73056	.93469	.0699	.3688	.4644	56
5	.67021	.74217	.90304	1.1074	.3474	1.4921	.68306	.73036	.93524	1.0692	.3692	1.4640	55
6	.67043	.74197	.90357	.1067	.3477	.4916	.68327	.73016	.93578	.0686	.3695	.4635	54
7	.67064	.74178	.90410	.1061	.3481	.4911	.68349	.72996	.93633	.0680	.3699	.4631	53
8	.67086	.74158	.90463	.1054	.3485	.4906	.68370	.72976	.93687	.0674	.3703	.4626	52
9	.67107	.74139	.90515	.1048	.3488	.4901	.68391	.72956	.93742	.0667	.3707	.4622	51
10	.67129	.74119	.90568	1.1041	.3492	1.4897	.68412	.72937	.93797	1.0661	.3710	1.4617	50
11	.67150	.74100	.90621	.1035	.3495	.4892	.68433	.72917	.93851	.0655	.3714	.4613	49
12	.67172	.74080	.90674	.1028	.3499	.4887	.68455	.72897	.93906	.0649	.3718	.4608	48
13	.67194	.74061	.90727	.1022	.3502	.4882	.68476	.72877	.93961	.0643	.3722	.4604	47
14	.67215	.74041	.90780	.1015	.3506	.4877	.68497	.72857	.94016	.0636	.3725	.4599	46
15	.67237	.74022	.90834	1.1009	.3509	1.4873	.68518	.72837	.94071	1.0630	.3729	1.4595	45
16	.67258	.74002	.90887	.1003	.3513	.4868	.68539	.72817	.94125	.0624	.3733	.4590	44
17	.67280	.73983	.90940	.0996	.3517	.4863	.68561	.72797	.94180	.0618	.3737	.4586	43
18	.67301	.73963	.90993	.0990	.3520	.4858	.68582	.72777	.94235	.0612	.3740	.4581	42
19	.67323	.73943	.91046	.0983	.3524	.4854	.68603	.72757	.94290	.0605	.3744	.4577	41
20	.67344	.73924	.91099	1.0977	.3527	1.4849	.68624	.72737	.94345	1.0599	.3748	1.4572	40
21	.67366	.73904	.91153	.0971	.3531	.4844	.68645	.72717	.94400	.0593	.3752	.4568	39
22	.67387	.73885	.91206	.0964	.3534	.4839	.68666	.72697	.94455	.0587	.3756	.4563	38
23	.67409	.73865	.91259	.0958	.3538	.4835	.68688	.72677	.94510	.0581	.3759	.4559	37
24	.67430	.73845	.91312	.0951	.3542	.4830	.68709	.72657	.94565	.0575	.3763	.4554	36
25	.67452	.73826	.91366	1.0945	.3545	1.4825	.68730	.72637	.94620	1.0568	.3767	1.4550	35
26	.67473	.73806	.91419	.0939	.3549	.4821	.68751	.72617	.94675	.0562	.3771	.4545	34
27	.67495	.73787	.91473	.0932	.3552	.4816	.68772	.72597	.94731	.0556	.3774	.4541	33
28	.67516	.73767	.91526	.0926	.3556	.4811	.68793	.72577	.94786	.0550	.3778	.4536	32
29	.67537	.73747	.91580	.0919	.3560	.4806	.68814	.72557	.94841	.0544	.3782	.4532	31
30	.67559	.73728	.91633	1.0913	.3563	1.4802	.68835	.72537	.94896	1.0538	.3786	1.4527	30
31	.67580	.73708	.91687	.0907	.3567	.4797	.68856	.72517	.94952	.0532	.3790	.4523	29
32	.67602	.73688	.91740	.0900	.3571	.4792	.68878	.72497	.95007	.0525	.3794	.4518	28
33	.67623	.73669	.91794	.0894	.3574	.4788	.68899	.72477	.95062	.0519	.3797	.4514	27
34	.67645	.73649	.91847	.0888	.3578	.4783	.68920	.72457	.95118	.0513	.3801	.4510	26
35	.67666	.73629	.91901	1.0881	.3581	1.4778	.68941	.72437	.95173	1.0507	.3805	1.4505	25
36	.67688	.73610	.91955	.0875	.3585	.4774	.68962	.72417	.95229	.0501	.3809	.4501	24
37	.67709	.73590	.92008	.0868	.3589	.4769	.68983	.72397	.95284	.0495	.3813	.4496	23
38	.67730	.73570	.92062	.0862	.3592	.4764	.69004	.72377	.95340	.0489	.3816	.4492	22
39	.67752	.73551	.92116	.0856	.3596	.4760	.69025	.72357	.95395	.0483	.3820	.4487	21
40	.67773	.73531	.92170	1.0849	.3600	1.4755	.69046	.72337	.95451	1.0476	.3824	1.4483	20
41	.67794	.73511	.92223	.0843	.3603	.4750	.69067	.72317	.95506	.0470	.3828	.4479	19
42	.67816	.73491	.92277	.0837	.3607	.4746	.69088	.72297	.95562	.0464	.3832	.4474	18
43	.67837	.73472	.92331	.0830	.3611	.4741	.69109	.72277	.95618	.0458	.3836	.4470	17
44	.67859	.73452	.92385	.0824	.3614	.4736	.69130	.72256	.95673	.0452	.3839	.4465	16
45	.67880	.73432	.92439	1.0818	.3618	1.4732	.69151	.72236	.95729	1.0446	.3843	1.4461	15
46	.67901	.73412	.92493	.0812	.3622	.4727	.69172	.72216	.95785	.0440	.3847	.4457	14
47	.67923	.73393	.92547	.0805	.3625	.4723	.69193	.72196	.95841	.0434	.3851	.4452	13
48	.67944	.73373	.92601	.0799	.3629	.4718	.69214	.72176	.95896	.0428	.3855	.4448	12
49	.67965	.73353	.92655	.0793	.3633	.4713	.69235	.72156	.95952	.0422	.3859	.4443	11
50	.67987	.73333	.92709	1.0786	.3636	1.4709	.69256	.72136	.96008	1.0416	.3863	1.4439	10
51	.68008	.73314	.92763	.0780	.3640	.4704	.69277	.72115	.96064	.0410	.3867	.4435	9
52	.68029	.73294	.92817	.0774	.3644	.4699	.69298	.72095	.96120	.0404	.3870	.4430	8
53	.68051	.73274	.92871	.0767	.3647	.4695	.69319	.72075	.96176	.0397	.3874	.4426	7
54	.68072	.73254	.92926	.0761	.3651	.4690	.69340	.72055	.96232	.0391	.3878	.4422	6
55	.68093	.73234	.92980	1.0755	.3655	1.4686	.69361	.72035	.96288	1.0385	.3882	1.4417	5
56	.68115	.73215	.93034	.0749	.3658	.4681	.69382	.72015	.96344	.0379	.3886	.4413	4
57	.68136	.73195	.93088	.0742	.3662	.4676	.69403	.71994	.96400	.0373	.3890	.4408	3
58	.68157	.73175	.93143	.0736	.3666	.4672	.69424	.71974	.96456	.0367	.3894	.4404	2
59	.68178	.73155	.93197	.0730	.3669	.4667	.69445	.71954	.96513	.0361	.3898	.4400	1
60	.68200	.73135	.93251	1.0724	.3673	1.4663	.69466	.71934	.96569	1.0355	.3902	1.4395	0
′	cos	sin	cot	tan	cosec	sec	cos	sin	cot	tan	cosec	sec	′
	47°						46°						

삼 각 함 수

44°

′	sin	cos	tan	cot	sec	cosec	′
0	.69466	.71934	.96569	1.0355	1.3902	1.4395	60
1	.69487	.71914	.96625	.0349	.3905	.4391	59
2	.69508	.71893	.96681	.0343	.3909	.4387	58
3	.69528	.71873	.96738	.0337	.3913	.4382	57
4	.69549	.71853	.96794	.0331	.3917	.4378	56
5	.69570	.71833	.96850	1.0325	.3921	1.4374	55
6	.69591	.71813	.96907	.0319	.3925	.4370	54
7	.69612	.71792	.96963	.0313	.3929	.4365	53
8	.69633	.71772	.97020	.0307	.3933	.4361	52
9	.69654	.71752	.97076	.0301	.3937	.4357	51
10	.69675	.71732	.97133	1.0295	.3941	1.4352	50
11	.69696	.71711	.97189	.0289	.3945	.4348	49
12	.69716	.71691	.97246	.0283	.3949	.4344	48
13	.69737	.71671	.97302	.0277	.3953	.4339	47
14	.69758	.71650	.97359	.0271	.3957	.4335	46
15	.69779	.71630	.97416	1.0265	.3960	1.4331	45
16	.69800	.71610	.97472	.0259	.3964	.4327	44
17	.69821	.71589	.97529	.0253	.3968	.4322	43
18	.69841	.71569	.97586	.0247	.3972	.4318	42
19	.69862	.71549	.97643	.0241	.3976	.4314	41
20	.69883	.71529	.97700	1.0235	.3980	1.4310	40
21	.69904	.71508	.97756	.0229	.3984	.4305	39
22	.69925	.71488	.97813	.0223	.3988	.4301	38
23	.69945	.71468	.97870	.0218	.3992	.4297	37
24	.69966	.71447	.97927	.0212	.3996	.4292	36
25	.69987	.71427	.97984	1.0206	.4000	1.4288	35
26	.70008	.71406	.98041	.0200	.4004	.4284	34
27	.70029	.71386	.98098	.0194	.4008	.4280	33
28	.70049	.71366	.98155	.0188	.4012	.4276	32
29	.70070	.71345	.98212	.0182	.4016	.4271	31
30	.70091	.71325	.98270	1.0176	.4020	1.4267	30
31	.70112	.71305	.98327	.0170	.4024	.4263	29
32	.70132	.71284	.98384	.0164	.4028	.4259	28
33	.70153	.71264	.98441	.0158	.4032	.4254	27
34	.70174	.71243	.98499	.0152	.4036	.4250	26
35	.70194	.71223	.98556	1.0146	.4040	1.4246	25
36	.70215	.71203	.98613	.0141	.4044	.4242	24
37	.70236	.71182	.98671	.0135	.4048	.4238	23
38	.70257	.71162	.98728	.0129	.4052	.4233	22
39	.70277	.71141	.98786	.0123	.4056	.4229	21
40	.70298	.71121	.98843	1.0117	.4060	1.4225	20
41	.70319	.71100	.98901	.0111	.4065	.4221	19
42	.70339	.71080	.98958	.0105	.4069	.4217	18
43	.70360	.71059	.99016	.0099	.4073	.4212	17
44	.70381	.71039	.99073	.0093	.4077	.4208	16
45	.70401	.71018	.99131	1.0088	.4081	1.4204	15
46	.70422	.70998	.99189	.0082	.4085	.4200	14
47	.70443	.70977	.99246	.0076	.4089	.4196	13
48	.70463	.70957	.99304	.0070	.4093	.4192	12
49	.70484	.70936	.99362	.0064	.4097	.4188	11
50	.70505	.70916	.99420	1.0058	.4101	1.4183	10
51	.70525	.70895	.99478	.0052	.4105	.4179	9
52	.70546	.70875	.99536	.0047	.4109	.4175	8
53	.70566	.70854	.99593	.0041	.4113	.4171	7
54	.70587	.70834	.99651	.0035	.4117	.4167	6
55	.70608	.70813	.99709	1.0029	.4122	1.4163	5
56	.70628	.70793	.99767	.0023	.4126	.4159	4
57	.70649	.70772	.99826	.0017	.4130	.4154	3
58	.70669	.70752	.99884	.0012	.4134	.4150	2
59	.70690	.70731	.99942	.0006	.4138	.4146	1
60	.70711	.70711	1.00000	1.0000	.4142	1.4142	0
′	cos	sin	cot	tan	cosec	sec	′

45°

메 모

최적 용기 크기

최소의 재료로 필요한 용적을 가진 용기를 제작하기 위해서는 정확한 직경과 길이가 알맞은 비율로 이루어져야 한다.
직경에 대한 길이의 최적 비율은 다음 식에 의한다.

(EX : 최대 압력 1000psi. : 타원형 헤드)

$$F = \frac{P}{CSE}$$

여기서, P=설계압력(psi), C=부식공차(in)
S=재료응력(psi), E=이음효율

265 페이지의 도표에서 용기의 요구용량에서 F값을 나타내는 선을 따라 수평으로 이동하여 만나는 점에서 수직으로 이동하여 D값을 읽어라.

$$\text{용기의 길이} = \frac{4V}{\pi D^2}$$

여기서, V=용기체적(cu. ft), D=용기 내경(ft)

EX:
설계자료 :
P=100psi., V=1,000cu. ft., S=16,000 psi., E=0.80, C=0.0625in.
최적의 직경과 길이를 구하라.

$$F = \frac{100}{0.0625 \times 16,000 \times 0.8} = 0.125 \text{ in.}^{-1}$$

265 페이지 도표에서 D = 5.6ft., 즉, 5ft. 6in.

$$\text{길이} = \frac{4 \times 1,000}{3.14 \times 5.5^2} = 42.1, \text{ 즉, } 42 \text{ ft. } 1\text{in.}$$

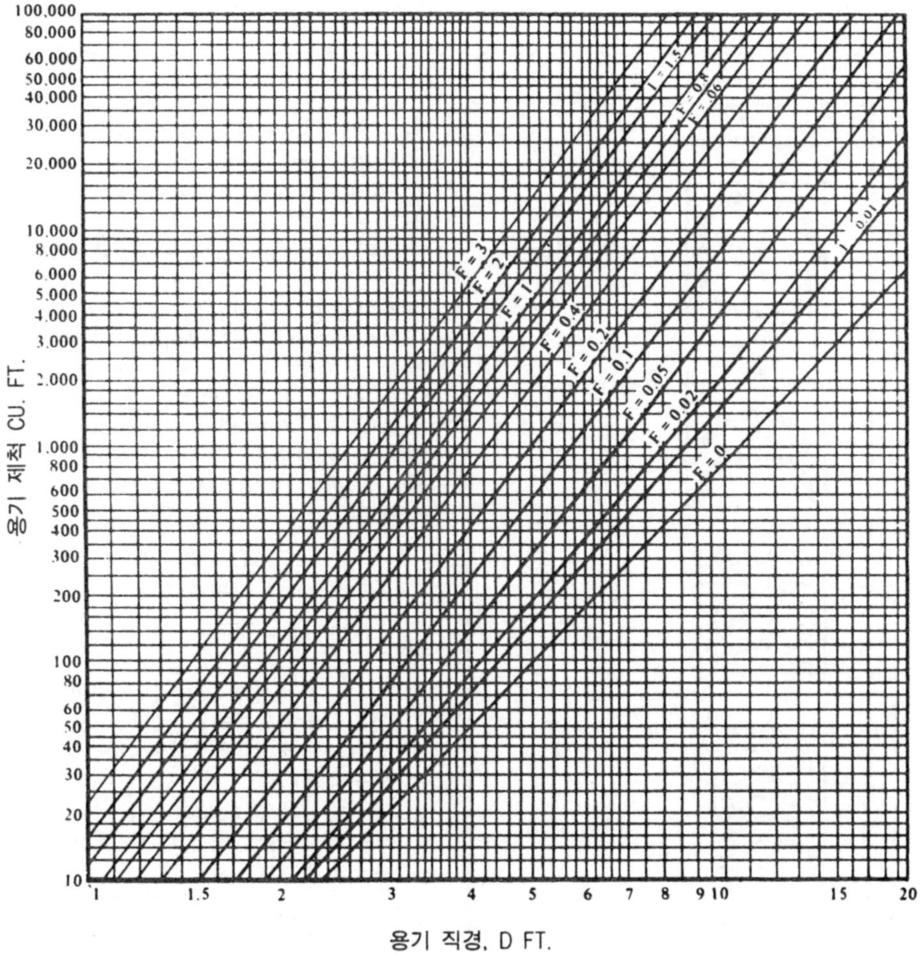

최적 용기 크기 결정 도표(264p 참조)

섹터로 구성된 평판링

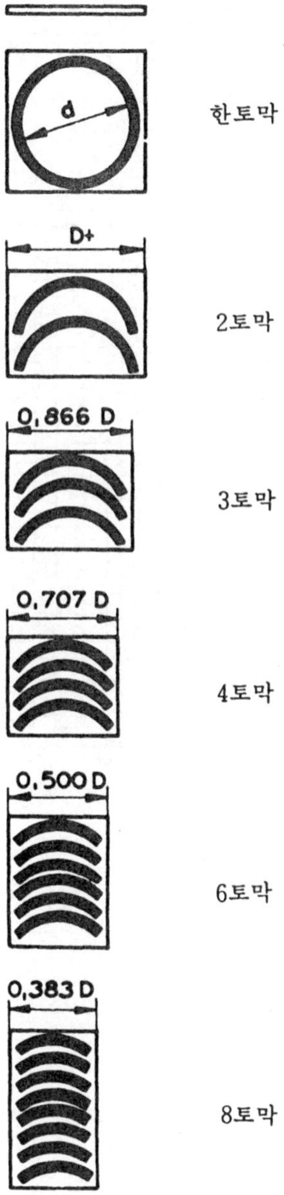

SECTOR 구성폭

링을 다수의 섹터로 분할하여 베이스 보강재(stiffeners) 등을 위한 평판링을 만든다면 플레이트가 절약된다.

섹터는 상호간에 용접이 되므로 용접량은 섹터의 수가 증가됨에 따라 작업량은 많아진다.

용접비용은 플레이트 비용절감과 형평을 이루어야 한다. 267 페이지 도표는 링이 섹터로 분할될 때 요구되는 총 플레이트 면적을 나타낸다. 이 면적은 링을 1개로 절단하는데 요구되는 면적의 비율로 표시된다.

좌측에 나타내는 그림의 값은 다수의 섹터를 이용할 때 요구되는 플레이트의 폭을 나타낸다.

D＝링외경

d＝링내경

EX:

요구되는 플레이트 크기를 구하라.

1. D/d와 D^2을 결정하라(사각 플레이트 면적은 한 개로 구성되어 있는 링을 위해 요구된다).
2. 267 페이지의 도표로부터 링이 요구되는 개수의 섹터로 분할될 때 필요한 면적의 비율을 읽어라.
3. 플레이트 면적을 구하라.
4. 플레이트의 길이를 얻기 위해서는 그 면적을 좌측에 있는 플레이트폭으로 분할하라.
5. 토막간에 그리고 플레이트 끝에서는 몸체(FLAME) 절단을 위해 여유폭(Max -1inch)을 추가하라.
   267 페이지의 보기를 참조하라.

섹터로 구성된 평판링(계속)

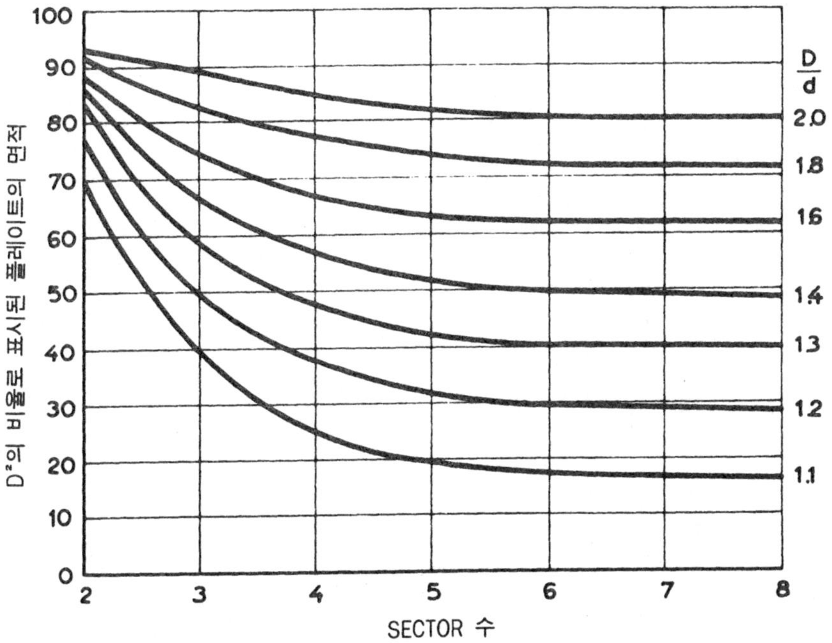

EX :

6개 토막으로 구성된 외경 168인치 내경 120인치 링을 위해 요구되는 플레이트 크기를 구하라.

1. D/d=1.4; D^2=28.224 inch.²
2. 상기 도표로부터 요구되는 플레이트 면적은 한 개로 구성된 링에 대해 요구되는 면적의 50%이다.
3. 요구 면적은 28,224×0.50=14,112 inch.²
4. 이 면적을 요구되는 플레이트 폭(266 페이지 참조)으로 나누어라.

   폭 = 0.5 ×168 = 84   14,112/84 = 167.9 inch.-플레이트 길이

5. 몸체 Flame 절단을 위해 공차를 허용하라.

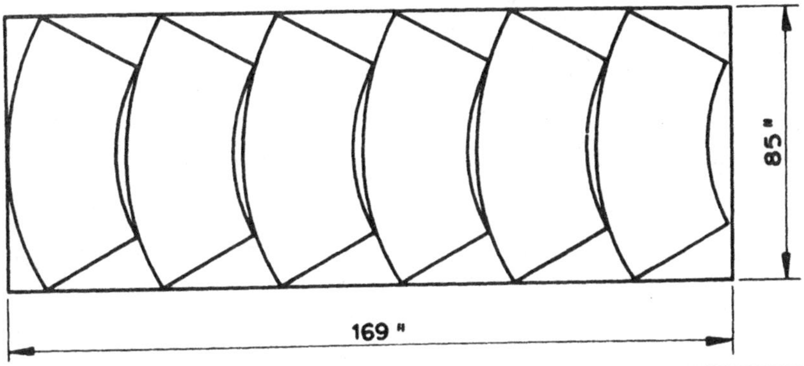

섹터로 구성된 평판링(계속)

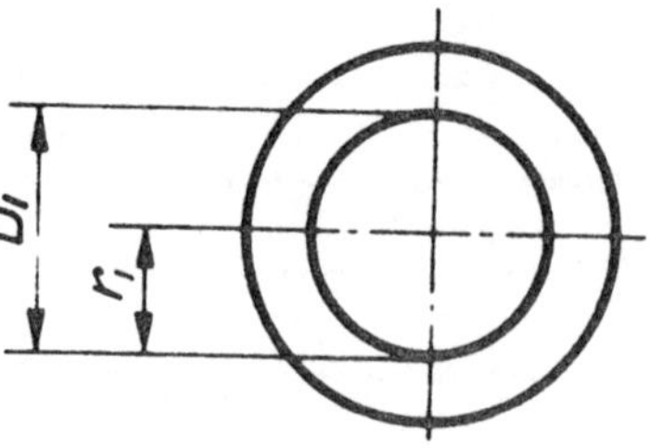

지수 :
D＝큰 쪽의 평균직경 평균大口徑
D1＝작은 쪽의 평균직경 평균小口徑
H＝높이

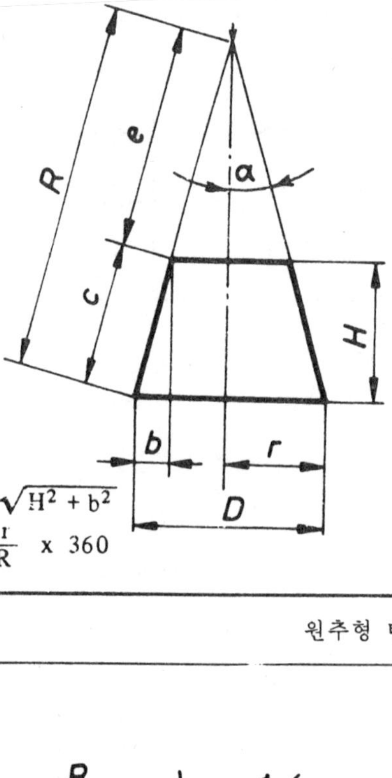

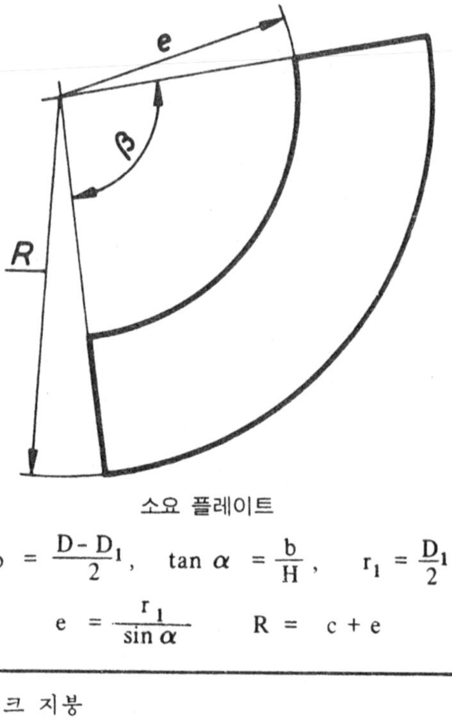

소요 플레이트

$c = \sqrt{H^2 + b^2}$

$\beta = \frac{r}{R} \times 360$

$b = \frac{D - D_1}{2}$, $\tan\alpha = \frac{b}{H}$, $r_1 = \frac{D_1}{2}$

$e = \frac{r_1}{\sin\alpha}$ $R = c + e$

원추형 탱크 지붕

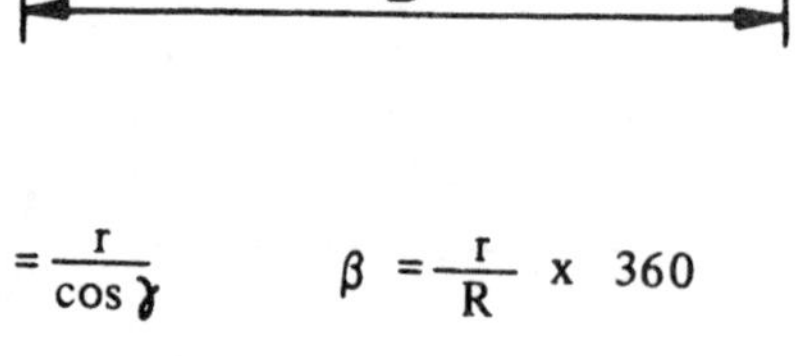

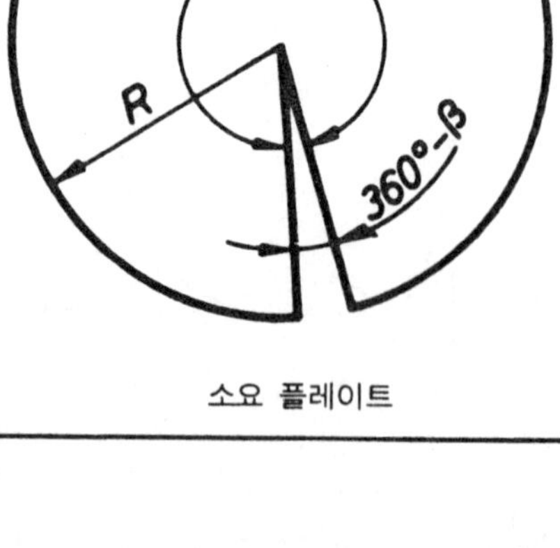

$R = \frac{r}{\cos\gamma}$ $\beta = \frac{r}{R} \times 360$

소요 플레이트

동심원추형

(2개 이상 구성 Plate)

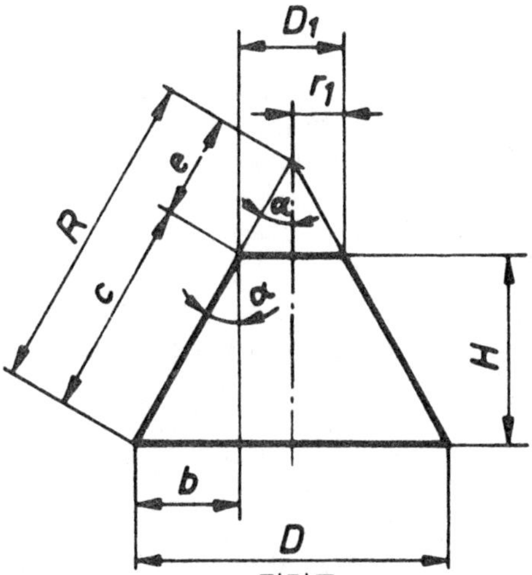

정면도

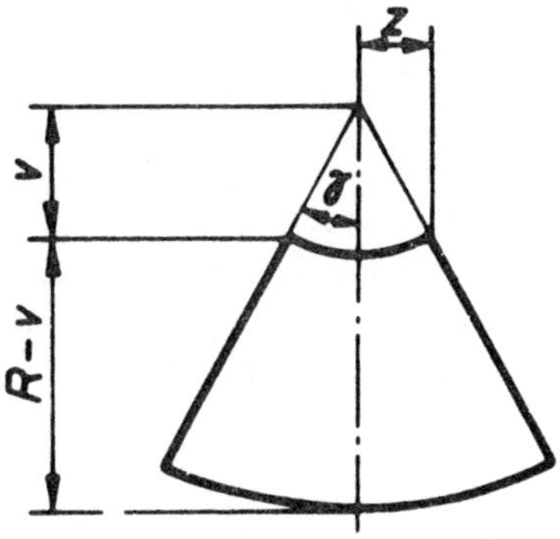

1개 섹터인 플레이트

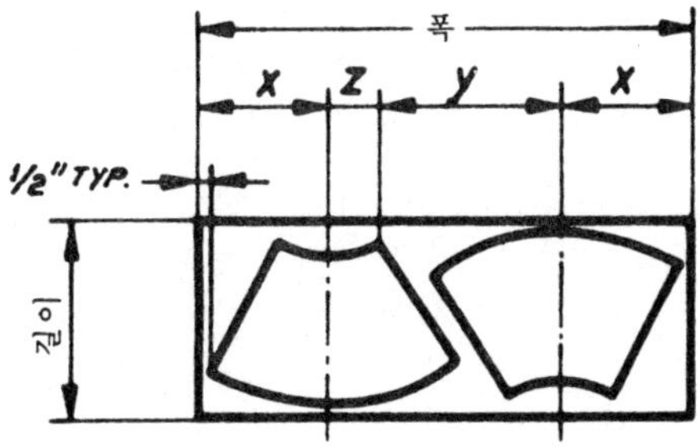

소요 플레이트

지수 :

D=큰 쪽의 평균직경 평균大口徑

D_1=작은 쪽의 평균직경 평균小口徑

H=높이

n=플레이트의 섹터수

소요 플레이트

$$b = \frac{D-D_1}{2}$$

$$\tan\alpha = \frac{b}{H}$$

$$c = \sqrt{b^2 + H^2}$$

$$r_1 = D_1/2$$

$$e = \frac{r_1}{\sin\alpha} \qquad R = c + e$$

$$\gamma = \frac{D \times \pi \times 57.296}{2Rn}$$

$$X = R \times \sin\gamma + ½''$$

$$Y = R \times \tan\gamma + 1''$$

$$Z = e \times \sin\gamma$$

$$V = e \times \cos\gamma$$

소요플레이트 폭=R-V+1"

원추형이 아래와 같이 만들어져 있다면

소요 플레이트 길이 :

2플레이트 : 2X+Y+Z

3플레이트 : 2X+2Y+2Z

4플레이트 : 2X+3Y+3Z

6플레이트 : 2X+3Y+5Z

편심원추형

배치도와 계산에 의한 소요 플레이트 결정

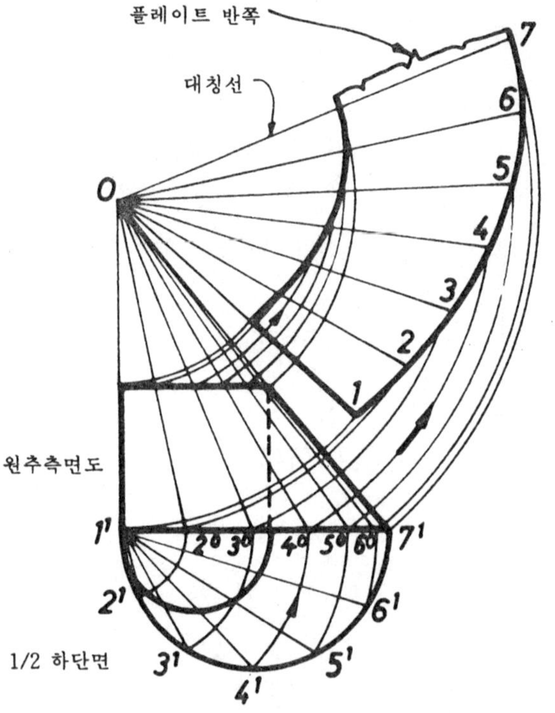

그림 A

배치도

1. 원추의 측면도와 1/2 하단면도를 그려라.
2. 하단부와 상단부 원을 등분하여라.
3. 중심 1^1을 가진 점 2^1, 3^1, 4^1 등으로부터 원호를 그려라.
4. 점 1°, 2°, 3° 등으로부터 중심점 0을 가진 원호를 찾아라.
5. 원호 1^1(1로 표시된) 상의 한 점으로부터 시작해서 원추의 하단원의 간격을 측정하고 원호 2°와 접하게 하라. 2로 표시된 점으로부터 다시 원호 3° 등을 접하는 하나의 간격을 측정하라.
   이점과 교차점 등은 원추의 하단에 있는 플레이트 굴곡상의 점들이다.
6. 원추 상단에 있는 플레이트 곡률을 결정하기 위해 단계 4와 5를 반복하라. 그러나 중심점 0을 가지고 그려진 원호상에서 상단원의 간격을 측정하라.

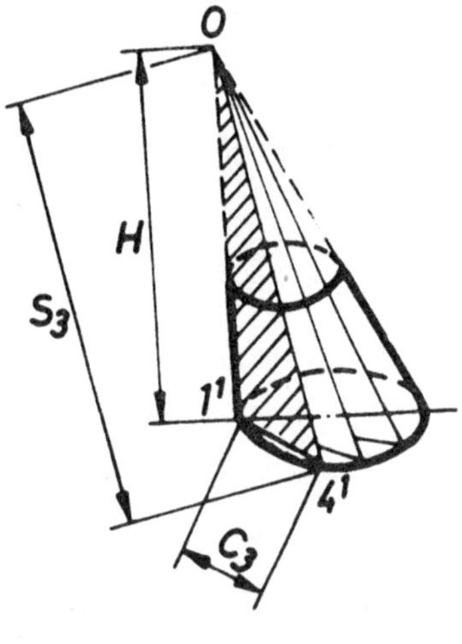

그림 B

계산식

계산으로 플레이트 곡률을 결정하기 위해서는 치수 1′-2′, 1′-3′ 등과 0-1′, 0-2′ 등이 구해져야 한다.

그림 B는 한 예로서, 다만 0-4′(S_3로 표시)까지의 식으로 나타내면, 하단원이 12개의 동등한 간격으로 등분되며,

$C_3 = 2R \times \sin.\ 45°$

$S_3 = \sqrt{H^2 \times {C_3}^2}$

여기서 R은 하단부의 평균 반경을 나타낸다.
〈보기 참고〉

편심원추형

보 기

지수 : 大口徑의 평균직경, D=36inch.
小口徑의 평균직경, D_1=24inch.
원추 높이, H_1=24inch.

소요 플레이트를 구하라.

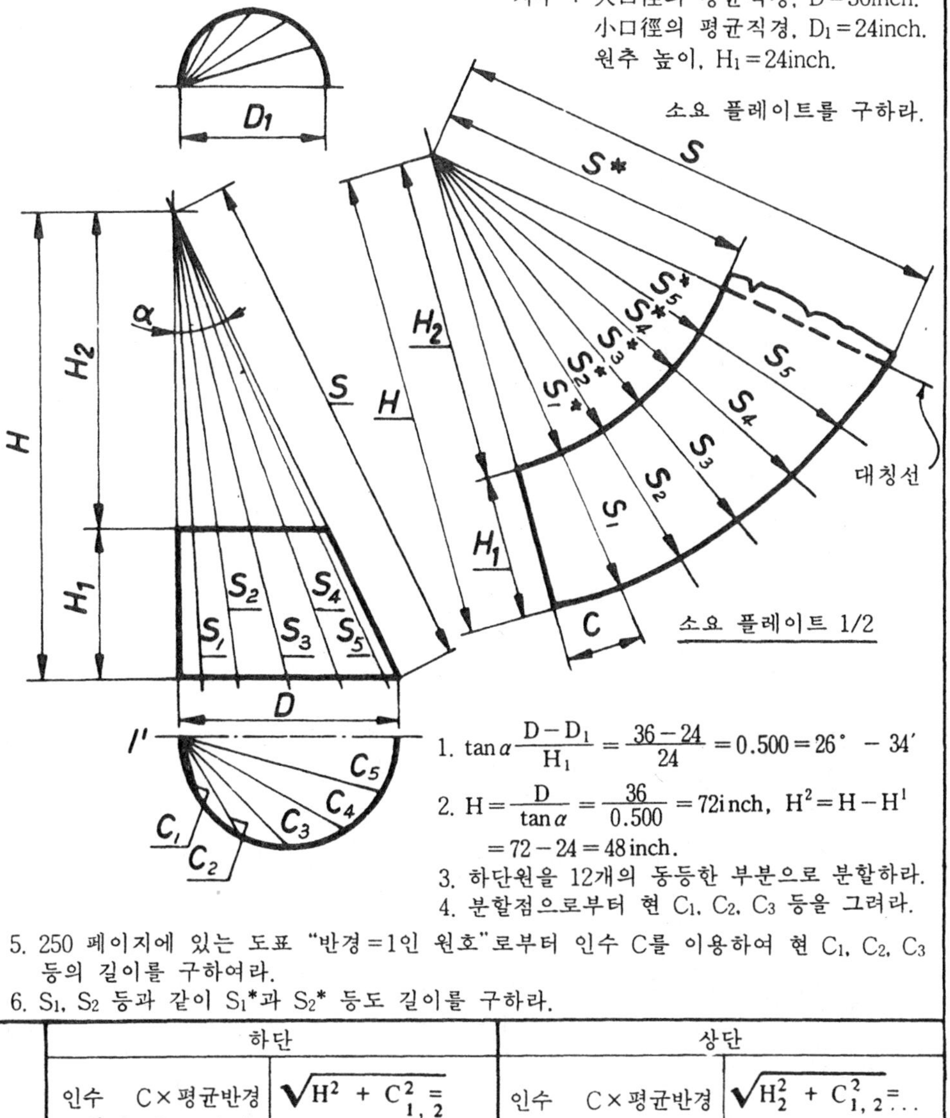

1. $\tan\alpha \frac{D-D_1}{H_1} = \frac{36-24}{24} = 0.500 = 26^\circ - 34'$
2. $H = \frac{D}{\tan\alpha} = \frac{36}{0.500} = 72$ inch, $H^2 = H - H^1$
   $= 72 - 24 = 48$ inch.
3. 하단원을 12개의 동등한 부분으로 분할하라.
4. 분할점으로부터 현 C_1, C_2, C_3 등을 그려라.
5. 250 페이지에 있는 도표 "반경=1인 원호"로부터 인수 C를 이용하여 현 C_1, C_2, C_3 등의 길이를 구하여라.
6. S_1, S_2 등과 같이 S_1^*과 S_2^* 등도 길이를 구하라.

	하단		상단	
	인수 C×평균반경 =현 C_1, C_2 … inch	$\sqrt{H^2 + C_{1,2}^2} =$ $S_{1,2...}$ ft.-in.	인수 C×평균반경 =현 C_1, C_2 … inch	$\sqrt{H_2^2 + C_{1,2}^2} = ...$ $S^*_{1,2...}$ ft.-in.
30°	C_1 = 9.317″	S_1 = 6'-0 5/8	C_1 = 6.212″	S_1^* = 4'-0 3/8
60°	C_2 = 18.000″	S_2 = 6'-2 3/16	C_2 = 12.000″	S_2^* = 4'-1 1/2
90°	C_3 = 25.452″	S_3 = 6'-4 3/8	C_3 = 16.968″	S_3^* = 4'-2 15/16
120°	C_4 = 31.176″	S_4 = 6'-6 7/16	C_4 = 20.784″	S_4^* = 4'-4 5/16
150°	C_5 = 34.776″	S_5 = 6'-7 15/16	C_5 = 23.184″	S_5^* = 4'-5 5/16
	$S_6 = \sqrt{H^2 + D^2}$ = 6'-8½		$S^*_6 = \sqrt{H_2^2 + D_1^2}$ = 4'-5 11/16	

곡관(BENT)과 마이터(MITERED) 파이프

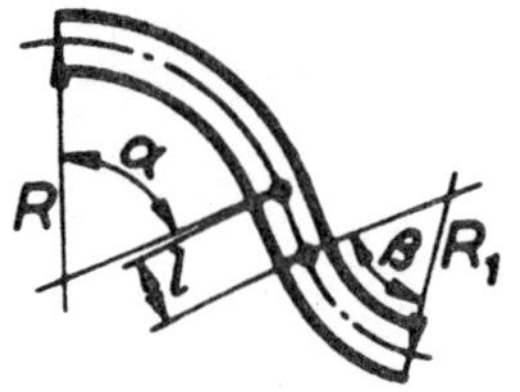

어떤 형태로 곡관(曲管)의 길이는 파이프의 중심선을 따라 측정된 길이와 같다.

보기 : [도서관 곡관(曲管)]

예시 : R=8 inch. R_1=6 inch. α=72°. β=36°. l=2 inch 파이프 길이 L을 구하라.

$$L = R\pi \times \frac{\alpha}{180} + R_1\pi\frac{\beta}{180} + l$$

$$= 8 \times 3.14 \times \frac{72}{180} + 6 \times 3.14 \times \frac{36}{180} + 2$$

$$= 25.13 \times 0.40 + 18.85 \times 0.20 + 2 = 15.82 \text{ inch}$$

코일을 위한 파이프 길이

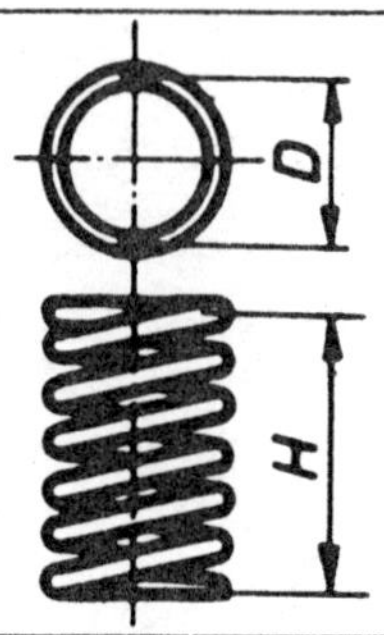

$$L = \sqrt{(n \times D \times \pi)^2 + H^2}$$

n=감김수. L=파이프 소요길이

예시 :

D = 10 inch. H = 24 inch. n = 12

$$L = \sqrt{(12 \times 10 \times 3.14)^2 + 24^2} = 378 \text{ inch.}$$

코일을 위한 파이프 길이

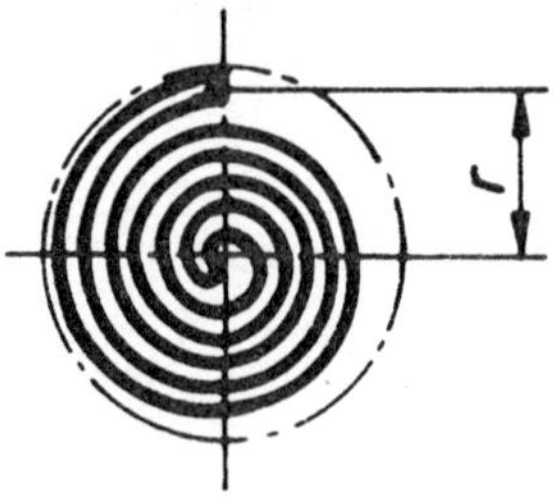

$$L = \frac{r^2\pi}{d+c}$$

여기서,

c=파이프 감김피치(pitch)

d=파이프 외경

L=파이프 소요 길이

예시 :

r = 10 inch. d=2.375 inch. c=1 inch

$$L = \frac{10^2 \times 3.14}{2.375+1} = 93.08 \text{ inch}$$

마이터(mitered) 엘보우

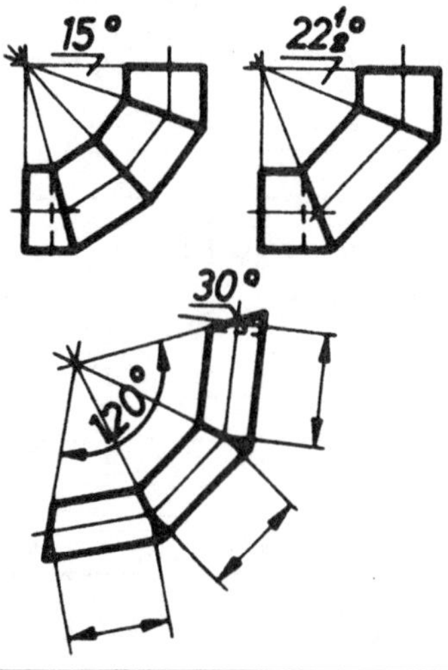

엘보우 이음을 위해 절단되는 각도는 절단수를 2배수로 한 값으로 나누어라.

보기 :

3 cuts×2=6　　90°÷6=15°

2 cuts×2=4　　90°÷4=22½°

2 cuts×2=4　　120°÷4=30°

마이터 이음에 의해 어떤 형상을 만들기 위해 요구되는 파이프 길이는 파이프 면의 중심선 길이의 합과 같다.

실린더와 평면의 교차

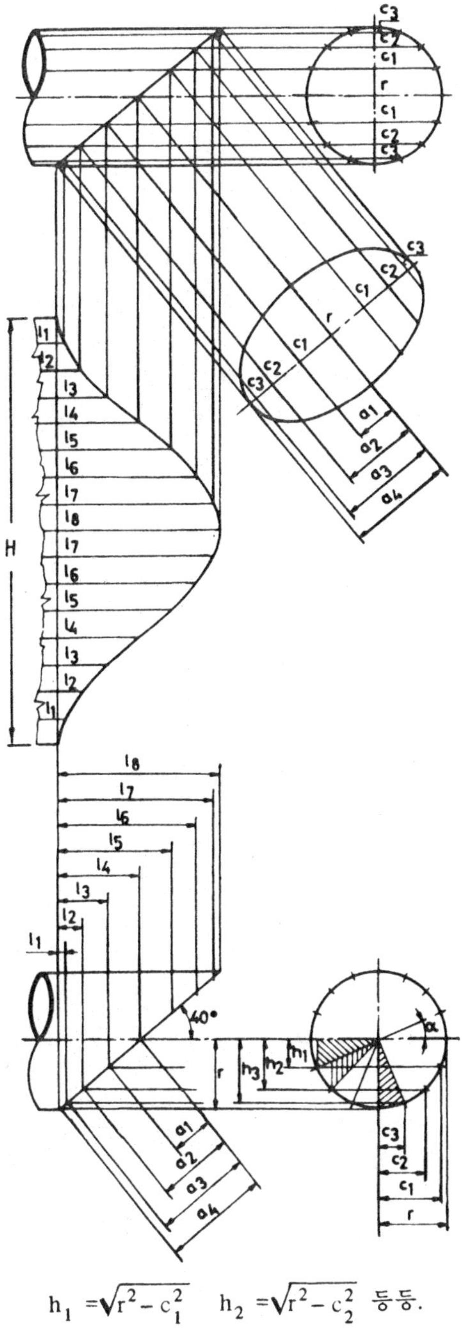

$h_1 = \sqrt{r^2 - c_1^2}$ $h_2 = \sqrt{r^2 - c_2^2}$ 등등.

$l_1 = (a_4 - a_3)\cos 40^\circ$

$l_2 = (a_4 - a_2)\cos 40^\circ$ 등등.

교차면이 실린더 축에 수직이 아닌 경우, 교점은 타원이다.

교차 타원의 형성 :

실린더 원주를 일정한 부분으로 분할하고 각 분할점에서 요소를 그려라. 타원의 주축은 교점사이의 가장 긴 거리이며, 소축은 실린더의 직경이다. 타원의 점들은 그림과 같이 투영에 의해 위치하는 실린더 현을 사용, 결정할 수 있으며, 또한 아래와 같이 계산식에 의해 구하여 질 수 있다. 이런 방식으로 경사진 트레이(trays), 배플(baffles), 물건을 아래로 보내는 파이프 등의 배치도가 작성될 수 있다. 플레이트 두께와 요구 공차 등이 고려되어야 한다.

전개 :

길이 H는 실린더 원주와 같다. 이 선을 실린더 원주와 동일한 수의 부분으로 분할하고, 이 선에 수직한 각 구역을 통해 요소를 그려라. 그림 또는 계산에 의해 각 요소의 길이는 구하여 진다. 요소의 끝점을 연결함으로써 교차 실선이 얻어지며, 그리고 이는 파이프 마이터(mitered) 이음을 위한 절단 방법에 사용될 수 있다.

EX :

요소 길이를 계산하기 위해, 실린더 원주를 16등분하여라.

단면각도 = $22^1/_2$°

실린더 축에 대한 교차면 각도 = 40°

$c_1 = r \times \cos 22\text{-}1/2^\circ$

$c_2 = r \times \cos 45^\circ$

$c_3 = r \times \sin 22\text{-}1/2^\circ$

$a_1 = \dfrac{h_1}{\sin 40^\circ}$ $a_2 = \dfrac{h_2}{\sin 40^\circ}$ 등등.

실린더의 직교

(동일직경의 90° 직교)

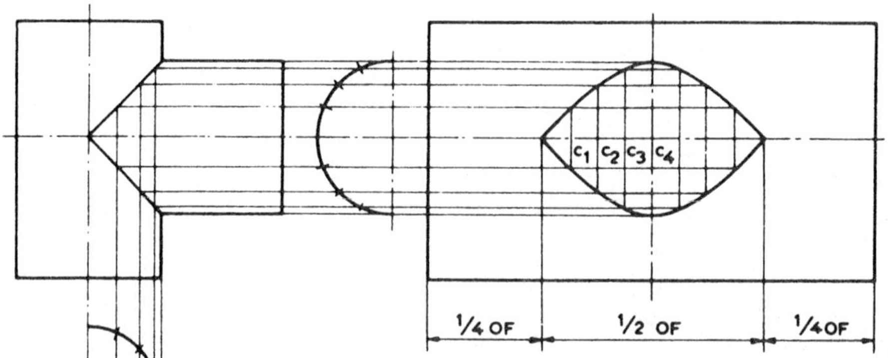

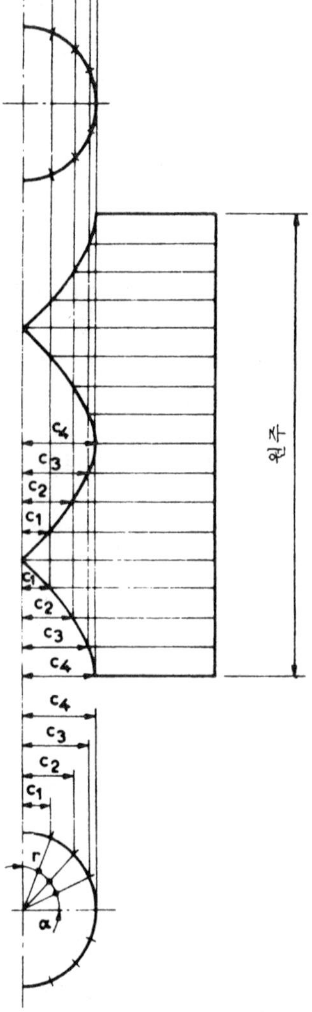

교차선 :

실린더 원주를 일정한 부분으로 분할하고, 각 구역점에서 요소를 그려라. 요소의 교차점은 교차선을 결정하라.

형의 전개:

일정한 길이의 직선을 실린더 원주에 따라 그려라. 이 선들을 실린더 원주와 동등한 수의 일정 부분으로 분할하라. 이 선들에 수직한 각 구역을 통해 요소를 그려라. 투영 혹은 계산에 의해 각 요소의 길이를 결정하라 (아래 보기 참조). 요소들의 끝점들을 연결함으로써 연장된 교차곡선이 전개된다.

EX :

요소 길이의 계산에 의해 실린더 원주를 16 등분하여라.

$$\alpha = 22^{1}/_{2}°$$

EX :

요소 길이를 계산에 의해 실린더 원주를 16 등분하여라.

$$\alpha = 22\text{-}^{1}/_{2}°$$

$C_1 = r\ \sin.\ \alpha$
$C_2 = r\ \sin.\ 2\alpha$
$C_3 = r\ \cos.\ \alpha$
$C_4 = r$

실린더의 직교

(동일직경의 90° 직교)

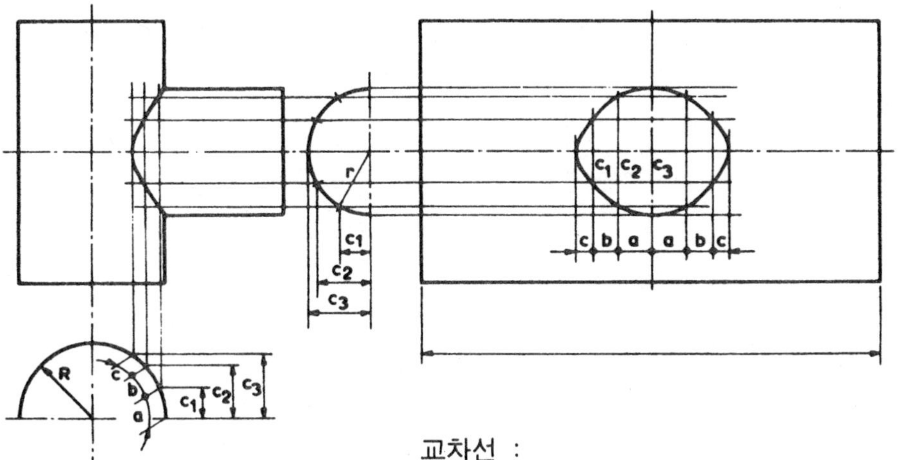

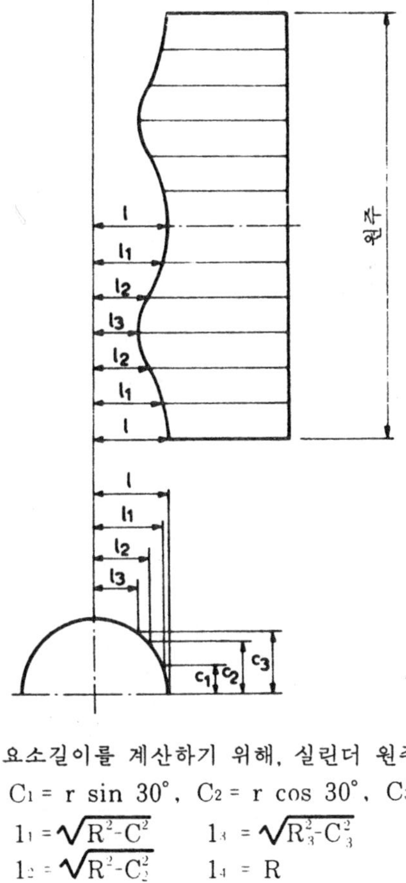

교차선 :

소형 실린더의 원주를 요구되는 정밀도를 위해 필요한 만큼 등분하라. 각 구역점에서 요소를 그려라. 큰 쪽 실린더 원주에 대해 거리 C_1, C_2 등을 투영하고, 각 점에서 요소를 그려라. 큰 쪽과 작은 쪽 실린더 요소의 교점은 교차곡선이 된다.

형의 전개 :

실린더 원주에 대해 일정한 길이의 직선을 그려라. 소구경(小口徑)실린더 원주와 동일한 수로 등분하라. 이 선에 수직한 각 구역을 통해 요소를 그려라. 투영도 및 계산에 의해 이 요소의 길이를 구하라(아래 보기 참조). 이 요소의 끝점을 연결함으로써 연장된 교차 곡선이 전개된다.
대형 실린더의 구멍의 굴곡은 대형 실린더의 부분도상의 호의 길이인 a, b, c 등의 거리에 위치하고 있는 요소의 길이인 C_1, C_2 등에 의해 결정된다.

EX :

요소길이를 계산하기 위해, 실린더 원주를 12등분하라. $\alpha=30°$

$C_1 = r \sin 30°$, $C_2 = r \cos 30°$, $C_3 = r$

$l_1 = \sqrt{R^2 - C^2}$ $l_3 = \sqrt{R_3^2 - C_3^2}$

$l_2 = \sqrt{R^2 - C_2^2}$ $l_4 = R$

실린더의 교차
(교차축이 없는)

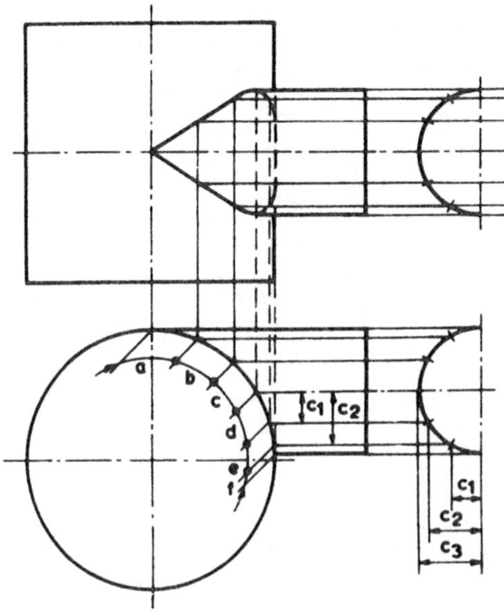

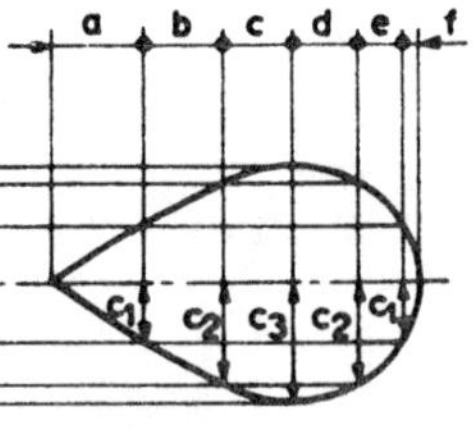

교차선 :

작은 쪽 실린더 원주를 요구되는 정밀도를 위해 필요한 만큼 등분하라. 각 구역점에 요소를 그려라. 해당 요소의 교점은 교차곡선이 된다.

형의 전개 :

실린더 소구경(小口徑) 원주에 대해 일정한 길이로 직선을 그리고, 원주와 동일한 수로 등분하라. 이 선에 수직한 각 구역을 통해 요소를 그려라. 투영도 및 계산에 의해 이 요소의 길이를 구하라(아래 보기 참조). 이 요소의 끝점을 연결함으로써 연장된 교차 곡선이 전개된다. 주 실린더의 구멍의 굴곡은 주 실린더상의 호의 길이인 거리 a, b, c 등에 위치하는 요소 C_1, C_2 등의 길이에 의해 결정된다(입면도를 참조하라).

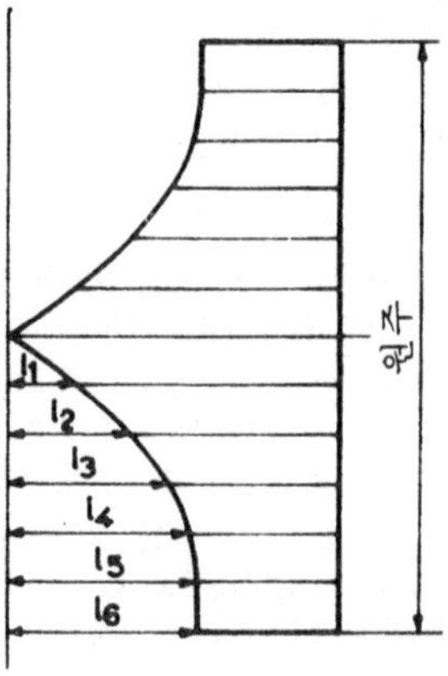

EX :

요소의 길이를 계산하기 위해 실린더 원주를 12등분하라.

이때, $\alpha = 30°$

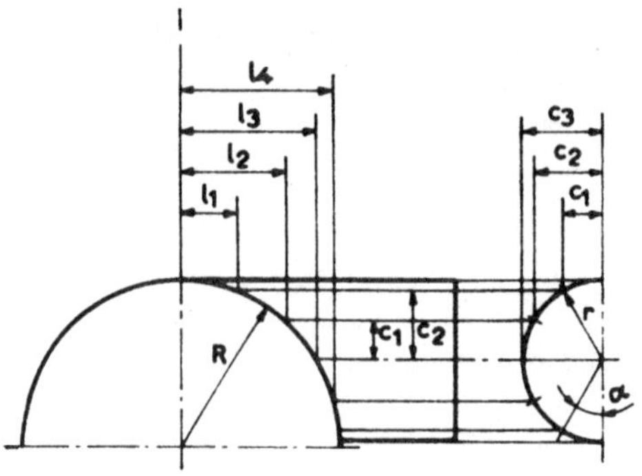

$c_1 = r \sin 30°$

$c_2 = r \cos 30°$

$c_3 = r$

$l_1 = \sqrt{R^2 - (r + c_2)^2}$

$l_2 = \sqrt{R^2 - (r_1 + c_1)^2}$

$l_3 = \sqrt{R^2 - r^2}$

$l_4 = \sqrt{R^2 - (r - c_1)^2}$

$l_5 = \sqrt{R^2 - (r - c_2)^2}$

$l_6 = R$

원추와 실린더의 교차

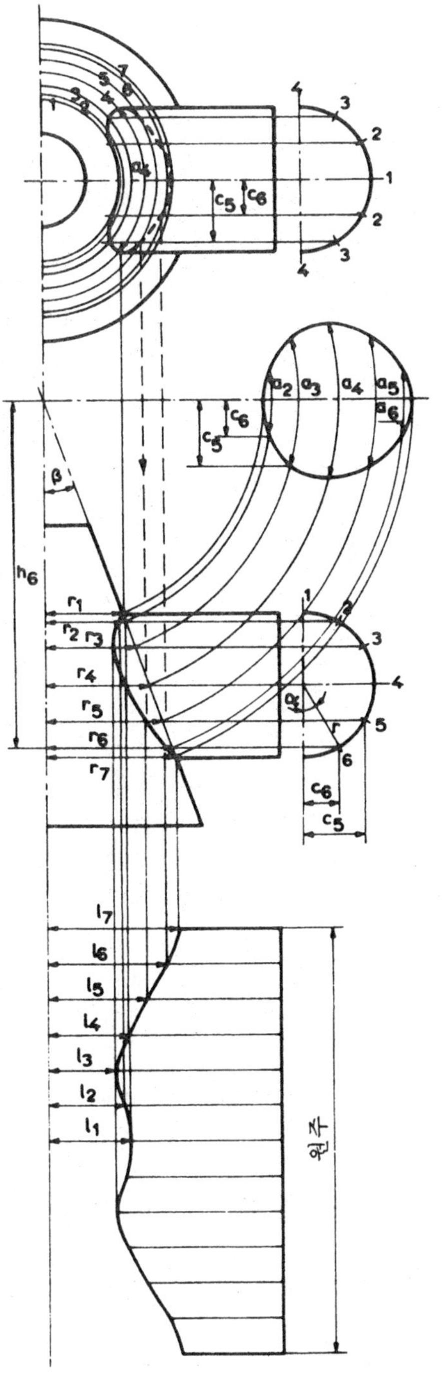

교차선:

실린더 원주를 요구하는 정밀도로 필요한 만큼 등분하라. 각 구역점에 요소를 그려라. 반경 r_1, r_2 등을 가진 원을 평면도에 그려라. 평면도에서 교선은 요소의 교점과 해당원에 의해 결정된다. 이 점들을 입면도에 투영하라. 투영도의 교점과 요소는 입면도에서 교선을 결정한다. 연장된 원추의 구멍의 굴곡은 평면도로부터 전이된 호(弧) a_2, a_3 등의 길이에 의해 결정되거나 아래에서 보는 바와 같이 계산된다. 호(弧) a_2, a_3 등의 간격은 도시된 바와 같이 얻어지거나 계산될 수 있다 (아래 보기를 참조하라).

형의 전개:

실린더 원주에 대해 일정한 길이의 실선을 그리고 이를 원주와 동일한 수로 등분하라. 이 선에 수직한 각 구역점을 통해 요소를 그려라. 투영 혹은 l_1, l_2 등의 길이를 계산하여 요소의 길이를 구하라(아래 보기를 참조하라).

EX :

요소의 길이를 계산한다면,

$C_6 = r \sin \alpha$

반경 $R_6 = h_6 \tan \beta$

호(號) $a_6 = 2R_6 \pi \times \frac{2\alpha}{360}$

$l_6 = \sqrt{R^2 - C^2}$

$c_6 = r \sin\alpha$

radius, $R_6 = h_6 \tan\beta$

arc $a_6 = 2R_6 \pi \times \frac{2\alpha}{360}$

$l_6 = \sqrt{R_6^2 - c_6^2}$ etc.

실린더와 구형의 교차

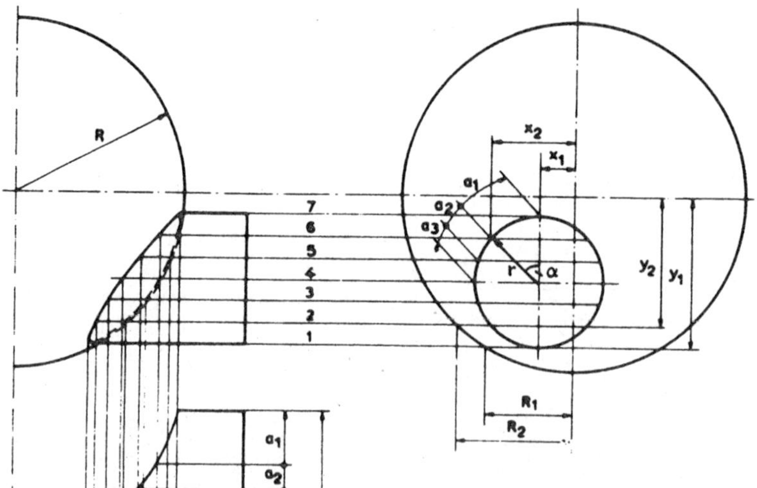

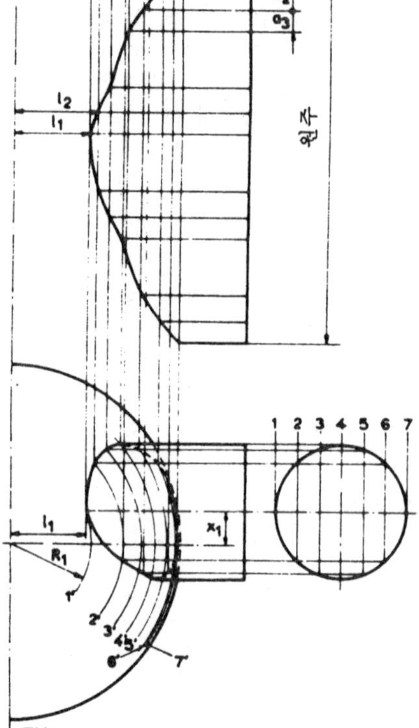

EX:
요소의 길이를 계산하기 위해, 거리 X_1, X_2 등으로 계산하라.

X_1이 주어지면 :

$X_2 = X_1 + r \times \sin\alpha$

$l_1 = \sqrt{R_1^2 - X_1^2}$, 등등

$R_1 = \sqrt{R^2 - y_1^2}$, 등등

교차선

실린더 직경을 일정한 간격으로 분할하라. 구역점을 통한 평면은 실린더로부터의 요소와 구형으로부터의 원을 절단한다. 해당원을 가진 요소의 교차는 교차굴곡상의 점이다.

실린더의 전개

실린더 원주에 대해 일정한 길이의 실선을 그리고 이를 실린더와 동등한 수로 등분하라.
구역점의 간격은 실린더 호(弧)의 길이에 의해 정해진다. 이 선에 수직한 각 구역을 통해 요소를 그려라. 투영 혹은 l_1, l_2 등의 길이의 계산으로 요소의 길이를 결정하라.

2:1 타원체 헤드(head)의 파이프

테드의 중앙부분 반경이 헤드 직경이 0.9배인 구형의 단면이다. 파이프가 헤드 직경의 0.8배 이내에 있는 경우, 교선과 실린더의 전개는 상기에 언급한 방식으로 구해진다.

플랜지형 이음헤드와 접시형 이음헤드의 파이프

유사한 방법으로 너클(knuckles) 이내에 있는 헤드의 중앙부분은 그의 반경이 접시형 이음매의 반경과 동일한 구형 단면이다.

전이(轉移) 부품(TRANSITION PIECES)

(원통형과 직사각형 형태를 연결하는)

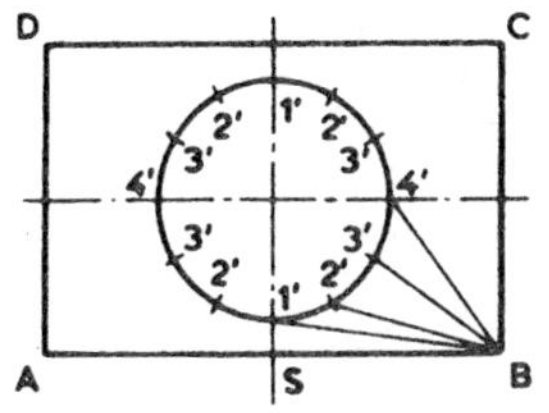

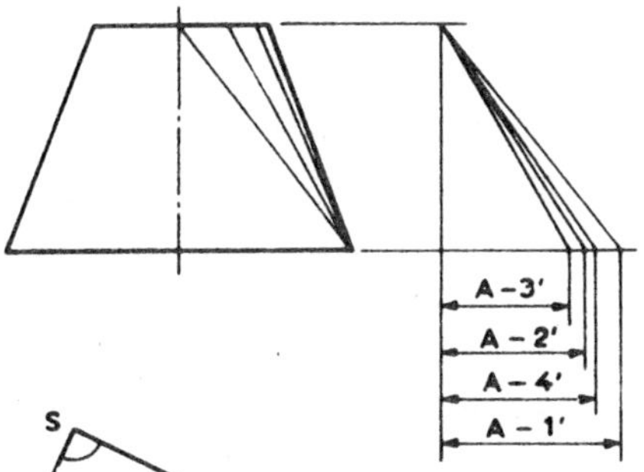

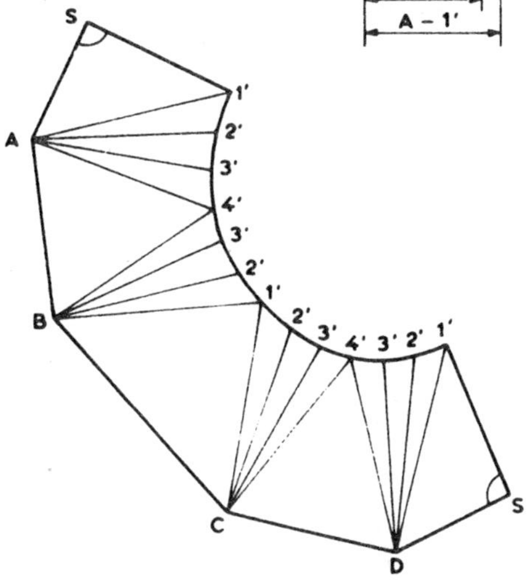

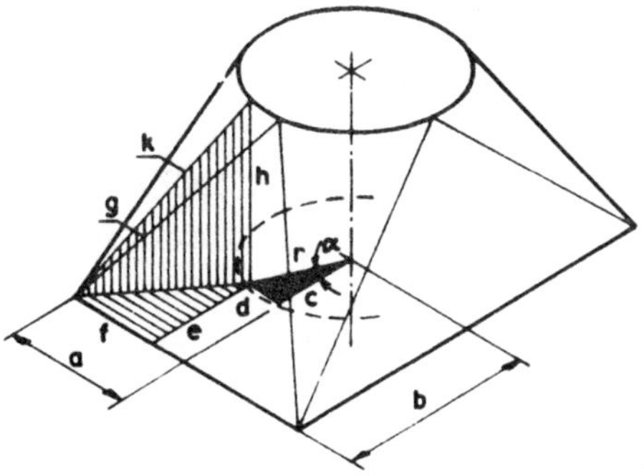

전개 :

원을 일정한 부분으로 분할하고, 각 구역점에서 요소를 그려라. 삼각법 도형 또는 계산하여 각 요소의 길이를 구하라. 이 요소는 그의 한 변이 A-1′, A-2′, A-3′ 등이고, 다른 변이 전이용 부품의 높이는 삼각형의 빗변이다.

선 1-S에서 전개를 시작하라. 그의 밑변 SA가 변 AD의 절반과 같고, 그의 빗변 A-1이 삼각법 도형 또는 계산에 의해 구해지는 직각삼각형 1-S-A를 그려라. 점 1, 2, 3등을 찾아라. 길이 1-2, 2-3, 3-4등은 요구하는 정밀도를 위한 충분한 것이며, 상부원의 구역의 현과 같은 크기로 취해질 수 있다. 1은 호(弧)를 중심으로 구역의 현은 반경으로 하라. 중심 A를 반경으로 A-2를 가진 호(弧)를 그려라. 이 호(弧)의 교점은 점 2를 나타낸다. 곡선에서의 점 3, 4도 이와 같은 방법으로 구하여 진다.

EX :

요소의 길이를 계산하면

$c = r \times \cos \alpha$	$d = r \times \sin \alpha$
$e = b - c$	$f = a - d$
$g = \sqrt{f^2 + e^2}$	$k = \sqrt{g^2 + h^2}$

요소의 길이 :

아래 조건에서 상기와 같은 방법으로 전이 부품의 전개가 가능해진다.

1. 한 쪽 끝이 정사각형이다.
2. 직사각형의 한 변 혹은 양변이 원의 직경과 같다.
3. 원형 및 직사각형 면이 편심이다.
4. 원형 및 직사각형 면이 평행이 아니다.

전이(轉移) 부품(TRANSITION PIECES)

(원통형과 직사각형 형태를 연결하는)

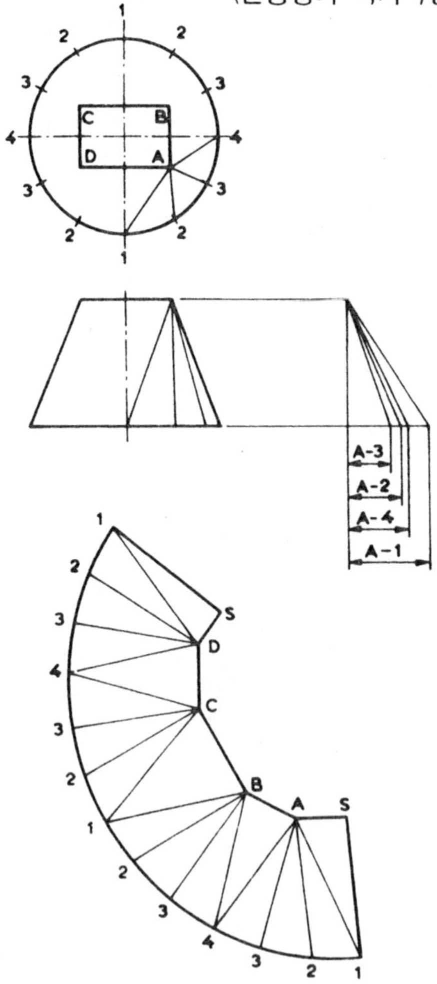

전개 :

원을 일정한 부분으로 분할하고 각 구역점에서 요소를 그려라. 삼각법 도형 또는 계산하여 각 요소의 길이를 구하라. 이 요소는 그의 한 변이 A-1′, A-2′, A-3′ 등이고, 다른 변이 전이용 부품의 높이는 삼각형의 빗변이다. 선 1-S에서 전개를 시작하라. 그의 밑변 SA가 변 AD의 절반과 같고, 그의 빗변 A-1이 삼각법 혹은 계산식에 의해 구해지는 직각 삼각형 1-S-A를 그려라. 점 1, 2, 3 등을 찾아라. 길이 1-2, 2-3, 3-4 등은 요구하는 정밀도를 위한 충분한 것이며, 상부원의 구역의 현과 같은 크기로 취해질 수 있다. 1을 가진 호는 중심으로 구역의 현(弦)은 반경으로 하라. 중심 A를 반경으로 A-2를 가진 호를 그려라. 이 호(弧)의 교점은 점 2를 나타낸다. 곡선에서의 점 3, 4도 이와 같은 방법으로 하여진다.

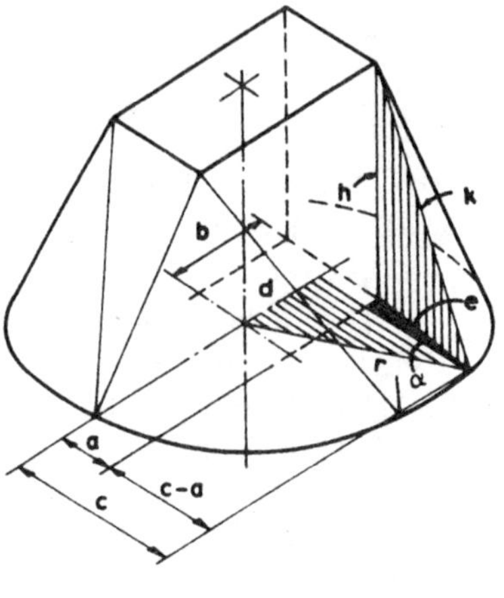

EX :

요소의 길이를 계산하면

$c = r \times \cos\alpha$ $\quad d = r \times \sin\alpha$

$e = \sqrt{(b-d)^2 + (c-a)^2}$

$k = \sqrt{e^2 + h^2}$

아래 조건에서 상기에 서술된 방법으로 전이용 부품의 전개가 가능해진다.

1. 한 쪽 끝이 정사각형이다.
2. 직사각형의 한 변 혹은 양변이 원의 직경과 같다.
3. 원형 및 직사각형 면이 편심적이다.
4. 원형 및 직사각형 면이 평행이 아니다.

원의 등분(等分)

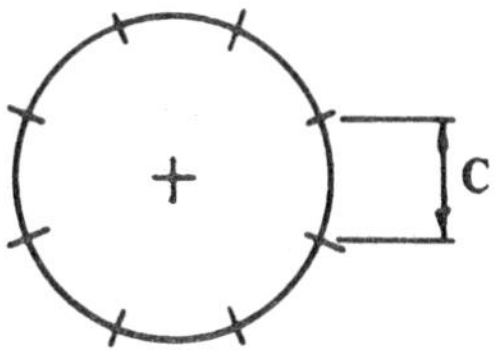

원을 일정하게 등분(等分)하는 방법으로는 한 부분의 현의 길이를 구하고, 이 길이를 원주 상에서 콤파스 등으로 측정하는 것이다. 현(弦)의 길이, C=원직경×c, 여기서, c는 아래 도표에 나타나는 계수이다.

EX :

20inch 직경의 원을 8등분하라.
도표에서 8등분의 계수 C=0.38268

$$C = 직경 \times 0.38268 = 20 \times 0.38268 = 7.6536\text{inch}$$

이 도표에 나타나지 않는 등분으로 현의 길이를 구하는 식은 다음과 같다.

$$C = 직경 \times \frac{\sin 180}{등분\ 요구수}$$

EX :

100inch 직경의 원을 120 등분하라.

$$C = 100 \times \sin\frac{180}{120} = 100 \times \sin 1^\circ\ 30' = 100 \times 0.0262 = 2.62\text{inch}$$

등분수	계 수	등분수	계 수	등분수	계 수	등분수	계 수
1	0,00000	26	0,12054	51	0,06153	76	0,04132
2	1,00000	27	0,11609	52	0,06038	77	0,04079
3	0,86603	28	0,11196	53	0,05924	78	0,04027
4	0,70711	29	0,10812	54	0,05814	79	0,03976
5	0,58779	30	0,10453	55	0,05709	80	0,03926
6	0,50000	31	0,10117	56	0,05607	81	0,03878
7	0,43388	32	0,09802	57	0,05509	82	0,03830
8	0,38268	33	0,09506	58	0,05414	83	0,03784
9	0,34202	34	0,09227	59	0,05322	84	0,03739
10	0,30902	35	0,08964	60	0,05234	85	0,03695
11	0,28173	36	0,08716	61	0,05148	86	0,03652
12	0,25882	37	0,08481	62	0,05065	87	0,03610
13	0,23932	38	0,08258	63	0,04985	88	0,03569
14	0,22252	39	0,08047	64	0,04907	89	0,03529
15	0,20791	40	0,07846	65	0,04831	90	0,03490
16	0,19509	41	0,07655	66	0,04758	91	0,03452
17	0,18375	42	0,07473	67	0,04687	92	0,03414
18	0,17365	43	0,07300	68	0,04618	93	0,03377
19	0,16460	44	0,07134	69	0,04551	94	0,03341
20	0,15643	45	0,06976	70	0,04487	95	0,03306
21	0,14904	46	0,06824	71	0,04423	96	0,03272
22	0,14232	47	0,06679	72	0,04362	97	0,03238
23	0,13617	48	0,06540	73	0,04302	98	0,03205
24	0,13053	49	0,06407	74	0,04244	99	0,03173
25	0,12533	50	0,06279	75	0,04188	100	0,03141

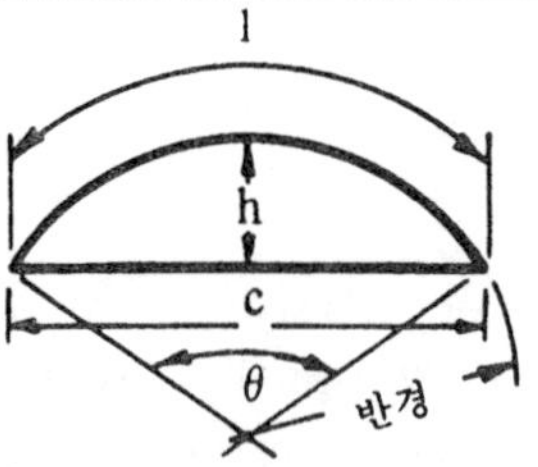

반경 1인 원의 단면

호의 길이, 단면의 높이, 현의 길이, 1°부터 180°까지의 각도에 대한 단면의 면적 그리고 반경=1. 다른 반경을 위해서는 도표에 있는 l, h 그리고 c 값을 주어진 반경 r로 곱하라. 그리고 면적값은 반경의 제곱인 r^2으로 곱하라.

θ (°)	l	h	c	단면의 면적	θ (°)	l	h	c	단면의 면적	θ (°)	l	h	c	단면의 면적
1	0.017	0.0000	0.017	0.0000	61	1.065	0.1384	1.015	0.0950	121	2.112	0.5076	1.741	0.6273
2	0.034	0.0001	0.034	0.0000	62	1.082	0.1428	1.030	0.0995	122	2.129	0.5152	1.749	0.6406
3	0.052	0.0003	0.052	0.0000	63	1.100	0.1474	1.045	0.1042	123	2.147	0.5228	1.758	0.6540
4	0.069	0.0006	0.069	0.0000	64	1.117	0.1520	1.060	0.1091	124	2.164	0.5305	1.766	0.6676
5	0.087	0.0009	0.087	0.0000	65	1.134	0.1566	1.075	0.1140	125	2.182	0.5383	1.774	0.6812
6	0.104	0.0013	0.104	0.0001	66	1.152	0.1613	1.089	0.1191	126	2.199	0.5460	1.782	0.6950
7	0.122	0.0018	0.122	0.0001	67	1.169	0.1661	1.104	0.1244	127	2.217	0.5538	1.790	0.7090
8	0.139	0.0024	0.139	0.0002	68	1.187	0.1710	1.118	0.1298	128	2.234	0.5616	1.798	0.7230
9	0.157	0.0030	0.156	0.0003	69	1.204	0.1759	1.133	0.1353	129	2.251	0.5695	1.805	0.7372
10	0.174	0.0038	0.174	0.0004	70	1.222	0.1808	1.147	0.1410	130	2.269	0.5774	1.813	0.7514
11	0.191	0.0046	0.191	0.0005	71	1.239	0.1859	1.161	0.1468	131	2.286	0.5853	1.820	0.7658
12	0.209	0.0054	0.209	0.0007	72	1.257	0.1910	1.176	0.1527	132	2.304	0.5933	1.827	0.7803
13	0.226	0.0064	0.226	0.0009	73	1.274	0.1961	1.190	0.1588	133	2.321	0.6013	1.834	0.7950
14	0.244	0.0074	0.243	0.0012	74	1.291	0.2014	1.204	0.1651	134	2.339	0.6093	1.841	0.8097
15	0.261	0.0085	0.261	0.0014	75	1.309	0.2066	1.217	0.1715	135	2.356	0.6173	1.848	0.8245
16	0.279	0.0097	0.278	0.0018	76	1.326	0.2120	1.231	0.1780	136	2.374	0.6254	1.854	0.8395
17	0.296	0.0110	0.295	0.0021	77	1.344	0.2174	1.245	0.1847	137	2.391	0.6335	1.861	0.8545
18	0.314	0.0123	0.312	0.0025	78	1.361	0.2229	1.259	0.1916	138	2.409	0.6416	1.867	0.8697
19	0.331	0.0137	0.330	0.0030	79	1.379	0.2284	1.272	0.1985	139	2.426	0.6498	1.873	0.8850
20	0.349	0.0151	0.347	0.0035	80	1.396	0.2340	1.286	0.2057	140	2.443	0.6580	1.879	0.9003
21	0.366	0.0167	0.364	0.0040	81	1.414	0.2396	1.299	0.2130	141	2.461	0.6662	1.885	0.9158
22	0.383	0.0183	0.381	0.0046	82	1.431	0.2453	1.312	0.2204	142	2.478	0.6744	1.891	0.9313
23	0.401	0.0200	0.398	0.0053	83	1.449	0.2510	1.325	0.2280	143	2.496	0.6827	1.897	0.9470
24	0.418	0.0218	0.415	0.0060	84	1.466	0.2569	1.338	0.2357	144	2.513	0.6910	1.902	0.9627
25	0.436	0.0237	0.432	0.0068	85	1.483	0.2627	1.351	0.2436	145	2.531	0.6993	1.907	0.9786
26	0.453	0.0256	0.449	0.0077	86	1.501	0.2686	1.364	0.2517	146	2.548	0.7076	1.913	0.9945
27	0.471	0.0276	0.466	0.0086	87	1.518	0.2746	1.377	0.2599	147	2.566	0.7160	1.918	1.0105
28	0.488	0.0297	0.483	0.0096	88	1.536	0.2807	1.389	0.2682	148	2.583	0.7244	1.922	1.0266
29	0.506	0.0318	0.500	0.0106	89	1.553	0.2867	1.402	0.2767	149	2.600	0.7328	1.927	1.0427
30	0.523	0.0340	0.517	0.0118	90	1.571	0.2929	1.414	0.2854	150	2.618	0.7412	1.932	1.0590
31	0.541	0.0363	0.534	0.0130	91	1.588	0.2991	1.426	0.2942	151	2.635	0.7496	1.936	1.0753
32	0.558	0.0387	0.551	0.0142	92	1.606	0.3053	1.439	0.3032	152	2.653	0.7581	1.941	1.0917
33	0.575	0.0411	0.568	0.0156	93	1.623	0.3116	1.451	0.3123	153	2.670	0.7666	1.945	1.1082
34	0.593	0.0436	0.584	0.0171	94	1.641	0.3180	1.463	0.3215	154	2.688	0.7750	1.949	1.1247
35	0.610	0.0462	0.601	0.0186	95	1.658	0.3244	1.475	0.3309	155	2.705	0.7836	1.953	1.1413
36	0.628	0.0489	0.618	0.0202	96	1.675	0.3309	1.486	0.3405	156	2.723	0.7921	1.956	1.1580
37	0.645	0.0516	0.634	0.0219	97	1.693	0.3374	1.498	0.3502	157	2.740	0.8006	1.960	1.1747
38	0.663	0.0544	0.651	0.0237	98	1.710	0.3439	1.509	0.3601	158	2.758	0.8092	1.963	1.1915
39	0.680	0.0573	0.667	0.0256	99	1.728	0.3506	1.521	0.3701	159	2.775	0.8178	1.966	1.2083
40	0.698	0.0603	0.684	0.0276	100	1.745	0.3572	1.532	0.3803	160	2.792	0.8264	1.970	1.2252
41	0.715	0.0633	0.700	0.0297	101	1.763	0.3639	1.543	0.3906	161	2.810	0.8350	1.973	1.2422
42	0.733	0.0664	0.716	0.031[illegible]	102	1.780	0.3707	1.554	0.4010	162	2.827	0.8436	1.975	1.2592
43	0.750	0.0695	0.733	0.034[illegible]	103	1.798	0.3775	1.565	0.4117	163	2.845	0.8522	1.978	1.2763
44	0.767	0.0728	0.749	0.0366	104	1.815	0.3843	1.576	0.4224	164	2.862	0.8608	1.980	1.2933
45	0.785	0.0761	0.765	0.0391	105	1.833	0.3912	1.587	0.4333	165	2.880	0.8695	1.983	1.3105
46	0.803	0.0795	0.781	0.0417	106	1.850	0.3982	1.597	0.4444	166	2.897	0.8781	1.985	1.3277
47	0.820	0.0829	0.797	0.0444	107	1.867	0.4052	1.608	0.4556	167	2.915	0.8868	1.987	1.3449
48	0.838	0.0865	0.813	0.0473	108	1.885	0.4122	1.618	0.4669	168	2.932	0.8955	1.989	1.3621
49	0.855	0.0900	0.829	0.0502	109	1.902	0.4193	1.628	0.4784	169	2.950	0.9042	1.991	1.3794
50	0.873	0.0937	0.845	0.0533	110	1.920	0.4264	1.638	0.4901	170	2.967	0.9128	1.992	1.3967
51	0.890	0.0974	0.861	0.0564	111	1.937	0.4336	1.648	0.5019	171	2.984	0.9215	1.994	1.4140
52	0.908	0.1012	0.877	0.0597	112	1.955	0.4408	1.658	0.5138	172	3.002	0.9302	1.995	1.4314
53	0.925	0.1051	0.892	0.0631	113	1.972	0.4481	1.668	0.5259	173	3.019	0.9390	1.996	1.4488
54	0.942	0.1090	0.908	0.0667	114	1.990	0.4554	1.677	0.5381	174	3.037	0.9477	1.997	1.4662
55	0.960	0.1130	0.923	0.0703	115	2.007	0.4627	1.687	0.5504	175	3.054	0.9564	1.998	1.4836
56	0.977	0.1171	0.939	0.0741	116	2.025	0.4701	1.696	0.5629	176	3.072	0.9651	1.999	1.5010
57	0.995	0.1212	0.954	0.0780	117	2.042	0.4775	1.705	0.5755	177	3.089	0.9738	1.999	1.5185
58	1.012	0.1254	0.970	0.0821	118	2.059	0.4850	1.714	0.5883	178	3.107	0.9825	2.000	1.5359
59	1.030	0.1296	0.985	0.0862	119	2.077	0.4925	1.723	0.6012	179	3.124	0.9913	2.000	1.5533
60	1.047	0.1340	1.000	0.0905	120	2.094	0.5000	1.732	0.6142	180	3.142	1.000	2.000	1.5708

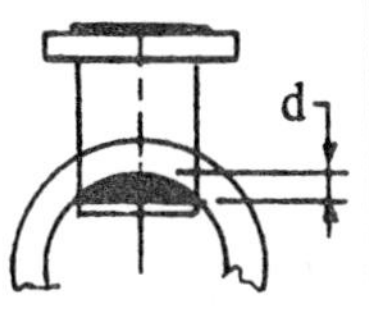

셸(SHELL)과 노즐(NOZZLE)의 교차점에서의 드롭(DROP)

(d = inch)

셸 내경	공칭 파이프 크기									
	1¼	1½	2	2½	3	3½	4	5	6	8
12	0.0625	0.0625	0.1250	0.1875	0.2500	0.3750	0.4375	0.6875	1.0000	1.8125
14	0.0625	0.0625	0.1250	0.1250	0.2500	0.3125	0.3750	0.5625	0.8125	1.5000
16	0.0625	0.0625	0.0625	0.1250	0.1875	0.2500	0.3125	0.5000	0.6875	1.2500
18	0.0625	0.0625	0.0625	0.1250	0.1875	0.2500	0.3125	0.4375	0.6250	1.1250
20	0.0625	0.0625	0.0625	0.1250	0.1250	0.1875	0.2500	0.3750	0.5625	1.0000
22		0.0625	0.0625	0.1250	0.1250	0.1875	0.2500	0.3750	0.5000	0.8750
24		0.0625	0.0625	0.0625	0.1250	0.1875	0.1875	0.3125	0.4375	0.8125
26		0.0625	0.0625	0.0625	0.1250	0.1250	0.1875	0.3125	0.4375	0.7500
28		0.0625	0.0625	0.0625	0.1250	0.1250	0.1875	0.3125	0.3750	0.6875
30			0.0625	0.0625	0.1250	0.1250	0.1875	0.2500	0.3750	0.6250
32			0.0625	0.0625	0.1250	0.1250	0.1250	0.2500	0.3750	0.5625
34			0.0625	0.0625	0.0625	0.1250	0.1250	0.2500	0.3125	0.5625
36			0.0625	0.0625	0.0625	0.1250	0.1250	0.2500	0.3125	0.5000
38			0.0625	0.0625	0.0625	0.1250	0.1250	0.1875	0.3125	0.5000
40			0.0625	0.0625	0.0625	0.1250	0.1250	0.1875	0.2500	0.5000
42			0.0625	0.0625	0.0625	0.1250	0.1250	0.1875	0.2500	0.4375
48				0.0625	0.0625	0.0625	0.1250	0.1875	0.2500	0.3750
54				0.0625	0.0625	0.0625	0.1250	0.1250	0.1875	0.3750
60				0.0625	0.0625	0.0625	0.0625	0.1250	0.1875	0.3125
66				0.0625	0.0625	0.0625	0.0625	0.1250	0.1875	0.3125
72					0.0625	0.0625	0.0625	0.1250	0.1250	0.2500
78					0.0625	0.0625	0.0625	0.1250	0.1250	0.2500
84					0.0625	0.0625	0.0625	0.1250	0.1250	0.2500
90					0.0625	0.0625	0.0625	0.0625	0.1250	0.1875
96					0.0625	0.0625	0.0625	0.0625	0.1250	0.1875
102						0.0625	0.0625	0.0625	0.1250	0.1875
108						0.0625	0.0625	0.0625	0.1250	0.1875
114						0.0625	0.0625	0.0625	0.1250	0.1875
120							0.0625	0.0625	0.0625	0.1250
126							0.0625	0.0625	0.0625	0.1250
132							0.0625	0.0625	0.0625	0.1250
138							0.0625	0.0625	0.0625	0.1250
144							0.0625	0.0625	0.0625	0.1250

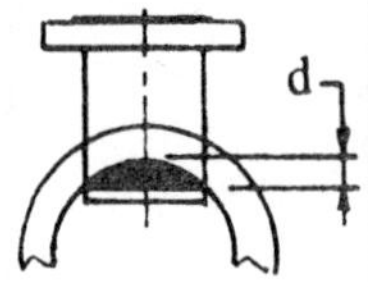

셸(SHELL)과 노즐(NOZZLE)의 교차점에서의 드롭(DROP)

(d = inch)

셸 내경	공칭 파이프 크기 10	12	14	16	18	20	22	24	26	30
12	3.0625									
14	2.5000	4.1250	7.000							
16	2.0625	3.1875	4.1250	8.000						
18	1.7500	2.6250	3.3750	4.8750	9.0000					
20	1.5625	2.3125	2.8750	4.0000	5.6250	10.0000				
22	1.3750	2.0625	2.5000	3.4375	4.6875	6.4375	11.0000			
24	1.2500	1.8125	2.2500	3.0625	4.0625	5.3750	7.1875	12.0000		
26	1.1875	1.6875	2.0625	2.7500	3.6250	4.6875	6.0625	8.0000	13.0000	
28	1.0625	1.5000	1.8750	2.5000	3.2500	4.1875	5.3125	6.8125	8.9125	
30	1.0000	1.4375	1.7500	2.3125	3.0000	3.8125	4.8125	6.0000	7.5000	15.0000
32	0.9375	1.3125	1.6250	2.1250	2.7500	3.5000	4.3750	5.4375	6.6875	10.4375
34	0.8750	1.2500	1.5000	2.0000	2.5625	3.2500	4.0625	4.8125	6.0625	9.0000
36	0.8125	0.8125	1.4375	1.8750	2.4375	3.0625	3.7500	4.5625	5.5625	8.1250
38	0.7500	1.1250	1.3125	1.7500	2.2500	2.8750	3.5000	4.2500	5.1250	7.3125
40	0.7500	1.0625	1.2500	1.6875	2.1250	2.6875	3.3125	4.0000	4.8125	6.7500
42	0.6875	1.0000	1.1250	1.5675	2.0000	2.5625	3.1250	3.7500	4.5000	6.3125
48	0.3125	0.875	1.0625	1.1875	1.7500	2.1875	2.6875	3.1875	3.8125	5.2500
54	0.5625	0.7500	0.9375	1.1875	1.5625	1.9375	2.3125	2.8125	3.3125	4.5625
60	0.4375	0.6875	0.8125	1.0625	1.3750	1.6875	2.1250	2.5000	2.9375	4.0000
66	0.4375	0.6250	0.7500	1.0000	1.2500	1.5625	1.8750	2.2500	2.6875	3.6250
72	0.3750	0.5625	0.6875	0.8750	1.1250	1.4375	1.7500	2.0625	2.4375	3.2500
78	0.3750	0.5000	0.6250	0.8125	1.0625	1.3125	1.5625	1.8750	2.2500	3.0000
84	0.3750	0.5000	0.5625	0.7500	1.0000	1.1875	1.4375	1.7500	2.0625	2.7500
90	0.3125	0.4375	0.5625	0.6875	0.4375	1.1250	1.3750	1.8750	1.9375	2.5625
96	0.3125	0.4375	0.5000	0.6875	0.8750	1.0625	1.2500	1.5000	1.8125	2.3750
102	0.3125	0.3750	0.5000	0.6250	0.8125	1.0000	1.1875	1.4375	1.6875	2.2500
108	0.2500	0.3750	0.4375	0.6250	0.7500	0.9375	1.1250	1.3750	1.5625	2.1250
114	0.2500	0.1875	0.4375	0.5625	0.6875	0.8750	1.0625	1.2500	1.5000	2.0000
120	0.2500	0.1875	0.4375	0.5625	0.6875	0.8125	1.0000	1.1875	1.4375	1.8750
126	0.2500	0.3125	0.3750	0.5000	0.6250	0.8125	0.9375	1.1250	1.3750	1.8125
132	0.2500	0.3125	0.3750	0.5000	0.6250	0.7500	0.9375	1.1250	1.3125	1.7500
138	0.1825	0.3125	0.3750	0.4375	0.5625	0.7500	0.8750	1.0625	1.2500	1.6250
144	0.1825	0.3125	0.3125	0.4375	0.5625	0.6875	0.8750	1.0000	1.1875	1.5625

2:1 타원체 헤드에 있어서 점의 위치를 정하기 위한 도표

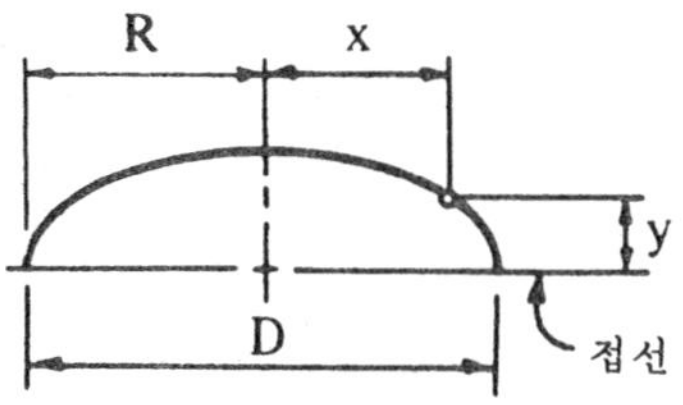

아래 도표에서 직경 D와 x가 주어진다면 y가 구해진다. 따라서, D와 y가 정해지면 x가 구하여 진다.

도표의 공식 : $y = {}^{1/2}\sqrt{R^2 - X^2}$ 에 기준
R = 헤드(head)의 반경

D = 12	
x	y
1	2.9580
2	2.8284
3	2.5980
4	2.2360
5	1.6583
6	0

D = 14	
x	y
1	3.4641
2	3.3541
3	3.1622
4	2.8722
5	2.4494
6	1.8027
7	0

D = 16	
x	y
1	3.9686
2	3.8729
3	3.7081
4	3.4641
5	3.1225
6	2.6457
7	1.9364
8	0

D = 18	
x	y
1	4.4721
2	4.3878
3	4.2426
4	4.0311
5	3.7416
6	3.3541
7	2.8284
8	2.0615
9	0

D = 20	
x	y
1	4.9749
2	4.8989
3	4.7697
4	4.5825
5	4.3301
6	4
7	3.5707
8	3
9	2.1794
10	0

D = 22	
x	y
1	5.4772
2	5.4083
3	5.2915
4	5.1234
5	4.8989
6	4.6097
7	4.2426
8	3.7749
9	3.1622
10	2.2912
11	0

D = 24	
x	y
1	5.9791
2	5.9160
3	5.8094
4	5.6568
5	5.4543
6	5.1961
7	4.8734
8	4.4721
9	3.9686
10	3.3166
11	2.3979
12	0

D = 26	
x	y
1	6.4807
2	6.4226
3	6.3245
4	6.1846
5	6
6	5.7662
7	5.4772
8	5.1234
9	4.6904
10	4.1533
11	3.4641
12	2.5
13	0

D = 28	
x	y
1	6.9821
2	6.9282
3	6.8374
4	6.7082
5	6.5383
6	6.3245
7	6.0621
8	5.7445
9	5.3619
10	4.8989
11	4.3301
12	3.6055
13	2.5980
14	0

D = 30	
x	y
1	7.4833
2	7.4330
3	7.3484
4	7.2284
5	7.0710
6	6.8738
7	6.6332
8	6.3442
9	6
10	5.5901
11	5.0990
12	4.5
13	3.7416
14	2.6925
15	0

D = 32	
x	y
1	7.9843
2	7.9372
3	7.8581
4	7.7459
5	7.5993
6	7.4162
7	7.1937
8	6.9282
9	6.6143
10	6.245
11	5.8094
12	5.2915
13	4.6636
14	3.8729
15	2.7838
16	0

D = 34	
x	y
1	8.4852
2	8.4409
3	8.3666
4	8.2613
5	8.1240
6	7.9529
7	7.7459
8	7.5
9	7.2111
10	6.8738
11	6.4807
12	6.0208
13	5.4772
14	4.8218
15	4
16	2.8722
17	0

D = 36	
x	y
1	8.9861
2	8.9442
3	8.8741
4	8.7749
5	8.6458
6	8.4852
7	8.2915
8	8.0622
9	7.7942
10	7.4833
11	7.1239
12	6.7082
13	6.2249
14	5.6568
15	4.9749
16	4.1231
17	2.9580
18	0

D = 38	
x	y
1	9.4868
2	9.4472
3	9.3808
4	9.2870
5	9.1651

2:1 타원체 헤드에 있어서 점의 위치를 정하기 위한 도표

D = 38

x	y
6	9.0138
[illegible]	8.8317
8	8.6168
9	8.3666
10	8.0777
11	7.7459
12	7.3654
13	6.9282
14	6.4226
15	5.8309
16	5.1234
17	4.2426
18	3.0413
19	0

D = 40

x	y
1	9.9874
2	9.9498
3	9.8868
4	9.7979
5	9.6824
6	9.5393
7	9.3675
8	9.1651
9	8.9302
10	8.6602
11	8.3516
12	8
13	7.5993
14	7.1414
15	6.6143
16	6
17	5.2678
18	4.3589
19	3.1225
20	0

D = 42

x	y
1	10.4881
2	10.4523
3	10.3923
4	10.3078
5	10.198
6	10.0623
7	9.8994
8	9.7082
9	9.4868
10	9.2330
11	8.9442
12	8.6168
13	8.2462
14	7.8262
15	7.3484
16	6.8007
17	6.1644
18	5.4083
19	4.4721
20	3.2015
21	0

D = 48

x	y
1	11.9896
2	11.9583
3	11.9059
4	11.8322
5	11.7367
6	11.619
7	11.4782
8	11.3137
9	11.1243
10	10.9087
11	10.6654
12	10.3923
13	10.0871
14	9.7467
15	9.3675
16	8.9442
17	8.4705
18	7.9372
19	7 3314
20	6.6332
21	5.8094
22	4.7958
23	3.4278
24	0

D = 54

x	y
1	13.4907
2	13.4629
3	13.4164
4	13.351
5	13.2665
6	13.1624
7	13.0384
8	12.8939
9	12.7279
10	12.5399
11	12.3288
12	12.0934
13	11.8322
14	11.5434
15	11.225
16	10.8743
17	10.4881
18	10.0623
19	9.5916
20	9.0691
21	8.4852
22	7.8264
23	7.0710
24	6.1846
25	5.0990
26	3.6400
27	0

D = 60

x	y
1	14.9917
2	14.9666
3	14.9248
4	14.8661
5	14.7902
6	14.6969
7	14.586
8	14.4568
9	14.3091
10	14.1421
11	13.9553
12	13.7477
13	13.5185
14	13.2665
15	12.9904
16	12.6886
17	12.3592
18	12
19	11.6082
20	11.1803
21	10.7121
22	10.198
23	9.6306
24	9
25	8.2915
26	7.4833
27	6.5383
28	5.3851
29	3.8405
30	0

D = 66

x	y
1	16.4924
2	16.4697
3	16.4317
4	16.3783
5	16.3095
6	16.225
7	16.1245
8	16.0078
9	15.8745
10	15.7242
11	15.5563
12	15.3704
13	15.1658
14	14.9416
15	14.6969
16	14.4309
17	14.1421
18	13.8293
19	13.4907
20	13.1244
21	12.7279
22	12.2984
23	11.8322
24	11.3248
25	10.7703
26	10.1612
27	9.4868
28	8.7321
29	7.8740
30	6.8738
31	5.6558
32	4.0311
33	0

D = 72

x	y
1	17.9931
2	17.9722
3	17.9374
4	17.8885
5	17.8255
6	17.7482
7	17.6564
8	17.5499
9	17.4284
10	17.2916
11	17.1391
12	16.9706
13	16.7854
14	16.5831
15	16.3631
16	16.1245
17	15.8666
18	15.5885
19	15.2889
20	14.9666
21	14.6202
22	14.2478
23	13.8474
24	13.4164
25	12.9518
26	12.4499
27	11.9059
28	11.3137
29	10.6654
30	9.9498
31	9.1515
32	8.2462
33	7.1937
34	5.9160
35	4.2130
36	0

D = 78

x	y
1	19.4936
2	19.4743
3	19.4422
4	19.3972
5	19.3391
6	19.2678
7	19.1833
8	19.0853
9	18.9737
10	18.8481
11	18.7083

2:1 타원체 헤드에 있어서 점의 위치를 정하기 위한 도표

D=78

x	y
12	18.554
13	18.3848
14	18.2003
15	18
16	17.7834
17	17.5499
18	17.2988
19	17.0294
20	16.7407
21	16.4317
22	16.1012
23	15.748
24	15.3704
25	14.9666
26	14.5344
27	14.0712
28	13.5739
29	13.0384
30	12.4599
31	11.8322
32	11.1467
33	10.3923
34	9.5524
35	8.6023
36	7.5
37	6.1644
38	4.3874
39	0

D = 84

x	y
1	20.994
2	20.9762
3	20.9464
4	20.9045
5	20.8507
6	20.7846
7	20.7063
8	20.6155
9	20.5122
10	20.3961
11	20.267
12	20.1246
13	19.9687
14	19.799
15	19.615
16	19.4165
17	19.2029
18	18.9737
19	18.7283
20	18.4662
21	18.1865
22	17.8885
23	17.5713
24	17.2337
25	16.8745
26	16.4924
27	16.0857
28	15.6525
29	15.1905
30	14.6969
31	14.1686
32	13.6015
33	12.9904
34	12.3288
35	11.6082
36	10.8167
37	9.9373
38	8.9442
39	7.7942
40	6.4031
41	4.5552
42	0

D = 90

x	y
1	22.4944
2	22.4778
3	22.4499
4	22.4109
5	22.3607
6	22.2991
7	22.2261
8	22.1416
9	22.0454
10	21.9374
11	21.8174
12	21.6852
13	21.5407
14	21.3834
15	21.2132
16	21.0297
17	20.8327
18	20.6216
19	20.3961
20	20.1556
21	19.8997
22	19.6278
23	19.3391
24	19.0329
25	18.7083
26	18.3644
27	18
28	17.6139
29	17.2047
30	16.7705
31	16.3095
32	15.8193
33	15.2971
34	14.7394
35	14.1421
36	13.5
37	12.8062
38	12.052
39	11.225
40	10.3078
41	9.2736
42	8.0777
43	6.6332
44	4.7169
45	0

D = 96

x	y
1	23.9948
2	23.9792
3	23.9531
4	23.9165
5	23.8694
6	23.8118
7	23.7434
8	23.6643
9	23.5744
10	23.4734
11	23.3613
12	23.2379
13	23.103
14	22.9565
15	22.798
16	22.6274
17	22.4444
18	22.2486
19	22.0397
20	21.8174
21	21.5812
22	21.3307
23	21.0654
24	20.7846
25	20.4878
26	20.1742
27	19.8431
28	19.4936
29	19.1246
30	18.735
31	18.3235
32	17.8885
33	17.4284
34	16.9411
35	16.4241
36	15.8745
37	15.2889
38	14.6629
39	13.9911
40	13.2665
41	12.48
42	11.619
43	10.6654
44	9.5916
45	8.3516
46	6.8556
47	4.8734
48	0

D = 108

x	y
1	26.9954
2	26.9815
3	26.9583
4	26.9258
5	26.884
6	26.8328
7	26.7722
8	26.7021
9	26.6224
10	26.533
11	26.4339
12	26.3249
13	26.2059
14	26.0768
15	25.9374
16	25.7876
17	25.6271
18	25.4558
19	25.2735
20	25.0799
21	24.8747
22	24.6577
23	24.4285
24	24.1868
25	23.9322
26	23.6643
27	23.3827
28	23.0868
29	22.7761
30	22.4499
31	22.1077
32	21.7486
33	21.3717
34	20.9762
35	20.5609
36	20.1246
37	19.666
38	19.1833
39	18.6748
40	18.1384
41	17.5713
42	16.9706
43	16.3325
44	15.6525
45	14.9248
46	14.1421
47	13.2947
48	12.3693
49	11.3468
50	10.198
51	8.8741
52	7.2801
53	5.1720
54	0

D = 120

x	y
1	29.9958
2	29.9833
3	29.9625
4	29.9333
5	29.8957
6	29.8496
7	29.7951

2:1 타원체 헤드에 있어서 점의 위치를 정하기 위한 도표

D=120	
8	29.7321
9	29.6606
10	29.5804
11	29.4915
12	29.3939
13	29.2874
14	29.1719
15	29.0474
16	28.9137
17	28.7706
18	28.6182
19	28.4561
20	28.2843
21	28.1025
22	27.9106
23	27.7083
24	27.4955
25	27.2718
26	27.037
27	26.7909
28	26.533
29	26.2631
30	25.9808
31	25.6856
32	25.3772
33	25.0549
34	24.7184
35	24.367
36	24
37	23.6167
38	23.2164
39	22.798
40	22.3607
41	21.9032
42	21.4243
43	20.9225
44	20.3961
45	19.8431
46	19.2614
47	18.6481
48	18
49	17.3133
50	16.5831
51	15.8035
52	14.9666
53	14.0624
54	13.0767
55	10.9896
56	10.7703
57	9.3675
58	7.6811
59	5.4543
60	0

D = 132	
x	y
1	32.9962
2	32.9848
3	32.9659
4	32.9393
5	32.9052
6	32.8634
7	32.8139
8	32.7567
9	32.6917
10	32.619
11	32.5384
12	32.45
13	32.3535
14	32.249
15	32.1364
16	32.0156
17	31.8865
18	31.749
19	31.603
20	31 4484
21	31.285
22	31.1127
23	30.9314
24	30.7409
25	30.541
26	30.3315
27	30.1123
28	29.8831
29	29.6437
30	29.3939
31	29.1333
32	28.8617
33	28.5788
34	28.2843
35	27.9777
36	27.6586
37	27.3267
38	26.9815
39	26.6224
40	26.2488
41	25.8602
42	25.4558
43	25.035
44	24.5967
45	24.1402
46	23.6643
47	23.1679
48	22.6495
49	22.1077
50	21.5407
51	20.9464
52	20.3224
53	19.666
54	18.9737
55	18.2414
56	17.4642
57	16.6358
58	15.748
59	14.7902
60	13.7477
61	12.5996
62	11.3137
63	9.8361
64	8.0622
65	5.7227
66	0

D = 144	
x	y
1	35.9965
2	35.9861
3	35.9687
4	35.9444
5	35.9131
6	35.8748
7	35.8295
8	35.7771
9	35.7176
10	35.6511
11	35.5774
12	35.4965
13	35.4083
14	35.3129
15	35.2101
16	35.0999
17	34.9821
18	34.8569
19	34.7239
20	34.5832
21	34.4347
22	34.2783
23	34.1138
24	33.9411
25	33.7602
26	33.5708
27	33.3729
28	33.1662
29	32.9507
30	32.7261
31	32.4923
32	32.249
33	31.9961
34	31.7333
35	31.4603
36	31.1769
37	30.8828
38	30.5778
39	30.2614
40	29.9333
41	29.5931
42	29.2404
43	28.8747
44	28.4956
45	28.1025
46	27.6948
47	27.2718
48	26.8328
49	26.3771
50	25.9037
51	25.4116
52	24.8998
53	24.367
54	23.8118
55	23.2325
56	22.6274
57	21.9943
58	21.3307
59	20.6337
60	19.8997
61	19.1246
62	18.303
63	17.4284
64	16.4924
65	15.4839
66	14.3875
67	13.1814
68	11.8322
69	10.2835
70	8.4261
71	5.9791
72	0

주 :

타원형 헤드 내부 혹은 외부 곡면은 정타원형이다. 맞은편의 평행곡선은 타원형이 아니고, 본 도표의 자료는 기하학적으로 결정되지 않은 곡선 상에 점을 위치시키기 위한 목적에는 적합하지 않다 (두꺼운 벽을 가진 헤드의 경우에는 더욱 그러하다).

호(號)의 길이

1. 이 도표는 호의 길이를 측정함으로서 파이프와 셸 상에 점의 위치를 정하기 위한 것이다.
2. 호의 길이는 가장 빈번히 사용되는 파이프 크기와 용기 직경을 위해 계산된다.
3. 이 도표에 보이지 않는 직경, 각도를 위한 호의 길이는 직경 1 혹은 각도 1을 위해 주어진 값을 이용해 쉽게 얻을 수 있다.
4. 모든 치수는 인치이다.

보기

A.

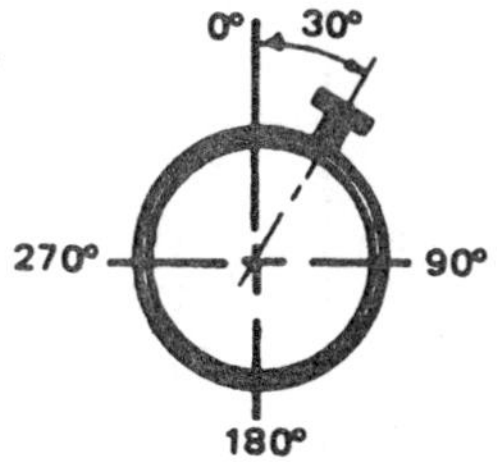

외경 : 30inch
노즐 위치 : @30°
도표로부터 호의 길이는 7.8438inch

B.

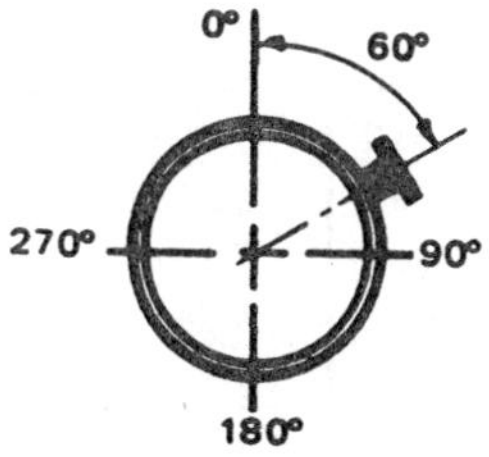

외경 : 30inch
노즐 위치 : @60°
호는 가장 가까운 중심선으로부터 측정되어야 한다.
노즐은 90° ℄으로부터 30°에 위치한다.
이 호의 길이는 7.8438inch.

C.

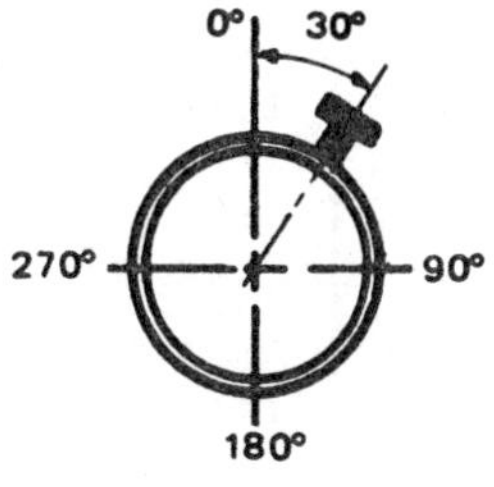

내경 : 30inch 벽두께 : 3/8inch
외경 : $30^3/_4$inch
노즐 : @30°
도표로부터 직경 1인 30° 호의 길이는 0.26180
$0.26180 \times 30.75 = 8.0503$inch

D.

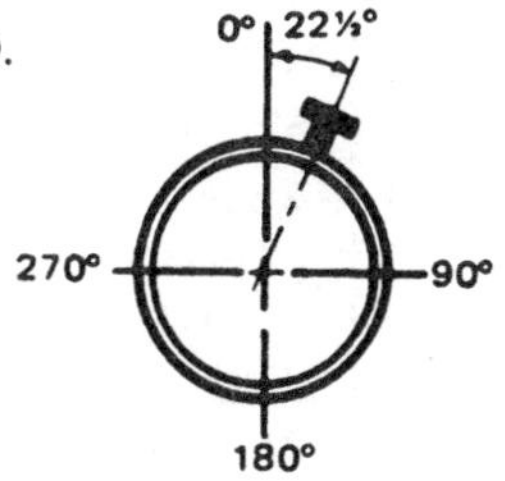

외경 : 30°
노즐 위치 : @$22^1/_2$°
도표로부터 외경 30inch 파이프 상 1° 호의 길이는 0.26180
$0.26180 \times 22.5 = 5.890$inch

호의 길이

직경		각도 1	5	10	15	20	25	30
	1	0.00873	0.04363	0.08727	0.13090	0.17453	0.21817	0.26180
공칭파이프	1	0.01148	0.0625	0.1250	0.1875	0.2188	0.2813	0.3438
	1½	0.01658	0.0938	0.1563	0.2500	0.3438	0.4063	0.5000
	2	0.02073	0.0938	0.2188	0.3125	0.4063	0.5313	0.6250
	2½	0.02509	0.1250	0.2500	0.3750	0.5000	0.6250	0.7500
	3	0.03054	0.1563	0.3125	0.4688	0.6250	0.7500	0.9063
	3½	0.03491	0.1875	0.3438	0.5313	0.6875	0.8750	1.0625
	4	0.03927	0.1875	0.4063	0.5938	0.7813	0.9688	1.1875
	5	0.04855	0.2500	0.5000	0.7188	0.9688	1.2188	1.4688
	6	0.05781	0.2813	0.5938	0.8750	1.1563	1.4375	1.7500
	8	0.07527	0.3750	0.7500	1.1250	1.5000	1.8750	2.2500
	10	0.09381	0.4688	0.9375	1.4063	1.8750	2.3488	2.8125
	12	0.11126	0.5625	1.1250	1.6563	2.2188	2.7813	3.3438
쉘 직경(inch)	12	0.10472	0.5313	1.0625	1.5625	2.0938	2.6250	3.1563
	14	0.12217	0.6250	1.2188	1.8438	2.4375	3.0625	3.6563
	16	0.13963	0.6875	1.4063	2.0938	2.7813	3.5000	4.1875
	18	0.15708	0.7813	1.5625	2.3438	3.1563	3.9375	4.7188
	20	0.17453	0.8750	1.7500	2.6250	3.5000	4.3750	5.2500
	22	0.19199	0.9688	1.9063	2.8750	3.8438	4.8125	5.7500
	24	0.20944	1.0625	2.0938	3.1563	4.1875	5.2500	6.2813
	26	0.22689	1.1250	2.2813	3.4063	4.5313	5.6875	6.8125
	28	0.24435	1.2188	2.4375	3.6563	4.8750	6.0938	7.3488
	30	0.26180	1.3125	2.6250	3.9375	5.2500	6.5313	7.8438
	32	0.27925	1.6172	2.7813	4.1875	5.5938	6.9688	8.3750
	34	0.29671	1.6224	2.9688	4.4375	5.9375	7.4063	8.9063
	36	0.31416	1.5625	3.1563	4.7188	6.2813	7.8438	9.4375
	38	0.33161	1.6563	3.3125	4.9688	6.6250	8.2813	9.9375
	40	0.34907	1.7500	3.5000	5.2500	6.9688	8.7188	10.4688
	42	0.36652	1.8438	3.6563	5.5000	7.3438	9.1563	11.0000
	48	0.41888	2.0938	4.1875	6.2813	8.3750	10.4688	12.5625
	54	0.47124	2.3438	4.7188	7.0625	9.4375	11.7813	14.1250
	60	0.57360	2.6250	5.2500	7.8438	10.4688	13.0938	15.7188
	66	0.57596	2.8750	5.7500	8.6250	11.5313	14.4063	17.2813
	72	0.62832	3.1250	6.2813	9.4375	12.5625	15.7188	18.8438
	78	0.68068	3.4063	6.8125	10.2188	13.6250	17.0313	20.4063
	84	0.73304	3.6563	7.3438	11.0000	14.6563	18.3125	22.0000
	90	0.78540	3.9375	7.8438	11.7813	15.7188	19.6250	23.5625
	96	0.83776	4.1875	8.3750	12.5625	16.7500	20.9375	25.1250
	102	0.89012	4.4375	8.9063	13.3438	17.8125	22.2500	26.7188
	108	0.94248	4.7188	9.4375	14.1250	18.8438	23.5625	28.9063
	114	0.99484	4.9688	9.9375	14.9375	19.9063	24.8750	29.8438
	120	1.04720	5.2500	10.4688	15.7188	20.9375	26.1875	31.5313
	126	1.09956	5.5000	11.0000	16.5000	22.0000	27.5000	33.0000
	132	1.15192	5.7500	11.5313	17.2813	23.0313	28.8125	34.5625
	138	1.20428	6.0313	12.0313	18.0625	24.0938	30.0938	36.1250
	144	1.25664	6.2813	12.5625	18.8438	25.1250	31.4063	37.6875

호의 길이

직경		각도 35	40	45	90	180	270	360
	1	0.30543	0.34907	0.39270	0.78540	1.57080	2.35619	3.14159
공칭파이프 크기	1	0.4063	0.4688	0.5313	1.0313	2.0625	3.0938	4.1250
	1½	0.5938	0.6563	0.7500	1.5000	3.0000	4.4688	5.9688
	2	0.7188	0.8438	0.9375	1.8750	3.7188	5.5938	7.4688
	2½	0.8750	1.0000	1.1250	2.2500	4.5313	6.7813	9.0313
	3	1.0625	1.2188	1.3750	2.7500	5.5000	8.2500	11.0000
	3½	1.2188	1.4003	1.5625	3.1563	6.2813	9.4375	12.5625
	4	1.3750	1.5625	1.7813	3.5313	7.0625	10.5938	14.1250
	5	1.6875	1.9375	2.1875	4.3750	8.7500	13.0938	17.4688
	6	2.0313	2.3125	2.5938	5.2188	10.4063	15.6250	20.8125
	8	2.6250	3.0938	3.3750	6.7813	13.5625	20.3125	27.0938
	10	3.2813	3.7500	4.2188	8.4375	16.8750	25.3438	33.7813
	12	3.9063	4.4375	5.0000	10.0000	20.0313	30.0313	40.0625
셸 직경(inch)	12	3.6563	4.1875	4.7188	9.4375	18.8438	29.2813	37.0625
	14	4.2813	4.8750	5.5000	11.0000	22.0000	33.0000	43.9688
	16	4.8750	5.5938	6.2813	12.5625	25.1250	37.6875	50.2500
	18	5.5000	6.2813	7.0313	14.1250	28.2813	42.4063	56.5625
	20	6.0938	6.9688	7.8438	15.7188	31.4063	47.1250	62.8438
	22	6.7188	7.6875	8.6563	17.2813	34.5625	51.8438	69.1250
	24	7.3438	8.3750	9.4375	18.8438	37.6875	56.5625	75.4063
	26	7.9375	9.0625	10.2188	20.4063	40.8438	61.2500	81.6875
	28	8.5625	9.7813	11.0000	22.0000	43.9688	65.9688	87.9688
	30	9.1563	10.4688	11.7813	23.5625	47.1250	70.6875	94.2500
	32	9.7813	11.1563	12.5625	25.1250	50.2500	75.4063	100.5313
	34	10.3750	11.8750	13.3438	26.7188	53.4060	80.1250	106.8125
	36	11.0000	12.5625	14.1250	28.2813	56.5625	84.8125	113.0938
	38	11.5938	13.2500	14.9375	29.8438	59.6875	89.5313	119.3750
	40	12.2188	13.9688	15.7188	31.4063	62.8438	94.2500	125.6563
	42	12.8438	14.6563	16.5000	33.0000	65.9688	98.9688	131.9375
	48	14.6563	16.7500	18.8438	37.6875	75.4063	113.0938	150.7813
	54	16.5000	18.8438	21.2188	42.4063	84.8125	127.2500	169.6563
	60	18.3125	20.9375	23.5625	47.1250	94.2500	141.3750	188.5000
	66	20.1563	23.0313	25.9065	51.8438	103.6875	155.5000	207.3458
	72	22.0000	25.1250	28.2813	56.5625	113.0938	169.6563	226.1875
	78	23.8125	27.2188	30.6250	61.2500	122.5313	183.7813	245.0313
	84	25.6563	29.3125	33.0000	65.9688	131.9375	197.9063	263.9063
	90	27.5000	31.4063	35.2438	70.6875	141.3750	212.0625	282.7500
	96	29.3125	33.5000	37.6875	75.4063	150.7813	226.1875	301.5938
	102	31.1563	35.5938	40.1250	80.1250	160.2188	240.3438	320.4375
	108	33.0000	37.6875	42.4063	84.8125	169.6563	354.4688	339.2813
	114	34.8125	39.7813	49.7813	89.5313	179.0625	268.5938	358.1250
	120	36.6563	41.8750	47.1250	94.2500	188.5000	282.7500	377.0000
	126	38.5000	43.9688	49.4688	98.9688	197.9063	296.8750	395.8438
	132	40.3125	46.0625	51.8438	103.6563	207.3438	311.0313	414.6875
	138	42.1563	48.1563	54.1875	108.3750	216.7813	325.1563	433.5313
	144	43.9688	50.2500	56.5625	113.0938	226.1875	339.2813	452.3750

원주와 원의 면적

직경	원주	면적
1/64	.04909	.00019
1/32	.09818	.00077
3/64	.14726	.00173
1/16	.19635	.00307
3/32	.29452	.00690
1/8	.39270	.01227
5/32	.49087	.01917
3/16	.58905	.02761
7/32	.68722	.03758
1/4	.78540	.04909
9/32	.88357	.06213
5/16	.98175	.07670
11/32	1.0799	.09281
3/8	1.1781	.11045
13/32	1.2763	.12962
7/16	1.3744	.15033
15/32	1.4726	.17257
1/2	1.5708	.19635
17/32	1.6690	.22166
9/16	1.7671	.24850
19/32	1.8653	.27688
5/8	1.9635	.30680
21/32	2.0617	.33824
11/16	2.1598	.37122
23/32	2.2580	.40574
3/4	2.3562	.44179
25/32	2.4544	.47937
13/16	2.5525	.51849
27/32	2.6507	.55914
7/8	2.7489	.60132
29/32	2.8471	.64504
15/16	2.9452	.69029
31/32	3.0434	.73708
1.	3.1416	.7854
1/16	3.3379	.8866
1/8	3.5343	.9940
3/16	3.7306	1.1075
1/4	3.9270	1.2272
5/16	4.1233	1.3530
3/8	4.3197	1.4849
7/16	4.5160	1.6230
1/2	4.7124	1.7671
9/16	4.9087	1.9175
5/8	5.1051	2.0739
11/16	5.3014	2.2365
3/4	5.4978	2.4053
13/16	5.6941	2.5802
7/8	5.8905	2.7612
15/16	6.0868	2.9483

직경	원주	면적
2.	6.2832	3.1416
1/16	6.4795	3.3410
1/8	6.6759	3.5466
3/16	6.8722	3.7583
1/4	7.0686	3.9761
5/16	7.2649	4.2000
3/8	7.4613	4.4301
7/16	7.6576	4.6664
1/2	7.8540	4.9087
9/16	8.0503	5.1572
5/8	8.2467	5.4119
11/16	8.4430	5.6727
3/4	8.6394	5.9396
13/16	8.8357	6.2126
7/8	9.0321	6.4918
15/16	9.2284	6.7771
3.	9.4248	7.0686
1/16	9.6211	7.3662
1/8	9.8175	7.6699
3/16	10.014	7.9798
1/4	10.210	8.2958
5/16	10.407	8.6179
3/8	10.603	8.9462
7/16	10.799	9.2806
1/2	10.996	9.6211
9/16	11.192	9.9678
5/8	11.388	10.321
11/16	11.585	10.680
3/4	11.781	11.045
13/16	11.977	11.416
7/8	12.174	11.793
15/16	12.370	12.177
4.	12.566	12.566
1/16	12.763	12.962
1/8	12.959	13.364
3/16	13.155	13.772
1/4	13.352	14.186
5/16	13.548	14.607
3/8	13.744	15.033
7/16	13.941	15.466
1/2	14.137	15.904
9/16	14.334	16.349
5/8	14.530	16.800
11/16	14.726	17.257
3/4	14.923	17.728
13/16	15.119	18.190
7/8	15.315	18.665
15/16	15.512	19.147
5.	15.708	19.635
1/16	15.904	20.129
1/8	16.101	20.629

직경	원주	면적
3/16	16.297	21.135
1/4	16.493	21.648
5/16	16.690	22.166
3/8	16.886	22.691
7/16	17.082	23.221
1/2	17.279	23.758
9/16	17.475	24.301
5/8	17.671	24.850
11/16	17.868	25.406
3/4	18.064	25.967
13/16	18.261	26.535
7/8	18.457	27.109
15/16	18.653	27.688
6.	18.850	28.274
1/8	19.242	29.465
1/4	19.635	30.680
3/8	20.028	31.919
1/2	20.420	33.183
5/8	20.813	34.472
3/4	21.206	35.785
7/8	21.598	37.122
7.	21.991	38.485
1/8	22.384	39.871
1/4	22.776	41.282
3/8	23.169	42.718
1/2	23.562	44.179
5/8	23.955	45.664
3/4	24.347	47.173
7/8	24.740	48.707
8.	25.133	50.265
1/8	25.525	51.849
1/4	25.918	53.456
3/8	26.311	55.088
1/2	26.704	56.745
5/8	27.096	58.426
3/4	27.489	60.132
7/8	27.882	61.862
9.	28.274	63.617
1/8	28.667	65.397
1/4	29.060	67.201
3/8	29.452	69.029
1/2	29.845	70.882
5/8	30.238	72.760
3/4	30.631	74.662
7/8	31.023	76.589
10.	31.416	78.540
1/8	31.809	80.516
1/4	32.201	82.516

원주와 원의 면적(계속)

직경	원주	면적
10. ⅜	32.594	84.541
½	32.987	86.590
⅝	33.379	88.664
¾	33.772	90.763
⅞	34.165	92.886
11.	34.558	95.033
⅛	34.950	97.205
¼	35.343	99.402
⅜	35.736	101.62
½	36.128	103.87
⅝	36.521	106.14
¾	36.914	108.43
⅞	37.306	110.75
12.	37.699	113.10
⅛	38.092	115.47
¼	38.485	117.86
⅜	38.877	120.28
½	39.270	122.72
⅝	39.663	125.19
¾	40.055	127.68
⅞	40.448	130.19
13.	40.841	132.73
⅛	41.233	135.30
¼	41.626	137.89
⅜	42.019	140.50
½	42.412	143.14
⅝	42.804	145.80
¾	43.197	148.49
⅞	43.590	151.20
14.	43.982	153.94
⅛	44.375	156.70
¼	44.768	159.48
⅜	45.160	162.30
½	45.553	165.13
⅝	45.946	167.99
¾	46.338	170.87
⅞	46.731	173.78
15.	47.124	176.71
⅛	47.517	179.67
¼	47.909	182.65
⅜	48.302	185.66
½	48.695	188.69
⅝	49.087	191.75
¾	49.480	194.83
⅞	49.873	197.93
16.	50.265	201.06
⅛	50.658	204.22
¼	51.051	207.39
⅜	51.444	210.60
½	51.836	213.82
⅝	52.229	217.08
¾	52.622	220.35
⅞	53.014	223.65
17.	53.407	226.98
⅛	53.800	230.33
¼	54.192	233.71
⅜	54.585	237.10
½	54.978	240.53
⅝	55.371	243.98
¾	55.763	247.45
⅞	56.156	250.95
18.	56.549	254.47
⅛	56.941	258.02
¼	57.334	261.59
⅜	57.727	265.18
½	58.119	268.80
⅝	58.512	272.45
¾	58.905	276.12
⅞	59.298	279.81
19.	59.690	283.53
⅛	60.083	287.27
¼	60.476	291.04
⅜	60.868	294.83
½	61.261	298.65
⅝	61.654	302.49
¾	62.046	306.35
⅞	62.439	310.24
20.	62.832	314.16
⅛	63.225	318.10
¼	63.617	322.06
⅜	64.010	326.05
½	64.403	330.06
⅝	64.795	334.10
¾	65.188	338.16
⅞	65.581	342.25
21.	65.973	346.36
⅛	66.366	350.50
¼	66.759	354.66
⅜	67.152	358.84
½	67.544	363.05
⅝	67.937	367.28
¾	68.330	371.54
⅞	68.722	375.83
22.	69.115	380.13
⅛	69.508	384.46
¼	69.900	388.82
⅜	70.293	393.20
½	70.686	397.61
⅝	71.079	402.04
¾	71.471	406.49
⅞	71.864	410.97
23.	72.257	415.48
⅛	72.649	420.00
¼	73.042	424.56
⅜	73.435	429.13
½	73.827	433.74
⅝	74.220	438.36
¾	74.613	443.01
⅞	75.006	447.69
24.	75.398	452.39
⅛	75.791	457.11
¼	76.184	461.86
⅜	76.576	466.64
½	76.969	471.44
⅝	77.362	476.26
¾	77.754	481.11
⅞	78.147	485.98
25.	78.540	490.87
⅛	78.933	495.79
¼	79.325	500.74
⅜	79.718	505.71
½	80.111	510.71
⅝	80.503	515.72
¾	80.896	520.77
⅞	81.289	525.84
26.	81.681	530.93
⅛	82.074	536.05
¼	82.467	541.19
⅜	82.860	546.35
½	83.252	551.55
⅝	83.645	556.76
¾	84.038	562.00
⅞	84.430	567.27
27.	84.823	572.56
⅛	85.216	577.87
¼	85.608	583.21
⅜	86.001	588.57
½	86.394	593.96
⅝	86.786	599.37
¾	87.179	604.81
⅞	87.572	610.27

원주와 원의 면적(계속)

직경	원주	면적	직경	원주	면적	직경	원주	면적
28.	87.965	615.75	34.	106.814	907.92	40.	125.664	1256.6
1/8	88.357	621.26	1/8	107.207	914.61	1/8	126.056	1264.5
1/4	88.750	626.80	1/4	107.600	921.32	1/4	126.449	1272.4
3/8	89.143	632.36	3/8	107.992	928.06	3/8	126.842	1280.3
1/2	89.535	637.94	1/2	108.385	934.82	1/2	127.235	1288.2
5/8	89.928	643.55	5/8	108.778	941.61	5/8	127.627	1296.2
3/4	90.321	649.18	3/4	109.170	948.42	3/4	128.020	1304.2
7/8	90.713	654.84	7/8	109.563	955.25	7/8	128.413	1312.2
29.	91.106	660.52	35.	109.956	962.11	41.	128.805	1320.3
1/8	91.499	666.23	1/8	110.348	969.00	1/8	129.198	1328.3
1/4	91.892	671.96	1/4	110.741	975.91	1/4	129.591	1336.4
3/8	92.284	677.71	3/8	111.134	982.84	3/8	129.983	1344.5
1/2	92.677	683.49	1/2	111.527	989.80	1/2	130.376	1352.7
5/8	93.070	689.30	5/8	111.919	996.78	5/8	130.769	1360.8
3/4	93.462	695.13	3/4	112.312	1003.8	3/4	131.161	1369.0
7/8	93.855	700.98	7/8	112.705	1010.8	7/8	131.554	1377.2
30.	94.248	706.86	36.	113.097	1017.9	42.	131.947	1385.4
1/8	94.640	712.76	1/8	113.490	1025.0	1/8	132.340	1393.7
1/4	95.033	718.69	1/4	113.883	1032.1	1/4	132.732	1402.0
3/8	95.426	724.64	3/8	114.275	1039.2	3/8	133.125	1410.3
1/2	95.819	730.62	1/2	114.668	1046.3	1/2	133.518	1418.6
5/8	96.211	736.62	5/8	115.061	1053.5	5/8	133.910	1427.0
3/4	96.604	742.64	3/4	115.454	1060.7	3/4	134.303	1435.4
7/8	96.997	748.69	7/8	115.846	1068.0	7/8	134.696	1443.8
31.	97.389	754.77	37.	116.239	1075.2	43.	135.088	1452.2
1/8	97.782	760.87	1/8	116.632	1082.5	1/8	135.481	1460.7
1/4	98.175	766.99	1/4	117.024	1089.8	1/4	135.874	1469.1
3/8	98.567	773.14	3/8	117.417	1097.1	3/8	136.267	1477.6
1/2	98.960	779.31	1/2	117.810	1104.5	1/2	136.659	1486.2
5/8	99.353	785.51	5/8	118.202	1111.8	5/8	137.052	1494.7
3/4	99.746	791.73	3/4	118.596	1119.2	3/4	137.445	1503.3
7/8	100.138	797.98	7/8	118.988	1126.7	7/8	137.837	1511.9
32.	100.531	804.25	38.	119.381	1134.1	44.	138.230	1520.5
1/8	100.924	810.54	1/8	119.773	1141.6	1/8	138.623	1529.2
1/4	101.316	816.86	1/4	120.166	1149.1	1/4	139.015	1537.9
3/8	101.709	823.21	3/8	120.559	1156.6	3/8	139.408	1546.6
1/2	102.102	829.58	1/2	120.951	1164.2	1/2	139.801	1555.3
5/8	102.494	835.97	5/8	121.344	1171.7	5/8	140.194	1564.0
3/4	102.887	842.39	3/4	121.737	1179.3	3/4	140.586	1572.8
7/8	103.280	848.83	7/8	122.129	1186.9	7/8	140.979	1581.6
33.	103.673	855.30	39.	122.522	1194.6	45.	141.372	1590.4
1/8	104.065	861.79	1/8	122.915	1202.3	1/8	141.764	1599.3
1/4	104.458	868.31	1/4	123.308	1210.6	1/4	142.157	1608.2
3/8	104.851	874.85	3/8	123.700	1217.7	3/8	142.550	1617.0
1/2	105.243	881.41	1/2	124.093	1225.4	1/2	142.942	1626.0
5/8	105.636	888.00	5/8	124.486	1233.2	5/8	143.335	1634.9
3/4	106.029	894.62	3/4	124.878	1241.0	3/4	143.728	1643.9
7/8	106.421	901.26	7/8	125.271	1248.8	7/8	144.121	1652.9

원주와 원의 면적(계속)

직경	원주	면적
46.	144.513	1661.9
1/8	144.906	1670.9
1/4	145.299	1680.0
3/8	145.691	1689.1
1/2	146.084	1698.2
5/8	146.477	1707.4
3/4	146.869	1716.5
7/8	147.262	1725.7
47.	147.655	1734.9
1/8	148.048	1744.2
1/4	148.440	1753.5
3/8	148.833	1762.7
1/2	149.226	1772.1
5/8	149.618	1781.4
3/4	150.011	1790.8
7/8	150.404	1800.1
48.	150.796	1809.6
1/8	151.189	1819.0
1/4	151.582	1828.5
3/8	151.975	1837.9
1/2	152.367	1847.5
5/8	152.760	1857.0
3/4	153.153	1866.5
7/8	153.545	1876.1
49.	153.938	1885.7
1/8	154.331	1895.4
1/4	154.723	1905.0
3/8	155.116	1914.7
1/2	155.509	1924.4
5/8	155.902	1934.2
3/4	156.294	1943.9
7/8	156.687	1953.7
50.	157.080	1963.5
1/8	157.472	1973.3
1/4	157.865	1983.2
3/8	158.258	1993.1
1/2	158.650	2003.0
5/8	159.043	2012.9
3/4	159.436	2022.8
7/8	159.829	2032.8
51.	160.221	2042.8
1/8	160.614	2052.8
1/4	161.007	2062.9
3/8	161.399	2073.0
1/2	161.792	2083.1
5/8	162.185	2093.2
3/4	162.577	2103.3
7/8	162.970	2113.5

직경	원주	면적
52.	163.363	2123.7
1/8	163.756	2133.9
1/4	164.148	2144.2
3/8	164.541	2154.5
1/2	164.934	2164.8
5/8	165.326	2175.1
3/4	165.719	2185.4
7/8	166.112	2195.8
53.	166.504	2206.2
1/8	166.897	2216.6
1/4	167.290	2227.0
3/8	167.683	2237.5
1/2	168.075	2248.0
5/8	168.468	2258.5
3/4	168.861	2269.1
7/8	169.253	2279.6
54.	169.646	2290.2
1/8	170.039	2300.8
1/4	170.431	2311.5
3/8	170.824	2322.1
1/2	171.217	2332.8
5/8	171.609	2343.5
3/4	172.002	2354.3
7/8	172.395	2365.0
55.	172.788	2375.8
1/8	173.180	2386.6
1/4	173.573	2397.5
3/8	173.966	2408.3
1/2	174.358	2419.2
5/8	174.751	2430.1
3/4	175.144	2441.1
7/8	175.536	2452.0
56.	175.929	2463.0
1/8	176.322	2474.0
1/4	176.715	2485.0
3/8	177.107	2496.1
1/2	177.500	2507.2
5/8	177.893	2518.3
3/4	178.285	2529.4
7/8	178.678	2540.6
57.	179.071	2551.8
1/8	179.463	2563.0
1/4	179.856	2574.2
3/8	180.249	2585.4
1/2	180.642	2596.7
5/8	181.034	2608.0
3/4	181.427	2619.4
7/8	181.820	2630.7

직경	원주	면적
58.	182.212	2642.1
1/8	182.605	2653.5
1/4	182.998	2664.9
3/8	183.390	2676.4
1/2	183.783	2687.8
5/8	184.176	2699.3
3/4	184.569	2710.9
7/8	184.961	2722.4
59.	185.354	2734.0
1/8	185.747	2745.6
1/4	186.139	2757.2
3/8	186.532	2768.8
1/2	186.925	2780.5
5/8	187.317	2792.2
3/4	187.710	2803.9
7/8	188.103	2815.7
60.	188.496	2827.4
1/8	188.888	2839.2
1/4	189.281	2851.0
3/8	189.674	2862.9
1/2	190.066	2874.8
5/8	190.459	2886.6
3/4	190.852	2898.6
7/8	191.244	2910.5
61.	191.637	2922.5
1/8	192.030	2934.5
1/4	192.423	2946.5
3/8	192.815	2958.5
1/2	193.208	2970.6
5/8	193.601	2982.7
3/4	193.993	2994.8
7/8	194.386	3006.9
62.	194.779	3019.1
1/8	195.171	3031.3
1/4	195.564	3043.5
3/8	195.957	3055.7
1/2	196.350	3068.0
5/8	196.742	3080.3
3/4	197.135	3092.6
7/8	197.528	3104.9
63.	197.920	3117.2
1/8	198.313	3129.6
1/4	198.706	3142.0
3/8	199.098	3154.5
1/2	199.491	3166.9
5/8	199.884	3179.4
3/4	200.277	3191.9
7/8	200.669	3204.4

원주와 원의 면적(계속)

직경	원주	면적
64.	201.062	3217.0
1/8	201.455	3229.6
1/4	201.847	3242.2
3/8	202.240	3254.8
1/2	202.633	3267.5
5/8	203.025	3280.1
3/4	203.418	3292.8
7/8	203.811	3305.6
65.	204.204	3318.3
1/8	204.596	3331.1
1/4	204.989	3343.9
3/8	205.382	3356.7
1/2	205.774	3369.6
5/8	206.167	3382.4
3/4	206.560	3395.3
7/8	206.952	3408.2
66.	207.345	3421.2
1/8	207.738	3434.2
1/4	208.131	3447.2
3/8	208.523	3460.2
1/2	208.916	3473.2
5/8	209.309	3486.3
3/4	209.701	3499.4
7/8	210.094	3512.5
67.	210.487	3525.7
1/8	210.879	3538.8
1/4	211.272	3552.0
3/8	211.665	3565.2
1/2	212.058	3578.5
5/8	212.450	3591.7
3/4	212.843	3605.0
7/8	213.236	3618.3
68.	213.628	3631.7
1/8	214.021	3645.0
1/4	214.414	3658.4
3/8	214.806	3671.8
1/2	215.199	3685.3
5/8	215.592	3698.7
3/4	215.984	3712.2
7/8	216.377	3725.7
69.	216.770	3739.3
1/8	217.163	3752.8
1/4	217.555	3766.4
3/8	217.948	3780.0
1/2	218.341	3793.7
5/8	218.733	3807.3
3/4	219.126	3821.0
7/8	219.519	3834.7

직경	원주	면적
70.	219.911	3848.5
1/8	220.304	3862.2
1/4	220.697	3876.0
3/8	221.090	3889.8
1/2	221.482	3903.6
5/8	221.875	3917.5
3/4	222.268	3931.4
7/8	222.660	3945.3
71.	223.053	3959.2
1/8	223.446	3973.1
1/4	223.838	3987.1
3/8	224.231	4001.1
1/2	224.624	4015.2
5/8	225.017	4029.2
3/4	225.409	4043.3
7/8	225.802	4057.4
72.	226.195	4071.5
1/8	226.587	4085.7
1/4	226.980	4099.8
3/8	227.373	4114.0
1/2	227.765	4128.2
5/8	228.158	4142.5
3/4	228.551	4156.8
7/8	228.944	4171.1
73.	229.336	4185.4
1/8	229.729	4199.7
1/4	230.122	4214.1
3/8	230.514	4228.5
1/2	230.907	4242.9
5/8	231.300	4257.4
3/4	231.692	4271.8
7/8	232.085	4286.3
74.	232.478	4300.8
1/8	232.871	4315.4
1/4	233.263	4329.9
3/8	233.656	4344.5
1/2	234.049	4359.2
5/8	234.441	4373.8
3/4	234.834	4388.5
7/8	235.227	4403.1
75.	235.619	4417.9
1/8	236.012	4432.6
1/4	236.405	4447.4
3/8	236.798	4462.2
1/2	237.190	4477.0
5/8	237.583	4491.8
3/4	237.976	4506.7
7/8	238.368	4521.5

직경	원주	면적
76.	238.761	4536.5
1/8	239.154	4551.4
1/4	239.546	4566.4
3/8	239.939	4581.3
1/2	240.332	4596.3
5/8	240.725	4611.4
3/4	241.117	4626.4
7/8	241.510	4641.5
77.	241.903	4656.6
1/8	242.295	4671.8
1/4	242.688	4686.9
3/8	243.081	4702.1
1/2	243.473	4717.3
5/8	243.866	4732.5
3/4	244.259	4747.8
7/8	244.652	4763.1
78.	245.044	4778.4
1/8	245.437	4793.7
1/4	245.830	4809.0
3/8	246.222	4824.4
1/2	246.615	4839.8
5/8	247.008	4855.2
3/4	247.400	4870.7
7/8	247.793	4886.2
79.	248.186	4901.7
1/8	248.579	4917.2
1/4	248.971	4932.7
3/8	249.364	4948.3
1/2	249.757	4963.9
5/8	250.149	4979.5
3/4	250.542	4995.2
7/8	250.935	5010.9
80.	251.327	5026.5
1/8	251.720	5042.3
1/4	252.113	5058.0
3/8	252.506	5073.8
1/2	252.898	5089.6
5/8	253.291	5105.4
3/4	253.684	5121.2
7/8	254.076	5137.1
81.	254.469	5153.0
1/8	254.862	5168.9
1/4	255.254	5184.9
3/8	255.647	5200.8
1/2	256.040	5216.8
5/8	256.433	5232.8
3/4	256.825	5248.9
7/8	257.218	5264.9

원주와 원의 면적(계속)

직경	원주	면적	직경	원주	면적	직경	원주	면적
82.	257.611	5281.0	88.	276.460	6082.1	94.	295.310	6939.8
1/8	258.003	5297.1	1/8	276.853	6099.4	1/8	295.702	6958.2
1/4	258.396	5313.3	1/4	277.246	6116.7	1/4	296.095	6976.7
3/8	258.789	5329.4	3/8	277.638	6134.1	3/8	296.488	6995.3
1/2	259.181	5345.6	1/2	278.031	6151.4	1/2	296.881	7013.8
5/8	259.574	5361.8	5/8	278.424	6168.8	5/8	297.273	7032.4
3/4	259.967	5378.1	3/4	278.816	6186.2	3/4	297.666	7051.0
7/8	260.359	5394.3	7/8	279.209	6203.7	7/8	298.059	7069.6
83.	260.752	5410.6	89.	279.602	6221.1	95.	298.451	7088.2
1/8	261.145	5426.9	1/8	279.994	6238.6	1/8	298.844	7106.9
1/4	261.538	5443.3	1/4	280.387	6256.1	1/4	299.237	7125.6
3/8	261.930	5459.6	3/8	280.780	6273.7	3/8	299.629	7144.3
1/2	262.323	5476.0	1/2	281.173	6291.2	1/2	300.022	7163.0
5/8	262.716	5492.4	5/8	281.565	6308.8	5/8	300.415	7181.8
3/4	263.108	5508.8	3/4	281.958	6326.4	3/4	300.807	7200.6
7/8	263.501	5525.3	7/8	282.351	6344.1	7/8	301.200	7219.4
84.	263.894	5541.8	90.	282.743	6361.7	96.	301.593	7238.2
1/8	264.286	5558.3	1/8	283.136	6379.4	1/8	301.986	7257.1
1/4	264.679	5574.8	1/4	283.529	6397.1	1/4	302.378	7276.0
3/8	265.072	5591.4	3/8	283.921	6414.9	3/8	302.771	7294.9
1/2	265.465	5607.9	1/2	284.314	6432.6	1/2	303.164	7313.8
5/8	265.857	5624.5	5/8	284.707	6450.4	5/8	303.556	7332.8
3/4	266.250	5641.2	3/4	285.100	6468.2	3/4	303.949	7351.8
7/8	266.643	5657.8	7/8	285.492	6486.0	7/8	304.342	7370.8
85.	267.035	5674.5	91.	285.885	6503.9	97.	304.734	7389.8
1/8	267.428	5691.2	1/8	286.278	6521.8	1/8	305.127	7408.9
1/4	267.821	5707.9	1/4	286.670	6539.7	1/4	305.520	7428.0
3/8	268.213	5724.7	3/8	287.063	6557.6	3/8	305.913	7447.1
1/2	268.606	5741.5	1/2	287.456	6575.5	1/2	306.305	7466.2
5/8	268.999	5758.3	5/8	287.848	6593.5	5/8	306.698	7485.3
3/4	269.392	5775.1	3/4	288.241	6611.5	3/4	307.091	7504.5
7/8	269.784	5791.9	7/8	288.634	6629.6	7/8	307.483	7523.7
86.	270.177	5808.8	92.	289.027	6647.6	98.	307.876	7543.0
1/8	270.570	5825.7	1/8	289.419	6665.7	1/8	308.269	7562.2
1/4	270.962	5842.6	1/4	289.812	6683.8	1/4	308.661	7581.5
3/8	271.355	5859.6	3/8	290.205	6701.9	3/8	309.054	7600.8
1/2	271.748	5876.5	1/2	290.597	6720.1	1/2	309.447	7620.1
5/8	272.140	5893.5	5/8	290.990	6738.2	5/8	309.840	7639.5
3/4	272.533	5910.6	3/4	291.383	6756.4	3/4	310.232	7658.9
7/8	272.926	5927.6	7/8	291.775	6774.7	7/8	310.625	7678.3
87.	273.319	5944.7	93.	292.168	6792.9	99.	311.018	7697.7
1/8	273.711	5961.8	1/8	292.561	6811.2	1/8	311.410	7717.1
1/4	274.104	5978.9	1/4	292.954	6829.5	1/4	311.803	7736.6
3/8	274.497	5996.0	3/8	293.346	6847.8	3/8	312.196	7756.1
1/2	274.889	6013.2	1/2	293.739	6866.1	1/2	312.588	7775.6
5/8	275.282	6030.4	5/8	294.132	6884.5	5/8	312.981	7795.2
3/4	275.675	6047.6	3/4	294.524	6902.9	3/4	313.374	7814.8
7/8	276.067	6064.9	7/8	294.917	6921.3	7/8	313.767	7834.4

원주와 원의 면적(계속)

직경	원주	면적	직경	원주	면적	직경	원주	면적
100.	314.16	7854	106.	333.01	8825	112.	351.86	9852
1/8	314.55	7873	1/8	333.40	8845	1/8	352.25	9874
1/4	314.95	7893	1/4	333.80	8866	1/4	352.65	9897
3/8	315.34	7913	3/8	334.19	8887	3/8	353.04	9919
1/2	315.73	7933	1/2	334.58	8908	1/2	353.43	9941
5/8	316.12	7952	5/8	334.97	8929	5/8	353.82	9963
3/4	316.52	7972	3/4	335.37	8950	3/4	354.22	9985
7/8	316.91	7992	7/8	335.76	8971	7/8	354.61	10007
101.	317.30	8012	107.	336.15	8992	113.	355.00	10029
1/8	317.69	8032	1/8	336.54	9014	1/8	355.39	10052
1/4	318.09	8052	1/4	336.94	9035	1/4	355.79	10074
3/8	318.48	8071	3/8	337.33	9056	3/8	356.18	10097
1/2	318.87	8091	1/2	337.72	9077	1/2	356.57	10119
5/8	319.27	8111	5/8	338.12	9098	5/8	356.96	10141
3/4	319.66	8131	3/4	338.51	9119	3/4	357.36	10163
7/8	320.05	8151	7/8	338.90	9140	7/8	357.75	10185
102.	320.44	8171	108.	339.29	9161	114.	358.14	10207
1/8	320.84	8191	1/8	339.69	9183	1/8	358.54	10230
1/4	321.23	8211	1/4	340.08	9204	1/4	358.93	10252
3/8	321.62	8231	3/8	340.47	9225	3/8	359.32	10275
1/2	322.01	8252	1/2	340.86	9246	1/2	359.71	10297
5/8	322.41	8272	5/8	341.26	9268	5/8	360.11	10320
3/4	322.80	8292	3/4	341.65	9289	3/4	360.50	10342
7/8	323.19	8312	7/8	342.04	9310	7/8	360.89	10365
103.	323.59	8332	109.	342.43	9331	115.	361.28	10387
1/8	323.98	8352	1/8	342.83	9353	1/8	361.68	10410
1/4	324.37	8372	1/4	343.22	9374	1/4	362.07	10432
3/8	324.76	8393	3/8	343.61	9396	3/8	362.46	10455
1/2	325.16	8413	1/2	344.01	9417	1/2	362.86	10477
5/8	325.55	8434	5/8	344.40	9439	5/8	363.25	10500
3/4	325.94	8454	3/4	344.79	9460	3/4	363.64	10522
7/8	326.33	8474	7/8	345.18	9481	7/8	364.03	10545
104.	326.73	8495	110.	345.58	9503	116.	364.43	10568
1/8	327.12	8515	1/8	345.97	9525	1/8	364.82	10590
1/4	327.51	8536	1/4	346.36	9546	1/4	365.21	10613
3/8	327.91	8556	3/8	346.75	9568	3/8	365.60	10636
1/2	328.30	8577	1/2	347.15	9589	1/2	366.00	10659
5/8	328.69	8597	5/8	347.54	9611	5/8	366.39	10682
3/4	329.08	8618	3/4	347.93	9633	3/4	366.78	10705
7/8	329.48	8638	7/8	348.33	9655	7/8	367.18	10728
105.	329.87	8659	111.	348.72	9677	117.	367.57	10751
1/8	330.26	8679	1/8	349.11	9698	1/8	367.96	10774
1/4	330.65	8700	1/4	349.50	9720	1/4	368.35	10798
3/8	331.05	8721	3/8	349.90	9742	3/8	368.75	10821
1/2	331.44	8741	1/2	350.29	9764	1/2	369.14	10844
5/8	331.83	8762	5/8	350.68	9786	5/8	369.53	10867
3/4	332.22	8783	3/4	351.07	9808	3/4	369.92	10890
7/8	332.62	8804	7/8	351.47	9830	7/8	370.32	10913

원주와 원의 면적(계속)

직경	원주	면적
118.	370.71	10936
⅛	371.11	10960
¼	371.49	10983
⅜	371.89	11007
½	372.28	11030
⅝	372.67	11053
¾	373.07	11076
⅞	373.46	11099
119.	373.85	11122
⅛	374.24	11146
¼	374.64	11169
⅜	375.03	11193
½	375.42	11216
⅝	375.81	11240
¾	376.21	11263
⅞	376.60	11287
120.	376.99	11310
⅛	377.39	11334
¼	377.78	11357
⅜	378.17	11381
½	378.56	11404
⅝	378.96	11428
¾	379.35	11451
⅞	379.74	11475
121.	380.13	11499
⅛	380.53	11522
¼	380.92	11546
⅜	381.31	11570
½	381.70	11594
⅝	382.10	11618
¾	382.49	11642
⅞	382.88	11666
122.	383.28	11690
⅛	383.67	11714
¼	384.06	11738
⅜	384.45	11762
½	384.85	11786
⅝	385.24	11810
¾	385.63	11834
⅞	386.02	11858
123.	386.42	11882
⅛	386.81	11907
¼	387.20	11931
⅜	387.60	11956
½	387.99	11980
⅝	388.38	12004
¾	388.77	12028
⅞	389.17	12052

직경	원주	면적
124.	389.56	12076
⅛	389.95	12101
¼	390.34	12125
⅜	390.74	12150
½	391.13	12174
⅝	391.52	12199
¾	391.92	12223
⅞	392.31	12248
125.	392.70	12272
⅛	393.09	12297
¼	393.49	12321
⅜	393.88	12346
½	394.27	12370
⅝	394.66	12395
¾	395.06	12419
⅞	395.45	12444
126.	395.84	12469
⅛	396.23	12494
¼	396.63	12518
⅜	397.02	12543
½	397.41	12568
⅝	397.81	12593
¾	398.20	12618
⅞	398.59	12643
127.	398.98	12668
⅛	399.38	12693
¼	399.77	12718
⅜	400.16	12743
½	400.55	12768
⅝	400.95	12793
¾	401.34	12818
⅞	401.73	12843
128.	402.13	12868
⅛	402.52	12893
¼	402.91	12919
⅜	403.30	12944
½	403.70	12970
⅝	404.09	12995
¾	404.48	13020
⅞	404.87	13045
129.	405.27	13070
⅛	405.66	13096
¼	406.05	13121
⅜	406.44	13147
½	406.84	13172
⅝	407.23	13198
¾	407.62	13223
⅞	408.02	13248

직경	원주	면적
130.	408.41	13273
⅛	408.80	13299
¼	409.19	13324
⅜	409.59	13350
½	409.98	13375
⅝	410.37	13401
¾	410.76	13426
⅞	411.16	13452
131.	411.55	13478
⅛	411.94	13504
¼	412.34	13529
⅜	412.73	13555
½	413.12	13581
⅝	413.51	13607
¾	413.91	13633
⅞	414.30	13659
132.	414.69	13685
⅛	415.08	13711
¼	415.48	13737
⅜	415.87	13763
½	416.26	13789
⅝	416.66	13815
¾	417.05	13841
⅞	417.44	13867
133.	417.83	13893
⅛	418.23	13919
¼	418.62	13946
⅜	419.01	13972
½	419.40	13999
⅝	419.80	14025
¾	420.19	14051
⅞	420.58	14077
134.	420.97	14103
⅛	421.37	14130
¼	421.76	14156
⅜	422.15	14183
½	422.55	14209
⅝	422.94	14236
¾	423.33	14262
⅞	423.72	14288
135.	424.12	14314
⅛	424.51	14341
¼	424.90	14367
⅜	425.29	14394
½	425.69	14420
⅝	426.08	14447
¾	426.47	14473
⅞	426.87	14500

원주와 원의 면적(계속)

직경	원주	면적	직경	원주	면적	직경	원주	면적
136.	427.26	14527	142.	446.11	15837	148.	464.96	17203
1/8	427.65	14553	1/8	446.50	15865	1/8	465.35	17232
1/4	428.04	14580	1/4	446.89	15893	1/4	465.74	17262
3/8	428.44	14607	3/8	447.29	15921	3/8	466.14	17291
1/2	428.83	14633	1/2	447.68	15949	1/2	466.53	17321
5/8	429.22	14660	5/8	448.07	15977	5/8	466.92	17350
3/4	429.61	14687	3/4	448.46	16005	3/4	467.31	17379
7/8	430.01	14714	7/8	448.86	16033	7/8	467.71	17408
137.	430.40	14741	143.	449.25	16061	149.	468.10	17437
1/8	430.79	14768	1/8	449.64	16089	1/8	468.49	17466
1/4	431.19	14795	1/4	450.03	16117	1/4	468.88	17496
3/8	431.58	14822	3/8	450.43	16145	3/8	469.28	17525
1/2	431.97	14849	1/2	450.82	16173	1/2	469.67	17555
5/8	432.36	14876	5/8	451.21	16201	5/8	470.06	17584
3/4	432.76	14903	3/4	451.61	16229	3/4	470.46	17614
7/8	433.15	14930	7/8	452.00	16258	7/8	470.85	17643
138.	433.54	14957	144.	452.39	16286	150.	471.24	17672
1/8	433.93	14984	1/8	452.78	16314	1/8	471.63	17702
1/4	434.33	15012	1/4	453.18	16342	1/4	472.03	17731
3/8	434.72	15039	3/8	453.57	16371	3/8	472.42	17761
1/2	435.11	15067	1/2	453.96	16399	1/2	472.81	17790
5/8	435.50	15094	5/8	454.35	16428	5/8	473.20	17820
3/4	435.90	15121	3/4	454.75	16456	3/4	473.60	17849
7/8	436.29	15148	7/8	455.14	16485	7/8	473.99	17879
139.	436.68	15175	145.	455.53	16513	151.	474.38	17908
1/8	437.08	15203	1/8	455.93	16542	1/8	474.77	17938
1/4	437.47	15230	1/4	456.32	16570	1/4	475.17	17967
3/8	437.86	15258	3/8	456.71	16599	3/8	475.56	17997
1/2	438.25	15285	1/2	457.10	16627	1/2	475.95	18026
5/8	438.65	15313	5/8	457.50	16656	5/8	476.35	18056
3/4	439.04	15340	3/4	457.89	16684	3/4	476.74	18086
7/8	439.43	15367	7/8	458.28	16713	7/8	477.13	18116
140.	439.82	15394	146.	458.67	16742	152.	477.52	18146
1/8	440.22	15422	1/8	459.07	16770	1/8	477.92	18175
1/4	440.61	15449	1/4	459.46	16799	1/4	478.31	18205
3/8	441.00	15477	3/8	459.85	16827	3/8	478.70	18235
1/2	441.40	15504	1/2	460.24	16856	1/2	479.09	18265
5/8	441.79	15532	5/8	460.64	16885	5/8	479.49	18295
3/4	442.18	15559	3/4	461.03	16914	3/4	479.88	18325
7/8	442.57	15587	7/8	461.42	16943	7/8	480.27	18355
141.	442.97	15615	147.	461.82	16972	153.	480.67	18385
1/8	443.36	15642	1/8	462.21	17000	1/8	481.06	18415
1/4	443.75	15670	1/4	462.60	17029	1/4	481.45	18446
3/8	444.14	15697	3/8	462.99	17058	3/8	481.84	18476
1/2	444.54	15725	1/2	463.39	17087	1/2	482.24	18507
5/8	444.93	15753	5/8	463.78	17116	5/8	482.63	18537
3/4	445.32	15781	3/4	464.17	17145	3/4	483.02	18567
7/8	445.72	15809	7/8	464.56	17174	7/8	483.41	18597

원주와 원의 면적(계속)

직경	원주	면적
154.	483.81	18627
1/8	484.20	18658
1/4	484.59	18688
3/8	484.99	18719
1/2	485.38	18749
5/8	485.77	18779
3/4	486.16	18809
7/8	486.56	18839
155.	486.95	18869
1/8	487.34	18900
1/4	487.73	18930
3/8	488.13	18961
1/2	488.52	18991
5/8	488.91	19022
3/4	489.30	19052
7/8	489.70	19083
156.	490.09	19113
1/8	490.48	19144
1/4	490.88	19174
3/8	491.27	19205
1/2	491.66	19235
5/8	492.05	19266
3/4	492.45	19297
7/8	492.84	19328
157.	493.23	19359
1/8	493.62	19390
1/4	494.02	19421
3/8	494.41	19452
1/2	494.80	19483
5/8	495.20	19514
3/4	495.59	19545
7/8	495.98	19576
158.	496.37	19607
1/8	496.77	19638
1/4	497.16	19669
3/8	497.55	19701
1/2	497.94	19732
5/8	498.34	19763
3/4	498.73	19794
7/8	499.12	19825
159.	499.51	19856
1/8	499.91	19887
1/4	500.30	19919
3/8	500.69	19950
1/2	501.09	19982
5/8	501.48	20013
3/4	501.87	20044
7/8	502.26	20075

직경	원주	면적
160.	502.66	20106
1/8	503.05	20138
1/4	503.44	20169
3/8	503.83	20201
1/2	504.23	20232
5/8	504.62	20264
3/4	505.01	20295
7/8	505.41	20327
161.	505.80	20358
1/8	506.19	20390
1/4	506.58	20421
3/8	506.98	20453
1/2	507.37	20484
5/8	507.76	20516
3/4	508.15	20548
7/8	508.55	20580
162.	508.94	20612
1/8	509.33	20644
1/4	509.73	20675
3/8	510.12	20707
1/2	510.51	20739
5/8	510.90	20771
3/4	511.30	20803
7/8	511.69	20835
163.	512.08	20867
1/8	512.47	20899
1/4	512.87	20931
3/8	513.26	20964
1/2	513.65	20996
5/8	514.04	21028
3/4	514.44	21060
7/8	514.83	21092
164.	515.22	21124
1/8	515.62	21157
1/4	516.01	21189
3/8	516.40	21222
1/2	516.79	21254
5/8	517.19	21287
3/4	517.58	21319
7/8	517.97	21351
165.	518.36	21383
1/8	518.76	21416
1/4	519.15	21448
3/8	519.54	21481
1/2	519.94	21513
5/8	520.33	21546
3/4	520.72	21578
7/8	521.11	21610

직경	원주	면적
166.	521.51	21642
1/8	521.90	21675
1/4	522.29	21707
3/8	522.68	21740
1/2	523.08	21772
5/8	523.47	21805
3/4	523.86	21838
7/8	524.26	21871
167.	524.65	21904
1/8	525.04	21937
1/4	525.43	21969
3/8	525.83	22002
1/2	526.22	22035
5/8	526.61	22068
3/4	527.00	22101
7/8	527.40	22134
168.	527.79	22167
1/8	528.18	22200
1/4	528.57	22233
3/8	528.97	22266
1/2	529.36	22299
5/8	529.75	22332
3/4	530.15	22366
7/8	530.54	22399
169.	530.93	22432
1/8	531.32	22465
1/4	531.72	22499
3/8	532.11	22532
1/2	532.50	22566
5/8	532.89	22599
3/4	533.29	22632
7/8	533.68	22665
170.	534.07	22698
1/8	534.47	22731
1/4	534.86	22765
3/8	535.25	22798
1/2	535.64	22832
5/8	536.04	22865
3/4	536.43	22899
7/8	536.82	22932
171.	537.21	22966
1/8	537.61	22999
1/4	538.00	23033
3/8	538.39	23066
1/2	538.78	23100
5/8	539.18	23133
3/4	539.57	23167
7/8	539.96	23201

원주와 원의 면적(계속)

직경	원주	면적	직경	원주	면적	직경	원주	면적
172.	540.36	23235	178.	559.21	24885	184.	578.05	26590
1/8	540.75	23268	1/8	559.60	24920	1/8	578.45	26626
1/4	541.14	23302	1/4	559.99	24955	1/4	578.84	26663
3/8	541.53	23336	3/8	560.38	24990	3/8	579.23	26699
1/2	541.93	23370	1/2	560.78	25025	1/2	579.63	26736
5/8	542.32	23404	5/8	561.17	25060	5/8	580.02	26772
3/4	542.71	23438	3/4	561.56	25095	3/4	580.41	26808
7/8	543.10	23472	7/8	561.95	25130	7/8	580.80	26844
173.	543.50	23506	179.	562.35	25165	185.	581.20	26880
1/8	543.89	23540	1/8	562.74	25200	1/8	581.59	26916
1/4	544.28	23575	1/4	563.13	25236	1/4	581.98	26953
3/8	544.68	23609	3/8	563.53	25271	3/8	582.37	26989
1/2	545.07	23643	1/2	563.92	25307	1/2	582.77	27026
5/8	545.46	23677	5/8	564.31	25342	5/8	583.16	27062
3/4	545.85	23711	3/4	564.70	25377	3/4	583.55	27099
7/8	546.25	23745	7/8	565.10	25412	7/8	583.95	27135
174.	546.64	23779	180.	565.49	25447	186.	584.34	27172
1/8	547.03	23813	1/8	565.88	25482	1/8	584.73	27208
1/4	547.42	23848	1/4	566.27	25518	1/4	585.12	27245
3/8	547.82	23882	3/8	566.67	25553	3/8	585.52	27281
1/2	548.21	23917	1/2	567.06	25589	1/2	585.91	27318
5/8	548.60	23951	5/8	567.45	25624	5/8	586.30	27354
3/4	549.00	23985	3/4	567.84	25660	3/4	586.59	27391
7/8	549.39	24019	7/8	568.24	25695	7/8	587.09	27428
175.	549.78	24053	181.	568.63	25730	187.	587.48	27465
1/8	550.17	24087	1/8	569.02	25765	1/8	587.87	27501
1/4	550.57	24122	1/4	569.42	25801	1/4	588.27	27538
3/8	550.96	24156	3/8	569.81	25836	3/8	588.66	27574
1/2	551.35	24191	1/2	570.20	25872	1/2	589.05	27611
5/8	551.74	24225	5/8	570.59	25908	5/8	589.44	27648
3/4	552.14	24260	3/4	570.99	25944	3/4	589.84	27685
7/8	552.53	24294	7/8	571.38	25980	7/8	590.23	27722
176.	552.92	24329	182.	571.77	26016	188.	590.62	27759
1/8	553.31	24363	1/8	572.16	26051	1/8	591.01	27796
1/4	553.71	24398	1/4	572.56	26087	1/4	591.41	27833
3/8	554.10	24433	3/8	572.95	26122	3/8	591.80	27870
1/2	554.49	24467	1/2	573.34	26158	1/2	592.19	27907
5/8	554.89	24501	5/8	573.74	26194	5/8	592.58	27944
3/4	555.28	24536	3/4	574.13	26230	3/4	592.98	27981
7/8	555.67	24571	7/8	574.52	26266	7/8	593.37	28018
177.	556.06	24606	183.	574.91	26302	189.	593.76	28055
1/8	556.46	24640	1/8	575.31	26338	1/8	594.16	28092
1/4	556.85	24675	1/4	575.70	26374	1/4	594.55	28130
3/8	557.24	24710	3/8	576.09	26410	3/8	594.94	28167
1/2	557.63	24745	1/2	576.48	26446	1/2	595.33	28205
5/8	558.03	24780	5/8	576.88	26482	5/8	595.73	28242
3/4	558.42	24815	3/4	577.27	26518	3/4	596.12	28279
7/8	558.81	24850	7/8	577.66	26554	7/8	596.51	28316

원주와 원의 면적(계속)

직경	원주	면적	직경	원주	면적	직경	원주	면적
190.	596.90	28353	196.	615.75	30172	202.	634.60	32047
1/8	597.29	28390	1/8	616.15	30210	1/8	635.00	32086
1/4	597.68	28428	1/4	616.54	30249	1/4	635.40	32126
3/8	598.08	28465	3/8	616.93	30287	3/8	635.79	32166
1/2	598.47	28503	1/2	617.32	30326	1/2	636.18	32206
5/8	598.86	28540	5/8	617.72	30364	5/8	636.57	32246
3/4	599.25	28578	3/4	618.11	30403	3/4	636.97	32286
7/8	599.64	28615	7/8	618.50	30442	7/8	637.36	32326
191.	600.04	28652	197.	618.89	30481	203.	637.74	32366
1/8	600.44	28689	1/8	619.29	30519	1/8	638.15	32405
1/4	600.83	28727	1/4	619.68	30558	1/4	638.54	32445
3/8	601.22	28764	3/8	620.08	30596	3/8	638.93	32485
1/2	601.62	28802	1/2	620.47	30635	1/2	639.32	32525
5/8	602.01	28839	5/8	620.86	30674	5/8	639.72	32565
3/4	602.40	28877	3/4	621.25	30713	3/4	640.11	32605
7/8	602.79	28915	7/8	621.64	30752	7/8	640.50	32645
192.	603.19	28953	198.	622.04	30791	204.	640.88	32685
1/8	603.58	28990	1/8	622.44	30830	1/8	641.28	32725
1/4	603.97	29028	1/4	622.83	30869	1/4	641.67	32766
3/8	604.36	29065	3/8	623.22	30908	3/8	642.07	32806
1/2	604.76	29103	1/2	623.62	30947	1/2	642.46	32846
5/8	605.15	29141	5/8	624.01	30986	5/8	642.85	32886
3/4	605.54	29179	3/4	624.40	31025	3/4	643.24	32926
7/8	605.94	29217	7/8	624.79	31064	7/8	643.63	32966
193.	606.33	29255	199.	625.18	31103	205.	644.03	33006
1/8	606.72	29293	1/8	625.58	31142	1/8	644.43	33046
1/4	607.11	29331	1/4	625.97	31181	1/4	644.82	33087
3/8	607.51	29369	3/8	626.36	31220	3/8	645.21	33127
1/2	607.90	29407	1/2	626.76	31260	1/2	645.61	33168
5/8	608.29	29445	5/8	627.15	31299	5/8	646.00	33208
3/4	608.58	29483	3/4	627.54	31338	3/4	646.39	33249
7/8	609.08	29521	7/8	627.94	31377	7/8	646.78	33289
194.	609.47	29559	200.	628.32	31416	206.	647.17	33329
1/8	609.86	29597	1/8	628.72	31455	1/8	647.57	33369
1/4	610 26	29636	1/4	629.11	31495	1/4	647.96	33410
3/8	610.65	29674	3/8	629.51	31534	3/8	648.35	33450
1/2	611.05	29713	1/2	629.90	31574	1/2	648.75	33491
5/8	611.43	29751	5/8	630.29	31613	5/8	649.14	33531
3/4	611.83	29789	3/4	630.58	31653	3/4	649.53	33572
7/8	612.29	29827	7/8	631.08	31692	7/8	649.93	33613
195.	612.61	29865	201.	631.46	31731	207.	650.31	33654
1/8	613.00	29903	1/8	631.86	31770	1/8	650.71	33694
1/4	613.40	29942	1/4	632.26	31810	1/4	651.10	33735
3/8	613.79	29980	3/8	632.65	31849	3/8	651.50	33775
1/2	614.18	30019	1/2	633.05	31889	1/2	651.89	33816
5/8	614.57	30057	5/8	633.43	31928	5/8	652.28	33857
3/4	614.97	30096	3/4	633.83	31968	3/4	652.57	33898
7/8	615.36	30134	7/8	634.29	32007	7/8	653.07	33939

다빗(DAVIT)

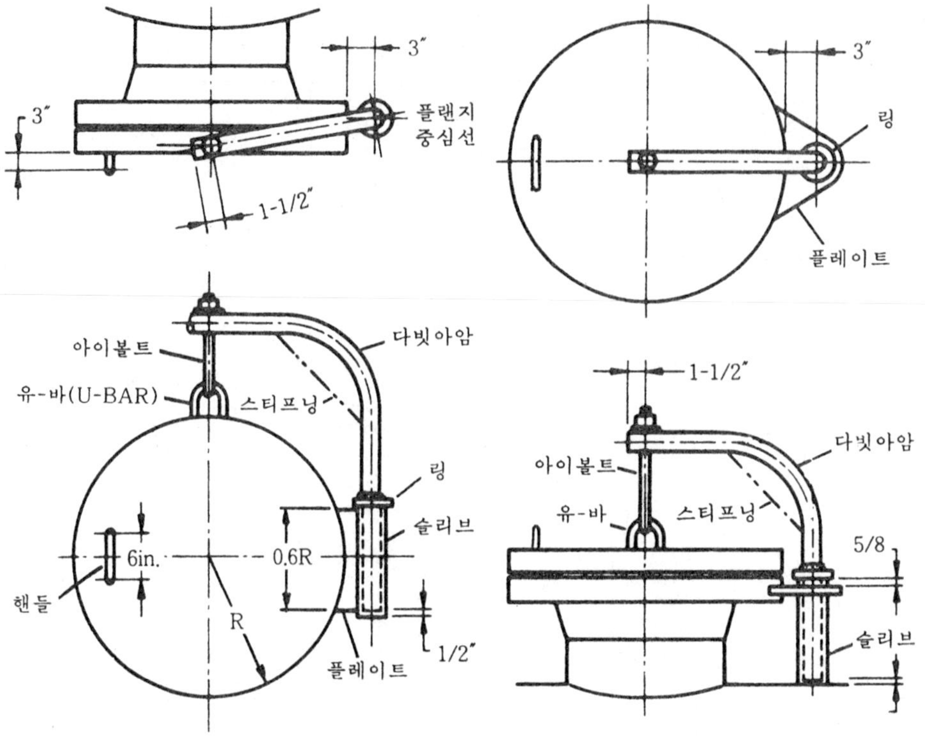

수평 개구식　　　　수직 개구식

주 : 1. 재질은 탄소강
　　2. 용접은 전부 3/8inch 연속 필렛용접
　　3. 다빗은 과도한 휨에 견딜 것

MATERIAL

플랜지 등급	150#						300#						600#						900 #					
크기	12	14	16	18	20	24	12	14	16	18	20	24	12	14	16	18	20	24	12	14	16	18	20	24
리스트의 수	1	1	1	1	1	1	1	1	1	1	2	2	1	1	2	2	2	2	1	1	2	2	2	3

	LIST #1	LIST #2	LIST #3
다빗아암	1-1/2"-XH 파이프	2"-XXH 파이프	2"-XXH 파이프
슬리브	2"-XH 파이프	2-1/2"-STD 파이프	2-1/2"-STD 파이프
아이볼트	5/8 ϕ	3/4 ϕ	1" ϕ
유-바	5/8 ϕ	3/4 ϕ	1" ϕ
링	5/8	3/4	1"
플레이트	5/8	3/4	1"
핸들	5/8 ϕ	3/4 ϕ	1" ϕ
보강재	——	——	3/8"

고정 계단
(미국산업안전보건성(OSHA) 기준에 준함)

높이가 다른 곳을 정규적으로 왕복하게 될 때 고정 계단이 필요하다.
고정 계단은 요구 실 하중의 5배를 견딜 수 있도록 설계되어야 하나 움직이는 집중하중 1,000 파운드 이상이어야 한다.

최소 폭 : 22in.
수평에 대한 계단의 각도 : 30° ~50°

레일은 계단의 개방된 측면에 만들어져야 한다. 핸드레일은 적어도 닫힌 계단의 한 측면에 만들어져야 하며, 계단을 내려올 때의 오른쪽에 만들어지는 것이 더욱 바람직하다. 각 너비의 발판은 요철(凹凸)을 주어 미끄럼을 방지하여야 한다.
9inch 폭 이하의 너비 계단은 개방된 단 높이(RISER)를 가져야 한다. 개방된 그레이팅형 트레드는 옥외 계단에 적합하다.
최소의 치수를 위해 도표를 참조하라.

볼트 : 1/2ϕ에 볼트 구멍 9/16ϕ

돌출물과 예리한 버어(Burr) 등은 모두 제거되어야 한다.
단높이(R)와 너비(T)의 치수는 아래 도표와 같다.

수평에 대한 각도	단높이 (inch)	너비 (inch)
30° 35′	6½	11
32° 08′	6¾	10¾
33° 41′	7	10½
35° 16′	7¼	10¼
36° 52′	7½	10
38° 29′	7¾	9¾
40° 08′	8	9½
41° 44′	8¼	9¼
43° 22′	8½	9
45° 00′	8¾	8¾
46° 38′	9	8½
48° 16′	9¼	8¼
49° 54′	9½	8

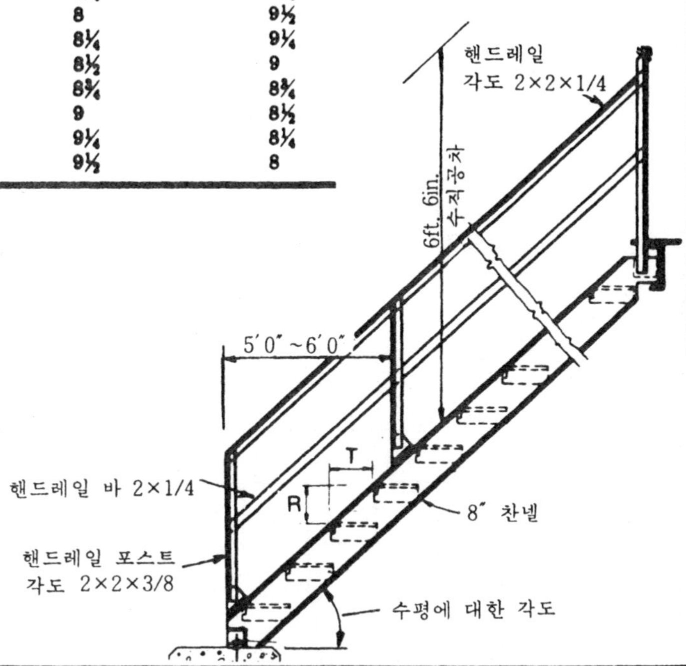

힌지(HINGE)

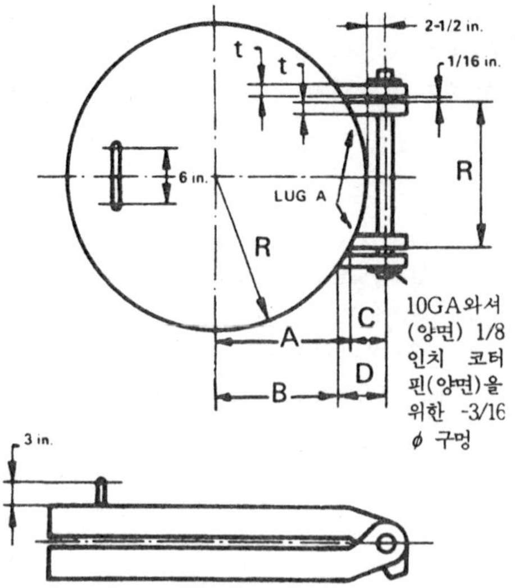

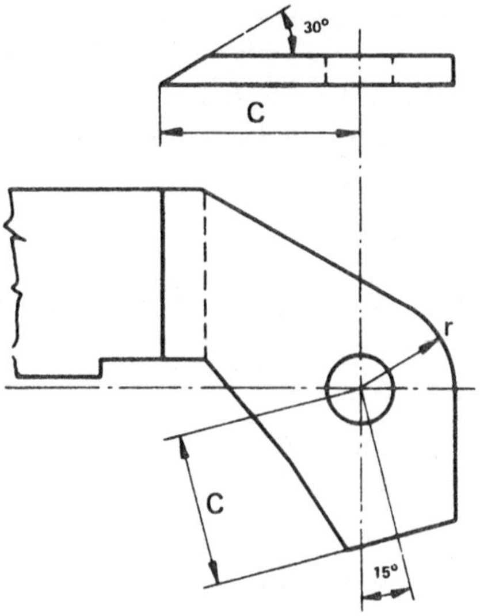

LUG-A 블라인드 플랜지에 용접됨

주:
커버가 볼트로 체결되었을 때 핀이 느슨하게 될 수 있도록 러그(Lug)와 핀을 채워라.

$$A = \sqrt{R^2 - (R/2)^2}$$
$$B = \sqrt{R^2 - (R/2 + 1/16 + t)^2}$$
$$C = R + 2\tfrac{1}{2} - A$$
$$D = R + 2\tfrac{1}{2} - B$$

R = 플랜지 반경
r = 구멍 직경의 1.5배
구멍 직경 = 핀 직경+1/16in.

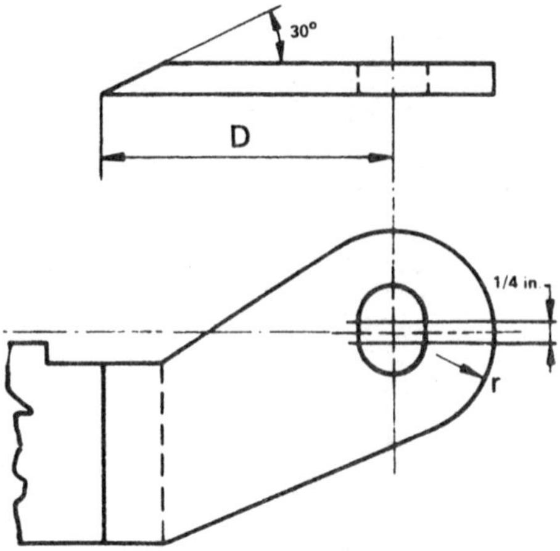

LUG-B 플랜지에 용접됨

러그(LUG) 두께 t와 핀 직경

등　　급	150#						300#					
	3/4	3/4	3/4	3/4	3/4	3/4	3/4	3/4	3/4	3/4	3/4	1
플랜지직경	12	14	16	18	20	24	12	14	16	18	20	24
	3/4	3/4	1	1	1	1	3/4	3/4	1	1	1	1 1/2
등　　급	600#						900#					

사다리(Ladder)

고정 사다리의 안전 규정은 ANSI A 14.3-1974준함.

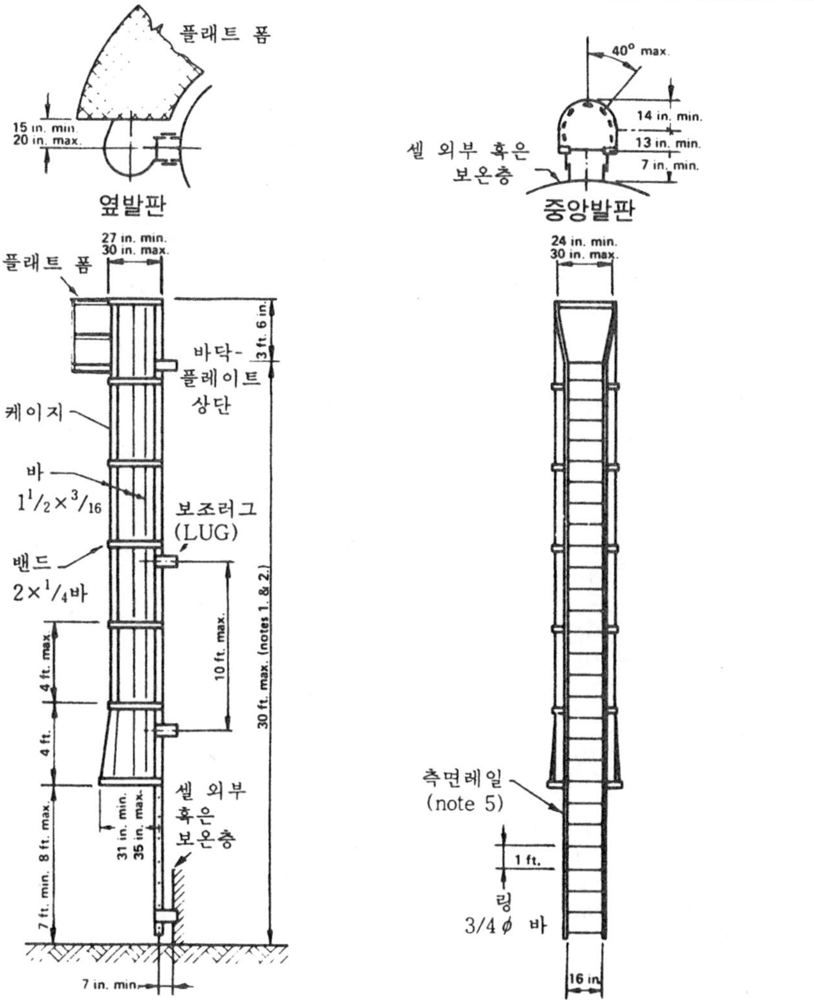

주 :

1. 승강 길이가 지상 20 피트 이하인 경우 케이지 설치가 필요 없다.
2. 단, 30피트의 승강 길이마다 수평으로 오프세트된 디딤 플레이트폼이 있어야 하며, 안전이 요구되는 곳에서는 최대 250피트 간격마다 쉼 플레이트폼이 있어야 한다.
3. 재질은 ASTM A36에 준하는 강(綱)이어야 한다.
4. 3항에 준하는 재질을 가지고 있는 다른 구조용 강은 사용될 수 있다.
   [선적 혹은 아연 도금시의 손상을 피하기 위해 주조용 앵글(ANGLE)이 측면레일과 케이지의 수직용 보강재에 널리 사용되고 있다.]
5. 일반적으로 측면 레일의 최소크기는 $2^1/_2 \times ^3/_8$인치와 평바아(FLAT BAR) $2 \times ^1/_4$인치 바아(BAR)도 사용된다.
6. 돌출부의 예리한 버어(Burr)는 모두 제거되어야 한다.
7. 부식 방지용 도장(塗裝) : 일회 공장 프리이머 도장과 일회 현장 페인트 도장 혹은 고온 용융 아연 도금

Mist 추출기

Mist 추출기는 기포, 수증기, 액체 등으로부터 Mist 및 불필요한 액체를 분리시킴으로써 각 종의 제조 공정에서 장비 효율을 향상시킨다. 이 추출기는 금속 혹은 플라스틱 망으로 만들어지며 어떠한 크기 및 형태로도 가능하다.

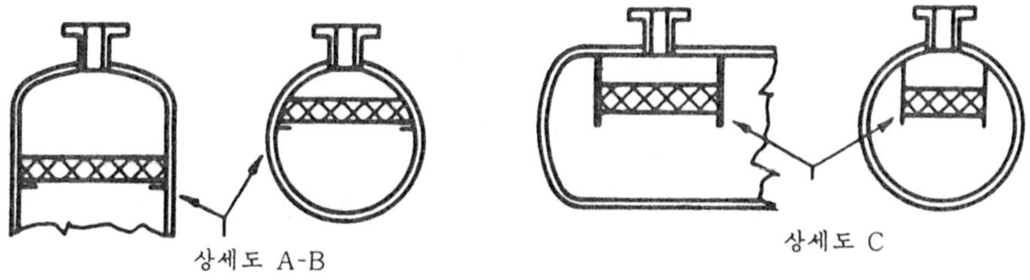

Mist 추출기 형상

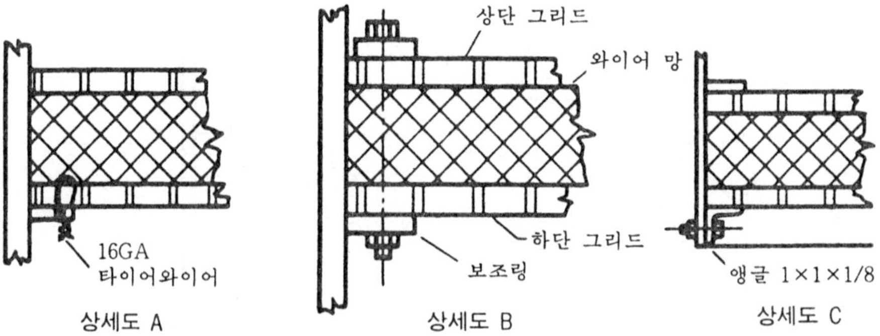

Mist 추출기의 지지대

직경이 6피트 이상인 경우에는 Mist 추출기 중앙에 6工형강(形鋼) 12.5 BEAM SUPPORT를 사용하라.

규 격			
철 망	패드 두께	4"	6"
	와이어 두께	.011"	.011"
	와이어 재질	TYPE 304 S.S.	TYPE 304 S.S.
	밀도 lb./Cu. ft.	9.0	5.0
	압력강하	0.5" TO 1" WATER GAGE	
그리드	탄소강(재질)		
	베어링 바	1"x3/16"	1x3/16"
	크로스 바	¼ φ	¼ φ
	베어링 바 간격	3-9/16	3-9/16
	크로스 바 간격	4"	4"
	무게 lb./sq. ft.	5.7	7.4
	한 구간 폭	12"	12"

명　판

코드의 기준에 의해 제작되는 압력용기는 ASME 규정인 "U"로 각인된다. 이러한 표기로 각인된 압력용기는 아래와 같이 반드시 표시되어야 한다.

1. 제조자 명칭 : "CERTIFIED BY"란 문구가 선행되어야 함:
   최대 허용 압력(MAWP) psi. 설계온도 : °F
   제조년 월 일 :

2. 제조 형태, 용도 등을 나타내는 적합한 약어는 아래와 같다. :

· 사용자검사	USER
· 아아크 및 가스용접	W
· 이음매 없는	S
· 치명적인 서비스	L
· UNFIRED 수증기 보일러	UB
· 직접 연소	DF
· 전면적 방사선 사진 촬영	RT1
· 부분적 방사선 사진 촬영 거스(GIRTH) 이음매, 플랜지 결합 이외, 전면적으로 방사선 사진 촬영[코드 UG-116(f) (2)를 보라.]	RT2
· 스포트 방사선 사진 촬영	RT3
· RT1, RT2 혹은 RT3가 적용되지 않을 때	RT4
· 열처리된 포스트 용접	HT
· 열처리된 용기 포스트 용접 부분	PHT
· 충격 시험	IT
· 수동 압력 용기	PVHO

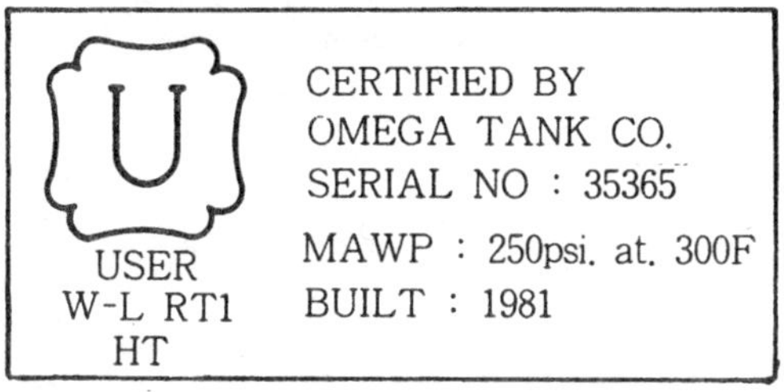

EX : 명판(名板)
(용기 사용자는 검사관에 의해 검사되었으며, 아크 용접과 극한시험과 전면적으로 방사선 사진 촬영되었고, 포스트 용접은 열처리되었다.)

추가적인 데이터는 코드에서 요구하는 표시로 명판에 나타나야 하고 명판은 셸에 부착되어야 하며, 추가적인 명판이 스커트, 지지물 등에 사용된다면 "중복"이라고 표시되어야 한다.

글자크기의 높이는 5/32인치 이상이 되어야 한다. 코드-표상, 일련번호 등이 각인되어야 하며, 다른 데이터 또한 각인, 에칭, 주조 혹은 날인될 수 있다. 명판을 위해 통상 사용되는 재질은 0.32인치 스테인레스 강 혹은 1/8인치 탄소강이다. 명판은 보온재로 커버되지 않은 용기에 용접되거나 혹은 용기가 보온재로 커버되어 있거나 인도, 용액레벨콘트롤, 레벨 게이지 근처 등 지상 5피트 정도 위치의 장소일 경우는 브라켓 위에 부착하여도 된다.

플랫폼

(미국산업안전보건성(OSHA) 기준에 준함)

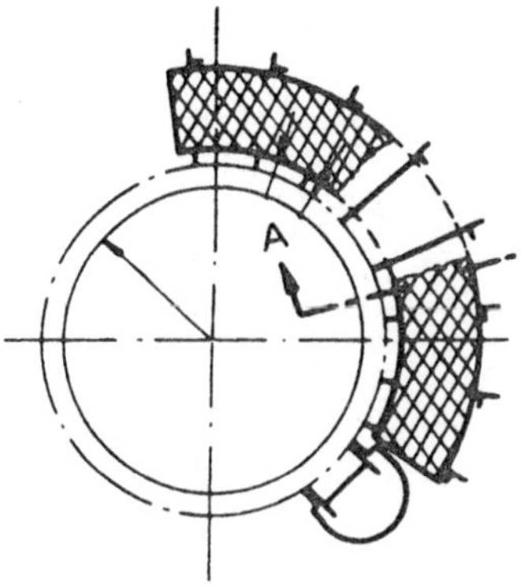

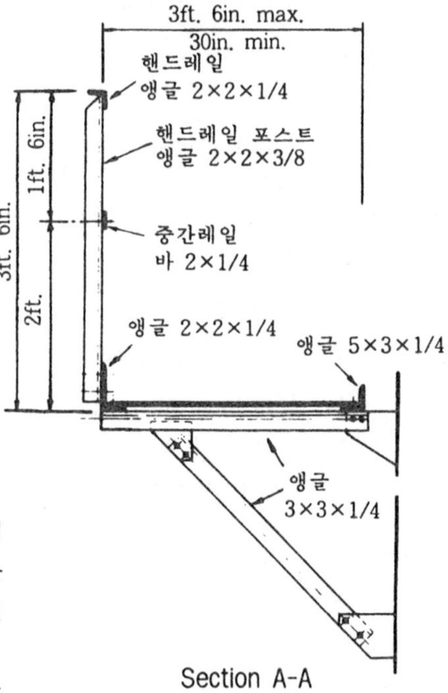

Section A-A

플랫폼은 필요하다면 선적과 현장조건에 적합한 단면으로 조립되어야 한다. 조립된 플랫폼은 공장에서 제작되고 표시를 갖추고 선적 후 필요시 분해되어야 한다. 모든 현장의 체결은 볼트체결이어야 한다. 제조업체는 각 크기의 볼트를 10%정도 여분으로 공급해야 한다. 돌출부와 예리한 버어(Burr)가 모두 제거되어야 한다.

페인트 : 일회 한도 도장(걷는 면은 제외)
지지대 최대 간격 : 6피트
핸드레일 포스트 최대 간격 : 6피트

10평방피트 바닥 면적에 대해 요철(凹凸) 플레이트에 9/16ϕ 배수구멍을 뚫어라.

볼트 : 12ϕ
볼트 구멍 : 9/16ϕ

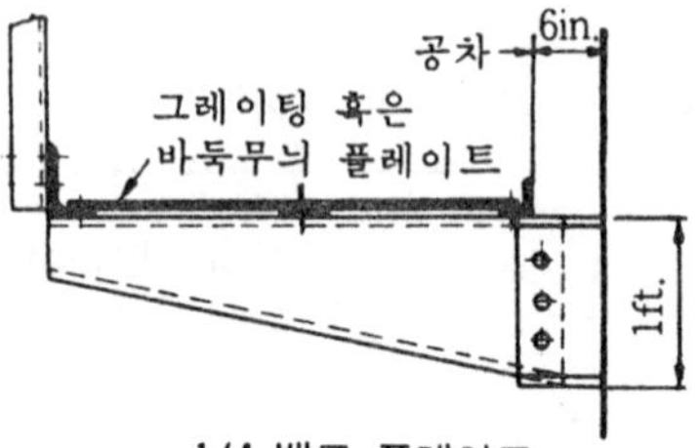

1/4 밴트 플레이트

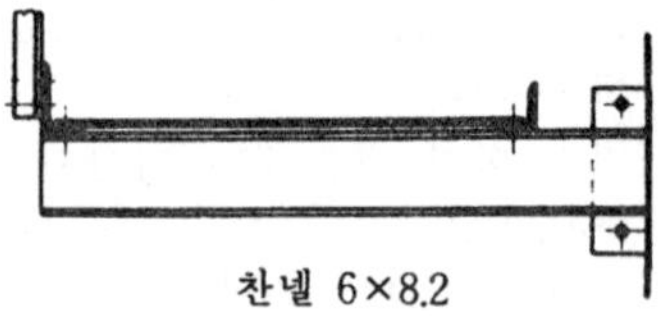

찬넬 6×8.2

일반적 지지대

스커드 개구부

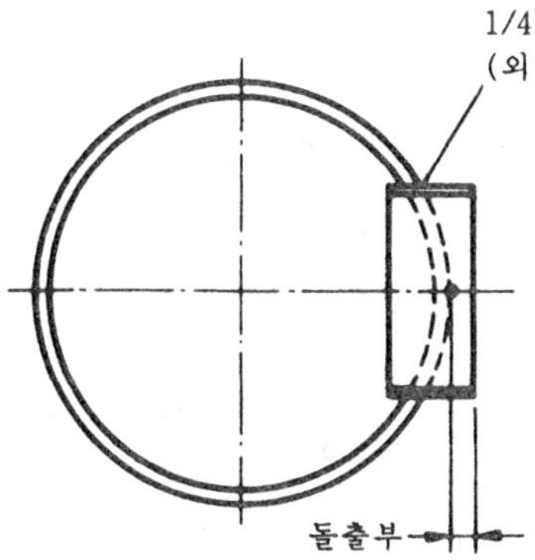

환기구멍:

탄화수소 또는 다른 연소성 액체나 가스의 사용 시는 180° 떨어져 있으며, 가능한 한 높은 곳에 위치하는 최소 2인치의 환기구멍을 가진 스커트가 마련되어야 한다. 이 환기구멍은 헤드 보온재를 통과해야 한다. 슬리브를 위해서는 커플링 또는 파이프가 사용될 수 있다.

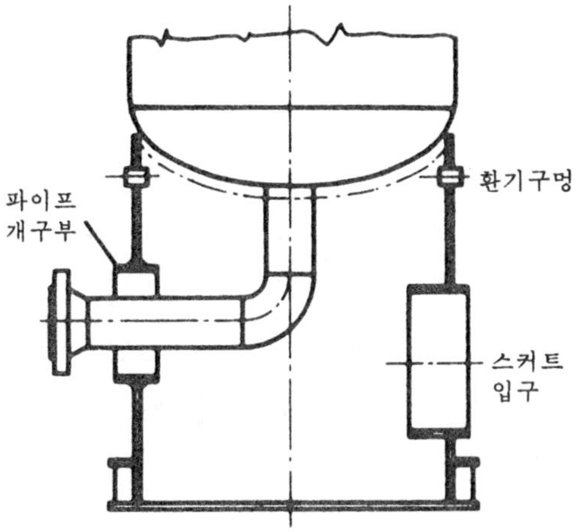

출입구:

출입구의 형태는 원형 또는 다른 형태로 할 수 있다. 원형 출입구는 파이프와 벤트플레이트 슬리브를 가지고 가장 많이 사용된다.
슬리브의 돌출부는 방화벽 두께와 같거나 최소한 2인치는 되어야 하며, 어떠한 부하에서도 스커트는 보장되어야 한다.

직경(D) = 16-24인치

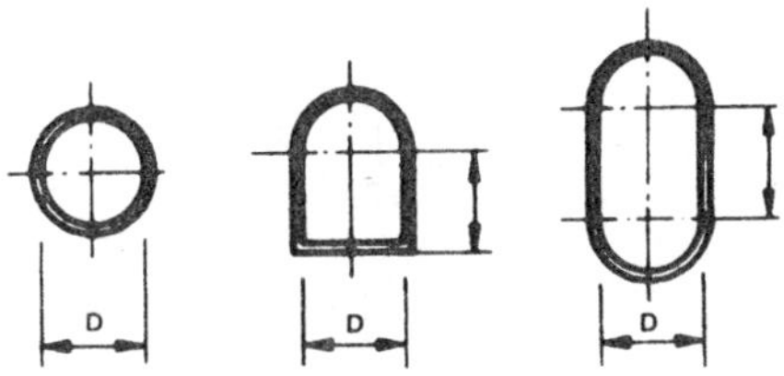

스커트 입구 형태

파이프 개구부:

파이프 개구부 형태는 플랜지 직경보다 1인치 큰 직경을 가진 원형이다. 슬리브는 출입구의 경우와 같이 되어야 한다.

와류 파쇄기(VORTEX BREAKER)

와류 파쇄기의 목적은 불필요한 액체의 와류현상을 제거하는 것이다. 교차 및 평플레이트 방지판이 노즐 직경의 2배의 폭을 가진 것이 사용된다. 심한 소용돌이가 일어나는 조건에서 효과를 높이기 위해서는 방지판 폭이 노즐 직경의 4배가되어야 한다.
배출구로부터의 높이는 노즐 직경의 절반이면 되나 다른 조건의 경우를 대비하여 가능하면 몇 인치 큰 것을 사용하는 것이 좋다.

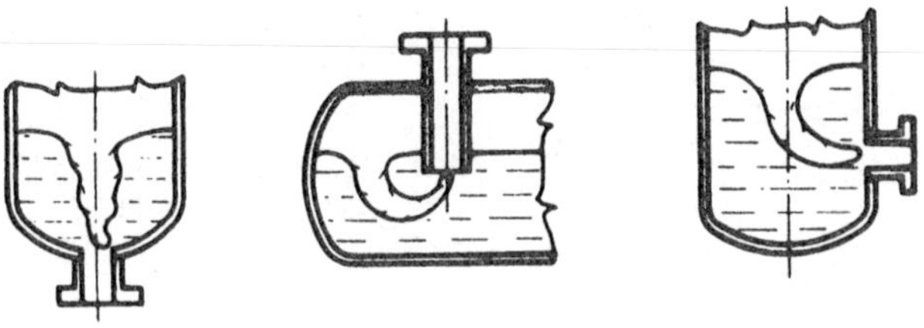

액체의 와류 현상

D=파이프 직경

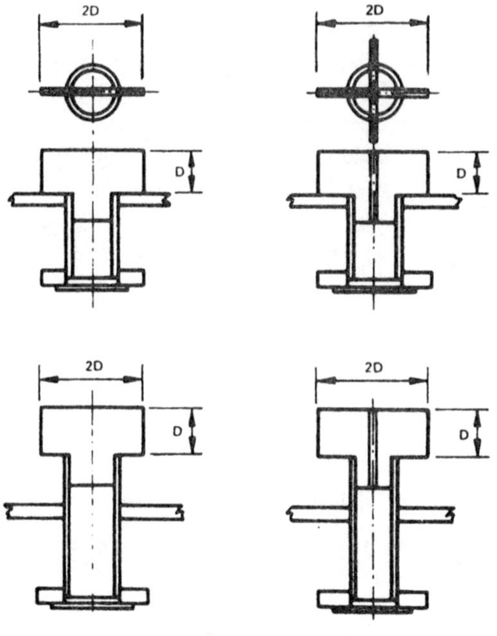

평/교차 플레이트 방지판

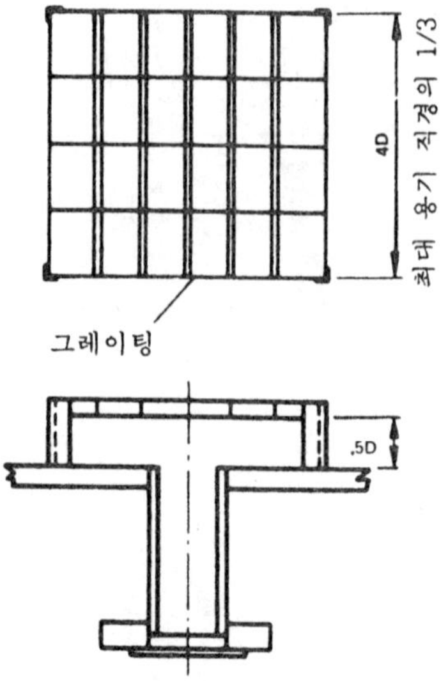

그레이팅 방지판

재질 : 1/4 탄소강 플레이트 혹은 1×1-1/8 바아를 가진 그레이팅(graiting)

참고문헌 : F. M. Patterson "Vortexing can be prevented" The Oil and Gas Journal, August 4, 1969.

■ 제 3 부 ■

치수 및 무게

파이프 특성

스케줄 번호와 무게 기호는 탄소강과 합금강 파이프에 대해서는 ANSI B 36.10, 스테인레스강에 대해서는 ANSI B 36.19와 일치한다.

공칭 파이프 크기	스케줄 번호		무게 기호	외경 (in.)	내경 (in.)	벽두께 (in.)	피트당 무게 (lb.)	피트 파이프당 물의 무게 (lb.)	피트당 외부 면적 ($ft.^2$)	피트당 내부 면적 (ft.)	횡단 면적 ($in.^2$)
	탄소강 & 합금강	스테인 레스 강									
1/8		10S		.405	.307	.049	.186	.0320	.106	.0804	.0740
	40	40S	Std.	.405	.269	.068	.244	.0246	.106	.0705	.0568
	80	80S	X-Stg.	.405	.215	.095	.314	.0157	.106	.0563	.0364
1/4	...	10S	....	.540	.410	.065	.330	.0570	.141	.1073	.1320
	40	40S	Std.	.540	.364	.088	.424	.0451	.141	.0955	.1041
	80	80S	X-Stg.	.540	.302	.119	.535	.0310	.141	.0794	.0716
3/8	...	10S	..	.675	.545	.065	.423	.1010	.177	.1427	.2333
	40	40S	Std.	.675	.493	.091	.567	.0827	.177	.1295	.1910
	80	80S	X-Stg.	.675	.423	.126	.738	.0609	.177	.1106	.1405
1/2	...	10S		.840	.670	.083	.671	.1550	.220	.1764	.3568
	40	40S	Std.	.840	.622	.109	.850	.1316	.220	.1637	.3040
	80	80S	X-Stg.	.840	.546	.147	1.087	.1013	.220	.1433	.2340
	160	...		.840	.466	.187	1.310	.0740	.220	.1220	.1706
	...	...	XX-Stg.	.840	.252	.294	1.714	.0216	.220	.0660	.0499
3/4	...	10S		1.050	.834	.083	.857	.2660	.275	.2314	.6138
	40	40S	Std.	1.050	.824	.113	1.130	.2301	.275	.2168	.5330
	80	80S	X-Stg.	1.050	.742	.154	1.473	.1875	.275	.1948	.4330
				1.050	.675	.188	1.727	.1514	.275	.1759	.3570
	160	..		1.050	.614	.218	1.940	.1280	.275	.1607	.2961
			XX-Stg.	1.050	.434	308	2.440	.0633	.275	.1137	.1479
1		10S	...	1.315	1.097	.109	1.404	.4090	.344	.2872	.9448
	40	40S	Std.	1.315	1.049	.133	1.678	.3740	.344	.2740	.8640
	80	80S	X-Stg.	1.315	.957	.179	2.171	.3112	.344	.2520	.7190
	...	...	....	1.315	.877	.219	2.561	.2614	.344	.2290	.6040
	160	...	....	1.315	.815	.250	2.850	.2261	.344	.2134	.5217
	...	...	XX-Stg.	1.315	.599	.358	3.659	.1221	.344	.1570	.2818
1 1/4	...	10S	....	1.660	1.442	.109	1.806	.7080	.434	.3775	1.633
	40	40S	Std.	1.660	1.380	.140	2.272	.6471	.434	.3620	1.495
	80	80S	X-Stg	1.660	1.278	.191	2.996	.5553	.434	.3356	1.283
	160	...		1.660	1.160	.250	3.764	.4575	.434	.3029	1.057
	...	...	XX-Stg.	1.660	.896	.382	5.214	.2732	.434	.2331	.6305
1 1/2	...	10S	....	1.900	1.682	.109	2.085	.9630	.497	.4403	2.221
	40	40S	Std.	1.900	1.610	.145	2.717	.8820	.497	.4213	2.036
	80	80S	X-Stg.	1.900	1.500	.200	3.631	.7648	.497	.3927	1.767
	160	...		1.900	1.337	.281	4.862	.6082	.497	.3519	1.405
	...	...	XX-Stg.	1.900	1.100	.400	6.408	.4117	.497	.2903	.950
2	...	10S	....	2.375	2.157	.109	2.638	1.583	.622	.5647	3.654
	40	40S	Std.	2.375	2.067	.154	3.652	1.452	.622	.5401	3.355
	...		....	2.375	2.041	.167	3.938	1.420	.622	.5360	3.280

파이프 특성(계속)

공칭 파이프 크기	스케줄 번호 탄소강 & 합금강	스케줄 번호 스테인레스 강	무게 기호	외경 (in.)	내경 (in.)	벽두께 (in.)	피트당 무게 (lb.)	피트 파이프당 물의 무게 (lb.)	피트당 외부 면적 (ft.²)	피트당 내부 면적 (ft.)	횡단 면적 (in.²)
2 (계속)	...	...	....	2.375	2.000	.188	4.380	1.363	.622	.5237	3.142
	80	80S	X-Stg.	2.375	1.939	.218	5.022	1.279	.622	.5074	2.953
	...	...	....	2.375	1.875	.250	5.673	1.196	.622	.4920	2.761
	...	...	....	2.375	1.750	.312	6.883	1.041	.622	.4581	2.405
	160	...	....	2.375	1.689	.343	7.450	.767	.622	.4422	2.240
	...	...	XX-Stg.	2.375	1.503	.436	9.029	.769	.622	.3929	1.774
2½	...	10S	....	2.875	2.635	.120	3.53	2.360	.753	.6900	5.453
	40	40S	Std.	2.875	2.469	.203	5.79	2.072	.753	.6462	4.788
	...			2.875	2.441	.217	6.16	2.026	.753	.6381	4.680
	80	80S	X-Stg.	2.875	2.323	.276	7.66	1.834	.753	.6095	4.238
	160	...		2.875	2.125	.375	10.01	1.535	.753	.5564	3.547
	...	...	XX-Stg.	2.875	1.771	.552	13.69	1.067	.753	.4627	2.464
3	...	10S	....	3.500	3.260	.120	4.33	3.62	.916	.853	8.346
	...	...	....	3.500	3.250	.125	4.52	3.60	.916	.851	8.300
	...	...	....	3.500	3.204	.148	5.30	3.52	.916	.840	8.100
	...	...	....	3.500	3.124	.188	6.65	3.34	.916	.819	7.700
	40	40S	Std.	3.500	3.068	.216	7.57	3.20	.916	.802	7.393
	...			3.500	3.018	.241	8.39	3.10	.916	.790	7.155
	...	...	....	3.500	2.992	.254	8.80	3.06	.916	.785	7.050
	...	...	....	3.500	2.922	.289	9.91	2.91	.916	.765	6.700
	80	80S	X-Stg.	3.500	2.900	.300	10.25	2.86	.916	.761	6.605
	...	...	....	3.500	2.875	.312	10.64	2.81	.916	.753	6.492
	...	...	....	3.500	2.687	.406	13.42	2.46	.916	.704	5.673
	160	...	....	3.500	2.624	.438	14.32	2.34	.916	.687	5.407
	...	...	XX-Stg.	3.500	2.300	.600	18.58	1.80	.916	.601	4.155
3½	...	10S	....	4.000	3.760	.120	4.97	4.81	1.047	.984	11.10
	...	...	....	4.000	3.744	.128	5.38	4.78	1.047	.981	11.01
	...	...	....	4.000	3.732	.134	5.58	4.75	1.047	.978	10.95
	...	...	....	4.000	3.704	.148	6.26	4.66	1.047	.971	10.75
	...	...		4.000	3.624	.188	7.71	4.48	1.047	.950	10.32
	40	40S	Std.	4.000	3.548	.226	9.11	4.28	1.047	.929	9.89
				4.000	3.438	.281	11.17	4.02	1.047	.900	9.28
	80	80S	X-Stg.	4.000	3.364	.318	12.51	3.85	1.047	.880	8.89
	...	...		4.000	3.312	.344	13.42	3.73	1.047	.867	8.62
	...	...		4.000	3.062	.469	17.68	3.19	1.047	.802	7.37
	...	...	XX-Stg.	4.000	2.728	.636	22.85	2.53	1.047	.716	5.84
4	...	10S		4.500	4.260	.120	5.61	6.18	1.178	1.115	14.25
	...	...		4.500	4.244	.128	5.99	6.14	1.178	1.111	14.15
	...			4.500	4.232	.134	6.26	6.11	1.178	1.110	14.10
	...	...		4.500	4.216	.142	6.61	6.06	1.178	1.105	13.98
	...	...		4.500	4.170	.165	7.64	5.92	1.178	1.093	13.67
	...	...		4.500	4.124	.188	8.56	5.80	1.178	1.082	13.39

파이프 특성(계속)

공칭 파이프 크기	스케줄 번호		무게 기호	외경 (in.)	내경 (in.)	벽두께 (in.)	피트당 무게 (lb.)	피트 파이프당 물의 무게 (lb.)	피트당 외부 면적 (ft.²)	피트당 내부 면적 (ft.)	횡단 면적 (in.²)
	탄소강 & 합금강	스테인레스강									
4 (계속)	...	...	...	4.500	4.090	.205	9.39	5.71	1.178	1.071	13.15
	40	40S	Std.	4.500	4.026	.237	10.79	5.51	1.178	1.055	12.73
	...	...	...	4.500	4.000	.250	11.35	5.45	1.178	1.049	12.57
	...	...	...	4.500	3.958	.271	12.24	5.35	1.178	1.038	12.31
	...	...	...	4.500	3.938	.281	12.67	5.27	1.178	1.031	12.17
	...	...	...	4.500	3.900	.300	13.42	5.19	1.178	1.023	11.96
	...	...	...	4.500	3.876	.312	14.00	5.12	1.178	1.013	11.80
	80	80S	X-Stg.	4.500	3.826	.337	14.98	4.98	1.178	1.002	11.50
	...	...	...	4.500	3.750	.375	16.52	4.78	1.178	.982	11.04
	120	...	...	4.500	3.624	.438	19.00	4.47	1.178	.949	10.32
	...	...	...	4.500	3.500	.500	21.36	4.16	1.178	.916	9.62
	160	...	...	4.500	3.438	.531	22.60	4.02	1.178	.900	9.28
	...	...	XX-Stg.	4.500	3.152	.674	27.54	3.38	1.178	.826	7.80
5	...	10S	...	5.563	5.295	.134	7.770	9.54	1.456	1.386	22.02
	40	40S	Std.	5.563	5.047	.258	14.62	8.66	1.456	1.321	20.01
	...	...	...	5.563	4.859	.352	19.59	8.06	1.456	1.272	18.60
	80	80S	X-Stg.	5.563	4.813	.375	20.78	7.87	1.456	1.260	18.19
	...	...	...	5.563	4.688	.437	23.95	7.47	1.456	1.227	17.26
	120	...	...	5.563	4.563	.500	27.10	7.08	1.456	1.195	16.35
	160	...	...	5.563	4.313	.625	32.96	6.32	1.456	1.129	14.61
	...	...	XX-Stg.	5.563	4.063	.750	38.55	5.62	1.456	1.064	12.97
6	...	10S	...	6.625	6.357	.134	9.29	13.70	1.735	1.660	31.75
	...	...	...	6.625	6.287	.169	11.56	13.45	1.735	1.650	31.00
	...	...	...	6.625	6.265	.180	12.50	13.38	1.735	1.640	30.81
	...	...	...	6.625	6.249	.188	12.93	13.31	1.735	1.639	30.70
	...	...	...	6.625	6.187	.219	15.02	13.05	1.735	1.620	30.10
	...	...	...	6.625	6.125	.250	17.02	12.80	1.735	1.606	29.50
	...	...	...	6.625	6.071	.277	18.86	12.55	1.735	1.591	28.95
	40	40S	Std.	6.625	6.065	.280	18.97	12.51	1.735	1.587	28.99
	...	...	...	6.625	5.875	.375	25.10	11.75	1.735	1.540	27.10
	80	80S	X-Stg.	6.625	5.761	.432	28.57	11.29	1.735	1.510	26.07
	...	...	...	6.625	5.625	.500	32.79	10.85	1.735	1.475	24.85
	120	...	...	6.625	5.501	.562	36.40	10.30	1.735	1.470	23.77
	160	...	...	6.625	5.189	.718	45.30	9.16	1.735	1.359	21.15
			XX-Stg	6.625	4.897	.864	53.16	8.14	1.735	1.280	18.83
8	...	10S	...	8.625	8.329	.148	13.40	23.6	2.26	2.180	54.5
	...	...	...	8.625	8.309	.158	14.26	23.6	2.26	2.178	54.3
	...	...	...	8.625	8.295	.165	14.91	23.5	2.26	2.175	54.1
	...	...	...	8.625	8.249	.188	16.90	23.2	2.26	2.161	53.5
	...	...	...	8.625	8.219	.203	18.30	23.1	2.26	2.152	53.1
	...	...	...	8.625	8.187	.219	19.64	22.9	2.26	2.148	52.7

파이프 특성(계속)

공칭 파이프 크기	스케줄 번호		무게 기호	외경 (in.)	내경 (in.)	벽두께 (in.)	피트당 무게 (lb.)	피트 파이프당 물의 무게 (lb.)	피트당 외부 면적 (ft.²)	피트당 내부 면적 (ft.)	횡단 면적 (in.²)
	탄소강 & 합금강	스테인레스강									
8 (계속)	...	...	....	8.625	8.149	.238	21.43	22.7	2.26	2.136	52.2
	20	...	....	8.625	8.125	.250	22.40	22.5	2.26	2.127	51.8
	30			8.625	8.071	.277	24.70	22.2	2.26	2.115	51.2
	40	40S	Std.	8.625	7.981	.322	28.55	21.6	2.26	2.090	50.0
	...	...	....	8.625	7.937	.344	30.40	21.4	2.26	2.078	49.5
	...	...	....	8.625	7.921	.352	31.00	21.3	2.26	2.072	49.3
	...	...	....	8.625	7.875	.375	33.10	21.1	2.26	2.062	48.7
	60	...	....	8.625	7.813	.406	35.70	20.8	2.26	2.045	47.9
	...	...	....	8.625	7.687	.469	40.83	20.1	2.26	2.013	46.4
	80	80S	X-Stg.	8.625	7.625	.500	43.39	19.8	2.26	2.006	45.6
	100	...	....	8.625	7.439	.593	50.90	18.8	2.26	1.947	43.5
		...		8.625	7.375	.625	53.40	18.5	2.26	1.931	42.7
	120	...	...	8.625	7.189	.718	60.70	17.6	2.26	1.882	40.6
	140	...		8.625	7.001	.812	67.80	16.7	2.26	1.833	38.5
	...	...	XX-Stg.	8.625	6.875	.875	72.42	16.1	2.26	1.800	37.1
	160	...	....	8.625	6.813	.906	74.70	15.8	2.26	1.784	36.4
10	...	10S	....	10.750	10.420	.165	18.65	36.9	2.81	2.73	85.3
	...	...	....	10.750	10.374	.188	21.12	36.7	2.81	2.72	84.5
	...	...	....	10.750	10.344	.203	22.86	36.5	2.81	2.71	84.0
	...	...	....	10.750	10.310	.219	24.60	36.2	2.81	2.70	83.4
	20	...	....	10.750	10.250	.250	28.03	35.9	2.81	2.68	82.6
	...	...	....	10.750	10.192	.279	31.20	35.3	2.81	2.66	81.6
	30	...	....	10.750	10.136	.307	34.24	35.0	2.81	2.65	80.7
	...	...	....	10.750	10.054	.348	38.66	34.4	2.81	2.64	79.3
	40	40S	Std.	10.750	10.020	.365	40.48	34.1	2.81	2.62	78.9
	...			10.750	9.960	.395	43.68	33.7	2.81	2.61	77.9
	60	80S	X-Stg.	10.750	9.750	.500	54.74	32.3	2.81	2.55	74.7
	...			10.750	9.687	.531	57.98	31.9	2.81	2.54	73.7
	80	...	....	10.750	9.564	.593	64.40	31.1	2.81	2.50	71.8
	100	...	....	10.750	9.314	.718	77.00	29.5	2.81	2.44	68.1
	...	...	....	10.750	9.250	.750	80.10	29.1	2.81	2.42	67.2
	120	...	....	10.750	9.064	.843	89.20	27.9	2.81	2.37	64.5
	140	...	....	10.750	8.750	1.000	104.20	26.1	2.81	2.29	60.1
	...	...	....	10.750	8.625	1.063	109.90	25.3	2.81	2.26	58.4
	160	...	....	10.750	8.500	1.125	116.00	24.6	2.81	2.22	56.7
12	...	10S	....	12.750	12.390	.180	24.16	52.2	3.34	3.24	120.6
	...	...	....	12.750	12.344	.203	27.2	52.0	3.34	3.23	119.9
	...	...	....	12.750	12.312	.219	29.3	51.7	3.34	3.22	119.1
	...	...	....	12.750	12.274	.238	31.8	51.5	3.34	3.22	118.5
	20			12.750	12.250	.250	33.4	51.3	3.34	3.12	118.0

파이프 특성(계속)

공칭 파이프 크기	스케줄 번호		무게 기호	외경 (in.)	내경 (in.)	벽두께 (in.)	피트당 무게 (lb.)	피트 파이프당 물의 무게 (lb.)	피트당 외부 면적 (ft.²)	피트당 내부 면적 (ft.)	횡단 면적 (in.²)
	탄소강 & 합금강	스테인레스강									
12 (계속)				12.750	12.192	.279	37.2	50.7	3.34	3.19	116.9
			....	12.750	12.150	.300	40.0	50.5	3.34	3.18	116.1
	30			12.750	12.090	.330	43.8	49.7	3.34	3.16	114.8
				12.750	12.062	.344	45.5	49.7	3.34	3.16	114.5
		40S	Std.	12.750	12.000	.375	49.6	48.9	3.34	3.14	113.1
	40			12.750	11.938	.406	53.6	48.5	3.34	3.13	111.9
				12.750	11.874	.438	57.5	48.2	3.34	3.11	111.0
		80S	X-Stg.	12.750	11.750	.500	65.4	46.9	3.34	3.08	108.4
	60			12.750	11.626	.562	73.2	46.0	3.34	3.04	106.2
				12.750	11.500	.625	80.9	44.9	3.34	3.01	103.8
	80	...	....	12.750	11.376	.687	88.6	44.0	3.34	2.98	101.6
	100	...	....	12.750	11.064	.843	108.0	41.6	3.34	2.90	96.1
				12.750	11.000	.875	110.9	41.1	3.34	2.88	95.0
	120		....	12.750	10.750	1.000	125.5	39.3	3.34	2.81	90.8
	140		....	12.750	10.500	1.125	140.0	37.5	3.34	2.75	86.6
		....	....	12.750	10.313	1.219	150.1	36.3	3.34	2.70	83.8
	160	....	....	12.750	10.126	1.312	161.0	34.9	3.34	2.65	80.5
14	...	....	....	14.000	13.624	.188	28	63.4	3.67	3.57	146.0
		.		14.000	13.560	.220	32	63.0	3.67	3.55	145.0
				14.000	13.524	.238	35	62.5	3.67	3.54	144.0
	10			14.000	13.500	.250	37	62.1	3.67	3.54	143.0
	20			14.000	13.375	.312	46	60.8	3.67	3.50	140.5
	30		Std.	14.000	13.250	.375	55	59.7	3.67	3.47	137.9
				14.000	13.188	.406	58	59.5	3.67	3.45	137.0
	40		....	14.000	13.124	.438	63	58.5	3.67	3.44	135.3
	...			14.000	13.062	.469	68	58.1	3.67	3.42	134.0
			X-Stg.	14.000	13.000	.500	72	57.4	3.67	3.40	132.7
	60			14.000	12.814	.593	85	55.9	3.67	3.35	129.0
				14.000	12.750	.625	89	55.3	3.67	3.34	127.7
				14.000	12.688	.656	94	54.7	3.67	3.32	126.4
	80			14.000	12.500	.750	107	51.2	3.67	3.27	122.7
	100			14.000	12.125	.937	131	50.0	3.67	3.17	115.5
	120			14.000	11.814	1.093	151	47.5	3.67	3.09	109.6
	140			14.000	11.500	1.250	171	45.0	3.67	3.01	103.9
		....		14.000	11.313	1.344	182	43.5	3.67	2.96	100.5
	160	...	....	14.000	11.188	1.406	190	42.6	3.67	2.93	98.3

파이프 특성(계속)

공칭 파이프 크기	스케줄 번호 탄소강 & 합금강	스케줄 번호 스테인레스강	무게 기호	외경 (in.)	내경 (in.)	벽두께 (in.)	피트당 무게 (lb.)	피트 파이프당 물의 무게 (lb.)	피트당 외부 면적 (ft.²)	피트당 내부 면적 (ft.)	횡단 면적 (in.²)
16	...	...	....	16.000	15.624	.188	32	83.3	4.20	4.09	192.0
	...	...	....	16.000	15.524	.238	40	82.5	4.20	4.06	190.0
	10	...	...	16.000	15.500	.250	42	82.1	4.20	4.06	189.0
				16.000	15.438	.281	47	81.2	4.20	4.04	187.0
	20	.	.	16.000	15.375	.312	52	80.1	4.20	4.03	185.6
				16.000	15.312	344	57	80.0	4.20	4.01	184.1
	30	...	Std.	16.000	15.250	.375	63	79.1	4.20	4.00	182.6
	...	...	....	16.000	15.188	.406	68	78.6	4.20	3.98	181.0
	...	...	...	16.000	15.124	.438	73	78.2	4.20	3.96	180.0
	...	...	....	16.000	15.062	.469	78	77.5	4.20	3.94	178.5
	40	...	X-Stg.	16.000	15.000	.500	83	76.5	4.20	3.93	176.7
	...	...	...	16.000	14.938	.531	88	75.8	4.20	3.91	175.2
	60	...	....	16.000	14.688	.656	108	73.4	4.20	3.85	169.4
	...	...	....	16.000	14.625	.687	112	72.7	4.20	3.83	168.0
	...	...	....	16.000	14.500	.750	122	71.5	4.20	3.80	165.1
	80	...	....	16.000	14.314	.843	137	69.7	4.20	3.75	160.9
	100	...	....	16.000	13.938	1.031	165	66.0	4.20	3.65	152.6
	120	...	....	16.000	13.564	1.218	193	62.6	4.20	3.55	144.5
	140	...	....	16.000	13.124	1.438	224	58.6	4.20	3.44	135.3
		...	....	16.000	13.000	1.500	232	57.4	4.20	3.40	132.7
	160	...	....	16.000	12.814	1.593	245	55.9	4.20	3.35	129.0
18	10	...	....	18.000	17.500	.250	47	104.6	4.71	4.58	241.0
	20	...	....	18.000	17.375	.312	59	102.5	4.71	4.55	237.1
		...	Std.	18.000	17.250	.375	71	101.2	4.71	4.51	233.7
	30	...	....	18.000	17.124	.438	82	99.5	4.71	4.48	229.5
		...	X-Stg	18.000	17.000	.500	93	98.2	4.71	4.45	227.0
	40	...	...	18.000	16.876	.562	105	97.2	4.71	4.42	224.0
	...	...	...	18.000	16.813	.594	110	96.1	4.71	4.40	222.0
	...	...	....	18.000	16.750	.625	116	95.8	4.71	4.39	220.5
	60	...	....	18.000	16.500	.750	138	92.5	4.71	4.32	213.8
	...	...	....	18.000	16.375	.812	149	91.2	4.71	4.29	210.6
	80	...	....	18.000	16.126	.937	171	88.5	4.71	4.22	204.2
	100	...	....	18.000	15.688	1.156	208	83.7	4.71	4.11	193.3
	120	...	....	18.000	15.250	1.375	244	79.2	4.71	3.99	182.7
	140	...	....	18.000	14.876	1.562	275	75.3	4.71	3.89	173.8
	...	...	....	18.000	14.625	1.687	294	72.7	4.71	3.83	168.0
	160	...	....	18.000	14.438	1.781	309	71.0	4.71	3.78	163.7

파이프 특성(계속)

공칭 파이프 크기	스케줄 번호 탄소강 & 합금강	스케줄 번호 스테인레스 강	무게 기호	외경 (in.)	내경 (in.)	벽두께 (in.)	피트당 무게 (in.)	피트 파이프당 물의 무게 (lb.)	피트당 외부 면적 (ft.²)	피트당 내부 면적 (ft.)	횡단 면적 (in.²)
20	10	...	....	20.000	19.500	.250	53	130.0	5.24	5.11	299.0
	...	...	....	20.000	19.374	.313	66	128.1	5.24	5.08	295.0
	20	...	Std.	20.000	19.250	.375	79	126.0	5.24	5.04	291.1
	...	...	....	20.000	19.124	.438	92	125.1	5.24	5.01	288.0
	30	...	X-Stg.	20.000	19.000	.500	105	122.8	5.24	4.97	283.5
	...	...	....	20.000	18.875	.562	117	121.1	5.24	4.94	279.8
	40	...	....	20.000	18.814	.593	123	120.4	5.24	4.93	278.0
	...	...	....	20.000	18.750	.625	129	119.5	5.24	4.91	276.1
	60	...	....	20.000	18.376	.812	167	114.9	5.24	4.81	265.2
	...	...	....	20.000	18.250	.875	179	113.2	5.24	4.78	261.6
	...	...	....	20.000	18.188	.906	185	112.7	5.24	4.76	259.8
	80	...	....	20.000	17.938	1.031	209	109.4	5.24	4.80	252.7
	100	...	....	20.000	17.438	1.281	256	103.4	5.24	4.56	238.8
	120			20.000	17.000	1.500	297	98.3	5.24	4.45	227.0
	140	..		20.000	16.500	1.750	342	92.6	5.24	4.32	213.8
		....	....	20.000	16.313	1.844	357	90.5	5.24	4.27	209.0
	160	....	....	20.000	16.064	1.968	379	87.9	5.24	4.21	202.7
22	...	....	....	22.000	21.500	.250	58	157.4	5.76	5.63	363.1
	...	....	....	22.000	21.376	.312	72	155.6	5.76	5.60	358.9
				22.000	21.250	.375	87	153.7	5.76	5.56	354.7
		....		22.000	21.126	.437	103	152.0	5.76	5.53	350.5
	...	....	....	22.000	21.000	.500	115	150.2	5.76	5.50	346.4
		....		22.000	20.876	.562	129	148.4	5.76	5.47	342.3
	...	....	....	22.000	20.750	.625	143	146.6	5.76	5.43	338.2
	...	....	....	22.000	20.624	.688	157	144.8	5.76	5.40	334.1
	...	....	....	22.000	20.500	.750	170	143.1	5.76	5.37	330.1
24	10	....	....	24.000	23.500	.250	63	189.0	6.28	6.15	435.0
	...	....	....	24.000	23.376	.312	79	186.9	6.28	6.12	430.0
	20	....	Std.	24.000	23.250	.375	95	183.8	6.28	6.09	424.6
	...	....	....	24.000	23.125	.437	110	181.8	6.28	6.05	420.0
	...	....	X-Stg.	24.000	23.000	.500	125	181.0	6.28	6.02	416.0
	30	....	.	24.000	22.876	.562	141	178.5	6.28	5.99	411.0
		....	..	24.000	22.750	.625	156	175.9	6.28	5.96	406.5
	40	....	....	24.000	22.626	.687	171	174.2	6.28	5.92	402.1
	...	....	....	24.000	22.500	.750	186	172.1	6.28	5.89	397.6
	60	...	...	24.000	22.064	.968	238	165.8	6.28	5.78	382.3
	...	....	....	24.000	21.938	1.031	253	163.6	6.28	5.74	378.0
	80	....	....	24.000	21.564	1.218	297	158.2	6.28	5.65	365.2
	100	....	...	24.000	20.938	1.531	367	149.3	6.28	5.48	344.3

파이프 특성(계속)

공칭 파이프 크기	스케줄 번호		무게 기호	외경 (in.)	내경 (in.)	벽두께 (in.)	피트당 무게 (in.)	피트 파이프당 물의 무게 (lb.)	피트당 외부 면적 (ft.²)	피트당 내부 면적 (ft.)	횡단 면적 (in.²)
	탄소강 & 합금강	스테인 레스 강									
24 (계속)	120	....	....	24.000	20.376	1.812	429	141.4	6.28	5.33	326.1
	140	....	....	24.000	19.876	2.062	484	134.4	6.28	5.20	310.3
	...	....	....	24.000	19.625	2.187	510	130.9	6.28	5.14	302.0
	160	....	....	24.000	19.314	2.343	542	127.0	6.28	5.06	293.1
26	...	....	....	26.000	25.500	.250	67	221.4	6.81	6.68	510.7
	...	....	....	26.000	25.376	.312	84	219.2	6.81	6.64	505.8
	...	....	....	26.000	25.250	.375	103	217.1	6.81	6.61	500.7
	...	....	....	26.000	25.126	.437	119	215.0	6.81	6.58	495.8
	...	....	....	26.000	25.000	.500	136	212.8	6.81	6.54	490.9
	...	....	....	26.000	24.876	.562	153	210.7	6.81	6.51	486.0
	...	....	....	26.000	24.750	.625	169	208.6	6.81	6.48	481.1
	...	....	....	26.000	24.624	.688	186	206.4	6.81	6.45	476.2
	...	....	....	26.000	24.500	.750	202	204.4	6.81	6.41	471.4
30	10	....	....	30.000	29.376	.312	99	293.7	7.85	7.69	677.8
	...	....	....	30.000	29.250	.375	119	291.2	7.85	7.66	672.0
	...	....	....	30.000	29.125	.437	138	288.7	7.85	7.62	666.2
	20	....	....	30.000	29.000	.500	158	286.2	7.85	7.59	660.5
				30.000	28.875	.562	177	283.7	7.85	7.56	654.8
	30			30.000	28.750	.625	196	281.3	7.85	7.53	649.2

파이프 치수

ANSI B 36.10

1. 단위 : inch
2. 공칭벽두께는 12.5% MILL TOLERANCE에 기준
3. 스탠다드 ANSI B 36.10에 준하지 않는다.

공칭 파이프 크기	외경	공칭벽 두께													공칭 파이프 크기
		스케줄 10	스케줄 20	스케줄 30	표준 무게	스케줄 40	스케줄 60	엑스트라 스트롱	스케줄 80	스케줄 100	스케줄 120	스케줄 140	스케줄 160	더블 엑스트라 스트롱	
⅛	0.405	- -	- -	- -	0.068	0.068	- -	0.095	0.095	- -	- -	- -	- -	- -	⅛
¼	0.540	- -	- -	- -	0.088	0.088	- -	0.119	0.119	- -	- -	- -	- -	- -	¼
⅜	0.675	- -	- -	- -	0.091	0.091	- -	0.126	0.126	- -	- -	- -	- -	- -	⅜
½	0.840	- -	- -	- -	0.109	0.109	- -	0.147	0.147	- -	- -	- -	0.187	0.294	½
¾	1.050	- -	- -	- -	0.113	0.113	- -	0.154	0.154	- -	- -	- -	0.218	0.308	¾
1	1.315	- -	- -	- -	0.133	0.133	- -	0.179	0.179	- -	- -	- -	0.250	0.358	1
1¼	1.660	- -	- -	- -	0.140	0.140	- -	0.191	0.191	- -	- -	- -	0.250	0.382	1¼
1½	1.900	- -	- -	- -	0.145	0.145	- -	0.200	0.200	- -	- -	- -	0.281	0.400	1½
2	2.375	- -	- -	- -	0.154	0.154	- -	0.218	0.218	- -	- -	- -	0.343	0.436	2
2½	2.875	- -	- -	- -	0.203	0.203	- -	0.276	0.276	- -	- -	- -	0.375	0.552	2½
3	3.500	- -	- -	- -	0.216	0.216	- -	0.300	0.300	- -	- -	- -	0.438	0.600	3
3½	4.000	- -	- -	- -	0.226	0.226	- -	0.318	0.318	- -	- -	- -	- -	0.636[3]	3½
4	4.500	- -	- -	- -	0.237	0.237	- -	0.337	0.337	- -	0.438	- -	0.531	0.674	4
5	5.563	- -	- -	- -	0.258	0.258	- -	0.375	0.375	- -	0.500	- -	0.625	0.750	5
6	6.625	- -	- -	- -	0.280	0.280	- -	0.432	0.432	- -	0.562	- -	0.718	0.864	6
8	8.625	- -	0.250	0.277	0.322	0.322	0.406	0.500	0.500	0.593	0.718	0.812	0.906	0.875	8
10	10.750	- -	0.250	0.307	0.365	0.365	0.500	0.500	0.593	0.718	0.843	1.000	1.125	- -	10
12	12.750	- -	0.250	0.330	0.375	0.406	0.562	0.500	0.687	0.843	1.000	1.125	1.312	- -	12
14	14.000	0.250	0.312	0.375	0.375	0.438	0.593	0.500	0.750	0.937	1.093	1.250	1.406	- -	14
16	16.000	0.250	0.312	0.375	0.375	0.500	0.656	0.500	0.843	1.031	1.218	1.438	1.593	- -	16
18	18.000	0.250	0.312	0.438	0.375	0.562	0.750	0.500	0.937	1.156	1.375	1.562	1.781	- -	18
20	20.000	0.250	0.375	0.500	0.375	0.593	0.812	0.500	1.031	1.281	1.500	1.750	1.968	- -	20
24	24.000	0.250	0.375	0.562	0.375	0.687	0.968	0.500	1.218	1.531	1.812	2.062	2.343	- -	24
30[3]	30.000	0.312	0.500	0.625	0.375[3]	- -	- -	0.500[3]	- -	- -	- -	- -	- -	- -	30

메 모

헤드(Head)

소형 및 중형의 용기에 대해서는 타원체 헤드가 가장 많이 사용되며, 대형의 용기는 반구형 또는 플랜지 이음과 접시형 이음의 헤드를 가진 것이 많이 제작된다.

직선형 플랜지

셸에 맞대기(BUTT) 용접된 헤드는 CODE PAR. UG-32 & 33에 의거 헤드가 셸보다 두껍지 않을 때 직선형 플랜지를 가질 필요가 없다. 그러나 실제로 반구형을 제외한 헤드는 대부분 직선형 플랜지를 갖는다.

- 직선형 플랜지의 일반적인 길이 : 타원체에 대해 2인치
- 플랜지 이음과 접시형 이음 : $1^{1}/_{2}$인치, 반구형: 0인치

셸보다 두껍고 셸에 맞대기(BUTT) 용접된 헤드는 직선형 플랜지를 가져야 한다. 요구되는 플랜지의 최소 길이를 위해서는 페이지 121을 보라.

헤드치수

다음 페이지상의 치수는 LUKENS STEEL COMPANY社에 의해 제조된 헤드와 관련되며, 도표 상의 직경과 두께가 가능한 모든 크기를 나타내는 것은 아니다. 무게 58,000파운드까지, 외경 264인치까지 혹은 두께 8인치까지의 헤드는 상기회사에 의해 제작된바 있다. 중간 두께 및 직경 헤드의 제작도 가능하다.

- 헤드 무게 : 360p 도표 참고
- 헤드 부피 : 402p 참고
- 헤드 표면적 : 411p 참고

헤드 치수

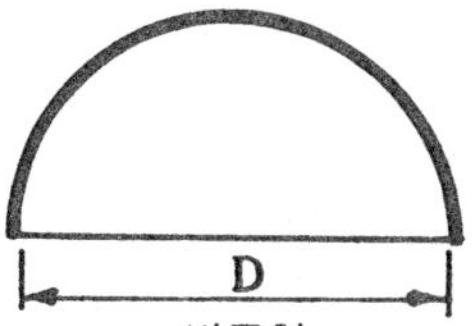

반구형

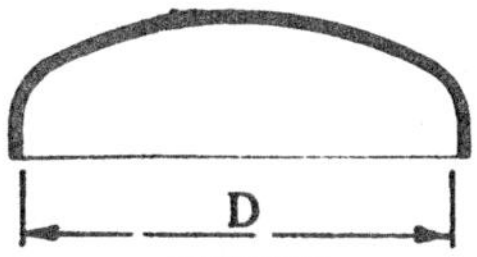

타원체형

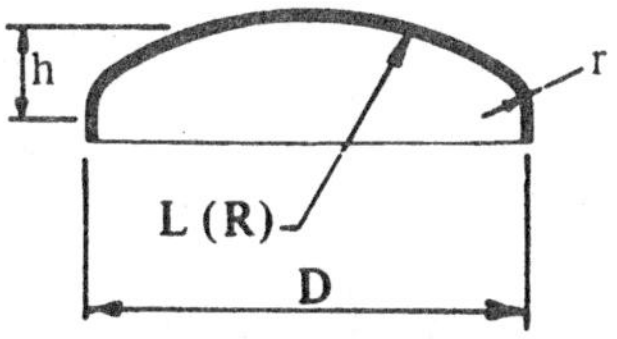

ASME 플랜지 이음형과 접시형 이음형

도표에 사용된 부호

D＝반구형 혹은 타원형 헤드의 내경, ASME 플랜지 이음형과 접시 및 이음형 외경

h＝플랜지 이음형과 접시형 이음형의 접시 내부 깊이

L(R)＝ASME 플랜지 이음형과 접시형 이음형 헤드의 내반경(내부 혹은 외부압력을 위한 계산식에서 사용되는 바와 같이)

M＝내부 압력을 위한 계산식에서 사용되는 계수

r＝ASME 플랜지 이음형과 접시형 이음형 헤드의 내부 크라운 반경

t＝벽두께, 공칭 혹은 최소

단위 : inch

직경 D	페이지 325 참조	벽두께							
		3/8	1/2	5/8	3/4	7/8	1	1 1/8	1 1/4
14	L (R) r h M	12 1.125 2.625 1.56	12 1.500 2.750 1.46	12 1.875 2.938 1.39					
16	L (R) r h M	15 1.125 2.750 1.65	15 1.500 2.875 1.54	14 1.875 3.188 1.44	14 2.250 3.375 1.36				
18	L (R) r h M	18 1.125 2.875 1.75	16 1.500 3.313 1.56	15 1.875 3.563 1.46	15 2.250 3.750 1.39	18 2.625 3.625 1.41			
20	L (R) r h M	18 1.250 3.500 1.69	18 1.500 3.563 1.62	18 1.875 3.750 1.52	18 2.250 3.875 1.46	18 2.625 4.063 1.41	18 3.000 4.250 1.36		
22	L (R) r h M	21 1.375 3.688 1.72	20 1.500 3.813 1.65	20 1.875 4.000 1.56	20 2.250 4.188 1.50	20 2.625 4.313 1.44	20 3.000 4.500 1.39	20 3.375 4.688 1.36	
24	L (R) r h M	24 1.500 3.875 1.75	24 1.500 3.813 1.75	24 1.875 4.000 1.65	24 2.250 4.188 1.58	24 2.625 4.375 1.50	24 3.000 4.563 1.46	24 3.375 4.813 1.41	24 3.750 5.000 1.39

헤드 치수 전치수(in.)

직경 D	페이지 325 참조	벽두께 3/8	1/2	5/8	3/4	7/8	1	1 1/8	1 1/4	1 3/8
26	L (R)	24	24	24	24	24	24	24	24	24
	r	1.625	1.625	1.875	2.250	2.625	3.000	3.375	3.750	4.125
	h	4.500	4.438	4.500	4.688	4.875	5.000	5.188	5.375	5.625
	M	1.72	1.72	1.65	1.56	1.50	1.46	1.41	1.39	1.36
28	L (R)	26	26	26	26	24	24	24	24	24
	r	1.750	1.750	1.875	2.250	2.625	3.000	3.375	3.750	4.125
	h	4.813	4.750	4.750	4.938	5.375	5.563	5.688	5.875	6.063
	M	1.72	1.72	1.69	1.60	1.50	1.46	1.41	1.39	1.36
30	L (R)	30	30	30	30	30	30	30	30	30
	r	1.875	1.875	1.875	2.250	2.625	3.000	3.375	3.750	4.125
	h	4.875	4.813	4.813	5.000	5.125	5.375	5.500	5.750	5.938
	M	1.75	1.75	1.75	1.65	1.60	1.54	1.50	1.46	1.44
32	L (R)	30	30	30	30	30	30	30	30	30
	r	2.000	2.000	2.000	2.250	2.625	3.000	3.375	3.750	4.125
	h	5.563	5.500	5.375	5.500	5.625	5.813	6.000	6.188	6.375
	M	1.72	1.72	1.72	1.65	1.60	1.54	1.50	1.50	1.44
34	L (R)	34	34	30	30	30	30	30	30	30
	r	2.125	2.125	2.125	2.250	2.625	3.000	3.375	3.750	4.125
	h	5.563	5.500	6.000	6.063	6.188	6.313	6.438	6.625	6.813
	M	1.75	1.75	1.69	1.65	1.60	1.54	1.54	1.46	1.44
36	L (R)	36	36	36	36	36	36	36	36	36
	r	2.250	2.250	2.250	2.250	2.625	3.000	3.375	3.750	4.125
	h	5.938	5.875	5.813	5.750	5.938	6.125	6.313	6.500	6.688
	M	1.75	1.75	1.75	1.75	1.69	1.62	1.58	1.52	1.52
38	L (R)	36	36	36	36	36	36	36	36	36
	r	2.375	2.375	2.375	2.375	2.625	3.000	3.375	3.750	4.125
	h	6.500	6.438	6.375	6.375	6.438	6.563	6.750	6.938	7.125
	M	1.72	1.72	1.72	1.72	1.69	1.62	1.60	1.52	1.48
40	L (R)	40	40	36	36	36	36	36	36	36
	r	2.500	2.500	2.500	2.500	2.625	3.000	3.375	3.750	4.125
	h	6.625	6.563	6.938	7.000	7.000	7.125	7.313	7.438	7.625
	M	1.69	1.69	1.69	1.69	1.69	1.62	1.58	1.52	1.48
42	L (R)	40	40	40	40	40	40	36	36	36
	r	2.625	2.625	2.625	2.625	2.625	3.000	3.375	3.750	4.125
	h	7.188	7.125	7.063	7.000	7.000	7.125	7.125	8.000	8.125
	M	1.72	1.72	1.72	1.72	1.72	1.65	1.56	1.52	1.48
48	L (R)	42	42	42	42	42	42	42	42	42
	r	3.000	3.000	3.000	3.000	3.000	3.000	3.375	3.750	4.125
	h	8.000	8.750	8.688	8.625	8.563	8.500	8.625	8.813	9.000
	M	1.69	1.69	1.69	1.69	1.69	1.69	1.62	1.58	1.54
54	L (R)	54	48	48	48	48	48	48	48	48
	r	3.250	3.250	3.250	3.250	3.250	3.250	3.375	3.750	4.125
	h	8.938	9.750	9.750	9.625	9.500	9.375	9.438	9.625	9.750
	M	1.77	1.72	1.72	1.72	1.72	1.72	1.69	1.65	1.60
60	L (R)	60	60	54	54	54	54	54	54	54
	r	3.625	3.625	3.625	3.625	3.625	3.625	3.625	3.750	4.125
	h	10.000	9.875	10.688	10.625	10.563	10.500	10.438	10.438	10.563
	M	1.77	1.77	1.72	1.72	1.72	1.72	1.72	1.69	1.65

헤드 치수 전치수(in.)

직경 D	페이지 325 참조	벽두께								
		$1\frac{1}{2}$	$1\frac{5}{8}$	$1\frac{3}{4}$	$1\frac{7}{8}$	2	$2\frac{1}{4}$	$2\frac{1}{2}$	$2\frac{3}{4}$	3
26	L (R)									
	r									
	h									
	M									
28	L (R)									
	r									
	h									
	M									
30	L (R)	30	30							
	r	4.500	4.875							
	h	6.125	6.375							
	M	1.39	1.36							
32	L (R)	30	30	30						
	r	4.500	4.875	5.250						
	h	6.563	6.750	6.938						
	M	1.39	1.36	1.34						
34	L (R)	30	30	30						
	r	4.500	4.875	5.250						
	h	7.000	7.188	7.375						
	M	1.39	1.36	1.34						
36	L (R)	36	36	36	36					
	r	4.500	4.875	5.250	5.625					
	h	6.875	7.063	7.313	7.500					
	M	1.46	1.44	1.41	1.39					
38	L (R)	36	36	36	36	36				
	r	4.500	4.875	5.250	5.625	6.000				
	h	7.313	7.500	7.813	7.875	8.063				
	M	1.46	1.44	1.41	1.39	1.36				
40	L (R)	36	36	36	36	36				
	r	4.500	4.875	5.250	5.625	6.000				
	h	7.813	8.000	8.125	8.313	8.500				
	M	1.46	1.44	1.41	1.39	1.36				
42	L (R)	36	36	36	36	36				
	r	4.500	4.875	5.250	5.625	6.000				
	h	8.313	8.438	8.625	8.813	8.938				
	M	1.46	1.44	1.41	1.39	1.36				
48	L (R)	42	42	42	42	42	42	42		
	r	4.500	4.875	5.250	5.625	6.000	6.750	7.500		
	h	9.188	9.250	9.438	9.563	9.750	10.125	10.500		
	M	1.52	1.48	1.46	1.44	1.41	1.36	1.34		
54	L (R)	48	48	48	48	48	48	48	48	
	r	4.500	4.875	5.250	5.625	6.000	6.750	7.500	8.250	
	h	9.875	10.063	10.188	10.375	10.563	10.875	11.250	11.625	
	M	1.56	1.54	1.50	1.48	1.46	1.41	1.39	1.36	
60	L (R)	54	54	54	54	54	54	54	54	54
	r	4.500	4.875	5.250	5.625	6.000	6.750	7.500	8.250	9.000
	h	10.688	10.875	11.000	11.188	11.313	11.688	12.000	12.375	12.750
	M	1.62	1.58	1.54	1.52	1.50	1.46	1.41	1.39	1.36

헤드 치수 전치수(in.)

직경 D	페이지 325 참조	벽두께 3/8	1/2	5/8	3/4	7/8	1	1 1/8	1 1/4	1 3/8
66	L (R)	66	66	60	60	60	60	60	60	60
	r	4.000	4.000	4.000	4.000	4.000	4.000	4.000	4.000	4.125
	h	11.000	10.938	11.750	11.625	11.563	11.500	11.438	11.375	11.375
	M	1.77	1.77	1.72	1.72	1.72	1.72	1.72	1.72	1.72
72	L (R)	72	72	72	72	66	66	66	66	66
	r	4.375	4.375	4.375	4.375	4.375	4.375	4.375	4.375	4.375
	h	12.000	11.938	11.875	11.875	12.625	12.500	12.438	12.375	12.313
	M	1.77	1.77	1.77	1.77	1.72	1.72	1.72	1.72	1.72
78	L (R)	78	72	72	72	72	72	72	72	72
	r	4.750	4.750	4.750	4.750	4.750	4.750	4.750	4.750	4.750
	h	13.000	13.813	13.750	13.688	13.563	13.500	13.438	13.375	13.313
	M	1.77	1.72	1.72	1.72	1.72	1.72	1.72	1.72	1.72
84	L (R)	84	84	84	84	84	84	78	78	78
	r	5.125	5.125	5.125	5.125	5.125	5.125	5.125	5.125	5.125
	h	14.000	13.938	13.875	13.813	13.750	13.688	14.438	14.375	14.313
	M	1.77	1.77	1.77	1.77	1.77	1.77	1.72	1.72	1.72
90	L (R)	90	84	84	84	84	84	84	84	84
	r	5.500	5.500	5.500	5.500	5.500	5.500	5.500	5.500	5.500
	h	15.125	15.813	15.750	15.688	15.625	15.563	15.500	15.438	15.313
	M	1.77	1.72	1.72	1.72	1.72	1.72	1.72	1.72	1.72
96	L (R)	96	90	90	90	90	90	90	90	84
	r	5.875	5.875	5.875	5.875	5.875	5.875	5.875	5.875	5.875
	h	16.125	16.875	16.813	16.750	16.625	16.563	16.500	16.438	17.313
	M	1.77	1.72	1.72	1.72	1.72	1.72	1.72	1.72	1.72
102	L (R)	96	96	96	96	96	96	90	90	90
	r	6.125	6.125	6.125	6.125	6.125	6.125	6.125	6.125	6.125
	h	17.938	17.875	17.750	17.688	17.625	17.563	18.500	18.375	18.250
	M	1.75	1.75	1.75	1.75	1.75	1.75	1.72	1.72	1.72
108	L (R)	102	102	102	102	102	102	96	96	96
	r	6.500	6.500	6.500	6.500	6.500	6.500	6.500	6.500	6.500
	h	18.938	18.875	18.750	18.750	18.688	18.563	19.438	19.375	19.313
	M	1.75	1.75	1.75	1.75	1.75	1.75	1.72	1.72	1.72
114	L (R)		108	108	108	108	108	108	108	108
	r		6.875	6.875	6.875	6.875	6.875	6.875	6.875	6.875
	h		19.875	19.813	19.750	19.685	19.625	19.563	19.500	19.438
	M		1.75	1.75	1.75	1.75	1.75	1.75	1.75	1.75
120	L (R)		114	114	114	114	114	108	108	108
	r		7.250	7.250	7.250	7.250	7.250	7.250	7.250	7.250
	h		20.875	20.813	20.750	20.688	20.625	21.500	21.438	21.375
	M		1.75	1.75	1.75	1.75	1.75	1.72	1.72	1.72
126	L (R)		120	120	120	120	120	120	120	114
	r		7.625	7.625	7.625	7.625	7.625	7.625	7.625	7.625
	h		21.875	21.813	21.750	21.688	21.625	21.563	21.500	22.313
	M		1.75	1.75	1.75	1.75	1.75	1.75	1.75	1.72
132	L (R)			126	126	120	120	120	120	120
	r			8.000	8.000	8.000	8.000	8.000	8.000	8.000
	h			22.875	22.813	23.688	23.563	23.500	23.438	23.750
	M			1.75	1.75	1.72	1.72	1.72	1.72	1.72

헤드 치수 전치수(in.)

직경 D	페이지 325 참조	벽두께								
		1½	1⅝	1¾	1⅞	2	2¼	2½	2¾	3
66	L (R)	60	60	60	60	60	60	60	60	60
	r	4.500	4.875	5.250	5.625	6.000	6.750	7.500	8.250	9.000
	h	11.500	11.688	11.813	12.000	12.125	12.438	12.813	13.125	13.500
	M	1.65	1.62	1.58	1.58	1.54	1.50	1.46	1.41	1.39
72	L (R)	66	66	66	66	66	66	66	66	66
	r	4.500	4.875	5.250	5.625	6.000	6.750	7.500	8.250	9.000
	h	12.313	12.500	12.625	12.750	12.938	13.250	13.563	13.938	14.313
	M	1.72	1.69	1.65	1.60	1.58	1.54	1.50	1.46	1.44
78	L (R)	72	72	72	72	72	72	72	72	72
	r	4.75	4.875	5.250	5.625	6.000	6.750	7.500	8.250	9.000
	h	13.250	13.250	13.438	13.563	13.750	14.063	14.375	14.750	15.063
	M	1.72	1.72	1.69	1.65	1.62	1.56	1.52	1.48	1.46
84	L (R)	78	78	78	78	78	78	78	78	78
	r	5.125	5.125	5.250	5.625	6.000	6.750	7.500	8.250	9.000
	h	14.250	14.188	14.250	14.375	14.500	14.875	15.188	15.500	15.875
	M	1.72	1.72	1.72	1.69	1.65	1.60	1.56	1.52	1.48
90	L (R)	84	84	84	84	84	84	84	84	84
	r	5.500	5.500	5.500	5.625	6.000	6.750	7.500	8.250	9.000
	h	15.250	15.188	15.125	15.188	15.313	15.625	16.000	16.313	16.625
	M	1.72	1.72	1.72	1.72	1.69	1.62	1.58	1.54	1.52
96	L (R)	84	84	84	84	84	84	84	84	84
	r	5.875	5.875	5.875	5.875	6.000	6.750	7.500	8.250	9.000
	h	17.250	17.125	17.063	17.000	17.063	17.313	17.625	17.875	18.188
	M	1.69	1.69	1.69	1.69	1.69	1.62	1.58	1.54	1.52
102	L (R)	90	90	90	90	90	90	90	90	90
	r	6.125	6.125	6.125	6.125	6.125	6.750	7.50	8.250	9.000
	h	18.125	18.125	18.063	18.000	17.938	18.125	18.375	18.688	19.000
	M	1.72	1.72	1.72	1.72	1.72	1.65	1.62	1.58	1.54
108	L (R)	96	96	96	96	96	96	96	96	96
	r	6.500	6.500	6.500	6.500	6.500	6.750	7.500	8.250	9.000
	h	19.250	19.125	19.063	19.000	18.938	18.938	19.188	19.500	19.813
	M	1.72	1.72	1.72	1.72	1.72	1.69	1.65	1.60	1.56
114	L (R)	108	102	102	102	102	102	102	102	102
	r	6.875	6.875	6.875	6.875	6.875	6.875	7.500	8.250	9.000
	h	19.313	20.125	20.063	20.000	19.938	19.813	20.000	20.312	20.563
	M	1.75	1.72	1.72	1.72	1.72	1.72	1.69	1.62	1.60
120	L (R)	108	108	108	108	108	108	108	108	108
	r	7.250	7.250	7.250	7.250	7.250	7.250	7.500	8.250	9.000
	h	21.313	21.250	21.188	21.063	20.938	20.813	20.813	21.125	21.438
	M	1.72	1.72	1.72	1.72	1.72	1.72	1.72	1.65	1.62
126	L (R)	114	114	114	114	114	114	114	114	114
	r	7.625	7.625	7.625	7.625	7.625	7.625	7.625	8.250	9.000
	h	22.250	22.188	22.125	22.063	21.938	21.813	21.625	21.938	22.188
	M	1.72	1.72	1.72	1.72	1.72	1.72	1.72	1.69	1.65
132	L (R)	120	120	120	120	120	120	120	120	120
	r	8.000	8.000	8.000	8.000	8.000	8.000	8.000	8.250	9.000
	h	23.313	23.250	23.125	23.063	23.000	22.875	22.750	22.750	23.000
	M	1.72	1.72	1.72	1.72	1.72	1.72	1.72	1.72	1.65

헤드 치수 전치수(in.)

직경 D	페이지 325 참조	벽두께 5/8	3/4	7/8	1	1 1/8	1 1/4	1 3/8	1 1/2	
138	L (R)	132	132	132	132	132	132	132	132	
	r	8.375	8.375	8.375	8.375	8.375	8.375	8.375	8.375	
	h	23.938	23.875	23.813	23.750	23.688	23.625	23.563	23.500	
	M	1.75	1.75	1.75	1.75	1.75	1.75	1.75	1.75	
144	L (R)	132	132	132	132	132	132	132	132	
	r	8.750	8.750	8.750	8.750	8.750	8.750	8.750	8.750	
	h	25.875	25.813	25.750	25.625	25.563	25.500	25.438	25.313	
	M	1.72	1.72	1.72	1.72	1.72	1.72	1.72	1.72	

직경 D	페이지 325 참조	벽두께 1 5/8	1 3/4	1 7/8	2	2 1/4	2 1/2	2 3/4	3	
138	L (R)	132	132	132	130	130	130	130	130	
	r	8.375	8.375	8.375	8.375	8.375	8.375	8.375	9.000	
	h	23.438	23.375	23.313	23.500	23.375	23.250	23.125	23.250	
	M	1.75	1.75	1.75	1.72	1.72	1.72	1.72	1.69	
144	L (R)	132	132	132	132	132	132	132	132	
	r	8.750	8.750	8.750	8.750	8.750	8.750	8.750	9.000	
	h	25.250	25.188	25.125	25.063	24.938	24.813	24.625	24.625	
	M	1.72	1.72	1.72	1.72	1.72	1.72	1.72	1.72	

공차

벽두께(근사치)

최소 요구 두께	반구형	기타 형태 150″ 내경까지	기타 형태 150″ 내경 이상
To 1" 제외	0.1875	0.0625	0.1250
1" To 2" "	0.3750	0.1250	0.1250
2" To 3" "	0.6250	0.2500	0.2500
3" To 3.5" "	0.7500	0.3750	0.3750
3.5" To 4" "	1.1250	0.500	0.5000
4" To 4.5" "	1.5000	0.6250	0.6250
4.5" To 5" "	1.7500	0.7500	0.7500
5" To 5.5" "	2.0000	0.8750	0.8750
5.5" & 이상	2.0000	1.0000	1.0000

※주문시 요구되면 최소 두께를 명시하라.

접시의 내면 깊이(h)

48″ 외경과 그 이하 : +0.5″, -0″
48″ 외경 이상 96″ 외경까지 : +0.75″, -0″
96″ 외경 이상 : +1″, -0″

진원도

CODE가 허용하는 범위 내

메 모

150 파운드 플랜지

(스탠다드 ANSI B 16.5)

1. 치수 단위는 in.
2. 통상 사용되는 재질은 단조 강 SA 181이나 스테인레스 강, 합금강과 비철금속도 가능함.
3. 단 높이 플랜지 면의 1/16인치는 치수 C, D와 J에 포함한다.
4. 스터드(Stud) 볼트 길이는 크라운의 높이를 포함하지 않는다.
5. 볼트 구멍은 볼트 직경보다 1/8인치 크게 할 것
6. 달리 명시되지 않으면, 플랜지 내경은 아래 도표의 치수와 같다.
7. 파이프 크기 22", 26", 28"와 30"에 대한 플랜지는 ANSI B 16.5에 의해 제외된다.

※치수 K와 볼트 관련 테이타를 위해서는 맞은 편 페이지 참조

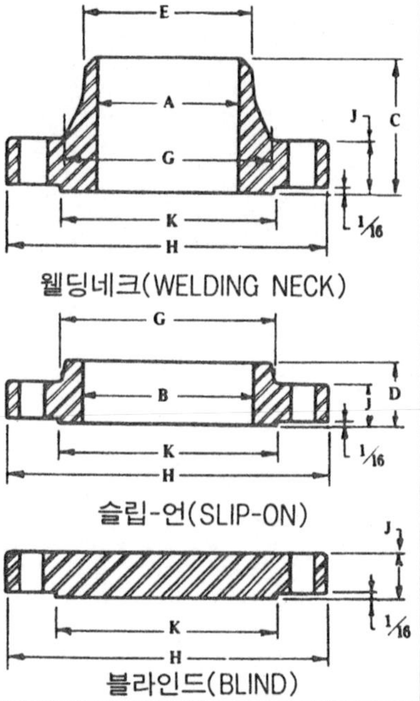

공칭 파이프 크기	내경		허브 길이		용접부에서의 허브 직경	베이스에서의 허브 직경	플랜지 외경	플랜지 두께
	A	B	C	D	E	G	H	J
1/2	.62	.88	1 7/8	5/8	.84	1 3/16	3 1/2	7/16
3/4	.82	1.09	2 1/16	5/8	1.05	1 1/2	3 7/8	1/2
1	1.05	1.36	2 3/16	11/16	1.32	1 15/16	4 1/4	9/16
1 1/4	1.38	1.70	2 1/4	13/16	1.66	2 5/16	4 5/8	5/8
1 1/2	1.61	1.95	2 7/16	7/8	1.90	2 9/16	5	11/16
2	2.07	2.44	2 1/2	1	2.38	3 1/16	6	3/4
2 1/2	2.47	2.94	2 3/4	1 1/8	2.88	3 9/16	7	7/8
3	3.07	3.57	2 3/4	1 3/16	3.50	4 1/4	7 1/2	15/16
3 1/2	3.55	4.07	2 13/16	1 1/4	4.00	4 13/16	8 1/2	15/16
4	4.03	4.57	3	1 5/16	4.50	5 5/16	9	15/16
5	5.05	5.66	3 1/2	1 7/16	5.56	6 7/16	10	15/16
6	6.07	6.72	3 1/2	1 9/16	6.63	7 9/16	11	1
8	7.98	8.72	4	1 3/4	8.63	9 11/16	13 1/2	1 1/8
10	10.02	10.88	4	1 15/16	10.75	12	16	1 3/16
12	12.00	12.88	4 1/2	2 3/16	12.75	14 3/8	19	1 1/4
14	13.25	14.14	5	2 1/4	14.00	15 3/4	21	1 3/8
16	15.25	16.16	5	2 1/2	16.00	18	23 1/2	1 7/16
18	17.25	18.18	5 1/2	2 11/16	18.00	19 7/8	25	1 9/16
20	19.25	20.20	5 11/16	2 7/8	20.00	22	27 1/2	1 11/16
22	21.25	22.22	5 7/8	3 1/8	22.00	24 1/4	29 1/2	1 13/16
24	23.25	24.25	6	3 1/4	24.00	26 1/8	32	1 7/8
26	To be specified	26.25	5	3 3/8	26.00	28 1/2	34 1/4	2
28		28.25	5 1/16	3 7/16	28.00	30 3/4	36 1/2	2 1/16
30		30.25	5 1/8	3 1/2	30.00	32 3/4	38 3/4	2 1/8

150 파운드 롱 웰딩 네크
(LONG WELDING NECK)

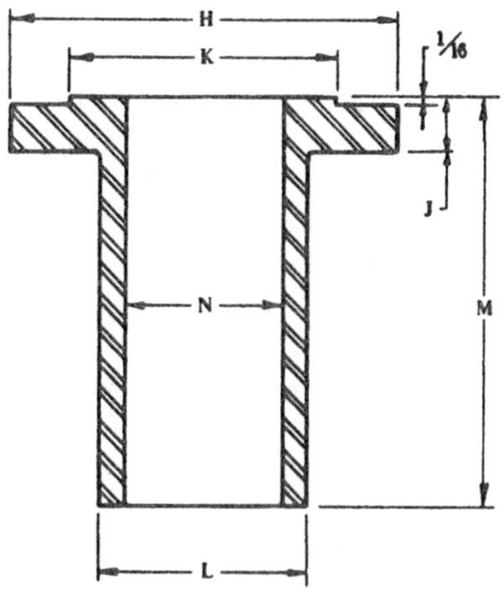

1. 단위 : in.
2. 통상 사용되는 재질은 단조 강 SA 181이나 스테인레스 강, 합금강과 비철금속도 가능함.
3. 단 높이 플랜지 면의 1/16인치는 치수 J와 M에 포함된다.
4. 볼트 길이는 크라운의 높이를 포함하지 않는다.
5. 볼트 구멍은 볼트 직경보다 1/8인치 크게 할 것
6. 치수 M(웰딩 네크 길이)은 주요 제조업체의 데이터에 기준한다. 도표상의 것보다 더 긴 네크를 가진 롱 웰딩 네크도 특별 주문에 의해 가능하다.

※치수 J를 위해서는 맞은 편 페이지를 참조

올라간 단높이 외 경	구멍수	볼트 직경	볼트 구멍	볼트길이		외 경	길 이	내 경	공 칭 파이프 크 기
				1/16 올라간 면	링 조인트				
K						L	M	N	
1⅜	4	½	2⅜	2½	- -				½
1¹¹⁄₁₆	4	½	2¾	2½	- -				¾
2	4	½	3⅛	2¾	3¼	2			1
2½	4	½	3½	2¾	3¼	2⅜			1¼
2⅞	4	½	3⅞	3	3½	2⅝			1½
3⅝	4	⅝	4¾	3¼	3¾	3¼	9		2
4⅛	4	⅝	5½	3½	4	3¾			2½
5	4	⅝	6	3¾	4¼	4¼			3
5½	8	⅝	7	3¾	4¼	4⅞			3½
6³⁄₁₆	8	⅝	7½	3¾	4¼	5½			4
7⁵⁄₁₆	8	¾	8½	4	4½	6½		공 칭 파이프 크기와 동 일	5
8½	8	¾	9½	4	4½	7¾			6
10⅝	8	¾	11¾	4¼	4¾	9¾	12		8
12¾	12	⅞	14¼	4¾	5¼	12			10
15	12	⅞	17	4¾	5¼	14⅜			12
16¼	12	1	18¾	5¼	5¾	16			14
18½	16	1	21¼	5½	6	18			16
21	16	1⅛	22¾	6	6½	20			18
23	20	1⅛	25	6¼	6¾	22			20
	20	1¼	27¼	6½	7		10-14		22
27¼	20	1¼	29½	7	7½	26¼			24
29¼	24	1¼	31¾	7	- -	28½			26
31¼	28	1¼	34	7	- -	30½			28
33¾	28	1¼	36	7¼	- -	32½			30

300 파운드 플랜지

(스탠다드 ANSI B 16.5)

1. 단위 : in.
2. 통상 사용되는 재질은 단조 강 SA 181이나 스테인레스 강, 합금강과 비철금속도 가능함.
3. 단 높이 플랜지 면의 1/16인치는 치수 C, D와 J에 포함된다.
4. 스터드(Stud) 볼트 길이는 크라운의 높이를 포함하지 않는다.
5. 볼트 구멍은 볼트 직경보다 1/8보다 크게 할 것
6. 달리 명시되지 않으면, 플랜지 내경은 아래 도표의 치수와 같다.
7. 파이프 크기 22", 26", 28"와 30"에 대한 플랜지는 ANSI B 16.5에 의해 커버되지 않는다.

※치수 K와 볼트 관련 테이타에 대해서는 맞은 편 페이지 참조

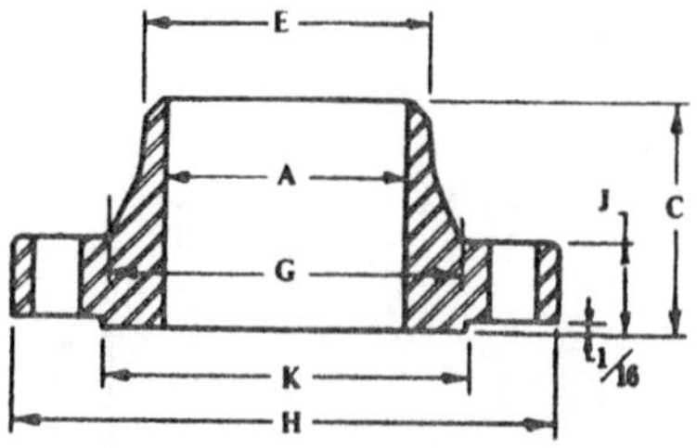

웰딩네크(WELDING NECK)

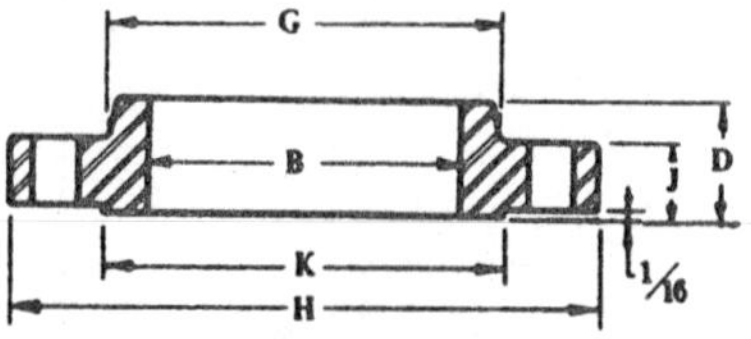

슬립-언(SLIP-ON)

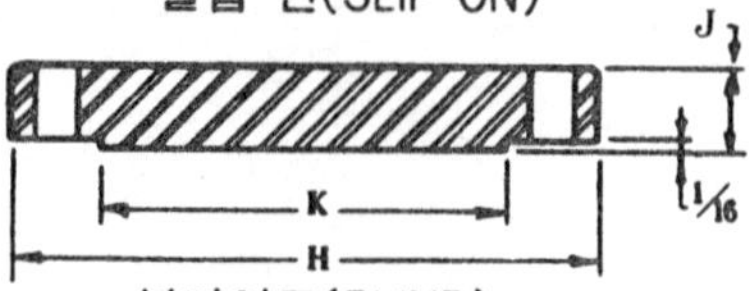

블라인드(BLIND)

공칭 파이프 크기	내경		허브 길이		용접부에서의 허브 직경	베이스에서의 허브 직경	플랜지 외경	플랜지 두께
	A	B	C	D	E	G	H	J
½	.62	.88	2 1/16	7/8	.84	1½	3¾	9/16
¾	.82	1.09	2¼	1	1.05	1 7/8	4 5/8	5/8
1	1.05	1.36	2 7/16	1 1/16	1.32	2 1/8	4 7/8	11/16
1¼	1.38	1.70	2 9/16	1 1/16	1.66	2½	5¼	¾
1½	1.61	1.95	2 11/16	1 3/16	1.90	2¾	6 1/8	13/16
2	2.07	2.44	2¾	1 5/16	2.38	3 5/16	6½	7/8
2½	2.47	2.94	3	1½	2.88	3 15/16	7½	1
3	3.07	3.57	3 1/8	1 11/16	3.50	4 5/8	8¼	1 1/8
3½	3.55	4.07	3 3/16	1¾	4.00	5¼	9	1 3/16
4	4.03	4.57	3 3/8	1 7/8	4.50	5¾	10	1¼
5	5.05	5.66	3 7/8	2	5.56	7	11	1 3/8
6	6.07	6.72	3 7/8	2 1/16	6.63	8 1/8	12½	1 7/16
8	7.98	8.72	4 3/8	2 7/16	8.63	10¼	15	1 5/8
10	10.02	10.88	4 5/8	2 5/8	10.75	12 5/8	17½	1 7/8
12	12.00	12.88	5 1/8	2 7/8	12.75	14¾	20½	2
14	13.25	14.14	5 5/8	3	14.00	16¾	23	2 1/8
16	15.25	16.16	5¾	3¼	16.00	19	25½	2¼
18	17.25	18.18	6¼	3½	18.00	21	28	2 3/8
20	19.25	20.20	6 3/8	3¾	20.00	23 1/8	30½	2½
22	21.25	22.22	6½	4	22.00	25¼	33	2 5/8
24	23.25	24.25	6 5/8	4 3/16	24.00	27 5/8	36	2¾
26	To be	26.25	7¼	7¼	26¼	28 3/8	38¼	3 1/8
28	speci-	28.25	7¾	7¾	28¼	30½	40¾	3 3/8
30	fied	30.25	8¼	8¼	30¼	32 9/16	43	3 5/8

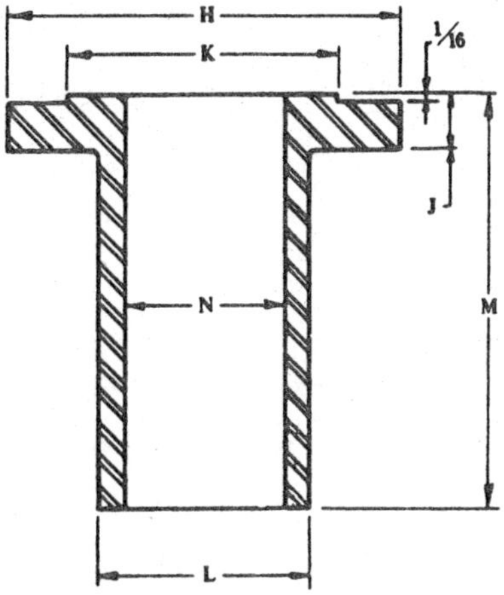

300 파운드 롱 웰딩 네크

(LONG WELDING NECK)

1. 단위 : in.
2. 통상 사용되는 재질은 단조 강 SA 181이나 스테인레스 강, 합금강과 비철금속도 가능함.
3. 단 높이 플랜지 면의 1/16인치는 치수 J와 M에 포함된다.
4. 볼트 길이는 크라운의 높이를 포함하지 않는다.
5. 볼트 구멍은 볼트 직경보다 1/8인치 크게 할 것
6. 치수 M(웰딩 네크 길이)은 주요 제조업체의 데이터에 기준한다. 도표상의 것보다 더 긴 네크를 가진 롱 웰딩 네크도 특별 주문에 의해 가능하다.

※치수 J를 위해서는 맞은 편 페이지를 참조

올라간 단높이 외경	구멍수	볼트 직경	볼트 구멍	볼트길이		외경	길이	내경	공칭 파이프 크기
				1/16 올라간 면	링 조인트				
K						L	M	N	
1 3/8	4	1/2	2 5/8	2 3/4	3			공칭 파이프 크기와 동일	1/2
1 11/16	4	5/8	3 1/4	3	3 1/2				3/4
2	4	5/8	3 1/2	3 1/4	3 3/4	2 1/8	9		1
2 1/2	4	5/8	3 7/8	3 1/4	3 3/4	2 1/2			1 1/4
2 7/8	4	3/4	4 1/2	3 3/4	4 1/4	2 3/4			1 1/2
3 5/8	8	5/8	5	3 1/2	4 1/4	3 5/16			2
4 1/8	8	3/4	5 7/8	4	4 3/4	3 15/16			2 1/2
5	8	3/4	6 5/8	4 1/4	5	4 5/8			3
5 1/2	8	3/4	7 1/4	4 1/2	5 1/4	5 1/4			3 1/2
6 3/16	8	3/4	7 7/8	4 1/2	5 1/4	5 3/4	12		4
7 5/16	8	3/4	9 1/4	4 3/4	5 1/2	7			5
8 1/2	12	3/4	10 5/8	5	5 3/4	8 1/8			6
10 5/8	12	7/8	13	5 1/2	6 1/4	10 1/4			8
12 3/4	16	1	15 1/4	6 1/4	7	12 5/8			10
15	16	1 1/8	17 3/4	6 3/4	7 1/2	14 3/4			12
16 1/4	20	1 1/8	20 1/4	7	7 3/4	16 3/4	10-14		14
18 1/2	20	1 1/4	22 1/2	7 1/2	8 1/4	19			16
21	24	1 1/4	24 3/4	7 3/4	8 1/2	21			18
23	24	1 1/4	27	8 1/4	9	23 1/8			20
25 1/4	24	1 1/2	29 1/4	8 3/4	9 3/4				22
27 1/4	24	1 1/2	32	9 1/4	10 1/4	27 5/8			24
29 1/2	28	1 5/8	34 1/2	10	11	29 1/2			26
31 1/2	28	1 5/8	37	10 1/2	11 1/2	31 1/2			28
33 3/4	28	1 3/4	39 1/4	11 1/4	12 1/4	33 3/4			30

400 파운드 플랜지

(스탠다드 ANSI B 16.5)

1. 치수 단위는 in.
2. 통상 사용되는 재질은 단조 강 SA 105이나 스테인레스 강, 합금강과 비철금속도 가능함.
3. 올라간 플랜지 면의 1/4인치는 치수 C, D와 J에 포함되지 않음.
4. 스터드(Stud) 볼트 길이는 크라운의 높이를 포함하지 않는다.
5. 볼트 구멍은 볼트 직경보다 1/8인치 크게 할 것.
6. 달리 명시되지 않으면, 플랜지 내경은 아래 도표의 치수와 같다.
7. 파이프 크기 22″, 26″, 28″와 30″에 대한 플랜지는 ANSI B 16.5에 의해 제외된다.

※치수 K와 볼트 관련 테이타를 위해서는 맞은편 페이지 참조

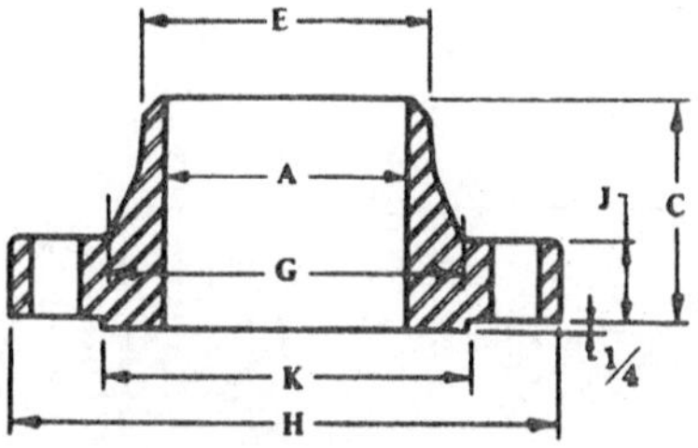

웰딩네크(WELDING NECK)

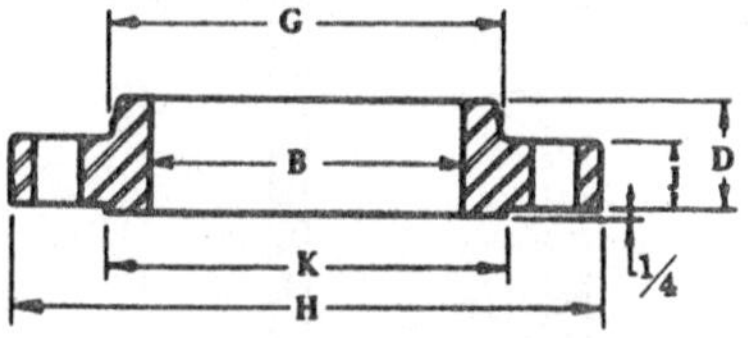

슬립-언(SLIP-ON)

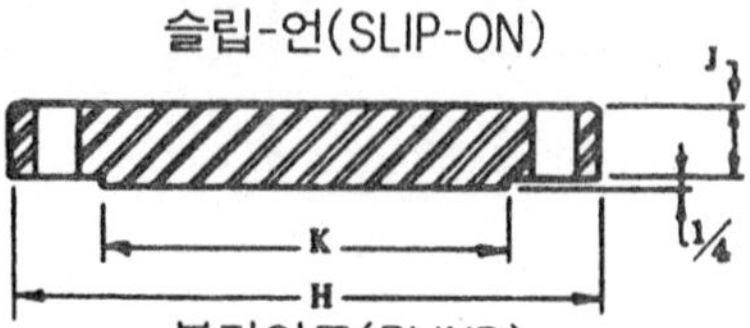

블라인드(BLIND)

공칭 파이프 크기	내경		허브 길이		용접부에서의 허브 직경	베이스에서의 허브 직경	플랜지 외경	플랜지 두께
	A	B	C	D	E	G	H	J
½		.88	2 1/16	7/8	.84	1½	3¾	9/16
¾		1.09	2¼	1	1.05	1 7/8	4 5/8	5/8
1		1.36	2 7/16	1 1/16	1.32	2 1/8	4 7/8	11/16
1¼		1.70	2 5/8	1 1/8	1.66	2½	5¼	13/16
1½		1.95	2¾	1¼	1.90	2¾	6 1/8	7/8
2		2.44	2 7/8	1 7/16	2.38	3 5/16	6½	1
2½		2.94	3 1/8	1 5/8	2.88	3 15/16	7½	1 1/8
3		3.57	3¼	1 13/16	3.50	4 5/8	8¼	1¼
3½		4.07	3 3/8	1 15/16	4.00	5¼	9	1 3/8
4		4.57	3½	2	4.50	5¾	10	1 3/8
5	구매자	5.66	4	2 1/8	5.56	7	11	1½
6	사양에	6.72	4 1/16	2¼	6.63	8 1/8	12½	1 5/8
8	준 함	8.72	4 5/8	2 11/16	8.63	10¼	15	1 7/8
10		10.88	4 7/8	2 7/8	10.75	12 5/8	17½	2 1/8
12		12.88	5 3/8	3 1/8	12.75	14¾	20½	2¼
14		14.14	5 7/8	3 5/16	14.00	16¾	23	2 3/8
16		16.16	6	3 11/16	16.00	19	25½	2½
18		18.18	6½	3 7/8	18.00	21	28	2 5/8
20		20.20	6 5/8	4	20.00	23 1/8	30½	2¾
22		22.22	6¾	4¼	22.00	25¼	33	2 7/8
24		24.25	6 7/8	4½	24.00	27 5/8	36	3
26		26.25	7 5/8	7 5/8	26 5/16	28 5/8	38¼	3½
28		28.25	8 1/8	8 1/8	28 5/16	30 13/16	40¾	3¾
30		30.25	8 5/8	8 5/8	30 5/16	32 15/16	43	4

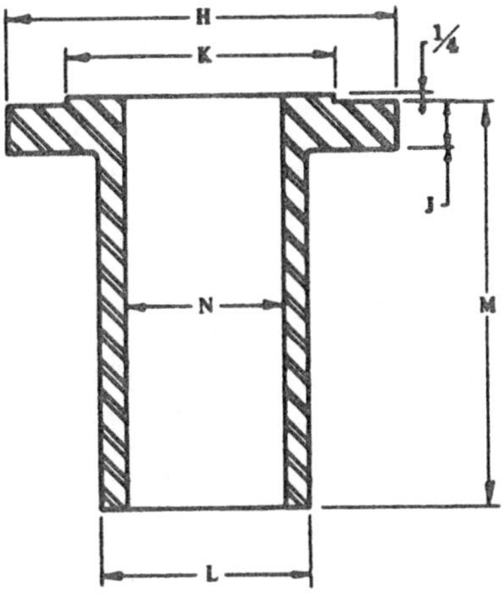

400 파운드 롱 웰딩 네크

(LONG WELDING NECK)

1. 단위 : in.
2. 통상 사용되는 재질은 단조 강 SA 105이나 스테인레스 강, 합금강과 비철금속도 가능함.
3. 올라간 플랜지 면의 1/4인치는 두께 J에 포함되지 않고, M에 포함된다.
4. 볼트 길이는 크라운의 높이를 포함하지 않는다.
5. 볼트 구멍은 볼트 직경보다 1/8인치 크게 할 것
6. 치수 M(웰딩 네크 길이)은 주요 제조업체의 데이터에 기준한다. 도표상의 것보다 더 긴 네크를 가진 롱 웰딩 네크도 특별 주문에 의해 가능하다.

※치수 J를 위해서는 맞은 편 페이지를 참조

올라간 단높이 외 경	구멍수	볼트 직경	볼트 구멍	볼트길이		외 경	길 이	내 경	공 칭 파이프 크 기
K				1/4″ 올라간 면	링 조인트	L	M	N	
1⅜	4	½	2⅝	3¼	3				½
1 11/16	4	⅝	3¼	3½	3½				¾
2	4	⅝	3½	3¾	3¾	2⅛			1
2½	4	⅝	3⅞	4	4	2½			1¼
2⅞	4	¾	4½	4¼	4¼	2¾			1½
3⅝	8	⅝	5	4¼	4½	3 5/16	9		2
4⅛	8	¾	5⅞	4¾	5	3 15/16			2½
5	8	¾	6⅝	5	5¼	4⅝			3
5½	8	⅞	7¼	5½	5¾	5¼			3½
6 3/16	8	⅞	7⅞	5½	5¾	5¾			4
7 5/16	8	⅞	9¼	5¾	6	7			5
8½	12	⅞	10⅝	6	6¼	8⅛	12	공 칭 파이프 크기와 동 일	6
10⅝	12	1	13	6¾	7	10¼			8
12¾	16	1⅛	15¼	7½	7¾	12⅝			10
15	16	1¼	17¾	8	8¼	14¾			12
16¼	20	1¼	20¼	8¼	8½	16¾			14
18½	20	1⅜	22½	8¾	9	19			16
21	24	1⅜	24¾	9	9¼	21	10-14		18
23	24	1½	27	9¾	10	23⅛			20
25¼	24	1⅝	29¼	10	10½				22
27¼	24	1¾	32	10¾	11¼	27⅝			24
29½	28	1¾	34½	11½	12				26
31½	28	1⅞	37	12¼	12¾				28
33¾	28	2	39¼	13	13½				30

600 파운드 플랜지

(스탠다드 ANSI B 16.5)

1. 치수 단위는 in.
2. 통상 사용되는 재질은 단조 강 SA 105이나 스테인레스 강, 합금강과 비철금속도 가능함.
3. 올라간 플랜지 면의 1/4인치는 치수 C, D와 J에 포함되지 않음.
4. 스터드(Stud) 볼트 길이는 크라운의 높이를 포함하지 않는다.
5. 볼트 구멍은 볼트 직경보다 1/8인치 크게 할 것
6. 달리 명시되지 않으면, 플랜지 내경은 아래 도표의 치수와 같다.
7. 파이프 크기 22″, 26″, 28″와 30″에 대한 플랜지는 ANSI B 16.5에 의해 제외된다.

※치수 K와 볼트 관련 데이타를 위해서는 맞은편 페이지 참조

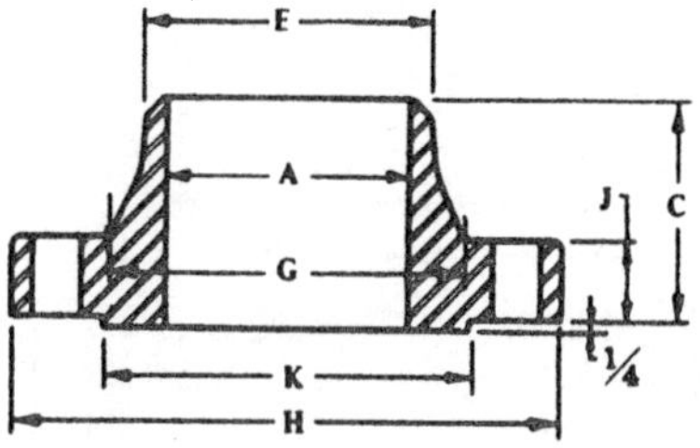

웰딩네크(WELDING NECK)

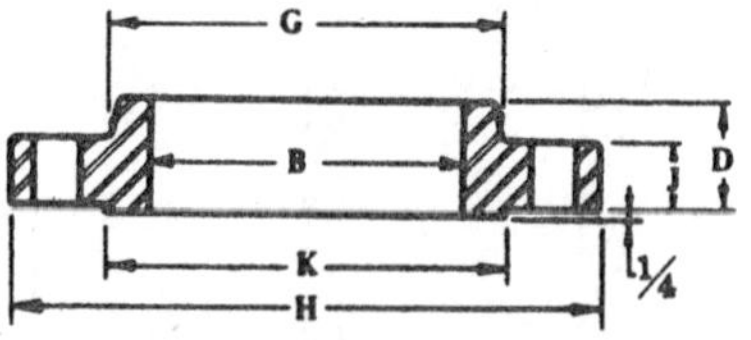

슬립-언(SLIP-ON)

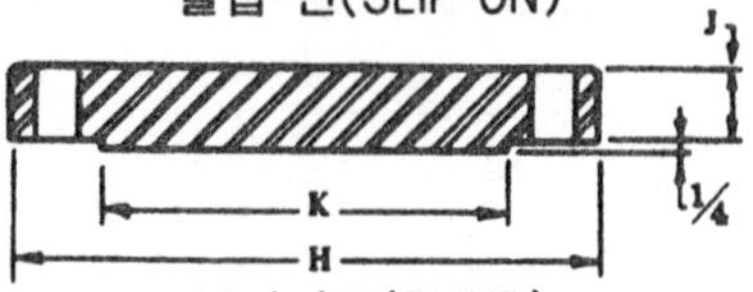

블라인드(BLIND)

공칭 파이프 크기	내경		허브 길이		용접부에서의 허브 직경	베이스에서의 허브 직경	플랜지 외경	플랜지 두께
	A	B	C	D	E	G	H	J
½		.88	2¹⁄₁₆	⅞	.84	1½	3¾	⁹⁄₁₆
¾		1.09	2¼	1	1.05	1⅞	4⅝	⅝
1		1.36	2⁷⁄₁₆	1¹⁄₁₆	1.32	2⅛	4⅞	¹¹⁄₁₆
1¼		1.70	2⅝	1⅛	1.66	2½	5¼	¹³⁄₁₆
1½		1.95	2¾	1¼	1.90	2¾	6⅛	⅞
2		2.44	2⅞	1⁷⁄₁₆	2.38	3⁵⁄₁₆	6½	1
2½		2.94	3⅛	1⅝	2.88	3¹⁵⁄₁₆	7½	1⅛
3		3.57	3¼	1¹³⁄₁₆	3.50	4⅝	8¼	1¼
3½		4.07	3⅜	1¹⁵⁄₁₆	4.00	5¼	9	1⅜
4		4.57	4	2⅛	4.50	6	10¾	1½
5		5.66	4½	2⅜	5.56	7⁷⁄₁₆	13	1¾
6	구매자 사양에 준 함	6.72	4⅝	2⅝	6.63	8¾	14	1⅞
8		8.72	5¼	3	8.63	10¾	16½	2³⁄₁₆
10		10.88	6	3⅜	10.75	13½	20	2½
12		12.88	6⅛	3⅝	12.75	15¾	22	2⅝
14		14.14	6½	3¹¹⁄₁₆	14.00	17	23¾	2¾
16		16.16	7	4³⁄₁₆	16.00	19½	27	3
18		18.18	7¼	4⅝	18.00	21½	29¼	3¼
20		20.20	7½	5	20.00	24	32	3½
22		22.22	7¾	5¼	22.00	26¼	34¼	3¾
24		24.25	8	5½	24.00	28¼	37	4
26		26.25	8¾	8¾	26⁷⁄₁₆	29⁷⁄₁₆	40	4¼
28		28.25	9¼	9¼	28½	31⅝	42¼	4⅜
30		30.25	9¾	9¾	30½	33¹⁵⁄₁₆	44½	4½

600 파운드
롱 웰딩 네크

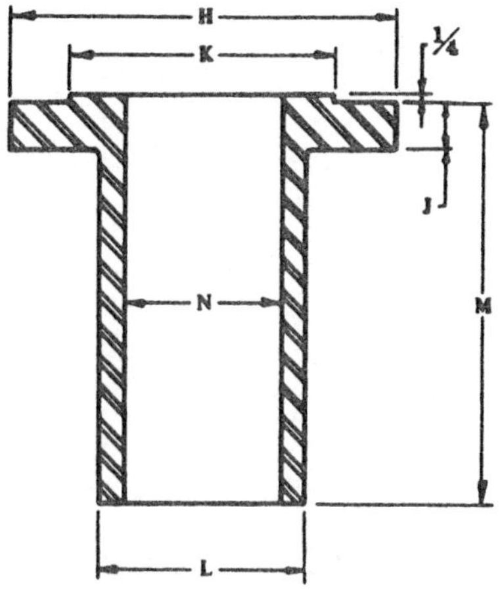

1. 단위 : in.
2. 통상 사용되는 재질은 단조 강 SA 105이나 스테인레스 강, 합금강과 비철금속도 가능함.
3. 올라간 플랜지 면의 1/4인치는 두께 J에 포함되지 않고 M에 포함된다.
4. 볼트 길이는 크라운의 높이를 포함하지 않는다.
5. 볼트 구멍은 볼트 직경보다 1/8인치 크게 할 것
6. 치수 M(웰딩 네크 길이)은 주요 제조업체의 데이터에 기준한다. 도표상의 것보다 더 긴 네크를 가진 롱 웰딩 네크도 특별 주문에 의해 가능하다.

※치수 J를 위해서는 맞은 편 페이지를 참조

올라간 단높이 외 경	구멍수	볼트 직경	볼트 구멍	볼트길이		외 경	길 이	내 경	공 칭 파이프 크 기
K				1/4″ 올라간 면	링 조인트	L	M	N	
1⅜	4	½	2⅝	3¼	3				½
1^{11}/16	4	⅝	3¼	3½	3½				¾
2	4	⅝	3½	3¾	3¾	2⅛			1
2½	4	⅝	3⅞	4	4	2½			1¼
2⅞	4	¾	4½	4¼	4¼	2¾			1½
3⅝	8	⅝	5	4¼	4½	3^{5}/16	9		2
4⅛	8	¾	5⅞	4¾	5	3^{15}/16			2½
5	8	¾	6⅝	5	5¼	4⅝			3
5½	8	⅞	7¼	5½	5¾	5¼			3½
6^{3}/16	8	⅞	8½	5¾	6	6			4
7^{5}/16	8	1	10½	6½	6¾	7½		공 칭 파이프 크기와 동 일	5
8½	12	1	11½	6¾	7	8¾			6
10⅝	12	1⅛	13¾	7¼	7¾	10¾	12		8
12¾	16	1¼	17	8½	8¾	13½			10
15	20	1¼	19¼	8¾	9	15¾			12
16¼	20	1⅜	20¾	9¼	9½	17			14
18½	20	1½	23¾	10	10¼	19½			16
21	20	1⅝	25¾	10¾	11	21½			18
23	24	1⅝	28½	11½	11¾	24	12-20		20
25¼	24	1¾	30⅝	12	12½				22
27¼	24	1⅞	33	13	13¼	28¼			24
29½	28	1⅞	36	13¼	13¾				26
31½	28	2	38	13¾	14¼				28
33¾	28	2	40¼	14	14½				30

900 파운드 플랜지
(스탠다드 ANSI B 16.5)

1. 치수 단위는 in.
2. 통상 사용되는 재질은 단조 강 SA 105이나 스테인레스 강, 합금강과 비철금속도 가능함.
3. 올라간 플랜지 면의 1/4인치는 치수 C, D와 J에 포함되지 않음.
4. 스터드(Stud) 볼트 길이는 크라운의 높이를 포함하지 않는다.
5. 볼트 구멍은 볼트 직경보다 1/8인치 크게 할 것
6. 달리 명시되지 않으면, 플랜지 내경은 아래 도표의 치수와 같다.
7. 파이프 크기 22", 26", 28"와 30"에 대한 플랜지는 ANSI B 16.5에 의해 제외된다.

※치수 K와 볼트 관련 테이타를 위해서는 맞은편 페이지 참조

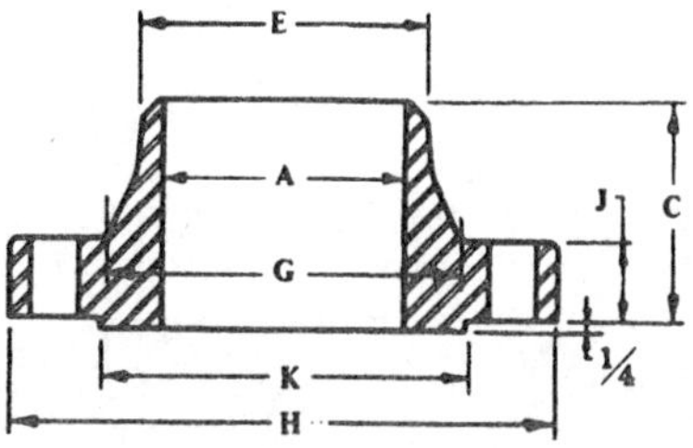

웰딩네크(WELDING NECK)

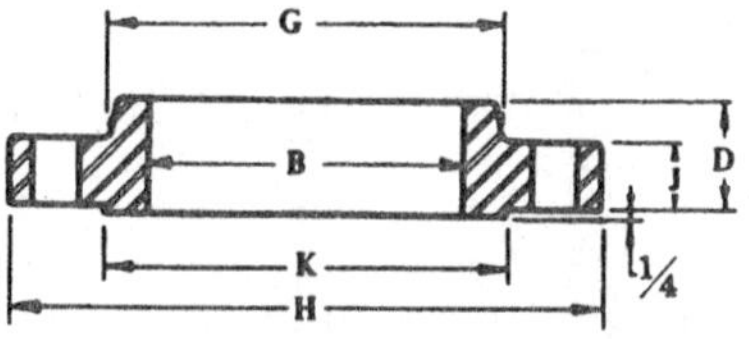

슬립-언(SLIP-ON)

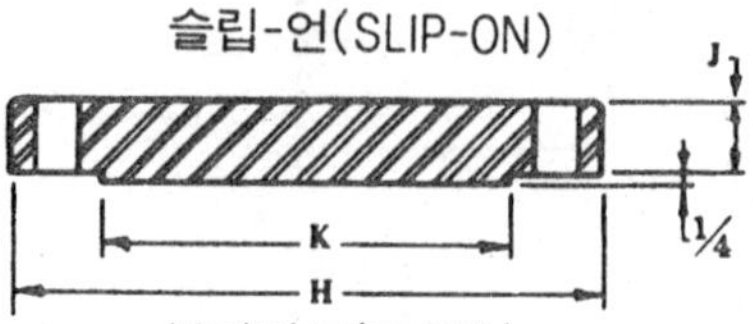

블라인드(BLIND)

공칭 파이프 크기	내경		허브 길이		용접부에서의 허브 직경	베이스에서의 허브 직경	플랜지 외경	플랜지 두께
	A	B	C	D	E	G	H	J
½		.88	2⅜	1¼	.84	1½	4¾	⅞
¾		1.09	2¾	1⅜	1.05	1¾	5⅛	1
1		1.36	2⅞	1⅝	1.32	2 1/16	5⅞	1⅛
1¼		1.70	2⅞	1⅝	1.66	2½	6¼	1⅛
1½		1.95	3¼	1¾	1.90	2¾	7	1¼
2		2.44	4	2¼	2.38	4⅛	8½	1½
2½		2.94	4⅛	2½	2.88	4⅞	9⅝	1⅝
3		3.57	4	2⅛	3.50	5	9½	1½
4		4.57	4½	2¾	4.50	6¼	11½	1¾
5	구매자 사양에 준 함	5.66	5	3⅛	5.56	7½	13¾	2
6		6.72	5½	3⅜	6.63	9¼	15	2 3/16
8		8.72	6⅜	4	8.63	11¾	18½	2½
10		10.88	7¼	4¼	10.75	14½	21½	2¾
12		12.88	7⅞	4⅝	12.75	16½	24	3⅛
14		14.14	8⅜	5⅛	14.00	17¾	25¼	3⅜
16		16.16	8½	5¼	16.00	20	27¾	3½
18		18.18	9	6	18.00	22¼	31	4
20		20.20	9¾	6¼	20.00	24½	33¾	4¼
24		24.25	11½	8	24.00	29½	41	5½
26		26.25	11¼	11¼	26⅝	30½	42¾	5½
28		28.25	11¾	11¾	28 11/16	32¾	46	5⅝
30		30.25	12¼	12¼	30¾	35	48½	5⅞

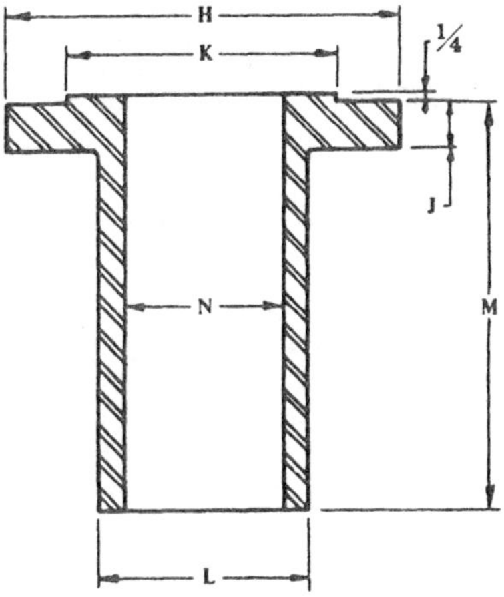

900 파운드 롱 웰딩 네크

1. 단위 : in.
2. 통상 사용되는 재질은 단조 강 SA 105이나 스테인레스 강, 합금강과 비철금속도 가능함.
3. 올라간 플랜지 면의 1/4인치는 두께 J에 포함되지 않고 M에 포함된다.
4. 볼트 길이는 크라운의 높이를 포함하지 않는다.
5. 볼트 구멍은 볼트 직경보다 1/8인치 크게 할 것
6. 치수 M(웰딩 네크 길이)은 주요 제조업체의 데이터에 기준한다. 도표상의 것보다 더 긴 네크를 가진 롱 웰딩 네크도 특별 주문에 의해 가능하다.

※치수 J를 위해서는 맞은 편 페이지를 참조

올라간 단 높이 외 경	구멍수	볼트 직경	볼트 구멍	볼트길이		외 경	길 이	내 경	공 칭 파이프 크 기
				1/4″ 올라간 면	링 조인트				
K						L	M	N	
1⅜	4	¾	3¼	4¼	4¼				½
1 11/16	4	¾	3½	4½	4½				¾
2	4	⅞	4	5	5	2 1/16			1
2½	4	⅞	4⅜	5	5	2½	9		1¼
2⅞	4	1	4⅞	5½	5½	2¾			1½
3⅝	8	⅞	6½	5¾	5¾	4⅛			2
4⅛	8	1	7½	6¼	6¼	4⅞			2½
5	8	⅞	7½	5¾	6	5			3
6 3/16	8	1⅛	9¼	6¾	7	6¼	12		4
7 5/16	8	1¼	11	7½	7¾	7½			5
8½	12	1⅛	12½	7¾	7¾	9¼			6
10⅝	12	1⅜	15½	8¾	9	11¾		공칭 파이프 크기와 동일	8
12¾	16	1⅜	18½	9¼	9½	14½			10
15	20	1⅜	21	10	10¼	16½			12
16¼	20	1½	22	10¾	11¼	17¾			14
18½	20	1⅝	24¼	11¼	11¾	20	12-20		16
21	20	1⅞	27	12¾	13½	22¼			18
23	20	2	29½	13½	14¼	24½			20
27¼	20	2½	35½	17¼	17¾	29½			24
29½	20	2¾	37½	17½	18¾				26
31½	20	3	40¼	18¼	19½				28
33¾	20	3	42¾	18¾	20				30

1500 파운드 플랜지
(스탠다드 ANSI B 16.5)

1. 치수 단위는 in.
2. 통상 사용되는 재질은 단조 강 SA 105이나 스테인레스 강, 합금강과 비철금속도 가능함.
3. 올라간 플랜지 면의 1/4인치는 치수 C, D와 J에 포함되지 않음.
4. 스터드(Stud) 볼트 길이는 크라운의 높이를 포함하지 않는다.
5. 볼트 구멍은 볼트 직경보다 1/8인치 크게 할 것
6. 달리 명시되지 않으면, 플랜지 내경은 아래 도표의 치수와 같다.

※치수 K와 볼트 관련 테이타를 위해서는 맞은편 페이지 참조

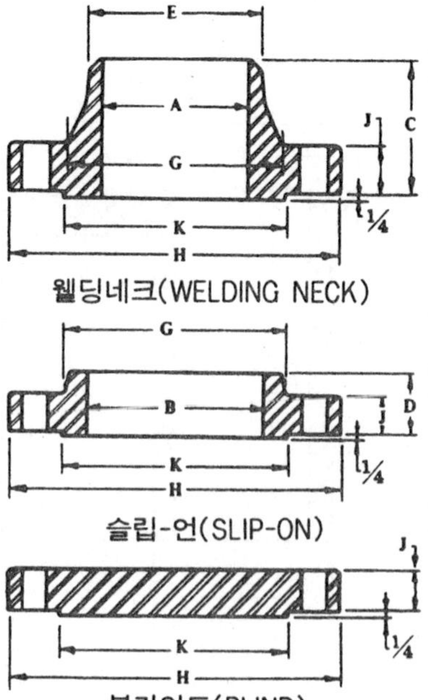

웰딩네크(WELDING NECK) / 슬립-언(SLIP-ON) / 블라인드(BLIND)

공 칭 파이프 크 기	내 경		허브 길이		용접부에서의 허 브 직 경	베이스에서의 허 브 직 경	플랜지 외 경	플랜지 두 께
	A	B	C	D	E	G	H	J
½		.88	2⅜	1¼	.84	1½	4¾	⅞
¾		1.09	2¾	1⅜	1.05	1¾	5⅛	1
1		1.36	2⅞	1⅝	1.32	2 1/16	5⅞	1⅛
1¼		1.70	2⅞	1⅝	1.66	2½	6¼	1⅛
1½		1.95	3¼	1¾	1.90	2¾	7	1¼
2		2.44	4	2¼	2.38	4⅛	8½	1½
2½		2.94	4⅛	2½	2.88	4⅞	9⅝	1⅝
3		3.57	4⅝	2⅞	3.50	5¼	10½	1⅞
4	구매자 사양에 준 함	4.57	4⅞	3 9/16	4.50	6⅜	12¼	2⅛
5		5.66	6⅛	4⅛	5.56	7¾	14¾	2⅞
6		6.72	6¾	4 11/16	6.63	9	15½	3¼
8		8.72	8⅜	5⅝	8.63	11½	19	3⅝
10		10.88	10	6¼	10.75	14½	23	4¼
12		12.88	11⅛	7⅛	12.75	17¾	26½	4⅞
14		- -	11¾	- -	14.00	19½	29½	5¼
16		- -	12¼	- -	16.00	21¾	32½	5¾
18		- -	12⅞	- -	18.00	23½	36	6⅜
20		- -	14	- -	20.00	25¼	38¾	7
24		- -	16	- -	24.00	30	46	8

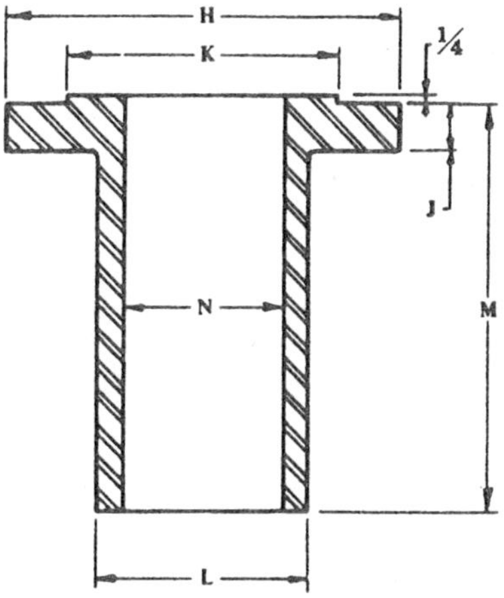

1500 파운드 롱 웰딩 네크

1. 단위 : in.
2. 통상 사용되는 재질은 단조 강 SA 105이나 스테인레스 강, 합금강과 비철금속도 가능함.
3. 올라간 플랜지 면의 1/4인치는 두께 J에 포함되지 않고 M에 포함된다.
4. 볼트 길이는 크라운의 높이를 포함하지 않는다.
5. 볼트 구멍은 볼트 직경보다 1/8인치 크게 할 것
6. 치수 M(웰딩 네크 길이)은 주요 제조업체의 데이터에 기준한다. 도표상의 것보다 더 긴 네크를 가진 롱 웰딩 네크도 특별 주문에 의해 가능하다.

※치수 J를 위해서는 맞은 편 페이지를 참조

올라간 단높이 외 경	구멍수	볼트 직경	볼트 구멍	볼트길이		외 경	길 이	내 경	공 칭 파이프 크 기
				1/4" 올라간 면	링 조인트				
K						L	M	N	
1⅜	4	¾	3¼	4¼	4¼				½
1¹¹⁄₁₆	4	¾	3½	4½	4½				¾
2	4	⅞	4	5	5	2¹⁄₁₆			1
2½	4	⅞	4⅜	5	5	2½	9		1¼
2⅞	4	1	4⅞	5½	5½	2¾			1½
3⅝	8	⅞	6½	5¾	5¾	4⅛			2
4⅛	8	1	7½	6¼	6¼	4⅞			2½
5	8	1⅛	8	7	7	5¼			3
6³⁄₁₆	8	1¼	9½	7¾	7¾	6⅜			4
7⁵⁄₁₆	8	1½	11½	9¾	9¾	7¾	12	공 칭 파이프 크기와 동 일	5
8½	12	1⅜	12½	10¼	10½	9			6
10⅝	12	1⅝	15½	11½	12	11½			8
12¾	12	1⅞	19	13¼	13¾	14½			10
15	16	2	22½	14¾	15½	17¾			12
16¼	16	2¼	25	16	17	19½			14
18½	16	2½	27¾	17½	18½	21¾	12-20		16
21	16	2¾	30½	19½	20½	23½			18
23	16	3	32¾	21½	22½	25¼			20
27¼	16	3½	39	24½	25¾	30			24

2500 파운드 플랜지

(스탠다드 ANSI B 16.5)

1. 치수 단위는 in.
2. 통상 사용되는 재질은 단조 강 SA 105이나 스테인레스 강, 합금강과 비철금속도 가능함.
3. 올라간 플랜지 면의 1/4인치는 치수 C, D와 J에 포함되지 않음.
4. 스터드(Stud) 볼트 길이는 크라운의 높이를 포함하지 않는다.
5. 볼트 구멍은 볼트 직경보다 1/8인치 크게 할 것
6. 달리 명시되지 않으면, 플랜지 내경은 아래 도표의 치수와 같다.

※치수 K와 볼트 관련 테이타를 위해서는 맞은편 페이지 참조

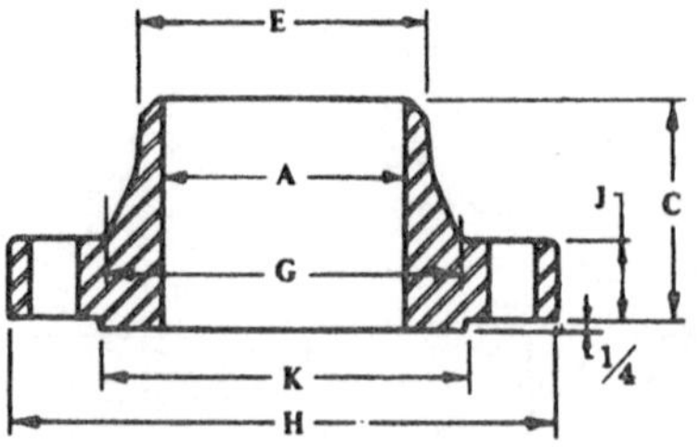

웰딩네크(WELDING NECK)

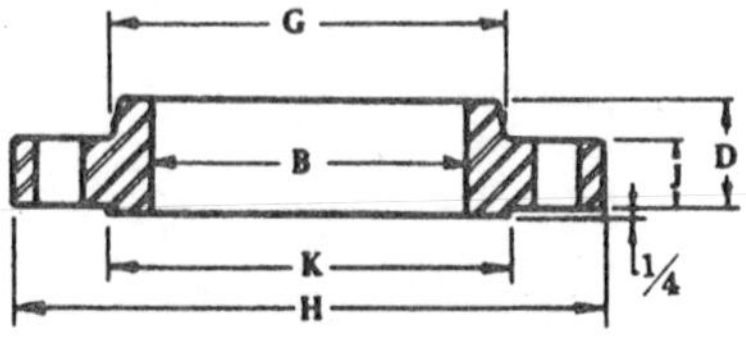

슬립-언(SLIP-ON)

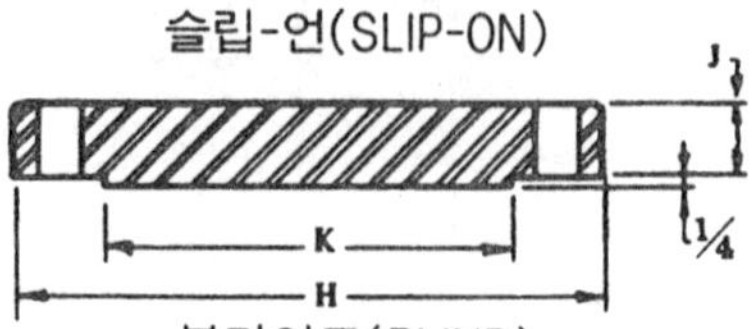

블라인드(BLIND)

공칭 파이프 크기	내경		허브 길이		용접부에서의 허브 직경	베이스에서의 허브 직경	플랜지 외경	플랜지 두께
	A	B	C	D	E	G	H	J
½		.88	2⅞	1⁹⁄₁₆	.84	1¹¹⁄₁₆	5¼	1³⁄₁₆
¾		1.09	3⅛	1¹¹⁄₁₆	1.05	2	5½	1¼
1		1.36	3½	1⅞	1.32	2¼	6¼	1⅜
1¼		1.70	3¾	2¹⁄₁₆	1.66	2⅞	7¼	1½
1½		1.95	4⅜	2⅜	1.90	3⅛	8	1¾
2		2.44	5	2¾	2.38	3¾	9¼	2
2½	구매자	2.94	5⅝	3⅛	2.88	4½	10½	2¼
3	사양에	3.57	6⅝	3⅝	3.50	5¼	12	2⅝
4	준 함	4.57	7½	4¼	4.50	6½	14	3
5		5.66	9	5⅛	5.56	8	16½	3⅝
6		6.72	10¾	6	6.63	9¼	19	4¼
8		8.72	12½	7	8.63	12	21¾	5
10		10.88	16½	9	10.75	14¾	26½	6½
12		12.88	18¼	10	12.75	17⅜	30	7¼

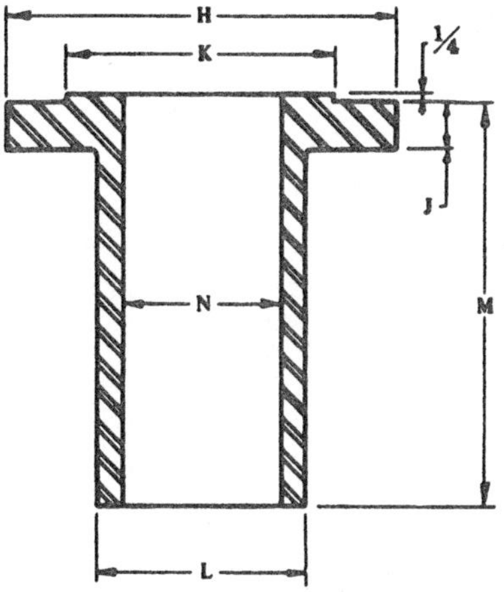

2500 파운드 롱 웰딩 네크

1. 단위 : in.
2. 통상 사용되는 재질은 단조 강 SA 105이나 스테인레스 강, 합금강과 비철금속도 가능함.
3. 올라간 플랜지 면의 1/4인치는 두께 J에 포함되지 않고 M에 포함된다.
4. 볼트 길이는 크라운의 높이를 포함하지 않는다.
5. 볼트 구멍은 볼트 직경보다 1/8인치 크게 할 것
6. 치수 M(웰딩 네크 길이)은 주요 제조업체의 데이터에 기준한다. 도표상의 것보다 더 긴 네크를 가진 롱 웰딩 네크도 특별 주문에 의해 가능하다.

※치수 J를 위해서는 맞은 편 페이지를 참조

올라간 단높이 외경	구멍수	볼트 직경	볼트 구멍	볼트길이		외경	길이	내경	공칭 파이프 크기
				1/4" 올라간 면	링 조인트				
K						L	M	N	
1⅜	4	¾	3½	5¼	5¼				½
1¹¹⁄₁₆	4	¾	3¾	5¼	5¼				¾
2	4	⅞	4¼	5¾	5¾	2¼	9		1
2½	4	1	5⅛	6¼	6½	2⅞			1¼
2⅞	4	1⅛	5¾	7	7¼	3⅛			1½
3⅝	8	1	6¾	7¼	7½	3¾			2
4⅛	8	1⅛	7¾	8	8¼	4½			2½
5	8	1¼	9	9	9¼	5¼	12	공칭 파이프 크기와 동일	3
6³⁄₁₆	8	1½	10¾	10¼	10¾	6½			4
7⁵⁄₁₆	8	1¾	12¾	12	12¾	8			5
8½	8	2	14½	13¾	14½	9¼			6
10⅝	12	2	17¼	15¼	16	12			8
12¾	12	2½	21¼	19½	20½	14¾			10
15	12	2¾	24⅜	21½	22½	17⅜	12-20		12

링 조인트 플랜지

(RING JOINT FLANGES)

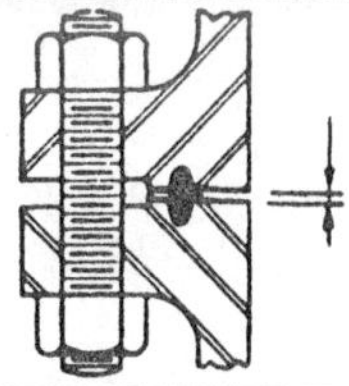

플랜지간의 개략적인 거리

공칭 파이프 크기	압력등급(lb.) 150	300	400	600	900	1500	2500
	거리(in.)						
1/2	1/8	1/8	1/8	1/8	—	—	5/32
3/4	5/32	5/32	5/32	5/32	5/32	5/32	5/32
1	5/32	5/32	5/32	5/32	5/32	5/32	5/32
1 1/4	5/32	5/32	5/32	5/32	5/32	5/32	1/8
1 1/2	5/32	5/32	5/32	5/32	5/32	5/32	1/8
2	5/32	7/32	3/16	3/16	1/8	1/8	1/8
2 1/2	5/32	7/32	3/16	3/16	1/8	1/8	1/8
3	5/32	7/32	3/16	3/16	5/32	1/8	1/8
4	5/32	7/32	7/32	3/16	5/32	1/8	5/32
5	5/32	7/32	7/32	3/16	5/32	1/8	5/32
6	5/32	7/32	7/32	3/16	5/32	1/8	5/32
8	5/32	7/32	7/32	3/16	5/32	5/32	3/16
10	5/32	7/32	7/32	3/16	5/32	5/32	1/4
12	5/32	7/32	7/32	3/16	5/32	3/16	5/16
14	1/8	7/32	7/32	3/16	5/32	7/32	—
16	1/8	7/32	7/32	3/16	5/32	5/16	—
18	1/8	7/32	7/32	3/16	3/16	5/16	—
20	1/8	7/32	7/32	3/16	3/16	3/8	—
22	—	1/4	1/4	7/32	—	—	—
24	1/8	1/4	1/4	7/32	7/32	7/16	—

링 번호

압력등급(lb.) \ 공칭 파이프 크기	1/2	3/4	1	1 1/4	1 1/2	2	2 1/2	3	3 1/2	4
150	...	...	R15	R17	R19	R22	R25	R29	R33	R36
300, 400, 600	R11	R13	R16	R18	R20	R23	R26	R31	R34	R37
900	...	...	...	...	...	...	...	R31	...	R37
1500	R12	R14	R16	R18	R20	R24	R27	R35	...	R39
2500	R13	R16	R18	R21	R23	R26	R28	R32	...	R38

압력등급(lb.) \ 공칭 파이프 크기	5	6	8	10	12	14	16	18	20	24
150	R40	R43	R48	R52	R56	R59	R64	R68	R72	R76
300, 400, 600	R41	R45	R49	R53	R57	R61	R65	R69	R73	R77
900	R41	R45	R49	R53	R57	R62	R66	R70	R74	R78
1500	R44	R46	R50	R54	R58	R63	R67	R71	R75	R79
2500	R42	R47	R51	R55	R60	...	...	...	...	...

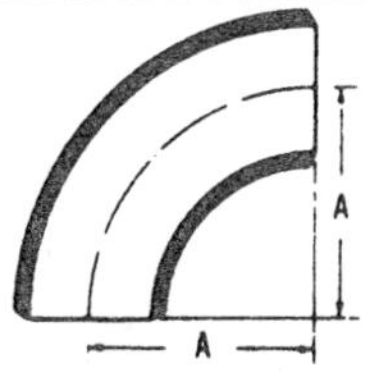

90° 장반경 엘보우

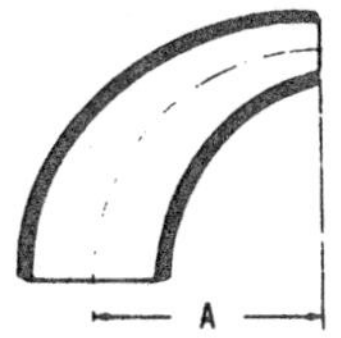

90° 장반경 감소 엘보우

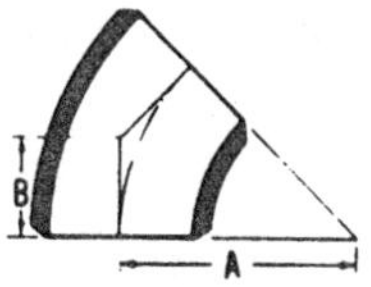

45° 장반경 엘보우

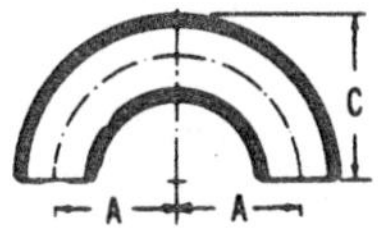

180° 장반경 리턴

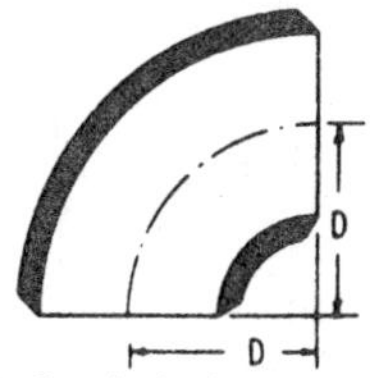

90° 단반경 엘보우

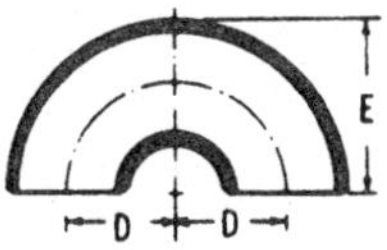

180° 단반경 리턴

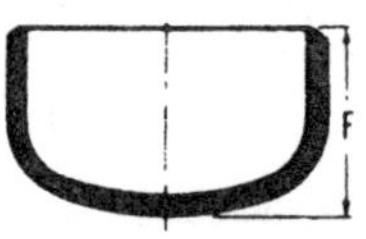

캡

용접 부품

(ANSI B 16.9)

1. 치수 : in.
2. 용접 부품 재질은 SA 234 GRADE WPB 에 일치
3. 크기 22″, 26″와 30″는 ANSI B 16.9에서 제외된다.
4. 벽 두께를 위해서는 페이지 314를 참조
5. 치수 F_1은 스탠다드와 X-STG 캡에 적용되며 치수 F_2는 보다 무거운 중량 캡에 적용된다.

공칭 파이프 크기	치수							
	외경	A	B	C	D	E	F_1[5]	F_2[5]
½	0.840	1½	⅝	1⅞	.....	.....	1	.....
¾	1.050	1⅛	7/16	1 11/16	.....	.....	1½	.....
1	1.315	1½	⅞	2 3/16	1	1⅝	1½	1½
1¼	1.660	1⅞	1	2¾	1¼	2 1/16	1½	1½
1½	1.900	2¼	1⅛	3¼	1½	2 7/16	1½	1½
2	2.375	3	1⅜	4 3/16	2	3 3/16	1½	1¾
2½	2.875	3¾	1¾	5 3/16	2½	3 15/16	1½	2
3	3.500	4½	2	6¼	3	4¾	2	2½
3½	4.000	5¼	2¼	7¼	3½	5½	2½	3
4	4.500	6	2½	8¼	4	6¼	2½	3
5	5.563	7½	3⅛	10 5/16	5	7¾	3	3½
6	6.625	9	3¾	12 5/16	6	9 5/16	3½	4
8	8.625	12	5	16 5/16	8	12 5/16	4	5
10	10.750	15	6¼	20⅜	10	15⅜	5	6
12	12.750	18	7½	24⅜	12	18⅜	6	7
14	14.000	21	8¾	28	14	21	6½	7½
16	16.000	24	10	32	16	24	7	8
18	18.000	27	11¼	36	18	27	8	9
20	20.000	30	12½	40	20	30	9	10
22	22.000	33	13½	44	.....	.....	10	10
24	24.000	36	15	48	24	36	10½	12
26	26.000	39	16	52	.....	.....	10½	.....
30	30.000	45	18½	60	30	45	10½	.....

용접 부품
(ANSI B 16.9)

1. 치수 : in.
2. 용접 부품 재질은 SA 234 GRADE WPB 에 일치
3. 크기 22", 26"와 30"는 ANSI B 16.9에서 제외된다.
4. 벽 두께를 위해서는 페이지 314를 참조

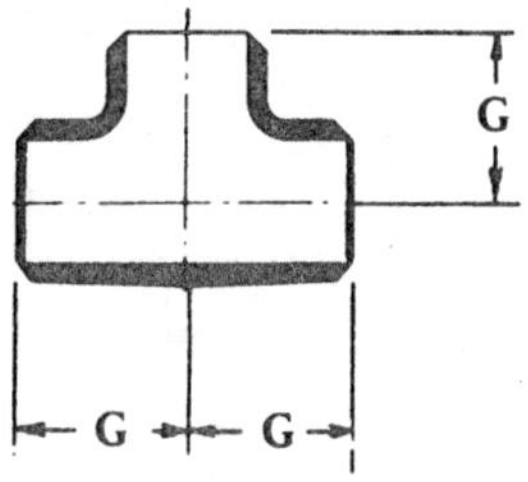

T자관

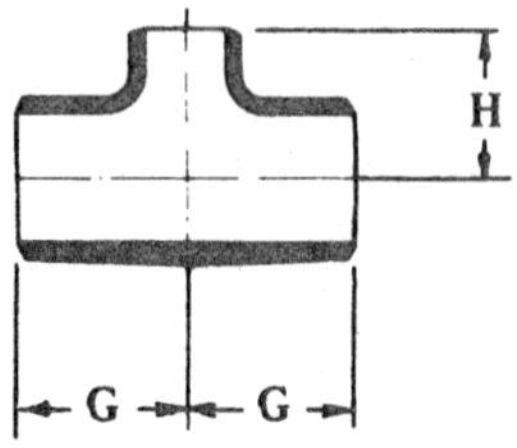

감소 T자관

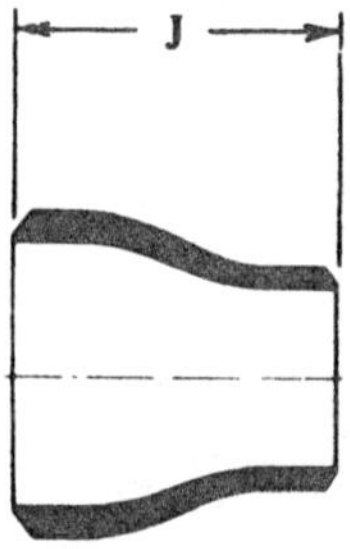

대칭 리듀써(REDUCER)

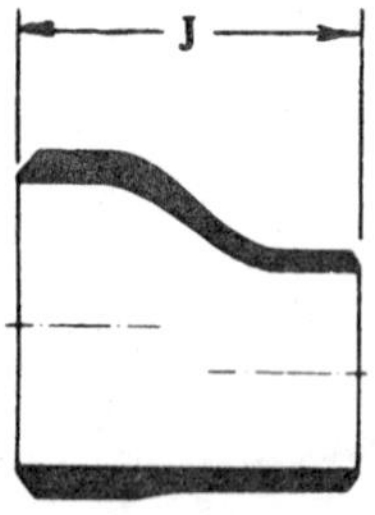

비 대칭 리듀써(REDUCR)

공칭 파이프 크기	치수				
	출구	외경	G	H	J
½	½	.840	1	1	...
	⅜	.675	1	1	...
¾	¾	1.050	1⅛	1⅛	...
	½	.840	1⅛	1⅛	1½
1	1	1.315	1½	1½	...
	¾	1.050	1½	1½	2
	½	.840	1½	1½	2
1¼	1¼	1.660	1⅞	1⅞	...
	1	1.315	1⅞	1⅞	2
	¾	1.050	1⅞	1⅞	2
	½	.840	1⅞	1⅞	2
1½	1½	1.900	2¼	2¼	...
	1¼	1.660	2¼	2¼	2½
	1	1.315	2¼	2¼	2½
	¾	1.050	2¼	2¼	2½
	½	.840	2¼	2¼	2½
2	2	2.375	2½	2½	....
	1½	1.900	2½	2⅜	3
	1¼	1.660	2½	2¼	3
	1	1.315	2½	2	3
	¾	1.050	2½	1¾	3
2½	2½	2.875	3	3	...
	2	2.375	3	2¾	3½
	1½	1.900	3	2⅝	3½
	1¼	1.660	3	2½	3½
	1	1.315	3	2¼	3½
3	3	3.500	3⅜	3⅜	...
	2½	2.875	3⅜	3¼	3½
	2	2.375	3⅜	3	3½
	1½	1.900	3⅜	2⅞	3½
	1¼	1.660	3⅜	2¾	3½
3½	3½	4.000	3¾	3¾	...
	3	3.500	3¾	3⅝	4
	2½	2.875	3¾	3½	4
	2	2.375	3¾	3¼	4
	1½	1.900	3¾	3⅛	4
4	4	4.500	4⅛	4⅛	...
	3½	4.000	4⅛	4	4
	3	3.500	4⅛	3⅞	4
	2½	2.875	4⅛	3¾	4
	2	2.375	4⅛	3½	4
	1½	1.900	4⅛	3⅜	4

용접 부품

(ANSI B 16.9)

1. 치수 : in.
2. 용접 부품 재질은 SA 234 GRADE WPB 에 일치
3. 크기 22″, 26″와 30″는 ANSI B 16.9에서 제외된다.
4. 벽 두께를 위해서는 페이지 314를 참조

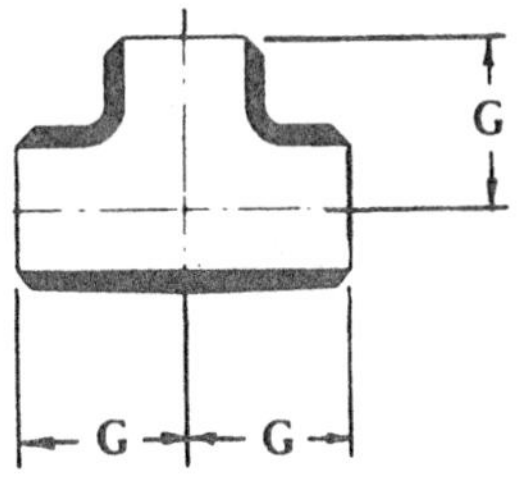

T자관

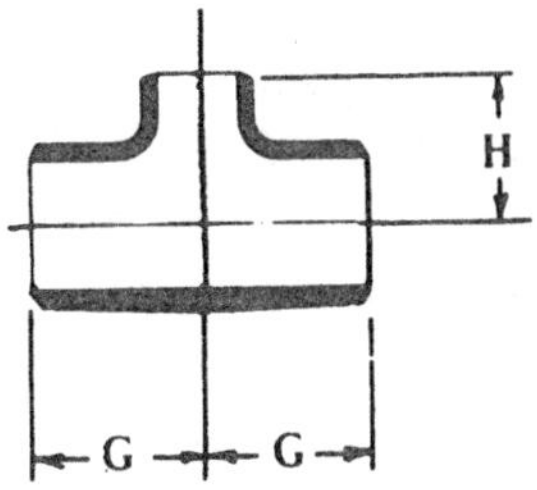

감소 T자관

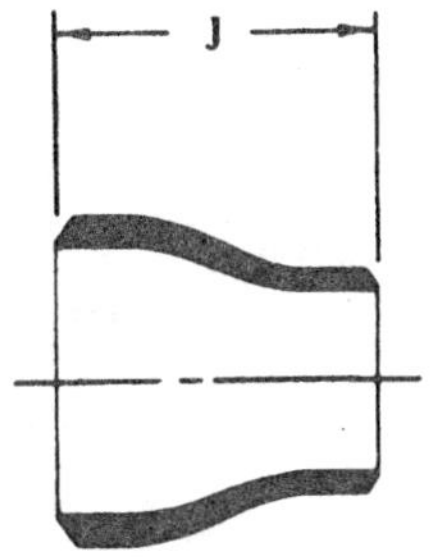

대칭 리듀써(REDUCER)

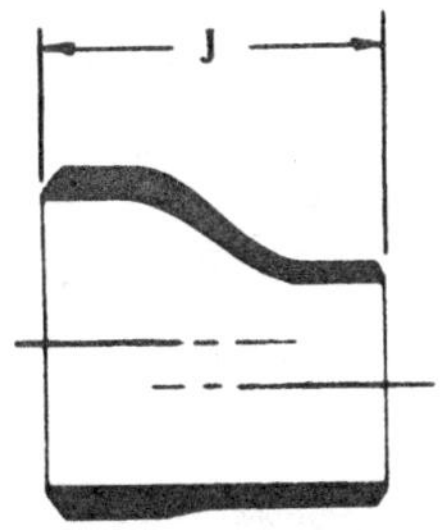

비 대칭 리듀써(REDUCR)

공칭 파이프 크기	치수				
	출구	외경	G	H	J
5	5 4 3½ 3 2½ 2	5.563 4.500 4.000 3.500 2.875 2.375	4⅞ 4⅞ 4⅞ 4⅞ 4⅞ 4⅞	4⅞ 4⅝ 4½ 4⅜ 4¼ 4⅛	... 5 5 5 5 5
6	6 5 4 3½ 3 2½	6.625 5.563 4.500 4.000 3.500 2.875	5⅝ 5⅝ 5⅝ 5⅝ 5⅝ 5⅝	5⅝ 5⅜ 5⅛ 5 4⅞ 4¾	... 5½ 5½ 5½ 5½ 5½
8	8 6 5 4 3½	8.625 6.625 5.563 4.500 4.000	7 7 7 7 7	7 6⅝ 6⅜ 6⅛ 6	... 6 6 6 6
10	10 8 6 5 4	10.750 8.625 6.625 5.563 4.500	8½ 8½ 8½ 8½ 8½	8½ 8 7⅝ 7½ 7¼	... 7 7 7 7
12	12 10 8 6 5	12.750 10.750 8.625 6.625 5.563	10 10 10 10 10	10 9½ 9 8⅝ 8½	... 8 8 8 8
14	14 12 10 8 6	14.000 12.750 10.750 8.625 6.625	11 11 11 11 11	11 10⅝ 10⅛ 9¾ 9⅜	... 13 13 13 13
16	16 14 12 10 8 6	16.000 14.000 12.750 10.750 8.625 6.625	12 12 12 12 12 12	12 12 11⅝ 11⅛ 10¾ 10⅜	... 14 14 14 14 14
18	18 16 14	18.000 16.000 14.000	13½ 13½ 13½	13½ 13 13	... 15 15

용접 부품
(ANSI B 16.9)

1. 치수 : in.
2. 용접 부품 재질은 SA 234 GRADE WPB 에 일치
3. 크기 22″, 26″와 30″는 ANSI B 16.9에서 제외된다.
4. 벽 두께를 위해서는 페이지 314를 참조

공칭 파이프 크기	치수				
	출구	외경	G	H	J
18	12	12.750	13½	12⅝	15
	10	10.750	13½	12⅛	15
	8	8.625	13½	11¾	15
20	20	20.000	15	15	...
	18	18.000	15	14½	20
	16	16.000	15	14	20
	14	14.000	15	14	20
	12	12.750	15	13⅝	20
	10	10.750	15	13⅛	20
	8	8.625	15	12¾	20
22	22	22.000	16½	16½	...
	20	20.000	16½	16	20
	18	18.000	16½	15½	20
	16	16.000	16½	15	20
	14	14.000	16½	15	20
	12	12.750	16½	14⅝	...
	10	10.750	16½	14⅛	...
24	24	24.000	17	17	...
	22	22.000	17	17	20
	20	20.000	17	17	20
	18	18.000	17	16½	20
	16	16.000	17	16	20
	14	14.000	17	16	20
	12	12.750	17	15⅝	20
	10	10.750	17	15⅛	20
30	30	30.000	22	22	...
	24	24.000	22	21	24
	22	22.000	22	20½	24
	20	20.000	22	20	24
	18	18.000	22	19½	...
	16	16.000	22	19	...

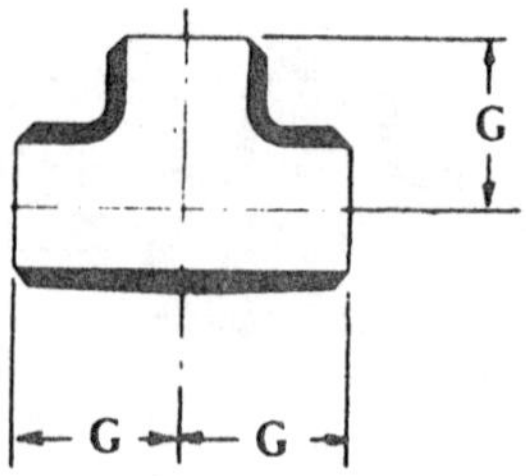

T자관

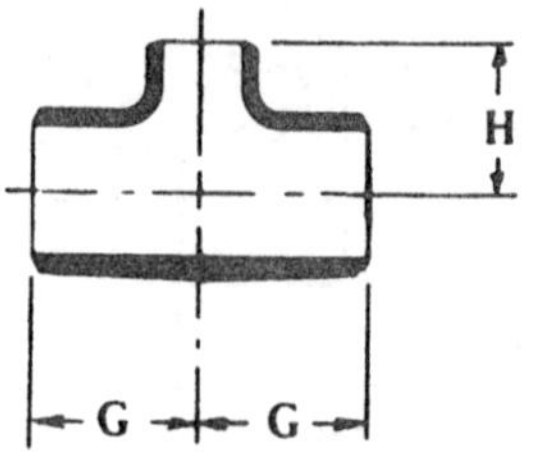

감소 T자관

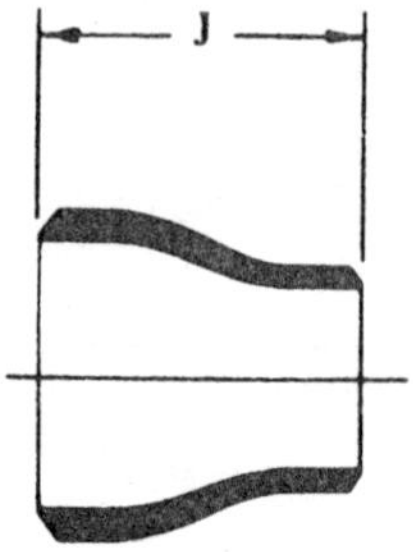

대칭 리듀써(REDUCER)

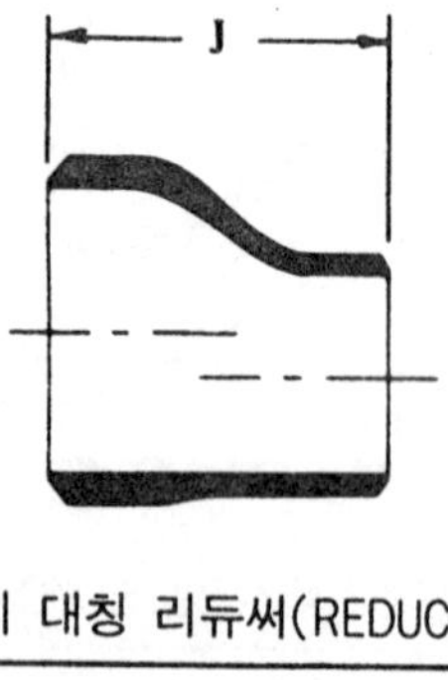

비 대칭 리듀써(REDUCR)

플랜지 이음 강의 면 대 면 치수
게이트 밸브
(웨지와 이중 디스크)

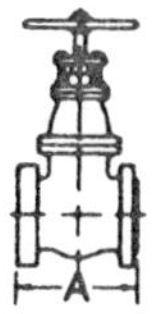

레이즈드 페이스

공칭 크기	압력, lb/in.² 150	300	400	600	공칭 크기	압력, lb/in.² 900	1500	2500
	치수 A in.					치수 A in.		
1	—	—	8½	8½	1	10	10	12⅛
1¼	—	—	9	9	1¼	11	11	13¾
1½	—	7½	9½	9½	1½	12	12	15⅛
2	7	8½	11½	11½	2	14½	14½	17¾
2½	7½	9½	13	13	2½	16½	16½	20
3	8	11⅛	14	14	3	15	18½	22¾
3½	8½	11⅞	—	—	4	18	21½	26½
4	9	12	16	17	5	22	26½	31¼
5	10	15	18	20	6	24	27¾	36
6	10½	15⅞	19½	22	8	29	32¾	40¼
8	11½	16½	23½	26	10	33	39	50
10	13	18	26½	31	12	38	44½	56
12	14	19¾	30	33	14	40½	49½	—
14 OD	15	30	32½	35	16	44½	54½	—
16 OD	16	33	35½	39	18	48	60½	—
18 OD	17	36	38½	43	20	52	65½	—
20 OD	18	39	41½	47	24	61	76½	—
24 OD	20	45	48½	55				

링 형 조인트

공칭 크기	압력, lb/in.² 150	300	400	600	공칭 크기	압력, lb/in.² 900	1500	2500
	치수 A in.					치수 A in.		
1	5½	—	8½	8½	1	10	10	12⅛
1¼	6	—	9	9	1¼	11	11	13⅞
1½	7	8	9½	9½	1½	12	12	15¼
2	7½	9⅛	11⅝	11⅝	2	14⅝	14⅝	17⅞
2½	8	10⅛	13⅛	13⅛	2½	16⅝	16⅝	20¼
3	8½	11¾	14⅛	14⅛	3	15⅛	18⅝	23
4	9½	12⅝	16⅛	17⅛	4	18⅛	21⅝	26⅞
5	10½	15⅝	18⅛	20⅛	5	22⅛	26⅝	31¾
6	11	16½	19⅝	22⅛	6	24⅛	28	36½
8	12	17⅛	23⅝	26⅛	8	29⅛	33⅛	40⅞
10	13½	18⅝	26⅝	31⅛	10	33⅛	39⅜	50⅞
12	14½	20⅜	30⅛	33⅛	12	38⅛	45⅛	56⅞
14	15½	30⅝	32⅝	35⅛	14	40⅞	50¼	—
16	16½	33⅝	35⅝	39⅛	16	44⅞	55⅜	—
18	17½	36⅝	38⅝	43⅛	18	48½	61⅜	—
20	18½	39¾	41¾	47¼	20	52½	66⅜	—
24	20½	45⅞	48⅞	55⅜	24	61¾	77⅝	—

플랜지 이음 강의 면 대 면 치수
글로브와 앵글 밸브

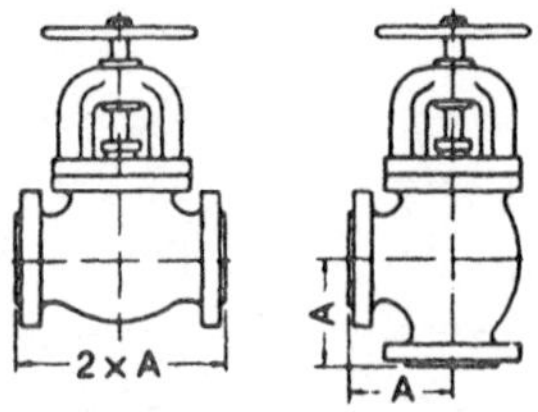

레이즈드 페이스(RAISED FACE)

공칭 크기	압력, lb/in.²			
	150	300	400	600
	치수 2×A, in.			
½	—	—	—	—
¾	—	—	7½	7½
1	—	—	8½	8½
1¼	—	—	9	9
1½	—	—	9½	9½
2	8	10½	11½	11½
2½	8½	11½	13	13
3	9½	12½	14	14
3½	10½	13¼	—	—
4	11½	14	16	17
5	14	15¾	18	20
6	16	17½	19½	22
8	19½	22	23½	26

공칭 크기	압력, lb/in.²		
	900	1500	2500
	치수 2×A, in.		
½	—	—	10⅜
¾	9	9	10¾
1	10	10	12⅛
1¼	11	11	13¾
1½	12	12	15⅛
2	14½	14½	17¾
2½	16½	16½	20
3	15	18½	22¾
4	18	21½	26½
5	22	26½	31¼
6	24	27¾	36
8	29	32¾	40¼
10	33	39	50
12	38	44½	56
14	40½	49½	—

링 형 조인트

공칭 크기	압력, lb/in.²			
	150	300	400	600
	치수 2×A, in.			
½	—	6 7/16	6 7/16	6 7/16
¾	—	7½	7½	7½
1	—	8½	8½	8½
1¼	—	9	9	9
1½	7	9½	9½	9½
2	8½	11⅛	11⅝	11⅝
2½	9	12⅛	13⅛	13⅛
3	—	13⅛	14⅛	14⅛
4	12	14⅝	16⅛	17⅛
5	14½	16⅜	18⅛	20⅛
6	16½	18⅛	19⅝	22⅛
8	20	22⅝	23⅝	26⅛
10	25	25⅛	26⅝	31⅛
12	28	28⅝	30⅛	33⅛
14	31½	—	—	—
16	36½	—	—	—

공칭 크기	압력, lb/in.²		
	900	1500	2500
	치수 2×A, in.		
½	—	—	10⅜
¾	9	9	10¾
1	10	10	12⅛
1¼	11	11	13⅞
1½	12	12	15¼
2	14⅝	14⅝	17⅞
2½	16⅝	16⅝	20¼
3	15⅛	18⅝	23
4	18⅛	21⅝	26⅞
5	22⅛	26⅝	31¾
6	24⅛	28	36½
8	29⅛	33⅛	40⅞
10	33⅛	39⅜	50⅞
12	38⅛	45⅛	56⅞
14	40⅞	50¼	—

플랜지 이음 강의 면 대 면 치수
글로브와 앵글 밸브

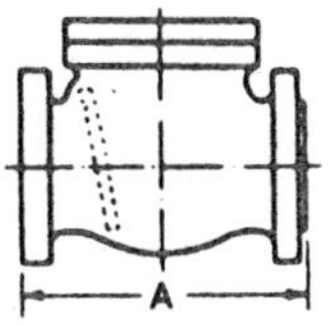

레이즈드 페이스(RAISED FACE)

공칭 크기	압력, lb/in.² 150	300	400	600
	치수 A in.			
2	8	10½	11½	11½
2½	8½	11½	13	13
3	9½	12½	14	14
3½	10½	13¼	—	—
4	11½	14	16	17
5	13	15¾	—	—
6	14	17½	19½	22
8	—	21	23½	26
10	—	24½	26½	31
12	—	28	30	33

공칭 크기	압력, lb/in.² 900	1500	2500
	치수 A in.		
½	—	—	10⅜
¾	9	9	10¾
1	10	10	12⅛
1¼	11	11	13¾
1½	12	12	15⅛
2	14½	14½	17¾
2½	16½	16½	20
3	15	18½	22¾
4	18	21½	26½
5	22	26½	31¼
6	24	27¾	36
8	29	32¾	40¼
10	33	39	50
12	38	44½	56
14	40½	49½	—

링 형 조인트

공칭 크기	압력, lb/in.² 150	300	400	600
	치수 A in.			
½	4 11/16	—	6 7/16	6 7/16
¾	5⅛	—	7½	7½
1	5½	9	8½	8½
1¼	6	9½	9	9
1½	7	10	9½	9½
2	8½	11⅛	11⅝	11⅝
2½	9	12⅛	13⅛	13⅛
3	10	13⅛	14⅛	14⅛
4	12	14⅝	16⅛	17⅛
5	13½	16⅜	18⅛	20⅛
6	14½	18⅛	19⅝	22⅛
8	20	21⅝	23⅝	26⅛
10	25	25⅛	26⅝	31⅛
12	28	28⅝	30⅛	33⅛
14	31½	—	—	—

공칭 크기	압력, lb./in.² 900	1500	2500
	치수 A in.		
½	—	—	10⅜
¾	9	9	10¾
1	10	10	12⅛
1¼	11	11	13⅞
1½	12	12	15¼
2	14⅝	14⅝	17⅞
2½	16⅝	16⅝	20¼
3	15⅛	18⅝	23
4	18⅛	21⅝	26⅞
5	22⅛	26⅝	31¾
6	24⅛	28	36½
8	29⅛	33⅛	40⅞
10	33⅛	39⅜	50⅞
12	38⅛	45⅛	56⅞
14	40⅞	50¼	—

참고 문헌 : Face-to-Face and End-to-End Dimensions of Ferrous Valves American National Standard ANSI B 16.10-1973

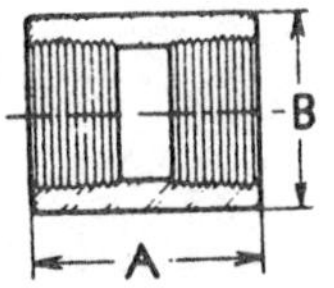

전면 커플링

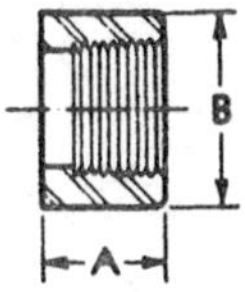

절반 커플링

나사 커플링

1. 치수 : in.
2. 재질 단조 탄소강은 SA-105에 일치
3. 나사는 ANSI B 2.1-1968에 일치

공 칭 파이프 크 기	전면 커플링				절반 커플링			
	3000 lb.		6000 lb.		3000 lb.		6000 lb.	
	길이 A	직경 B	길이 A	직경 B	길이 A	직경 B	길이 A	직경 B
1/8	1 1/4	3/4	1 1/4	7/8	5/8	3/4	5/8	7/8
1/4	1 3/8	3/4	1 3/8	1	11/16	3/4	11/16	1
3/8	1 1/2	7/8	1 1/2	1 1/4	3/4	7/8	3/4	1 1/4
1/2	1 7/8	1 1/8	1 7/8	1 1/2	15/16	1 1/8	15/16	1 1/2
3/4	2	1 3/8	2	1 3/4	1	1 3/8	1	1 3/4
1	2 3/8	1 3/4	2 3/8	2 1/4	1 3/16	1 3/4	1 3/16	2 1/4
1 1/4	2 5/8	2 1/4	2 5/8	2 1/2	1 5/16	2 1/4	1 5/16	2 1/2
1 1/2	3 1/8	2 1/2	3 1/8	3	1 9/16	2 1/2	1 9/16	3
2	3 3/8	3	3 3/8	3 5/8	1 11/16	3	1 11/16	3 5/8
2 1/2	3 5/8	3 5/8	3 5/8	4 1/4	1 13/16	3 5/8	1 13/16	4 1/4
3	4 1/4	4 1/4	4 1/4	5	2 1/8	4 1/4	2 1/8	5
3 1/2	4 1/2	4 3/4	4 1/2	5 3/4	2 1/4	4 3/4	2 1 /4	5 3/4
4	4 3/4	5 1/2	4 3&4	6 1/4	2 3/8	5 1/2	2 3/8	6 1/4

배관 기호

	플랜지형	스크류형	벨과 스피고트(spigot)형	용접형	납땜형
부싱(Bushing)					
캡(Cap)					
크로스레듀싱 (Cross Reducing)					
스트레이트 사이즈 (Straight size)					
크로스오버(Crossover)					
엘보우(Elbow) 45°					
90°					
턴다운(Turned Down)	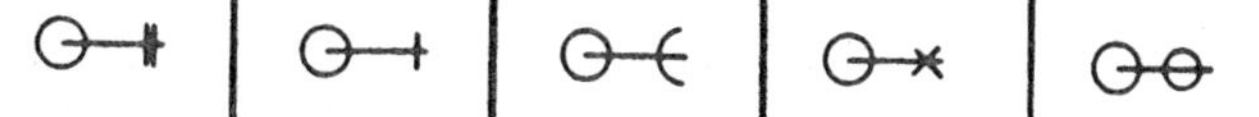				
턴업(Turned Up)					
베이스(Base)					
더블브랜치 (Double Branch)					
장반경(Long Radius)					
레듀싱(Ruducing)					
사이드 아웃트릿 (Side Outlet) [아웃트릿 다운 (Outlet Down)]					
사이드 아웃트릿 (Side Outlet) [아웃트릿 업] (Outlet Up)					

배관 기호

	플랜지형	스크류형	벨과 스피고트(spigot)형	용접형	납땜형
스트리트(Street)					
조인트(Joint) 커넥팅(Connecting) 파이프(Pipe)					
익스팬션(Expansion)					
레터럴(Lateral)					
오리피스 플레이트 (Orifice Plate)					
레듀싱 플랜지 (Reducing Flange)					
플러그 불 플러그 (Plugs Bull Plug)					
파이프 플러그 (Pipe Plug)					
레듀서 대칭 (Reducer Concentric)					
비대칭(Eccentric)					
슬리브(Sleeve)					
티(Tee) 스트레이트 사이즈 (Straight Size)					
[아웃트릿 업 (Outlet Up)]					
[아웃트릿 다운 (Outlet Down)]					
더블 스위프 (Double Sweep)					
레듀싱(Reducing)					

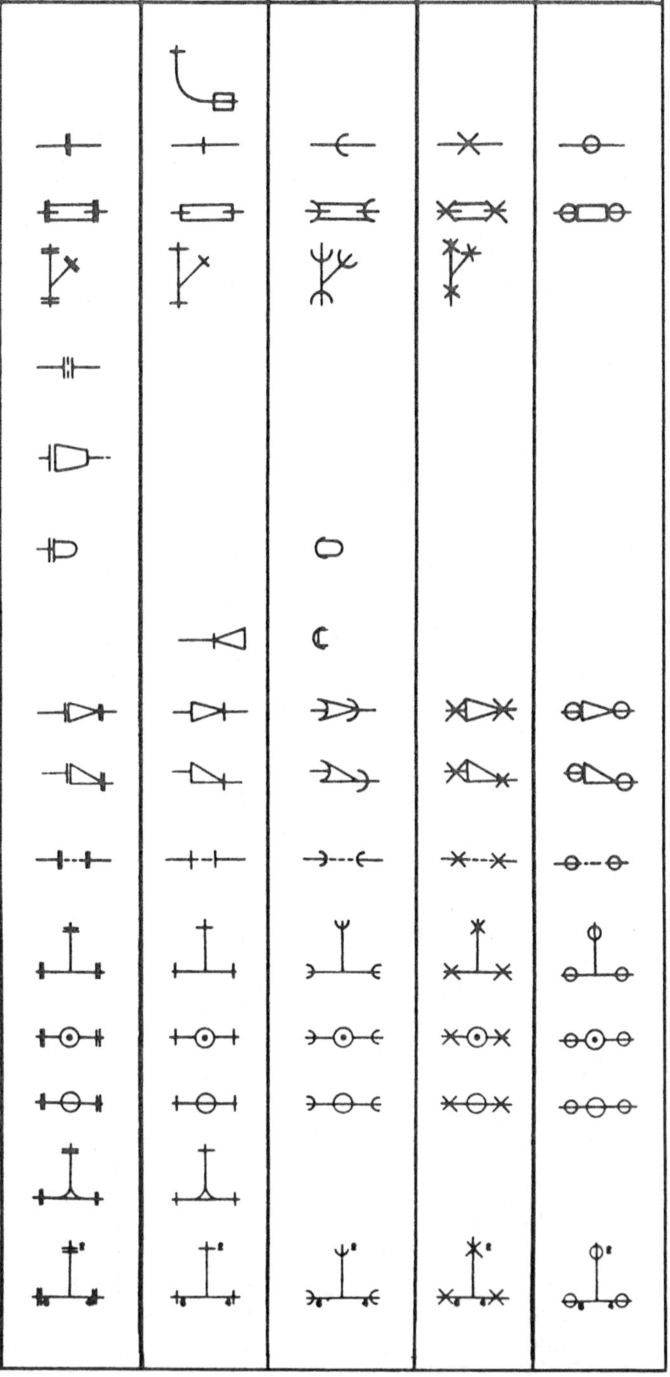

배관 기호

	플랜지형	스크류형	벨과 스피고트 (spigot)형	용접형	납땜형
싱글 스위프(Single Sweep)					
사이드 아웃트릿(Side Outlet) [아웃트릿 다운 (Outlet Down)]					
사이드 아웃트릿(Side Outlet) [아웃트릿 업(Outlet Up)]					
유니온(Union)					
밸브(Valve)					
앵글 밸브(Angle Valve) 체크 또한 앵글체크 (Check, also Angle Check)					
게이트 또한 앵글 게이트 (Gate, also Angle Gate) [입면도(Elevation)]					
게이트 또한 앵글 게이트 (Gate, also Angle Gate) [평면도(Plan)]					
글로브 또한 앵글 글로브 (Globe, also Angle Globe) [입면도(Elevation)]					
글로브(Globe) [평면도(Plan)]					
자동밸브 바이패스 (Automatic Valve By-Pass)					
가버너-작동식 (Governor-Operated)					
레듀싱(Reducing)					
체크밸브(Check Valve) [직선형(Straight Way)]					
코크(Cock)					

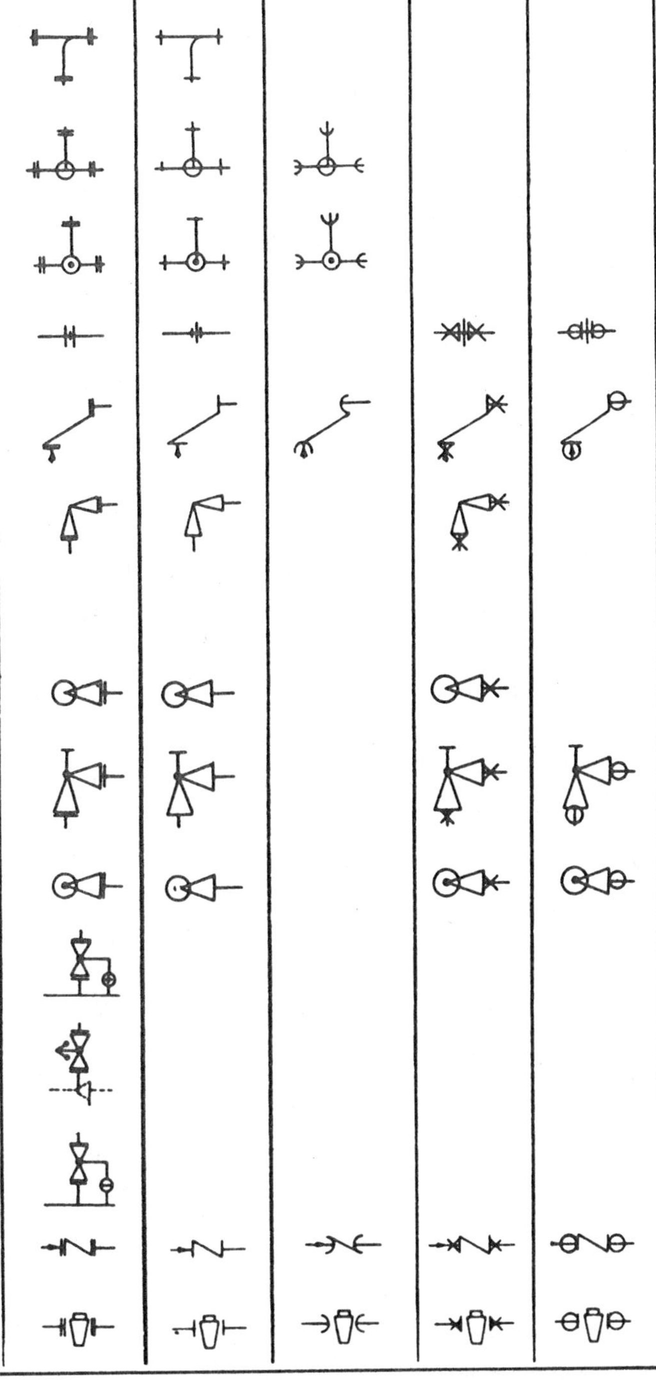

배관 기호

	플랜지형	스크류형	벨과 스피고트(spigot)형	용접형	납땜형
다이아프램 밸브 (Diaphragm Valve)					
플로트 밸브(Float Valve)				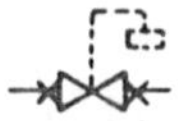	
게이트 밸브(Gate Valve)					
모터-작동식 (Motor-Operated)					
글로브 밸브(Globe Valve)					
모터 작동식 (Motor-Operated)					
호스 밸브 또한 호스 글로브 (Hose Valve, also Hose Globe)					
앵글, 또한 호스 앵글					
게이트(Gate)					
글로브(Globe)					
록쉴드 밸브(Lockshield Valve)					
퀵 오프닝 밸브 (Quick Opening Valve)					
안전밸브(Safety Valve)					

메 모

무게

1. 361p.의 도표는 강으로 만들어진 각종 용기 부품의 무게를 나타낸다.

2. 모든 무게는 강의 이론상 무게로 계산된다: 1 $inch^3$=0.28333파운드

3. 용기의 실제 무게를 얻기 위해서는 총 무게에 6%를 더하라. 이렇게 해서 제조 공차와 용접 무게에 기인하는 자재의 초과 무게를 수용하게 된다.

4. 도표에 나타나는 셸의 무게는 셸 길이의 일선형 피트와 관련한다. "I.S." 와 "O.S."라는 머릿글자로 표시되고 가로줄에 도표화되어 있는 무게는 주어진 직경과 내경 혹은 외경이 정해진 셸의 무게이다.

5. 헤드의 무게는 다음의 것을 포함한다.
   A. 타원형 헤드 : 2인치 직선 플랜지 혹은 벽두께(어느 것이 크더라도)
   B. ASME 플랜지 이음형, 접시형 이음형 헤드 : $1^1/_2$인치 직선 플랜지
   C. 반구형 헤드 : 0인치 직선 플랜지

6. 각기 다른 제조업체에 의해 만들어진 배관부품의 무게는 많은 경우에 상당한 차이를 나타내며, 이는 제조방식의 차이를 의미한다. 이 도표상의 배관 부품의 무게는 LADISH COMPANY社 제품의 예이다.

7. 치수 : inch
   무게 : lb

셀과 헤드의 무게

용기 직경	벽 두께									
	1/4"					5/16"				
	셀		헤드			셀		헤드		
	내경	외경	타원체형	플랜지& 접시이음형	반구형	내경	외경	타원체형	플랜지& 접시이음형	반구형
12	33	31	22	14	20	41	39	28	19	26
14	38	36	28	19	28	48	46	35	24	35
16	44	42	33	23	36	54	52	41	29	46
18	49	49	41	28	46	61	59	51	35	58
20	54	52	47	35	56	68	66	58	43	71
22	60	58	55	41	68	74	72	69	51	85
24	65	63	62	47	81	81	79	78	58	101
26	70	68	70	55	95	88	86	87	69	119
28	76	74	78	62	110	94	92	100	78	138
30	81	79	89	70	126	101	99	114	87	158
32	86	84	100	80	143	108	106	129	100	179
34	92	90	113	89	161	114	112	144	111	202
36	97	95	128	98	180	121	119	160	123	226
38	102	100	139	110	201	128	126	177	138	256
40	108	106	156	120	222	134	133	195	150	279
42	113	111	165	131	245	141	139	214	163	307
48	129	127	215	168	320	161	159	285	210	400
54	145	143	270	210	404	182	179	351	263	506
60	161	159	330	257	498	202	199	434	322	624
66	177	175	398	309	602	222	219	520	386	755
72	193	191	453	365	717	243	239	598	456	897
78	209	207	543	421	840	263	259	695	532	1052
84	225	223	624	492	974	283	279	806	614	1220
90	241	239	723	556	1118	303	299	925	702	1399
96	257	255	820	637	1272	324	319	1050	796	1592
102	273	271	922	710	1435	344	339	1180	896	1796
108	289	287	1031	801	1608	364	359	1320	1001	2013
114	305	303	1150	883	1792	385	379	1468	1104	2242
120	321	319	1255	984	1985	405	399	1622	1230	2484
126	337	335	1445	1075	2188	425	419	1820	1344	2738
132	353	351	1590	1186	2401	446	439	1990	1482	3004
138	369	367	1730	1286	2624	466	459	2160	1607	3282
144	385	383	1880	1406	2856	486	480	2350	1758	3573

셀과 헤드의 무게

용기 직경	벽 두께									
	3/8″					7/16″				
	셀		헤드			셀		헤드		
	내경	외경	타원체형	플랜지&접시아음형	반구형	내경	외경	타원체형	플랜지&접시아음형	반구형
12	50	47	33	22	32	58	54	41	26	37
14	58	55	42	28	43	67	63	49	33	50
16	66	63	50	35	55	77	73	61	41	65
18	74	71	61	42	70	86	82	71	52	82
20	82	79	70	52	85	95	91	85	61	100
22	90	87	82	61	103	105	101	97	71	121
24	98	95	94	70	122	114	110	109	82	143
26	106	103	105	82	143	123	119	122	97	168
28	114	111	121	94	166	133	129	141	109	194
30	122	119	137	105	190	142	138	160	122	223
32	130	127	154	121	216	151	148	180	141	253
34	138	135	173	134	243	161	157	191	156	285
36	146	143	192	147	272	170	166	224	172	319
38	154	151	213	165	303	179	176	248	192	355
40	162	159	234	180	336	189	185	273	210	393
42	170	167	257	196	370	198	194	300	229	433
48	194	191	331	252	482	226	222	386	295	564
54	218	215	415	316	609	254	250	484	368	712
60	242	239	508	386	751	282	278	592	450	877
66	266	263	610	463	907	310	306	711	540	1060
72	290	287	718	547	1079	338	334	842	639	1260
78	314	311	836	638	1265	366	362	983	745	1478
84	338	335	965	737	1466	394	391	1136	860	1713
90	362	359	1110	842	1682	422	419	1298	983	1965
96	386	383	1260	955	1912	450	447	1473	1115	2234
102	410	407	1419	1075	2158	478	475	1658	1254	2521
108	434	431	1582	1202	2418	506	503	1854	1402	2825
114	458	455	1760	1335	2694	534	531	2061	1558	3146
120	482	479	1950	1476	2984	562	559	2249	1722	3484
126	506	503	2170	1624	3288	591	587	2530	1894	3840
132	530	527	2490	1779	3608	619	615	2790	2075	4213
138	554	551	2595	1928	3942	647	643	3025	2264	4604
144	579	576	2820	2110	4292	675	671	3300	2461	5011

셀과 헤드의 무게

용기 직경	벽 두께									
	1/2"					9/16"				
	셀		헤드			셀		헤드		
	내경	외경	타원체형	플랜지&접시이음형	반구형	내경	외경	타원체형	플랜지&접시이음형	반구형
12	67	61	47	30	43	76	69	52	35	49
14	78	72	56	38	58	88	81	63	44	65
16	88	82	70	47	75	100	93	78	54	85
18	99	93	81	59	94	112	105	91	67	106
20	110	104	97	70	115	124	117	109	78	131
22	120	114	110	81	139	136	129	124	91	157
24	131	125	125	94	165	148	141	143	107	186
26	142	136	140	110	193	160	153	162	124	218
28	152	146	161	125	223	172	165	181	140	252
30	163	157	182	140	255	184	177	205	157	288
32	174	168	206	161	290	196	189	231	181	327
34	184	178	230	178	327	208	201	259	200	369
36	195	189	256	196	366	220	213	288	220	413
38	206	200	283	220	407	232	225	319	247	459
40	217	211	313	240	450	244	237	352	270	508
42	227	221	343	261	496	256	249	386	294	560
48	259	253	442	337	646	292	285	497	379	728
54	291	285	553	421	815	328	321	622	473	919
60	323	317	677	514	1005	364	357	762	578	1133
66	355	349	813	617	1214	400	393	915	694	1368
72	387	381	962	730	1443	436	429	1083	821	1626
78	419	413	1124	852	1692	472	465	1264	958	1906
84	451	445	1298	983	1960	508	501	1460	1106	2209
90	483	477	1484	1124	2248	544	537	1669	1264	2533
96	515	509	1683	1274	2557	580	573	1894	1433	2880
102	547	541	1894	1433	2884	617	610	2131	1612	3249
108	579	573	2119	1602	3232	653	646	2384	1802	3640
114	611	605	2355	1780	3599	689	682	2650	2002	4054
120	647	638	2571	1968	3986	725	718	2892	2214	4489
126	676	670	2890	2165	4393	761	754	3234	2435	4947
132	708	702	3340	2372	4820	797	790	3660	2668	5427
138	740	734	3460	2588	5266	833	826	3897	2911	5930
144	777	766	3760	2813	5732	869	862	4240	3165	6454

셀과 헤드의 무게

용기 직경	벽 두께									
	5/8″					11/16″				
	셀		헤드			셀		헤드		
	내경	외경	타원체형	플랜지&접시이음형	반구형	내경	외경	타원체형	플랜지&접시이음형	반구형
12	84	76	58	40	55	93	83	64	44	61
14	97	89	70	50	73	108	98	79	55	81
16	111	103	87	61	95	122	112	95	67	105
18	124	116	101	74	119	137	127	113	83	132
20	137	129	121	86	146	152	142	133	97	162
22	151	143	138	101	176	166	156	154	113	194
24	164	156	161	121	208	181	171	177	133	230
26	177	169	180	138	243	196	186	198	151	269
28	191	183	201	156	281	211	201	221	171	311
30	204	196	228	175	322	225	215	251	195	355
32	218	210	257	201	365	240	230	283	221	403
34	231	223	288	223	411	255	245	317	245	454
36	244	236	326	245	460	269	259	353	270	508
38	258	250	355	275	512	284	274	390	302	565
40	271	263	391	300	566	299	289	430	330	625
42	284	276	428	327	623	313	303	471	360	688
48	324	316	552	421	811	357	347	607	458	895
54	364	356	691	526	1024	401	391	760	579	1129
60	404	396	846	643	1261	445	435	931	707	1390
66	444	436	1017	772	1523	489	479	1118	849	1677
72	484	476	1203	912	1810	533	523	1323	1003	1994
78	524	516	1405	1065	2121	577	567	1545	1171	2337
84	564	556	1622	1229	2458	621	611	1784	1352	2707
90	604	596	1855	1405	2818	665	655	2041	1545	3104
96	644	636	2104	1592	3204	710	700	2315	1751	3529
102	685	677	2368	1791	3614	754	744	2605	1970	3980
108	725	717	2648	2003	4049	798	788	2913	2203	4459
114	765	757	2944	2225	4509	842	832	3239	2448	4965
120	805	797	3213	2460	4993	886	876	3535	2706	5498
126	848	837	3578	2706	5502	930	920	3910	2977	6058
132	885	877	3980	2965	6036	974	964	4317	3261	6646
138	925	917	4325	3234	6595	1018	1008	4703	3557	7261
144	965	957	4720	3516	7178	1062	1052	5185	3868	7902

셀과 헤드의 무게

용기 직경	벽 두께									
	3/4″					13/16″				
	셀		헤드			셀		헤드		
	내경	외경	타원체형	플랜지&접시이음형	반구형	내경	외경	타원체형	플랜지&접시이음형	반구형
12	102	90	70	48	67	111	97	76	53	73
14	118	106	88	60	90	128	114	95	67	98
16	134	122	104	74	116	146	132	113	82	126
18	150	138	126	92	145	163	149	136	100	158
20	166	154	145	108	177	180	166	157	117	193
22	182	170	171	126	213	198	184	185	137	232
24	198	186	193	145	252	215	201	209	160	275
26	214	202	216	165	295	233	219	234	182	321
28	230	218	241	187	340	250	236	261	412	370
30	246	234	274	216	389	267	253	304	234	423
32	262	250	309	241	442	285	271	335	261	480
34	278	266	345	267	497	302	288	378	289	541
36	294	282	393	294	556	319	305	425	323	605
38	310	298	425	330	618	337	323	470	357	672
40	326	314	469	361	684	354	340	508	391	743
42	342	330	514	393	753	371	357	567	425	818
48	390	378	662	505	979	423	409	729	547	1063
54	438	426	829	631	1234	475	461	911	683	1340
60	486	474	1015	772	1520	527	513	1107	836	1650
66	534	522	1220	926	1835	579	565	1337	1003	1991
72	582	570	1443	1095	2179	631	617	1564	1186	2365
78	630	618	1685	1277	2554	683	669	1835	1384	2771
84	678	666	1947	1475	2958	735	721	2120	1597	3209
90	726	714	2226	1685	3391	788	774	2433	1825	3679
96	775	763	2525	1911	3855	840	826	2757	2070	4181
102	823	811	2842	2150	4348	892	878	3103	2329	4716
108	871	859	3178	2403	4870	944	930	3457	2603	5282
114	919	907	3533	2671	5422	996	982	3854	2893	5881
120	967	955	3856	2952	6004	1048	1034	4204	3198	6511
126	1015	1003	4243	3248	6616	1100	1086	4614	3518	7174
132	1063	1051	4655	3558	7257	1152	1138	5059	3854	7869
138	1111	1099	5082	3881	7928	1204	1190	5522	4205	8596
144	1159	1147	5650	4219	8628	1256	1242	6067	4571	9356

셀과 헤드의 무게

용기 직경	벽 두께									
	7/8"					15/16"				
	셀		헤드			셀		헤드		
	내경	외경	타원체형	플랜지&접시이음형	반구형	내경	외경	타원체형	플랜지&접시이음형	반구형
12	120	104	82	59	80	130	111	90	67	86
14	139	123	103	74	106	150	131	110	83	115
16	157	141	122	90	137	170	151	135	101	148
18	176	160	147	107	171	190	171	157	123	185
20	195	179	170	127	209	210	191	185	144	226
22	213	197	199	147	251	230	211	213	167	271
24	232	216	225	175	297	250	231	241	194	320
26	251	235	252	199	347	270	251	271	220	374
28	270	254	288	225	401	290	271	310	249	431
30	288	272	327	252	458	310	291	351	282	493
32	307	291	366	281	519	330	311	393	314	558
34	326	310	412	312	584	350	331	442	347	628
36	344	328	458	352	653	370	351	491	387	702
38	363	347	506	385	726	390	371	543	422	780
40	382	366	558	421	803	410	391	597	462	863
42	400	384	611	458	883	430	411	654	507	949
48	456	440	789	589	1148	491	471	836	643	1233
54	512	496	982	736	1447	551	531	1051	802	1554
60	568	552	1200	900	1780	611	591	1285	979	1911
66	624	608	1440	1080	2149	671	651	1543	1174	2306
72	680	664	1702	1278	2551	731	711	1823	1387	2738
78	736	720	1986	1491	2989	791	771	2128	1616	3207
84	792	776	2293	1720	3461	851	832	2456	1864	3714
90	849	833	2620	1966	3968	911	892	2807	2129	4257
96	905	889	2970	2229	4509	971	952	3182	2412	4837
102	961	945	3341	2508	5085	1031	1012	3580	2712	5454
108	1017	1001	3735	2804	5695	1091	1072	4002	3036	6109
114	1073	1057	4150	3115	6340	1151	1132	4447	3366	6800
120	1129	1113	4528	3444	7019	1212	1192	4852	3720	7529
126	1185	1169	4985	3789	7734	1272	1252	5341	4091	8294
132	1241	1225	5463	4150	8482	1332	1312	5853	4480	9097
138	1297	1281	5963	4528	9266	1392	1372	6389	4886	9937
144	1353	1337	6485	4923	10084	1452	1432	6948	5310	10813

셀과 헤드의 무게

용기 직경	벽 두께 1" 셀 내경	벽 두께 1" 셀 외경	벽 두께 1" 헤드 타원체형	벽 두께 1" 헤드 플랜지& 접시이음형	벽 두께 1" 헤드 반구형	벽 두께 1-1/16" 셀 내경	벽 두께 1-1/16" 셀 외경	벽 두께 1-1/16" 헤드 타원체형	벽 두께 1-1/16" 헤드 플랜지& 접시이음형	벽 두께 1-1/16" 헤드 반구형
12	139	117	98	76	93	148	124	104	83	100
14	160	138	118	93	124	171	147	125	102	132
16	182	160	144	113	159	193	169	153	122	170
18	203	181	168	139	198	216	192	178	150	212
20	224	202	200	162	242	239	215	212	175	259
22	246	223	228	187	290	262	238	242	202	310
24	267	245	257	214	343	284	260	277	231	366
26	289	266	288	242	400	307	283	311	261	427
28	310	287	330	273	462	330	306	350	294	493
30	331	308	374	313	528	352	328	397	338	563
32	353	330	421	347	598	375	351	448	373	638
34	374	351	471	383	673	398	374	500	412	717
36	396	372	523	421	752	420	396	562	452	801
38	417	393	579	460	835	443	419	614	495	890
40	438	415	637	502	923	466	442	677	539	984
42	459	436	698	556	1015	489	465	741	597	1082
48	523	500	897	698	1318	557	533	953	749	1404
54	587	564	1121	869	1661	625	601	1191	931	1769
60	651	628	1371	1059	2043	693	669	1457	1134	2175
66	715	692	1646	1268	2465	761	737	1749	1357	2624
72	779	756	1945	1496	2926	829	805	2067	1590	3114
78	844	821	2270	1743	3427	897	874	2412	1851	3647
84	908	885	2620	2008	3967	965	942	2783	2134	4221
90	972	949	2994	2292	4547	1033	1010	3181	2435	4838
96	1036	1013	3394	2596	5166	1101	1078	3606	2758	5496
102	1100	1077	3819	2917	5825	1169	1146	4057	3099	6197
108	1164	1141	4268	3258	6523	1237	1214	4535	3462	6939
114	1228	1205	4743	3617	7261	1306	1282	5038	3843	7724
120	1292	1269	5175	3996	8039	1374	1350	5498	4246	8550
126	1356	1333	5697	4393	8856	1442	1418	6053	4667	9419
132	1420	1397	6243	4809	9712	1510	1486	6633	5108	10329
138	1484	1461	6815	5243	10609	1578	1554	7241	5571	11282
144	1549	1526	7411	5697	11544	1646	1623	7874	6053	12276

셀과 헤드의 무게

용기 직경	벽 두께									
	1-1/8"					1-3/16"				
	셀		헤드			셀		헤드		
	내경	외경	타원체형	플랜지&접시이음형	반구형	내경	외경	타원체형	플랜지&접시이음형	반구형
12	158	131	110	90	106	167	137	116	97	113
14	182	155	133	110	141	192	162	143	120	150
16	206	179	163	132	181	218	188	172	143	193
18	230	203	189	162	226	243	213	203	171	240
20	254	227	225	189	276	268	238	237	200	293
22	278	251	256	217	330	294	264	279	230	351
24	302	275	298	248	390	319	289	318	266	414
26	326	299	333	281	454	345	315	352	301	482
28	350	323	371	315	524	370	340	391	337	555
30	374	347	421	362	598	395	365	444	382	634
32	398	371	474	400	678	421	391	500	423	718
34	422	395	530	442	762	466	416	560	466	807
36	446	419	601	484	851	471	441	634	517	902
38	470	443	651	530	946	497	467	687	565	1001
40	494	467	717	576	1045	522	492	756	615	1106
42	518	491	785	639	1149	548	518	828	674	1216
48	591	563	1009	800	1491	624	594	1065	852	1577
54	663	635	1261	994	1877	700	670	1331	1049	1986
60	735	707	1543	1209	2308	776	746	1628	1276	2441
66	807	779	1852	1446	2783	852	822	1954	1526	2943
72	879	852	2189	1684	3303	929	899	2310	1788	3492
78	951	924	2554	1960	3867	1005	975	2695	2082	4089
84	1023	996	2947	2260	4476	1081	1051	3108	2398	4732
90	1095	1068	3368	2579	5129	1157	1127	3555	2736	5422
96	1167	1140	3818	2920	5827	1233	1203	4030	3097	6159
102	1239	1212	4296	3282	6569	1309	1279	4535	3480	6942
108	1312	1284	4802	3666	7356	1385	1355	5069	7772	7773
114	1384	1356	5336	4070	8187	1461	1431	5632	4314	8651
120	1456	1428	5822	4496	9062	1537	1507	6145	4764	9576
126	1528	1500	6409	4942	9982	1613	1583	6765	5236	10547
132	1600	1573	7024	5410	10947	1690	1660	7414	5731	11566
138	1672	1645	7667	5899	11956	1766	1736	8093	6248	12632
144	1744	1717	8338	6408	13010	1842	1812	8801	6786	13744

셀과 헤드의 무게

용기 직경	벽 두께									
	1-1/4"					1-5/16"				
	셀		헤드			셀		헤드		
	내경	외경	타원체형	플랜지&접시이음형	반구형	내경	외경	타원체형	플랜지&접시이음형	반구형
12	177	144	122	105	120	187	150	129	112	127
14	204	171	154	129	160	215	178	161	138	169
16	230	197	181	154	204	243	206	193	165	216
18	257	224	217	181	254	271	234	228	193	269
20	284	251	250	210	310	299	262	267	225	327
22	311	278	292	242	371	327	290	307	258	392
24	337	304	331	284	438	355	318	347	303	462
26	364	331	371	322	510	383	346	390	343	538
28	391	358	412	360	587	411	374	439	384	619
30	417	384	467	402	670	439	402	497	428	707
32	444	411	526	446	759	467	430	559	474	800
34	471	438	589	490	853	495	458	625	521	899
36	497	464	667	551	952	523	486	700	585	1003
38	524	491	724	601	1057	552	515	768	638	1113
40	551	518	796	654	1168	580	543	844	694	1230
42	578	545	872	710	1284	608	571	924	753	1352
48	658	625	1121	904	1665	692	655	1187	958	1752
54	738	705	1401	1104	2095	776	739	1482	1169	2205
60	818	785	1714	1343	2575	860	823	1812	1421	2709
66	898	865	2057	1606	3104	944	907	2173	3374	3265
72	979	945	2432	1893	3683	1029	991	2567	1988	3873
78	1059	1025	2837	2204	4311	1113	1075	2994	2314	4533
84	1139	1105	3275	2537	4988	1197	1159	3455	2664	5245
90	1219	1185	3742	2894	5715	1281	1243	3947	3039	6009
96	1299	1265	4242	3274	6491	1365	1328	4473	3438	6824
102	1379	1346	4774	3678	7317	1449	1418	5032	3862	7692
108	1459	1426	5336	4106	8192	1533	1496	5623	4311	8611
114	1539	1506	5929	4558	9116	1617	1580	6248	4786	9582
120	1619	1586	6469	5032	10090	1701	1664	6815	5283	10606
126	1700	1666	7121	5530	11113	1786	1748	7501	5807	11681
132	1780	1746	7804	6051	12186	1870	1832	8220	6354	12808
138	1860	1826	8519	6596	13308	1954	1916	8971	6926	13986
144	1940	1906	9264	7165	14480	2038	2000	9755	7524	15217

용기 직경	벽 두께									
	1-3/8"					1-7/16"				
	셀		헤드			셀		헤드		
	내경	외경	타원체형	플랜지&접시아음형	반구형	내경	외경	타원체형	플랜지&접시아음형	반구형
12	196	156	142	119	135	206	162	151	126	143
14	225	185	169	148	178	237	193	180	155	188
16	255	215	206	176	228	267	223	220	184	240
18	284	244	239	206	283	298	254	255	220	298
20	313	273	285	239	345	329	285	303	253	363
22	343	303	322	275	412	360	316	342	292	434
24	372	332	364	323	486	390	346	386	337	511
26	402	362	408	364	566	421	377	432	380	594
28	431	391	466	408	651	452	408	493	426	684
30	460	421	527	454	743	482	438	558	481	780
32	490	450	593	502	841	513	469	627	532	882
34	519	479	662	553	945	544	500	699	585	991
36	548	508	734	620	1054	575	531	775	648	1106
38	578	538	812	676	1170	605	561	857	707	1228
40	607	567	892	734	1293	636	592	941	768	1355
42	637	597	977	796	1420	667	623	1030	840	1489
48	725	685	1253	1012	1841	759	715	1320	1057	1929
54	813	773	1563	1234	2315	851	807	1646	1301	2426
60	901	861	1910	1500	2844	943	899	2061	1568	2979
66	989	949	2289	1768	3427	1035	991	2407	1861	3590
72	1078	1038	2703	2083	4065	1128	1083	2841	2177	4257
78	1166	1126	3152	2424	4757	1220	1175	3312	2534	4981
84	1254	1214	3635	2791	5503	1312	1267	3819	2917	5761
90	1342	1302	4152	3184	6303	1404	1360	4360	3328	6599
96	1430	1390	4704	3602	7159	1496	1452	4938	3766	7493
102	1518	1478	5291	4046	8068	1588	1544	5553	4230	8445
108	1606	1566	5911	4517	9032	1680	1636	6203	4722	9453
114	1694	1654	6567	5014	10050	1772	1728	6890	5241	10518
120	1783	1743	7162	5535	11122	1865	1820	7513	5786	11640
126	1871	1831	7882	6084	12249	1957	1912	8267	6360	12818
132	1959	1919	8636	6656	13430	2049	2004	9113	6959	14054
138	2047	2007	9424	7256	14666	2141	2097	9881	7586	15346
144	2135	2095	10246	7882	15955	2233	2189	10742	8240	16695

셀과 헤드의 무게

용기 직경	벽 두께									
	1-1/2"					1-9/16"				
	셀		헤드			셀		헤드		
	내경	외경	타원체형	플랜지&접시이음형	반구형	내경	외경	타원체형	플랜지&접시이음형	반구형
12	216	168	162	134	150	227	174	173	144	158
14	248	200	192	162	198	260	207	204	174	208
16	280	232	234	192	252	294	241	248	206	265
18	312	264	271	234	313	327	274	287	249	328
20	344	296	321	271	381	361	308	340	287	399
22	376	328	363	310	455	394	341	384	329	476
24	408	360	409	352	536	427	374	432	745	561
26	440	392	457	397	623	461	408	483	415	652
28	472	424	521	444	717	494	441	550	470	750
30	504	456	589	508	817	527	474	621	536	855
32	536	488	661	562	924	561	508	696	592	966
34	568	520	738	618	1038	594	541	777	652	1085
36	600	552	817	676	1158	628	575	860	712	1210
38	633	585	903	738	1285	661	608	950	777	1343
40	665	617	991	802	1418	694	641	1042	844	1482
42	697	649	1084	885	1558	728	675	1140	931	1628
48	793	745	1388	1103	2018	828	775	1457	1110	2107
54	889	841	1729	1368	2537	928	875	1815	1436	2649
60	985	937	2111	1636	3115	1028	975	2212	1716	3251
66	1082	1034	2526	1954	3753	1129	1075	2647	2049	3916
72	1178	1130	2980	2272	4449	1229	1175	3122	2382	4643
78	1274	1226	3472	2644	5205	1329	1275	3635	2770	5431
84	1370	1322	4003	3044	6021	1420	1376	4189	3171	6281
90	1466	1418	4569	3472	6895	1529	1476	4781	3617	7192
96	1562	1514	5173	3930	7829	1629	1576	5411	4093	8166
102	1658	1610	5815	4414	8823	1729	1676	6081	4598	9201
108	1754	1706	6496	4928	9875	1829	1776	6792	5133	10298
114	1851	1803	7213	5468	10987	1930	1876	7540	5696	11457
120	1947	1899	7864	6038	12158	2030	1976	8219	6290	12678
126	2043	1995	8652	6636	13389	2130	2076	9041	6913	13960
132	2139	2091	9590	7262	14678	2230	2176	10020	7564	15304
138	2235	2187	10339	7916	16027	2330	2276	10738	8246	16710
144	2331	2283	11239	8599	17436	2430	2376	11741	8957	18188

셀과 헤드의 무게

용기 직경	벽 두께									
	1-5/8"					1-11/16"				
	셀		헤드			셀		헤드		
	내경	외경	타원체형	플랜지&접시아음형	반구형	내경	외경	타원체형	플랜지&접시아음형	반구형
12	236	180	184	153	166	247	186	195	163	174
14	271	215	217	186	218	283	222	230	198	228
16	305	249	263	220	277	319	258	277	235	290
18	340	284	304	265	344	355	294	321	280	359
20	375	319	359	304	417	391	330	379	315	436
22	410	354	405	348	498	427	366	427	361	520
24	444	388	455	393	586	463	402	480	415	611
26	479	423	509	443	681	499	438	535	466	710
28	514	458	578	495	783	535	474	608	521	817
30	548	492	653	564	892	571	570	686	585	930
32	583	527	732	623	1009	608	547	770	647	1051
34	618	562	815	685	1132	644	583	856	711	1180
36	653	597	903	748	1263	680	619	948	785	1316
38	687	631	997	817	1401	716	655	1045	857	1459
40	722	666	1094	886	1546	752	691	1147	930	1610
42	757	701	1195	978	1698	788	727	1253	1015	1768
48	861	805	1527	1216	2197	896	835	1598	1275	2288
54	965	909	1900	1505	2761	1004	943	1987	1562	2873
60	1069	1013	2314	1797	3388	1112	1051	2418	1880	3526
66	1174	1117	2768	2144	4080	1221	1159	2891	2226	4245
72	1278	1221	3264	2492	4836	1329	1267	3408	2603	5031
78	1382	1325	3799	2897	5657	1437	1376	3965	3008	5884
84	1486	1430	4375	3298	6542	1545	1484	4565	3443	6803
90	1590	1534	4994	3762	7490	1653	1592	5207	3926	7789
96	1694	1638	5650	4257	8504	1761	1700	5892	4441	8842
102	1798	1742	6348	4782	9581	1869	1808	6618	4966	9961
108	1903	1846	7088	5338	10723	1978	1916	7388	5567	11148
114	2007	1950	7867	5924	11928	2086	2024	8198	6177	12401
120	2111	2054	8575	6541	13198	2194	2133	8935	6819	13720
126	2215	2159	9431	7190	14533	2302	2241	9825	7493	15107
132	2319	2263	10450	7867	15931	2410	2349	10851	8198	16560
138	2423	2367	11138	8576	17394	2518	2457	11669	8936	18079
144	2527	2471	12243	9316	18921	2626	2565	12749	9705	19666

셀과 헤드의 무게

용기 직경	벽 두께									
	1-3/4"					1-13/16"				
	셀		헤드			셀		헤드		
	내경	외경	타원체형	플랜지&접시이음형	반구형	내경	외경	타원체형	플랜지&접시이음형	반구형
12	257	192	206	172	182	267	197	218	182	190
14	294	229	243	211	238	306	236	257	223	249
16	332	267	294	249	303	344	274	314	264	316
18	369	304	338	296	375	383	313	356	311	391
20	407	342	399	327	455	422	352	420	345	473
22	444	379	450	374	542	461	391	473	394	564
24	481	416	504	437	637	499	429	530	460	663
26	519	454	562	490	740	538	468	590	515	770
28	556	491	639	547	850	577	507	670	575	885
30	593	528	719	607	969	615	545	754	638	1007
32	631	566	807	671	1094	654	584	845	704	1138
34	668	603	898	737	1228	693	623	940	772	1276
36	706	641	993	823	1369	732	662	1040	862	1423
38	743	678	1094	897	1518	770	700	1144	939	1577
40	780	715	1200	973	1675	809	739	1254	1018	1740
42	818	753	1311	1053	1839	848	778	1370	1101	1910
48	930	865	1670	1332	2378	964	894	1743	1392	2469
54	1042	977	2074	1620	2986	1080	1010	2163	1691	3100
60	1154	1089	2523	1963	3664	1196	1126	2630	2047	3802
66	1267	1201	3015	2308	4410	1313	1243	3141	2407	4576
72	1379	1313	3552	2715	5226	1429	1359	3700	2829	5422
78	1491	1426	4132	3119	6111	1545	1475	4301	3299	6339
84	1603	1538	4756	3588	7065	1661	1591	4948	3737	7328
90	1715	1650	5421	4091	8089	1777	1707	5639	4237	8389
96	1827	1762	6134	4626	9181	1893	1823	6379	4792	9521
102	1940	1874	6888	5150	10343	2010	1940	7162	5334	10725
108	2052	1986	7688	5796	11574	2126	2056	7991	6003	12001
114	2164	2099	8529	6430	12874	2242	2172	8865	6660	13348
120	2276	2211	9295	7098	14243	2358	2288	9659	7351	14767
126	2388	2323	10220	7797	15681	2474	2404	10618	8076	16257
132	2500	2435	11252	8530	17189	2590	2520	11650	8535	17820
138	2612	2547	12201	9296	18766	2707	2637	12673	9628	19453
144	2725	2659	13256	10094	20412	2823	2753	13768	10455	21159

셀과 헤드의 무게

용기 직경	벽 두께									
	1-7/8"					1-15/16"				
	셀		헤드			셀		헤드		
	내경	외경	타원체형	플랜지&접시아음형	반구형	내경	외경	타원체형	플랜지&접시아음형	반구형
12	278	203	231	191	198	288	208	243	201	206
14	318	243	271	235	259	329	249	285	247	270
16	358	283	326	278	329	371	291	343	293	342
18	398	323	375	327	407	412	332	394	342	423
20	438	363	441	363	493	454	374	462	382	512
22	478	403	497	414	587	495	415	521	435	610
24	518	443	556	482	689	536	456	583	498	716
26	558	483	619	540	800	578	498	648	558	830
28	598	523	701	602	929	619	539	737	622	953
30	638	563	789	668	1046	661	581	825	699	1085
32	679	604	883	736	1181	702	622	923	770	1225
34	719	644	981	808	1325	743	663	1025	845	1374
36	759	684	1086	902	1477	785	705	1134	932	1531
38	799	724	1194	981	1637	826	746	1246	1014	1697
40	839	764	1309	1063	1805	867	787	1365	1099	1871
42	879	804	1429	1150	1981	909	829	1489	1200	2054
48	999	924	1817	1452	2561	1033	953	1892	1501	2653
54	1119	1044	2253	1762	3214	1157	1077	2344	1835	3329
60	1239	1164	2737	2132	3941	1282	1202	2846	2203	4081
66	1360	1284	3268	2506	4743	1406	1326	3397	2607	4910
72	1480	1405	3846	2944	5618	1530	1450	3995	3040	5816
78	1600	1525	4470	3380	6568	1654	1574	4642	3512	6798
84	1720	1645	5141	3886	7592	1778	1698	5357	4015	7857
90	1840	1765	5858	4383	8690	1902	1822	6080	4552	8992
96	1960	1885	6624	4958	9862	2027	1947	6873	5123	10204
102	2081	2005	7436	5518	11108	2151	2071	7714	5722	11492
108	2201	2126	8295	6210	12429	2275	2195	8603	6417	12858
114	2321	2246	9201	6890	13823	2399	2319	9540	7120	14299
120	2441	2366	10024	7604	15292	2523	2443	10358	7858	15818
126	2561	2486	11017	8355	16834	2647	2567	11420	8633	17413
132	2681	2606	12058	9140	18451	2772	2692	12460	9444	19084
138	2802	2726	13146	9960	20142	2896	2816	13623	10291	20832
144	2922	2846	14280	10816	21907	3020	2940	14756	11176	22657

셸과 헤드의 무게

용기 직경	벽 두께									
	2″					2 1/4″				
	셸		헤드			셸		헤드		
	내경	외경	타원체형	플랜지&접시이음형	반구형	내경	외경	타원체형	플랜지&접시이음형	반구형
12	299	214	256	210	215	342	216	307	248	251
14	342	257	300	259	281	391	282	358	296	326
16	384	299	361	307	356	439	330	362	349	411
18	427	342	414	358	439	487	379	425	406	506
20	470	385	484	400	531	535	427	495	467	612
22	513	428	546	456	633	583	475	578	533	726
24	555	470	610	514	742	631	523	648	603	851
26	598	513	678	576	861	679	571	723	678	986
28	641	556	767	642	988	727	619	801	757	1130
30	683	598	862	730	1124	775	667	904	840	1285
32	726	641	963	804	1269	823	715	1014	927	1449
34	769	684	1068	882	1423	871	763	1130	1019	1623
36	812	727	1181	962	1586	919	811	1277	1115	1834
38	854	769	1298	1047	1757	967	859	1380	1216	2001
40	897	812	1421	1134	1937	1015	907	1515	1321	2205
42	940	855	1550	1250	2126	1063	955	1655	1438	2419
48	1068	983	1968	1550	2745	1208	1100	2115	1802	3125
54	1196	1111	2436	1909	3444	1352	1244	2632	2181	3922
60	1325	1239	2956	2274	4221	1496	1388	3204	2632	4808
66	1453	1367	3526	2708	5078	1640	1532	3833	3085	5787
72	1581	1496	4145	3140	6013	1784	1676	4519	3618	6854
78	1709	1624	4814	3645	7028	1929	1821	5260	4146	8012
84	1837	1752	5573	4145	8122	2073	1965	6058	4760	9194
90	1965	1880	6302	4722	9295	2217	2109	6913	5364	10528
96	2094	2008	7122	5288	10546	2361	2253	7823	6058	11952
102	2222	2137	7992	5937	11877	2505	2397	8790	6737	13466
108	2350	2265	8911	6624	13287	2650	2542	9814	7513	15073
114	2478	2393	9880	7349	14776	2794	2686	10893	8332	16767
120	2606	2521	10692	8112	16345	2938	2830	11874	9193	18554
126	2734	2649	11824	8911	17992	3082	2974	13059	10096	20328
132	2863	2777	12862	9748	19718	3226	3118	14301	11041	22291
138	2991	2906	14100	10623	21523	3371	3263	15597	12029	24343
144	3119	3034	15232	11536	23408	3514	3407	16952	13059	26424

파이프와 부품의 무게									
공 칭 파이프 크 기	제품명	공칭 벽 두께	파이프 1ft.	엘보우			리턴		T자관
				90° 장반경	90° 단반경	45° 단반경	180° 장반경	180° 단반경	
½	STD	.109	0.9	0.2		0.1	0.4		0.4
	X STG	.147	1.1	0.3		0.2	0.5		0.5
	SCH. 160	.187	1.3						0.4
	XX STG	.294	1.7						
¾	STD	.113	1.1	0.2		0.1	0.4		0.5
	X STG	.154	1.5	0.3		0.2	0.7		0.6
	SCH. 160	.218	1.9						0.6
	XX STG	.308	2.4						
1	STD	.133	1.7	0.4	0.3	0.3	0.8	0.5	0.8
	X STG	.179	2.2	0.5		0.3	1.0		0.9
	SCH. 160	.250	2.8	0.6	0.4	0.3	1.2	0.8	1.0
	XX STG	.358	3.7	0.8	0.5	0.4	1.5	1.0	1.3
1¼	STD	.140	2.3	0.6	0.4	0.4	1.3	0.8	1.3
	X STG	.191	3.0	0.9		0.5	1.8		1.6
	SCH. 160	.250	3.8	1.0	0.7	0.5	2.0	1.4	2.0
	XX STG	.382	5.2	1.4	0.9	0.8	2.7	1.8	2.5
1½	STD	.145	2.7	0.9	0.6	0.4	1.9	1.1	2.0
	X STG	.200	3.6	1.2	0.8	0.7	2.4	1.5	2.3
	SCH. 160	.281	4.9	1.4	1.2	1.0	3.3	2.4	3.0
	XX STG	.400	6.4	1.9	1.0	1.1	4.0	2.7	3.4
2	STD	.154	3.7	1.6	1.0	0.8	3.2	2.0	3.5
	X STG	.218	5.0	2.2	1.5	1.2	4.4	3.0	4.0
	SCH. 160	.343	7.5	3.3	2.2	1.6	6.0	4.0	5.0
	XX STG	.436	9.0	3.5	2.3	2.0	7.5	5.0	6.3
2½	STD	.203	5.8	3.3	2.1	1.8	6.5	4.3	6.0
	X STG	.276	7.7	4.0	2.8	2.1	8.0	5.6	7.0
	SCH. 160	.375	10.0	5.1	3.4	3.0	12.0	6.0	8.0
	XX STG	.552	13.7	7.0	5.0	3.8	14.0	9.7	10.5
3	STD	.216	7.6	5.0	3.0	2.6	10.2	6.0	7.0
	X STG	.300	10.3	6.5	4.3	3.5	13.0	8.5	8.5
	SCH. 160	.438	14.3	8.5	6.0	4.4	18.0	12.0	10.0
	XX STG	.600	18.6	11.0	7.3	5.8	22.0	14.6	13.5

파이프와 부품의 무게									
공 칭 파이프 크 기	제품명	공칭 벽 두께	파이프 1ft.	엘보우			리턴		T자관
				90° 장반경	90° 단반경	45° 장반경	180° 장반경	180° 단반경	
3½	STD	.226	9.1	6.8	4.5	3.5	13.0	9.0	9.0
	X STG	.318	12.5	8.4	6.0	4.5	16.8	12.0	12.0
	XX STG	.636	22.9	16.0	11.0	8.5	32.00	22.0	18.0
4	STD	.237	10.8	9.0	6.3	4.5	18.5	12.5	12.0
	X STG	.337	15.0	13.5	8.5	6.1	25.0	17.0	15.8
	SCH.120	.438	19.0	15.6	10.4	7.8	31.3	20.8	23.5
	SCH. 160	.531	22.5	18.0	12.0	8.8	40.0	24.0	25.0
	XX STG	.674	27.5	20.0	13.0	10.8	40.0	27.0	25.0
5	STD	.258	14.6	15.5	9.6	7.5	30.0	19.0	21.0
	X STG	.375	20.8	22.0	14.0	10.8	44.0	28.0	26.0
	SCH.120	.500	27.0	27.8	18.6	13.9	55.6	37.2	44.5
	SCH. 160	.625	33.0	32.0	22.0	16.0	65.0	44.0	55.0
	XX STG	.750	38.6	36.0	24.0	19.0	72.0	48.0	40.0
6	STD	.280	19.0	24.5	18.0	12.0	50.0	35.0	34.0
	X STG	.432	28.6	35.0	23.0	17.5	70.0	46.0	40.0
	SCH. 120	.562	36.4	45.2	30.0	22.6	90.3	60.0	64.0
	SCH. 160	.718	45.3	57.0	38.0	30.0	120.0	76.0	62.0
	XX STG.	.864	53.2	65.0	44.0	32.0	130.0	87.0	68.0
8	SCH. 20	.250	22.4	36.5	24.4	18.2	73.0	48.8	54.0
	SCH. 30	.277	24.7	40.9	27.0	20.4	81.9	54.0	57.0
	STD	.322	28.6	50.0	34.0	23.0	95.0	68.0	55.0
	SCH. 60	.406	35.6	58.0	39.1	29.4	117.0	78.0	76.0
	X. STG.	.500	43.4	71.0	47.5	35.0	142.0	100.0	75.0
	SCH. 100	.593	50.9	84.0	56.0	42.0	168.0	112.0	97.0
	SCH. 120	.718	60.6	100.8	66.0	50.4	202.0	133.0	115.0
	SCH. 140	.812	67.8	111.0	74.0	55.0	222.0	149.0	133.0
	SCH. 160	.906	74.7	120.0	80.0	62.0	230.0	160.0	152.0
	XX STG.	.875	72.4	118.0	79	60.0	236.0	158.0	148.0
10	SCH. 20	.250	28.0	56.8	38.2	28.4	114.0	76.4	73.0
	SCH. 30	.307	34.2	71.4	46.8	35.7	143.0	94.0	81.0
	STD.	.365	40.5	88.0	58.0	43.0	177.0	115.0	85.0
(계속)	X STG.	.500	54.7	107.0	70.0	53.0	215.0	140.0	105.0

파이프와 부품의 무게

공칭 파이프 크기	제품명	공칭 벽 두께	파이프 1ft.	엘보우 90° 장반경	엘보우 90° 단반경	엘보우 45° 장반경	리턴 180° 장반경	리턴 180° 단반경	T자관
(계속) 10	SCH. 80	.592	64.4	133	88	67	267	177	161
	SCH. 100	.718	77.0	159	106	79	318	212	180
	SCH. 120	.843	89.2	185	123	92	370	246	215
	SCH. 140	1.000	104.2	214	143	107	428	286	241
	SCH. 160	1.125	116.0	260	174	130	530	348	260
12	SCH. 20	.250	33.4	82	55	41	164	109	120
	SCH. 30	.330	43.8	108	72	54	216	145	136
	STD.	.375	49.6	125	80	62	230	155	120
	SCH. 40	.406	53.6	132	88	66	264	176	147
	X STG	.500	65.4	160	104	84	320	218	160
	SCH. 60	.562	73.2	182	121	91	364	242	226
	SCH. 80	.687	88.6	219	146	109	439	292	245
	SCH. 100	.843	108.0	268	177	134	535	354	304
	SCH. 120	1.000	125.5	311	207	155	622	414	353
	SCH. 140	1.125	140.0	347	231	174	694	462	404
	SCH. 160	1.312	161.0	450	300	225	910	600	480
14	SCH. 10	.250	37.0	106	70	53	212	140	193
	SCH. 20	312	46.0	132	87	66	264	175	210
	STD.	.375	55.0	160	105	80	325	210	165
	SCH. 40	.438	63.0	183	122	91	366	244	252
	X STG	.500	72.0	205	140	100	400	275	230
	SCH. 60	.593	85.0	245	163	123	490	326	311
	SCH. 80	.750	107.0	310	205	154	619	410	369
	SCH. 100	.937	131.0						
	SCH. 120	1.093	151.0	425		213	850		
	SCH. 140	1.250	171.0						
	SCH. 160	1.406	190.0	572	382	286	1092	764	
16 (계속)	SCH. 10	.250	42.0	139	92	69	277	184	201
	SCH. 20	.312	52.0	172	115	86	344	230	222
	SCH. 30 STD	.375	63.0	206	132	100	412	260	195
	SCH.40XSTG	.500	83.0	276	174	135	550	340	280
	SCH. 60	.656	108.0	355	236	178	710	472	458

파이프와 부품의 무게									
				엘보우			리턴		
공칭 파이프 크기	제품명	공칭 벽 두께	파이프 1ft.	90° 장반경	90° 단반경	45° 장반경	180° 장반경	180° 단반경	T자관
(계속) 16	SCH. 80	.843	137	450	300	225	900	600	548
	SCH.100	1.031	165						
	SCH.120	1.218	193						
	SCH. 140	1.438	224						
	SCH. 160	1.593	245	809	540	405	1618	1080	
18	SCH. 10	.250	47	176	118	88	352	226	281
	SCH. 20	.312	59	219	146	110	438	292	307
	STD	.375	71	260	167	126	510	330	249
	SCH. 30	.438	82	308	205	154	616	410	399
	X STG	.500	93	340	219	167	690	430	332
	SCH. 40	.562	105	390	259	195	780	518	525
	SCH. 60	.750	138	494	340	247	989	680	612
	SCH. 80	.937	171	634	422	317	1268	844	710
	SCH. 100	1.156	208						
	SCH. 120	1.375	244						
	SCH. 140	1.562	275						
	SCH. 160	1.781	309						
20	SCH. 10	.250	53	217	144	109	434	288	439
	SCH. 20 STD	.375	79	320	210	160	640	410	342
	SCH.30XSTG	.500	105	420	275	206	830	550	480
	SCH. 40	.593	123	506	338	253	1012	676	706
	SCH. 60	.812	167	690	457	345	1380	914	834
	SCH. 80	1.031	209	861	573	431	1722	1146	1021
	SCH. 100	1.281	256						
	SCH. 120	1.500	297						
	SCH. 140	1.750	342						
	SCH. 160	1.968	379						
22		.250	58	262	174	131	524	348	477
		.312	72						
		.375	87	394		197	787		414
		.437	103						
(계속)		.500	115	520		260	1040		550

파이프와 부품의 무게									
				엘보우			리턴		
공 칭 파이프 크 기	제품명	공칭 벽 두께	파이프 1ft.	90° 장반경	90° 단반경	45° 장반경	180° 장반경	180° 단반경	T자관
(계속)		.562	129						
22		.625	143						
		.688	157						
		.750	170						
24	SCH. 10	.250	63	314	208	157	627	416	677
	SCH. 20 STD	.375	95	460	298	238	890	590	528
	X STG	.500	125	600	392	300	1200	780	610
	SCH. 30	.562	141	702	470	351	1404	940	977
	SCH. 40	.687	171	846	564	423	1692	1128	1257
	SCH. 60	.968	238	1188	783	594	2377	1566	1446
	SCH. 80	1.218	297	1470	977	735	2940	1954	1673
	SCH. 100	1.531	367						
	SCH. 120	1.812	429						
	SCH. 140	2.062	484						
	SCH. 160	2.343	542						
26		.250	67						
		.312	84						
		.375	103	550		275	1100		770
		.437	119						
		.500	136	729		365	1458		875
		.562	153						
		.625	169						
		.688	186						
		.750	202						
30		.312	99	612		306	1223		1058
		.375	119	734	464	367	1465	930	1060
		.500	158	975	618	488	1950	1235	1200

플랜지 무게

공 칭 파이프 크 기	150 파운드					300 파운드				
	슬립인	웰딩 네크	웰딩 네크	블라인드	스터드	슬립인	웰딩 네크	웰딩 네크	블라인드	스터드
½	1.0	2.0		2.0	1.0	1.5	2.0		2.0	1.0
¾	1.5	2.0		2.0	1.0	2.5	3.0		3.0	2.0
1	2.0	2.5	8.0	2.0	1.0	3.0	4.0	10.0	4.0	2.0
1¼	2.5	2.5	10.0	3.0	1.0	4.5	5.0	14.0	6.0	2.0
1½	3.0	4.0	12.0	3.0	1.0	6.5	7.0	17.0	7.0	3.5
2	5.0	6.0	16.0	4.0	1.5	7.0	8.0	19.0	8.0	4.0
2½	8.0	10.0	21.0	7.0	1.5	10.0	12.0	28.0	12.0	7.0
3	9.0	11.5	24.0	9.0	1.5	13.0	16.0	36.0	16.0	7.5
3½	11.0	12.0	31.0	13.0	3.5	16.0	20.0	45.0	21.0	7.5
4	12.0	16.0	47.0	17.0	4.0	21.0	25.0	54.0	27.0	7.5
5	13.0	20.0	57.0	20.0	6.0	26.0	34.0	86.0	35.0	8.0
6	18.0	24.0	77.0	26.0	6.0	35.0	45.0	108.0	50.0	11.5
8	28.0	42.0	103	45.0	6.5	54.0	70.0	150	81.0	18.0
10	37.0	55.0	150	70.0	15.0	77.0	99.0	218	127	38.0
12	60.0	85.0	215	110	15.0	110	142	289	184	49.0
14	77.0	114	221	131	22.0	164	186	342	236	62.0
16	93.0	142	254	170	31.0	220	246	426	307	83.0
18	120	155	278	209	41.0	280	305	493	390	101
20	155	170	324	272	52.0	325	378	575	492	105
22	159	224		333	69.0	433	429		594	157
24	210	260	439	411	71.0	490	545	823	754	174
26	248	270	470	498	93.6	552	615	870	950	239
30	319	375	600	681	112.0	779	858	1130	1403	307

플랜지 무게

공칭 파이프 크기	400 파운드					600 파운드				
	슬립인	웰딩 네크	롱웰딩 네크	블라인드	스터드	슬립인	웰딩 네크	롱웰딩 네크	블라인드	스터드
½	2.0	3.0		2.0	1.0	2.0	3.0		2.0	1.0
¾	3.0	3.5		3.0	2.0	3.0	3.5		3.0	2.0
1	3.5	4.0	11.0	4.0	2.0	3.5	4.0	11.0	4.0	2.0
1¼	4.5	5.5	14.0	6.0	2.0	4.5	5.5	14.0	6.0	2.0
1½	6.5	8.0	17.0	8.0	3.5	6.5	8.0	17.0	8.0	3.5
2	8.0	10.0	21.0	10.0	4.5	8.0	10.0	21.0	10.0	4.5
2½	12.0	14.0	29.0	15.0	7.5	12.0	14.0	29.0	15.0	8.0
3	15.0	18.0	38.0	20.0	7.7	15.0	18.0	38.0	20.0	8.0
3½	21.0	26.0	48.0	29.0	11.6	21.0	26.0	48.0	29.0	11.6
4	24.0	30.0	67.0	33.0	12.0	33.0	37.0	80.0	41.0	12.5
5	31.0	39.0	90.0	44.0	12.5	63.0	68.0	128	68.0	19.5
6	39.0	49.0	115.0	61.0	19.0	80.0	73.0	158	86.0	30.0
8	63.0	78.0	140	100	30.0	97.0	112.0	215	139	40.0
10	91.0	110.0	230	155	52.0	177	189	324	231	72.0
12	129	160	301	226	69.0	215	226	500	295	91.0
14	191	233	336	310	88.0	259	347	417	378	118
16	253	294	416	398	114	366	481	564	527	152
18	310	360	481	502	139	476	555	654	665	193
20	378	445	563	621	180	612	690	840	855	242
22	464	465		685	205	643	710		962	267
24	539	640	799	936	274	876	977	1100	1175	365
26	616	680	970	1111	307	898	960	1250	1490	398
30	859	940	1230	1596	453	1158	1230	1520	1972	574

플랜지 무게

공칭 파이프 크기	900 파운드					1500 파운드				
	슬립인	웰딩 네크	롱웰딩 네크	블라 인드	스터드	슬립인	웰딩 네크	롱웰딩 네크	블라 인드	스터드
½	6.0	7.0		4.0	3.2	6.0	7.0		4.0	3.2
¾	6.0	7.0		6.0	3.3	6.0	7.0		6.0	3.3
1	7.5	8.5	15.0	9.0		7.5	8.5	15.0	9.0	6.0
1¼	10.0	10.0	18.0	10.0		10.0	10.0	18.0	10.0	6.0
1½	14.0	14.0	23.0	14.0		14.0	14.0	23.0	14.0	9.0
2	25.0	24.0	44.0	25.0		25.0	24.0	44.0	25.0	12.5
2½	36.0	36.0	65.0	35.0	19.0	36.0	36.0	72.0	35.0	19.0
3	31.0	29.0	72.0	32.0	12.5	48.0	48.0	84.0	48.0	25.0
3½										
4	53.0	51.0	98.0	54.0	25.0	73.0	69.0	118	73.0	34.0
5	83.0	86.0	143	87.0	33.0	132.0	132.0	195	142	60.0
6	108.0	110.0	199	113	40.0	164	164	235	159	76.0
8	172	187	310	197	69.0	258	273	366	302	121
10	245	268	385	290	95.0	436	454	610	507	184
12	326	372	667	413	124	667	690	1028	775	306
14	380	562	558	494	159		940	1030	975	425
16	459	685	670	619	199		1250	1335	1300	570
18	647	924	949	880	299		1625	1750	1750	770
20	792	1164	1040	1107	361	적용상 무게	2050	2130	2225	1010
22										
24	1480	2107	1775	2099	687		3325	3180	3625	1560
26	1450	1650	1650	2200	765	1525	1575		2200	
30	1990	2290	2200	3025	1074	2075	2150		3025	

플랜지 무게

공칭 파이프 크기	2500 파운드									
	슬립인	웰딩 네크	롱웰딩 네크	블라인드	스터드	슬립인	웰딩 네크	롱웰딩 네크	블라인드	스터드
½	7.0	8.0		7.0	3.4					
¾	9.0	9.0		10.0	3.6					
1	12.0	13.0	20.0	12.0	6.0					
1¼	18.0	20.0	30.0	18.0	9.0					
1½	25.0	28.0	38.0	25.0	12.0					
2	38.0	42.0	55.0	39.0	21.0					
2½	55.0	52.0	85.0	56.0	27.0					
3	83.0	94.0	125.0	86.0	37.0					
3½										
4	127	146	185	133	61					
5	210	244	300	223	98					
6	323	378	450	345	145					
8	485	576	600	533	232					
10	925	1068	1150	1025	445					
12	1300	1608	1560	1464	622					
14										
16										
18										
20										
22										
24										
26										
30										

압연 강판에 대한 제조업체 표준 게이지

이 게이지 시스템은 강판에 대한 미국 표준 게이지로 한다.
이것은 두께 1inch ft^2당 41.82lb(파운드) 무게에 기준한다. 압연강판을 주문할 때는 게이지에 대한 인치 등가를 명시한다.

게이지 번호	인치 등가	lbs/in.^{2}	lbs/ft.^{2}	게이지 번호	인치 등가	lbs/in.^{2}	lbs/ft.^{2}
3	.2391	.069444	10.000	21	.0329	.0095486	1.3750
4	.2242	.065104	9.3750	22	.0299	.0086806	1.2500
5	.2092	.060764	8.7500	23	.0269	.0078125	1.1250
6	.1943	.056424	8.1250	24	.0239	.0069444	1.0000
7	.1793	.052083	7.5000	25	.0209	.0060764	.87500
8	.1644	.047743	6.8750	26	.0179	.0052083	.75000
9	.1495	.043403	6.2500	27	.0164	.0047743	.68750
10	.1345	.039062	5.6250	28	.0149	.0043403	.62500
11	.1196	.034722	5.0000	29	.0135	.0039062	.56250
12	.1046	.030382	4.3750	30	.0120	.0034722	.50000
13	.0897	.026042	3.7500	31	.0105	.0030382	.43750
14	.0747	.021701	3.1250	32	.0097	.0028212	.40625
15	.0673	.019531	2.8125	33	.0090	.0026042	.37500
16	.0598	.017361	2.5000	34	.0082	.0023872	.34375
17	.0538	.015625	2.2500	35	.0075	.0021701	.31250
18	.0478	.013889	2.0000	36	.0067	.0019531	.28125
19	.0418	.012153	1.7500	37	.0064	.0018446	.26562
20	.0359	.010417	1.5000	38	.0060	.0017361	.25000

함석

함석 게이지 번호	oz/ft.^{2}	lbs/in.^{2}	lbs/ft.^{2}	게이지 번호에 의한 (두께)	함석 게이지 번호	oz/ft.^{2}	lbs/in.^{2}	lbs/ft.^{2}	게이지 번호에 의한 (두께)
8	112.5	7.03125	0.048828	0.1681	21	24.5	1.53125	.010634	.0366
9	102.5	6.40625	.044488	.1532	22	22.5	1.40625	.0097656	.0336
10	92.5	5.78125	.040148	.1382	23	20.5	1.28125	.0088976	.0306
11	82.5	5.15625	.035807	.1233	24	18.5	1.15625	.0080295	.0276
12	72.5	4.53125	.031467	.1084	25	16.5	1.03125	.0071615	.0247
13	62.5	3.90625	.027127	.0934	26	14.5	.90625	.0062934	.0217
14	52.5	3.28125	.022786	.0785	27	13.5	.84375	.0058594	.0202
15	47.5	2.96875	.020616	.0710	28	12.5	.78125	.0054253	.0187
16	42.5	2.65625	.018446	.0635	29	11.5	.71875	.0049913	.0172
17	38.5	2.40625	.016710	.0575	30	10.5	.65625	.0045573	.0157
18	34.5	2.15625	.014974	.0516	31	9.5	.59375	.0041233	.0142
19	30.5	1.90625	.013238	.0456	32	9.0	.56250	.0039062	.0134
20	26.5	1.65625	.011502	.0396					

플레이트 무게

폭	두께													
	3/16	1/4	5/16	3/8	7/16	1/2	9/16	5/8	11/16	3/4	13/16	7/8	15/16	1
1/4	.16	.21	.27	.32	.37	.43	.48	.53	.58	.64	.69	.74	.80	.85
1/2	.32	.43	.53	.64	.74	.85	.96	1.06	1.17	1.28	1.38	1.49	1.59	1.70
3/4	.48	.64	.80	.96	1.12	1.28	1.43	1.59	1.75	1.91	2.07	2.23	2.39	2.55
1	.64	.85	1.06	1.28	1.49	1.70	1.91	2.13	2.34	2.55	2.76	2.98	3.19	3.40
1 1/4	.80	1.06	1.33	1.59	1.86	2.13	2.39	2.66	2.92	3.19	3.45	3.72	3.98	4.25
1 1/2	.96	1.28	1.59	1.91	2.23	2.55	2.87	3.19	3.51	3.83	4.14	4.46	4.78	5.10
1 3/4	1.12	1.49	1.86	2.23	2.60	2.98	3.35	3.72	4.09	4.46	4.83	5.21	5.58	5.95
2	1.28	1.70	2.13	2.55	2.98	3.40	3.83	4.25	4.68	5.10	5.53	5.95	6.38	6.80
2 1/4	1.43	1.91	2.39	2.87	3.35	3.83	4.30	4.78	5.26	5.74	6.22	6.69	7.17	7.65
2 1/2	1.59	2.13	2.66	3.19	3.72	4.25	4.78	5.31	5.84	6.38	6.91	7.44	7.97	8.50
2 3/4	1.75	2.34	2.92	3.51	4.09	4.68	5.26	5.84	6.43	7.01	7.60	8.18	8.77	9.35
3	1.91	2.55	3.19	3.83	4.46	5.10	5.74	6.38	7.01	7.65	8.29	8.93	9.56	10.2
3 1/4	2.07	2.76	3;45	4.14	4.83	5.53	6.22	6.91	7.60	8.29	8.98	9.67	10.4	11.1
3 1/2	2.23	2.98	3.72	4.46	5.21	5.95	6.69	7.44	8.18	8.93	9.67	10.4	11.2	11.9
3 3/4	2.39	3.19	3.98	4.78	5.58	6.38	7.17	7.97	8.77	9.56	10.4	11.2	12.0	12.8
4	2.55	3.40	4.25	5.10	5.95	6.80	7.65	8.50	9.35	10.2	11.1	11.9	12.8	13.6
4 1/4	2.71	3.61	4.52	5.42	6.32	7.23	8.13	9.03	9.93	10.8	11.7	12.6	13.6	14.5
4 1/2	2.87	3.83	4.78	5.74	6.69	7.65	8.61	9.56	10.5	11.5	12.4	13.4	14.3	15.3
4 3/4	3.03	4.04	5.05	6.06	7.07	8.08	9.08	10.1	11.1	12.1	13.1	14.1	15.1	16.2
5	3.19	4.25	5.31	6.38	7.44	8.50	9.56	10.6	11.7	12.8	13.8	14.9	15.9	17.0
5 1/4	3.35	4.46	5.58	6.69	7.81	8.93	10.0	11.2	12.3	13.4	14.5	15.6	16.7	17.9
5 1/2	3.51	4.68	5.84	7.01	8.18	9.35	10.5	11.7	12.9	14.0	15.2	16.4	17.5	18.7
5 3/4	3.67	4.89	6.11	7.33	8.55	9.78	11.0	12.2	13.4	14.7	15.9	17.1	18.3	19.6
6	3.83	5.10	6.38	7.65	8.93	10.2	11.5	12.8	14.0	15.3	16.6	17.9	19.1	20.4
6 1/4	3.98	5.31	6.64	7.97	9.30	10.6	12.0	13.3	14.6	15.9	17.3	18.6	19.9	21.3
6 1/2	4.14	5.53	6.91	8.29	9.67	11.1	12.4	13.8	15.2	16.6	18.0	19.3	20.7	22.1
6 3/4	4.30	5.74	7.17	8.61	10.0	11.5	12.9	14.3	15.8	17.2	18.7	20.1	21.5	23.0
7	4.46	5.95	7.44	8.93	10.4	11.9	[illegible]	14.9	16.4	17.9	19.3	20.8	22.3	23.8
7 1/4	4.62	6.16	7.70	9.24	10.8	12.3	13.9	15.4	17.0	18.5	20.0	21.6	23.1	24.7
7 1/2	4.78	6.38	7.97	[illegible]	11.2	12.8	14.3	15.9	17.5	19.1	20.7	22.3	23.9	25.5
7 3/4	4.94	6.59	8.23	9.98	11.5	13.2	14.8	16.5	18.1	19.8	21.4	23.1	24.7	26.4
8	5.10	6.80	8.50	10.2	11.9	13.6	15.3	17.0	18.7	20.4	22.1	23.8	25.5	27.2
8 1/4	5.26	7.01	8.77	10.5	12.3	14.0	15.8	17.5	19.3	21.0	22.8	24.5	26.3	28.1
8 1/2	5.42	7.23	9.03	10.8	12.6	14.5	16.3	18.1	19.9	21.7	23.5	25.3	27.1	28.9
8 3/4	5.58	7.44	9.30	11.2	13.0	14.9	16.7	18.6	20.5	22.3	24.2	26.0	27.9	29.8
9	5.74	7.65	9.56	11.5	13.4	15.3	17.2	19.1	21.0	23.0	24.9	26.8	28.7	30.6
9 1/4	5.90	7.86	9.83	11.8	13.8	15.7	17.7	19.7	21.6	23.6	5.6	27.5	29.5	31.5
9 1/2	6.06	8.08	10.1	12.1	14.1	16.2	18.2	20.2	22.2	24.2	26.2	28.3	30.3	32.3
9 3/4	6.22	8.29	10.4	12.4	14.5	16.6	18.7	20.7	22.8	24.9	26.9	29.0	31.1	33.2
10	6.38	8.50	10.6	12.8	14.9	17.0	19.1	21.3	23.4	25.5	27.6	29.8	31.9	34.0

플레이트 무게

폭	두께													
	3/16	1/4	5/16	3/8	7/16	1/2	9/16	5/8	11/16	3/4	13/16	7/8	15/16	1
10¼	6.53	8.71	10.9	13.1	15.3	17.4	19.6	21.8	24.0	26.1	28.3	30.5	32.7	34.9
10½	6.69	8.93	11.2	13.4	15.6	17.9	20.1	22.3	24.5	26.8	29.0	31.2	33.5	35.7
10¾	6.85	9.14	11.4	13.7	16.0	18.3	20.6	22.8	25.1	27.4	29.7	32.0	34.3	36.6
11	7.01	9.35	11.7	14.0	16.4	18.7	21.0	23.4	25.7	28.1	30.4	32.7	35.1	37.4
11¼	7.17	9.56	12.0	14.3	16.7	19.1	21.5	23.9	26.3	28.7	31.1	33.5	35.9	38.3
11½	7.33	9.78	12.2	14.7	17.1	19.6	22.0	24.4	26.9	29.3	31.8	34.2	36.7	39.1
11¾	7.49	9.99	12.5	15.0	17.5	20.0	22.5	25.0	27.5	30.0	32.5	35.0	37.5	40.0
12	7.65	10.2	12.8	15.3	17.9	20.4	23.0	25.5	28.1	30.6	33.2	35.7	38.3	40.8
12½	7.97	10.6	13.3	15.9	18.6	21.3	23.9	26.6	29.2	31.9	34.5	37.2	39.8	42.5
13	8.29	11.1	13.8	16.6	19.3	22.1	24.9	27.6	30.4	33.2	35.9	38.7	41.4	44.2
13½	8.61	11.5	14.3	17.2	20.1	23.0	25.8	28.7	32.6	34.4	37.3	40.2	43.0	45.9
14	8.93	11.9	14.9	17.9	20.8	23.8	26.8	29.8	32.7	35.7	38.7	41.7	44.6	47.6
14½	9.24	12.3	15.4	18.5	21.6	24.7	27.7	30.8	33.9	37.0	40.1	43.1	46.2	49.3
15	9.56	12.8	15.9	19.1	22.3	25.5	28.7	31.9	35.1	38.3	41.4	44.6	47.8	51.0
15½	9.88	13.2	16.5	19.8	23.1	26.4	29.6	32.9	36.2	39.5	42.8	46.1	49.4	52.7
16	10.2	13.6	17.0	20.4	23.8	27.2	30.6	34.0	37.4	40.8	44.2	47.6	51.0	54.4
16½	10.5	14.0	17.5	21.0	24.5	28.1	31.6	35.1	38.6	42.1	45.6	49.1	52.6	56.1
17	10.8	14.5	18.1	21.7	25.3	28.9	32.5	36.1	39.7	43.4	47.0	50.6	54.2	57.8
17½	11.2	14.9	18.6	22.3	26.0	29.8	33.5	37.2	40.9	44.6	48.3	52.1	55.8	59.5
18	11.5	15.3	19.1	23.0	26.8	30.6	34.4	38.3	42.1	45.9	49.7	53.6	57.4	61.2
18½	11.8	15.7	19.7	23.6	27.5	31.5	35.4	39.3	43.2	47.2	51.1	55.0	59.0	62.9
19	12.1	16.2	20.2	24.2	28.3	32.3	36.3	40.4	44.4	48.5	52.5	56.5	60.6	64.6
19½	12.4	16.6	20.7	24.9	29.0	33.2	37.3	41.4	45.6	49.7	53.9	58.0	62.2	66.3
20	12.8	17.0	21.3	25.5	29.8	34.0	38.3	42.5	46.8	51.0	55.3	59.5	63.8	68.0
20½	13.1	17.4	21.8	26.1	30.5	34.9	39.2	43.6	47.9	52.3	56.6	61.0	65.3	69.7
21	13.4	17.9	22.3	26.8	31.2	35.7	40.2	44.6	49.1	53.6	58.0	62.5	66.9	71.4
21½	13.7	18.3	22.8	27.4	32.0	36.6	41.1	45.7	50.3	54.8	59.4	64.0	68.5	73.1
22	14.0	18.7	23.4	28.1	32.7	37.4	42.1	46.8	51.4	56.1	60.8	65.5	70.1	74.8
22½	14.3	19.1	23.9	28.7	33.5	38.3	43.0	47.8	52.6	57.4	62.2	66.9	71.7	76.5
23	14.7	19.6	24.4	29.3	34.2	39.1	44.0	48.9	53.8	58.7	63.5	68.4	73.3	78.2
23½	15.0	20.0	25.0	30.0	35.0	40.0	44.9	49.9	54.9	59.9	64.9	69.9	74.9	79.9
24	15.3	20.4	25.5	30.6	35.7	40.8	45.9	51.0	56.1	61.2	66.3	71.4	76.5	81.6
25	15.9	21.3	26.6	31.9	37.2	42.5	47.8	53.1	58.4	63.8	69.1	74.4	79.7	85.0
26	16.6	22.1	27.6	33.2	38.7	44.2	49.7	55.3	60.8	66.3	71.8	77.4	82.9	88.4
27	17.2	23.0	28.7	34.4	40.2	45.9	51.6	57.4	63.1	68.9	74.6	80.3	86.1	91.8
28	17.9	23.8	29.8	35.7	41.7	47.6	53.6	59.5	65.5	71.4	77.4	83.3	89.3	95.2
29	18.5	24.7	30.8	37.0	43.1	49.3	55.5	61.6	67.8	74.0	80.1	86.3	92.4	98.6
30	19.1	25.5	31.9	38.3	44.6	51.0	57.4	63.8	70.1	76.5	82.9	89.3	95.6	102
31	19.8	26.4	32.9	39.5	46.1	52.7	59.3	65.9	72.5	79.1	85.6	92.2	98.8	105
32	20.4	27.2	34.0	40.8	47.6	54.4	61.2	68.0	74.8	81.6	88.4	95.2	102	109

플레이트 무게

폭	두께													
	3/16	1/4	5/16	3/8	7/16	1/2	9/16	5/8	11/16	3/4	13/16	7/8	15/16	1
33	21.0	28.1	35.1	42.1	49.1	56.1	63.1	70.1	77.1	84.2	91.2	98.2	105	112
34	21.7	28.9	36.1	43.4	50.6	57.8	65.0	72.3	79.5	86.7	93.9	101	108	116
35	22.3	29.8	37.2	44.6	52.1	59.5	66.9	74.4	81.8	89.3	96.1	104	112	119
36	23.0	30.6	38.3	45.9	53.6	61.2	68.9	76.5	84.2	91.8	99.5	107	115	122
37	23.6	31.5	39.3	47.2	55.0	62.9	70.8	78.6	86.5	94.4	102	110	118	126
38	24.2	32.3	40.4	48.5	56.5	64.6	72.7	80.8	88.8	96.9	105	113	121	129
39	24.9	33.2	41.4	49.7	58.0	66.3	74.6	82.9	91.2	99.5	108	116	124	133
40	25.5	34.0	42.5	51.0	59.5	68.0	76.5	85.0	93.5	102	111	119	128	136
41	26.1	34.9	43.6	52.3	61.0	69.7	78.4	87.1	95.8	105	113	122	131	139
42	26.8	35.7	44.6	53.6	62.5	71.4	80.3	89.3	98.2	107	116	125	134	143
43	27.4	36.6	45.7	54.8	64.0	73.1	82.2	91.4	101	110	119	128	137	146
44	28.1	37.4	46.8	56.1	65.5	74.8	84.2	93.5	103	112	122	131	140	150
45	28.7	38.3	47.8	57.4	66.9	76.5	86.1	95.6	105	115	124	134	143	153
46	29.3	39.1	48.9	58.7	68.4	78.2	88.0	97.8	108	117	127	137	147	156
47	30.0	40.0	49.9	59.9	69.9	79.9	89.9	99.9	110	120	130	140	150	160
48	30.6	40.8	51.0	61.2	71.4	81.6	91.8	102	112	122	133	143	153	163
49	31.2	41.7	52.1	62.5	72.9	83.3	93.7	104	115	125	135	146	156	167
50	21.9	42.5	53.1	63.8	74.4	85.0	95.6	106	117	128	138	149	159	170
51	32.5	43.4	54.2	65.0	75.9	86.7	97.5	108	119	130	141	152	163	173
52	33.2	44.2	55.3	66.3	77.4	88.4	99.5	111	122	133	144	155	166	177
53	33.8	45.1	56.3	67.6	78.8	90.1	101	113	124	135	146	158	169	180
54	34.4	45.9	57.4	68.9	80.3	91.8	103	115	126	138	149	161	172	184
55	35.1	46.8	58.4	70.1	81.8	93.5	105	117	129	140	152	164	175	187
56	35.7	47.6	59.5	71.4	83.3	95.2	107	119	131	143	155	167	179	190
57	36.3	48.5	60.6	72.7	84.8	96.9	109	121	133	145	158	170	182	194
58	37.0	49.3	61.6	74.0	86.3	98.6	111	123	136	148	160	173	185	197
59	37.6	50.2	62.7	75.2	87.8	100	113	125	138	151	163	176	188	201
60	38.3	51.0	63.8	76.5	89.3	102	115	128	140	153	166	179	191	204
61	38.9	51.9	64.8	77.8	90.7	104	117	130	143	156	169	182	194	207
62	39.5	52.7	65.9	79.1	92.2	105	119	132	145	158	171	185	198	211
63	40.2	53.6	66.9	80.3	93.7	107	121	134	147	161	174	187	201	214
64	20.8	54.4	68.0	81.6	95.2	109	122	136	150	163	177	190	204	218
65	41.4	55.3	69.1	82.9	96.7	111	124	138	152	166	180	193	207	221
66	42.1	56.1	70.1	84.2	98.2	112	126	140	154	168	182	196	210	224
67	42.7	57.0	71.2	85.4	99.7	114	128	142	157	171	185	199	214	228
68	43.4	57.8	72.3	86.7	101	116	130	145	159	173	188	202	217	231
69	44.0	58.7	73.3	88.0	103	117	132	147	161	176	191	205	220	235
70	44.6	59.5	74.4	89.3	104	119	134	149	164	179	193	208	223	238
71	45.3	60.4	75.4	90.5	106	121	136	151	166	181	196	211	226	241
72	45.9	61.2	76.5	91.8	107	122	138	153	168	184	199	214	230	245

플레이트 무게

폭	두께													
	3/16	1/4	5/16	3/8	7/16	1/2	9/16	5/8	11/16	3/4	13/16	7/8	15/16	1
73	46.5	62.1	77.6	93.1	109	124	140	155	171	186	202	217	233	248
74	47.2	62.9	78.6	94.4	110	126	142	157	173	189	204	220	236	252
75	47.8	63.8	79.7	95.6	112	128	143	159	175	191	207	223	239	255
76	48.5	64.6	80.8	96.9	113	129	145	162	178	194	210	226	242	258
77	49.1	65.5	81.8	98.2	115	131	147	164	180	196	213	229	245	262
78	49.7	66.3	82.9	99.5	116	133	149	166	182	199	216	232	249	265
79	50.4	67.2	83.9	101	118	134	151	168	185	202	218	235	252	269
80	51.0	68.0	85.0	102	119	136	153	170	187	204	221	238	255	272
81	51.6	68.9	86.1	103	121	138	155	172	189	207	224	241	258	275
82	52.3	69.7	87.1	105	122	139	157	174	192	209	227	244	261	279
83	52.9	70.6	88.2	106	124	141	159	176	194	212	229	247	265	282
84	53.6	71.4	89.3	107	125	143	161	179	196	214	232	250	268	286
85	54.2	72.3	90.3	108	126	145	163	181	199	217	235	253	271	289
86	54.8	73.1	91.4	110	128	146	165	183	201	219	238	256	274	292
87	55.5	74.0	92.4	111	129	148	166	185	203	222	240	259	277	296
88	56.1	74.8	93.5	112	131	150	168	187	206	224	243	262	281	299
89	56.7	75.7	94.6	114	132	151	170	189	208	227	246	265	284	303
90	57.4	76.5	95.6	115	134	153	172	191	210	230	249	268	287	306
91		77.4	96.7	116	135	155	174	193	213	232	251	271	290	309
92		78.2	97.8	117	137	156	176	196	215	235	254	274	293	313
93		79.1	98.8	119	138	158	178	198	217	237	257	277	296	316
94		79.9	99.9	120	140	160	180	200	220	240	260	280	300	320
95		80.8	101	121	141	162	182	202	222	242	262	283	303	323
96		81.6	102	122	143	163	184	204	224	245	265	286	306	326
98		83.3	104	125	146	167	187	208	229	250	271	292	312	333
100		85.0	106	128	149	170	191	213	234	255	276	298	319	340
102		86.7	108	130	152	173	195	217	238	260	282	304	325	347
104		88.4	111	133	155	177	199	221	243	265	287	309	332	354
106		90.1	113	135	158	180	203	225	248	270	293	315	338	360
108		91.8	115	138	161	184	207	230	253	275	298	321	344	367
110		93.5	117	140	164	187	210	234	257	281	304	327	351	374
112		95.2	119	143	167	190	214	238	262	286	309	333	357	381
114		96.9	121	145	170	194	218	242	267	291	315	339	363	388
116		98.6	123	148	173	197	222	247	271	296	321	345	370	394
118		100	125	151	176	201	226	251	276	301	326	351	376	401
120		102	128	153	179	204	230	255	281	306	332	357	383	408
122		104	130	156	182	207	233	259	285	311	337	363	389	415
124		105	132	158	185	211	237	264	290	316	343	369	395	422
126		107	134	161	187	214	241	268	295	321	348	375	402	428
128		109	136	163	190	218	245	272	299	326	354	381	408	435

원형 플레이트

치수 : inch　　　　　　　　　　　　　　　　　　무게 lb.(파운드)

직경	3/16	1/4	5/16	3/8	7/16	1/2	9/16	5/8	11/16	3/4	13/16	7/8	15/16	1
1.00	.042	.056	.070	.083	.097	.111	.125	.139	.153	.167	.181	.195	.209	.223
1.25	.065	.087	.109	.130	.152	.174	.196	.217	.239	.261	.282	.304	.326	.348
1.50	.094	.125	.156	.188	.219	.250	.282	.313	.344	.375	.407	.438	.469	.501
1.75	.128	.170	.213	.256	.298	.341	.383	.426	.468	.511	.554	.596	.639	.681
2.00	.167	.223	.278	.334	.389	.445	.501	.556	.612	.668	.723	.779	.834	.890
2.25	.211	.282	.352	.422	.493	.563	.634	.704	.774	.845	.915	.986	1.056	1.126
2.50	.261	.348	.435	.521	.608	.695	.782	.869	.956	1.043	1.130	1.217	1.304	1.391
2.75	.315	.421	.526	.631	.736	.841	.946	1.052	1.157	1.262	1.367	1.472	1.577	1.683
3.00	.375	.501	.626	.751	.876	1.001	1.126	1.252	1.377	1.502	1.627	1.752	1.877	2.003
3.25	.441	.588	.734	.881	1.028	1.175	1.322	1.469	1.616	1.763	1.910	2.056	2.203	2.350
3.50	.511	.681	.852	1.022	1.192	1.363	1.533	1.704	1.874	2.044	2.215	2.385	2.555	2.726
3.75	.587	.782	.978	1.173	1.369	1.564	1.760	1.956	2.151	2.347	2.542	2.738	2.933	3.129
4.00	.668	.890	1.113	1.335	1.558	1.780	2.003	2.225	2.448	2.670	2.893	3.115	3.338	3.560
4.25	.754	1.005	1.256	1.507	1.758	2.009	2.261	2.512	2.763	3.014	3.265	3.517	3.768	4.019
4.50	.845	1.126	1.408	1.690	1.971	2.253	2.534	2.816	3.098	3.379	3.661	3.942	4.224	4.506
4.75	.941	1.255	1.569	1.883	2.196	2.510	2.824	3.138	3.451	3.765	4.079	4.393	4.706	5.020
5.00	1.043	1.391	1.738	2.086	2.434	2.781	3.129	3.477	3.824	4.172	4.520	4.867	5.215	5.563
5.25	1.150	1.533	1.916	2.300	2.683	3.066	3.450	3.833	4.216	4.600	4.983	5.366	5.749	6.133
5.50	1.262	1.683	2.103	2.524	2.945	3.365	3.786	4.207	4.627	5.048	5.469	5.889	6.310	6.731
5.75	1.379	1.839	2.299	2.759	3.218	3.678	4.138	4.598	5.058	5.517	5.977	6.437	6.897	7.356
6.00	1.502	2.003	2.503	3.004	3.504	4.005	4.506	5.006	5.507	6.008	6.508	7.009	7.509	8.010
6.50	1.763	2.350	2.938	3.525	4.113	4.700	5.288	5.875	6.463	7.051	7.638	8.226	8.813	9.401
7.00	2.044	2.726	3.407	4.088	4.770	5.451	6.133	6.814	7.496	8.177	8.858	9.540	10.22	10.90
7.50	2.347	3.129	3.911	4.693	5.476	6.258	7.040	7.822	8.605	9.387	10.16	10.95	11.73	12.51
8.00	2.670	3.560	4.450	5.340	6.230	7.120	8.010	8.900	9.790	10.68	11.57	12.46	13.35	14.24
8.50	3.014	4.019	5.024	6.028	7.033	8.038	9.043	10.04	11.05	12.05	13.06	14.06	15.07	16.07
9.00	3.379	4.506	5.632	6.758	7.885	9.011	10.13	11.26	12.39	13.51	14.64	15.77	16.89	18.02
9.50	3.765	5.020	6.275	7.530	8.785	10.04	11.29	12.55	13.80	15.06	16.31	17.57	18.82	20.08
10.00	4.172	5.563	6.953	8.344	9.734	11.12	12.51	13.90	15.29	16.68	18.07	19.46	20.85	22.25
10.50	4.600	6.133	7.666	9.199	10.73	12.26	13.79	15.33	16.86	18.39	19.93	21.46	22.99	24.53
11.00	5.048	6.731	8.413	10.09	11.77	13.46	15.14	16.82	18.50	20.19	21.87	23.55	25.24	26.92
11.50	5.517	7.356	9.196	11.03	12.87	14.71	16.55	18.39	20.23	22.06	23.90	25.74	27.58	29.42
12.00	6.008	8.010	10.01	12.01	14.01	16.02	18.02	20.02	22.02	24.03	26.03	28.03	30.03	32.04
12.50	6.519	8.691	10.86	13.03	15.21	17.38	19.55	21.72	23.90	26.07	28.24	30.42	32.59	34.76
13.00	7.051	9.401	11.75	14.10	16.45	18.80	21.15	23.50	25.85	28.20	30.55	32.90	35.25	37.60
13.50	7.603	10.13	12.67	15.20	17.74	20.27	22.81	25.34	27.87	30.41	32.94	35.48	38.01	40.55
14.00	8.177	10.90	13.62	16.3	19.07	21.80	24.53	27.25	29.98	32.70	35.43	38.15	40.88	43.61
14.50	8.771	11.69	14.61	17.54	20.46	23.39	26.31	29.23	32.16	35.08	38.00	40.93	43.85	46.78
15.00	9.387	12.51	15.64	18.77	21.90	25.03	28.16	31.28	34.41	37.54	40.67	43.80	46.93	50.06
15.50	10.02	13.36	16.70	20.04	23.38	26.72	30.06	33.41	36.75	40.09	43.43	46.77	50.11	53.45
16.00	10.68	14.24	17.80	21.36	24.92	28.48	32.04	35.60	39.16	42.72	46.28	49.84	53.40	56.96
16.50	11.35	15.14	18.93	22.71	26.50	30.28	34.07	37.86	41.64	45.43	49.21	53.00	56.79	60.57
17.00	12.05	16.07	20.09	24.11	28.13	32.15	36.17	40.18	44.20	48.22	52.24	56.26	60.28	64.30
17.50	12.77	17.03	21.29	25.55	29.81	34.07	38.32	42.58	46.84	51.10	55.36	59.62	63.88	68.14
18.00	13.51	18.02	22.52	27.03	31.54	36.04	40.55	45.05	49.56	54.06	58.57	63.07	67.58	72.09
18.50	14.27	19.03	23.79	28.55	33.31	38.07	42.83	47.59	52.35	57.11	61.87	66.63	71.39	76.15
19.00	15.06	20.08	25.10	30.12	35.14	40.16	45.18	50.20	55.22	60.24	65.26	70.28	75.30	80.32
19.50	15.86	21.15	26.43	31.72	37.01	42.30	47.59	52.87	58.16	63.45	68.74	74.03	79.31	84.60
20.00	16.68	22.25	27.81	33.37	38.93	44.50	50.06	55.62	61.18	66.75	72.31	77.87	83.43	89.00
20.50	17.53	23.37	29.22	35.06	40.90	46.75	52.59	58.44	64.28	70.13	75.97	81.81	87.66	93.50
21.00	18.39	24.53	30.66	36.79	42.92	49.06	55.19	61.32	67.46	73.59	79.72	85.85	91.99	98.12
21.50	19.28	25.71	32.14	38.56	44.99	51.42	57.85	64.28	70.71	77.13	83.56	89.99	96.42	102.85

원형 플레이트

치수 : inch 무게 lb.(파운드)

직경	3/16	1/4	5/16	3/8	7/16	1/2	9/16	5/8	11/16	3/4	13/16	7/8	15/16	1
22	20	27	34	40	47	54	61	67	74	81	87	94	101	108
22½	21	28	35	42	49	56	63	70	77	84	92	99	106	113
23	22	29	37	44	51	59	66	74	81	88	96	103	110	118
23½	23	31	38	46	54	61	69	77	84	92	100	108	115	123
24	24	32	40	48	56	64	72	80	88	96	104	112	120	128
24½	25	33	42	50	58	67	75	83	92	100	109	117	125	134
25	26	35	43	52	61	70	78	87	96	104	113	122	130	139
25½	27	36	45	54	63	72	81	90	99	109	118	127	136	145
26	28	38	47	56	66	75	85	94	103	113	122	132	141	150
26½	29	39	49	59	68	78	88	98	107	117	127	137	146	156
27	30	41	51	61	71	81	91	101	112	122	132	142	152	162
27½	32	42	53	63	74	84	95	105	116	126	137	147	158	168
28	33	44	55	65	76	87	98	109	120	131	142	153	164	174
28½	34	45	56	68	79	90	102	113	124	136	147	158	169	181
29	35	47	58	70	82	94	105	117	129	140	152	164	175	187
29½	36	48	61	73	85	97	109	121	133	145	157	169	182	194
30	38	50	63	75	88	100	113	125	138	150	163	175	188	200
30½	39	52	65	78	91	103	116	129	142	155	168	181	194	207
31	40	53	67	80	94	107	120	134	147	160	174	187	200	214
31½	41	55	69	83	97	110	124	138	152	166	179	193	207	221
32	43	57	71	85	100	114	128	142	157	171	185	199	214	228
32½	44	59	73	88	103	118	132	147	162	176	191	206	220	235
33	45	61	76	91	106	121	136	151	167	182	197	212	227	242
33½	47	62	78	94	109	125	140	156	172	187	203	218	234	250
34	48	64	80	96	113	129	145	161	177	193	209	225	241	257
34½	50	66	83	99	116	132	149	166	182	199	215	232	248	265
35	51	68	85	102	119	136	153	170	187	204	221	238	256	273
35½	53	70	88	105	123	140	158	175	193	210	228	245	263	280
36	54	72	90	108	126	144	162	180	198	216	234	252	270	288
36½	56	74	93	111	130	148	167	185	204	222	241	259	278	296
37	57	76	95	114	133	152	171	190	209	228	247	267	286	305
37½	59	78	98	117	137	156	176	196	215	235	254	274	293	313
38	60	80	100	120	141	161	181	201	221	241	261	281	301	321
38½	62	82	103	124	144	165	186	206	227	247	268	289	309	330
39	63	85	106	127	148	169	190	212	233	254	275	296	317	338
39½	65	87	108	130	152	174	195	217	239	260	282	304	325	347
40	67	89	111	134	156	178	200	223	245	267	289	312	334	356
40½	68	91	114	137	160	182	205	228	251	274	297	319	342	365
41	70	94	117	140	164	187	210	234	257	281	304	327	351	374
41½	72	96	120	144	168	192	216	240	263	287	311	335	359	383
42	74	98	123	147	172	196	221	245	270	294	319	343	368	392
42½	75	100	126	151	176	201	226	251	276	301	327	352	377	402
43	77	103	129	154	180	206	231	257	283	309	334	360	386	411
43½	79	105	132	158	184	211	237	263	289	316	342	368	395	421
44	81	108	135	162	188	215	242	269	296	323	350	377	404	431
44½	83	110	138	165	193	220	248	275	303	330	358	386	413	441
45	84	113	141	169	197	225	253	282	310	338	366	394	422	451
45½	86	115	144	173	202	230	259	288	317	345	374	403	432	461
46	88	118	147	177	206	235	265	294	324	353	383	412	441	471
46½	90	120	150	180	210	241	271	301	331	361	391	421	451	481
47	92	123	154	184	215	246	276	307	338	369	399	430	461	492
47½	94	126	157	188	220	251	282	314	345	377	408	439	471	502
48	96	128	160	192	224	256	288	320	352	384	417	449	481	513
48½	98	131	164	196	229	262	294	327	360	393	425	458	491	523
49	100	134	167	200	234	267	301	334	367	401	434	467	501	534
49½	102	136	170	204	239	273	307	341	375	409	443	477	511	545

원형 플레이트

치수 : inch　　　　무게 lb.(파운드)

직경	3/16	1/4	5/16	3/8	7/16	1/2	9/16	5/8	11/16	3/4	13/16	7/8	15/16	1
50	104	139	174	209	243	278	313	348	382	417	452	487	521	556
50½	106	142	177	213	248	284	319	355	390	426	461	497	532	567
51	109	145	181	217	253	289	326	362	398	434	470	506	543	579
51½	111	148	184	221	258	295	332	369	406	443	479	516	553	590
52	113	150	188	226	263	301	338	376	414	451	489	526	564	602
52½	115	153	192	230	268	307	345	383	422	460	498	537	575	613
53	117	156	195	234	273	313	352	391	430	469	508	547	586	625
53½	119	159	199	239	279	318	358	398	438	478	517	557	597	637
54	122	162	203	243	284	324	365	406	446	487	527	568	608	649
54½	124	165	207	248	289	330	372	413	454	496	537	578	620	661
55	126	168	210	252	294	337	379	421	463	505	547	589	631	673
55½	129	171	214	257	300	343	386	428	471	514	557	600	643	685
56	131	174	218	262	305	349	392	436	480	523	567	611	654	698
56½	133	178	222	266	311	355	400	444	488	533	577	622	666	710
57	136	181	226	271	316	361	407	452	497	542	587	633	678	723
57½	138	184	230	276	322	368	414	460	506	552	598	644	690	736
58	140	187	234	281	327	374	421	468	515	561	608	655	702	749
58½	143	190	238	286	333	381	428	476	524	571	619	666	714	761
59	145	194	242	290	339	387	436	484	532	581	629	678	726	775
59½	148	197	246	295	345	394	443	492	542	591	640	689	738	788
60	150	200	250	300	350	401	451	501	551	601	651	701	751	801
60½	153	204	255	305	356	407	458	509	560	611	662	713	764	814
61	155	207	259	310	362	414	466	517	569	621	673	724	776	828
61½	158	210	263	316	368	421	473	526	579	631	684	736	789	842
62	160	214	267	321	374	428	481	535	588	641	695	748	802	855
62½	163	217	272	326	380	435	489	543	598	652	706	761	815	869
63	166	221	276	331	386	442	497	552	607	662	718	773	828	883
63½	168	224	280	336	393	449	505	561	617	673	729	785	841	897
64	171	228	285	342	399	456	513	570	627	684	740	797	854	911
64½	174	231	289	347	405	463	521	579	636	694	752	810	868	926
65	176	235	294	353	411	470	529	588	646	705	764	823	881	940
65½	179	239	298	358	418	477	537	597	656	716	776	835	895	955
66	182	242	303	363	424	485	545	606	666	727	787	848	909	969
66½	184	246	307	369	430	492	553	615	676	738	799	861	922	984
67	187	250	312	375	437	499	562	624	687	749	812	874	936	999
67½	190	253	317	380	444	507	570	634	697	760	824	887	950	1014
68	193	257	322	386	450	514	579	643	707	772	836	900	965	1029
68½	196	261	326	392	457	522	587	653	718	783	848	914	979	1044
69	199	265	331	397	463	530	596	662	728	795	861	927	993	1059
69½	202	269	336	403	470	537	605	672	739	806	873	940	1008	1075
70	204	273	341	409	477	545	613	681	750	818	886	954	1022	1090
70½	207	276	346	415	484	553	622	691	760	829	899	968	1037	1106
71	210	280	351	421	491	561	631	701	771	841	911	981	1052	1122
71½	213	284	355	427	498	569	640	711	782	853	924	995	1066	1137
72	216	288	360	433	505	577	649	721	793	865	937	1009	1081	1153
72½	219	292	365	439	512	585	658	731	804	877	950	1023	1096	1170
73	222	296	371	445	519	593	667	741	815	889	963	1038	1112	1186
73½	225	301	376	451	526	601	676	751	826	902	977	1052	1127	1202
74	228	305	381	457	533	609	685	762	838	914	990	1066	1142	1218
74½	232	309	386	463	540	617	695	772	849	926	1003	1081	1158	1235
75	235	313	391	469	548	626	704	782	860	939	1017	1095	1173	1252
75½	238	317	396	476	555	634	713	793	872	951	1031	1110	1189	1268
76	241	321	402	482	562	643	723	803	884	964	1044	1125	1205	1285
76½	244	326	407	488	570	651	732	814	895	977	1058	1139	1221	1302
77	247	330	412	495	577	660	742	825	907	989	1072	1154	1237	1319
77½	251	334	418	501	585	668	752	835	919	1002	1086	1169	1253	1336

원형 플레이트

치수 : inch　　　　　　　　　　　　　　　　　무게 lb.(파운드)

직경	3/16	1/4	5/16	3/8	7/16	1/2	9/16	5/8	11/16	3/4	13/16	7/8	15/16	1
78	254	338	423	508	592	677	761	846	931	1015	1100	1184	1269	1354
78½	257	343	428	514	600	686	771	857	943	1028	1114	1200	1285	1371
79	260	347	434	521	608	694	781	868	955	1041	1128	1215	1302	1389
79½	264	352	439	527	615	703	791	879	967	1055	1143	1230	1318	1406
80	267	356	445	534	623	712	801	890	979	1068	1157	1246	1335	1424
80½	270	360	451	541	631	721	811	901	991	1081	1172	1262	1352	1442
81	274	365	456	547	639	730	821	912	1004	1095	1186	1277	1369	1460
81½	277	369	462	554	647	739	831	924	1016	1108	1201	1293	1386	1478
82	281	374	468	561	655	748	842	935	1029	1122	1216	1309	1403	1496
82½	284	379	473	568	663	757	852	947	1041	1136	1230	1325	1420	1514
83	287	383	479	575	671	766	862	958	1054	1150	1245	1341	1437	1533
83½	291	388	485	582	679	776	873	970	1067	1164	1260	1357	1454	1551
84	294	392	491	589	687	785	883	981	1079	1177	1276	1374	1472	1570
84½	298	397	496	596	695	794	894	993	1092	1192	1291	1390	1489	1589
85	301	402	502	603	703	804	904	1005	1105	1206	1306	1407	1507	1608
85½	305	407	508	610	712	813	915	1017	1118	1220	1322	1423	1525	1627
86	309	411	514	617	720	823	926	1029	1131	1234	1337	1440	1543	1646
86½	312	416	520	624	728	832	936	1041	1145	1249	1353	1457	1561	1665
87	316	421	526	632	737	842	947	1053	1158	1263	1368	1474	1579	1684
87½	319	426	532	639	745	852	958	1065	1171	1278	1384	1491	1597	1704
88	323	431	538	646	754	862	969	1077	1185	1292	1400	1508	1615	1723
88½	327	436	545	654	762	871	980	1089	1198	1307	1416	1525	1634	1743
89	330	441	551	661	771	881	991	1102	1212	1322	1432	1542	1652	1762
89½	334	446	557	668	780	891	1003	1114	1225	1337	1448	1560	1671	1782
90	338	451	563	676	788	901	1014	1126	1239	1352	1464	1577	1690	1802
90½	342	456	569	683	797	911	1025	1139	1253	1367	1481	1595	1708	1822
91	345	461	576	691	806	921	1036	1152	1267	1382	1497	1612	1727	1843
91½	349	466	582	699	815	931	1048	1164	1281	1397	1514	1630	1746	1863
92	353	471	589	706	824	942	1059	1177	1295	1412	1530	1648	1766	1883
92½	357	476	595	714	833	952	1071	1190	1309	1428	1547	1666	1785	1904
93	361	481	601	722	842	962	1082	1203	1323	1443	1564	1684	1804	1924
93½	365	486	608	729	851	973	1094	1216	1337	1459	1580	1702	1824	1945
94	369	492	614	737	860	983	1106	1229	1352	1475	1597	1720	1843	1966
94½	373	497	621	745	869	994	1118	1242	1366	1490	1614	1739	1863	1987
95	377	502	628	753	879	1004	1130	1255	1381	1506	1632	1757	1883	2008
95½	380	507	634	761	888	1015	1141	1268	1395	1522	1649	1776	1902	2029
96	384	513	641	769	897	1025	1153	1282	1410	1538	1666	1794	1922	2051
96½	389	518	648	777	907	1036	1166	1295	1425	1554	1684	1813	1943	2072
97	393	523	654	785	916	1047	1178	1308	1439	1570	1701	1832	1963	2094
97½	397	529	661	793	925	1058	1190	1322	1454	1586	1719	1851	1983	2115
98	401	534	668	801	935	1068	1202	1336	1469	1603	1736	1870	2003	2137
98½	405	540	675	810	944	1079	1214	1349	1484	1619	1754	1889	2024	2159
99	409	545	681	818	954	1090	1227	1363	1499	1636	1772	1908	2044	2181
99½	413	551	688	826	964	1101	1239	1377	1514	1652	1790	1927	2065	2203
100	417	556	695	834	973	1113	1252	1391	1530	1669	1808	1947	2086	2225
100½	421	562	702	843	983	1124	1264	1405	1545	1686	1826	1966	2107	2247
101	426	567	709	851	993	1135	1277	1419	1560	1702	1844	1986	2128	2270
101½	430	573	716	860	1003	1146	1289	1433	1576	1719	1862	2006	2149	2292
102	434	579	723	868	1013	1157	1302	1447	1592	1736	1881	2026	2170	2315
102½	438	584	731	877	1023	1169	1315	1461	1607	1753	1899	2045	2192	2338
103	443	590	738	885	1033	1180	1328	1475	1623	1770	1918	2065	2213	2361
103½	447	596	745	894	1043	1192	1341	1490	1639	1788	1937	2086	2235	2384
104	451	602	752	902	1053	1203	1354	1504	1655	1805	1955	2106	2256	2407
104½	456	607	759	911	1063	1215	1367	1519	1670	1822	1974	2126	2278	2430
105	460	613	767	920	1073	1227	1380	1533	1687	1840	1993	2146	2300	2453
105½	464	619	774	929	1083	1238	1393	1548	1703	1857	2012	2167	2322	2477

원형 플레이트

치수 : inch　　　　　　　　　　　　　　　　　무게 lb.(파운드)

직경	3/16	1/4	5/16	3/8	7/16	1/2	9/16	5/8	11/16	3/4	13/16	7/8	15/16	1
106	469	625	781	938	1094	1250	1406	1563	1719	1875	2031	2188	2344	2500
106½	473	631	789	946	1104	1262	1420	1577	1735	1893	2050	2208	2366	2524
107	478	637	796	955	1115	1274	1433	1592	1751	1911	2070	2229	2388	2547
107½	482	643	804	964	1125	1286	1446	1607	1768	1928	2089	2250	2411	2571
108	487	649	811	973	1135	1298	1460	1622	1784	1946	2109	2271	2433	2595
108½	491	655	819	982	1146	1310	1473	1637	1801	1965	2128	2292	2456	2619
109	496	661	826	991	1157	1322	1487	1652	1817	1983	2148	2313	2478	2644
109½	500	667	834	1000	1167	1334	1501	1667	1834	2001	2168	2334	2501	2668
110	505	673	841	1010	1178	1346	1514	1683	1851	2019	2187	2356	2524	2692
110½	509	679	849	1019	1189	1358	1528	1698	1868	2038	2207	2377	2547	2717
111	514	685	857	1028	1199	1371	1542	1713	1885	2056	2227	2399	2570	2741
111½	519	692	864	1037	1210	1383	1556	1729	1902	2075	2248	2420	2593	2766
112	523	698	872	1047	1221	1396	1570	1744	1919	2093	2268	2442	2617	2791
112½	528	704	880	1056	1232	1408	1584	1760	1936	2112	2288	2464	2640	2816
113	533	710	888	1065	1243	1421	1598	1776	1953	2131	2308	2486	2664	2841
113½	537	717	896	1075	1254	1433	1612	1791	1971	2150	2329	2508	2687	2866
114	542	723	904	1084	1265	1446	1627	1807	1988	2169	2349	2530	2711	2892
114½	547	729	912	1094	1276	1459	1641	1823	2005	2188	2370	2552	2735	2917
115	552	736	920	1103	1287	1471	1655	1839	2023	2207	2391	2575	2759	2943
115½	557	742	928	1113	1299	1484	1670	1855	2041	2226	2412	2597	2783	2968
116	561	749	936	1123	1310	1497	1684	1871	2058	2246	2433	2620	2807	2994
116½	566	755	944	1132	1321	1510	1699	1887	2076	2265	2454	2642	2831	3020
117	571	761	952	1142	1333	1523	1713	1904	2094	2284	2475	2665	2855	3046
117½	576	768	960	1152	1344	1536	1728	1920	2112	2304	2496	2688	2880	3072
118	581	775	968	1162	1355	1549	1743	1936	2130	2324	2517	2711	2905	3098
118½	586	781	976	1172	1367	1562	1758	1953	2148	2343	2539	2734	2929	3124
119	591	788	985	1182	1379	1575	1772	1969	2166	2363	2560	2757	2954	3151
119½	596	794	993	1192	1390	1589	1787	1986	2184	2383	2582	2780	2979	3177
120	601	801	1001	1202	1402	1602	1802	2003	2203	2403	2603	2804	3004	3204
120½	606	808	1010	1212	1413	1615	1817	2019	2221	2423	2625	2827	3029	3231
121	611	814	1018	1222	1425	1629	1832	2036	2240	2443	2647	2850	3054	3258
121½	616	821	1026	1232	1437	1642	1848	2053	2258	2463	2669	2874	3079	3285
122	621	828	1035	1242	1449	1656	1863	2070	2277	2484	2691	2898	3105	3312
122½	626	835	1043	1252	1461	1669	1878	2087	2296	2504	2713	2922	3130	3339
123	631	842	1052	1262	1473	1683	1894	.2104	2314	2525	2735	2945	3156	3366
123½	636	848	1061	1273	1485	1697	1909	2121	2333	2545	2757	2969	3182	3394
124	641	855	1069	1283	1497	1711	1924	2138	2352	2566	2780	2994	3207	3421
124½	647	862	1078	1293	1509	1724	1940	2156	2371	2587	2802	3018	3233	3449
125	652	869	1086	1304	1521	1738	1956	2173	2390	2607	2825	3042	3259	3477
125½	657	876	1095	1314	1533	1752	1971	2190	2409	2628	2847	3066	3285	3504
126	662	883	1104	1325	1545	1766	1987	2208	2429	2649	2870	3091	3312	3532
126½	668	890	1113	1335	1558	1780	2003	2225	2448	2670	2893	3115	3338	3561
127	673	897	1121	1346	1570	1794	2019	2243	2467	2692	2916	3140	3364	3589
127½	678	904	1130	1356	1582	1809	2035	2261	2487	2713	2939	3165	3391	3617
128	684	911	1139	1367	1595	1823	2051	2278	2506	2734	2962	3190	3418	3645
128½	689	919	1148	1378	1607	1837	2067	2296	2526	2756	2985	3215	3444	3674
129	694	926	1157	1389	1620	1851	2083	2314	2546	2777	3008	3240	3471	3703
129½	700	933	1166	1399	1633	1866	2099	2332	2565	2799	3032	3265	3498	3731
130	705	940	1175	1410	1645	1880	2115	2350	2585	2820	3055	3290	3525	3760
130½	710	947	1184	1421	1658	1895	2131	2368	2605	2842	3079	3316	3552	3789
131	716	955	1193	1432	1671	1909	2148	2386	2625	2864	3102	3341	3580	3818
131½	721	962	1202	1443	1683	1924	2164	2405	2645	2886	3126	3367	3607	3848
132	727	969	1212	1454	1696	1938	2181	2423	2665	2908	3150	3392	3635	3877
132½	732	977	1221	1465	1709	1953	2197	2441	2686	2930	3174	3418	3662	3906
133	738	984	1230	1476	1722	1968	2214	2460	2706	2952	3198	3444	3690	3936
133½	744	991	1239	1487	1735	1983	2231	2478	2726	2974	3222	3470	3718	3966

원형 플레이트

치수 : inch

무게 lb.(파운드)

직경	3/16	1/4	5/16	3/8	7/16	1/2	9/16	5/8	11/16	3/4	13/16	7/8	15/16	1
134	749	999	1249	1498	1748	1998	2247	2497	2747	2996	3246	3496	3746	3995
134½	755	1006	1258	1509	1761	2013	2264	2516	2767	3019	3270	3522	3774	4025
135	760	1014	1267	1521	1774	2028	2281	2534	2788	3041	3295	3548	3802	4055
135½	766	1021	1277	1532	1787	2043	2298	2553	2809	3064	3319	3575	3830	4085
136	772	1029	1286	1543	1800	2058	2315	2572	2829	3087	3344	3601	3858	4115
136½	777	1036	1296	1555	1814	2073	2332	2591	2850	3109	3368	3628	3887	4146
137	783	1044	1305	1566	1827	2088	2349	2610	2871	3132	3393	3654	3915	4176
137½	789	1052	1315	1578	1840	2103	2366	2629	2892	3155	3418	3681	3944	4207
138	795	1059	1324	1589	1854	2119	2384	2648	2913	3178	3443	3708	3973	4237
138½	800	1067	1334	1601	1867	2134	2401	2668	2934	3201	3468	3735	4001	4268
139	806	1075	1343	1612	1881	2149	2418	2687	2956	3224	3493	3762	4030	4299
139½	812	1082	1353	1624	1894	2165	2436	2706	2977	3247	3518	3789	4059	4330
140	818	1090	1363	1635	1908	2181	2453	2726	2998	3271	3543	3816	4088	4361
140½	824	1098	1373	1647	1922	2196	2471	2745	3020	3294	3569	3843	4118	4392
141	829	1106	1382	1659	1935	2212	2488	2765	3041	3318	3594	3871	4147	4424
141½	835	1114	1392	1671	1949	2228	2506	2784	3063	3341	3620	3898	4177	4455
142	841	1122	1402	1682	1963	2243	2524	2804	3085	3365	3645	3926	4206	4487
142½	847	1130	1412	1694	1977	2259	2541	2824	3106	3389	3671	3953	4236	4518
143	853	1137	1422	1706	1991	2275	2559	2844	3128	3412	3697	3981	4266	4550
143½	859	1145	1432	1718	2005	2291	2577	2864	3150	3436	3723	4009	4295	4582
144	865	1153	1442	1730	2019	2307	2595	2884	3172	3460	3749	4037	4325	4614
144½	871	1161	1452	1742	2033	2323	2613	2904	3194	3484	3775	4065	4356	4646
145	877	1170	1462	1754	2047	2339	2631	2924	3216	3509	3801	4093	4386	4678
145½	883	1178	1472	1766	2061	2355	2650	2944	3238	3533	3827	4122	4416	4710
146	889	1186	1482	1779	2075	2371	2668	2964	3261	3557	3854	4150	4446	4743
146½	895	1194	1492	1791	2089	2388	2686	2985	3283	3582	3880	4178	4477	4775
147	902	1202	1503	1803	2104	2404	2705	3005	3306	3606	3907	4207	4508	4808
147½	908	1210	1513	1815	2118	2420	2723	3026	3328	3631	3933	4236	4538	4841
148	914	1218	1523	1828	2132	2437	2741	3046	3351	3655	3960	4264	4569	4874
148½	920	1227	1533	1840	2147	2453	2760	3067	3373	3680	3987	4293	4600	4907
149	926	1235	1544	1852	2161	2470	2779	3087	3396	3705	4014	4322	4631	4940
149½	932	1243	1554	1865	2176	2487	2797	3108	3419	3730	4041	4351	4662	4973
150	939	1252	1564	1877	2190	2503	2816	3129	3442	3755	4068	4381	4693	5006
150½	945	1260	1575	1890	2205	2520	2835	3150	3465	3780	4095	4410	4725	5040
151	951	1268	1585	1902	2220	2537	2854	3171	3488	3805	4122	4439	4756	5073
151½	958	1277	1596	1915	2234	2553	2873	3192	3511	3830	4149	4469	4788	5107
152	964	1285	1606	1928	2249	2570	2892	3213	3534	3856	4177	4498	4819	5141
152½	970	1294	1617	1940	2264	2587	2911	3234	3558	3881	4204	4528	4851	5175
153	977	1302	1628	1953	2279	2604	2930	3255	3581	3906	4232	4558	4883	5209
153½	983	1311	1638	1966	2294	2621	2949	3277	3604	3932	4260	4587	4915	5243
154	989	1319	1649	1979	2309	2638	2968	3298	3628	3958	4287	4617	4947	5277
154½	996	1328	1660	1992	2324	2656	2988	3320	3651	3983	4315	4647	4979	5311
155	1002	1336	1671	2005	2339	2673	3007	3341	3675	4009	4343	4677	5012	5346
155½	1009	1345	1681	2018	2354	2690	3026	3363	3699	4035	4371	4708	5044	5380
156	1015	1354	1692	2031	2369	2707	3046	3384	3723	4061	4400	4738	5076	5415
156½	1022	1362	1703	2044	2384	2725	3065	3406	3747	4087	4428	4768	5109	5450
157	1028	1371	1714	2057	2399	2742	3085	3428	3771	4113	4456	4799	5142	5484
157½	1035	1380	1725	2070	2415	2760	3105	3450	3795	4140	4485	4830	5175	5519
158	1041	1389	1736	2083	2430	2777	3124	3472	3819	4166	4513	4860	5207	5555
158½	1048	1397	1747	2096	2446	2795	3144	3494	3843	4192	4542	4891	5240	5590
159	1055	1406	1758	2109	2461	2813	3164	3516	3867	4219	4570	4922	5274	5625
159½	1061	1415	1769	2123	2476	2830	3184	3538	3892	4245	4599	4953	5307	5661
160	1068	1424	1780	2136	2492	2848	3204	3560	3916	4272	4628	4984	5340	5696
160½	1075	1433	1791	2149	2508	2866	3224	3582	3941	4299	4657	5015	5374	5732
161	1081	1442	1802	2163	2523	2884	3244	3605	3965	4326	4686	5047	5407	5768
161½	1088	1451	1814	2176	2539	2902	3264	3627	3990	4353	4715	5078	5441	5803

원형 플레이트

치수 : inch 무게 lb.(파운드)

직경	3/16	1/4	5/16	3/8	7/16	1/2	9/16	5/8	11/16	3/4	13/16	7/8	15/16	1
162	1095	1460	1825	2190	2555	2920	3285	3650	4015	4380	4744	5109	5474	5839
162½	1102	1469	1836	2203	2571	2938	3305	3672	4039	4407	4774	5141	5508	5875
163	1108	1478	1847	2217	2586	2956	3325	3695	4064	4434	4803	5173	5542	5912
163½	1115	1487	1859	2231	2602	2974	3346	3718	4089	4461	4833	5205	5576	5948
164	1122	1496	1870	2244	2618	2992	3366	3740	4114	4488	4862	5236	5610	5984
164½	1129	1505	1882	2258	2634	3010	3387	3763	4139	4516	4892	5268	5645	6021
165	1136	1514	1893	2272	2650	3029	3407	3786	4165	4543	4922	5300	5679	6058
165½	1143	1524	1905	2285	2666	3047	3428	3809	4190	4571	4952	5333	5714	6094
166	1150	1533	1916	2299	2682	3066	3449	3832	4215	4598	4982	5365	5748	6131
166½	1157	1542	1928	2313	2699	3084	3470	3855	4241	4626	5012	5397	5783	6168
167	1164	1551	1939	2327	2715	3103	3491	3878	4266	4654	5042	5430	5818	6205
167½	1170	1561	1951	2341	2731	3121	3511	3902	4292	4682	5072	5462	5852	6243
168	1177	1570	1962	2355	2747	3140	3532	3925	4317	4710	5102	5495	5887	6280
168½	1185	1579	1974	2369	2764	3159	3554	3948	4343	4738	5133	5528	5923	6317
169	1192	1589	1986	2383	2780	3177	3575	3972	4369	4766	5163	5561	5958	6355
169½	1199	1598	1998	2397	2797	3196	3596	3995	4395	4794	5194	5594	5993	6393
170	1206	1608	2009	2411	2813	3215	3617	4019	4421	4823	5225	5627	6028	6430
170½	1213	1617	2021	2426	2830	3234	3638	4043	4447	4851	5255	5660	6064	6468
171	1220	1627	2033	2440	2846	3253	3660	4066	4473	4880	5286	5693	6100	6506
171½	1227	1636	2045	2454	2863	3272	3681	4090	4499	4908	5317	5726	6135	6544
172	1234	1646	2057	2468	2880	3291	3703	4114	4525	4937	5348	5760	6171	6583
172½	1241	1655	2069	2483	2897	3310	3724	4138	4552	4966	5379	5793	6207	6621
173	1249	1665	2081	2497	2913	3330	3746	4162	4578	4994	5411	5827	6243	6659
173½	1256	1674	2093	2512	2930	3349	3768	4186	4605	5023	5442	5861	6279	6698
174	1263	1684	2105	2526	2947	3368	3789	4210	4631	5052	5473	5894	6315	6737
174½	1270	1694	2117	2541	2964	3388	3811	4235	4658	5081	5505	5928	6352	6775
175	1278	1704	2129	2555	2981	3407	3833	4259	4685	5111	5537	5962	6388	6814
175½	1285	1713	2142	2570	2998	3427	3855	4283	4712	5140	5568	5997	6425	6853
176	1292	1723	2154	2585	3015	3446	3877	4308	4738	5169	5600	6031	6461	6892
176½	1300	1733	2166	2599	3033	3466	3899	4332	4765	5199	5632	6065	6498	6931
177	1307	1743	2178	2614	3050	3485	3921	4357	4792	5228	5664	6099	6535	6971
177½	1314	1753	2191	2629	3067	3505	3943	4381	4820	5258	5696	6134	6572	7010
178	1322	1762	2203	2644	3084	3525	3966	4406	4847	5287	5728	6169	6609	7050
178½	1329	1772	2215	2659	3102	3545	3988	4431	4874	5317	5760	6203	6646	7089
179	1337	1782	2228	2673	3119	3565	4010	4456	4901	5347	5792	6238	6684	7129
179½	1344	1792	2240	2688	3136	3585	4033	4481	4929	5377	5825	6273	6721	7169
180	1352	1802	2253	2703	3154	3605	4055	4506	4956	5407	5857	6308	6759	7209
180½	1359	1812	2265	2718	3172	3625	4078	4531	4984	5437	5890	6343	6796	7249
181	1367	1822	2278	2734	3189	3645	4100	4556	5011	5467	5923	6378	6834	7289
181½	1374	1832	2291	2749	3207	3665	4123	4581	5039	5497	5955	6414	6872	7330
182	1382	1843	2303	2764	3224	3685	4146	4606	5067	5528	5988	6449	6910	7370
182½	1390	1853	2316	2779	3242	3705	4169	4632	5095	5558	6021	6484	6948	7411
183	1397	1863	2329	2794	3260	3726	4191	4657	5123	5589	6054	6520	6986	7451
183½	1405	1873	2341	2810	3278	3746	4214	4683	5151	5619	6087	6556	7024	7492
184	1412	1883	2354	2825	3296	3767	4237	4708	5179	5650	6121	6591	7062	7533
184½	1420	1894	2367	2840	3314	3787	4260	4734	5207	5681	6154	6627	7101	7574
185	1428	1904	2380	2856	3332	3808	4284	4759	5235	5711	6187	6663	7139	7615
185½	1436	1914	2393	2871	3350	3828	4307	4785	5264	5742	6221	6699	7178	7656
186	1443	1924	2406	2887	3368	3849	4330	4811	5292	5773	6254	6736	7217	7698
186½	1451	1935	2418	2902	3386	3870	4353	4837	5321	5804	6288	6772	7255	7739
187	1459	1945	2431	2918	3404	3890	4377	4863	5349	5836	6322	6808	7294	7781
187½	1467	1956	2444	2933	3422	3911	4400	4889	5378	5867	6356	6845	7333	7822
188	1475	1966	2458	2949	3441	3932	4424	4915	5407	5898	6390	6881	7373	7864
188½	1482	1977	2471	2965	3459	3953	4447	4941	5435	5930	6424	6918	7412	7906
189	1490	1987	2484	2981	3477	3974	4471	4968	5464	5961	6458	6955	7451	7948
189½	1498	1998	2497	2996	3496	3995	4494	4994	5493	5993	6492	6991	7491	7990

원형 플레이트

치수 : inch 무게 lb.(파운드)

직경	3/16	1/4	5/16	3/8	7/16	1/2	9/16	5/8	11/16	3/4	13/16	7/8	15/16	1
190	1506	2008	2510	3012	3514	4016	4518	5020	5522	6024	6526	7028	7530	8032
190½	1514	2019	2523	3028	3533	4037	4542	5047	5551	6056	6561	7065	7570	8075
191	1522	2029	2537	3044	3551	4059	4566	5073	5581	6088	6595	7102	7610	8117
191½	1530	2040	2550	3060	3570	4080	4590	5100	5610	6120	6630	7140	7650	8160
192	1538	2051	2563	3076	3589	4101	4614	5126	5639	6152	6664	7177	7690	8202
192½	1546	2061	2577	3092	3607	4123	4638	5153	5669	6184	6699	7214	7730	8245
193	1554	2072	2590	3108	3626	4144	4662	5180	5698	6216	6734	7252	7770	8288
193½	1562	2083	2603	3124	3645	4166	4686	5207	5728	6248	6769	7290	7810	8331
194	1570	2094	2617	3140	3664	4187	4710	5234	5757	6281	6804	7327	7851	8374
194½	1578	2104	2630	3157	3683	4209	4735	5261	5787	6313	6839	7365	7891	8417
195	1586	2115	2644	3173	3702	4230	4759	5288	5817	6346	6874	7403	7932	8461
195½	1595	2126	2658	3189	3721	4252	4784	5315	5847	6378	6910	7441	7973	8504
196	1603	2137	2671	3205	3740	4274	4808	5342	5877	6411	6945	7479	8013	8548
196½	1611	2148	2685	3222	3759	4296	4833	5370	5907	6444	6980	7517	8054	8591
197	1619	2159	2698	3238	3778	4318	4857	5397	5937	6476	7016	7556	8095	8635
197½	1627	2170	2712	3255	3797	4340	4882	5424	5967	6509	7052	7594	8137	8679
198	1636	2181	2726	3271	3816	4362	4907	5452	5997	6542	7087	7633	8178	8723
198½	1644	2192	2740	3288	3836	4384	4932	5479	6027	6575	7123	7671	8219	8767
199	1652	2203	2754	3304	3855	4406	4956	5507	6058	6609	7159	7710	8261	8811
199½	1660	2214	2767	3321	3874	4428	4981	5535	6088	6642	7195	7749	8302	8856
200	1669	2225	2781	3338	3894	4450	5006	5563	6119	6675	7231	7788	8344	8900

볼트의 무게

(사각 머리와 육각 너트를 가진, 100개당 파운드 표시)

볼트 아래 길이 (inch)	볼트직경(inch)								
	¼	⅜	½	⅝	¾	⅞	1	1⅛	1¼
1	2.38	6.11	13.0	24.1	38.9				
1¼	2.71	6.71	14.0	25.8	41.5				
1½	3.05	7.47	15.1	27.6	44.0	67.3	95.1		
1¾	3.39	8.23	16.5	29.3	46.5	70.8	99.7		
2	3.73	8.99	17.8	31.4	49.1	74.4	104	143	
2¼	4.06	9.75	19.1	33.5	52.1	77.9	109	149	
2½	4.40	10.5	20.5	35.6	55.1	82.0	114	155	206
2¾	4.74	11.3	21.8	37.7	58.2	86.1	119	161	213
3	5.07	12.0	23.2	39.8	61.2	90.2	124	168	221
3¼	5.41	12.8	24.5	41.9	64.2	94.4	129	174	229
3½	5.75	13.5	25.9	44.0	67.2	98.5	135	181	237
3¾	6.09	14.3	27.2	46.1	70.2	103	140	188	246
4	6.42	15.1	28.6	48.2	73.3	107	145	195	254
4¼	6.76	15.8	29.9	50.3	76.3	111	151	202	262
4½	7.10	16.6	31.3	52.3	79.3	115	156	208	271
4¾	7.43	17.3	32.6	54.4	82.3	119	162	215	279
5	7.77	18.1	33.9	56.5	85.3	123	167	222	288
5¼	8.11	18.9	35.3	58.6	88.4	127	172	229	296
5½	8.44	19.6	36.6	60.7	91.4	131	178	236	304
5¾	8.78	20.4	38.0	62.8	94.4	136	183	242	313
6	9.12	21.1	39.3	64.9	97.4	140	188	249	321
6¼	9.37	21.7	40.4	66.7	100	143	193	255	329
6½	9.71	22.5	41.8	68.7	103	147	198	262	337
6¾	10.1	23.3	43.1	70.8	106	151	204	269	345
7	10.4	24.0	44.4	72.9	109	156	209	275	354
7¼	10.7	24.8	45.8	75.0	112	160	214	282	362
7½	11.0	25.5	47.1	77.1	115	164	220	289	371
7¾	11.4	26.3	48.5	79.2	118	168	225	296	379
8	11.7	27.0	49.8	81.3	121	172	231	303	387
8½		28.6	52.5	85.5	127	180	241	316	404
9		30.1	55.2	89.7	133	189	252	330	421
9½		31.6	57.9	93.9	139	197	263	343	438
10		33.1	60.6	98.1	145	205	274	357	454
10½		34.6	63.3	102	151	213	284	371	471
11		36.2	66.0	106	157	221	295	384	488
11½		37.7	68.7	110	163	230	306	398	505
12		39.2	71.3	115	170	238	316	411	522
12½			74.0	119	176	246	327	425	538
13			76.7	123	182	254	338	439	556
13½			79.4	127	188	263	349	452	572
14			82.1	131	194	271	359	466	589
14½			84.8	135	200	279	370	479	605
15			87.5	140	206	287	381	493	622
15½			90.2	144	212	296	392	507	639
16			92.9	148	218	304	402	520	656
인치당 추가	1.3	3.0	5.4	8.4	12.1	16.5	21.4	27.2	33.6

주 : 볼트는 ASA B 18.2에 일치하는 일반적인 사각형 볼트이며, 너트는 ASA B 18.2에 일치하는 정삭된 육각형 너트이다. 이 도표는 산업 훼스너 협회(INDUSTRIAL FASTENERS INSTITUTE)에 의해 채택된 무게 표준이다.

개구부의 무게

노즐
【ANSI 웰딩 네크 플랜지와 보강 패드를 가진】
(신속한 참조를 위한 도표)

크기	등급				
	150	300	600	900	1500
1½	6	11	13	17	18
2	9	12	15	28	30
3	16	25	40	45	70
4	25	40	60	75	105
6	45	70	120	155	225
8	65	110	175	260	380
10	95	145	285	375	620
12	135	220	365	550	920
14	165	285	515	775	
16	215	370	695	965	
18	331	610	935	1379	
20	428	708	1245	1693	
24	589	1131	1815	3041	

노즐
【ASA 웰딩 네크 플랜지, 보강 패드, 블라인드 플랜지 스터드와 캐스킷을 가진】

크기	등급				
	150	300	600	900	1500
3	25	41	60	77	118
4	42	67	101	129	178
6	71	120	206	268	384
8	110	191	314	457	682
10	165	272	516	665	1127
12	245	404	660	963	1695
14	296	521	893	1269	
16	440	800	1300	1600	3510
18	540	1000	1600	2250	4460
20	700	1200	2100	2800	5700
24	1000	1885	2990	5140	9350

나사 커플링

	공칭 파이프 크기						
	½	¾	1	1½	2	2½	3
3000 lb	0.25	0.44	0.63	2.19	3.13	4.00	6.75
6000 lb	0.50	1.00	2.13	4.38	7.75	10.75	13.50

패킹의 무게
(입방 피트당 파운드)

크기	RASCHIG 링			PALL 링		INTALOX
	세라믹	탄소강	탄소	탄소강	플라스틱	
1/4	60	133	46			54
3/8	61	94				50
1/2	55	75	27			45
1/2		132				
5/8	56	62		37	7.25	
3/4	50	52	34			44
3/4		94				
1	42	39	27	30	5.50	44
1		71				
1 1/4	46	62	31			
1 1/2	43	49	34	26	4.75	42
1 1/2	46					
2	41	37	27	24	4.50	42
3	37	25	23			37
3 1/2					4.25	
4	36					

이 자료는 U. S. STONEWARE Co.의 기술에 관한 인쇄물로부터 발췌된 것이다. 탄소강에 대한 다른 재질의 무게 비율 : 스테인레스 강 105%, 구리 120%, 알루미늄 37%, Monel(모넬) 혹은 니켈 115%

보온재의 무게
(입방 피트당 파운드)

칼슘 실리케이트(CALCIUM SILICATE)	12.5
포옴 글라스(FOAM GLASS)	9.0
미네랄 울(MINERAL WOOL)	8.0
글라스 파이버(GLASS FIBER)	4.0-8.0
포옴 글라스(FOAM GLASS)	8-10

용기의 기계적인 설계를 위해서는 실(SEAL), 쟈케팅(JACKETING)과 흡수된 수분을 포함하는 이 무게에 80%를 추가한다.

비중

금속 62°F

Aluminum	2.70
Antimony	6.618
Barium	3.78
Bismuth	9.781
Boron	2.535
Brass: 80C., 20Z	8.60
70C., 30Z	8.44
60C., 40Z	8.36
50C., 50Z	8.20
Bronze: 90C., 10T	8.78
Cadmium	8.648
Calcium	1.54
Chromium	6.93
Cobalt	8.71
Copper	8.89
Gold	19.3
Iridium	22.42
Iron, cast	7.03-7.73
Iron, wrought	7.80-7.90
Lead	11.342
Magnesium	1.741
Manganese	7.3
Mercury (68°F.)	13.546
Molybdenum	10.2
Nickel	8.8
Platinum	21.37
Potassium	0.870
Silver	10.42-10.53
Sodium	0.9712
Steel	7.85
Tantalum	16.6
Tellurium	6.25
Tin	7.29
Titanium	4.5
Tungsten	18.6-19.1
Uranium	18.7
Vanadium	5.6
Zinc	7.04-7.16

탄화수소 60/60°F

Ethane	0.3564
Propane	0.5077
N-butane	0.5844
Iso-butane	0.5631
N-pentane	0.6310
Iso-pentane	0.6247
N-hexane	0.6640
2-methylpentane	0.6579
3-methylpentane	0.6689
2, 2-dimethylbutane (neohexane)	0.6540
2, 3-dimethylbutane	0.6664
N-heptane	0.6882
2-methylhexane	0.6830
3-methylhexane	0.6917
2, 2-dimethylpentane	0.6782
2, 4-dimethylpentane	0.6773
1, 1-dimethylcyclopentane	0.7592
N-octane	0.7068
Cyclopentane	0.7504
Methylcyclopentane	0.7536
Cyclohexane	0.7834
Methylcyclohexane	0.7740
Benzene	0.8844
Toluene	0.8718

액체 62°F

Acetic acid	1.06
Alcohol, commercial	0.83
Alcohol, pure	0.79
Ammonia	0.89
Benzine	0.69
Bromine	2.97
Carbolic acid	0.96
Carbon disulphide	1.26
Cotton-seed oil	0.93
Ether, sulphuric	0.72
Fluoric acid	1.50
Gasoline	0.70
Kerosene	0.80
Linseed oil	0.94
Mineral oil	0.92
Muriatic acid	1.20
Naphtha	0.76
Nitric acid	1.50
Olive oil	0.92
Palm oil	0.97
Petroleum oil	0.82
Phosphoric acid	1.78
Rape oil	0.92
Sulphuric acid	1.84
Tar	1.00
Turpentine oil	0.87
Vinegar	1.08
Water	1.00
Water, sea	1.03
Whale oil	0.92

가스 32°F

Air	1.000
Acetylene	0.920
Alcohol vapor	1.601
Ammonia	0.592
Carbon dioxide	1.520
Carbon monoxide	0.967
Chlorine	2.423
Ether vapor	2.586
Ethylene	0.967
Hydrofluoric acid	1.261
Hydrogen	0.069
Illuminating gas	0.400
Mercury vapor	6.940
Marsh gas	0.555
Nitrogen	0.971
Nitric oxide	1.039
Nitrous oxide	1.527
Oxygen	1.106
Sulphur dioxide	2.250
Water vapor	0.623

여타고체 62°F

Asbestos	2.4
Asphaltum	1.4
Borax	1.8
Brick, common	1.8
Brick, fire	2.3
Brick, hard	2.0
Brick, pressed	2.2
Brickwork, in mortar	1.6
Brickwork, in cement	1.8
Cement, Pórtland (set)	3.1
Chalk	2.3
Charcoal	0.4
Coal, anthracite	1.5
Coal, bituminous	1.3
Concrete	2.2
Earth, dry	1.2
Earth, wet	1.7
Emery	4.0
Glass	2.6
Granite	2.7
Gypsum	2.4
Ice	0.9
Iron slag	2.7
Limestone	2.6
Marble	2.7
Masonry	2.4
Mica	2.8
Mortar	1.5
Phosphorus	1.8
Plaster of Paris	1.8
Quartz	2.6
Sand, dry	1.6
Sand, wet	2.0
Sandstone	2.3
Slate	2.8
Soapstone	2.7
Sulphur	2.0
Tar, bituminous	1.2
Tile	1.8
Trap rock	3.0

고체와 액체의 비중은 어떤 특정한 온도에 있어서 물의 밀도에 대한 비율이다.
가스의 비중은 압력과 온도의 표준 조건 하에 있어서 공기의 밀도에 대한 비율이다.
어떤 물질의 입방 피트당 무게를 구하기 위해서는 해당 비중에 62.36을 곱하라.

예 : 가솔린의 입방 피트당 무게 - 0.7×62.36 = 43.652 lbs

셸과 헤드의 부피

용기 내경 (in.)	원통형 셸/LIN. FT.				2:1 타원체형 헤드*			
	Cu. Ft.	Gal.	Bbl.	물의 무게 (lb.)	Cu. Ft.	Gal.	Bbl.	물의 무게 (lb.)
12	0.8	5.9	0.14	49	0.1	0.98	0.02	8.17
14	1.1	8.0	0.19	67	0.2	1.55	0.04	12.98
16	1.4	10.4	0.25	87	0.3	2.32	0.06	19.37
18	1.8	13.2	0.31	110	0.4	3.30	0.08	27.58
20	2.2	16.3	0.39	136	0.6	4.53	0.11	37.83
22	2.6	19.7	0.47	165	0.8	6.03	0.14	50.35
24	3.1	23.5	0.56	196	1.0	7.83	0.19	65.37
26	3.7	27.6	0.66	230	1.3	9.96	0.24	83.11
28	4.3	32.0	0.76	267	1.7	12.44	0.30	103.8
30	4.9	36.7	0.87	306	2.0	15.30	0.36	127.7
32	5.6	41.8	0.99	349	2.5	18.57	0.44	155.0
34	6.3	47.2	1.12	394	3.0	22.27	0.53	185.9
36	7.1	52.9	1.26	441	3.5	26.47	0.63	220.1
38	7.9	58.9	1.40	492	4.2	31.09	0.74	259.5
40	8.7	65.3	1.55	545	4.8	36.27	0.86	302.6
42	9.6	72.0	1.71	601	5.6	41.98	1.00	350.4
48	12.6	94.0	2.24	784	8.4	62.67	1.49	523.0
54	15.9	119.0	2.83	993	11.9	89.23	2.12	744.6
60	19.6	146.9	3.50	1226	16.3	122.4	2.91	1021
66	23.8	177.7	4.23	1483	21.8	162.9	3.88	1360
72	28.3	211.5	5.04	1765	28.3	211.5	5.04	1765
78	33.2	248.2	5.91	2071	35.9	268.9	6.40	2244
84	38.5	287.9	6.85	2402	44.9	335.9	8.00	2802
90	44.2	330.5	7.87	2758	55.2	413.1	9.84	3447
96	50.3	376.0	8.95	3138	67.0	501.3	11.94	4184
102	56.7	424.4	10.11	3542	80.3	601.4	14.32	5018
108	63.6	475.9	11.33	3971	95.4	713.8	17.00	5957
114	70.9	530.2	12.62	4425	112.2	839.5	20.00	7006
120	78.5	587.5	13.99	4903	130.9	979.2	23.31	8171
126	86.6	647.7	15.42	5405	151.5	1134	27.00	9459
132	95.0	710.9	16.93	5932	174.2	1303	31.03	10876
138	103.9	777.0	18.50	6484	190.1	1489	35.46	12428
144	113.1	846.0	20.14	7060	226.2	1692	40.29	14120

*직선형 플랜지 내의 부피는 제외됨.

셸과 헤드의 부피

용기 내경 (in.)	ASME F&D형*				헤드 반구형 헤드*			
	Cu. Ft.	Gal.	Bbl.	물의 무게 (lb.)	Cu. Ft.	Gal.	Bbl.	물의 무게 (lb.)
12	0.08	0.58	0.01	4.83	0.26	1.96	0.05	16.34
14	0.12	0.94	0.02	7.83	0.42	3.11	0.07	25.95
16	0.19	1.45	0.03	12.08	0.62	4.64	0.11	38.74
18	0.27	2.04	0.05	17.00	0.88	6.61	0.16	55.16
20	0.37	2.80	0.07	28.33	1.21	9.07	0.22	75.66
22	0.50	3.78	0.09	31.49	1.61	12.07	0.29	100.7
24	0.65	4.86	0.12	40.49	2.09	15.67	0.37	130.7
26	0.82	6.14	0.15	51.15	2.66	19.92	0.47	166.2
28	1.10	8.21	0.20	68.40	3.33	24.88	0.59	207.6
30	1.30	9.70	0.23	80.81	4.09	30.60	0.73	255.4
32	1.64	12.30	0.29	102.5	4.96	37.14	0.88	309.9
34	1.88	14.10	0.34	117.5	5.95	44.54	1.06	371.7
36	2.15	16.10	0.38	134.1	7.07	52.88	1.26	441.2
38	2.75	20.60	0.49	171.6	8.31	62.19	1.48	519.0
40	3.07	23.00	0.55	191.6	9.70	72.53	1.73	605.3
42	3.68	27.50	0.65	229.1	11.22	83.97	2.00	700.7
48	5.12	38.30	0.91	319.1	16.76	125.3	2.98	1046
54	7.30	54.60	1.30	454.9	23.86	178.5	4.25	1489
60	10.08	75.40	1.80	628.2	32.73	244.8	5.83	2043
66	13.54	101	2.41	843.9	43.56	325.8	7.76	2719
72	17.65	132	3.14	1100	56.55	423.0	10.07	3530
78	22.32	167	3.98	1391	71.90	537.8	12.80	4488
84	28.47	213	5.07	1775	89.80	671.7	16.00	5606
90	35.56	266	6.33	2216	110.4	826.2	19.67	6895
96	42.51	318	7.57	2649	134.0	1003	23.87	8368
102	52.14	390	9.29	3249	160.8	1203	28.63	10037
108	60.96	456	10.86	3799	190.9	1428	34.00	11914
114	73.66	551	13.12	4590	224.5	1679	39.98	14012
120	84.35	631	15.02	5257	261.8	1958	46.63	16343
126	97.32	728	17.33	6065	303.1	2267	53.98	18919
132	108.7	813	19.36	6773	348.5	2607	62.06	21752
138	127.0	950	22.62	7915	398.2	2978	70.91	24856
144	147.9	1106	26.33	9214	452.4	3384	80.57	28241

*직선형 플랜지 내의 부피는 제외됨.

수평 실린더의 부분적인 부피

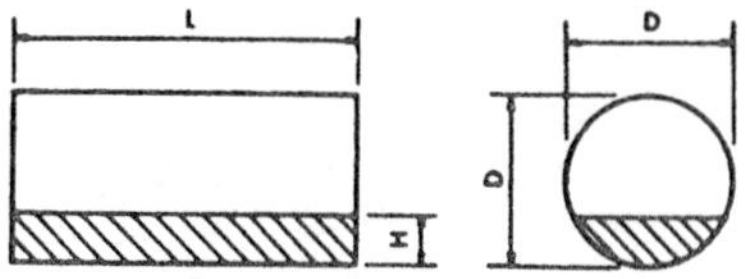

수평 실린더의 부분적인 부피는 총부피×계수(아래 도표)와 같다.

EX :

D=10ft, 0inch, H=2.75ft, L=60ft, 0inch

총부피=0.7854×D^2×L 원통형 셀의 부분적인 부피를 구하라.

총부피 = 0.7854×10^2×60=4712.4Cu. ft.

도표로부터 계수 : H/D=2.75/10=.275

아래 도표의 가로줄에 H/D라는 머리글자를 갖고 있는 칸에서 처음 2개의 숫자(.27)를 찾고, 세 번째 숫자가 5라고 머릿글자가 되어있는 칸에서 계수가 구해질 때까지 우측으로 이동하라. .223507이라는 0.275의 계수가 구하여 진다.

총부피×계수=부분적인 부피

4712.4×.223507=1053.25cu. ft.

cu. ft.×7.480519=미 갤론(gal)

cu. ft.×28.317016=리터(l)

계 수

H/D	0	1	2	3	4	5	6	7	8	9
.00	.000000	.000053	.000151	.000279	.000429	.000600	.000788	.000992	.001212	.001445
.01	.001692	.001952	.002223	.002507	.002800	.003104	.003419	.003743	.004077	.004421
.02	.004773	.005134	.005503	.005881	.006267	.006660	.007061	.007470	.007886	.008310
.03	.008742	.009179	.009625	.010076	.010534	.010999	.011470	.011947	.012432	.012920
.04	.013417	.013919	.014427	.014940	.015459	.015985	.016515	.017052	.017593	.018141
.05	.018692	.019250	.019813	.020382	.020955	.021533	.022115	.022703	.023296	.023894
.06	.024496	.025103	.025715	.026331	.026952	.027578	.028208	.028842	.029481	.030124
.07	.030772	.031424	.032081	.032740	.033405	.034073	.034747	.035423	.036104	.036789
.08	.037478	.038171	.038867	.039569	.040273	.040981	.041694	.042410	.043129	.043852
.09	.044579	.045310	.046043	.046782	.047523	.048268	.049017	.049768	.050524	.051283
.10	.052044	.052810	.053579	.054351	.055126	.055905	.056688	.057474	.058262	.059054
.11	.059850	.060648	.061449	.062253	.063062	.063872	.064687	.065503	.066323	.067147
.12	.067972	.068802	.069633	.070469	.071307	.072147	.072991	.073836	.074686	.075539
.13	.076393	.077251	.078112	.078975	.079841	.080709	.081581	.082456	.083332	.084212
.14	.085094	.085979	.086866	.087756	.088650	.089545	.090443	.091343	.092246	.093153
.15	.094061	.094971	.095884	.096799	.097717	.098638	.099560	.100486	.101414	.102343
.16	.103275	.104211	.105147	.106087	.107029	.107973	.108920	.109869	.110820	.111773
.17	.112728	.113686	.114646	.115607	.116572	.117538	.118506	.119477	.120450	.121425
.18	.122403	.123382	.124364	.125347	.126333	.127321	.128310	.129302	.130296	.131292
.19	.132290	.133291	.134292	.135296	.136302	.137310	.138320	.139332	.140345	.141361
.20	.142378	.143398	.144419	.145443	.146468	.147494	.148524	.149554	.150587	.151622
.21	.152659	.153697	.154737	.155779	.156822	.157867	.158915	.159963	.161013	.162066
.22	.163120	.164176	.165233	.166292	.167353	.168416	.169480	.170546	.171613	.172682
.23	.173753	.174825	.175900	.176976	.178053	179131	.180212	.181294	.182378	.183463
.24	.184550	.185639	.186729	.187820	.188912	190007	.191102	.192200	.193299	.194400
.25	.195501	.196604	.197709	.198814	.199922	.201031	.202141	.203253	.204368	.205483
.26	.206600	.207718	.208837	.209957	.211079	.212202	.213326	.214453	.215580	.216708
.27	.217839	.218970	.220102	.221235	.222371	.223507	.224645	.225783	.226924	.228065
.28	.229209	.230352	.231498	.232644	.233791	.234941	.236091	.237242	.238395	.239548
.29	.240703	.241859	.243016	.244173	.245333	.246494	.247655	.248819	.249983	.251148
.30	.252315	.253483	.254652	.255822	.256992	.258165	.259338	.260512	.261687	.262863
.31	.264039	.265218	.266397	.267578	.268760	.269942	.271126	.272310	.273495	.274682

수평 실린더의 부분적인 부피 계수(계속)

H/D	0	1	2	3	4	5	6	7	8	9
.32	.275869	.277058	.278247	.279437	.280627	.281820	.283013	.284207	.285401	.286598
.33	.287795	.288992	.290191	.291390	.292591	.293793	.294995	.296198	.297403	.298605
.34	.299814	.301021	.302228	.303438	.304646	.305857	.307068	.308280	.309492	.310705
.35	.311918	.313134	.314350	.315566	.316783	.318001	.319219	.320439	.321660	.322881
.36	.324104	.325326	.326550	.327774	.328999	.330225	.331451	.332678	.333905	.335134
.37	.336363	.337593	.338823	.340054	.341286	.342519	.343751	.344985	.346220	.347455
.38	.348690	.349926	.351164	.352402	.353640	.354879	.356119	.357359	.358599	.359840
.39	.361082	.362325	.363568	.364811	.366056	.367300	.368545	.369790	.371036	.372282
.40	.373530	.374778	.376026	.377275	.378524	.379774	.381024	.382274	.383526	.384778
.41	.386030	.387283	.388537	.389790	.391044	.392298	.393553	.394808	.396063	.397320
.42	.398577	.399834	.401092	.402350	.403608	.404866	.406125	.407384	.408645	.409904
.43	.411165	.412426	.413687	.414949	.416211	.417473	.418736	.419998	.421261	.422525
.44	.423788	.425052	.426316	.427582	.428846	.430112	.431378	.432645	.433911	.435178
.45	.436445	.437712	.438979	.440246	.441514	.442782	.444050	.445318	.446587	.447857
.46	.449125	.450394	.451663	.452932	.454201	.455472	.456741	.458012	.459283	.460554
.47	.461825	.463096	.464367	.465638	.466910	.468182	.469453	.470725	.471997	.473269
.48	.474541	.475814	.477086	.478358	.479631	.480903	.482176	.483449	.484722	.485995
.49	.487269	.488542	.489814	.491087	.492360	.493633	.494906	.496179	.497452	.498726
.50	.500000	.501274	.502548	.503821	.505094	.506367	.507640	.508913	.510186	.511458
.51	.512731	.514005	.515278	.516551	.517824	.519097	.520369	.521642	.522914	.524186
.52	.525459	.526731	.528003	.529275	.530547	.531818	.533090	.534362	.535633	.536904
.53	.538175	.539446	.540717	.541988	.543259	.544528	.545799	.547068	.548337	.549606
.54	.550875	.552143	.553413	.554682	.555950	.557218	.558486	.559754	.561021	.562288
.55	.563555	.564822	.566089	.567355	.568622	.569888	.571154	.572418	.573684	.574948
.56	.576212	.577475	.578739	.580002	.581264	.582527	.583789	.585051	.586313	.587574
57	.588835	.590096	.591355	.592616	.593875	.595134	.596392	.597650	.598908	.600166
.58	.601423	.602680	.603937	.605192	.606447	.607702	.608956	.610210	.611463	.612717
.59	.613970	.615222	.616474	.617726	.618976	.620226	.621476	.622725	.623974	.625222
.60	.626470	.627718	.628964	.630210	.631455	.632700	.633944	.635189	.636432	.637675
.61	.638918	.640160	.641401	.642641	.643881	.645121	.646360	.647598	.648836	.650074
62	.651310	.652545	.653780	.655015	.656249	.657481	.658714	.659946	.661177	.662407
.63	.663637	.664866	.666095	.667322	.668549	.669775	.671001	.672226	.673450	.674674
.64	.675896	.677119	.678340	.679561	.680781	.681999	.683217	.684434	.685650	.686866
.65	.688082	.689295	.690508	.691720	.692932	.694143	.695354	.696562	.697772	.698979
.66	.700186	.701392	.702597	.703802	.705005	.706207	.707409	.708610	.709809	.711008
.67	.712205	.713402	.714599	.715793	.716987	.718180	.719373	.720563	.721753	.722942
.68	.724131	.725318	.726505	.727690	.728874	.730058	.731240	.732422	.733603	.734782
.69	.735961	.737137	.738313	.739488	.740662	.741835	.743008	.744178	.745348	.746517
.70	.747685	.748852	.750017	.751181	.752345	.753506	.754667	.755827	.756984	.758141
.71	.759297	.760452	.761605	.762758	.763909	.765059	.766209	.767356	.768502	.769648
.72	.770791	.771935	.773076	.774217	.775355	.776493	.777629	.778765	.779898	.781030
.73	.782161	.783292	.784420	.785547	.786674	.787798	.788921	.790043	.791163	.792282
.74	.793400	.794517	.795632	.796747	.797859	.798969	.800078	.801186	.802291	.803396
.75	.804499	.805600	.806701	.807800	.808898	.809993	.811088	.812180	.813271	.814361
.76	.815450	.816537	.817622	.818706	.819788	.820869	.821947	.823024	.824100	.825175
.77	.826247	.827318	.828387	.829454	.830520	.831584	.832647	.833708	.834767	.835824
.78	.836880	.837934	.838987	.840037	.841085	.842133	.843178	.844221	.845263	.846303
.79	.847341	.848378	.849413	.850446	.851476	.852506	.853532	.854557	.855581	.856602
.80	.857622	.858639	.859655	.860668	.861680	.862690	.863698	.864704	.865708	.866709
.81	.867710	.868708	.869704	.870698	.871690	.872679	.873667	.874653	.875636	.876618
.82	.877597	.878575	.879550	.880523	.881494	.882462	.883428	.884393	.885354	.886314
.83	.887272	.888227	.889180	.890131	.891080	.892027	.892971	.893913	.894853	.895789
.84	.896725	.897657	.898586	.899514	.900440	.901362	.902283	.903201	.904116	.905029
.85	.905939	.906847	.907754	.908657	.909557	.910455	.911350	.912244	.913134	.914021
.86	.914906	.915788	.916668	.917544	.918419	.919291	.920159	.921025	.921888	.922749
.87	.923607	.924461	.925314	.926164	.927069	.927853	.928693	.929531	.930367	.931198
.88	.932028	.932853	.933677	.934497	.935313	.936128	.936938	.937747	.938551	.939352
.89	.940150	.940946	.941738	.942526	.943312	.944095	.944874	.945649	.946421	.947190
.90	.947956	.948717	.949476	.950232	.950983	.951732	.952477	.953218	.953957	.954690
.91	.955421	.956148	.956871	.957590	.958306	.959019	.959727	.960431	.961133	.961829
.92	.962522	.963211	.963896	.964577	.965253	.965927	.966595	.967260	.967919	.968576

수평 실린더의 부분적인 부피 계수(계속)

H/D	0	1	2	3	4	5	6	7	8	9
.93	.969228	.969876	.970519	.971158	.971792	.972422	.973048	.973669	.974285	.974897
.94	.975504	.976106	.976704	.977297	.977885	.978467	.979045	.979618	.980187	.980750
.95	.981308	.981859	.982407	.982948	.983485	.984015	.984541	.985060	.985573	.986081
.96	.986583	.987080	.987568	.988053	.988530	.989001	.989466	.989924	.990375	.990821
.97	.991258	.991690	.992114	.992530	.992939	.993340	.993733	.994119	.994497	.994866
.98	.995227	.995579	.995923	.996257	.996581	.996896	.997200	.997493	.997777	.998048
.99	.998308	.998555	.998788	.999008	.999212	.999400	.999571	.999721	.999849	.999947
1.00	1.000000									

수평 실린더의 부분적인 부피
(부피에 대한 직경 비율)

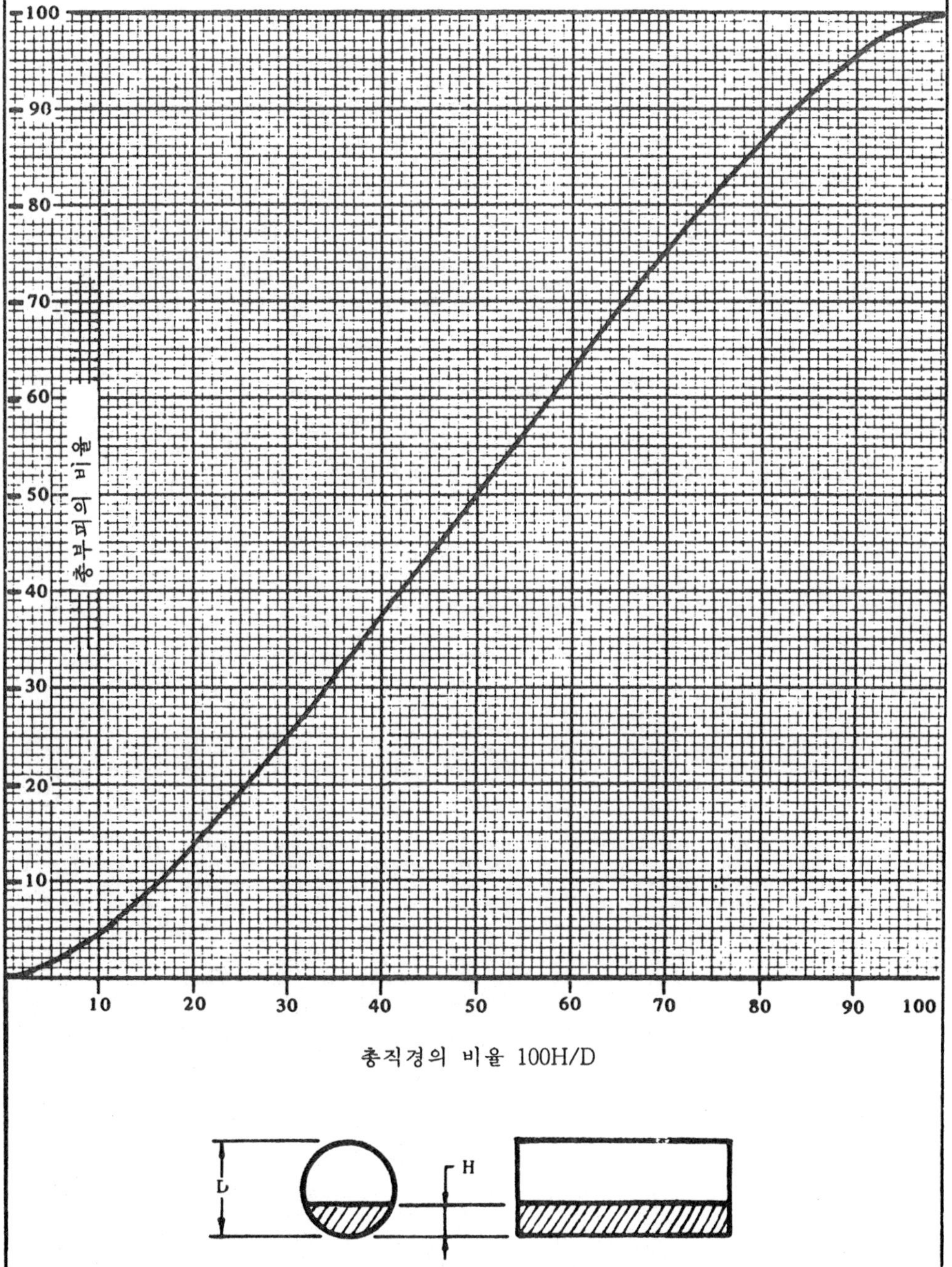

타원형 헤드와 구면체의 부분적인 부피

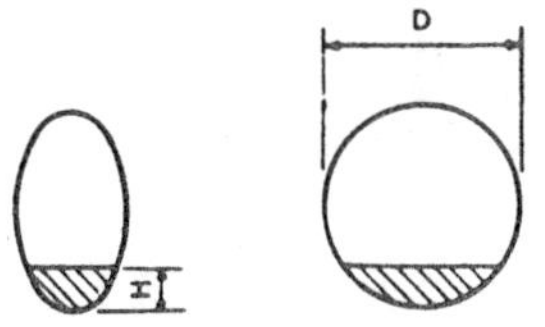

수평 용기상의 2개의 2:1 타원체형 헤드
총부피 : 0.2615D³

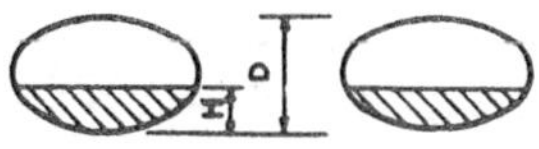

수직 용기상의 2개의 2:1 타원체형 헤드
총부피 : 2.0944D³

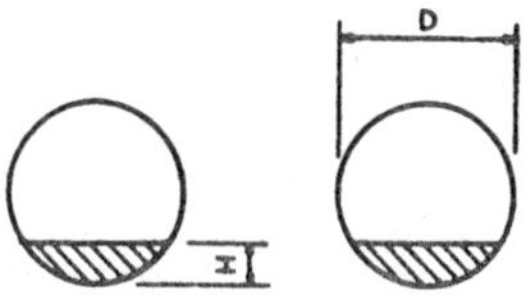

구면체
총부피 : 2.0944D³

타원체형 헤드와 구면체의 부분적인 부피는 총부피×계수(아래 도표)와 같다.

EX :

D=10ft., 0in., H=2.75ft.

수평용기의 (2)2:1 타원체형 헤드의 부분적인 부피를 구하라. 2개 헤드의 총부피는 :

$0.2618 \times D^3 = 0.2618 \times 10^3 = 261.8$cu. ft.

도표로부터의 계수는 :

H/D=2.75/10=.275

아래 도표의 가로줄에 H/D라는 머리글자를 갖고 있는 칸에서 처음 2개 숫자(.27)을 찾고, 세 번째가 5라고 머리글자가 되어 있는 칸에서 계수가 구해질 때까지 우측으로 이동하라.

.185281이라는 계수가 구해진다.

총부피×계수=부분적인 부피

261.8×.185281=48.506cu. ft.

cu. ft.×7.480519=미 갤론(gal)

cu. ft.×28.317016=리터(l)

계 수

H/D	0	1	2	3	4	5	6	7	8	9
.00	.000000	.000003	.000012	.000027	.000048	.000075	.000108	.000146	.000191	.000242
.01	.000298	.000360	.000429	.000503	.000583	.000668	.000760	.000857	.000960	.001069
.02	.001184	.001304	.001431	.001563	.001700	.001844	.001993	.002148	.002308	.002474
.03	.002646	.002823	.003006	.003195	.003389	.003589	.003795	.004006	.004222	.004444
.04	.004672	.004905	.005144	.005388	.005638	.005893	.006153	.006419	.006691	.006968
.05	.007250	.007538	.007831	.008129	.008433	.008742	.009057	.009377	.009702	.010032
.06	.010368	.010709	.011055	.011407	.011764	.012126	.012493	.012865	.013243	.013626
.07	.014014	.014407	.014806	.015209	.015618	.016031	.016450	.016874	.017303	.017737
.08	.018176	.018620	.019069	.019523	.019983	.020447	.020916	.021390	.021869	.022353
.09	.022842	.023336	.023835	.024338	.024847	.025360	.025879	.026402	.026930	.027462
.10	.028000	.028542	.029090	.029642	.030198	.030760	.031326	.031897	.032473	.033053
.11	.033638	.034228	.034822	.035421	.036025	.036633	.037246	.037864	.038486	.039113
.12	.039744	.040380	.041020	.041665	.042315	.042969	.043627	.044290	.044958	.045630
.13	.046306	.046987	.047672	.048362	.049056	.049754	.050457	.051164	.051876	.052592
.14	.053312	.054037	.054765	.055499	.056236	.056978	.057724	.058474	.059228	.059987
.15	.060750	.061517	.062288	.063064	.063843	.064627	.065415	.066207	.067003	.067804
.16	.068608	.069416	.070229	.071046	.071866	.072691	.073519	.074352	.075189	.076029
.17	.076874	.077723	.078575	.079432	.080292	.081156	.082024	.082897	.083772	.084652
.18	.085536	.086424	.087315	.088210	.089109	.090012	.090918	.091829	.092743	.093660
.19	.094582	.095507	.096436	.097369	.098305	.099245	.100189	.101136	.102087	.103042
.20	.104000	.104962	.105927	.106896	.107869	.108845	.109824	.110808	.111794	.112784
.21	.113778	.114775	.115776	.116780	.117787	.118798	.119813	.120830	.121852	.122876
.22	.123904	.124935	.125970	.127008	.128049	.129094	.130142	.131193	.132247	.133305
.23	.134366	.135430	.136498	.137568	.138642	.139719	.140799	.141883	.142969	.144059
.24	.145152	.146248	.147347	.148449	.149554	.150663	.151774	.152889	.154006	.155127

타원형 헤드와 구면체의 부분적인 부피(계속)

H/D	0	1	2	3	4	5	6	7	8	9
.25	.156250	.157376	.158506	.159638	.160774	.161912	.163054	.164198	.165345	.166495
.26	.167648	.168804	.169963	.171124	.172289	.173456	.174626	.175799	.176974	.178153
.27	.179334	.180518	.181705	.182894	.184086	.185281	.186479	.187679	.188882	.190088
.28	.191296	.192507	.193720	.194937	.196155	.197377	.198601	.199827	.201056	.202288
.29	.203522	.204759	.205998	.207239	.208484	.209730	.210979	.212231	.213485	.214741
.30	.216000	.217261	.218526	.219792	.221060	.222331	.223604	.224879	.226157	.227437
.31	.228718	.230003	.231289	.232578	.233870	.235163	.236459	.237757	.239057	.240359
.32	.241664	.242971	.244280	.245590	.246904	.248219	.249536	.250855	.252177	.253500
.33	.254826	.256154	.257483	.258815	.260149	.261484	.262822	.264161	.265503	.266847
.34	.268192	.269539	.270889	.272240	.273593	.274948	.276305	.277663	.279024	.280386
.35	.281750	.283116	.284484	.285853	.287224	.288597	.289972	.291348	.292727	.294106
.36	.295488	.296871	.298256	.299643	.201031	.302421	.303812	.305205	.306600	.307996
.37	.309394	.310793	.312194	.313597	.315001	.316406	.317813	.319222	.320632	.322043
.38	.323456	.324870	.326286	.327703	.329122	.330542	.331963	.333386	.334810	.336235
.39	.337662	.339090	.340519	.341950	.343382	.344815	.346250	.347685	.349122	.350561
.40	.352000	.353441	.354882	.356325	.357769	.359215	.360661	.362109	.363557	.365007
.41	.366458	.367910	.369363	.370817	.372272	.373728	.375185	.376644	.378103	.379563
.42	.381024	.382486	.383949	.395413	.386878	.388344	.389810	.391278	.392746	.394216
.43	.395686	.397157	.398629	.400102	.401575	.403049	.404524	.406000	.407477	.408954
.44	.410432	.411911	.413390	.414870	.416351	.417833	.419315	.420798	.422281	.423765
.45	.425250	.426735	.428221	.429708	.431195	.432682	.434170	.435659	.437148	.438638
.46	.440128	.441619	.443110	.444601	.446093	.447586	.449079	.450572	.452066	.453560
.47	.455054	.456549	.458044	.459539	.461035	.462531	.464028	.465524	.467021	.468519
.48	.470016	.471514	.473012	.474510	.476008	.477507	.479005	.480504	.482003	.483503
.49	.485002	.486501	.488001	.489501	.491000	.492500	.494000	.495500	.497000	.498500
.50	.500000	.501500	.503000	.504500	.506000	.507500	.509000	.510499	.511999	.513499
.51	.514998	.516497	.517997	.519496	.520995	.522493	.523992	.525490	.526988	.528486
.52	.529984	.531481	.532979	.534476	.535972	.537469	.538965	.540461	.541956	.543451
.53	.544946	.546440	.547934	.549428	.550921	.552414	.553907	.555399	.556890	.558381
.54	.559872	.561362	.562852	.564341	.565830	.567318	.568805	.570292	.571779	.573265
.55	.574750	.576235	.577719	.579202	.580685	.582167	.583649	.585130	.586610	.588089
.56	.589568	.591046	.592523	.594000	.595476	.596951	.598425	.599898	.601371	.602843
.57	.604314	.605784	.607254	.608722	.610190	.611656	.613122	.614587	.616051	.617514
.58	.618976	.620437	.621897	.623356	.624815	.626272	.627728	.629183	.630637	.632090
.59	.633542	.634993	.636443	.637891	.639339	.640785	.642231	.643675	.645118	.646559
.60	.648000	.649439	.650878	.652315	.653750	.655185	.656618	.658050	.659481	.660910
.61	.662338	.663765	.665190	.666614	.668037	.669458	.670878	.672297	.673714	.675130
.62	.676544	.677957	.679368	.680778	.682187	.683594	.684999	.686403	.687806	.689207
.63	.690606	.692004	.693400	.694795	.696188	.697579	.698969	.700357	.701744	.703129
.64	.704512	.705894	.707273	.708652	.710028	.711403	.712776	.714147	.715516	.716884
.65	.718250	.719614	.720976	.722337	.723695	.725052	.726407	.727760	.729111	.730461
.66	.731808	.733153	.734497	.735839	.737178	.738516	.739851	.741185	.742517	.743846
.67	.745174	.746500	.747823	.749145	.750464	.751781	.753096	.754410	.755720	.757029
.68	.758336	.759641	.760943	.762243	.763541	.764837	.766130	.767422	.768711	.769997
.69	.771282	.772563	.773843	.775121	.776396	.777669	778940	.780208	.781474	.782739
.70	.784000	.785259	.786515	.787769	.789021	.790270	.791516	.792761	.794002	.795241
.71	796478	.797712	.798944	.800173	.801399	.802623	.803845	.805063	.806280	.807493
.72	.808704	.809912	.811118	.812321	.813521	.814719	.815914	.817106	.818295	.819482
.73	.820666	.821847	.823026	.824201	.825374	.826544	.827711	.828876	.830037	.831196
.74	.832352	.833505	.834655	.835802	.836946	.838088	.839226	.840362	.841494	.842624
.75	.843750	.844873	.845994	.847111	.848226	.849337	.850446	.851551	.852653	.853752
.76	.854848	.855941	.857031	.858117	.859201	.860281	.861358	.862432	.863502	.864570
.77	.865634	.866695	.867753	.868807	.869858	.870906	.871951	.872992	.874030	.875065
.78	.876096	.877124	.878148	.879170	.880187	.881202	.882213	.883220	.884224	.885225
.79	.886222	.887216	.888206	.889192	.890176	.891155	.892131	.893104	.894073	.895038
.80	.896000	.896958	.897913	.898864	.899811	.900755	.901695	.902631	.903564	.904493
.81	.905418	.906340	.907257	.908171	.909082	.909988	.910891	.911790	.912685	.913576
.82	.914464	.915348	.916228	.917103	.917976	.918844	.919708	.920568	.921425	.922277
.83	.923126	.923971	.924811	.925648	.926481	.927309	.928134	.928954	.929771	.930584
.84	.931392	.932196	.932997	.933793	.934585	.935373	.936157	.936936	.937712	.938483

타원형 헤드와 구면체의 부분적인 부피(계속)

H/D	0	1	2	3	4	5	6	7	8	9
.85	.939250	.940013	.940772	.941526	.942276	.943022	.943764	.944501	.945235	.945963
.86	.946688	.947408	.948124	.948836	.949543	.950246	.950944	.951638	.952328	.953013
.87	.953694	.954370	.955042	.955710	.956373	.957031	.957685	.958335	.958980	.959620
.88	.960256	.960887	.961514	.962136	.962754	.963367	.963975	.964579	.965178	.965772
.89	.966362	.966947	.967527	.968103	.968674	.969240	.969802	.970358	.970910	.971458
.90	972000	.972538	.973070	.973598	.974121	.974640	.975153	.975662	.976165	.976664
.91	.977158	.977647	.978131	.978610	.979084	.979553	.980017	.980477	.980931	.981380
.92	.981824	.982263	.982697	.983126	.983550	.983969	.984382	.984791	.985194	.985593
.93	.985986	.986374	.986757	.987135	.987507	.987874	.988236	.988593	.988945	.989291
.94	.989632	989968	.990298	.990623	.990943	.991258	.991567	.991871	.992169	.992462
.95	.992750	.993032	.993309	.993581	.993847	.994107	.994362	.994612	.994856	.995095
.96	.995328	.995556	.995778	.995994	.996205	.996411	.996611	.996805	.996994	.997177
.97	.997354	.997526	.997692	.997852	.998007	.998156	.998300	.998437	.998569	.998696
.98	.998816	.998931	.999040	.999143	.999240	.999332	.999417	999497	.999571	.999640
.99	.999702	.999758	.999809	.999854	.999892	.999925	.999952	.999973	.999988	.999997
1.00	1.000000									

표면적

(평방 피트)

※직선 플랜지 면적은 아래 도표의 숫자에 포함되지 않는다.

용기 D의 외경(in.)	선형 피트당 원통형 셀($\pi \times D$)	2:1 타원형 헤드* ($1.09 \times D^2$)	AMSE* 플랜지 이음형과 접시형 이음(F&D) 헤드 ($0.918 \times D^2$)	반구형 헤드* ($1.5708 \times D^2$)	평 헤드* ($0.7854 \times D^2$)
12	3.14	1.09	0.92	1.57	0.79
14	3.66	1.48	1.25	2.14	1.07
16	4.19	1.94	1.64	2.79	1.40
18	4.71	2.45	2.07	3.53	1.77
20	5.23	3.02	2.56	4.36	2.18
22	5.76	3.66	3.10	5.28	2.64
24	6.28	4.36	3.68	6.28	3.14
26	6.81	5.12	4.32	7.08	3.69
28	7.32	5.92	5.00	8.55	4.28
30	7.85	6.81	5.76	9.82	4.91
32	8.37	7.76	6.53	11.17	5.58
34	8.90	8.75	7.39	12.11	6.31
36	9.43	9.82	8.29	14.14	7.07
38	9.94	10.93	9.21	15.75	7.88
40	10.47	12.11	10.20	17.44	8.72
42	11.00	13.35	11.25	19.23	9.62
48	12.57	17.47	14.70	25.13	12.57
54	14.14	22.09	18.60	31.81	15.90
60	15.71	27.30	23.60	39.27	19.64
66	17.28	33.10	27.80	47.52	23.76
72	18.85	39.20	33.00	56.55	28.27
78	20.42	46.00	38.85	66.37	33.18
84	21.99	53.40	45.00	76.97	38.49
90	23.56	61.20	51.60	88.37	44.16
96	25.20	69.80	58.90	100.54	50.27
102	26.70	78.80	66.25	113.43	56.25
108	28.27	88.25	74.35	127.25	63.62
114	29.85	98.25	83.00	141.78	70.88
120	31.50	109.00	92.00	157.08	78.87
126	32.99	120.11	100.85	173.20	86.59
132	34.56	132.00	111.50	190.09	95.03
138	36.20	144.00	121.50	207.76	102.00
144	37.70	157.00	132.20	226.22	113.50

인치의 소수

(등가 밀리미터를 가진)

	소수	밀리미터		소수	밀리미터		소수	밀리미터		소수	밀리미터
1/32	.03125	.794	9/32	.28125	7.144	17/32	.53125	13.494	25/32	.78125	19.844
1/16	.0625	1.587	5/16	.3125	7.937	9/16	.5625	14.287	13/16	.8125	20.637
3/32	.09375	2.381	11/32	.34375	8.731	19/32	.59375	15.081	27/32	.84375	21.431
1/8	.125	3.175	3/8	.375	9.525	5/8	.625	15.875	7/8	.875	22.225
5/32	.15625	3.969	13/32	.40625	10.319	21/32	.65625	16.669	29/32	.90625	23.019
3/16	.1875	4.762	7/16	.4375	11.113	11/16	.6875	17.462	15/16	.9375	23.812
7/32	.21875	5.556	15/32	.46875	11.906	23/32	.71875	18.256	31/32	.96875	24.606
1/4	.25	6.350	1/2	.5	12.700	3/4	.75	19.050	1	1.	25.400

피트의 소수

	인치											
In.	0	1	2	3	4	5	6	7	8	9	10	11
0	.0000	.0833	.1667	.2500	.3333	.4167	.5000	.5833	.6667	.7500	.8333	.9167
1/16	.0052	.0885	.1719	.2552	.3385	.4219	.5052	.5885	.6719	.7552	.8385	.9219
1/8	.0104	.0937	.1771	.2604	.3437	.4271	.5104	.5937	.6771	.7604	.8437	.9271
3/16	.0156	.0989	.1823	.2656	.3489	.4323	.5156	.5989	.6823	.7656	.8489	.9323
1/4	.0208	.1041	.1875	.2708	.3541	.4375	.5208	.6041	.6875	.7708	.8541	.9375
5/16	.0260	.1093	.1927	.2760	.3593	.4427	.5260	.6093	.6927	.7760	.8593	.9427
3/8	.0313	.1146	.1980	.2813	.3646	.4480	.5313	.6146	.6980	.7813	.8646	.9480
7/16	.0365	.1198	.2032	.2865	.3698	4532	.5365	.6198	.7032	.7865	.8698	.9532
1/2	.0417	.1250	.2084	.2917	.3750	.4584	.5417	.6250	.7084	.7917	.8750	.9584
9/16	.0469	.1302	.2136	.2969	.3802	.4636	.5469	.6302	.7136	.7969	.8802	.9336
5/8	.0521	.1354	.2188	.3021	.3854	.4688	.5521	.6354	.7188	.8021	.8854	.9688
11/16	.0573	.1406	.2240	.3073	.3906	.4740	.5573	.6406	.7240	.8073	.8906	.9740
3/4	.0625	.1458	.2292	.3125	.3958	.4792	.5625	.6458	.7292	.8125	.8958	.9792
13/16	.0677	.1510	.2344	.3177	.4010	.4844	.5677	.6510	.7344	.8177	.9010	.9844
7/8	.0729	.1562	.2396	.3229	.4062	.4896	.5729	.6562	.7396	.8229	.9062	.9896
15/16	.0781	.1614	.2448	.3281	.4114	.4948	.5781	.6614	.7448	.8281	.9114	.9948

미터법

	파생 유니트	유니트의 성분			유니트	유니트의 배수		
		0.001	0.01	0.1		100	1,000	10,000
길이	1미터 = 자오선의 약 1/40,000,000 표준 미터길이 = 39.37인치	밀리미터 (mm)	센티미터 (cm)	데시미터 (dm)	미터 (m)	–	킬로미터 (km)	
부피	1리터 = 1평방 데시미터 = 0.001평방미터	밀리리터 (ml)	센티리터 (cl)	데시리터 (dl)	리터 (l)	헥트로리터 (hl)	평방미터 (m^3)	
무게	1킬로그램 = 4°C온도에서 물 1리터의 무게	그램 (g)	데카그램 (dg)	–	킬로그램 (kg)	퀀탈 (q)	톤 (t)	
온도	빙점 0˝, 기화점 100˝: 이 간격은 100도로 구분된다(기호 : ℃).							

환산표 - 길이

밀리미터 대 인치

(1인치 = 25.4밀리미터)

인치	0	1/16	1/8	3/16	1/4	5/16	3/8	7/16	1/2	9/16	5/8	11/16	3/4	13/16	7/8	15/16
0	0.0	1.6	3.2	4.8	6.4	7.9	9.5	11.1	12.7	14.3	15.9	17.5	19.1	20.6	22.2	23.8
1	25.4	27.0	28.6	30.2	31.8	33.3	34.9	36.5	38.1	39.7	41.3	42.9	44.5	46.0	47.6	49.2
2	50.8	52.4	54.0	55.6	57.2	58.7	60.3	61.9	63.5	65.1	66.7	68.3	69.9	71.4	73.0	74.6
3	76.2	77.8	79.4	81.0	82.6	84.1	85.7	87.3	88.9	90.5	92.1	93.7	95.3	96.8	98.4	100.0
4	101.6	103.2	104.8	106.4	108.0	109.5	111.1	112.7	114.3	115.9	117.5	119.1	120.7	122.2	123.8	125.4
5	127.0	128.6	130.2	131.8	133.4	134.9	136.5	138.1	139.7	141.3	142.9	144.5	146.1	147.6	149.2	150.8
6	152.4	154.0	155.6	157.2	158.8	160.3	161.9	163.5	165.1	166.7	168.3	169.9	171.5	173.0	174.6	176.2
7	177.8	179.4	181.0	182.6	184.2	185.7	187.3	188.9	190.5	192.1	193.7	195.3	196.9	198.4	200.0	201.6
8	203.2	204.8	206.4	208.0	209.6	211.1	212.7	214.3	215.9	217.5	219.1	220.7	222.3	223.8	225.4	227.0
9	228.6	230.2	231.8	233.4	235.0	236.5	238.1	239.7	241.3	242.9	244.5	246.1	247.7	249.2	250.8	252.4
10	254.0	255.6	257.2	258.8	260.4	261.9	263.5	265.1	266.7	268.3	269.9	271.5	273.1	274.6	276.2	277.8
11	279.4	281.0	282.6	284.2	285.8	287.3	288.9	290.5	292.1	293.7	295.3	296.9	298.5	300.0	301.6	303.2
12	304.8	306.4	308.0	309.6	311.2	312.7	314.3	315.9	317.5	319.1	320.7	322.3	323.9	325.4	327.0	328.6
13	330.2	331.8	333.4	335.0	336.6	338.1	339.7	341.3	342.9	344.5	346.1	347.7	349.3	350.8	352.4	354.0
14	355.6	357.2	358.8	360.4	362.0	363.5	365.1	366.7	368.3	369.9	371.5	373.1	374.7	376.2	377.8	379.4
15	381.0	382.6	384.2	385.8	387.4	388.9	390.5	392.1	393.7	395.3	396.9	398.5	400.1	401.6	403.2	404.8
16	406.4	408.0	409.6	411.2	412.8	414.3	415.9	417.5	419.1	420.7	422.3	423.9	425.5	427.0	428.6	430.2
17	431.8	433.4	435.0	436.6	438.2	439.7	441.3	442.9	444.5	446.1	447.7	449.3	450.9	452.4	454.0	455.6
18	457.2	458.8	460.4	462.0	463.6	465.1	466.7	468.3	469.9	471.5	473.1	474.7	476.3	477.8	479.4	481.0
19	482.6	484.2	485.8	487.4	489.0	490.5	492.1	493.7	495.3	496.9	498.5	500.1	501.7	503.2	504.8	506.4
20	508.0	509.6	511.2	512.8	514.4	515.9	517.5	519.1	520.7	522.3	523.9	525.5	527.1	528.6	530.2	531.8
21	533.4	535.0	536.6	538.2	539.8	541.3	542.9	544.5	546.1	547.7	549.3	550.9	552.5	554.0	555.6	557.2
22	558.8	560.4	562.0	563.6	565.2	566.7	568.3	569.9	571.5	573.1	574.7	576.3	577.9	579.4	581.0	582.6
23	584.2	585.8	587.4	589.0	590.6	592.1	593.7	595.3	596.9	598.5	600.1	601.7	603.3	604.8	606.4	608.0
24	609.6	611.2	612.8	614.4	616.0	617.5	619.1	620.7	622.3	623.9	625.5	627.1	628.7	630.2	631.8	633.4

인치 대 밀리미터(계속)

인치	0	1/16	1/8	3/16	1/4	5/16	3/8	7/16	1/2	9/16	5/8	11/16	3/4	13/16	7/8	15/16
25	635.0	636.6	638.2	639.8	641.4	642.9	644.5	646.1	647.7	649.3	650.9	652.5	654.1	655.6	657.2	658.8
26	660.4	662.0	663.6	665.2	666.8	668.3	669.9	671.5	673.1	674.7	676.3	677.9	679.5	681.0	682.6	684.2
27	685.8	687.4	689.0	690.6	692.2	693.7	695.3	696.9	698.5	700.1	701.7	703.3	704.9	706.4	708.0	709.6
28	711.2	712.8	714.4	716.0	717.6	719.1	720.7	722.3	723.9	725.5	727.1	728.7	730.3	731.8	733.4	735.0
29	736.6	738.2	739.8	714.4	743.0	744.5	746.1	747.7	749.3	750.9	752.5	754.1	755.7	757.2	758.8	760.4
30	762.0	763.6	765.2	766.8	768.4	769.9	771.5	773.1	774.7	776.3	777.9	779.5	781.1	782.6	784.2	785.8
31	787.4	789.0	790.6	792.2	793.8	795.3	796.9	798.5	800.1	801.7	803.3	804.9	806.5	808.0	809.6	811.2
32	812.8	814.4	816.0	817.6	819.2	820.7	822.3	823.9	825.5	827.1	828.7	830.3	831.9	833.4	835.0	836.6
33	838.2	839.8	841.4	843.0	844.6	846.1	847.7	849.3	850.9	852.5	854.1	855.7	857.3	858.8	860.4	862.0
34	863.6	865.2	866.8	868.4	870.0	871.5	873.1	874.7	876.3	877.9	879.5	881.1	882.7	884.2	885.8	887.4
35	889.0	890.6	892.2	893.8	895.4	896.9	898.5	900.1	901.7	903.3	904.9	906.5	908.1	909.6	911.2	912.8
36	914.4	916.0	917.6	919.2	920.8	922.3	923.9	925.5	927.1	928.7	930.3	931.9	933.5	935.0	936.6	938.2
37	939.8	941.4	943.0	944.6	946.2	947.7	949.3	950.9	952.5	954.1	955.7	957.3	958.9	960.4	962.0	963.6
38	965.2	966.8	968.4	970.0	971.6	973.1	974.7	976.3	977.9	979.5	981.1	982.7	984.3	985.8	987.4	989.0
39	990.6	992.2	993.8	995.4	997.0	998.5	1000.1	1001.7	1003.3	1004.9	1006.5	1008.1	1009.7	1011.2	1012.8	1014.4
40	1016.0	1017.6	1019.2	1020.8	1022.4	1023.9	1025.5	1027.1	1028.7	1030.3	1031.9	1033.5	1035.1	1036.6	1038.2	1039.8
41	1041.4	1043.0	1044.6	1046.2	1047.8	1049.3	1050.9	1052.5	1054.1	1055.7	1057.3	1058.9	1060.5	1062.0	1063.6	1065.2
42	1066.8	1068.4	1070.0	1071.6	1073.2	1074.7	1076.3	1077.9	1079.5	1081.1	1082.7	1084.3	1085.9	1087.4	1089.0	1090.6
43	1092.2	1093.8	1095.4	1097.0	1098.6	1100.1	1101.7	1103.3	1104.9	1106.5	1108.1	1109.7	1111.3	1112.8	1114.4	1116.0
44	1117.6	1119.2	1120.8	1122.4	1124.0	1125.5	1127.1	1128.7	1130.3	1131.9	1133.5	1135.1	1136.7	1138.2	1139.8	1141.4
45	1143.0	1144.6	1146.2	1147.8	1149.4	1150.9	1152.5	1154.1	1155.7	1157.3	1158.9	1160.5	1162.1	1163.6	1165.2	1166.8
46	1168.4	1170.0	1171.6	1173.2	1174.8	1176.3	1177.9	1179.5	1181.1	1182.7	1184.3	1185.9	1187.5	1189.0	1190.6	1192.2
47	1193.8	1195.4	1197.0	1198.6	1200.2	1201.7	1203.3	1204.9	1206.5	1208.1	1209.7	1211.3	1212.9	1214.4	1216.0	1217.6
48	1219.2	1220.8	1222.4	1224.0	1225.6	1227.1	1228.7	1230.3	1231.9	1233.5	1235.1	1236.7	1238.3	1239.8	1241.4	1243.0
49	1244.6	1246.2	1247.8	1249.4	1251.0	1252.5	1254.1	1255.7	1257.3	1258.9	1260.5	1262.1	1263.7	1265.2	1266.8	1268.4
50	1270.0	1271.6	1273.2	1274.8	1276.4	1277.9	1279.5	1281.1	1282.7	1284.3	1285.9	1287.5	1289.1	1290.6	1292.2	1293.8

환산표 - 길이

인치 대 밀리미터

(1밀리미터 = 0.0394인치)

밀리미터	0	1	2	3	4	5	6	7	8	9	밀리미터
0	0.00	0.039	0.079	0.118	0.157	0.197	0.236	0.276	0.315	0.354	0
10	0.39	0.43	0.47	0.51	0.55	0.59	0.63	0.67	0.71	0.75	10
20	0.79	0.83	0.87	0.91	0.94	0.98	1.02	1.06	1.10	1.14	20
30	1.18	1.22	1.26	1.30	1.34	1.38	1.42	1.46	1.50	1.54	30
40	1.57	1.61	1.65	1.69	1.73	1.77	1.81	1.85	1.89	1.93	40
50	1.97	2.01	2.05	2.09	2.13	2.17	2.20	2.24	2.28	2.32	50
60	2.36	2.40	2.44	2.48	2.52	2.56	2.60	2.64	2.68	2.72	60
70	2.76	2.80	2.83	2.87	2.91	2.95	2.99	3.03	3.07	3.11	70
80	3.15	3.19	3.23	3.27	3.31	3.35	3.39	3.43	3.46	3.50	80
90	3.54	3.58	3.62	3.66	3.70	3.74	3.78	3.82	3.86	3.90	90
100	3.94	3.98	4.02	4.06	4.09	4.13	4.17	4.21	4.25	4.29	100
110	4.33	4.37	4.41	4.45	4.49	4.53	4.57	4.61	4.65	4.69	110
120	4.72	4.76	4.80	4.84	4.88	4.92	4.96	5.00	5.04	5.08	120
130	5.12	5.16	5.20	5.24	5.28	5.31	5.35	5.39	5.43	5.47	130
140	5.51	5.55	5.59	5.63	5.67	5.71	5.75	5.79	5.83	5.87	140
150	5.91	5.94	5.98	6.02	6.06	6.10	6.14	6.18	6.22	6.26	150
160	6.30	6.34	6.38	6.42	6.46	6.50	6.54	6.57	6.61	6.65	160
170	6.69	6.73	6.77	6.81	6.85	6.89	6.93	6.97	7.01	7.05	170
180	7.09	7.13	7.17	7.20	7.24	7.28	7.32	7.36	7.40	7.44	180
190	7.48	7.52	7.56	7.60	7.64	7.68	7.72	7.76	7.80	7.83	190
200	7.87	7.91	7.95	7.99	8.03	8.07	8.11	8.15	8.19	8.23	200
210	8.27	8.31	8.35	8.39	8.43	8.46	8.50	8.54	8.58	8.62	210
220	8.66	8.70	8.74	8.78	8.82	8.86	8.90	8.94	8.98	9.02	220
230	9.06	9.09	9.13	9.17	9.21	9.25	9.29	9.33	9.37	9.41	230
240	9.45	9.49	9.53	9.57	9.61	9.65	9.69	9.72	9.76	9.80	240
250	9.84	9.88	9.92	9.96	10.00	10.04	10.08	10.12	10.16	10.20	250
260	10.24	10.28	10.31	10.35	10.39	10.43	10.47	10.51	10.55	10.59	260
270	10.63	10.67	10.71	10.75	10.79	10.83	10.87	10.91	10.94	10.98	270
280	11.02	11.06	11.10	11.14	11.18	11.22	11.26	11.30	11.34	11.38	280
290	11.42	11.46	11.50	11.54	11.57	11.61	11.65	11.69	11.73	11.77	290

인치 대 밀리미터(계속)

밀리미터	0	1	2	3	4	5	6	7	8	9	밀리미터
300	11.81	11.85	11.89	11.93	11.97	12.01	12.05	12.09	12.13	12.17	300
310	12.20	12.24	12.28	12.32	12.36	12.40	12.44	12.48	12.52	12.56	310
320	12.60	12.64	12.68	12.72	12.76	12.80	12.83	12.87	12.91	12.95	320
330	12.99	13.03	13.07	13.11	13.15	13.19	13.23	13.27	13.31	13.35	330
340	13.39	13.43	13.46	13.50	13.54	13.58	13.62	13.66	13.70	13.74	340
350	13.78	13.82	13.86	13.90	13.94	13.98	14.02	14.06	14.09	14.13	350
360	14.17	14.21	14.25	14.29	14.33	14.37	14.41	14.45	14.49	14.53	360
370	14.57	14.61	14.65	14.69	14.72	14.76	14.80	14.84	14.88	14.92	370
380	14.96	15.00	15.04	15.08	15.12	15.16	15.20	15.24	15.28	15.31	380
390	15.35	15.39	15.43	15.47	15.51	15.55	15.59	15.63	15.67	15.71	390
400	15.75	15.79	15.83	15.87	15.91	15.94	15.98	16.02	16.06	16.10	400
410	16.14	16.18	16.22	16.26	16.30	16.34	16.38	16.42	16.46	16.50	410
420	16.54	16.57	16.61	16.65	16.69	16.73	16.77	16.81	16.85	16.89	420
430	16.93	16.97	17.01	17.05	17.09	17.13	17.17	17.20	17.24	17.28	430
440	17.32	17.36	17.40	17.44	17.48	17.52	17.56	17.60	17.64	17.68	440
450	17.72	17.76	17.80	17.83	17.87	17.91	17.95	17.99	18.03	18.07	450
460	18.11	18.15	18.19	18.23	18.27	18.31	18.35	18.39	18.43	18.46	460
470	18.50	18.54	18.58	18.62	18.66	18.70	18.74	18.78	18.82	18.86	470
480	18.90	18.94	18.98	19.02	19.06	19.09	19.13	19.17	19.21	19.25	480
490	19.29	19.33	19.37	19.41	19.45	19.49	19.53	19.57	19.61	19.65	490
500	19.69	19.72	19.76	19.80	19.84	19.88	19.92	19.96	20.00	20.04	500
510	20.08	20.12	20.16	20.20	20.24	20.28	20.31	20.35	20.39	20.43	510
520	20.47	20.51	20.55	20.59	20.63	20.67	20.71	20.75	20.79	20.83	520
530	20.87	20.91	20.94	20.98	21.02	21.06	21.10	21.14	21.18	21.22	530
540	21.26	21.30	21.34	21.38	21.42	21.46	21.50	21.54	21.58	21.61	540
550	21.65	21.69	21.73	21.77	21.81	21.85	21.89	21.93	21.97	22.01	550
560	22.05	22.09	22.13	22.17	22.20	22.24	22.28	22.32	22.36	22.40	560
570	22.44	22.48	22.52	22.56	22.60	22.64	22.68	22.72	22.76	22.80	570
580	22.83	22.87	22.91	22.95	22.99	23.03	23.07	23.11	23.15	23.19	580
590	23.23	23.27	23.31	23.35	23.39	23.43	23.46	23.50	23.54	23.58	590

인치 대 밀리미터(계속)

밀리미터	0	1	2	3	4	5	6	7	8	9	밀리미터
600	23.62	23.66	23.70	23.74	23.78	23.82	23.86	23.90	23.94	23.98	600
610	24.02	24.06	24.09	24.13	24.17	24.21	24.25	24.29	24.33	24.37	610
620	24.41	24.45	24.49	24.53	24.57	24.61	24.65	24.68	24.72	24.76	620
630	24.80	24.84	24.88	24.92	24.96	25.00	25.04	25.08	25.12	25.16	630
640	25.20	25.24	25.28	25.31	25.35	25.39	25.43	25.47	25.51	25.55	640
650	25.59	25.63	25.67	25.71	25.75	25.79	25.83	25.87	25.91	25.94	650
660	25.98	26.02	26.06	26.10	26.14	26.18	26.22	26.26	26.30	26.34	660
670	26.38	26.42	26.46	26.50	26.54	26.57	26.61	26.65	26.69	26.73	670
680	26.77	26.81	26.85	26.89	26.93	26.97	27.01	27.05	27.09	27.13	680
690	27.17	27.20	27.24	27.28	27.32	27.36	27.40	27.44	27.48	27.52	690
700	27.56	27.60	27.64	27.68	27.72	27.76	27.80	27.83	27.87	27.91	700
710	27.95	27.99	28.03	28.07	28.11	28.15	28.19	28.23	28.27	28.31	710
720	28.35	28.39	28.43	28.46	28.50	28.54	28.58	28.62	28.66	28.70	720
730	28.74	28.78	28.82	28.86	28.90	28.94	28.98	29.02	29.06	29.09	730
740	29.13	29.17	29.21	29.25	29.29	29.33	29.37	29.41	29.45	29.49	740
750	29.53	29.57	29.61	29.65	29.68	29.72	29.76	29.80	29.84	29.88	750
760	29.92	29.96	30.00	30.04	30.08	30.12	30.16	30.20	30.24	30.28	760
770	30.31	30.35	30.39	30.43	30.47	30.51	30.55	30.59	30.63	30.67	770
780	30.71	30.75	30.79	30.83	30.87	30.91	30.94	30.98	31.02	31.06	780
790	31.10	31.14	31.18	31.22	31.26	31.30	31.34	31.38	31.42	31.46	790
800	31.50	31.54	31.57	31.61	31.65	31.69	31.73	31.77	31.81	31.85	800
810	31.89	31.93	31.97	32.01	32.05	32.09	32.13	32.17	32.20	32.24	810
820	32.28	32.32	32.36	32.40	32.44	32.48	32.52	32.56	32.60	32.64	820
830	32.68	32.72	32.76	32.80	32.83	32.87	32.91	32.95	32.99	33.03	830
840	33.07	33.11	33.15	33.19	33.23	33.27	33.31	33.35	33.39	33.43	840
850	33.46	33.50	33.54	33.58	33.62	33.66	33.70	33.74	33.78	33.82	850
860	33.86	33.90	33.94	33.98	34.02	34.06	34.09	34.13	34.17	34.21	860
870	34.25	34.29	34.33	34.37	34.41	34.45	34.49	34.53	34.57	34.61	870
880	34.65	34.68	34.72	34.76	34.80	34.84	34.88	34.92	34.96	35.00	880
890	35.04	35.08	35.12	35.16	35.20	35.24	35.28	35.31	35.35	35.39	890

인치 대 밀리미터(계속)

밀리미터	0	1	2	3	4	5	6	7	8	9	밀리미터
900	35.43	35.47	35.51	35.55	35.59	35.63	35.67	35.71	35.75	35.79	900
910	35.83	35.87	35.91	35.94	35.98	36.02	36.06	36.10	36.14	36.18	910
920	36.22	36.26	36.30	36.34	36.38	36.42	36.46	36.50	36.54	36.57	920
930	36.61	36.65	36.69	36.73	36.77	36.81	36.85	36.89	36.93	36.97	930
940	37.01	37.05	37.09	37.13	37.17	37.20	37.24	37.28	37.32	37.36	940
950	37.40	37.44	37.48	37.52	37.56	37.60	37.64	37.68	37.72	37.76	950
960	37.80	37.83	37.87	37.91	37.95	37.99	38.03	38.07	38.11	38.15	960
970	38.19	38.23	38.27	38.31	38.35	38.39	38.43	38.46	38.50	38.54	970
980	38.58	38.62	38.66	38.70	38.74	38.78	38.82	38.86	38.90	38.94	980
990	38.98	39.02	39.06	39.09	39.13	39.17	39.21	39.25	39.29	39.33	990
1000	39.37	39.41	39.45	39.49	39.53	39.57	39.61	39.65	39.68	39.72	1000

평방 미터 대 평방 피트

1평방 피트=0.0929034 평방미터

평방피트	0	1	2	3	4	5	6	7	8	9
0	0.000	0.093	0.186	0.279	0.372	0.465	0.557	0.650	0.743	0.836
10	0.929	1.022	1.115	1.208	1.301	1.394	1.486	1.579	1.672	1.765
20	1.858	1.951	2.044	2.137	2.230	2.323	2.415	2.508	2.601	2.694
30	2.787	2.880	2.973	3.066	3.159	3.252	3.345	3.437	3.530	3.623
40	3.716	3.809	3.902	3.995	4.088	4.181	4.274	4.366	4.459	4.552
50	4.645	4.738	4.831	4.924	5.017	5.110	5.203	5.295	5.388	5.481
60	5.574	5.667	5.760	5.853	5.946	6.039	6.132	6.225	6.317	6.410
70	6.503	6.596	6.689	6.782	6.875	6.968	7.061	7.154	7.246	7.339
80	7.432	7.525	7.618	7.711	7.804	7.897	7.990	8.083	8.175	8.268
90	8.361	8.454	8.547	8.640	8.733	8.826	8.919	9.012	9.105	9.197

평방 피트 대 평방 미터

1평방 미터=10.76380 평방 피트

평방미터	0	1	2	3	4	5	6	7	8	9
0	0.00	10.76	21.53	32.29	43.06	53.82	64.58	75.35	86.11	96.87
10	107.64	118.40	129.17	139.93	150.69	161.46	172.22	182.99	193.75	204.51
20	215.28	226.04	236.81	247.57	258.33	269.10	279.86	290.62	301.39	312.15
30	322.92	333.68	344.44	355.21	365.97	376.74	387.50	398.26	409.03	419.79
40	430.56	441.32	452.08	462.85	473.61	484.37	495.14	505.90	516.67	527.43
50	538.19	548.96	559.72	570.49	581.25	592.01	602.78	613.54	624.30	635.07
60	645.83	656.60	667.36	678.12	688.89	699.65	710.42	721.18	731.94	742.71
70	753.47	764.23	775.00	785.76	796.53	807.29	818.05	828.82	839.58	850.35
80	861.11	871.87	882.64	893.40	904.17	914.93	925.69	936.46	947.22	957.98
90	968.75	979.51	990.28	1001.04	1011.80	1022.57	1033.33	1044.10	1054.86	1065.62

환산표 - 무게

킬로그램 대 파운드

(1파운드 = 0.4536킬로그램)

파운드	0	1	2	3	4	5	6	7	8	9
0	0.00	0.45	0.91	1.36	1.81	2.27	2.72	3.18	3.63	4.08
10	4.54	4.99	5.44	5.90	6.35	6.80	7.26	7.71	8.16	8.62
20	9.07	9.53	9.98	10.43	10.89	11.34	11.79	12.25	12.70	13.15
30	13.61	14.06	14.52	14.97	15.42	15.88	16.33	16.78	17.24	17.69
40	18.14	18.60	19.05	19.50	19.96	20.41	20.87	21.32	21.77	22.23
50	22.68	23.13	23.59	24.04	24.49	24.95	25.40	25.86	26.31	26.76
60	27.22	27.67	28.12	28.58	29.03	29.48	29.94	30.39	30.84	31.30
70	31.75	32.21	32.66	33.11	33.57	34.02	34.47	34.93	35.38	35.83
80	36.29	36.74	37.20	37.65	38.10	38.56	39.01	39.46	39.92	40.37
90	40.82	41.28	41.73	42.18	42.64	43.09	43.55	44.00	44.45	44.91

파운드 대 킬로그램

(1킬로그램 = 2.2046파운드)

킬로그램	0	1	2	3	4	5	6	7	8	9
0	0.00	2.20	4.41	6.61	8.82	11.02	13.23	15.43	17.64	19.84
10	22.05	24.25	26.46	28.66	30.86	33.07	35.27	37.48	39.68	41.89
20	44.09	46.30	48.50	50.71	52.91	55.12	57.32	59.52	61.73	63.93
30	66.14	68.34	70.55	72.75	74.96	77.16	79.37	81.57	83.77	85.98
40	88.18	90.39	92.59	94.80	97.00	99.21	101.41	103.62	105.82	108.03
50	110.23	112.43	114.64	116.84	119.05	121.25	123.46	125.66	127.87	130.07
60	132.28	134.48	136.69	138.89	141.09	143.30	145.50	147.71	149.91	152.12
70	154.32	156.53	158.73	160.94	163.14	165.35	167.55	169.75	171.96	174.16
80	176.37	178.57	180.78	182.98	185.19	187.39	189.60	191.80	194.00	196.21
90	198.41	200.62	202.82	205.03	207.23	209.44	211.64	213.85	216.05	218.26

리터 대 미 갤런

1미 갤런=3.785329리터

미갤론	0	1	2	3	4	5	6	7	8	9
0	0	3.79	7.57	11.36	15.14	18.93	22.71	26.50	30.28	34.07
10	37.85	41.64	45.42	49.21	52.99	56.78	60.57	64.35	68.14	71.92
20	75.71	79.49	13.28	87.01	90.85	94.63	98.42	102.20	105.99	109.77
30	113.56	117.35	121.13	124.92	128.70	132.49	136.27	140.06	143.84	147.63
40	151.41	155.20	158.98	162.77	166.55	170.34	174.13	177.91	181.70	185.48
50	189.27	193.05	196.84	200.62	204.41	208.19	211.98	215.76	219.55	223.33
60	227.12	230.91	234.69	238.48	242.26	246.05	249.83	253.62	257.40	261.19
70	264.97	268.76	272.54	276.33	280.11	283.90	287.69	291.47	295.26	299.04
80	302.83	306.61	310.40	314.18	317.97	321.75	325.54	329.32	333.11	336.89
90	340.68	344.46	348.25	352.04	355.82	359.60	363.39	367.18	370.96	374.75

리터 대 미 갤론

1리터=0.264168미 갤런

리터	0	1	2	3	4	5	6	7	8	9
0	0	0.26	0.53	0.79	1.06	1.32	1.59	1.85	2.11	2.38
10	2.64	2.91	3.17	3.43	3.70	3.96	4.23	4.49	4.76	5.02
20	5.28	5.55	5.81	6.08	6.34	6.60	6.87	7.13	6.60	7.66
30	7.93	8.19	8.45	8.72	8.98	9.25	9.51	9.77	10.04	10.30
40	10.57	10.83	11.10	11.36	11.62	11.89	12.15	12.42	12.68	12.94
50	13.21	13.47	13.74	14.00	14.27	14.53	14.79	15.06	15.32	15.59
60	15.85	16.11	16.38	16.64	16.91	17.17	17.44	17.70	17.96	18.23
70	18.49	18.76	19.02	19.28	19.55	19.81	20.08	20.34	20.61	20.87
80	21.13	21.40	21.66	21.93	22.19	22.45	22.72	22.98	23.25	23.51
90	23.78	24.04	24.30	24.57	24.83	25.10	25.36	25.62	25.89	26.15

환산표 - 압력

KG/CM^2 대 Lb/INCH^2

(1Lb/INCH^2=0.0703066KG/CM^2)

1~30		31~60		61~90		91~200		205~400		410~700		710~1000		1010~1500	
Lb/in.^{2}	kg/㎠	Lb/in.^{2}	kg/㎠	Lb/in.^{2}	kg/㎠	Lb/in.^{2}	kg/㎠	Lb/in.^{2}	kg/㎠	Lb/in.^{2}	kg/㎠	Lb/in.^{2}	kg/㎠	Lb/in.^{2}	kg/㎠
1	.07	31	2.18	61	4.29	91	6.40	205	14.41	410	28.83	710	49.92	1010	71.01
2	.14	32	2.25	62	4.36	92	6.47	210	14.76	420	29.53	720	50.62	1020	71.71
3	.21	33	2.32	63	4.43	93	6.54	215	15.12	430	30.23	730	51.32	1030	72.42
4	.28	34	2.39	64	4.50	94	6.61	220	15.47	440	30.93	740	52.03	1040	73.12
5	.35	35	2.46	65	4.57	95	6.68	225	15.82	450	31.64	750	52.73	1050	73.82
6	.42	36	2.53	66	4.64	96	6.75	230	16.17	460	32.34	760	53.43	1060	74.52
7	.49	37	2.60	67	4.71	97	6.82	235	16.52	470	33.04	770	54.14	1070	75.23
8	.56	38	2.67	68	4.78	98	6.89	240	16.87	480	33.75	780	54.84	1080	75.93
9	.63	39	2.74	69	4.85	99	6.96	245	17.23	490	34.45	790	55.54	1090	76.63
10	.70	40	2.81	70	4.92	100	7.03	250	17.58	500	35.15	800	56.25	1100	77.34
11	.77	41	2.88	71	4.99	105	7.38	255	17.93	510	35.86	810	56.95	1120	78.74
12	.84	42	2.95	72	5.06	110	7.73	260	18.28	520	36.56	820	57.65	1140	80.15
13	.91	43	3.02	73	5.13	115	8.09	265	18.63	530	37.26	830	58.35	1160	81.56
14	.98	44	3.09	74	5.20	120	8.44	270	18.98	540	37.97	840	59.06	1180	82.96
15	1.05	45	3.16	75	5.27	125	8.79	275	19.33	550	38.67	850	59.76	1200	84.37
16	1.12	46	3.23	76	5.34	130	9.14	280	19.69	560	39.37	860	60.46	1220	85.77
17	1.20	47	3.30	77	5.41	135	9.49	285	20.04	570	40.07	870	61.17	1240	87.18
18	1.27	48	3.37	78	5.48	140	9.84	290	20.39	580	40.78	880	61.87	1260	88.59
19	1.34	49	3.45	79	5.55	145	10.19	295	20.74	590	41.48	890	62.57	1280	89.99
20	1.41	50	3.52	80	5.62	150	10.55	300	21.09	600	42.18	900	63.28	1300	91.40
21	1.48	51	3.59	81	5.69	155	10.90	310	21.80	610	42.89	910	63.98	1320	92.80
22	1.55	52	3.66	82	5.77	160	11.25	320	22.50	620	43.59	920	64.68	1340	94.21
23	1.62	53	3.73	83	5.84	165	11.60	330	23.20	630	44.29	930	65.39	1360	95.62
24	1.69	54	3.80	84	5.91	170	11.95	340	23.90	640	45.00	940	66.09	1380	97.02
25	1.76	55	3.87	85	5.98	175	12.30	350	24.61	650	45.70	950	66.79	1400	98.43
26	1.83	56	3.94	86	6.05	180	12.66	360	25.31	660	46.40	960	67.49	1420	99.84
27	1.90	57	4.01	87	6.12	185	13.01	370	26.01	670	47.11	970	68.20	1440	101.24
28	1.97	58	4.08	88	6.19	190	13.36	380	26.72	680	47.81	980	68.90	1460	102.65
29	2.04	59	4.15	89	6.26	195	13.71	390	27.42	690	48.51	990	69.60	1480	104.05
30	2.11	60	4.22	90	6.33	200	14.06	400	28.12	700	49.21	1000	70.31	1500	105.46

환산표 - 도(°)

도(°) 대 라디안

1도(°) $= \frac{\pi}{180} =$ .07145 라디안

도						분		초	
0°	0.00000 00	60°	1.04719 76	120°	2.09439 51	0	0.00000 00	0	0.00000 00
1	0.01745 33	61	1.06465 08	121	2.11184 84	1	0.00029 09	1	0.00000 48
2	0.03490 66	62	1.08210 41	122	2.12930 17	2	0.00058 18	2	0.00000 97
3	0.05235 99	63	1.09955 74	123	2.14675 50	3	0.00087 27	3	0.00001 45
4	0.06981 32	64	1.11701 07	124	2.16420 83	4	0.00116 36	4	0.00001 94
5	0.08726 65	65	1.13446 40	125	2.18166 16	5	0.00145 44	5	0.00002 42
6	0.10471 98	66	1.15191 73	126	2.19911 49	6	0.00174 53	6	0.00002 91
7	0.12217 30	67	1.16937 06	127	2.21656 82	7	0.00203 62	7	0.00003 39
8	0.13962 63	68	1.18682 39	128	2.23402 14	8	0.00232 71	8	0.00003 88
9	0.15707 96	69	1.20427 72	129	2.25147 47	9	0.00261 80	9	0.00004 36
10	0.17453 29	70	1.22173 05	130	2.26892 80	10	0.00290 89	10	0.00004 85
11	0.19198 62	71	1.23918 38	131	2.28638 13	11	0.00319 98	11	0.00005 33
12	0.20943 95	72	1.25663 71	132	2.30383 46	12	0.00349 07	12	0.00005 82
13	0.22689 28	73	1.27409 04	133	2.32128 79	13	0.00378 15	13	0.00006 30
14	0.24434 61	74	1.29154 36	134	2.33874 12	14	0.00407 24	14	0.00006 79
15	0.26179 94	75	1.30899 69	135	2.35619 45	15	0.00436 33	15	0.00007 27
16	0.27925 27	76	1.32645 02	136	2.37364 78	16	0.00465 42	16	0.00007 76
17	0.29670 60	77	1.34390 35	137	2.39110 11	17	0.00494 51	17	0.00008 24
18	0.31415 93	78	1.36135 68	138	2.40855 44	18	0.00523 60	18	0.00008 73
19	0.33161 26	79	1.37881 01	139	2.42600 77	19	0.00552 69	19	0.00009 21
20	0.34906 59	80	1.39626 34	140	2.44346 10	20	0.00581 78	20	0.00009 70
21	0.36651 91	81	1.41371 67	141	2.46091 42	21	0.00610 87	21	0.00010 18
22	0.38397 24	82	1.43117 00	142	2.47836 75	22	0.00639 95	22	0.00010 67
23	0.40142 57	83	1.44862 33	143	2.49582 08	23	0.00669 04	23	0.00011 15
24	0.41887 90	84	1.46607 66	144	2.51327 41	24	0.00698 13	24	0.00011 64
25	0.43633 23	85	1.48352 99	145	2.53072 74	25	0.00727 22	25	0.00012 12
26	0.45378 56	86	1.50098 32	146	2.54818 07	26	0.00756 31	26	0.00012 61
27	0.47123 89	87	1.51843 64	147	2.56563 40	27	0.00785 40	27	0.00013 09
28	0.48869 22	88	1.53588 97	148	2.58308 73	28	0.00814 49	28	0.00013 57
29	0.50614 55	89	1.55334 30	149	2.60054 06	29	0.00843 58	29	0.00014 06
30	0.52359 88	90	1.57079 63	150	2.61799 39	30	0.00872 66	30	0.00014 54
31	0.54105 21	91	1.58824 96	151	2.63544 72	31	0.00901 75	31	0.00015 03
32	0.55850 54	92	1.60570 29	152	2.65290 05	32	0.00930 84	32	0.00015 51
33	0.57595 87	93	1.62315 62	153	2.67035 38	33	0.00959 93	33	0.00016 00
34	0.59341 19	94	1.64060 95	154	2.68780 70	34	0.00989 02	34	0.00016 48
35	0.61086 52	95	1.65806 28	155	2.70526 03	35	0.01018 11	35	0.00016 97
36	0.62831 85	96	1.67551 61	156	2.72271 36	36	0.01047 20	36	0.00017 45
37	0.64577 18	97	1.69296 94	157	2.74016 69	37	0.01076 29	37	0.00017 94
38	0.66322 51	98	1.71042 27	158	2.75762 02	38	0.01105 38	38	0.00018 42
39	0.68067 84	99	1.72787 60	159	2.77507 35	39	0.01134 46	39	0.00018 91
40	0.69813 17	100	1.74532 93	160	2.79252 68	40	0.01163 55	40	0.00019 39
41	0.71558 50	101	1.76278 25	161	2.80998 01	41	0.01192 64	41	0.00019 88
42	0.73303 83	102	1.78023 58	162	2.82743 34	42	0.01221 73	42	0.00020 36
43	0.75049 16	103	1.79768 91	163	2.84488 67	43	0.01250 82	43	0.00020 85
44	0.76794 49	104	1.81514 24	164	2.86234 00	44	0.01279 91	44	0.00021 33
45	0.78539 82	105	1.83259 57	165	2.87979 33	45	0.01309 00	45	0.00021 82
46	0.80285 15	106	1.85004 90	166	2.89724 66	46	0.01338 09	46	0.00022 30
47	0.82030 47	107	1.86750 23	167	2.91469 99	47	0.01367 17	47	0.00022 79
48	0.83775 80	108	1.88495 56	168	2.93215 31	48	0.01396 26	48	0.00023 27
49	0.85521 13	109	1.90240 89	169	2.94960 64	49	0.01425 35	49	0.00023 76
50	0.87266 46	110	1.91986 22	170	2.96705 97	50	0.01454 44	50	0.00024 24
51	0.89011 79	111	1.93731 55	171	2.98451 30	51	0.01483 53	51	0.00024 73
52	0.90757 12	112	1.95476 88	172	3.00196 63	52	0.01512 62	52	0.00025 21
53	0.92502 45	113	1.97222 21	173	3.01941 96	53	0.01541 71	53	0.00025 70
54	0.94247 78	114	1.98967 53	174	3.03687 29	54	0.01570 80	54	0.00026 18
55	0.95993 11	115	2.00712 86	175	3.05432 62	55	0.01599 89	55	0.00026 66
56	.097738 44	116	2.02458 19	176	3.07177 95	56	0.01628 97	56	0.00027 15
57	0.99483 77	117	2.04203 52	177	3.08923 28	57	0.01658 06	57	0.00027 63
58	1.01229 10	118	2.05948 85	178	3.10668 61	58	0.01687 15	58	0.00028 12
59	1.02974 43	119	2.07694 18	179	3.12413 94	59	0.01716 24	59	0.00028 60
60	1.04719 76	120	2.09439 51	180	3.14159 27	60	0.01745 33	60	0.00029 09

환산표 - 도(°)

도(°) 대 라디안

$$1라디안 = \frac{180}{\pi} = 57.29578 도(°)$$

	라디안	십분의 일의	백분의 일의	천분의 일의	만분의 일의
1	57°17′44″.8	5°43′46″.5	0°34′22″.6	0° 3′26″.3	0° 0′20″.6
2	114°35′29″.6	11°27′33″.0	1° 8′45″.3	0° 6′52″.5	0° 0′41″.3
3	171°53′14″.4	17°11′19″.4	1°43′07″.9	0°10′18″.8	0° 1′01″.9
4	229°10′59″.2	22°55′05″.9	2°17′30″.6	0°13′45″.1	0° 1′22″.5
5	286°28′44″.0	28°38′52″.4	2°51′53″.2	0° 17′11″.3	0° 1′43″.1
6	343°46′28″.8	34°22′38″.9	3°26′15″.9	0°20′37″.6	0° 2′03″.8
7	401° 4′13″.6	40° 6′25″.4	4° 0′38″.5	0°24′03″.9	0° 2′24″.4
8	458°21′58″.4	45°50′11″.8	4°35′01″.2	0°27′30″.1	0° 2′45″.0
9	515°39′43″.3	51°33′58″.3	5° 9′23″.8	0°30′56″.4	0° 3′05″.6

EX :

1. 87° 26′ 34″를 라디안으로 환산하라.

해답 : 맞은편 페이지 도표로부터

87° = 1.5184364 라디안

26′ = 0.0075631

34″ = 0.0001648

87° 26′ 34″ = 1.5261643 라디안

2. 1.5262 라디안을 도로 환산하라.

해답 : 상기 도표로부터

1 라디안 = 57° 17′ 44.8″

0.5 = 28° 38′ 52.4″

0.02 = 1° 8′ 45.3″

0.006 = 0° 20′ 37.6″

0.0002 = 0° 0′ 41.3″

1.5262 라디안 = 86° 83′ 221.4″

= 87° 26′ 41.4″

환산표 - 도(°)

도(°)의 소수 대 분과 초				분과 초 대 도(°)의 소수			
'	°	"	°	°	"과"	°	"과"
0	0.0000	**0**	0.00000	**0.000**	0' 0"	**0.50**	30' 0"
1	0167	1	028	001	0' 4"	51	30' 36"
2	0333	2	056	002	0' 7"	52	31' 12"
3	0500	3	083	003	0' 11"	53	31' 48"
4	0667	4	111	004	0' 14"	54	32' 24"
5	0.0833	**5**	0.00139	**0.005**	0' 18"	**0.55**	33' 0"
6	1000	6	167	006	0' 22"	56	33' 36"
7	1167	7	194	007	0' 25"	57	34' 12"
8	1333	8	222	008	0' 29"	58	34' 48"
9	1500	9	250	009	0' 32"	59	35' 24"
10	0.1667	**10**	0.00278	**0.00**	0' 0"	**0.60**	36' 0"
11	1833	11	306	01	0' 36"	61	36' 36"
12	2000	12	333	02	1' 12"	62	37' 12"
13	2167	13	361	03	1' 48"	63	37' 48"
14	2333	14	389	04	2' 24"	64	38' 24"
15	0.2500	**15**	0.00417	**0.05**	3' 0"	**0.65**	39' 0"
16	2667	16	444	06	3' 36"	66	39' 36"
17	2833	17	472	07	4' 12"	67	40' 12"
18	3000	18	500	08	4' 48"	68	40' 48"
19	3167	19	528	09	5' 24"	69	41' 24"
20	0.3333	**20**	0.00556	**0.10**	6' 0"	**0.70**	42' 0"
21	3500	21	583	11	6' 36"	71	42' 36"
22	3667	22	611	12	7' 12"	72	43' 12"
23	3833	23	639	13	7' 48"	73	43' 48"
24	4000	24	667	14	8' 24"	74	44' 24"
25	0.4167	**25**	0.00694	**0.15**	9' 0"	**0.75**	45' 0"
26	4333	26	722	16	9' 36"	76	45' 36"
27	4500	27	750	17	10' 12"	77	46' 12"
28	4667	28	778	18	10' 48"	78	46' 48"
29	4833	29	806	19	11' 24"	79	47' 24"
30	0.5000	**30**	0.00833	**0.20**	12' 0"	**0.80**	48' 0"
31	5167	31	861	21	12' 36"	81	48' 36"
32	5333	32	889	22	13' 12"	82	49' 12"
33	5500	33	917	23	13' 48"	83	49' 48"
34	5667	34	944	24	14' 24"	84	50' 24"
35	0.5833	**35**	0.00972	**0.25**	15' 0"	**0.85**	51' 0"
36	6000	36	01000	26	15' 36"	86	51' 36"
37	6167	37	028	27	16' 12"	87	52' 12"
38	6333	38	056	28	16' 48"	88	52' 48"
39	6500	39	083	29	17' 24"	89	53' 24"
40	0.6667	**40**	0.01111	**0.30**	18' 0"	**0.90**	54' 0"
41	6833	41	139	31	18' 36"	91	54' 36"
42	7000	42	167	32	19' 12"	92	55' 12"
43	7167	43	194	33	19' 48"	93	55' 48"
44	7333	44	222	34	20' 24"	94	56' 24"
45	0.7500	**45**	0.01250	**0.35**	21' 0"	**0.95**	57' 0"
46	7667	46	278	36	21' 36"	96	57' 36"
47	7833	47	306	37	22' 12"	97	58' 12"
48	8000	48	333	38	22' 48"	98	58' 48"
49	8167	49	361	39	23' 24"	99	59' 24"
50	0.8333	**50**	0.01389	**0.40**	24' 0"	**1.00**	60' 0"
51	8500	51	417	41	24' 36"	10	66' 0"
52	8667	52	444	42	25' 12"	20	72' 0"
53	8833	53	472	43	25' 48"	30	78' 0"
54	9000	54	500	44	26' 24"	40	84' 0"
55	0.9167	**55**	0.01528	**0.45**	27' 0"	**1.50**	90' 0"
56	9333	56	556	46	27' 36"	60	96' 0"
57	9500	57	583	47	28' 12"	70	102' 0"
58	9667	58	611	48	28' 48"	80	108' 0"
59	9833	59	639	49	29' 24"	90	114' 0"
60	1.000	**60**	0.01667	**0.50**	30' 0"	**2.00**	120' 0"
'	°	"	°	°	' and "	°	' and "

환산표 - 온도

섭씨 - 화씨

섭씨, ℃ =S/9(°F+40)-40　화씨, °F =9/5(℃+40)-40

주 : 아래 표상 굵은 활자체의 숫자는 다른 척도로 환산되고자 하는 섭씨 혹은 화씨의 도를 나타낸다. 화씨로부터 섭씨의 도로 환산된다면 상당하는 온도는 왼쪽 칸에 나타나며: 반면에 섭씨로부터 화씨의 도로 환산된다면 그 답은 오른쪽 칸에 나타난다.

섭씨		화씨
−73.3	**−100**	−148.0
−67.8	**−90**	−130.0
−62.2	**−80**	−112.0
−59.5	**−75**	−103.0
−56.7	**−70**	−94.0
−53.9	**−65**	−85.0
−51.1	**−60**	−76.0
−48.4	**−55**	−67.0
−45.6	**−50**	−58.0
−42.8	**−45**	−49.0
−40.0	**−40**	−40.0
−37.2	**−35**	−31.0
−34.4	**−30**	−22.0
−31.6	**−25**	−13.0
−28.8	**−20**	−4.0
−26.1	**−15**	5.0
−23.3	**−10**	14.0
−20.6	**−5**	23.0
−17.8	**0**	32.0
−17.2	**1**	33.8
−16.7	**2**	35.6
−16.1	**3**	37.4

섭씨		화씨
15.6	**4**	39.2
−15.0	**5**	41.0
−14.4	**6**	42.8
−13.9	**7**	44.6
−13.3	**8**	46.4
−12.8	**9**	48.2
−12.2	**10**	50.0
−11.7	**11**	51.8
−11.1	**12**	53.6
−10.6	**13**	55.4
−10.0	**14**	57.2
−9.4	**15**	59.0
−8.9	**16**	60.8
−8.3	**17**	62.6
−7.8	**18**	64.4
−7.2	**19**	66.2
−6.7	**20**	68.0
−6.1	**21**	69.8
−5.6	**22**	71.6
−5.0	**23**	73.4
−4.4	**24**	75.2
−3.9	**25**	77.0

섭씨		화씨
−3.3	**26**	78.8
−2.8	**27**	80.6
−2.2	**28**	82.4
−1.7	**29**	84.2
−1.1	**30**	86.0
−0.6	**31**	87.8
0.0	**32**	89.6
0.6	**33**	91.4
1.1	**34**	93.2
1.7	**35**	95.0
2.2	**36**	96.8
2.8	**37**	98.6
3.3	**38**	100.4
3.9	**39**	102.2
4.4	**40**	104.0
5.0	**41**	105.8
5.6	**42**	107.6
6.1	**43**	109.4
6.7	**44**	111.2
7.2	**45**	113.0
7.8	**46**	114.8
8.3	**47**	116.6
8.9	**48**	118.4

섭씨		화씨
9.4	**49**	120.2
10.0	**50**	122.0
10.6	**51**	123.8
11.1	**52**	125.6
11.7	**53**	127.4
12.2	**54**	129.2
12.8	**55**	131.0
13.3	**56**	132.8
13.9	**57**	134.6
14.4	**58**	136.4
15.0	**59**	138.2
15.6	**60**	140.0
16.1	**61**	141.8
16.7	**62**	143.6
17.2	**63**	145.4
17.8	**64**	147.2
18.3	**65**	149.0
18.9	**66**	150.8
19.4	**67**	152.6
20.0	**68**	154.4
20.6	**69**	156.2
21.1	**70**	158.0

섭씨 - 화씨(계속)

섭씨		화씨
21.7	**71**	159.8
22.2	**72**	161.6
22.8	**73**	163.4
23.3	**74**	165.2
23.9	**75**	167.0
24.4	**76**	168.8
25.0	**77**	170.6
25.6	**78**	172.4
26.1	**79**	174.2
26.7	**80**	176.0
27.2	**81**	177.8
27.8	**82**	179.6
28.3	**83**	181.4
28.9	**84**	183.2
29.4	**85**	185.0
30.0	**86**	186.8
30.6	**87**	188.6
31.1	**88**	190.4
31.7	**89**	192.2
32.2	**90**	194.0
32.8	**91**	195.8
33.3	**92**	197.6
33.9	**93**	199.4
34.4	**94**	201.2
35.0	**95**	203.0
35.6	**96**	204.8
36.1	**97**	206.6
36.7	**98**	208.4
37.2	**99**	210.2
37.8	**100**	212.0
43	**110**	230
49	**120**	248

섭씨		화씨
54	**130**	266
60	**140**	284
65	**150**	302
71	**160**	320
76	**170**	338
83	**180**	356
88	**190**	374
93	**200**	392
99	**210**	410
100	**212**	413
104	**220**	428
110	**230**	446
115	**240**	464
121	**250**	482
127	**260**	500
132	**270**	518
138	**280**	536
143	**290**	554
149	**300**	572
154	**310**	590
160	**320**	608
165	**330**	626
171	**340**	644
177	**350**	662
182	**360**	680
188	**370**	698
193	**380**	716
199	**390**	734
204	**400**	752
210	**410**	770
215	**420**	788
221	**430**	806

섭씨		화씨
226	**440**	824
232	**450**	842
238	**460**	860
243	**470**	878
249	**480**	896
254	**490**	914
260	**500**	932
265	**510**	950
271	**520**	968
276	**530**	986
282	**540**	1004
288	**550**	1022
293	**560**	1040
299	**570**	1058
304	**580**	1076
310	**590**	1094
315	**600**	1112
321	**610**	1130
326	**620**	1148
332	**630**	1166
338	**640**	1184
343	**650**	1202
349	**660**	1220
354	**670**	1238
360	**680**	1256
365	**690**	1274
371	**700**	1292
376	**710**	1310
382	**720**	1328
387	**730**	1346
393	**740**	1364
399	**750**	1382
404	**760**	1400

섭씨		화씨
410	**770**	1418
415	**780**	1436
421	**790**	1454
426	**800**	1472
432	**810**	1490
438	**820**	1508
443	**830**	1526
449	**840**	1544
454	**850**	1562
460	**860**	1580
465	**970**	1598
471	**880**	1616
476	**890**	1634
482	**900**	1652
487	**910**	1670
493	**920**	1688
498	**930**	1706
504	**940**	1724
510	**950**	1742
515	**960**	1760
520	**970**	1778
526	**980**	1796
532	**990**	1814
538	**1000**	1832
565	**1050**	1922
593	**1100**	2012
620	**1150**	2102
648	**1200**	2192
675	**1250**	2282
704	**1300**	2372
734	**1350**	2462
760	**1400**	2552
787	**1450**	2642
815	**1500**	2732

메 모

■ 제 4 부 ■

강 구조의 설계

응력과 변형 공식

기호의 정의

- A = 횡단면적, in.²
- A_R = 요구되는 횡단면적, in.²
- I = 관성 모우멘트, in.²
- M = 허용 힘, lb.
- M_A = 허용 모우멘트, in-lb.
- P = 힘, lb.
- P_A = 모우멘트, in.-lb.
- S = 인장 혹은 압축 응력, psi.
- S_B = 휨 응력, psi.
- S_S = 전단 응력, psi.
- S_A = 허용 인장 혹은 압축 응력, psi.
- S_{BA} = 허용 휨 응력, psi.
- S_{SA} = 허용 전단 응력, psi.
- Y = 중립 축에서 끝 파이버까지의 거리, in.
- Z = 단면계수, in.³

부하의 형태		EX :
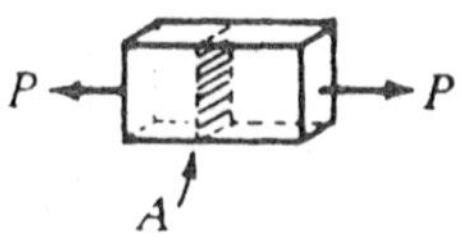 팽창	$S = \frac{P}{A}$ (psi) $P_A = AS_A$ (lb) $A_R = \frac{P}{S_A}$ (in²)	5,000파운드 인장 하중에 의한 SA 285-C강으로 만들어진 2×1/4인치 봉강의 응력은 면적 $A = 2\times\frac{1}{4} = 0.5$ in.² ; $S = \frac{P}{A} = \frac{5,000}{0.5} = 10.00$ psi.
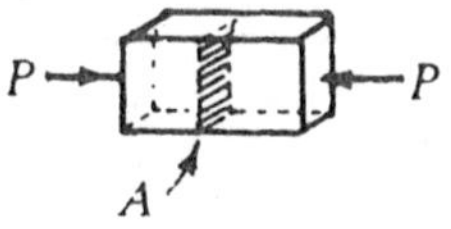 수축	$S = \frac{P}{A}$ (psi) $P_A = AS_A$ (lb) $A_R = \frac{P}{S_A}$ (in²)	압축하중 11,000파운드를 지지하기 위해 요구되는 SA 285C 강으로 만들어진 봉강의 면적은: $A_R = \frac{P}{S_A} = \frac{11,000}{22,000} = 0.5$ in.²
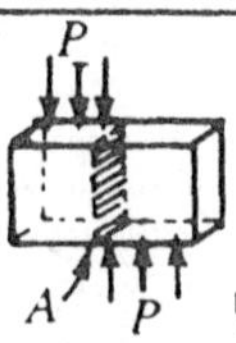 단수의	$S_S = \frac{P}{A}$ (psi) $P_A = AS_{SA}$ (lb) $A_R = \frac{P}{S_{SA}}$ (in²)	
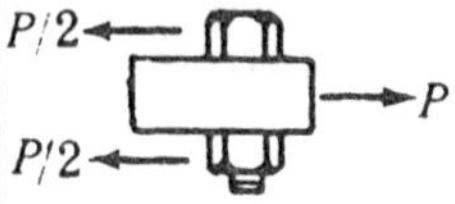 복수의 전단	$S_S = \frac{P}{2A}$ (psi) $P_A = 2AS_{SA}$ (lb) $A = \frac{P}{2S_{SA}}$ (in²)	복수의 전단에 있어서 하중 15,000파운드를 지지하기 위해 요구되는 SA 307-B강으로 만들어진 볼트의 면적은: $A_R = \frac{P}{2S_A} = \frac{15,000}{2\times10,000} = 0.75$ in.²
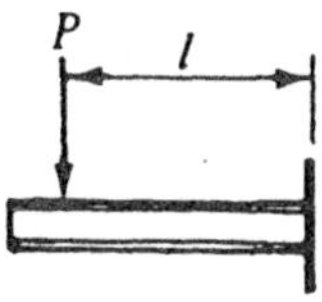 휨	$M = Pl$ (in-lb) $M_A = ZS_A$ (in-lb) $Z_R = \frac{M}{S_{BA}}$ (in³) $S = \frac{M}{Z}$ (psi) $S_A = \frac{M}{Z_{min}}$ (psi)	지지대로부터 60인치 거리에 작동하는 하중 1,000파운드에 의한 칸틸레버 빔의 지지대에 있어서의 최대 휨 모우멘트: $M = Pl = 1,000\times60 = 60,000$ in.-lb.
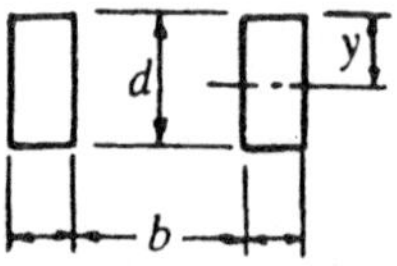 단면 계수	$Z = \frac{I}{y}$	단면계수 치수 b=2in.이고 d=4in.이라면 밑면 상 모우멘트의 축 I=42.67 $Z = I/Y = 42.67/4 = 10.67$ in.³ 중앙을 통한 모우멘트의 축, I=10.67 $Z = I/Y = 10.67/2 = 5.335$ in.³

허용 응력
(용기와 기타 구조물의 비압력 부품을 위한)

응력과 조인트의 형태	허용 응력	자료원
<u>강</u> 베어링 전단	1.60× } 도표 UCS-23의 값 0.80× }	CODE UCS-23 참고
압축 인장(핀 연결 제외) 휨 전단 베어링(연결상 전단상태의 볼트의 돌출된 면적	0.60× } 0.60× } 항복 응력 최소 0.66× } 0.40× } 1.5× } 최소 인장 강도	AISC
<u>강의 용접된 조인트</u> 완전 침투 그루브(GROOVE)용접 인장, 압축, 전단 부분 침투 그루브(GROOVE)용접 1. 용접의 축에 횡단하는 팽창 2. 용접의 축에 평행한 팽창 혹은 목부위의 수축 필렛 용접, 목부위의 전단 플러그 혹은 슬롯 용접	 용접된 강의 경우와 동일 13,600 psi. 용접된 강의 경우와 동일 13,600 psi. (목 치수를 사용시) 9,600 psi. (다리 치수를 사용시) 필렛 용접과 동일	AWS

단면의 특성

기호의 정의

A=면적, in.^{2}
I=관성 모우멘트, in.^{4}
r=나선의 반경 $\sqrt{I/A}$
y=중립축으로부터 끝파이버까지의 거리, in.
Z=단면계수, I/y in.^{3}

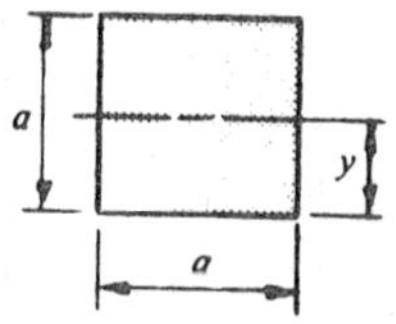	$A = a^2$ $y = \frac{1}{2}a$ $I = a^4/12$ $Z = a^3/6$ $r = 0.289\ a$	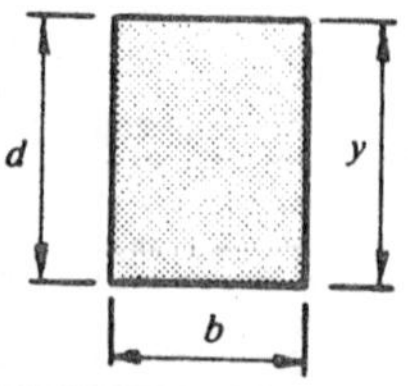	$A = bd$ $y = d$ $I = bd^3/3$ $Z = bd^2/3$ $r = 0.577\ d$
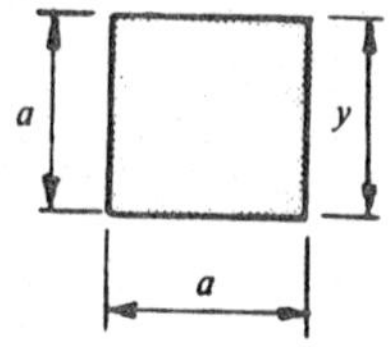	$A = a^2$ $y = a$ $I = a^4/3$ $Z = a^3/3$ $r = 0.577\ a$	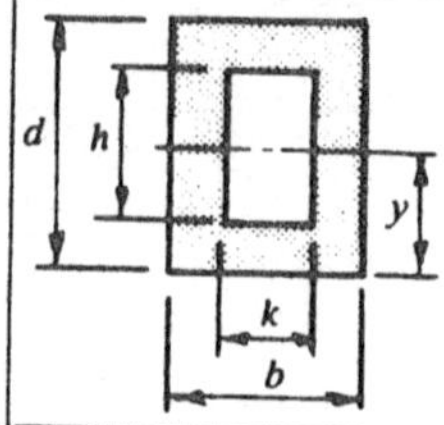	$A = bd - hk$ $y = \frac{1}{2}d$ $I = bd^3 - hk^3/12$ $Z = bd^3 - hk^3/6\ d$ $r = 0.289\sqrt{\frac{bd^3 - hk^3}{bd - hk}}$
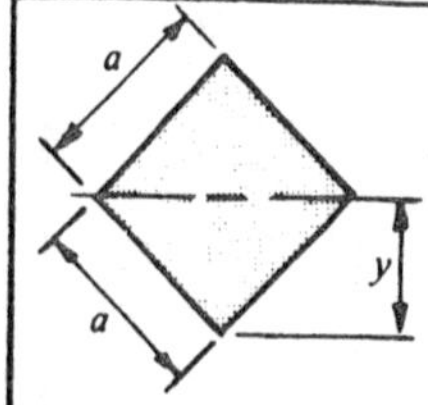	$A = a^2$ $y = 0.707\ a$ $I = a^4/12$ $Z = 0.118\ a^3$ $r = 0.289\ a$	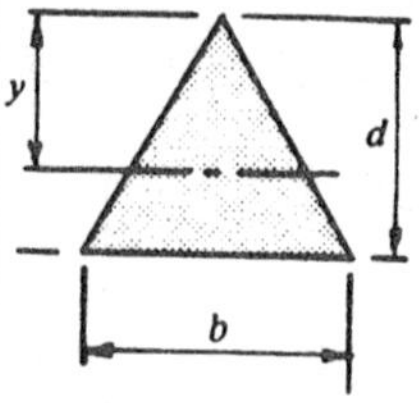	$A = \frac{1}{2}bd$ $y = \frac{2}{3}d$ $I = bd^3/36$ $Z = bd\ ^2/24$ $r = 0.236\ d$
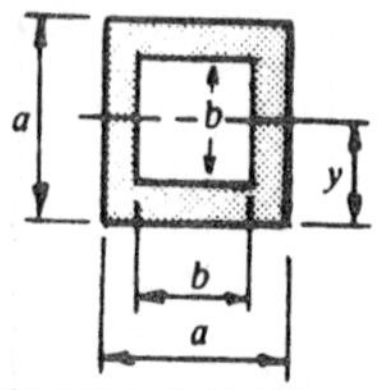	$A = a^2 - b^2$ $y = \frac{1}{2}a$ $I = a^4 - b^4/12$ $Z = a^4 - b^4/6a$ $r = 0.289\sqrt{a^2 + b^2}$	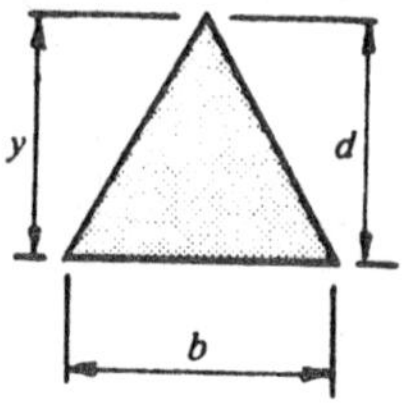	$A = \frac{1}{2}bd$ $y = d$ $I = bd^3/12$ $Z = bd^2/12$ $r = 0.408\ d$
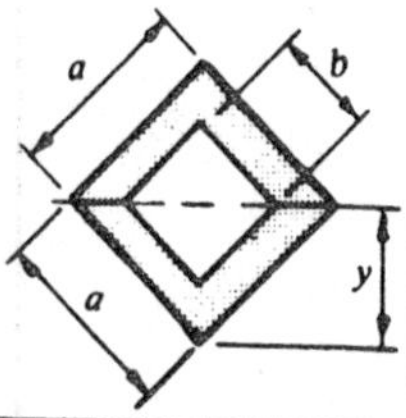	$A = a^2 - b^2$ $y = 0.707\ a$ $I = a^4 - b^4/12$ $Z = 0.118\ a^4 - b^4/a$ $R = 0.289\sqrt{a^2 + b^2}$	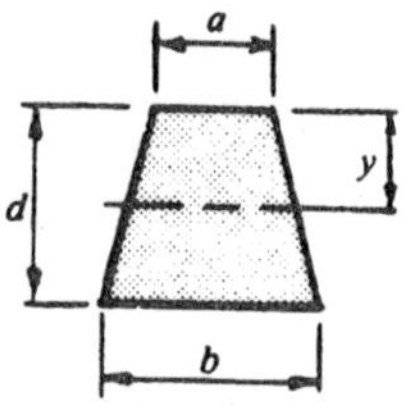	$A = d(a+b)/2$ $y = d(a+2b)/3(a+b)$ $I = \frac{d^3(a^2+4ab+b^2)}{36(a+b)}$ $Z = \frac{d^2(a^2+4ab+b^2)}{12(a+2b)}$ $r = \sqrt{I/A}$
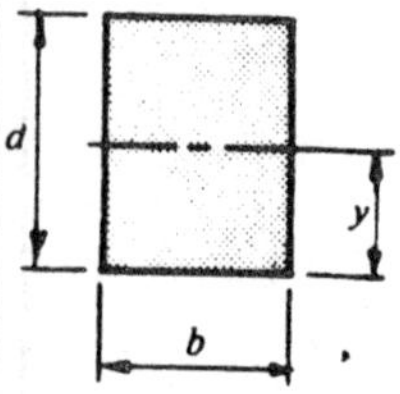	$A = bd$ $y = \frac{1}{2}d$ $I = bd^3/12$ $Z = bd^2/6$ $r = 0.289\ d$	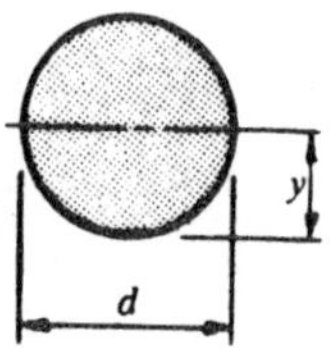	$A = 0.7854d^2$ $y = d/2$ $I = 0.049\ d^4$ $Z = 0.098d^3$ $r = d/4$

단면의 특성

기호의 정의

A＝면적, in.²
I＝관성 모우멘트, in.⁴
r＝나선의 반경 $\sqrt{I/A}$
y＝중립축으로부터 끝파이버까지의 거리, in.²
Z＝단면계수, I/y in.³

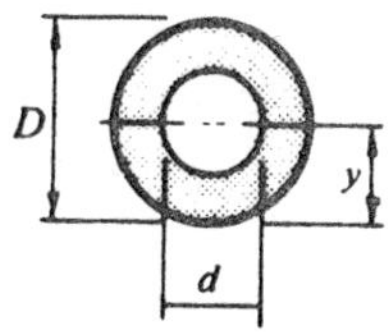	$A = 0.7854\,(D^2 - d^2)$ $y = D/2$ $I = 0.049\,(D^4 - d^4)$ $Z = 0.098\,D^4 - d^4/D$ $r = \sqrt{D^2 + d^2}/4$	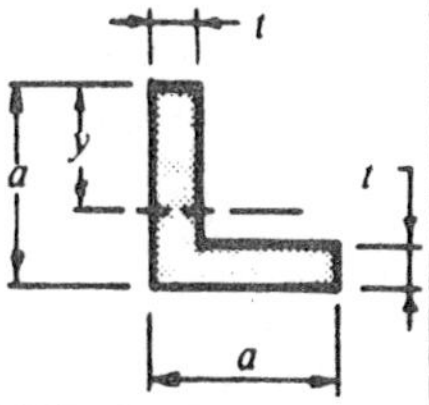	$A = t(2a - t)$ $Y = a - \frac{a^2 + at - t^2}{2(2a - t)}$ $I = \frac{1}{3}[ty^3 + a(a-y)^3 - (a-t)(a-y-t)^3]$ $Z = I/y$ $r = \sqrt{I/A}$
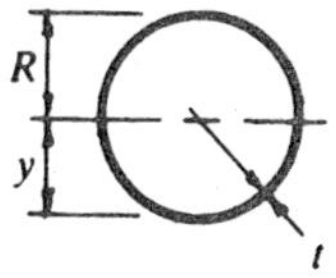	R>10t일 때의 얇은 벽을 가진 실린더 단면 $A = 2R\pi t$ $Y = R$ $I = R^3 t\pi$ $Z = R^2 t\pi$ $r = 0.707R$	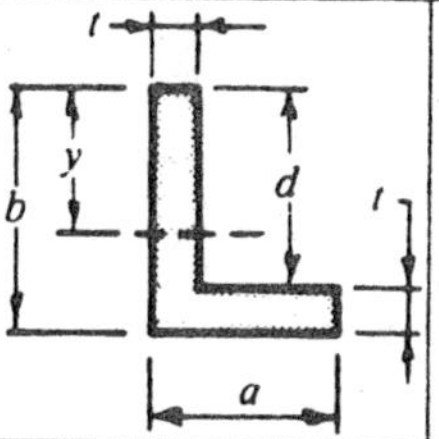	$A = t(a + b - t)$ $Y = b - \frac{t(2d + a) + d^2}{2(d + a)}$ $I = \frac{1}{3}[ty^3 + a(b-y)^3 - (a-t)(b-y-t)^3]$ $Z = I/y$ $r = \sqrt{I/A}$
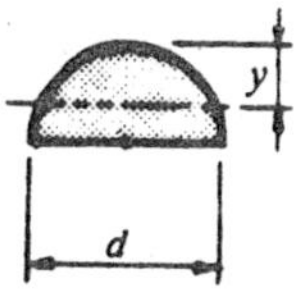	$A = 0.393\,d^2$ $y = 0.288\,d$ $I = 0.007\,d^4$ $Z = 0.024\,d^3$ $r = 0.132\,d$	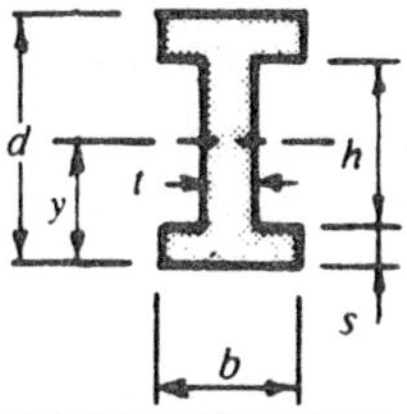	$A = bd - h(b - t)$ $y = d/2$ $I = bd^3 - h^3(b-t)/12$ $Z = \frac{bd^3 - h^3(b-t)}{6d}$ $r = \sqrt{I/A}$
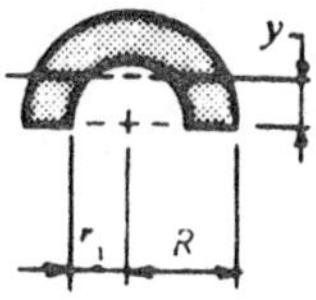	$A = 1.5708\,(R^2 - r_1^2)$ $y = 0.424\,R^3 - r_1^3/R^2 - r_1^2$ $I = 0.1098\,(R^4 - r_1^4) - \frac{0.283\,R^2 r_1^2\,(R - r_1)}{R + r_1}$ $Z = I/y$ $r = \sqrt{I/A}$	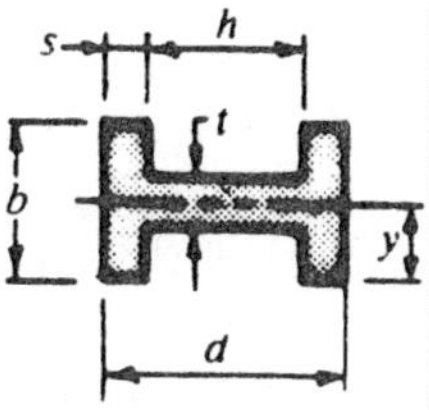	$A = bd - h(b - t)$ $Y = b/2$ $I = 2sb^3 + ht^3/12$ $Z = 2sb^3 + ht^3/6b$ $r = \sqrt{I/A}$
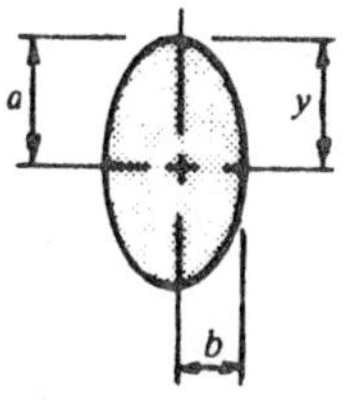	$A = 3.1416\,ab$ $y = a$ $I = 0.7854\,a^3 b$ $Z = 0.7854\,a^2 b$ $r = a/2$	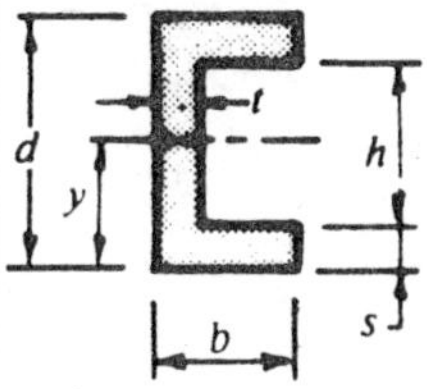	$A = bd - h(b - t)$ $y = d/2$ $I = bd^3 - h^3(b-t)/12$ $Z = bd^3 - h^3(b-t)/6d$ $r = \sqrt{\frac{bd^3 - h^3(b-t)}{12[bd - h(b-t)]}}$
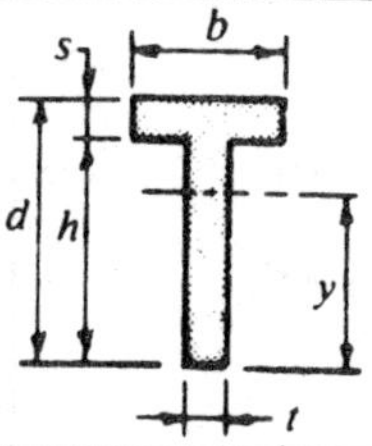	$A = bs + ht$ $y = d - \frac{d^2 t + s^2(b-t)}{2(bs + ht)}$ $I = \frac{1}{3}[ty^3 + b(d-y)^3 - (b-t)(d-y-s)^3]$ $Z = I/y$ $r = \sqrt{I/A}$	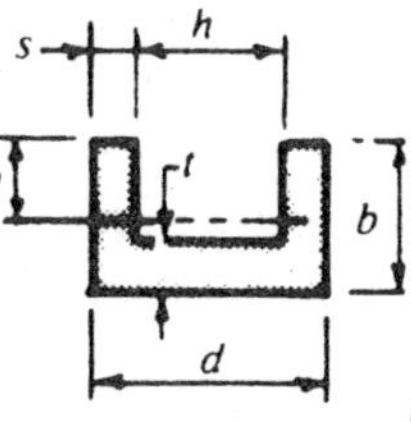	$A = bd - h(b - t)$ $y = b - \frac{2b^2 s + ht^2}{2bd - 2h(b-t)}$ $I = 2sb^3 + ht^3/3 - A(b-y)^2$ $Z = I/y$ $r = \sqrt{I/A}$

중심(重心)

어떤 면과 몸체의 중심은 그 면과 몸체의 모우멘트가 0인 어떤 축을 통하는 점이다. 중심에서 동종의 재질로 구성된 몸체가 공기 중에 매달려 진다면 모든 방향으로 균형을 이루게 된다.
정사각형, 직사각형, 원등 대칭적인 면의 중심은 그 면의 기하학적 중심과 일치한다. 비대칭적인 면 혹은 한 축에 대해서만 대칭적인 면에 대해서 중심은 계산으로 구해진다. 중심은 대칭의 중심선상에 위치한다(축 y-y). 이의 정확한 위치를 구하기 위해서는

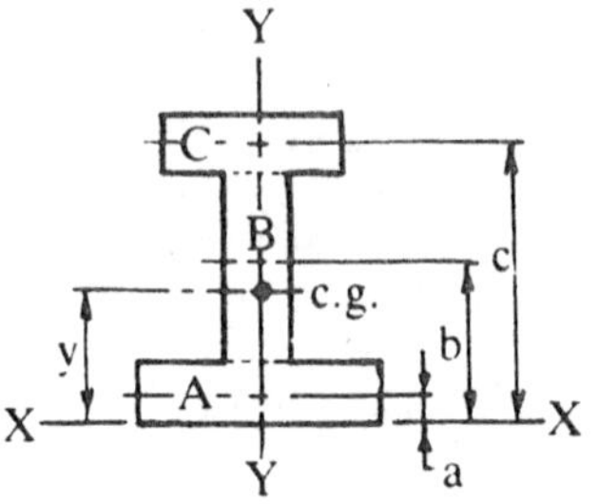

보기#1

1. 면을 3개의 직사각형으로 분할하라. 분할된 각면적(A, B, C)을 계산하라.
2. 그 직사각형의 중심을 구하라. 그리고 각 y-y에 수직한 선정된 축 x-x에 대한 거리 a, b, c를 구하라.
3. 공식에 의해 중심의 위치를 구하기 위해 거리 y를 계산하라.

$$y = \frac{Aa + Bb + Cc}{A + B + C}$$

직사각형의 면적을 $A = 16in.^2$, $B = 14in.^2$ $C = 12in.^2$로 중심의 거리를 a=1in., b=5in., c=9in.의 거리로 가정하면

$$y = \frac{16\times1 + 14\times5 + 12\times9}{16 + 14 + 12} = 4.62in.$$

면이 어떤 축에 대해 비대칭이다. 2개의 선정된 축을 이용, 모우멘트를 계산함으로써 중심은 구해질 수 있다. 이러한 축에 대한 중심의 거리를 구하기 위해서는

1. 면을 3개의 직사각형으로 분할하라. 그리고 분할된 각 면적(A, B, C)를 계산하라.
2. 직사각형의 중심과 축 X-X에 대한 거리 a, b, c 그리고 축 y-y에 대한 거리 a, b, c를 구하라.
3. 공식에 의해 거리 X와 Y를 구하라.

$$X = \frac{Aa_1 + Bb_1 + Cc_1}{A + B + C}$$

$$y = \frac{Aa + Bb + Cc}{A + B + C}$$

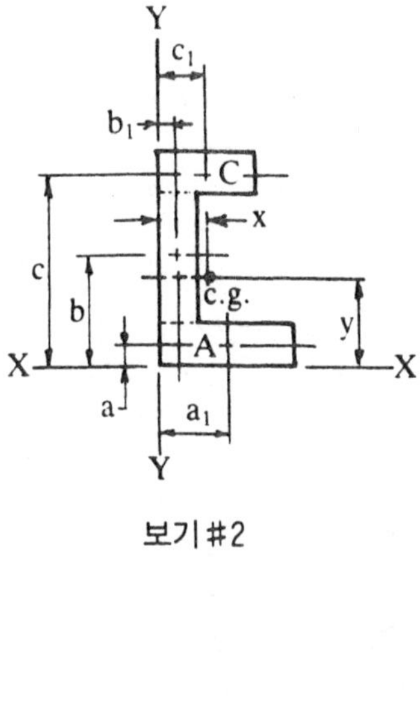

보기#2

직사각형 면적을 $A = 16in.^2$, $B = 14in.^2$, $C = 12in.^2$로 중심의 거리를 a=1in., b=5in., c=9in., $a_1 = 4in.$, $b_1 = 1in.$, $c_1 = 3in.$로 가정하면

$$X = \frac{16\times4 + 14\times1 + 12\times3}{16 + 14 + 12} = 2.71in.$$

$$Y = \frac{16\times1 + 14\times5 + 12\times8}{16 + 14 + 12} = 4.62in.$$

중심(重心)

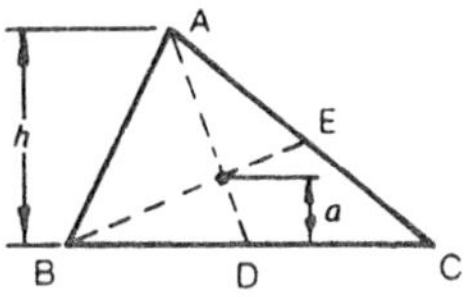

삼각형

중심은 측선 BC와 AC를 2등분하는 선 AD와 BE의 교점에 있다. 중심으로부터 어떤 측선까지의 수직 거리는 그 측선에 대한 수직 높이의 1/3과 같다. 따라서, $a=h\div3$

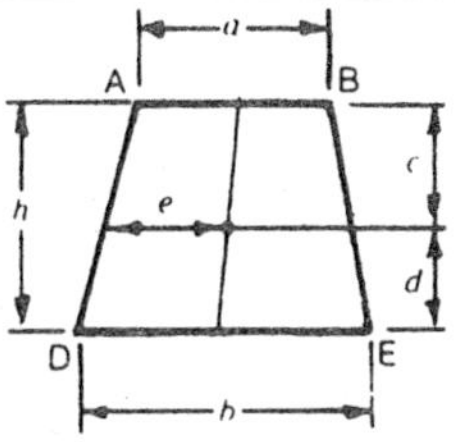

사다리 꼴

중심은 평행선 AB와 DE의 중간점을 포함하는 선상에 있다.

$$C = \frac{h(a+2b)}{3(a+b)} \qquad d = \frac{h(2a+b)}{3(a+b)}$$

$$e = \frac{a^2+ab+b^2}{3(a+b)}$$

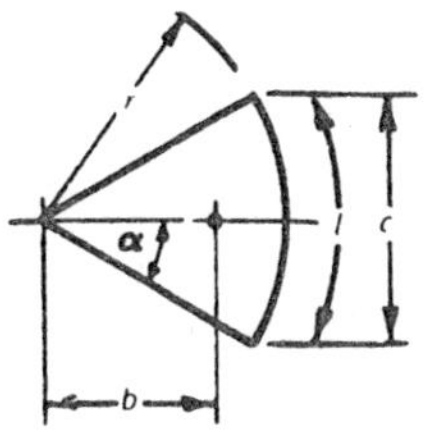

부채꼴

중심으로부터 원의 중심까지의 거리 b는

$$b = \frac{2rc}{3l} = \frac{r^2c}{3A} = 38.197\frac{r\sin\alpha}{\alpha}$$

여기서, A=부채꼴의 면적, α=각도

반원의 면적에 대해:

$$b=4r\div3\pi=0.4244r$$

1/4원의 면적에 대해:

$$b = 4\sqrt{2}\times r\div3\pi = 0.6002r$$

1/6원의 면적에 대해:

$$b=2r\div\pi=0.6366r$$

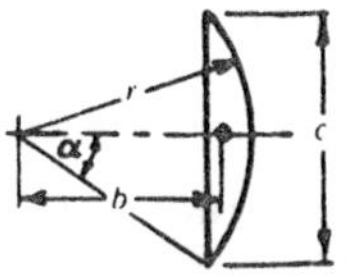

원호

원의 중점으로부터 중심의 거리는

$$b = \frac{C^3}{12A} = \frac{2}{3}\times\frac{r^3\sin^3\alpha}{A}.$$

여기서, A=원호의 면적

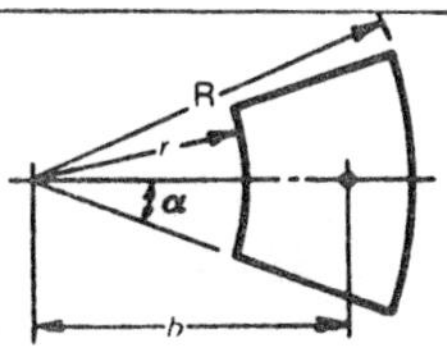

원형링 부분

중심으로부터 원의 중점까지의 거리는

$$b = 38.197\ \frac{(R^3-r^3)\ \sin\alpha}{(R^2-r^2)\alpha}$$

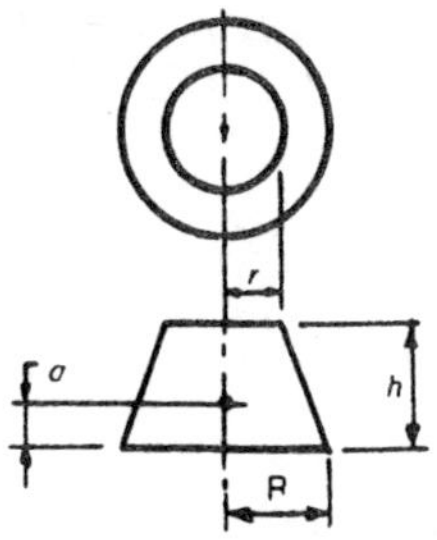

원추형

원추형에 대해서 공식은

$$a = \frac{h(R^2+2Rr+3r^2)}{4(R^2+Rr+r^2)}$$

원추대의 원추면의 중점의 위치를 구하기 위한 공식은:

$$a = \frac{h(R+2r)}{3(R+r)}$$

빔 공식

기호의 정의

E = 탄성계수, psi.
I = 관성 모우멘트, $in.^4$
l = 길이, in.
M = 힘 모우멘트, in. lb.
P = 집중하중, lb.
R = 반력, lb.
W = 하중, lb.
V = 총 전단력, lb.
v = 개별 전단력
W = 균등하게 배분된 하중 lb./in.
x = 축 x에 평행한 거리, in.
Δ = 휨, in.
θ = 휨의 각도, 라디안

1. 한 쪽이 고정된 칸틸레버 - 고정되지 않은 끝의 집중하중

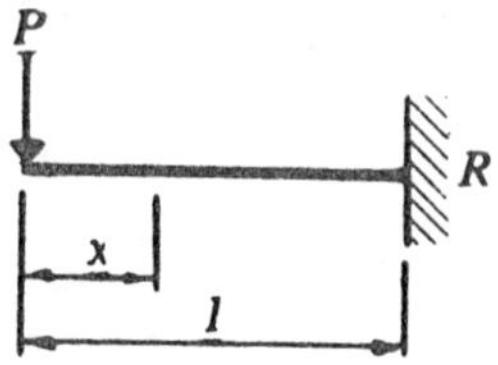

$$R = V = P$$

지지보, $M_{max} = Pl$

$$M_x = Px$$

선단에서, $\Delta_{max} = \frac{Pl^3}{3EI}$ $\Delta_x = \frac{P}{6EI}(2l^3 - 3l^2x + x^3)$

2. 한 쪽이 고정된 칸틸레버 - 어느 한 점에서의 집중하중

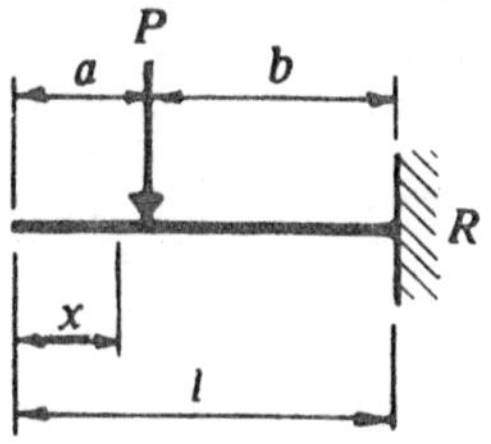

$$R = V = P$$

지지보, $M_{max} = Pb$

x>a일 때, $M_x = P(x - a)$

선단에서, $\Delta_{max} = \frac{Pb^3}{6EI}(3l - b)$

x<a일 때, $\Delta_x = \frac{Pb^2}{6EI}(3l - 3x - b)$

x>a일 때, $\Delta_x = \frac{P \ - x)^2}{3EI}(3b - l + x)$

3. 한 쪽이 고정된 칸틸레버 - 전길이에 걸쳐 일정한 하중

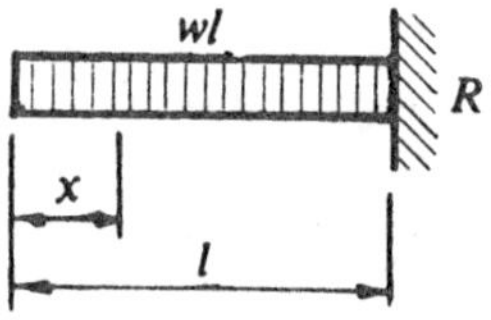

$$R = V = wl$$

$$Vx = wx$$

지지보, $M_{max} = \frac{wl^2}{2}$ $M_x = \frac{wx^2}{2}$

선단에서, $\Delta_{max} = \frac{wl^4}{8EI}$ $\Delta_x = \frac{w}{24EI}(x^4 - 4l^3x + 3l^4)$

4. 한 쪽이 고정된 칸틸레버 - 선단에서 지지대까지 균등하게 증가하는 하중

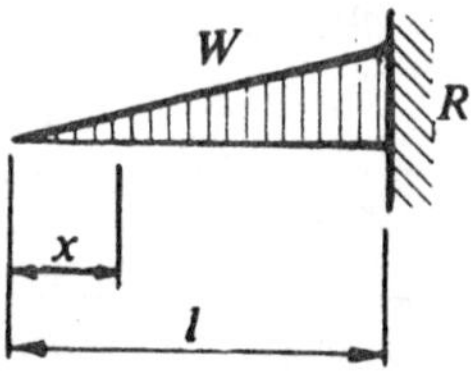

$R = V = W$ $V_x = W\frac{x^2}{l^2}$ $M_x = \frac{Wx^3}{3l^2}$

$W = \frac{pl}{2}$ 지지보, $M_{max} = \frac{Wl}{3}$

선단에서, $\Delta_{max} = \frac{Wl^3}{15EI}$ $\Delta_x = \frac{W}{60EIl^2}(x^5 - 5l^4x + 4l^5)$

선단에서, $0 = + \frac{Wl^2}{12EI}$

빔 공식

5. 양단이 지지되고, 중간에 집중하중이 작동하는 경우

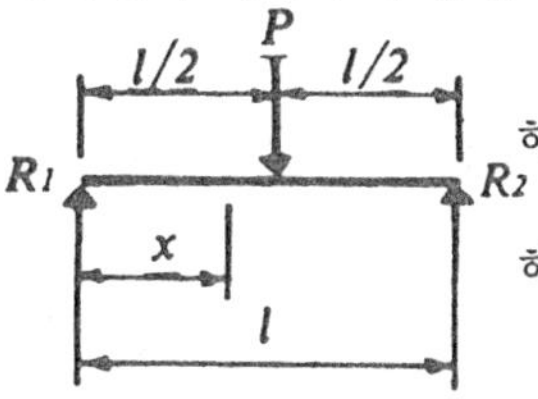

$R_1 = R_2 = V = P/2$

하중점에서, $M_{max} = \dfrac{Pl}{4}$ $x < l/2$일 때, $M_x = \dfrac{Px}{2}$

하중점에서, $\Delta_{max} = \dfrac{Pl^3}{48EI}$ 끝에서, $\theta_1 = -\dfrac{Pl^2}{16EI} = -\theta_2$

$x > l/2$일 때, $\Delta_x = \dfrac{Px}{48EI}(3l^2 - 4x^2)$

6. 양단이 지지되고, 어떤 점에 집중하중이 작동하는 경우

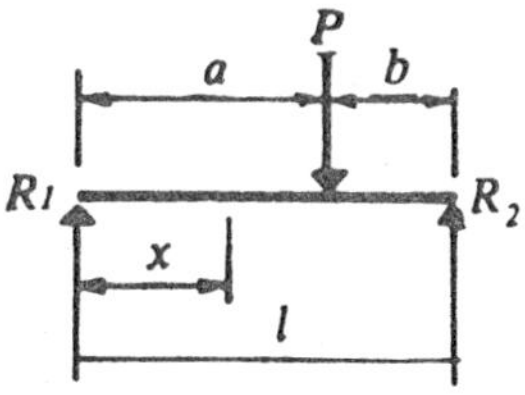

$a < b$일 때, $R_1 = V_1 = \dfrac{Pb}{l}$ 하중점에서, $M_{max} = \dfrac{Pab}{l}$

$a > b$일 때, $R_2 = V_2 = \dfrac{Pa}{l}$ $x < a$일 때, $M_x = \dfrac{Pbx}{l}$

$a > b$일 때, $\Delta_{max} = \dfrac{Pb}{3EIl}\sqrt{\dfrac{(l^2-b^2)^3}{3}}$ 하중점에서, $\Delta = \dfrac{Pa^2b^2}{3EIl}$

$x < a$일 때, $\Delta_x = \dfrac{Pbx}{6EIl}(l^2 - b^2 - x^2)$

끝에서,

$\theta_1 = -\dfrac{P}{6EI}\left(2al + \dfrac{a^3}{1} - 3a^2\right)$

$\theta_2 = +\dfrac{P}{6EI}\left(al - \dfrac{a^3}{l}\right)$

7. 양단이 지지되고, 2개의 다른 집중하중이 끝으로부터 같은 거리에 작동하는 경우

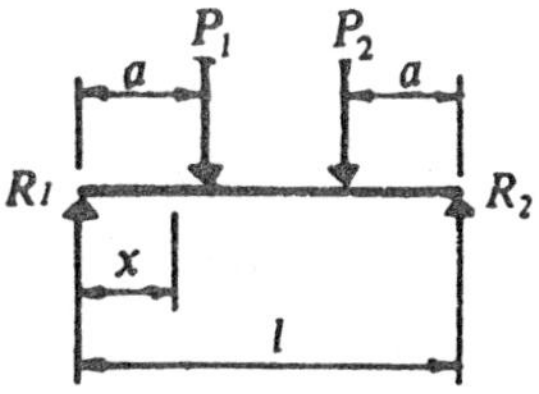

$R = V = P$ $M_{max} = Pa$ $x < a$일 때, $M_x = Px$

중앙에서, $\Delta_{max} = \dfrac{Pa}{24EI}(3l^2 - 4a^2)$

$x < a$일 때, $\Delta_x = \dfrac{Px}{6EI}(3la - 3a^2 - x^2)$

$x > a$이나, $x < (l-a)$일 때, $\Delta_x = \dfrac{Pa}{6EI}(3lx - 3x^2 - a^2)$

끝에서, $\theta = Pa\ 2EI(l - a)$

8. 양단이 지지되는 2개의 일정한 집중하중이 끝으로부터 서로 다른 거리에 작동하는 경우

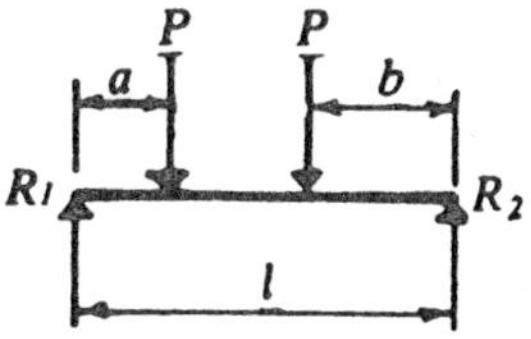

$R_1 = V_1 = \dfrac{P_1(l - a) + P_2 b}{l}$ $R_2 = V_2 = \dfrac{P_1 a + P_2(l - b)}{l}$

$x > a$이나, $x < (l-b)$일 때, $V = R_1 - P_1$

Max $R_1 < P_1$일 때, $M_1 = R_1 a$

Max $R_2 < P_2$일 때, $M_2 = R_2 a$

$x < a$일 때, $M_x = R_1 x$

$x > a$이나, $x < l-b>$일 때, $M_x = R_1 x - (x - a)$

9. 양단이 지지되고, 전길이에 걸쳐 일정한 하중이 작동하는 경우

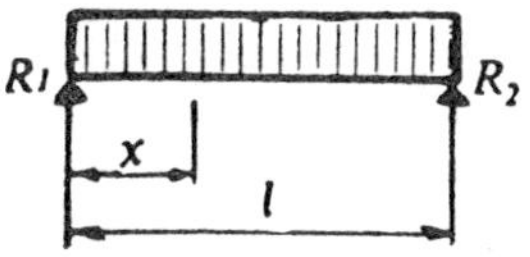

$R = V = \dfrac{wl}{2}$ $V = w\left(\dfrac{l}{2} - x\right)$

중앙에서, $M_{max} = \dfrac{wl^2}{8}$ $M_x = \dfrac{wx}{2}(l - x)$

중앙에서, $\Delta_{max} = \dfrac{5wl^3}{384EI}$ $\Delta_x = \dfrac{wx}{24EI}(l^3 - 2lx^2 + x^3)$

끝에서 $\theta = \dfrac{wl^3}{24EI}$

빔 공식

10. 양단이 지지되고, 일정길이에 걸쳐 일정한 하중이 작동하는 경우

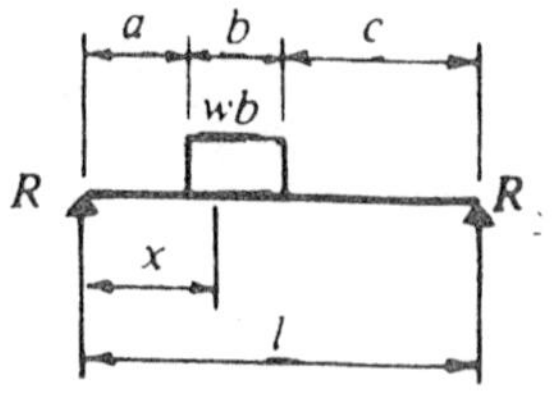

Max a〈c일 때, $R_1 = V_1 = \frac{wb}{2l}(2c + b)$

Max a〉c일 때, $R_2 = V = \frac{wb}{2l}(2a + b)$

x〉a이나 x〈(a+b)일 때, $V_x = R_1 - w(x - a)$

$M_{max} = R_1\left(a + \frac{R_1}{2w}\right)$ At $x = a + \frac{R_1}{w}$

x〈a일 때, $M_x = R_1 x$

x〉a이나 x〈(a+b)일 때, $M_x = R_1 x - \frac{w}{2}(x - a)^2$

x〉(a+b)일 때, $M_x = R_2(l - x)$

11. 양단이 고정되고 집중하중이 중앙에 작동하는 경우

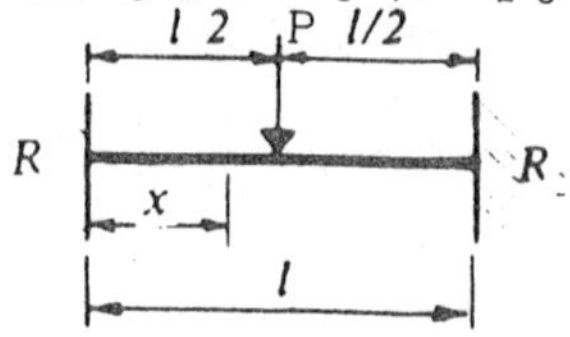

$R = V = \frac{P}{2}$

중앙에서, 끝에서, $M_{max} = \frac{Pl}{8}$

x〈 l/2일 때, $M_x = \frac{P}{8}(4x - l)$

중앙에서, $\Delta_{max} = \frac{Pl^3}{192EI}$ $\Delta_x = \frac{Px^2}{48EI}(3l - 4x)$

12. 양단이 고정되고 전 길이에 걸쳐 일정한 하중이 작동하는 경우

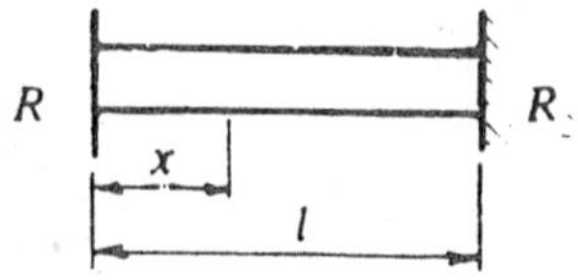

$R = V = \frac{wl}{2}$ $V_x = w\left(\frac{l}{2} - x\right)$

선단에서, $M_{max} = wl^2/12$ 중앙에서, $M = wl^2/24$

$M_x = w/12\,(6lx - l^2 - 6x^2)$

중앙에서, $\Delta_{max} = \frac{wl^4}{384EI}$ $\Delta_x = \frac{wx^2}{24EI}(l - x)^2$

13. 양단이 돌출되고, 전길이에 걸쳐 일정한 하중이 작동하는 경우

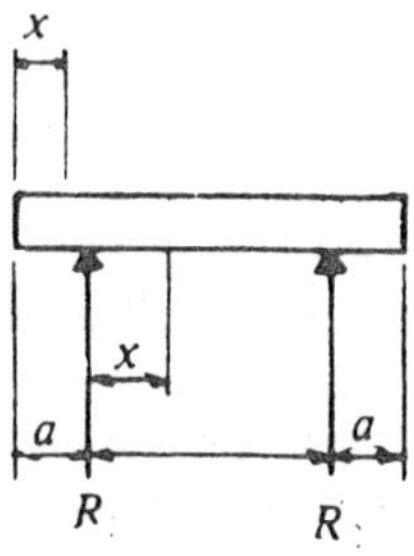

$R = V_1 + V_2 = w(a + l/2)$ $V_{x1} = wx_1$ $V_x = w(x - l/2)$

돌출부에 대해, $M_{x1} = \frac{wx_1^2}{2}$ 지지대에서, $M = \frac{wa^2}{2}$

지지대간에서, $M_x = \frac{w}{2}(lx - x^2 - a^2)$

중앙에서, $M_c = \frac{w}{8}(l^2 - 4a^2)$

$a = .207 \times$ 전 길이 또는 A=0.3541

$M = M_c = \frac{wl^2}{16}$

용접된 조인트의 설계
(구조적인 부재에 대해)

그루브(홈) 용착부(GROOVE WELD)

그루브 용착부는 통상 기초금속의 이어댄 부분이다. 그루브 용착부는 동일한 강도가 부재에 요구된다.

필렛 용접(FILLET WELD)

용착부의 크기

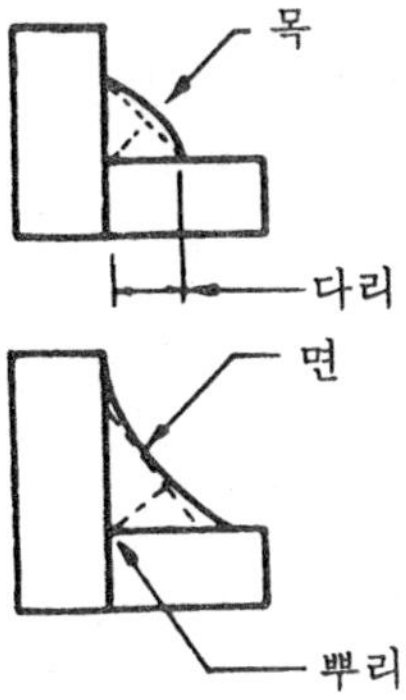

동일한 다리 필렛 용착부의 크기는 용착부의 단면도에 명기되어 있는 최대의 45° 정삼각형의 다리 치수이다.

동일하지 않은 다리 필렛 용착부의 크기는 필렛 용착부의 뿌리로부터 면까지의 최단 거리이다.

목 치수=0.707×다리 치수

최소 용착부 크기*

후판 두께, in.	1/2 이상	3/4 이상	1/2 이상	$2\frac{1}{4}$ 이상	6 이상	6 이상
최소 필렛, 용착부 크기, in.	3/16	1/4	5/16	3/8	1/2	5/8

*용착부 크기는 결합되는 박판 쪽의 소재두께를 초과하지 않아도 된다.

필렛 용접의 경제성

1. 강도를 위해 요구되는 필렛 용접의 최소 크기를 사용하라.
   필렛 용접의 크기를 직접적인 비례로 증가하면 그 부피와 비용이 크기의 제곱에 비례하여 증가한다.
2. 편심을 피하고, 용입 가능할 수 있도록 하고 하향 용접위치로 용접을 변위시켜라.
3. 보다 큰 강도를 얻기 위해 힘에 횡단면 방향으로 필렛 용접을 적용하라.

평행용접

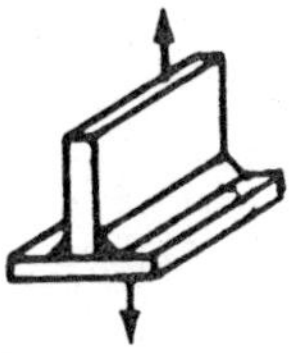

횡단면적 방향 용접

허용 하중

용접의 강도는 용접방법과 사용되는 용접봉의 종류에 따라 다르다. 탄소강 조인트에 대해 통상 사용되는 최대 허용 정하중은 필렛 용접 다리면적 1제곱인치당 9,600(9.6 Kips) 파운드이거나 1/16″다리×1″길이의 필렛 용접에서 600파운드이다.

결합된 하중

편심 하중에 의한 전단 응력과 휨 혹은 비틀림 응력은 벡터식으로 결합될 수 있다. 이것은 탄성이론에 근거하며 단순화되고 보수적인 방식을 제공한다.

용접된 조인트의 설계

(용접 윤곽의 특성)

기호의 정의

A_w = 용접의 길이, in.

f = 용접 허용 하중, 9.6kips/in.^{2} 다리 면적

M = 휨 모우멘트, kips

p = 허용 집중축하중, kips

S_w = 용접선의 단면계수(휨 모우멘트, in.^{2}를 받는)

V = 수직전단력, kips

w = 필렛 용접 다리 치수, in.

W = 필렛 용접상의 하중, kips/용접의 선형 인치

W_s = 필렛 용접상 평균 수직 전단력, kips/용접의 선형 인치

W_b = 용접상의 휨 힘, kips/용접의 선형 인치

용착부상의 힘에 대한 공식

$$W = \frac{P}{A_w}$$

팽창 혹은 수축

$$W_s = \frac{V}{A_w}$$

수직전단력

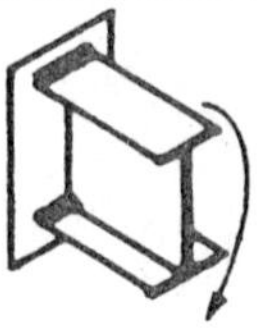

$$W_b = \frac{M}{S_w}$$

휨

합성된 힘 : $W = \sqrt{W_1^2 + W_2^2 + W_3^2}$

보기 1.

요구되는 필렛 용착부의 크기를 결정하라. 용착부의 길이는 모든 방향으로 8.5인치이고 팽창하중은 20kips이다.

$$W = \frac{P}{A_w} = \frac{20}{8.5} = 2.35\text{kips/1in. in.}$$

$$w = \frac{W}{f} = \frac{2.35}{9.6} = 0.24;\ 1/4''$$ 필렛 용착부를 사용하라.

보기 2.

필렛 용착부의 크기를 구하라. 용착부의 길이는 12인치(각 측변 6인치)이며, 하중은 9kips이다.

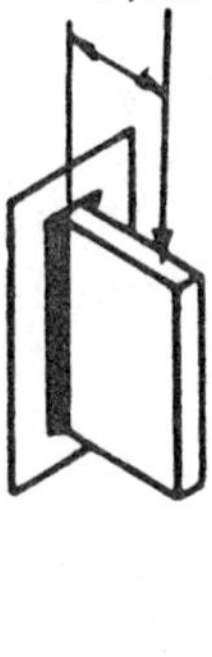

단면계수(도표로부터), $S_w = \frac{d^2}{3} = \frac{6^2}{3} = 12\text{ in.}^3$

휨 힘, $\frac{M}{S_w} = \frac{3\times 9}{12} = 2.25\text{ kips/1in. in.}$

전단력, $W_s = \frac{V}{A_w} = \frac{9}{12} = 0.75\text{kips/1in. in.}$

합성된 힘, $W = \sqrt{W_b^2 + W_s^2} = \sqrt{2.25^2 + 0.75^2}$

$= 2.37\text{ kips/1in. in.}$

필렛 용착부 크기, $w = \frac{W}{f} = \frac{2.37}{9.6} = .247''$; 필렛 용착부를 사용하라.

용접된 조인트의 설계

(용접 윤곽의 특성)

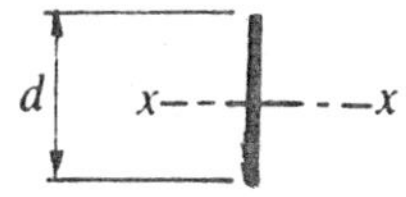	$S_w = \frac{d^2}{6}$	
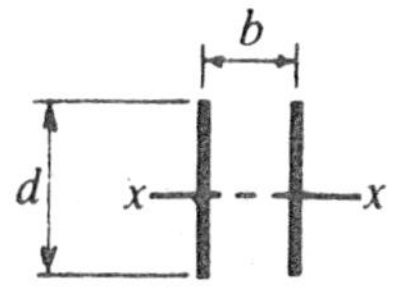	$S_w = \frac{d^2}{3}$	
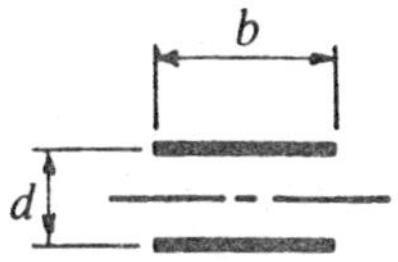	$S_w = bd$	
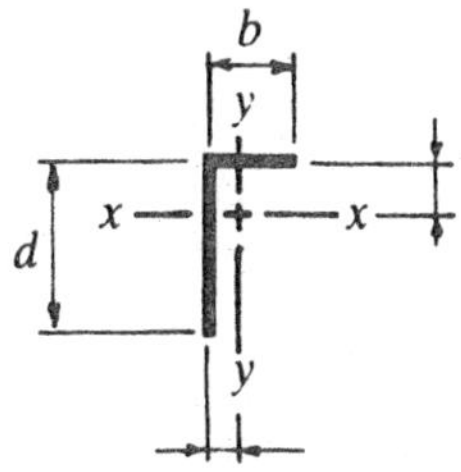	Sw(상단) = $\frac{d\,(4b+d)}{6}$ Sw(하단) = $\frac{d^3\,(4b+d)}{6\,(2b+d)}$ (하단에서의 최대응력)	
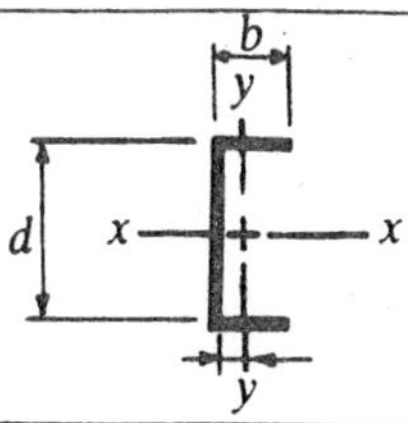	$S_w = bd + \frac{d^2}{6}$	
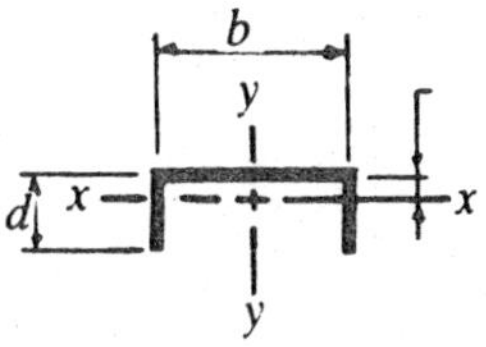	Sw(상단) = $\frac{d\,(2b+d)}{3}$ Sw(하단) = $\frac{d^2\,(2b+d)}{3\,(b+d)}$ (하단에서의 최대응력)	
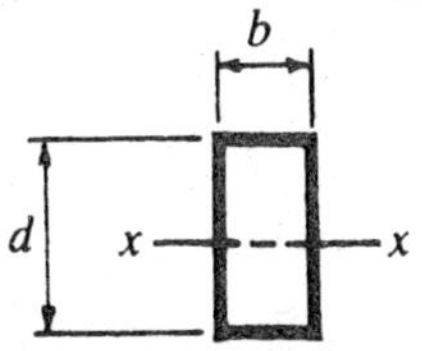	$S_w = bd + \frac{d^2}{3}$	
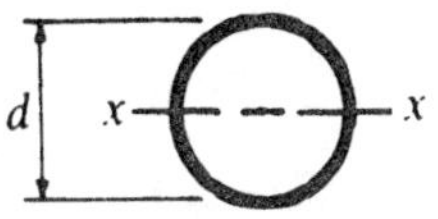	$S_w = \frac{\pi d^2}{4}$	

계산의 보기

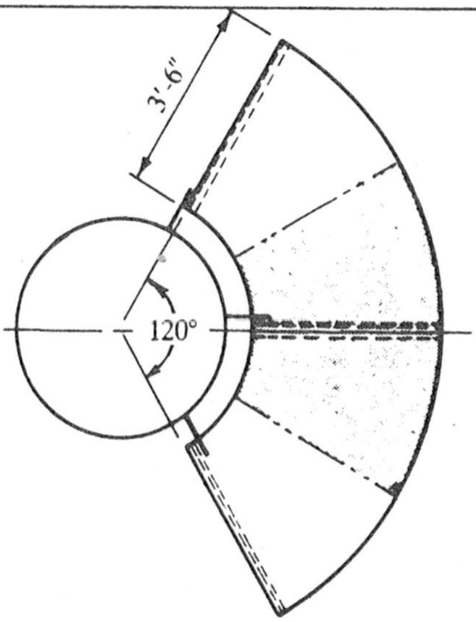

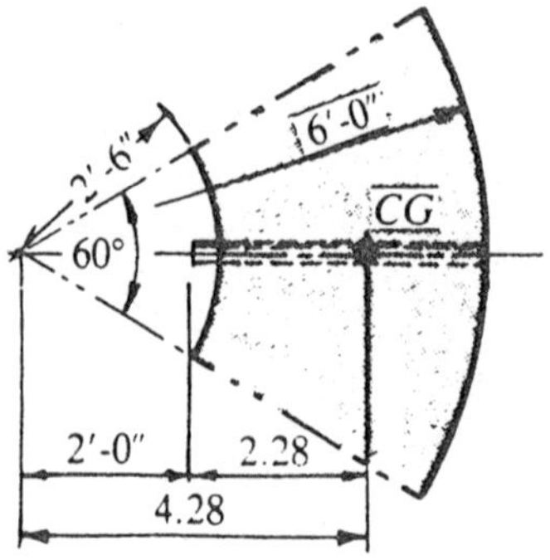

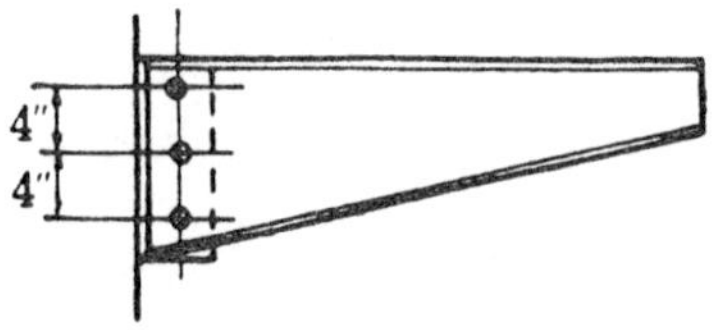

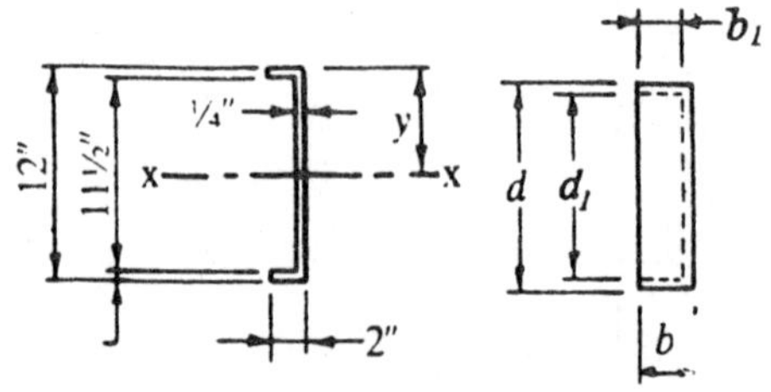

보기 1.

한 개의 플랫폼이 돌출부에 볼트로 체결되고 동일한 간격으로 위치하는 3개의 찬넬에 의해 지지되고 있다.

바닥면 하중은 1251bs/ft.^{2}이다.

기타 설계 데이터는 그림에서 보는 바와 같다. 찬넬과 볼트의 응력을 구하라.

총 부하의 절반은 중간 찬넬에 의해 지지된다. 따라서, 이 찬넬의 응력 조건만이 조사되어야 한다.

중간 찬넬에 의해 지지되는 면적:

$$\frac{60}{360} \times 0.7854\ (12^2 - 5^2) = 15.577 \text{ sq. ft.}$$

하중 : 15.577×125 = 1947 lbs

중심(페이지 434 참조) :

$$b = 38.197 \frac{(R^3 - r^3)\sin\alpha}{(R^2 - r^2)\alpha} =$$

$$38.197 \frac{(6^3 - 2.5^3)\ 0.500}{(6_2 - 2.5^2)\ 30} = 4.28$$

모우멘트 :

1947 × 2.28 × 12 = 53.270 in.-1b.

관성 모우멘트 :

$$I_{xx} = \frac{bd^3}{12} - \frac{b_1 d_1^3}{12} =$$

$$I_{xx} = \frac{2 \times 12^3}{12} - \frac{1.75 \times 11.5^3}{12} = \mathbf{66.206}$$

단면계수 :

$$Z = \frac{I}{y} = \frac{66.206}{6} = 11.034$$

지지대에서 찬넬의 응력 :

$$S = \frac{53,270}{11.034} = 4828 \text{ psi.}$$

볼트의 응력 : (볼트의 중앙에서)

한 개 볼트 상 하중 : $\frac{53,270}{8} = 6659$ lb.

7/8 볼트에 대해 : $A = 0.6013$ in.^{2}

$$S = \frac{6659}{0.6013} = 11074 \text{ psi.}$$

계산의 보기

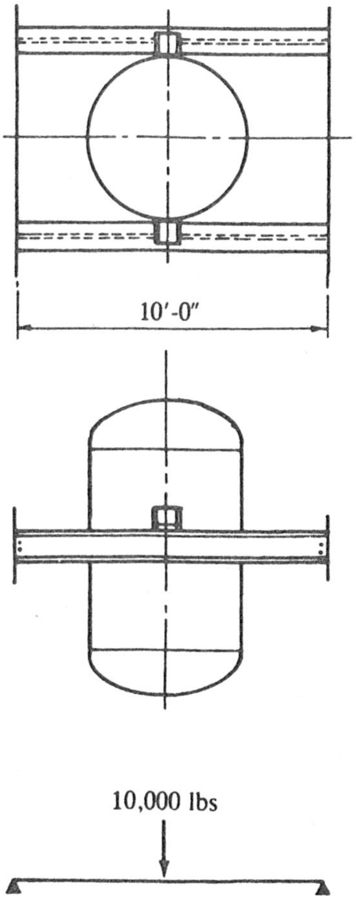

보기 2.

하나의 수직용기가 2개의 빔에 의해 지지되고 있다.

용기의 무게는 20,000 lbs이다.

l= 120 in., 핀 조인트를 가정하라.

한 개의 빔에서의 하중 :

모우멘트 :

$$M=\frac{Pl}{4}=\frac{10,000\times 120}{4}=300,000 \text{ in.}-\text{lb.}$$

요구되는 단면 계수 :

$$Z=\frac{M}{S_A}$$

허용 응력, S_A=20,000psi로 가정하면

단면계수 :

$$Z=\frac{300,000}{20,000}=15 \text{ in.}^3$$

넓은 플랜지 8WF20의 단면계수는 17in.^3

관성 모우멘트 : 69.2

넓은 플랜지 중앙에서의 응력

$$S=\frac{M}{Z}=\frac{300,000}{17}=17,647 \text{ psi.}$$

휨 :

$$\triangle=\frac{pl^3}{48EI}=\frac{10,000\times 120^3}{48\times 29,000,000\times 69.2}=$$

0.179in.~3/16in.

메 모

■ 제 5 부 ■

기 타

약 어

편집의 근거 : 1. 도면상의 사용을 위한 ASA Z32.13-1950 약어
2. 과학적이고 엔지니어링적인 용어를 위한 ASA Z10.1-1941 약어

추　　가 : 용기와 배관도면에서 일반적으로 사용되는 약어

AB	Anchor Bolt
AISC	American Institute of Steel Construction
ALLOW	Allowance Allowable
ANSI	American National Standards Institute
ASA	American Standard Association
API	American Petroleum Institute
APPROX	Approximately
ASB	Asbestos
ASME	American Society of Mechanical Engineers
ASTM	American Society for Testing Mat'ls.
AVG	Average
bbl	Barrel
BC	Bolt Circle
BEV	Bevel
BLD	Blind
BOP	Bottom of Pipe
BOT	Bottom
BRKT	Bracket
btu	British Thermal Unit
BW	Bevel Weld
BWG	Birmingham Wire Gauge
C	Degree Centigrade
CA	Corrosion Allowance
CCW	Counter Clockwise
cfm	Cubic Foot per Minute
CFW	Continuous Fillet Weld
CG	Commercial Grade
CG	Center of Gravity
cm	Centimeter
℄	Centerline
℄ to ℄	Centerline to Centerline
CO	Company
CONC	Concentric
CPLG	Coupling
CORR ALLOW	Corrosion Allowance
COUP	Coupling
CRS	Cold Rolled Steel
CS	Carbon Steel
C to C	Center to Center
CTR	Center
cu	Cubic
cu. ft.	Cubic Foot
CW	Clockwise
CWT	Hundred Weight
DC	Downcomer
DEH	Double Extra Heavy
DET	Detail
DIA	Diameter
DIAM	Diameter
DIM	Dimension
DP	Design Pressure

약어(계속)

DT'L	Detail	HLA	High Level Alarm
DWG	Drawing	HLL	High Liquid Level
EA	Each	HLSD	High Level Shut
EH	Extra Heavy		Down
EL	Elevation	HR	Hot Rolled
ELEV	Elevation	HT	Heat Treatment
ELL	Elbow	ID	Inside Diameter
ELLIP	Ellipse, Elliptical,	in	inches
	Ellipsoid	INCL	Including, Included
EQ	Equal, Equally	INS	Inspection
ETC	Et Cetera	INT	Internal
EXT	External	JE	Joint Efficiency
F	Fahrenheit	kg	Kilogram
F-F	Face to Face	l	Liter
F&D	Flanged & Dished	lb	Pound
FF	Flat Face	lbf	Pound Force
FIG	Figure	lbs	Pounds
FIN	Finish	LC	Level Control
FLG	Flange	LCV	Liquid Control Valve
FS	Far Side, Forged	LG	Long
	Steel	LG	Level Gage
ft	Foot, Feet	Lin. ft.	Lineal Foot (Feet)
FT^3	Cubic Foot	LLA	Low Level Alarm
FW	Fillet Weld	LLC	Liquid Level Con-
g	Gram		trol
GA	Gage	LLSD	Low Level Shut
GALV	Galvanized		Down
gal	Gallon	LR	Long Radius
GG	Gage Glass	LS	Low Stage
GOL	Gage of Outstanding	LWN	Long Welding Neck
	Leg	m	Meter
gpd	Gallon per Day	MB	Machine Bolt
gpm	Gallon per Minute	MK	Mark
GR	Grade	MAT'L	Material
HVY	Heavy	MAWP	Maximum Allowable
HD	Head		Working Pressure
HEMIS	Hemispherical	MAX	Maximum
HEX	Hexagonal	MH	Manhole
HH	Handhole	MIN	Minimum
HL	Hole	MK'D	Marked

약어(계속)

mm	Millimeter	RAD	Radial
MMSCF	Million Standard	REF	Reference
	Cubic Feet	REINF	Reinforcing
MSCF	Thousand Standard	REPAD	Reinforcing Pad
	Cubic Feet	REQ'D	Required
MW	Manway	RF	Raised Face
N	North	RJ	Ring Joint
N & C	New & Cold	RTJ	Ring Type Joint
NLL	Normal Liquid	RV	Relief Valve
	Level	S	Schedule
NO	Number	S/C	Shop Coat
NOM	Nominal	SCF	Standard Cubic Foot
NPT	American National	SCH	Schedule
	Taper Pipe Thread	SCR	Screw
NS	Near Side	SCR'D	Screwed
NTS	Not to Scale	SDV	Shutdown Valve
OA	Overall	SERV	
OD	Outside Diameter	Sht.	Service Sheet
OR	Outside Radius	SF	Straight Flange
OSHA	Occupational Safety and	SHT	Sheet
	Health Administration	SM	Seam
oz	Ounce	SMLS	Seamless
ozs	Ounces	SO	Slip On
P	Pressure	SPA	Spacing
PBE	Plain Both Ends	SPEC	Specification
PC	Pressure Control	SP GR	Specific Gravity
PCS	Pieces	SQ	Square
PCV	Pressure Control	SR	Short Radius
	Valve	SS	Stainless Steel
PI	Pressure Indicator	S-S	
P_L	Plate	S/S	Seam to Seam
PROJ	Projection	STD	Standard
PSE	Plain Small End	STL	Steel
psi	Pound per Square	STR	Straddle
	Inch	SUPT	Support
psia	Pound per Square	SYM	Symmetrical
	Inch Absolute	T&B	Top & Bottom
psig	Pound per Square	TC	Temperature Control
	Inch Gage	TBE	Threaded Both Ends

약어(계속)

PSV	Pressure Safety Valve	TYP	Typical
R	Radius	USAS	United States of America Standards Institute
TEMA	Tubular Exchanger Manufacturers Association	VA	Valve
THD	Threaded, Thread	VOL	Volume
THK	Thick	W/	With
TI	Temperature Indicator	WG	Water Gallon
TLE	Threaded Large End	WN	Welding Neck
TOC	Top of Concrete	W/ OUT	Without
TOS	Top of Steel	WP	Working Pressure
TS	Tube Sheet	WT	Weight
TSE	Threaded Small End	XH	Extra Heavy
T-T	Tangent to Tangent	XXH	Double Extra Heavy
TW	Tack Weld	XX STG	Double Extra Strong
TW	Thermowell		

CODE, 표준규격, 사양

【압력용기, 보일러】

ASME 보일러와 압력용기 Code, 1986

Ⅰ 동력 보일러
Ⅱ 재료 사양
Ⅲ 원자력 플랜트 부품
Ⅵ 난방보일러의 관리와 운전에 대한 추천되는 규칙
Ⅳ 난방보일러
Ⅴ 비파괴 검사
Ⅶ 동력 보일러의 관리에 대한 추천되는 규칙
Ⅷ 압력용기-1부, 2부-대안적인 규칙
Ⅸ 용접과 브레이징 자격
Ⅹ 파이브글라스-보강의 플라스틱 압력용기
Ⅺ 원자력플랜트 부품의 작동 중의 검사를 위한 규칙

영국 표준 규격 협회(BSI)

1500 - 화학, 석유 및 복합산업에서의 사용을 위한 퓨전 용접된 압력용기
1515 - 화학, 석유 및 복합산업에서의 사용을 위한 퓨전 용접된 압력용기(진보된 설계와 제작)

캐나다 표준 규격 협회(CSA)

B51-M1981 - 보일러와 압력용기의 제작과 검사를 위한 법령

【탱크】

미국 석유 협회(API)

Spec 12B 생산용 용액 저장용의 볼트로 체결된 탱크에 대한 사양, 1977.
Spec 12D 생산용 용액의 저장을 위해 현장에서 용접된 탱크에 대한 사양, 1982.
Spec 12F 생산용 용액의 저장용 공장에서 용접된 탱크에 대한 사양, 1982
Std 620 대형 용접된 저압력 저장탱크의 설계와 제작을 위해 추천되는 규칙, 1978
Std 650 기름 저장용 용접된 철강 탱크, 1980

Underwriters Laboratories, Inc.(UL)

No. 142 가연성 용액 지상 철강 탱크
No. 58 가연성 용액을 위한 지하 철강 탱크

미국 급수시설 협회(AWWA)

D100-79 물 저장용 용접된 철강탱크에 대한 AWWA 표준규격

전국 소방 협회(NFPA)

No. 30 가연성 용액 법령
No. 58 액화된 석유가스, 저장과 취급
No. 59 공공용 가스 플랜트에서의 액화된 석유가스

【배관】

미국 표준 규격 협회(ASNI)

B31.1-1986 동력 배관
B31.2-1968 연료가스 배관
B31.3-1980 화학플랜트와 석유정유배관
B31.4-1979 액화 석유 이동 배관 시스템
B31.4-1974 냉동 배관(1978 부록을 가진)
B31.8-1982 가스 전달 및 배분 배관 시스템

【열교환기】

관식 열교환기 제조업자 협회(TEMA)

1982 부록을 가진 표준규격, 6판
6판을 위한 동일한 문제에 관한 서적

【파이프】

미국 표준 규격 협회(ANSI)

ANSI B36.19-1976 스테인레스 스틸 파이프
ANSI B36.10-1979 용접되고 Seamless 단철(Wrought Steel) 파이프

【피팅, 플랜지와 밸브】

미국 표준 규격 협회(ANSI)

ANSI B16.25-1979 버트 용접 끝

ANSI B16.10-1973 철금속 밸브의 면대 면과 끝대 끝 치수

ANSI B16. 9-1978 공장제조의 단철 버트용접 피팅

ANSI B16.9a-1981 공장제조의 단철 버트용접 피팅(ANSI B16.9-1978의 부록)

ANSI B16.14-1977 철 금속 파이프 플러그, 부싱과 파이프 나사를 가진 로크 너트

ANSI B16.11-1980 소켓 용접과 나사 단조강 피팅

ANSI B16. 5-1981 파이프 플랜지와 플랜지 이음의 피팅, 강, 니켈 합금과 기타 특수 합금

ANSI B16.20-1973 강 파이프 플랜지를 위한 링 조인트 개스킷과 그루브

【재료】

미국 검사재료협회(ASTM)

1983 Annual Book of ASTM Standards, Section 1-철강 제품

Volume 0.1 01/강의 관, 튜브와 피팅, 127 스탠다드

Volume 0.1 03/강의 플레이트, 시트, 스트립과 와이어, 90 스탠다드

Volume 0.1 04/구조강, 콘크리트 보강 강, 압력용기 플레이트와 단조물, 강레일, 바퀴와 타이어-129 스탠다드

【기타】

International Coference of Building Officials(ICBO)

Uniform Building Code - 1985

Steel Structures Painting Council(SSPC)

Steel Structures Painting Manual

Volume 1. 양호한 도장법

Volume 2. 시스템과 사양

Uniform Boiler and Pressure Vessel Laws Society

Synopsis of Boiler and Pressure Vessel Laws, Rules and Regulations by States, Cities, Counties and Provinces(United States and Canada) - 1983

미국과 캐나다의 보일러와 압력용기 법률 도표

STATES	I	III	IV	VIII(1)	VIII(2)	XI
ALABAMA	A	N	A	N	N	N
ALASKA	A*	A	A*	A	A	A
ARIZONA	A	A	A	N	N	A
ARKANSAS	A*	A	A*	A*	A	A
CALIFORNIA	A	A	A	A	A	A
COLORADO	A	A	A	A	N	A
CONNECTICUT	A	A	A	N	N	N
DELAWARE	A	A	A	A	A	A
DISTRICT OF COLUMBIA	A*	A	A*	A*	A	N
FLORIDA	N	N	N	N	N	N
GEORGIA	A	N	A	A	N	N
GUAM	A	N	N	A	N	N
HAWAII	A	A	A	A	A	A
IDAHO	A	A	A	A	A	N
ILLINOIS	A	A	A	A	A	A
INDIANA	A	A	A	A	A	A
IOWA	A	A	A	A	A	A
KANSAS	A	A	A	N	N	A
KENTUCKY	A	A	A	A	A	A
LOUISIANA	A	N	A	A	A	N
MAINE	A	A	A	A	A	A
MARYLAND	A	A	A	A	A	A
MASSACHUSETTS	A*	A	A	A**	N	A
MICHIGAN	A	A	A	A**	N	A
MINNESOTA	A*	A	A*	A*	A	A
MISSISSIPPI	A	N	A	A	A	N
MISSOURI	A	A	A	A	A	A
MONTANA	A*	N	A*	N	N	N
NEBRASKA	A	A	A**	A**	A**	N
NEVADA	A	A	A	A	A	A
NEW HAMPSHIRE	A	A	A	A	N	N
NEW JERSEY	A*	A	A*	A	A	A
NEW MEXICO	N	N	N	N	N	N
NEW YORK	O	A	A	N	N	N
NORTH CAROLINA	A	A	A	A	A	A
NORTH DAKOTA	A	A	A	A	N	A
OHIO	A*	A	A*	A	O	A
OKLAHOMA	A	N	A	A	A	N
OREGON	A	A	A	A	A	A
PANAMA CANAL ZONE	A*	A	A*	A	A	N
PENNSYLVANIA	A*	A	A*	A*	A	A
PUERTO RICO	A	A	A	A	N	N
RHODE ISLAND	A	N	A	A	A	N
SOUTH CAROLINA	N	N	N	N	N	N
SOUTH DAKOTA	A	A	A	N	N	A
TENNESSEE	A	A	A	A	A	A
TEXAS	A	A	A	N	N	A
UTAH	A	A	A	A	A	A
VERMONT	A	A	A	A	A	N
VIRGINIA	A	A	A	A	A	A
WASHINGTON	A	A	A	A	A	A
WEST VIRGINIA	A	N	N	N	N	N
WISCONSIN	A	A	A	A	A	A
WYOMING ***	A	N	A	A	A	N

요점

I - 동력 보일러
II - 핵 부품
III - 난방 보일러
VIII(1) - 압력용기
VIII(2) - 압력용기-대체 규칙
XI - 원자력의 작동 중 검사
A - 법률이 ASME 제작을 요구함.
O - ASME 혹은 자체의 제작 법령을 요구함.
N - 법률이 포함하지 않음.
* - 요구되는 운전자 면허
** - 특정한 용기에 한정된
*** - 심의중인 규칙과 규정

자료원

이 압축된 데이터의 도표는 보일러와 압력용기 법률, 규칙, 규정, 일람표로부터 발췌한 것이다.

이것이 많은 법률과 규정상의 모든 면제와 상이를 나타내는 것은 아니다. 더욱 상세한 자료는 상기의 일람표에서 찾아볼 수 있다. 그 이상의 자료는 관할기관이나 관련협회로부터 얻을 수 있을 것이다.

미국과 캐나다의 보일러와 압력용기 법률 도표

TERRITORIES	I	III	IV	VIII(1)	VIII(2)	XI
PROVINCES IN CANADA						
ALBERTA	A*	A	A*	A	A	A
BRITISH COLUMBIA	A*	A	A*	A	A	N
MANITOBA	A*	A	A*	A*	A	A
NEW BRUNSWICK	A*	A	A*	A*	A	A
NEWFOUNDLAND & LABRADOR	A*	A	A*	A*	A	A
NORTHWEST TERRITORIES	A*	N	A*	A*	N	N
NOVA SCOTIA	A*	A	N	A*	A	A
ONTARIO	A*	A	A*	A*	A	N
PRINCE EDWARD ISLAND	A	A	A	A	N	N
QUEBEC	A*	A	A*	A*	A	N
SASKATCHEWAN	A*	A	A*	A*	N	A
YUKON TERRITORY	A*	A	A*	A*	N	N
CITIES AND COUNTIES						
ALBUQUERQUE, N.M.	A	N	A	N	N	N
BUFFALO, NEW YORK	O*	A	A	A	N	N
CHICAGO, ILLINOIS	A*	A	A	A	A	A
DEARBORN, MICHIGAN	A*	N	A*	A*	N	N
DENVER, COLORADO	A*	A	A*	A*	A	N
DES MOINES, IOWA	A*	N	A*	N	N	N
DETROIT, MICHIGAN	A*	A	A*	A	A	N
KANSAS CITY, MO.	A*	N	A*	A*	A	N
LOS ANGELES, CA.	A*	A	A*	A	A	N
MEMPHIS, TENNESSEE	A*	A	A*	A*	A	A
MIAMI, FLORIDA	A*	A	A*	A*	A	N
MILWAUKEE, WI.	A*	A	A*	A*	A	A
NEW ORLEANS, LA.	A*	N	A*	A*	A	N
NEW YORK CITY, N.Y.	O*	N	A	N	N	N
OKLAHOMA CITY, OK.	A*	N	A*	N	N	N
OMAHA, NEBRASKA	A*	N	A*	A*	N	N
PHOENIX, ARIZONA	A	N	A	A	A	N
ST. JOSEPH, MO.	A*	A	A*	A*	A	N
ST. LOUIS, MO.	A*	A	A*	A*	N	N
SAN FRANCISCO, CA.	A	N	A	A	N	N
SEATTLE, WA.	A	A	A	A	A	N
SPOKANE, WA.	A*	N	A*	A	N	N
TACOMA, WA.	A*	N	A*	A*	N	N
TAMPA, FL.	A*	N	A*	A*	A	N
TUCSON, AZ.	A	N	A	A	A	N
TULSA, OK.	A*	A	A*	A*	A	N
UNIVERSITY CITY, MO.	A*	N	A*	A*	N	N
WHITE PLAINS, N.Y.	O*	N	A	N	N	N
ARLINGTON CO., VA.	A	A	A	A	A	N
DADE CO., FLORIDA	A	A	A	A	A	N
FAIRFAX COUNTY, VA.	A	A	A	A	A	N
JEFFERSON PARISH, LA.	A*	A	A*	A*	A	N
ST. LOUIS CO., MO.	A*	A	A*	A	A	N

요점

- I - 동력 보일러
- II - 핵 부품
- III - 난방 보일러
- VIII(1) - 압력용기
- VIII(2) - 압력용기-대체 규칙
- XI - 원자력의 작동 중 검사
- A - 법률이 ASME 제작을 요구함.
- O - ASME 혹은 자체의 제작 법령을 요구함.
- N - 법률이 포함하지 않음.
- * - 요구되는 운전자 면허
- ** - 특정한 용기에 한정된
- *** - 심의중인 규칙과 규정

자료원

표로부터 발췌한 것이다.

이것이 많은 법률과 규정상의 모든 면제와 상이를 나타내는 것은 아니다. 더욱 상세한 자료는 상기의 일람표에서 찾아볼 수 있다. 그 이상의 자료는 관할기관이나 관련협회로부터 얻을 수 있을 것이다.

(배관과 압력용기에 대한 법률, 표준규격과 사양을 후원하거나 출판하는)
조직 및 기구의 주소록

기구명 및 주소	약어
AMERICAN BUREAU OF SHIPPING 45 Eisenhower Drive Paramus, NJ 07652	
ENGINEERING & SAFETY SERVICE **AMERICAN INSURANCE SERVICES GROUP, INC.** 85 John Street New York, NY 10038	
AMERICAN NATIONAL STANDARDS INSTITUTE** 1430 Broadway New York, N. Y. 10018 ** Formerly: United States of America Standards Institute (USAS) and prior to 1966 American Standards Association (ASA)	ANSI
AMERICAN PETROLEUM INSTITUTE 1220 L Street Washington, D.C. 20005	API
THE AMERICAN SOCIETY OF MECHANICAL ENGINEERS 345 East 47th Street New York, N. Y. 10017	ASME
AMERICAN SOCIETY FOR TESTING AND MATERIALS 1916 Race Street Philadelphis, PA 19103	ASTM
AMERICAN WATER WORKS ASSOCIATION 6666 West Quincy Avenue Denver, CO 80235	AWWA
AMERICAN WELDING SOCIETY P.O. Box 351040 Miami, FL 33135	AWS
BRITISH STANDARDS INSTITUTION* Sales Branch, 2 Park Street London, W. 1., England * British Standard Publications are available from The American National Standards Institute	BSI
CANADIAN STANDARDS ASSOCIATION 178 Rexdale Blvd. Rexdale, ON Canada M9W 1R3	CSA
COMPRESSED GAS ASSOCIATION 1235 Jefferson Davis Highway, Suite 501 Arlington, VA 22202	CGA

조직 및 기구의 주소록(계속)

기구명 및 주소	약어
INTERNATIONAL CONFERENCE OF BUILDING OFFICIALS 5360 S. Workman Mill Rd. Whittier, CA 90601	ICBO
THE NATIONAL BOARD OF BOILER AND PRESSURE VESSEL INSPECTORS 1055 Crupper Avenue Columbus, OH 43229	NBBI
NATIONAL BUREAU OF CASUALTY UNDERWRITERS Insurance Services Office 160 Water St. New York, NY 10038	
NATIONAL FIRE PROTECTION ASSOCIATION Batterymarch Park Quincy, MA 02269	NFPA
OCCUPATIONAL SAFETY AND HEALTH ADMINISTRATION 200 Constitution Avenue N. W. Washington, D. C. 20210	OSHA
STEEL TANK INSTITUTE 728 Anthony Trail Northbrook, IL 60062	
STEEL STRUCTURES PAINTING COUNCIL 4400 Fifth Avenue Pittsburgh, PA 15213	SSPC
TUBULAR EXCHANGER MANUFACTURERS ASSOCIATION 25 North Broadway Tarrytown, NY 10591	TEMA
UNDERWRITERS LABORATORIES INC. 333 Pfingsten Road Northbrook, IL 60062	UL
UNITED STATES COAST GUARD Washington, D.C. 20593	USCG
UNIFORM BOILER AND PRESSURE VESSEL LAWS SOCIETY P.O. Box 512 Oceanside, NY 11572	UBPVLS
WELDING RESEARCH COUNCIL 345 East 47th St. New York, N. Y. 10017	WRC

■ 참고 문헌 ■

1. S. Timoshenko, *Strength of Materials,* 1955, D. Van Nostrand Co., New York.

2. S.P. Timoshenko,*Theory of Plates and Shells, 1959, McGraw-Hill Book Co., New York.*

3. *R.J. Roark and W.C. Young, Formulas for Stress and Strain,* 5th Ed. 1975, McGraw-Hill Book Co., New York.

4. K.K. Mahajan, *Design of Process Equipment-2nd Ed. 1985,* Pressure Vessel Handbook Publishing, Inc., Tulsa, OK.

5. L.E. Brownell and R.H. Young, *Process Equipment Design: Vessel Design,* 1956, John Wiley and Sons, New York. (Out of Print)

6. M.B. Bickel and C. Ruiz, *Pressure Vessel Design and Analysis,* 1967, Macmillan Publishing Co. Inc., New York.

7. H.H. Bednar, *Pressure Vessel Design Handbook,* 1981, Van Nostrand Reinhold Co., New York.

8. S.S. Gill, *The Stress Analysis of Pressure Vessels and Pressure Vessel Components,* 1970, Pergamon Press, New York.

9. J.F. Harvey, *Theory and Design of Modern Pressure Vessels* 2nd Ed. 1974, Van Nostrand Reinhold Co., New York.

10. *Pressure Vessels and Piping: Design and Analysis* (Collected Papers) Volume I. Analysis, 1972, ASME.

11. *Pressure Vessels and Piping: Design and Analysis* (Collected Papers) Volume II. Components and Structural Dynamics, 1972, ASME.

12. *Pressure Vessels and Piping: Design and Analysis* (Collected Papers) Volume III. Materials and Fabrication, 1976, ASME.

13. W. Soedel, *Vibrations of Shells and Plates,* 1981, Marcel Dekker, Inc., New York.

14. W. Flügge, *Stresses in Shells,* 2nd Ed. 1973, Springer - Verlag, New York.

15. B.F. Forman: *Local Stresses in Pressure Vessels,* 3rd Ed. 1981, Pressure Vessel Handbook Publishing, Inc., Tulsa, OK.

16. B.F. Forman: *Local Stresses in Vessels - Computer Programs for HP-67 or 97,* 1981, Pressure Vessel Handbook Publishing, Inc., Tulsa, OK.

17. B.F. Forman: *Local Stresses in Vessels - Computer Programs for TI-59,* 1981, Pressure Vessel Handbook Publishing, Inc., Tulsa, OK.

18. R. Szilárd, *Theory and Analysis of Plates,* 1974, Prentice-Hall, Inc., Englewood Cliffs, NJ.

19. M. Hetényi, *Beams on Elastic Foundation,* 1974, The University of Michigan Press, Ann Arbor.

20. *Foundation Design Handbook* (Collected Papers), 1968, Hydrocarbon Processing, Houston, TX.

21. *Design of Flanges for Full Face Gaskets,* Bulletin No. 45, Taylor Forge & Pipe Works, Chicago, IL.

22. M.L. Betterley, *Sheet Metal Drafting,* 1961, McGraw-Hill Book Co., Inc., New York.

23. B.F. Forman: Pressure Vessel Computer Programs, 1986. Pressure Vessel Handbook Publishing, Inc., Tulsa, OK.

24. M.H. Jawad & J.R. Farr, *Structural Analysis and Design of Process Equipment,* 1984. John Wiley & Sons, New York.

▣ 용어의 정의 ▣

Abrasion(마멸) - 다른 고체, 액체, 기체 혹은 이의 혼합물의 마찰작용으로 인한 어떤 고체의 표면이 벗겨져 버리거나 닳아 버림.

Absolute Pressure(절대압력) - 빈 공간에서 혹은 절대온도 0에서 이론적으로 얻어지는 절대 압력 0이상의 게이지 압력과 구분되는 압력

Alloy(합금) - 금속 특성을 갖고 있으며 2개 이상의 원소(대개의 경우 금속)로 구성되어 있는 다수의 물질.

Angle Joint(앵글접합) - 0도(버인트조인트)와 90도(코너조인트) 사이의 교차면에 위치하는 2개 성분간의 조인트(Code UA-60)

Angle Valve(앵글접합) - 입구와 출구가 직각이며 통상 장갑형태의 밸브

Annealing(어닐링) - 응력을 제거하고 유연하게 하고, 표면을 정련하고 전성, 거칠음 혹은 기타 다른 성질을 변화시키기 위한 목적으로 고체를 가열하고 냉각을 제어하는 것을 일컬음. 어닐링이라는 용어로 포함되는 특정한 열처리는 블랙어닐링, 블루어닐링, 박스어닐링, 블라이트어닐링, 풀어닐링, 그래파타이징, 밀레어빌라이징과 프로세스 어닐링 등이다.

Are Welding(아크용접) - 전기아크로써 압력 또는 비압력으로써 충진금속을 이용하거나 가열에 의해 융합물이 생성되는 용접형태

Automatic Welding(자동용접) - 계속적인 관찰과 운전자에 의한 제어의 수정 없이 전 용접 과정을 수행하는 장비를 가진 용접. 이 장비는 부하를 싣고 내리는 일을 수행할 수도, 하지 않을 수도 있다.

Backing(덧판) - 루트에서 튼튼한 용접을 얻기 위해 용접과정동안 조인트를 뒷대기하는 재료.

덧판 스트립은 스트립 형태의 덧판이다.

Brittle Fracture(취성파괴) - 통상의 전성금속의 미세한 소성변형을 동반한 인장의 파손.

Brittleness(취성) - 파손 이전에는 어떠한 영구 뒤틀림을 실제로 나타내지 않을 때 이 재료는 취성이 있다고 함.

Bushing(부싱) - 파이프를 보다 큰 크기의 암나사 피팅으로 연결하기 위한 일종의 파이프 피팅. 내부와 외부나사를 가진 일종의 구멍 플러그이다.

Butt Weld(버트용착부) - 개략적으로 같은 면에 놓인 2개의 구성성분을 결합시키는 용착부. 압력 용기 제작에서의 버트 용접된 조인트는 완벽한 침투와 용해를 가져야 한다. 버트 용접된 조인트의 유형 : 단형 혹은 복형 엇이음 조인트, 사각버트조인트, 완전침투, 부분침투, 버트조인트, 뒷대기 스트립을 가진 혹은 갖지 않은 버트조인트.

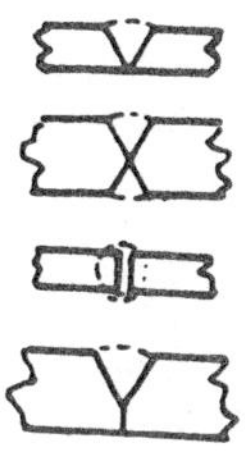

Centroid of an Area(Center of Gravity of an Area)(면의 중심) - 어떤 축을 통한 면의 모우멘트가 0인 면적의 평면에 있는 점: 그것은 무한히 얇은 동질의 균등한 플레이트와 같이 구체화되어 있는 면적의 중심과 일치한다.

Chain Intermittent Fillet Welds(병렬단속필릿용접) - 하나의 선에 있는 용접의 비드가 개략적으로 다른 선에 있는 그것과 반대로 위치하는 티 혹은 겹치기 조인트에 있어서의 용접방식.

Check Valve(체크 밸브) - 유체가 한 쪽 방향으로만 흐르도록 설계된 밸브. 일반적인 형태는 밸브 한 끝에 매달려 있는 플레이트를 갖고 있으며, 이 플레이트는 유체가 역류하면 밸브시트로 밀어내어 역류를 차단한다.

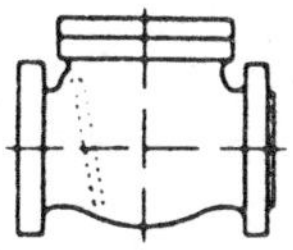

Chipping(취핑) - 부분적으로 작업된 금속으로부터 조그마한 균열 혹은 마디와 같은 표면의 결함을 제거하는 방법. 이러한 결함이 제거되지 않으면 이것은 완제품 상태로 이전되어 악영향을 준다. 이러한 결함이 가스 토치(gas-torch)에 의해 제거된다면, Deseaming 혹은 Scrafing이라는 용어가 사용된다.

Clad Vessel(클래드 용기) - 내부식성 물질이 바닥면에 부착되어 있는 플레이트로 만들어진 용기(Code UA-60)

Complete Fusion(완전용해) - 용접을 위해 노출된 모재금속면 전체에 걸쳐 일어나는 용해

Complete Penetration(완전침투) - 조인트를 통해 완벽하게 연장된 침투

Corner Joint(코너 조인트) - 서로 직각으로 위치하는 2개 부분의 접합부에서 용접된 조인트

Corrosion(부식) - 움직임이 없는 혹은 움직이는 약품에 의한 화학적인 침식. 산화 혹은 화공약품의 작용과 같은 화학적인 과정에 의한 금속 혹은 합금의 단계적인 파손

Corrosion Fatigue(부식피로) - 변동하는 피로응력과 결합된 부식에 기인한 금속의 파손

Coupling(커플링) - 2개의 파이프를 연결하기 위해 사용되는 나사진 슬리브. 파이프상의 외부나사를 수용하기 위해 양끝에 내부나사를 갖고 있음.

Creep(크리프) - 일정한 혹은 감소하는 응력하에서의 계속적인 변형의 증가. 이 용어는 상승되는 온도 하에서 팽창되는 상태에 있는 금속의 반응과 관련 통상 사용된다. 수축응력하에서의 어떤 재료의 유사한 파손은 통상 Plastic Flow 혹은 Flow.

Damaging Stress(파괴응력) - 어떤 재료를 통상수명 이전에 사용할 수 없는 상태가 되도록 만드는 최소의 국부응력

Deformation(Stress)(변형) - 응력으로 인해 발생되는 어떤 물체의 형태 혹은 치수 상의 변화

Design Pressure(설계압력) - 용기의 다른 부분의 최소허용두께 혹은 물리적인 특성을 결정하는데 사용되는 압력(Code UA-60)

Design Temperature(설계온도) - 어떤 부분을 위한 운전조건 하에서 기대되는 두께를 통한 금속의 평균온도(Code UG-20)

Discontinuity, Gross Structural - 상당한 부분의 구조에 영향을 미치고 전체 응력과 변형형태에 대해 혹은 전체로서의 구조에 중대한 영향을 갖는 응력 혹은 변형강화의 원천

Discontinuity, Local Structural - 사소한 부분에 영향을 미치고 전체 응력 혹은 변형형태에 대해 혹은 전체로서의 구조에 대해 중대한 영향을 갖지 않는 응력 혹은 변형강화의 원천

Double-Welded Butt Joint - 양면으로부터 용접된 버트 조인트

Double-Welded Lap Joint - 결합되어야 할 부재의 돌출된 끝이 양 부재의 끝을 따라 용접되는 형태의 겹치기 이음.

Ductility(연성) - 파괴되지 않고 늘어나 소성적으로 변형하는 금속의 성질

Eccentricity(편심) - 부재의 단면에 대한 부하는 그것이 중심을 통해서 작동하지 않는다면 그 단면에 대해 편심적이다. 주중심축에 대한 부하의 작용선으로부터 수직한 거리는 그 축에 대해 편심적이다.

Efficiency of a Welded Joint - 용접된 조인트의 효율은 숫자로 표현되며, 조인트의 설계에서 적당한 허용 응력의 배수로서 사용된다(Code UA-60).

Elastic(탄성적인) - 소성변형 없이 응력을 유지할 수 있는 능력을 가진. 이 용어는 응력-변형 비례의 법칙에 대한 일치를 나타내는데에도 또한 사용된다. 탄성응력 혹은 탄성변형이란 탄성한계 내에서의 응력 혹은 변형을 말한다.

Elastic Limit(탄성한계) - 소성변형을 일으키는 최소 응력

Electroslag Welding - 용제를 포함하는 조인트에 용접봉이 잠기는 용접형태, 전류는 용제를 녹이고 용제는 교대로 조인트와 용접봉의 표면을 녹인다. 이렇게 하여 용착금속이 조인트면 사이에서 연속주조인고트를 형성하게 한다.

Endurance Limit(Fatigue Strength)(피로강도) - 파손을 수반하지 않고 무한히 많은 횟수 반복될 수 있는 최대 응력

Erosion-Corrosion(침식-부식) - 침식과 부식의 효과로부터 발생하는 금속표면의 손상

Expansion Joint(신축이음쇠) - 1차적인 목적이 파이프를 연결하는 것이 아니고 열에 의한 파이프 선에서의 세로 팽창을 흡수하는 조인트

Factor of Safety(안전계수) - 부재 혹은 구조의 파괴를 초래하는 부하의 사용 중에 부과되는 부하에 대한 비율

Fatigue(피로) - 극한 정적 강도보다 상당히 낮은 응력이 여러 회 반복될 때 파괴되려고 하는 재료의 경향

Fiber Stress - 휨을 받을 때 빔이나 다른 부재의 세로 인장응력 혹은 수축응력을 나타내기 위해 편의상 사용되는 용어. 중립축으로부터 가장 먼 점에서의 응력을 나타내기 위해 때때로 이 용어가 사용된다. 그러나 이런 경우에는 Stress in Extreme Fiber라는 용어가 보다 적합할 것이다.

Fillet Weld(필렛 용접) - 각기 개략 직각인 상태에서 2개의 표면을 결합하는 삼각형 단면형태의 용접. 필렛 용접의 효과적인 응력지지면은 목 치수와 비드 길이의 산물인 것으로 추정된다. 필렛 용접은 비드목(다리) 치수로 명시된다.

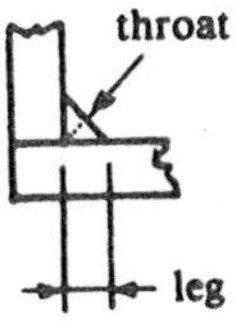

동일한 legged fillet 용접의 목 치수는 다리 치수의 0.707배이다.
필렛 용접은 Code UW-12의 도표에 보여지는 한계내에서 용기의 압력부품에 대해 강도용접(Strength Weld)로써 사용될 수 있다. 필렛 용접의 허용부하는 용접면의 제품과 동일해야 하며(최소 leg 치수에 기준), 용접되는 재료의 허용인장응력과 동일해야 하고, 이음효율은 55%이어야 한다(Code UW-18). 노즐과 용기에 대해 보강물들을 부착하고 있는 필렛 용접에 대한 허용응력은 용기재질에 대한 응력의 49%(전단력에 있어)이다(Code UW-15).

Filler Metal(충진금속) - 용착부를 위해 추가되어야 하는 용접봉과 같은 재료

Full Fillet Weld - 크기가 결합되는 얇은 부위의 두께와 동일한 필렛 용착부

Gage Pressure(게이지 압력) - 전체 절대압력이 통상 대기압을 초과하는 양

Galvanizing(아연도금) - 아연층을 철의 물질에 입히는 것. 입히는 방식에는 고온용융방식과 전해방식이 있다.

Gas Welding(가스용접) - 압력이 있는 혹은 없는 충진금속의 사용이 있는 혹은 없는 가스 화염을 가지고 가열함으로써 유합물이 생성되는 형태의 용접절차

Gate Valve(게이트 밸브) - 게이트, 종종 웨지 형태를 사용하고 게이트가 시트로부터 올려졌을 때 유체가 흐르도록 허용하는 밸브. 글로브 밸브보다 유체 흐름에 대해 적은 저항을 갖고 있다.

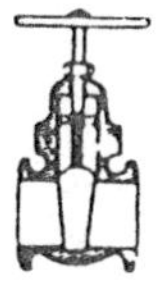

Globe Valve(글로브 밸브) - 수동으로 들려지고 내려지는 디스크를 가진 글로브 형태의 몸체를 가진 밸브. 닫혔을 때는 유체 흐름을 방지하기 위해 시트에 머물게 된다.

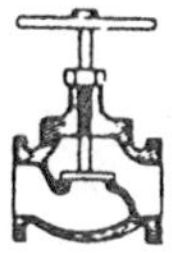

Graphitization(침탄) - 흑연입자 형태로서의 탄소의 침전. 탄소강이 775°F 이상에서 오랫동안 사용되고 C-Mo 강이 875°F 이상에서 오랫동안 사용될 때 일어난다.
침탄은 세밀히 분산된 주철카바이드(세멘타이트)의 보력 효과를 입자로부터 제거하여 강의 강도를 낮추는 것으로 보인다. 세밀하게 분산된 알루미늄 킬드강은 특히 침탄에 약한 것으로 보인다.

Groove Weld(그루브 용접) - 결합되어야 할 2개의 부위간에 있는 그루브에 충진금속을 부착시킴으로써 만들어지는 용착부 그루브 표준형태.
V, U 그리고 J. 각기는 1개 혹은 2개일 수 있다.
그루브 용접에 대한 응력은 인장시 용착부에 의해 결합되는 용기재질응력의 74%이고, 전단시 60%이다(Code UW-15).

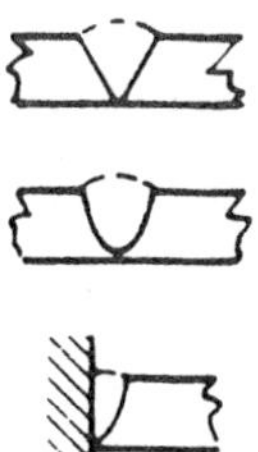

Head(헤드) - 원통형 셸의 끝(밀폐부). 통상 사용되는 헤드 유형은 반구형, 타원형, 플랜지 이음형과 접시이음형, 원추형, 평면형이다.

Heat Treatment(열처리) - 재료의 기계적 특성을 변화시키기 위해 혹은 최대 부식저항을 얻기 위해 수행되는 열처리 과정. 3가지 주요 형태 : 어닐링, 노말라이징과 용접전 열처리

High-Alloy Steel(고합금강) - 탄소 이외의 요소를 많이 포함하고 있는 강

Hydrogen Brittleness(수소취성) - 수소가스의 흡수에 기인한 금속의 낮은 연성. 이는 전해과정 혹은 세척과 정중에 일어날 수 있으며, 산취성으로 통한다.

Hydrostatic Test(수압테스트) - 물로 채워진 완성된 용기는 용기에 표시되어야 하는 최대 허용 작동압력의 1.5배 혹은 사용자와 제조업자간의 합의에 의한 설계압력의 1.5배에 해당하는 테스트압을 견디어야 한다(Code UG-99).

Impact Stress(충격응력) - 갑작스럽게 적용된 힘에 의해 재료에 부과된 단위면적당 힘

Impact Test(충격테스트) - 굽힘, 인장 혹은 뒤틀림 부하를 받고 있을 때 충격에 의해 재료가 파괴될 때까지 재료의 저항 정도를 결정하는 것. 흡수된 에너지는 일격에 의해 재료를 파괴시험으로써 측정된다.

Intermittent Weld(단속용접) - 용착부의 연속성 용접이 되지 않은 용착부

Isotropic(이소트로픽) - 재료강도의 같은 특성 동일방향으로 강도 및 탄성특성인 탄성계수, 강성계수, Poisson's-ratio을 가지는 것을 말한다.

Joint Efficiency(이음효율) - 모(母) 금속의 강도에 대한 리베트되거나 용접 및 활동용접된 이음 강도의 비율로써 계수로써 표시된다.

Joint Penetration - 그루브 용착부가 그 면으로부터 보강을 제외하고 이음으로 확장된 최소 깊이

Killed Steel(킬드강) - 고도로 탈산된 강(예 : 알루미늄 혹은 실리콘의 추가에 의해). 이 경우 고체화과정에 탄소와 산소간의 반응은 억제된다. 이런 유형의 강은 다른 유형에 비해 보다 일정한 화학적 구성과 특성을 갖고 있다.

Lap Joint(랩 이음) - 2개의 중첩된 금속부분이 필렛, 플러그 혹은 슬로트 용착부에 의해 결합되는 용접이음

Layer or Laminated Vessel(적층용기) - 2개 이상의 별도 층으로 만들어진 셸을 가진 용기

Leg(다리) - 필렛 용접 참고할 것

Lethal Substances(치명적인 물질) - 매우 소량의 가스 혹은 증기도 흡입되었을 때 인체에 매우 위험한 성질의 가스 혹은 용액이 치명적인가를 결정하는 것은 용기 사용자의 책임이다.

Ligament(인대) - 인접한 구멍간 있는 튜브 혹은 셸에 있어서의 견고한 재질의 부분

Lined Vessel(라이닝 처리된 용기) - 용기벽에 단속적으로 부착된 내부식성의 라이닝을 가진 용기(Code UA-60)

Liquid Penetrant Examination(PT).(침투탐상검사) - 기포가 없는 철재료 혹은 비철재료의 표면에 불연속(홈 혹은 구멍)이 있는가를 찾아내기 위한 비파괴검사의 일종. 이런 방식에 의해 탐지되는 통상적인 불연속은 깨짐, 이음매, Cold shut과 Lamination이다(Code UA-60).

Loading(부하) - 부하는 각종 힘의 결과치이다. 용기 설계에서 고려되어야 할 부하 : 내부 혹은 외부압력, 충격부하, 용기무게, 첨가된 부하, 바람과 지진, 국부적인 부하, 온도변화 효과(Code UG-22).

Low-Alloy Steel(저합금강) - 약 1% 미만의 탄소와 다음 합금의 1개 이상을 일반적으로 함유, 경화될 수 있는 탄소강 : 2% 미만 망간(Mn), 4% 미만 니켈(Ni), 2% 미만 크롬(Cr), 0.6% 몰리브덴(Mo), 0.2% 미만 바나듐(Va)

Magnetic Particle Examination(MT).(자분탐상검사) - 철과 철의 자성합금의 표면 근처에서 깨짐과 이와 유사한 불연속의 탐지를 위한 검사방법

Malleable Iron(전성 주철) - 취성을 줄이기 위해 열처리된 주철. 열처리 과정을 거쳐 재료는 어느 정도 인성이 있어 보다 큰 충격을 흡수할 수 있게 된다.

Material Test Report(재료 테스트 보고서) - 재료 제조업체가 보고하여야 할 기본재료 사양에 의해 요구되는 테스트, 검사, 보수, 처리 등의 결과를 기록한 서류(Code UA-60)

Maximum Allowable Stress Value(최대허용응력) - Code UG-23에 주어진 설계공식에서 사용될 수 있는 어떤 명시된 재료에 대해 허용되는 최대 단위 응력

Maximum Allowable Working Pressure(최대허용작동압력) - 어떤 지정된 온도에서 운전중일 때 완성된 용기의 상단에서 허용되는 최대 게이지 압력. 이 압력은 부식공차를 제외한 공칭두께와 압력이외의 부하에 의해 요구되는 두께를 사용하는 용기의 가장 약한 부위에 기준한다(Code UA-60).

Membrane Stress(멤브레인 응력) - 균일하게 분배되고 고려되는 구획의 두께를 횡단하는 평균응력과 동일한 정상 응력

Metal Arc Welding(금속아크용접) - 용접봉이 용착부에 충진 금속을 제공하는 아크용접형태

Modulus of Elasticity(Young's Modulus)[탄성계수(영의 계수)] - 비례적인 한계 내에서 단일한 응력의 조건에 대한 단위인장 혹은 압축응력의 단위인장 혹은 압축변형에 대한 변화율. 모든 재료에 대해서는 아니나 대부분의 재질에 대해 탄성계수는 인장과 압축에 대해 동일하다. 나무처럼 등방성이 아닌 재료에 대해서는 다른 방향으로의 탄성계수를 구별하는 것이 필요하다.

Modulus of Rigidity(Modulus of Elasticity in Shear)(전단탄성계수) - 비례적인 한계 내에서 단지 전단력이 작용하는 경우 단위 전단응력의 단위전단변형에 대한 변화율

Moment of Inertia of an Area(Second Moment of an Area)(면적관성모우멘트) - 축에 대한 어떤 면적의 관성모우멘트는 그 면적의 각 요소를 축으로부터의 그 외 거리의 제곱으로 곱함으로써 얻어지는 값의 합계이다.

그의 횡단축에 대한 얇은 벽 실린더의 관성모우멘트 (I): $I=\pi r^3 t$,

여기서, r=실린더 평균반경
t=재료 두께

Needle Valve(니이들 밸브) - 통상적인 밸브 디스크 대신 긴 경사진 끝을 가진 밸브. 경사진 끝은 열림의 정밀한 조절을 가능하게 한다.

Neutral Axis(중립축) - 굽힘을 받는 어떤 부재의 주어진 구획에서 응력이 0인선; 이는 중립면과 그 구획의 교점에 의해 형성된 선이다.

Neutral Surface(중립면) - 굽힘을 받는 어떤 부재에 있어 응력이 0인 세로면; 이는 각 구획의 중립축을 포함한다.

Nipple(니플) - 통상 양끝에 나사가 있고 길이가 12인치 이하인 관형 파이프 부속물. 12인치 길이 이상 파이프는 커트(Cut) 파이프로써 여겨진다.

Non-Pressure Welding(무압력 용접) - 용착부가 압력의 적용없이 만들어지는 형태의 용접과정

Normalizing(노말라이징) - 임계온도 이상 약 100°F까지 가열하고 외부에서 실내온도까지 냉각시키는 것. 보다 늦은 비율에서 제어된 냉각을 위한 노말라이징을 위해서는 종종 예비책이 필요하다. 그러나 냉각이 지연될 때는 어닐링(Annealing)이라는 용어가 사용된다.

Notch Sensitivity(노치 강도) - 노치에 의해 야기된 금속강도 감소의 측정

Notch Strength(노치 강도) - 노치를 가진 시편을 원래의 최소 횡단면으로까지 파괴시키는데 요구되는 최대 인장부하의 비율

Notch Test(노치 테스트) - 표면에 있는 노치의 효과를 결정하기 위한 금속의 인장 혹은 크리프테스트

Operating Pressure(작동압력) - 그에 통상 작동하는 압력 용기의 상단에서의 압력. 이는 최대허용 작동압력을 초과해서는 안되며, 그들의 빈번한 열림을 방지하기 위해 압력해소기구의 세팅아래의 적합한 수준에 통상 유지된다(Code UA-60).

Operating or Working Temperature(작동온도) - 용기의 명시된 작동을 위해 고려되는 용기의 구성품 금속에 유지되는 온도(UG-20과 UG-23 참고). (Code UA-60)

Oxidation(산화) - 금속의 산화 혹은 이물질

끼기(Scaling)는 고온과 공기의 출입이 있을시 발생한다. 탄소강의 공기 혹은 증기에 의한 이물질끼기는 1000°F까지는 미미하다. 크롬은 탄소강의 이물질끼기에 대한 저항성을 증가시킨다. 산화에 대한 저항성을 감소시킴으로써 1500°F 이상의 작동온도에 대해 적합하지 않은 오스테나이트 스테인레스 강을 만든다.

P-Number(P-번호) - 용접절차 그룹의 번호. P-번호 경화성 특성에 기준한 재료의 구분. 이러한 구분의 목적은 용접절차의 수를 감소시키기 위한 것이다(Code Section Ⅸ).
Code(SA-612의 예외)에 열거된 모든 탄소강 재질은 P-번호 1로 구분된다.

Pass(패스) - 용착부 축을 따른 한 번의 진행에 의해 부착된 용착금속

Plasticity(가소성) - 파괴없이 가시적인 영구변형을 유지할 수 있는 특성. 이 용어는 일정하고 지속적인 부하 하에서 파괴되거나 늘어지는 특성을 나타내기 위해서 또한 사용된다.

Plug Valve(플러그 밸브) - 그를 통해 구멍이 나 있어 그 구멍이 입구와 출구와 일렬로 배치될 때 액체가 그 구멍을 통해 흐를 수 있는 원추의 짧은 단면 혹은 경사진 플러그를 가진 밸브

Plug Weld(플러그 용착부) - 랩 이음의 1개 부재에 있는 원형 구멍에 만들어지는 용착부. 이 구멍은 용착금속으로 부분적으로 혹은 완전히 채워질 수도 있고 그렇지 않을 수도 있다.

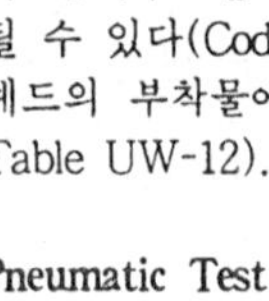

압력용기 제조를 위해서 플러그 용착부는 개구부 주위의 보강에서의 그리고 비 압력구조물 부착물에서의 랩이음에 사용될 수 있다(Code UW-17). 어떤 제한을 받는 헤드의 부착물에 대해 사용될 수 있다(Code Table UW-12).

Pneumatic Test(공기압 테스트) - 제작이 완료된 용기는 그 용기가 물로 안전하게 채워질 수 없거나 테스트 액체의 추적이 불가할 때 수압테스트 대신 공기압에 의해 테스트된다. 공기압테스트 압력은 용기에 각인되어야 할 최대허용압력의 1.25배이어야 한다(Code UG-100).

Poisson's Ratio(포아손 비율) - 균등한 단일축의 세로응력의 조건 하에서 축방향 단위변형의 세로방향 단위변형에 대한 비례적인 한계 내에서의 비율

Porosity(기포) - 가스 주머니 혹은 금속의 비어 있는 부분(Code UA-60).

Postweld Heat Treatment(용접 후 열처리) - 기계적인 처리와 용접의 결과로써 발생하는 잔류응력을 해소시키기 위해 충분한 온도까지의 용기를 가열시키는 것
압력용기와 그의 부품은 다음의 경우에 용접 후 열처리되어야 한다. :
용기가 치명적인 물질을 저장하게 될 때 (Code UW-2)
Unfired 증기 보일러(UW-2)
용접이음의 두께가 5/8인치를 초과할 때, 직접연소를 받게 되는 압력용기와 그의 부품 (UW-2)
탄소(P-번호 1) 강 재질 두께가 용접된 연결부와 부착물에서 $1\frac{1}{2}$인치를 초과할 때(예외에 대해서는 Code Table UCS-56 참고).

Preheating(예열) - 용접 전에 기초금속에 적용된 열

Pressure Relief Valve(압력 방출 밸브) - 지정된 한도를 초과한 압력을 방출하고 정상적인 조건으로 돌아가면 다시 닫히는 밸브

Pressure Vessel(압력용기) - 용착부가 압력의 사용에 의해 완결되는 형태의 용접

Primary Stress(주응력) - 외부와 내부의 힘과 모우멘트의 단순한 평형의 법칙을 충족시키는데 필요한 부과된 부하에 의해 발생된 정상응력 혹은 전단응력. 주 응력의 기본특성은 그것이 자체제한하지 않는다는 것이다. 항복 강도를 상당히 초과하는 주응력은 파괴 혹은 최소한 상당한 변형을 초래한다. 열응력은 주응력으로 구분되지 않는다. 주 멤브레인응력은 "일반적인"과 "국부적인" 범주로 구분된다. 일반적인 주 멤브레인응력은 부하의 재분배가 항복의 결과로써 일어나지 않도록 구조물에서 분배된 그런 응력이다. 주응력의 예 : 내부압력 혹은 분배된 부하에 의한 원통형 혹은 구형셀에서의 일반적인 멤브레인응력, 압력에 의한 평면형 헤드의 중앙부분에서의 굽힘응력

Quench Annealing - Quenching 후에 용액 온도에서 가열함으로써 오스테나이트 철합금을 어닐링 하는 것. Quenching에 사용되

는 액체 오일, 소금물 혹은 물 등이며, 이 액체에 Quenching된 물건이 담겨진다.

Radiographing(방사선검사) - 방사선을 어떤 물체에 투과시키고 감량필름에 그의 완전함(결함이 없음)에 대한 기록을 얻게 되는 검사

Radius of Gyration(나선반경) - 주어진 축에 대한 면적의 나선반경은 그 축에 대한 면적의 관성모우멘트를 그 면적으로 나눔으로써 얻어지는 양의 제곱근이다.

Random Lengths(임의 길이) - 표시된 범위내에 속하는 길이로써 명시된 최소 혹은 최대 길이를 표시하지 않는 길이

Refractory(내화성물질) - 고온라이닝으로 사용되기에 적합한 특성을 가진 매우 높은 융점의 재료

Residual Stress(잔류응력) - 열 혹은 기계적인 처리 혹은 이 두 개의 처리에 의해 구조 혹은 부재에 남아있는 응력

Resistance Welding(저항용접) - 열이 전류의 흐름에 대한 저항에 의해 발생되는 압력용접과정

Root of Weld - 용착부의 접합부 뿌리

Scale(스케일) - 종종 대형 판지형태의 고온 steel의 표면상에 형성된 산화철. 이는 이 판지가 둥글게 감겨질 때 떨어져 나간다.

Scarf(스카프) - 모서리 준비, 용접을 위한 부재의 모서리상에 윤곽을 준비하는 것

Seal Weld - 우선적으로 조임(봉합)을 얻기 위해 사용되는 용착부

Secondary Stress(부응력) - 인접한 부품의 억제에 의해 혹은 구조물의 자체-억제에 의해 발생되는 정상응력 혹은 전단응력. 부응력의 기본적인 특성은 그것이 자체 제한하는 것이다. 국부적인 항복과 사소한 변형은 이 응력이 발생하는 조건을 만족시킬 수 있으며, 이 응력의 한 적용에 의한 파괴는 예기되지 않는다. 부응력의 예 : 일반적인 열응력, 전체적인 구조적 불일치에서의 굽힘응력.

Section Modulus(단면계수) - Beam의 횡단면에 관한 용어. 어느 주 중심축에 관한 단면계수는 그 축으로부터 그 단면의 가장 먼 점까지의 거리에 의해 나누어진 그 축에 관한 관성모우멘트이다. 단면계수는 주로 주어진 재료의 Beam의 Flexural 강도를 결정한다.

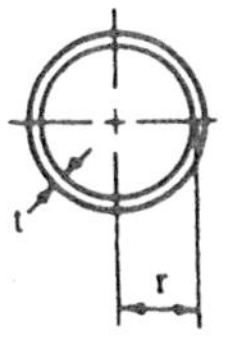

그의 횡축에 대한 얇은 벽의 실린더(r>10t)의 단면계수(Z)

$$Z=r^2\pi t$$

여기서, r=실린더 평균반경, in.
t=벽두께, in.

Shell(셸) - 어떤 공간을 가리기 위해 만들어지는 구조적인 물건. 대부분의 셸은 평면곡선의 회전에 의해 만들어진다. 이 책의 용어에서 셸은 용기의 원통형 부분이며, 구형용기 또한 구형셸이라고도 불려진다.

Shear Stress(전단응력) - 기준면에 대해 접선 방향의 응력

Shielded Metal-Arc Welding - 전기 아크로 가열함으로써 금속용접봉과 작업간에 융합물(Coalescence)이 생성되는 아크용접과정. Shielding은 덮혀진 용접봉의 분해(제거)에 의해 얻어진다. 압력은 사용되지 않으며 충진 금속은 용접봉으로부터 얻어진다.

Single-Welded Butt Joint(단일 용접 버트 이음) - 단지 한 면으로부터만 용접되는 버트 이음

Single-Welded Lap Joint(단일 용접 랩 이음) - 결합될 부재의 중첩된 모서리가 한 부재의 모서리를 따라서 용접되는 랩 이음.

Size of Weld(용착부의 크기) - 그루브(groove) 용착부 : 침투의 깊이

Equal Leg 필렛 용착부 : 필렛 용착부 횡단면 내에 내접되는 제일 큰 이등변직각삼각형의 다리 길이

Unequal Leg 필렛 용착부 : 필렛 용착부 횡단면 내에 내접되는 제일 큰 직각삼각형의 다리 길이

Slag(슬래그) - 가공된 광석의 비철금속 구성분 또는 바람직하지 않은 산화된 금속 구성분

에서의 용제의 작용에 의한 결과. 통상 Acid oxide, 용해를 돕기 위해 첨가된 Neutral oxide를 가진 Basic oxide의 조합물을 포함한다.

Slenderness Ratio - 균일한 컬럼 길이의 횡단면의 최소 나선반경에 대한 비율

Slot Weld(슬로트 용착부) - 부재를 슬롯을 통해 노출되는 다른 부재 표면의 부분에 결합하는 랩 이음의 한 부재에 있는 슬롯에 만들어지는 용착부. 이 슬롯은 용착 금속으로 완전히 채워질 수도 있고, 그렇지 않을 수도 있다.

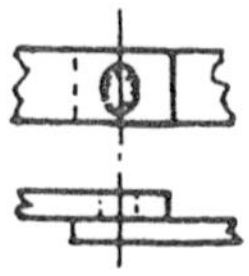

Specific Gravity(비중) - 명시된 온도, 예를 들어 4°C 혹은 60°F에서의 물, 혹은(가스에 대해서는) 표준 조건의 압력과 온도에서의 공기와 같은 표준재료의 밀도에 대한 어떤 재료의 밀도의 비율

Spot Welding(스포트 용접) - 용융이 직접적으로 용접봉 끝 사이의 조그만 면적에 한정되는 전기 저항 용접

Stability of Vessels(용기의 안정성) - 탄성적인 안정성(Elastic Stability), 축방향의 수축 응력에 의한 조임 혹은 구겨짐을 견디기 위한 용기의 강도. 이는 진원도에 몹시 영향을 받는다.

Staggered Intermittent Fillet Welds(엇갈린 단속 필렛 용착부) - 한 선에서의 용접의 증분이 다른 선에서의 그것과 서로 엇갈리게 위치하는 (T)tee 혹은 랩 이음에서의 단속 필렛 용접

Static Head(위치수두) - 용기벽에 대항하여 움직이지 않는 액체의 압력은 단지 위치수두 혹은 액체의 높이 때문이다. 이 압력은 용기를 설계할 때에 고려되어야 한다.

Strain(변형) - 어떤 힘에 의한 몸체의 치수상의 변화. 늘어남은 인장변형이고 수축은 압축 변형이다. 축 방향의 변형은 전단변형이다. 변형이란 용어는 단위변형을 의미하기 위해 일반적으로 사용된다.

Stress(응력) - 어떤 몸체의 2개의 인접한 부분중 하나에 의해 별개의 가상된 평면을 횡단하여 다른 부분에 발생되는 내부힘. 이 힘이 그면에 대해 평행할 때의 응력은 전단응력이라고 불리우고, 그 면에 대해 일반적이면 정상응력이라고 불리우며, 이 정상응력이 그것이 그 위에 작동하는 부위에 대해 직접적으로 작용할 때 이는 압축응력이라고 불리운다. 그것이 그 위에 작동하는 부위로부터 직접적으로 멀어질 때 인장응력이라고 불리운다.

Stresses in Pressure Vessels(압력용기 내의 응력) - 세로 응력 S_1, 원주방향 응력 S_2, S_1과 S_2는 회전 형태의 용기에 대해 맴브레인 응력이라고 불리운다.

Stud(스터드) - 머리가 없이 나사진 Fastener 한 끝에만 나사가 나거나 양끝에 나사가 나거나 전 길이에 걸쳐 나사가 난 형태 등이 있다.

Submerged Arc Welding(서브머지드 아크 용접) - 아크에 의해 가열됨으로써 금속용접봉과 용접간에 유합물(Coalescence)이 생성되는 아크용접과정. 압력은 사용되지 않으며, 충진 금속은 용접봉으로부터, 때때로 보조용접봉으로부터 얻어진다.

Tack Weld - 최종용착부가 만들어질때까지 적절한 배열에 용접물의 부위를 붙들기 위해 만들어지는 용착부

Tee Joint(Tee 이음) - T형태 즉, 각기 직각에 위치된 2개의 부재의 연결부에서 용접된 이음

Tensile Strength(인장강도) - 찢어짐없이 늘어남(Stretching) 부하를 견디어야 하는 재료의 최대 응력

Tensile Stress(인장응력) - 인장부하를 견디어야 하는 재료에 의해 생기는 응력

Test(테스트) - 용기가 설계압력에 적정함을 입증하기 위한 시도. 예 : 수압테스트, 공기압테스트.

Test Pressure(테스트 압력) - 계산에 기준한 테스트 압력을 구하는 데 필요한 조건은 수압 테스트에 대해서는 UG-99(c)에, 공기압 테스트에 대해서는 UG-100(b)에 개설되어 있다.

Thermal Fatigue(열피로) - 반복적인(주기적

인) 열변화의 전개는 높은 반복적인(주기적인) 열응력과 그에 따른 재료의 국부적인 파열을 초래한다.

Thermal Stress(열응력) - 균일하지 않은 온도의 배분 또는 상이한 열팽창 계수에 의해 생성되는 자체적으로 형평을 이루는 응력. 이는 재료의 체적이 온도의 변화를 받지 않는다고 가정할 때 견고한 물체에서 발생한다.

Thiekness of Vessel Wall(용기벽 두께)
1. "요구되는 두께"는 계산에 의해 구해진 부식공차 추가전의 것이다(Code UG-22).
2. "설계두께"는 요구되는 두께에 부식공차를 추가한 것이다(Cde UG-25).
3. "공칭두께"는 상업적인 구입의 가능성을 고려해서 선정된 것이며 설계두께를 초과할 수도 있다(Code UA-60).

Throat(목) - 필렛용접 참고할 것

Tolerances(공차) - 플레이트에 대해 최대 허용 공차는 0.01인치와 설계두께의 6% 중 작은 것이다(Code UG-16).

U.M. Plate - Universal Mill Plate

Ultrasonic Examination(UT)(초음파검사) - 초음파의 반향을 탐지함으로써 내부의 균열의 위치를 찾아내고 식별하는 비파괴검사방식

Undercut(언더컷) - 용접 Toe에 인접한 기초금속으로 용해되고 용접금속으로 충진되지 않은 채로 있는 그루브(Groove).

Unit Strain(단위변형) - 단위 인장변형은 단위 길이당의 신장이다. 단위 압축변형은 단위 길이당의 수축이다. 단위 전단변형은 원래 각기에 대해 직각 상태에 있는 2개의 선간의 각도 변화이다.

Unit Stress(단위응력) - 면적단위당 응력의 양

Vessel(용기) - 그 안에서 재료가 가공되고, 처리되고 저장되는 구조적인 그릇. 예 : 압력용기, 원자로 용기, 저장탱크 등.

Weaving(위빙) - 용접봉을 한 쪽에서 다른 쪽으로 왕복함으로써 용접금속을 융착시키는 기술

Weld(용착부) - 충진금속의 사용을 가진 혹은 갖지 않은 그리고 압력의 적용을 가진 혹은 갖지 않은 방식에 의한 용융에 의해 형성된 금속의 국부적인 용착물

Weld Metal(용착금속) - 모재와 충진재의 용융에 의해 생성된 금속

Welding(용접) - 용착부를 만드는데 사용되는 금속이음과정, 용기의 제작 시 용접과정은 Code UW-27에 의해 아래와 같다.
1. Shielded metal arc, 서브머지드 아크, 가스 금속 아크, 가스 텅그스텐 아크, 플라즈마 아크, Atomic hydrogen metal arc, Oxyfuel gas welding, Electroslag와 Electron beam.
2. 압력용접과정 : Flash, Induction, Resistance, Pressure thermit와 Pressure gas.

Welding Procedure(용접절차) - 용접이음을 만드는데 관련된 재료, 상세한 방식과 실제

Welding Rod(용접봉) - 가스 용접과 아크 용접에서 사용되는 철사 혹은 봉의 형태인 충진금속

Wrought Iron - 정련노에서 플라스틱 상태에까지 정련된 철. 이는 순수한 철과 약 0.5% 탄소와 불규칙하게 혼합된 약 3%의 슬래그를 융합하는 것이 특징이다.

Yield Point(항복점) - 그 점에서 변형이 응력의 증가 없이 최저응력. 몇 가지 목적을 위해, 응력-변형 곡선이 처음으로 수평이 되는 응력인 상위 항복점과 그 이하에서 금속이 불구형태로 되기 시작하는 다소 낮고 거의 일정한 응력인 하위 항복점을 구별하는 것은 중요하다. 단지 몇 개의 재료만이 실제 항복점을 보여준다. 어떤 재료들에 대해서 이 용어는 때때로 항복강도와 동의어로써 사용된다.

▣ 색 인 ▣

- ㄱ -

- ㄴ -

- ㄷ -

- ㄹ -

- ㅁ -

- ㅂ -

- ㅅ -

- ㅇ -

- ㅈ -

- ㅊ -

- ㅋ -

- ㅌ -

- ㅍ -

- ㅎ -

- A -

- B -

- C -

- D, E -

- F -

- G, I -

- L, M -

- O, P -

- Q, S -

- T -

- U, V -

- W -

최 정 영

영남대학교 공과대학 기계공학과 졸업
평화 Clutch(주) 생산기술부 및 안전관리부 실장
(주)신아금속 공장장 및 안전담당 이사
現, 한국산업안전공단 교육원 안전공학부 교수
저서 : 기계 안전 공학
역서 : 링크벨트컨베이어, 용접강도 핸드북,
기계공학실무시리즈 / 도서출판 노드미디어

압력용기 핸드북
(원서 : Pressure Vessel Handbook)

초 판	1994년 5월 25일
6 쇄	2018년 8월 20일
원 저	Eugene F. Megyesy
감 수	최정영
발 행 인	박승합
발 행 처	노드미디어
등 록	제 106-99-21699 (1998년 1월 21일)
주 소	서울특별시 용산구 한강대로 341 대한빌딩 206호
전 화	02-754-1867
팩 스	02-753-1867
홈페이지	http://www.enodemedia.co.kr
I S B N	978-89-8458-035-0

※ 잘못된 책은 바꿔드립니다.

정가 45,000원